土壤和地下水修复

——原理、实践和可持续性

〔美〕张春龙（Chunlong Zhang） 著

张红振　董璟琦　邓璟菲 等 译

张今英　黄　悦　魏　楠 等 审校

科学出版社

北　京

图字号：01-2023-5065 号

内 容 简 介

本书介绍了土壤和地下水修复的基本原理和主要技术，阐述了大量在工作和实践中会遇到的实际问题和国际经验，包括土壤和地下水污染源及类型、污染物归趋和迁移、水文地质、法律经济和风险评估等基础内容，以及场地特征识别、修复技术应用等实践案例，同时围绕可持续性修复进行了前瞻性理论方法和经验介绍。

本书主要适用读者对象包括环境相关专业的学生、土壤和地下水污染防治领域的管理人员和科研工作者、从事土壤和地下水污染修复工作的各类专业技术人员和工程师、有兴趣了解土壤和地下水污染治理的业内人士等。可广泛作为系统理论学习的教学用书或实践操作的参考用书。

图书在版编目（CIP）数据

土壤和地下水修复：原理、实践和可持续性／（美）张春龙著；张红振等译. —北京：科学出版社，2023. 11
书名原文：Soil and Groundwater Remediation：Fundamentals，Practices，and Sustainability

ISBN 978-7-03-076916-9

Ⅰ. ①土… Ⅱ. ①张… ②张… Ⅲ. ①土壤污染–修复②地下水污染–修复 Ⅳ. ①X52②X53

中国国家版本馆 CIP 数据核字（2023）第 216685 号

责任编辑：韦 沁／责任校对：何艳萍
责任印制：吴兆东／封面设计：北京图阅盛世

科 学 出 版 社 出版
北京东黄城根北街 16 号
邮政编码：100717
http://www.sciencep.com
北京厚诚则铭印刷科技有限公司印刷
科学出版社发行 各地新华书店经销
*
2023 年 11 月第 一 版 开本：787×1092 1/16
2024 年 2 月第二次印刷 印张：27 3/4
字数：658 000
定价：258.00 元
（如有印装质量问题，我社负责调换）

从事环保二十余年，我深刻感受到土壤及地下水修复行业的改变，人们认知水平逐步提高、国家高度重视、从业同仁越来越多等等，无一不彰显我国在土壤及地下水修复方面取得的成就。而近两年，随着"碳达峰碳中和"目标的提出，同样也给我国土壤及地下水修复提出更高的要求和挑战。

《土壤和地下水修复——原理、实践和可持续性》一书的高效翻译和及时出版可谓恰逢其时，不仅系统综述了土壤和地下水修复领域的科学原理、工程实践和可持续理念方面最新进展，还展示了当前修复实践中面临的挑战，汇总了目前最新的关于低成本、基于风险和可持续的土壤和地下水修复实践，以及制度控制和制度管理，书中各章节充分考虑了土壤和地下水修复的原理、实践和可持续概念之间的平衡，并在修复技术介绍时提供了生动的实际案例和最新的研究进展。

希望本书中文版能够成为我国土壤和地下水修复领域高等院校师生、修复企业管理和技术人员的必读书，为提高我国修复行业整体专业技术水平、强化修复全过程管理和可持续发展提供重要借鉴和参考。

——高艳丽，污染场地安全修复技术国家工程实验室主任，
北京建工修复环境股份有限公司原总经理

土壤和地下水生态环境保护是关系建设美丽中国的重要一环，也关系着我们每个人能否"吃得放心、住得安心"。土壤和地下水修复行业历经二十余年发展，多种修复技术和装备不断研发推出，并在化工、冶炼、焦化和石油等众多典型行业污染场地中得到广泛应用。当前国家不断提出加强污染源头防控及绿色低碳修复指导意见，行业的发展需要人才的推动，土壤和地下水修复是一门专业性、综合性较强的学科，国内亟须建立完善的教材和课程体系，将系统性的理论知识体系转化为科学性高质量的修复实践。

《土壤和地下水修复——原理、实践和可持续性》一书不仅涵盖各类土壤与地下水修复理论，还以生动的修复案例阐述了不同修复技术的设计与应用经验，并强调了最佳管理实践和绿色可持续性修复，是一本兼具系统性、专业性和实用性的优秀书籍，不但能够成为高校相关专业的教学用书，也将成为项目经理、修复工程师等从业人员常备的专业工具书。希望本书的出版发行，可以提升我国土壤和地下水修复行业整体的专业技术水平，培育专业性优秀人才，推动行业的可持续性创新发展。

——叶渊，森特士兴环保科技有限公司董事长

主要翻译人员与分工

章节	翻译人员	校对人员
前言	张红振	张今英
第1章 土壤和地下水污染的来源和类型	张今英	董璟琦
第2章 地下水污染物归趋和迁移	董璟琦	邓璟菲
第3章 土壤和地下水水文学	苗秋慈	邓璟菲
第4章 法规、成本和风险评估	黄 悦	魏 楠
第5章 土壤和地下水污染修复的场地勘查	杨欣桐	魏 楠
第6章 修复技术优选概述	高铭晓	黄 悦
第7章 抽出处理系统	邓璟菲	黄 悦
第8章 土壤气相抽提和原位曝气	宋志晓	张今英
第9章 生物修复和环境生物技术	贾御夫	张今英
第10章 热处理技术	张建宾	张今英
第11章 土壤洗涤和淋洗	田 梓	邓璟菲
第12章 可渗透反应墙	孟 豪	邓璟菲
第13章 地下水流动与污染物迁移模拟	魏 楠	董璟琦
附录A 常用缩略语和缩略词	梅丹兵	魏 楠
附录B 土壤和地下水修复技术定义	梅丹兵	魏 楠
附录C 土壤和地下水中常见有机污染物的结构和性质	王一鹏	魏 楠
附录D 单位换算系数	王 恒	黄 悦
附录E 部分习题答案	王一鹏	黄 悦

翻译工作组

张红振　董璟琦　邓璟菲　黄　悦　魏　楠　苗秋慈

杨欣桐　宋志晓　梅丹兵　孟　豪　王一鹏　王　恒

田　梓　刘瑞平　韩　颖　王　宁　张建宾　高铭晓

张今英　贾御夫　肖　萌　桑春晖

校对工作组

董璟琦　邓璟菲　魏　楠　黄　悦　张今英

中文版序 1

很高兴《土壤和地下水修复——原理、实践和可持续性》的中文版和读者见面。本书原为北美高校本科生和研究生环境专业的教科书。作为一本单一来源的教科书，其初衷是能让学生较全面系统地掌握土壤和地下水修复的多学科科学理论与工程基本原理，并为他们在当下和可预见的未来能胜任污染修复的工作打下基础。

土壤和地下水修复可以追溯到 20 世纪 80 年代美国的一系列环境影响重大、费用昂贵的环境整治项目。经过 20 多年的实践，土壤和地下水修复作为一个学科和行业渐趋成熟。进入 21 世纪后，又经过 20 多年的发展，欧美发达国家的污染修复技术在考虑污染物去除的同时，也权衡风险和可持续发展因素。相比之下，国内的土壤和地下水污染问题相对滞后。20 世纪 90 年代，因快速的经济增长、城市发展和资源开发，土壤和地下水污染相关法律才相继出现，随后在 21 世纪初，土壤和地下水修复项目逐渐应用实施，经过 20 多年的发展，修复工作取得长足进步。

纵观各国土壤和地下水修复现状，包括中国在内的发展中国家，环境问题近年来尤为重要。改善土壤和地下水环境质量义不容辞，将是改善民生、推动经济和社会可持续发展的必经之路。就像干净的空气和地表水一样，拥有洁净的土壤和地下水的重要性不言而喻。

本书除了为初学者介绍科学和工程原理之外，主要对北美的污染修复实践经验加以总结和阐述。希望借此抛砖引玉，有助于高校培养本领域急需的人才、带动学科和污染修复产业的发展。中国的土壤和地下水修复方兴未艾。国内同行和学者已做了大量的工作，更期待可以应用相同的科学和工程原理，借鉴西方国家经验，结合我国的社会、法律、经济、技术条件，在解决土壤和地下水污染问题方面加以拓展和赶超。这些领域包括但不限于土壤和地下水修复的科技创新、适合国情的勘探–监测–修复技术开发、从实验室研究到实用规模的产业化、污染场地数据的构建与共享、在国家层面上的资金落实和统一管理布局、更完善的污染责任和法律体系等。

在此感谢生态环境部环境规划院土壤保护与景观设计中心翻译团队严谨认真的翻译工作。翻译工作组（张红振、董璟琦、邓璟菲等）和校对工作组（张今英、黄悦、魏楠等）的每位成员都付出了大量时间和辛勤的劳动，在此不一一致谢。特别感谢张红振博士发起对本书的翻译并组建翻译团队，以及张今英女士在翻译和出版过程中的沟通和协调工作。感谢中国科学院研究生院骆永明教授、中国矿业大学（徐州）刘汉湖教授撰写的中文版序和对翻译团队工作的鼓励和肯定。作者也对森特士兴环保科技有限公司、实朴检测技术（上海）股份有限公司对翻译团队的资助和支持深表感谢。

因为时间仓促，原著和中文版难免有不当或需要改进之处，敬请读者批评指正。

休斯敦大学教授

博士，工程师　张春龙

2023 年 6 月 22 日

中文版序 2

　　自 20 世纪 80 年代以来，土壤和地下水修复日益成为国际上重要的研究课题。数十年来，针对各类修复技术开展的科学研究奠定了系统的理论基础，积累了丰富的实践经验，并逐步从彻底清理修复向风险管控、绿色可持续修复和韧性低碳修复方向发展。相对地，国内相关工作起步较晚，开展系统全面的土壤和地下水修复科技研究的紧迫性和重要性自不待言。近年来，我国面临复杂多样的土壤和地下水污染防治问题。这使我们清晰地认识到：对于土壤和地下水修复领域，研究相关原理、总结实践经验并坚持遵循绿色可持续性至关重要，但这并非易事。目前为止，对于如何有效应对在该领域实践中面临的挑战这一问题，由于缺少学科融合和综合理论指导，答案更多只是各执一词而未成体系。《土壤和地下水修复——原理、实践和可持续性》一书原作者张春龙［Chunlong（Carl）Zhang］教授及其团队凭借丰厚的专业背景和在美国的多年实践经验，全面、系统、立体地对土壤和地下水修复原理、技术、实践、可持续性等方面进行了深入浅出的讲解，不仅涵盖有关土壤和地下水污染源及类型、地下污染物归趋和迁移、土壤和地下水水文学、法律经济和风险评估等修复领域的基础性内容，而且涉及具有实用性和前瞻性的有关场地特征考察、修复技术应用等方面的知识和案例。该书是近年来国际上少有的兼具基础性、实用性、前瞻性的土壤修复领域专业书籍，在一定程度上填补了国内本领域综合性专业书籍的空白，不仅适用于高校相关专业基础教育学习，也适用于从业人员进行继续教育学习、实践参考和修复工程设计，对于提升我国整体土壤和地下水修复的行业认知水平和技术创新发展高度具有重要参考价值。

　　我国近代著名翻译学家严复提出汉语翻译三大难题：信、达、雅。在该书翻译过程中，生态环境部环境规划院土壤保护与景观设计中心翻译团队本着精益求精的工作原则和"信、达、雅"的翻译准则；在对原著深度理解的基础上，始终秉承严谨认真的学术态度，结合自身实践经验，分为翻译组、校核组、校审组、终审组，各组成员分章节对该书进行了多次讨论和反复校对。该书的原作者不仅专业研究造诣水平高，而且他对专业的热爱和情感也体现在本书的翻译工作过程中。据说，为使中文版尽可能契合原书，每一章内容都经过原作者自己多次严谨的审阅，张春龙教授不厌其烦地提供专业性指导和诸多颇有深度的见解，以便确保中文版更加通俗易懂且全面直观，同时符合我国土壤和地下水修复的行业通用表达，力争达到与原著内容高度一致、译笔流畅、文字典雅的效果，体现了原作者严谨求实的学者风范。土壤保护与景观设计中心翻译团队，通过对本次翻译工作的严格要求和反复推敲，显著提高了自身队伍的专业能力、翻译能力和组织合作能力，也为该书中文版的高水平面世提供了科学严谨的保障。

正如土壤和地下水修复需要多学科、多领域的共同努力一样，该书丰富的内容也是许多专业人士、专业机构和同仁共同努力和高度关注的成果，他们都为该书的出版提供了重要的观点、支持和赞助。《土壤和地下水修复——原理、实践和可持续性》翻译得到了森特士兴环保科技有限公司和实朴检测技术（上海）股份有限公司等行业内知名生态环境治理和检测机构的支持和资助。相关的同仁通读译文并给予中肯评论。翻译团队邀请行业内土壤和地下水领域专家编写中文版序，并组织内部和外部相关技术团队进行多次研讨，对团队业务水平的提升、扩大行业交流合作产生了较为正面的影响。该书的出版，是推动实现土壤和地下水修复领域生态、环境、社会、经济等方面绿色低碳综合发展的重要开端。我们衷心期待本书版本的不断更新，可以让我们不断看到行业的进步和创新。

中国科学院研究生院教授

博士，研究员，博士生导师　　骆永明

2023 年 3 月 25 日于北京

中文版序 3

目前，我国土壤和地下水环境总体状况堪忧，部分地区污染较为严重，2022 年全国污染地块总数为 982，排名前五的污染物有砷、石油烃、铅、镉、多环芳烃，为做好土壤和地下水污染防治与修复，国家先后颁布了《中华人民共和国土壤污染防治法》、《土壤污染防治行动计划》和《地下水管理条例》等，国内土壤和地下水修复产业步入快速发展的新阶段。

与水污染控制、大气污染控制相比，土壤和地下水修复工程具有更强的隐蔽性、复杂性和差异性，涉及环境科学、水文地质学、土壤学、工程学、生物学等多学科领域，因而，学科内容和知识体系综合性、系统性更强，需要更多的理论与实践支撑。近 20 年来，国内土壤和地下水修复经历了从理论到实践的发展过程，众多高等院校、科研机构、国企、央企的学者和团队积极投身于土壤和地下水污染防治的理论研究与实践应用中，学术专著、科研成果、软件专利、专业设备、集成技术研发等已呈现出百家争鸣的状态。尤其是在土壤界面化学、多孔地下水介质运移模拟、环境纳米材料、电动-植物耦合修复、强化生物修复等精细领域的原创性研究成果不断涌现。然而，与国外相比，国内的土壤修复产业呈现"土地驱动"格局，"水泥窑"大行其道，土壤和地下水修复体系不够健全，行业高质量发展水平仍需提高，面向治理能力现代化的污染防控体系仍存在不足，监管水平提高和健康发展引导的任务依然任重道远，"产学研管用"等融会贯通方面仍需提升，无论是在理论体系的发展层面，还是在专业技术和技能的培养训练、修复工程实践或实习机会等，高等教育与培养体系还不够系统、全面、综合和精细。

国内外实践经验表明，做好土壤和地下水修复需要掌握污染物在土壤和地下水中的迁移和归趋表征方法；具备开展人体健康风险评估、生态风险评估和地下水污染扩散模拟的专业能力；需要设计费用效益最佳的修复或风险管控方案；需要与行政监管部门、土地开发部门、土地使用权人、潜在责任方等进行良好互动和有效沟通；需要熟悉法律法规、政策规定、管理程序、技术导则等；需要具备丰富的修复工程设计经验。

目前，国际上已进入绿色可持续的土壤和地下水修复新时代，发达国家经历过大规模修复工程后进入了后修复时代。国内土壤和地下水修复领域的科学研究在国家自然科学基金、科技部重点专项、行业公益基金等大规模研发资金的支持下，已经取得了令人欣喜的阶段性研发成果。随着各种绿色低碳先进修复技术、材料、装备的不断研发，原位修复技术的不断成熟，国内土壤和地下水修复行业即将迎来绿色可持续发展的新阶段。

相对于深入打好蓝天保卫战、碧水保卫战，净土保卫战的攻坚难度更大，土壤和地下水污染防治是全面实现美丽中国目标的最突出要素短板。我国目前还缺少一本在土壤和地下水污染防治领域既具基础性和专业性，又具参考性和实践性，同时面向国内需求又能充分与国际接轨的经典教科书。尤其是在绿色、低碳、可持续发展等多重机遇、压力和挑战下，编写一本高质量教材的需求越来越迫切。《土壤和地下水修复——原理、实践和可持续性》从理论到工程设计，深入浅出地介绍了土壤和地下水修复知识体系，系统性、专业性、综合性、前瞻性和实用性都很强，是一本优秀的国外教科书和专业书籍。他山之石，可以攻玉，该书的翻译和出版，生态环境部环境规划院翻译团队投入了大量的精力和时间，他们为行业发展做了一件好事，希望广大读者能从本书吸取营养，希望本书的出版对行业发展有所裨益。

中国矿业大学（徐州）教授，博士　刘汉湖

2023 年 3 月 28 日

前　言

本书可以作为本科生和研究生在土壤和地下水修复（soil and groundwater remediation，SGWR）领域的教材。目前，大多数大学的环境科学与工程专业在空气污染控制，水（废水）与固体（危险废物）处理、处置等传统方向都有完善的课程体系，清洁的空气、地表水、土壤和地下水对我们的生活都是至关重要的，相比之下，土壤和地下水修复方向的课程体系并不完善。

20 世纪 80 年代以来，土壤和地下水修复（SGWR）日益成为重要和热门的研究课题。在许多大学，特别是在北美和欧洲国家，国外大学经过数十年的研究和开发各种污染场地的修复技术，已经积累了丰富的经验，在本科生和研究生阶段，SGWR 或类似的课程正在成为学生的必修课或选修课。自 20 世纪 50 年代以来，这些受污染场地开始接受公众监督，修复技术也从那时开始进行开发和应用。近十多年来，由于亚洲和拉丁美洲经济的快速发展，土壤和地下水污染的问题在许多发展中国家也变得越来越重要。

遗憾的是，对于这个日益重要的学科，没有一本合适的"教科书"。这本教材就是为了填补这一空白。作为一本教科书，它以易懂的方式介绍了土壤和地下水修复的基本原则和基本组成部分。此书阐述了大量在工作和实践中会遇到的问题，包括对基础化学、微生物学和水文地质的理解，实际场景应用、相关公式方程、通俗易懂的计算题，均为学生将来在环境修复行业的工作做了准备。除了原理和实践之外，可持续性修复也是本教材的主题。预计这本书将成为授课老师在讲解这一跨学科课程时的重要资料，包括化学污染物的归趋和迁移、水文地质学、相关法律法规、成本分析、风险评估、场地表征、建模，以及各种常规和创新的修复技术。

第 1 章为导论，从美国和全球的角度阐述地下水资源、地下水质量、污染物来源和污染物类型的重要性，以及土壤和地下水修复的范围。第 2 章介绍土壤和地下水常见污染物及其在地下水环境中的归趋与迁移过程，包括非生物和生物化学过程，相态间和相态内化学反应。第 3 章为读者提供相关的背景信息，以帮助了解基本的土壤和含水层性质、地下水井和各种条件下地下水流动的描述方程。第 4 章介绍 SGWR 三个独立但必不可少的组成部分，即推动场地污染修复工作的法规管理构架、修复方案的成本比较分析，以及帮助确定修复目标的污染风险评估。第 5 章介绍检测污染场地的方法，调查土壤、地质、水文地质参数的专业现场技术，土壤和地下水取样方法以及污染物的实验室分析方法。第 6 章提供修复技术的通用框架、筛选矩阵，以及各种土壤和地下水修复（SGWR）技术的优选概述。

接下来的六章详细介绍土壤和地下水修复行业的常用修复技术。每章结合案例研究，阐述修复技术的设计和相关计算题。第 7 章介绍抽出处理系统，重点关注地下捕获区，地面空气吹脱（气提）和活性炭吸附处理的设计方程；也对为什么传统条件下抽出处理系统能正常工作或不起作用作了相关分析，并研究如何优化抽出处理系统。第 8 章介绍土壤、空气和气态污染物的地下环境行为，以及如何使用设计方程来确定抽提井的数量、流速位置。第 9 章是针对生物修复和环境生物技术的综述，首先，介绍细菌生长的基本原理、化学计量学、动力学过程和最佳环境条件；然后，给出各种生物修复、生物技术应用，如原位生物修复、异位生物修复、垃圾填埋场和植物修复；最后，通过设计方程，如计算营养物质、氧气浓度等，介绍生物修复和垃圾填埋场修复设计的基础知识。第 10 章介绍热强化修复技术（即使用热空气、蒸汽、热水和电加热）和热处理（玻璃化和焚烧）技术，主要关注包括焚烧炉在内的实用场景的计算题。第 11 章讨论使用水、表面活性剂和增溶剂的土壤洗涤和原位淋洗技术的原理、应用和设计。第 12 章介绍可渗透反应墙修复技术的化学反应机理、水力学原理、相关结构组成、实际应用设计和施工。第 13 章介绍地下水流动和污染物迁移模拟的基础知识。重点放在达西定律和通量平衡方法，饱和带和不饱和带的地下水流动动力学控制方程（如拉普拉斯方程和理查兹方程）。接下来是基于相同理论的饱和带和不饱和带污染物迁移控制方程的开发，同时也考虑了对流、弥散、吸附等，以及更复杂的多相流和污染物迁移。最后提供简化的地下水流动和污染物迁移过程的解析解，并给出实现数值解的数学框架。

这本书在很多方面都是独一无二的，既可以作为高年级本科生和研究生的教科书，也可以作为普通读者的实用参考书。为了保证这本书能被读者广泛使用，作者采用了以下几种路径：①每章都有一套学习目标，并提供关键理论、原理的讨论和例题，帮助读者理解学习内容和主题；②在介绍修复技术时，提供案例研究，以便读者将相关修复技术的原理与应用联系起来；③每章末的问题与计算题可进一步帮助理解课程内容；④补充材料以注释栏的形式提供，如美国超级基金场地和棕地、新污染物、水力头和伯努利方程、环境立法相关术语等。在第 7 章至第 12 章的注释栏中，特别强调最佳管理实践和绿色可持续性修复；⑤对于那些需要从技术指南（如 USEPA）或从期刊文章中获得具体细节的读者，建议仔细阅读每章末的参考文献。此参考文献旨在提供后续关于修复主题可能的讨论或研究，并提供给研究人员和工程技术人员有用的信息。

这本书是土壤和地下水修复课程的合适教科书，也可以用来作为介绍本领域特定或侧重内容的参考，如土壤与地下水修复、地下水工程、环境修复与恢复、修复技术、环境岩土技术、污染的土地复垦、原位修复技术以及场地评估和修复等。本书也适合用作相关课程的补充材料，如环境地质、应用水文学、地下水归趋与迁移、环境工程和地下水污染等。除了作为教科书，这本书还可以作为环境污染修复专业人员的综合参考书，帮助其快速查阅土壤和地下水修复的基本原理、实践和可持续性修复。读者可以快速查阅与场地修复有关的基础科学和工程原理，而无需翻阅众多详细的行业标准方法、手册，以及需要从各种来源获得的技术报告。

本书作者很乐意在电子邮件里收到有关本书的评论和建议，邮箱地址：zhang@uhcl.edu。

Chunlong（Carl）Zhang

2019 年 1 月于美国得克萨斯州休斯敦

作者简介

张春龙［Chunlong（Carl）Zhang］博士，休斯敦大学明湖分校科学与工程学院环境科学系教授，浙江大学环境与资源学院兼职教授，美国环境工程师。在学术界、工业界和环境领域有 30 年的咨询经验；发表 150 余篇论文，研究涉及多个领域，包括污染物的归趋和迁移、环境修复、采样、检测分析以及环境评估等；在休斯敦大学任职期间，讲授环境化学、环境采样与分析、土壤和地下水修复以及环境工程等领域的课程。他是于 2007 年由威立（Wiley）出版的畅销教材书籍《环境采样与分析基础》的作者。他对土壤和地下水中的污染物行为、新兴污染物化学分析很专业，并积累了大量的修复可行性研究方面的现场实践和实验室实践经验。

致本书读者群体

大学生和研究生是本书的主要读者对象。其他合适读者可能包括日常参与土壤和地下水修复工作的项目经理、现场人员、水文地质学家、监测人员、修复调查人员/工程师、环境顾问、监管人员、环境律师、专家证人、工业合规官员、工业卫生学家、职业健康专业人员以及日常与修复专业人员互动的管理人员、监督员。其他感兴趣的读者还可能包括相关学科的科研人员，如应用化学家、微生物学家、毒理学家、水文学家、土壤科学家、统计学家、大学研究人员，以及污染场地所有者和来自不同行业的法规监管专业人员。

致 教 师

本书可以作为一个学期的课程参考内容，根据具体需要可以有重点地选择章节。为更妥善地使用本书，可扫描书后二维码获取习题及答案集。读者可以在本书末尾找到书中部分习题的答案。需要注意的是，本书使用的是国际单位制，在书中某些国际单位制（SI）的括号内标注美制单位制。

致 谢

本书已在休斯敦大学的几门课程中被作为教科书使用。首先我要感谢学生们的意见、建议和鼓励。这些反馈通常不是有关技术上的细节问题，但极大程度上帮助我提高了本书的可读性。当然，我要感谢从本书出版开始准备到最终定稿的技术审稿人，包括加拿大皇家军事学院的 K. J. 赖默（Reimer）博士、日本地质调查局的张明博士、得克萨斯理工大学的 W. 安德鲁·杰克逊（W. Andrew Jackson）博士、浙江大学的张建英博士，以及来自美国环境保护局、阿冈国家实验室、环境咨询公司和学术界的十几位匿名审稿人。

　　特别感谢 Wiley 的执行编辑鲍勃·埃斯波西托（Bob Esposito）和迈克尔·勒旺塔尔（Michael Leventhal）对这个项目的构思和指导。项目编辑贝丽尔·梅西亚达斯（Beryl Mesiadhas）女士从项目开始就帮助我确保了正确格式和书写形式，也感谢制作编辑加亚特里·谢卡尔（Gayathree Sekar）女士在本书排版印刷过程中的竭诚服务。与这个专业水准高、经验丰富的编辑团队一起工作是一段愉快的经历。

　　如果没有我的妻子姝鸥（Shuou）的支持，以及与我的两个儿子理查德（Richard）和阿诺德（Arnold）分享的喜悦和情感，这本书将无法完成。即使在过去几年因我投身该项目而缺席陪伴他们的许多时间里，我也充满动力和灵感。这本书是对他们爱与鼓励的回报。因此，在写书的过程中，很多时候我觉得有义务完成和交付超出我能力的成果。

符号列表

符号	含义	单位
字母符号		
$1/n$	弗罗因德利希（Freundlich）等温线常数	—
A	面积	m^2
ABS	粉尘吸收率	%
AT	平均时间	年
b	承压含水层厚度或无承压含水层饱和厚度	m
b	反应池厚度	m
BCF	生物富集系数	L/kg
BR	粉尘呼吸率	%
BW	体重	kg
C	在水、空气或土壤（粉尘）中的浓度	mg/L、mg/m^3、mg/kg
C	碳的重量百分比	%
C	成本	—
C	方程中的常数	—
$\hat{C}$	吸附相浓度	mg/kg
CDI	慢性每日摄入量	$mg/(kg \cdot a)$
CE	燃烧效率	%
CMC	临界胶束浓度	mol/L
C_p	比热容、土壤热容	$J/(kg \cdot K)$、$Btu/(lb \cdot °F)$
C_s	表面活性剂浓度，土壤吸附浓度	mol/L，mg/kg
CSF	癌症斜率因子	$[mg/(kg \cdot d)]^{-1}$
d	直径，无限小变化	m
D	分子扩散系数	m^2/s
D	距离	m
dC/dx	浓度对 x 的导数，浓度梯度	—
D_e	有效扩散系数	m^2/s
D_h	水动力弥散	m^2/s
dh	水力头的无限小变化	m
dh/dl	水力头对距离的导数，水力梯度	无量纲
dl	距离的无限小变化	m
dq/dA	热通量	W/m^2
DRE	破坏去除效率	%

符号	含义	单位
dx	x 坐标的无限小变化	m
dZ/dx	水头对 x 的导数，潜在水头变化	无量纲
E	活化能	kJ/mol
E	电极电位	V
e	2.71828	—
EC	暴露浓度	水：μg/L；空气：mg/m^3
ED	暴露时间	年
EF	暴露频率	d/a
ET	蒸散速率	L/d、in·acre/a
erf	误差函数	—
exp(x)	x 的指数，exp(x) = e^x	—
f	分数（土壤成分、助溶剂和热损失）	无量纲
f_{oc}	土壤有机碳含量	
FV	未来值	—
f_w	土壤水中残留污染物比例	
g	重力常数	9.81m/s^2
G	汽提塔内的空气流速	m^3/(m^2·h)
G	吉布斯自由能	J
h	潜在水位、潜在土层深度	m
H	亨利常数	atm/(mg/L)、atm/M、atm/(mol/m^3) 或无量纲
H	总水头、总水位	m
H	氢的重量百分比	%
ΔH	相变焓	J
ΔH_v	蒸发热	J/kg、Btu/lb
h_c	传热系数	W/(m^2·K)
HI	危害指数	无量纲
HQ	危害商数	无量纲
i	利率	—
I	成本指标值	—
IR	摄入（摄食）率	水：L/d；空气：m^3/d；土壤和粉尘：kg/d
J	单位面积、单位时间的质量通量	mg/(m^2·s)、mol/(m^2·h)
k	渗透率、间隙渗透率	m^2
k	一级速率常数	s^{-1}
k_b	生物降解速率常数	s^{-1}

符号	含义	单位
K	水力传导系数	m/s
K	平衡常数	—
K	弗罗因德利希等温分配系数	—
K	热导率	W/(m・K)
K_d	土壤–水分配系数、吸附系数	L/kg
K_L	传质系数;浓度驱动力	m/h;—
K_{La}	总传质系数	量纲为 T^{-1}
K_m	胶束–水分配系数	mol/mol
K_{ow}	辛醇–水分配系数	无量纲
K_{sp}	溶度积常数	—
l	距离	m
L	汽提塔中的液体装载量	$m^3/(m^2 \cdot h)$
L	流动路径长度	m
L	反应池厚度	m
L_e	筛管有效长度	m
m	质量率	kg/s
M	质量;单位面积质量	kg;kg/m^2
MW	分子量	g/mol
n	土壤孔隙度	%
n	摩尔数、电子数、年数、井数	—
N	氮的重量百分比	%
N_c	毛细管数	无量纲
n_e	土壤有效孔隙度	%
NOAEL	无明显损害作用水平	mg/(kg・d)
N 井	井数	—
O	氧的重量百分比	%
P	压力、蒸气压	atm
P_{atm}	绝对环境压力	1 atm、$1.01 \times 10^6 g/(cm \cdot s^2)$
p_i	组分 i 的蒸气压	atm
p_i^0	纯组分 i 的蒸气压	atm
P_r	距离气相抽提井径 r 处的压力	atm
P_{RI}	影响半径处的压力	atm
PV	现值	—
P_w	抽提井绝对压力	atm、$g/(cm \cdot s^2)$

符号	含义	单位
q	比流量	L/d
Q	体积流量	m^3/d、ft^3/min
Q/H	井筛单位厚度（cm）的流速	cm^3/s
r	井、套管、筛管、蒸汽影响的半径	m
R	理想气体常数	$0.082 atm \cdot L/(mol \cdot K)$
R	延迟因子	无量纲
R	地下水补给量	$m^3/(m^2 \cdot d)$
R	筛管加充填砂、砾石层半径	m
R	吹脱系数	无量纲
$R_{可接受值}$	去除率可接受值	kg/d
Re	雷诺数	无量纲
R_e	γ 耗散的有效径向距离	m
$R_{估算值}$	去除率估算值	kg/d
RfC	参考浓度	$\mu g/m^3$
RfD	参考剂量	$mg/(kg \cdot d)$
R_I	气相抽提井影响半径	m
R_w	气相抽提井半径	m
s	水位降深，$s=h_0-h$	m
S	吸附相浓度	mg/kg
S	储水率、储水系数	无量纲
S	饱和度	%
S	硫重量百分比	%
S_a	设备 A 的容量（大小）	—
S_s	比蓄水量	m^{-1}
t	时间	s
$t_{0.37}$	水位降至初始水位变化值37%所需的时间	s
$t_{1/2}$	半衰期	s
t_D	时间的无量纲形式	无量纲
T	绝对温度	K、°R
T	导水系数	m^2/d
TPH	总石油烃	mg/kg
u	泵送测试时间参数；算术平均值	无量纲；—
UF	不确定因素	无量纲
UR	饮用水的单位风险；吸入的单位风险	$(\mu g/L)^{-1}$；$(\mu g/m^3)^{-1}$
v	达西速度、流速	m/s

符号	含义	单位
v_c	污染物速度	m/s
v_k	动力黏度	m^2/d
v_p	地下水流速度、孔隙速度	m/s
V	体积	m^3
w	含水层宽度（x 方向）	m
$W(u)$	井函数（非水文地质文献中通常称为幂积分）	—
x	x 方向或坐标上的距离	m
x_i	混合物中组分 i 的摩尔分数	—
X	去除的化学物质量	kg
y	捕获区宽度、抽水区宽度	m
y	y 方向或坐标上的距离	m
y_0	$t=0$ 时的水位降深（段塞测试）	m
y_t	t 时刻的水位降深（段塞测试）	m
Y	给水度	%
Y_{max}	捕获区最大半宽	m
Y^0_{max}	$x=0$ 处的捕获区最大半宽	m
z	z 方向或坐标上的距离	m
z	汽提塔填料的高度	m
Z	潜在水头（平均海平面以上的高程）	m
∇	梯度算子	m^{-1}
∂	偏导数	—
$\partial C/\partial t$	浓度对时间的偏导数	$kg/(m^3 \cdot s)$
希腊符号		
α	动力弥散度	—
α	含水层骨架的压缩性	—
α	与进气压力逆相关的比例因子	cm^{-1}
β	水的压缩性	—
γ	油水界面张力	dyn/cm
γ	比重	kg/L
Δ	在符号前面表示差异（变化）的符号	
θ	固体–水–非水相液体界面接触角	°
θ	土壤含水量（体积）	量纲为 $L^3 L^{-3}$，cm^3/cm^3
θ_a	土壤空气含量（体积）	量纲为 $L^3 L^{-3}$，cm^3/cm^3
θ_r	土壤残余含水量（体积）	量纲为 $L^3 L^{-3}$，cm^3/cm^3
θ_s	土壤饱和含水量（体积）	量纲为 $L^3 L^{-3}$，cm^3/cm^3

符号	含义	单位
λ_i	摩尔蒸发热	kJ/mol
μ	水的动力黏度	量纲为 $ML^{-1}T^{-1}$，$g/(cm \cdot s)$、$dyn \times s/cm^2$
π	3.14159	—
ρ	密度、容重	g/cm^3、kg/L
σ	助溶剂能力；标准偏差	无量纲；—
ψ	拉力、吸力或压力水头	—
ϕ	角度	弧度
ω	弯曲系数	无量纲
上标		
*	饱和、平衡状态	
'	质数符（如 A' 通常表示它与 A 有关或源自 A）	
0	0 处的距离、时间	
0	标准状态	
n	域有限差分网格	
下标		
a	空气	
aq	水相	
b	土壤	
g	气相	
i	第 i 个化学物质或节点	
i	在里面、进水、反应物、进料	
i, j, k	沿着 x、y 和 z 坐标的三维空间网格	
n	非水相液体相	
o	在外面、出水、产品	
oct	辛醇相	
p	土壤颗粒、去年	
s	土壤（吸附）相、饱和区	
t	时间	
T	总计	
v	无效	
w	水、井	

目　　录

第1章 土壤和地下水污染的来源和类型

学习目标

1. 识别地表水与地下水的主要用途类别。
2. 讨论目前的地下水质量和影响地下水质量的因素。
3. 理解地表水与地下水之间的相互影响作用。
4. 识别主要的土壤和地下水污染源。
5. 理解与土壤和地下水污染有关的术语，包括超级基金场地、棕地、《资源保护和恢复法》（Resource Conservation and Recovery Act，RCRA）设施和地下储罐设施。
6. 定位指定地区的超级基金场地、棕地和（或）RCRA设施。
7. 掌握土壤和地下水修复的总体概况。
8. 了解美国和其他相关地区的土壤和地下水污染的来源和类型概况。
9. 识别全球性土壤和地下水污染和修复的网络资源。

本章将介绍被污染的土壤和地下水有关的污染问题（或污染物来源）。我们将首先比较美国地下水与地表水的不同用途。接下来会带领读者了解美国地下水的总体质量及其影响因素（详见第2~3章）。本章将为之后有关此类污染问题的评估（如第5章），以及处理这些问题的修复技术（第6~12章）等章节奠定基础。虽然本章的重点是美国的环境问题，但也会简要介绍全球视角下的土壤和地下水污染。为了提高对此类环境问题的认识，我们鼓励读者搜索相关文献，以便更好地了解地方、区域、国家或全球范围内重要的土壤和地下水污染问题。本章最后会对土壤和地下水修复的独特挑战和环境修复框架进行论述。

1.1 水资源利用：地表水与地下水

地表水，即地球表面的水，以溪流、湖泊、湿地，以及海湾和海洋的形式出现，还包括水的固体形式（雪和冰）。

地下水，即地表下的水，储存在土壤孔隙和岩层裂缝中。在下面的讨论中，我们将主要使用美国的数据来说明地表水和地下水的抽取和使用情况，以及它们的空间和时间趋势。例如，有读者对美国某一特定地区或其他国家的地表水与地下水的使用情况感兴趣，应参考其他可获取的资料。在美国境内，美国环境保护局（United States Environmental

Protection Agency, USEPA)和美国地质调查局(United States Geological Survey, USGS)提供大量可靠的数据。

在美国,地表水和地下水的提取量分别为 2300 亿 gal①/d 和 760 亿 gal/d。在水用途的八个类型中,热电、灌溉和公共供水是用量最大的三个类型,分别占 49%、31% 和 11%。其他五个类型的总和不到 10%,包括工业(4%)、水产养殖(2%)、采矿(1%)、家庭(1%)和畜牧业(<1%)(USGS, 2010;图 1.1)。公共供水指为至少 25 人提供用水或者至少有 15 个连接点的公共和私人供水商,同时,公共供水的对象是家庭、商业、工业和公共服务用户。作为公共供水的类型之一,家庭用水包括室内用水(饮水、食物冲洗、洗衣服与厨房用水、冲厕所)和室外用水(浇灌草坪、花园和洗车)。家庭用水可以是自给自足的(如井水或容器中的雨水)或由公共供应商提供。

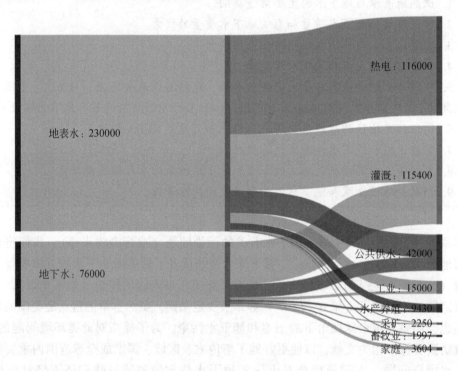

图 1.1　美国地表水和地下水的使用情况(据 USGS, 2010;单位:10^6 gal/d)

由于估算的地表水使用量比地下水使用量高三倍以上,因此,热电、灌溉、公共供水、工业和水产养殖主要使用地表水的情况是非常正常的。然而,就地下水而言,约 67% 提取的地下水用于灌溉,18% 用于公共供水。美国人口中从公共供应商处获得饮用水的比例从 1950 年的 62% 稳步上升到 2010 年的 86%(USGS, 2010)。大多数自己提供家庭用水的居民都从地下水源获得供应。一个有趣的事实是,在美国估计有 4300 万人,即 15% 的居民的家庭用水水源是自己提供的。这些自给自足的取水总量为 30 亿 gal/d,约占 2005 年

① 1gal=3.785L。

所有用途估计取水量的 1%。几乎所有（98%）的自给取水都来自于地下水（USGS，2009a）。

从全球角度来看，美国在抽取地下水方面排名第三。抽取地下水最多的 10 个国家按照递减次序为印度、中国、美国、巴基斯坦、伊朗、孟加拉国、墨西哥、沙特阿拉伯、印度尼西亚和土耳其。全球地下水开采总量中约有 72% 发生在这 10 个国家（Margat and van der Gun，2013）。事实上，地下水的抽取高度集中在有限的几个地区，特别是在亚洲。而南美洲（巴西除外）和非洲的抽取量相对较小，其中只有埃及的抽取量超过了 $5km^3/a$。

如果我们进一步研究美国各州的用水情况，它们在空间和时间上都有差异。在美国，可用的地下水资源和在使用的地下水资源在地理分布上并不均匀，就像其他地理面积大的国家一样。例如，美国一半以上的地下水抽取量发生在六个州。在加利福尼亚州、得克萨斯州、内布拉斯加州、阿肯色州和爱达荷州，大部分地下水的抽取是用于灌溉。在佛罗里达州，52% 的地下水用途为公共供水，34% 用于灌溉（USGS，2010）。图 1.2（a）展示了取水量最大的 25 个州的地下水总取水量和使用类别的空间变化，图 1.2（b）显示了 1950～2010 年地表水和地下水取水量与人口的时间变化情况。依靠地下水进行灌溉和公共供水的各州在空间上的变化是很明显的。在时间尺度上，地表水和地下水都随着人口的增加而增加，然后在 20 世纪 80 年代后趋于平稳，这主要是由于水资源保护力度的增加。

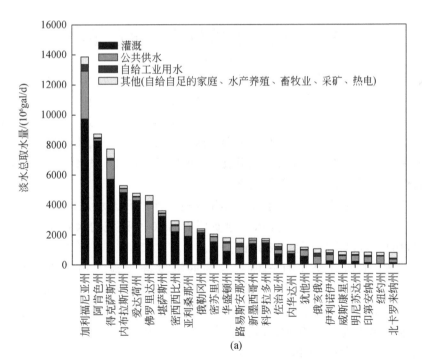

(a)

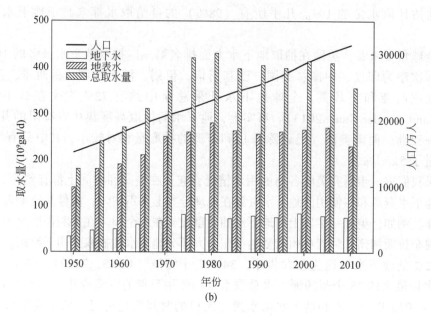

图 1.2　(a) 前 25 个州的总取水量与用水类别图以及 (b) 1950～2010 年人口与
地下水及地表水取水量的时间趋势图 (据 USGS, 2010)

1.2　地下水量与地下水质量

虽然地下水资源在空间和时间上的分布量很重要,但地下水的质量也同样重要。地下水是一种可再生资源,但可再生性也会受到过度使用和污染的影响。大规模抽取地下水会造成影响严重的水位下降(即地下水位的长期持续下降),从而进一步造成严重的经济、健康和环境影响。若井变得干涸,必须钻得更深,导致砷、镭、盐和其他随之产生的物质含量升高的风险。过度抽水会导致地表下沉,并使附近的溪流、湖泊和湿地干涸,而这些都是维持自然生态环境平衡所必需的元素。

美国地质调查局定期收集家用水井(用于家庭用水的私人水井)的地下水质量数据。在 1991～2004 年期间,从位于主要水文地质环境的 30 个区域的水井收集的监测数据中(USGS, 2009b),可以得出以下主要结论:

● 约有 23% 的水井至少有一种污染物的浓度高于最大污染物水平(maximum contaminant level, MCL)或基于健康的筛选水平(health-based screening level, HBSL)。

● 这些经常超过人类健康基准的污染物中,主要是自然发生的,包括氡、几种微量元素(砷、铀、锶和锰)、氟化物,以及总的 α 粒子和 β 粒子的放射性。来自人类活动的污染物包括硝酸盐和粪便指示菌。

● 某些污染物呈区域性分布,即它们的出现是在某些地方或地区,而不是全国。例如,氡气浓度在位于东北部、阿巴拉契亚山脉中部和南部以及科罗拉多州的结晶岩含水层中较高。另外,在农业地区经常发现硝酸盐,而不是在其他用途土地上发现硝酸盐,其浓度高于最大限度的标准。

- 某些污染物的浓度也与地球化学条件有关。例如，除了显示出区域性的分布外，铀的浓度还与溶解氧的浓度相关联。另外，铁和锰的浓度相对较高，基本到处都有，但与溶解氧的浓度成反比。
- 低浓度的人为有机化合物经常被检测到，典型分析检测界限值为 $0.001 \sim 0.1\mu g/L$，但很少出现高于 MCL 或 HBSL 的浓度。
- 最经常检测到的人为有机化合物是阿特拉津，其降解产物去乙基特拉津和挥发性有机化合物（volatile organic compounds，VOCs），如氯仿、甲基叔丁基醚、四氯乙烯（perchloroethylene，PCE，又称全氯乙烯）和二氯氟甲烷（图 1.3）。检测到的化合物种类繁多，包括除草剂、有机溶剂、消毒化学品副产品、汽油碳氢化合物，以及含氧添加剂、制冷剂和熏蒸剂等，反映出可能影响住宅井水质量的各种工业、农业和生活来源。

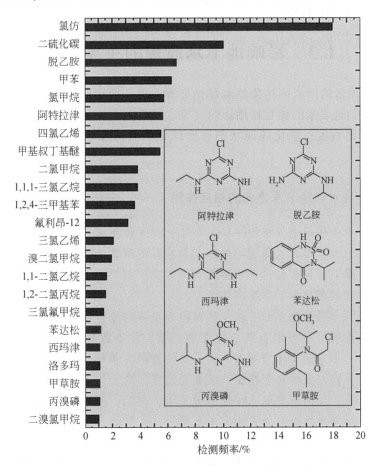

图 1.3　家用水井采集的样品中经常出现的有机化合物的检测频率（据 USGS，2009a）

数据来自 1991～2004 年国家环境水质评估（National Ambient Water Quality Assessment，NAWQA）项目含水层研究。在超过 1% 的水井中检测到六种农药（其结构见上图）和 17 种挥发性有机化合物，其浓度高于 $0.02\mu g/L$ 的常见阈值。此处浓度显示大于 $0.02\mu g/L$，以消除化合物之间不同分析检测界限值的影响

- 在样品中，168 种有机化合物中有七种的浓度高于 MCL 或 HBSL，每种超标化合物的含量都不到 1% 的水井。它们是二嗪农、二溴氯丙烷、地诺塞布、狄氏剂、二溴化乙烯、四氯乙烯和三氯乙烯（trichloroethylene，TCE）。

- 确定了几种可能对健康有影响的有机化合物混合物的组合，特别是阿特拉津和去乙基特拉津，阿特拉津或西玛津与硝酸盐，以及四氯乙烯和其他三种有机溶剂，但这些混合物的综合浓度要么低于健康基准，要么没有基准可循。这些共同出现的情况可能会对人类健康造成潜在影响，但目前还不知道低浓度的混合污染物对人类健康的长期累积影响。

因此，从美国地质调查局的调查结果可以看出，美国的大部分地下水普遍被认为是质量良好且可以安全饮用的（USEPA，2002）。主要是巨大数量的潜在污染源普遍存在，使得地下水质量在空间和时间上都有很大差异。地下水质量的恶化发生在各种受污染的场所，如工业、农业、采矿、生活和军事行动场所。本书的重点是对这些土壤和地下水中存在人为污染源的场所进行修复。

1.3　影响地下水质量的主要因素

影响地下水质量的因素因污染物和场地而异，但一般可归纳为几类，包括（但不限于）源头因素、与地表水的相互作用影响（见注释栏 1.1），以及包含土地利用、地下水年龄、地下水封闭程度、氧化还原状态和地球化学条件在内的影响污染物迁移转化的因素。

注释栏 1.1　地表水和地下水之间的相互作用

想象一下，用于饮用水供应的一口浅井位于河流的西岸，而大量使用农药（阿特拉津）的农田位于东岸。是什么原因导致这口井在径流频繁的雨季出现农药？在最近没有使用杀虫剂的旱季，为什么在河水中检测到这种杀虫剂？这一观察结果的答案可能与地表水和地下水之间的频繁相互作用有关。

地表水和地下水不是独立的实体，可以视为单一的综合水资源。任何一种水资源的使用和污染都会影响另一种水资源的数量和质量。几乎所有地表水（溪流、湖泊、水库、湿地和河口）都与地下水有相互作用。这些互动有多种形式。在许多情况下，地表水体从地下水系统获取水和化学物质，或者它们可以成为地下水补给源并导致地下水水质发生变化。因此，从溪流中取水会耗尽地下水；相反，抽取地下水会耗尽溪流、湖泊或湿地中的水。地表水污染会导致地下水水质退化；反之，地下水污染会导致地表水质退化。

水在地下水和地表水之间的运动为陆地和水生系统之间的化学转移提供了主要途径。从地表水质量的角度来看，受污染地下水的影响尤为重要，因为大部分地下水污染发生在与地表水直接相连的浅层含水层中。在某些情况下，受污染的地下水可能是溪流和湖泊地表水污染物的长期主要潜在来源。溪流以三种基本方式与地下水相互作用：溪流通过流入河床的地下水获取水分（获取溪流），通过流经河床的外流将水流失到地下水

（流失溪流），或者两者兼而有之，在某些河段获取的同时在另一些河段流失。也就是说，湖泊和湿地可以在整个河床层接收地下水流入，也可以在整个河床层流出地下水，或者在不同的地方同时流入和流出（USGS，1998）。

观察和检测互相联系的地表水和地下水具有挑战性，但有一点很重要：我们必须加大力度修复受污染的场地。更好地理解此类水互动还将帮助我们评估废物排放量的许可，以此保护或恢复地表水中的生物资源。

我们将在随后的两章中讨论污染物迁移与转化（第 2 章）和水文地质学（第 3 章）时介绍一些细节。以下是美国地质调查局（USGS，2009b）关于影响人类活动的硝酸盐、杀虫剂和挥发性有机化合物（VOCs）因素的研究摘录。在美国，这些地下水污染物的重要性按递减顺序为硝酸盐、农药、VOCs、石油产品、金属、盐水、合成有机化合物、大肠菌群、放射性物质、其他农业污染物、砷（As）、氟化物和其他无机化合物（USEPA，2002）。有关地下水污染物的前三名物质的研究结果如下：

● **硝酸盐**：农业用地和来自大气沉降、化肥、粪便和化粪池系统的总氮输入是与硝酸盐浓度有最强正相关关系的来源。地下水年龄是影响硝酸盐浓度的一个重要因素。1953年以前补给水的硝酸盐浓度中值明显低于 1953 年或以后补给水中相应浓度。此外，密闭含水层和半密闭（混合密闭）含水层中的水的硝酸盐浓度比非密闭含水层中水的浓度在统计学上要低。溶解氧的浓度与硝酸盐浓度有很强的正相关关系，表明含水层中的氧化还原过程在硝酸盐的迁移和转化中起着重要作用。

● **杀虫剂**：所有经常检测到的杀虫剂都与农业用地和杀虫剂的使用剂量（基于有效的数据）有正相关关系。阿特拉津、西马津和氯苯那敏与城市土地利用呈正相关关系。农药的检测与地下水的年龄和封闭程度有关；较"年轻"的地下水和来自非封闭含水层的水的农药检测率显著高于较"古老"的水和来自混合封闭的含水层或封闭含水层的水中的农药检测率。溶解氧（dissolved oxygen，DO）浓度与杀虫剂浓度呈正相关关系，这可能是因为氧气充足的水与年轻的含水层有关。在一些含水层中，溶解有机碳（dissolved organic carbon，DOC）与农药浓度呈负相关关系，而在其他含水层中则呈正相关关系。在相关性为正的情况下，相关性很可能是土地利用的结果，而不是溶解有机碳浓度的结果。

● **VOCs**：城市或混合土地利用区域样品的 VOCs 检测频率略高于农业或未开发土地利用区域，但在不同封闭程度的地下水或不同氧化还原状态之间没有显著差异。所有检测到的 VOCs 在所研究的碳酸盐岩含水层中的检测频率不同，这些差异可能与各种自然和人为因素有关，包括水文地质、水化学和土地利用等。

1.4　美国的土壤和地下水污染源

在美国，人们的环境意识从 1970 年的第一个地球日和 20 世纪 70 年代尼克松总统成立的美国环境保护局开始产生。例如，拉夫运河（Love Canal）事件是历史上发生的最臭名昭著的事件之一（见注释栏 1.2）。它始于 20 世纪 40 年代和 50 年代，当时胡克化学公司利用城市内的一些废弃地来处理超过 10 万吨的危险石油化工废物。废弃物被放置在弃用的拉夫运河中，在胡克化学公司自有属地的一个大型无衬里基坑里。到 20 世纪 70 年代中期，拉夫运河的废弃化学品从这些地方渗漏出来——已经造成各种伤害和财产损失。当时，并没有相关的环境法来反对这种处置方式。

注释栏1.2　拉夫运河（Love Canal）环境灾难事件

　　拉夫运河临近纽约尼亚加拉瀑布。胡克化学公司（现在的西方石油公司）在 1953 年以 1 美元的价格将该地块卖给了尼亚加拉瀑布学校董事会，契约中明确规定了废弃物的存在，并包括一个关于污染的责任限制条款。住房开发的建设工作，加上特大暴雨，释放了化学废弃物，导致了公共卫生紧急情况和城市规划的丑闻发生。该垃圾场被当地报纸《尼亚加拉瀑布公报》发现并调查，并于 1976~1978 年开展了疏散措施。记者迈克尔·H. 布朗（Michael H. Brown）于 1978 年 7 月首次提出对潜在健康问题的关注。在 20 世纪 70 年代中期，拉夫运河被媒体披露后，成为全国和国际关注的主题。那里面有什么？它的现实情况到底有多糟？对于污染已经做了什么？事件引发了非常多的问题。

　　广泛的测试和调查显示，该场地以前曾被胡克化学公司用来掩埋 21000 吨有毒废弃物。材料包括来自染料、香水以及橡胶和合成树脂溶剂制造过程中释放的苛性碱、碱、脂肪酸和氯化碳氢化合物。据计算，在运河土中发现 248 种化学物质，包括 60kg 的二噁英。

　　1979 年，美国环境保护局宣布了血液测试的结果，显示拉夫运河附近的居民白细胞计数很高，这是白血病的前兆，同时他们的染色体受损。事实上，33% 的居民经历了染色体损伤（在一般人群中，染色体损伤仅仅影响 1% 的人）。事件发生十年后，纽约州卫生局局长戴维·阿克塞尔罗德（David Axelrod）说："拉夫运河将长期作为一个'国家考虑后代失败的象征'而被记住。拉夫运河事件的意义尤为重大，因为这里的居民相当于'被浸入污染物中，而不是其他任何方式'。"

　　政府重新安置了 800 多个家庭，并分担了他们的房屋费用。1994 年，联邦部门裁定西方石油公司在处理废弃物和将土地出售给尼亚加拉瀑布学校董事会的过程中存在过失，但并非完全不计后果。西方石油公司被美国环境保护局起诉，并在 1995 年同意支付 1.29 亿美元的赔偿金，居民的诉讼也在拉夫运河灾难发生后的几年里得到解决。如今，运河东西两侧住宅区的房屋已经被拆除了，西侧只剩下废弃的住宅街道，一些年长的东侧居民选择了留下，而他们的房子在被拆迁的街区里孤零零地矗立着。据估计，原来的 900 个家庭中只有不到 90 个选择留下，只要能保证他们的家在一个相对安全的区域，他们就愿意留下来。1980 年 6 月 4 日，为了恢复该地区，拉夫运河区域振兴机构（Love Canal Area Revitalization Agency，LCARA）成立，拉夫运河以北的地区被称为黑溪村。LCARA 希望转售 300 套最初由纽约在居民搬迁时购买的房屋，这些房屋离倾倒化学品的地方较远。毒性最强的区域（16acre①，即 65000m²）已被重新埋上厚厚的塑料衬垫、黏

---

　　① 英亩，1acre = 0.4047hm² = 4047m²。

土和泥土，并在这个地区周围建造了一个 2.4m 高的带刺铁丝网。拉夫运河灾难是美国历史上最令人震惊的环境悲剧之一。

上述的不当处置和非法倾倒事件只是全国范围内土壤和地下水污染的部分原因。1984 年向国会提交的名为"保护国家地下水不受污染"的报告是这些污染事件的重要里程碑，报告中列出了国家水质清单调查中的 30 个潜在地下水污染源。图 1.4 表明土壤和地下水的污染源很多，而且与人类活动一样多样化。

图 1.4　地下水污染的来源（据 USEPA，2000）

图中未列所有地下水污染源清单，其他潜在来源可能包括地下储罐、污水处理厂、泄漏、非法倾倒和城市径流等

图 1.5 显示了美国土壤和地下水的主要污染源。地下储罐是前五名污染源中最普遍的（有 34 个州提及）；25 个州将城市垃圾填埋场列为前五名污染源；23 个州将农业活动列为前五名污染源；被遗弃的危险废物场所（21 个州提及）和化粪池（20 个州提及）分别在前五名污染源中排名第四和第五。

以下描述的重点是基于清理的受污染场地和废物设施的市场分析，包括国家优先名录（National Priorities List，NPL）上的超级基金场地，《资源保护和恢复法》（RCRA）设施和地下储罐（underground storage tanks，UST），美国国防部（Department of Defense，DoD）和能源部（Department of Energy，DoE）场地，以及各州和私人团体（包括棕地）。

1.4.1　超级基金场地和棕地

正如美国环境保护局所确认的那样，超级基金场地是不受控制或被遗弃的危险废弃物所在的地方。一个场地被遗弃可能是因为其所有者宣布破产，出售了财产，而相关责任方可能正在争论的过程中。超级基金场地起源于 1980 年的一项监管法案，即《综合环境反

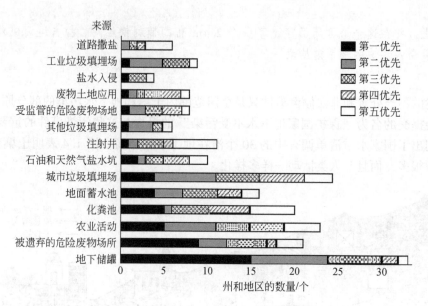

图 1.5　美国土壤和地下水污染源（据 USEPA，1990）

各州和地区对各种污染源的优先级进行了第一至第五（第一为最高优先级）的排名

应、赔偿和责任法》（Comprehensive Environmental Response，Compensation，and Liability Act，CERCLA），通常被称为《超级基金法》（Superfund Act）。《超级基金法》要求对国家优先名录（NPL）上的场地进行不同的修复行动评估，并定义了评估选项的标准。超级基金最初是一个 16 亿美元的超级信托基金组成，美国环境保护局每个财政年度都会存入 10.9 亿～12.5 亿美元用于超级基金的修复（Pichtel，2000；Congressional Research Service，2016）。超级基金的资金是用来资助那些没有立即确认潜在责任方的废弃场地的清理工作。然而，这个资金库肯定不足以修复所有的场地。

超级基金场地在完成危害排序系统（hazard ranking system，HRS）筛选、对拟议场地的公开意见征求，且所有意见得到回复和处理后，被列入 NPL。美国大约有 36814 个潜在的危险场所，截至 2018 年 5 月，共有 1343 个场地被列入 NPL，估计每个场地需要 2700 万美元的资金或平均每个场地有 2000 万 m³（即约 2600 万 yd³①）需要清理。美国 NPL 场地的完整清单可在网址 http://www.epa.gov/superfund/sites/index.htm 获取。从美国超级基金场地的分布情况来看，新泽西州、加利福尼亚州、宾夕法尼亚州、纽约州、密歇根州、佛罗里达州、伊利诺伊州、得克萨斯州和华盛顿州是拥有超级基金场地最多的州。注释栏 1.3 提供了一些关于美国常见的污染基质（地下水、土壤、沉积物、底泥等）和常见污染物的具体信息。

---

　① 码，1yd＝0.9144m，1yd³≈0.76m³。

注释栏 1.3　超级基金场地：有多少？是什么基质？存在何种污染物？

国家优先名录（NPL）中的超级基金场地的数量随时间而变化。每年我们都会在 NPL 中删除和增加超级基金场地的数量。如果我们把超级基金场地总数除以 50 个州，每个州大约有 25 个。有兴趣的读者请到美国环境保护局的网站上查找所关注地区的现有超级基金场地。例如，在撰写本书时，有 55 个超级基金场地被列入得克萨斯州的国家优先名录（NPL）。从分布图上看，该州最多的超级基金场地定位在休斯敦-加尔维斯顿地区。在这八个县的地区，共有 28 个地点被列入美国环境保护局的国家优先名录或得克萨斯州的超级基金清单上。事实上，哈里斯县是美国拥有最多超级基金场地的前 10 个县之一。此外，该地区每年产生 450 万吨的固体废弃物。该地区的 21 个垃圾填埋场根据 2000 年的处理率来预估的话，会在不久的将来达到满负荷运转的状态（Citizen's Environmental Coalition, 2001）。

在有裁定记录（record of decision, ROD；即解释将使用哪些清理方案来清理超级基金场地的公共文件）的国家优先名录场地中记载了受污染基质的频率，据报道分别为地下水（76%）、土壤（72%）、沉积物（22%）和底泥（12%）（USEPA, 2004）。通过与其他环境基质的比较，被污染的"土壤"和"地下水"的重要性是显而易见的。

从 944 个有裁定记录的国家优先名录场地主要污染物组频率数据来看：

$$VOCs+SVOCs+金属 =41\%$$
$$VOCs+SVOCs=25\%$$
$$VOCs\ 或\ SVOCs\ 或金属 =25\%$$

其他受关注的污染物包括放射性元素、非金属无机物或未指明的有机物或无机物，约占 10%。进一步分析国家优先名录场地中最常见的污染物的结果表明，挥发性有机化合物（VOCs）、半挥发性有机化合物（semivolatile organic compounds, SVOCs）和金属占主导地位。在 VOCs 组中，统计数据为三氯乙烯（TCE；50%）、苯（43%）、甲苯（36%）、四氯乙烯（PCE；36%）和氯乙烯（vinyl chloride, VC；29%）。多氯联苯（polychlorinated biphenyls, PCBs）在 SVOCs 中占 36%，而金属按照递减次序为铅（47%）、砷（41%）、铬（37%）、镉（32%）、镍（29%）、锌（29%）（USEPA, 2004）。

超级基金在美国是一个独特的系统，有人认为在欧洲已经有部分的类似于超级基金的系统，将它包含在《环境责任指令》（2004/35/CE）中。在未来，欧洲国家将以更全面的监管框架颁布处理土壤污染的律法（Schirmeisen, 2005）。

棕地（brownfield, BF）是指那些被遗弃的、未充分使用的商业用地，其有利的开发因实际或被感知的污染问题而受到阻碍。它的名字来自于与之相对应的农村绿地。棕地通常与窘迫的城市地区有关，特别是中心城市和内郊地区，这些地区曾经工业化程度很高，但后来都被腾空了。一小部分棕地的污染程度可能达到了成为 CERCLA 规定的超级基金场地的候选者的程度（见注释栏 1.4 中超级基金场地和棕地的比较）。

注释栏 1.4　超级基金场地与棕地的对比研究

超级基金场地是未受控制或被遗弃的地方，那里有危险的废弃物，可能影响当地的生态系统或居民。在完成了危害排序系统（HRS）的筛选和公开征求意见后，这些地点被列入国家优先名录（NPL）。如果一个地点被列入NPL，它就会得到超级基金的资金资助。

在美国的超级基金计划中，存在联邦层面上的和州级层面上的。例如，在得克萨斯州，获得5.0分或更高的HRS分数的场地可能有资格被列入州超级基金登记册，成为州超级基金场地。然而，获得28.5分或更高的HRS分数的场地也有资格作为联邦超级基金场地被考虑列入国家优先名录（NPL）。如果HRS得分在28.5分或更高，但美国环境保护局确定其不属于NPL级别的场地，则可提交州超级基金登记处。州超级基金登记处于1985年通过得克萨斯州第69届议会建立，由得克萨斯州环境质量署（Texas Commission on Environmental Quality，TCEQ）管理，把那些有严重污染但不符合联邦计划的废弃或不活跃的场地列出并根据州计划进行清理。州政府在管理州超级基金计划时必须遵守联邦准则，但州超级基金的行动不需要美国环境保护局的批准。

棕地一词是指"不动产，其扩展、重建或再利用可能因存在或可能存在危险物质、污染物或污染而变得复杂"。棕地不包括被列入国家优先名录或被提议列为超级基金场地的场地。因此，超级基金场地很明显是重中之重，比棕地更常成为关注点。

CERCLA（见第4章）对超级基金场地和棕地的清理修复进行了规定。CERCLA要求棕地的全部所有者和经营者对污染负责，无论他们是否实际造成了污染。这一责任计划受到了批评，2002年颁布了《小型企业责任减免与棕地复兴法》（Small Business Liability Relief and Brownfields Revitalization Act，SBLR&BRA），旨在为潜在的购买者、相邻的财产所有者和无辜的土地所有者提供责任保护，并授权计划为进入和清理棕地的州和地方提供资金。

据估计，美国有450000个棕地，德国有362000个，法国有200000个，英国有100000个（Oliver et al.，2005）。棕地及其相关污染物的常见例子：干洗店（VOCs、溶剂），医院（甲醛、放射性核素、溶剂、汞），电镀场所（镉、铬、氰化物、铜、镍），皮革制造商（苯、甲苯），石油精炼厂［苯系物（苯、甲苯、乙苯和二甲苯，benzene、toluene、ethylbenzene、and xylene，BTEX）、燃料、石油与油脂、石油碳氢化合物］，木材防腐［五氯苯酚、杂酚油、砷、铜、PCBs、多环芳烃（polycyclic aromatic hydrocarbons，PAHs）］以及电池回收和处置（铅、镉、酸）。在欧洲，采矿、木材加工、造纸、纸浆生产以及钢铁行业可能是棕地的最大来源。

棕地的问题听起来很简单，但它也许真的很复杂，涉及许多利益相关方和团体，如房地产商、环境公司、政治家、律师、保险公司、政府机构、投资者和普通民众。对于这些不同的人群来说，棕地代表着各自的机会和挑战。美国在清理垃圾和废弃物这方面已经取得了很大的进展。例如，休斯敦在重新利用棕地方面处于全国领先地位。目前，休斯敦棕地试点计划已经完成超过 550acre 的棕地再利用，其重建成本总计为 4.63 亿美元。

1.4.2　《资源保护和恢复法》设施和地下储罐

《资源保护和恢复法》（RCRA）设施或固体废物管理装置（solid waste management unit，SWMU）被定义为"被用于在任何时间段处理、储存或处置固体废物的任何装置"。这些装置包括储罐、废物堆、排水场、废物处理单位和地面蓄水池。SWMU 的主要类型是用于土地处置（垃圾填埋场、废物堆、地表蓄水池、土地处理装置）、处理和储存（容器储存和积聚区、储罐和储罐连接）、焚烧和其他用途，如锅炉和熔炉。

RCRA 设施在美国的分布很不均匀，加利福尼亚州和得克萨斯州占美国 RCRA 设施的 20%。污染基质的频率依递减顺序为地下水、土壤、底泥、地表水、沉积物、空气和杂物。在美国 RCRA 设施中，预计超过限定水平的前 10 种地下水污染物，按每种污染物占设施百分比排列，分别是铬（47%）、苯（30%）、二氯甲烷（23%）、砷（20%）、铅（20%）、四氯乙烯（18%）、三氯乙烯（17%）、萘（14%）、1,2,2-三氯乙烷（11%）和甲苯（10%）（USEPA，1993，1994a）。

根据 RCRA §9001（1），地下储罐（UST）被定义为"任何一个或多个储罐（包括与之相连的地下管道），用于储存受管制物质，其容积……在地表下占 10% 或以上"。有几种类型的储罐被排除在 UST 之外，即"家庭取暖油罐、化粪池、其他受管制的管道、用于非商业目的的容量小于 $4m^3$（即 1100gal）的 UST，以及用于商业和工业设施取暖的燃料油罐"。

地下储罐的泄漏通常与使用的油罐老化有关。许多联邦监管的在用或已废弃储罐的使用寿命都超过 25 年。储存的化学品类型为汽油（62%）、柴油（20%）、废油（3%）、煤油（3%）、取暖油（3%）、有害物质（3%）、空罐（2%）和其他（5%）（Tremblay et al.，1995）。由于大量泄漏的汽油储罐，现在美国某些州要求加油站在检查后，在所有 UST 设施张贴合规标签，同时业主可以很方便查看并打印出泄漏检测报告以便于及时了解情况。

1.4.3　美国国防部和能源部场地

美国国防部（DoD）的场地和设施分布在陆军、海军、空军、国防后勤局（Defense Logistics Agency，DLA）和以前使用的国防场地。据估计，美国国防部场地需要清理的基质百分比依次为地下水（71%）、土壤（67%）、地表水（19%）和沉积物（6%）（USDoD，1996）。最常见的需要清理的国防部场地类型包括：UST、泄漏区、垃圾填埋场、地面处置区、储存区、处置坑（干井）、未爆弹药区、受污染的地下水、火灾（碰撞）训练区和地面蓄水池（潟湖）。主要的污染物类别包括一些常见的 VOCs、SVOCs、金属，以及一些特定的污染物，如炸药（推进剂，如 TNT、2,4-DNT、2,6-DNT、RDX、HMX）和放射性金属。

在美国、东欧和西欧的部分国家、俄罗斯、中国和日本，污染场地中高浓度的爆炸物尤其需要得到关注。这些来源包括弹药厂、测试设施、军事区和战场。例如，现役美国军事设施普遍的爆炸物污染包括 57 万 m^3 的土壤（沉积物）、380 万 m^3（即 100 亿 gal）的受污染地下水，目前需要 26.6 亿美元的总修复费用。

美国能源部（DoE）的场地除了之前描述的金属和有机污染物外，通常还有放射性污染物（如铀、氚、钍、镭、钚）（USDoE，1995）。

表 1.1 是美国受污染场地预估数量和修复成本的总结。从中可以看出，还有大量的民用联邦场地、潜在的州政府计划场地和私营场地需要评估和修复。由于 DoE、DoD 和 RCRA 中受污染的场地和设施相对于 NPL 中所列的超级基金场地数量较多，因此，超级基金场地的修复总费用实际上比美国的其他部分要小得多。

表 1.1　美国需要修复的受污染场地的估计数量和费用（据 USEPA，2004）

污染部分	场地数量/个	成本/10 亿美元	评价
超级基金			
● 现有场地	456	19.4	假设每年有 23～49 个场地被列入 NPL
● 预计场地	280	12.7	
● 小计	736	32.1	
RCRA 装置	3800	44.5	费用不包括长期监测和地下水处理
地下储罐（UST）	125000	15.6	包括已经确定的 35000 个地点和 90000 个预计地点
美国国防部	6400	33.2	在 30000 个已经确定的地点中，有 24000 个地点已经完成或计划进行修复
美国能源部	5000	35.0	成本不包括核试验场的长期管理
民事联邦机构	3000+	18.5	不包括 8000～31000 个废弃的矿区，潜在成本为 180 亿～510 亿美元
各州	150000	30.0	已经确定的 23000 个地点，加上未来 30 年预计的 127000 个潜在地点
总数	294000	208.9	不包括修复工作已经开始或已经完成的地点

1.5　全球视角下受污染的土壤和地下水

在史前时代，也许二氧化碳、二氧化硫、硫化氢、氮氧化物和其他来自火山的有毒气体是扰乱地球的主要化学物质。只要人类在这个星球上生活，污染就一直存在。我们的祖先开始使用森林火（因此污染气体的排放）来蓄意捕捉动物。另一个例子是罗马人发现了石棉的隔热特性。这些矿物后来被开采出来，至今仍被广泛使用。在 19 世纪，由于使用煤焦油工业中的染料和有机化学品，工业污染发生了。20 世纪初，化学物质的使用和钢铁生产、铅、炼油厂以及镭和铬的使用所产生的废弃物，使污染急剧增加。在第二次世界大战期间（20 世纪 30 年代至 40 年代），化学制品如氯化溶剂、农药、聚合物、塑料、油漆和木材防腐剂开始引发污染。例如，塑料在战争期间被广泛使用（如轰炸机的鼻锥和降落伞），像滴滴涕（双对氯苯基三氯乙烷，dichloro-diphenyl-trichloroethane，DDT）这样的有机农药取代了无机农药。20 世纪 70 年代是发达国家环境质量最差的时期，不仅是空气（雾霾）和地表水污染，还有土壤和地下水污染。

各种土壤和地下水污染修复技术起源于北美和欧洲国家的快速工业化进程中。20 世纪 80 年代是美国、加拿大、德国、英国和法国新环境立法迅速发展和修复技术商业化的十年。自 20 世纪 90 年代以来，这些国家的修复技术得到了进一步完善，以提高成本效益、降低风险和增加可持续性。表 1.2 粗略估计了各国受污染场地和修复费用。目前还没有关于修复技术市场的详细报告。

可以看到，仅在美国被污染的土壤和地下水，修复上述所有污染源的总成本就在数千亿美元的范围内。在欧洲，约有 300 万个场地发生了潜在的污染，其中超过 8%（近 25 万个场地）需要修复。表 1.2 还揭示了中国、拉丁美洲和非洲等发展中国家污染场地修复市场的快速增长需求。以中国为例，90% 的地下水受到一定程度的污染，60% 的地下水受到严重污染。大约 65% 的灌溉农业用地存在重金属污染（镉、铅、镍、汞），估计修复成本为 1.2 万亿美元（Xu et al.，2017）。近年来，为了应对这种日益增长的污染担忧，中国颁布了新的环境法规，实施了相应的整治示范项目。

表 1.2　全球受污染土壤和地下水的修复市场（据 USEPA，2004；Singh et al.，2009；Naidu and Birke，2015；European Environment Agency，2015）

国家或地区	受污染场地的数量/个	目前的市场价值	预估的未来市场
美国	294000	60 亿~80 亿美元/a（占全球市场的 30%）	未来 30~35 年内大约为 2090 亿美元
加拿大	30000	2005 年为 2.5 亿~5 亿美元	10 年后为 35 亿美元
西欧	600000~2500000	600 亿美元，时间框架未定	占据 0.5%~1.5% 的国内生产总值
英国	100000	80 亿美元	无
澳大利亚	160000	大于 30 亿美元/a	无
中国	300000~600000	30 亿~60 亿美元	8% 的年增长率
日本	500000+	12 亿美元，时间范围未定	到 2010 年为 30 亿美元
亚洲	3000000+	未评估	未评估
拉丁美洲、非洲	无数据	9.7 亿美元	年增长 4.5%

注：所有有关金钱数额的计算都是根据 2018 年的汇率换算成美元。

1.6　土壤和地下水污染修复

本章的讨论内容清楚地表明了地下水作为许多民用、工业和农业用水供应水源的重要性。同样，清洁土壤的重要性也不言而喻，因为土壤对陆地粮食生产至关重要。不幸的是，宝贵的土壤和地下水资源在过去几十年里同时受到各种人类活动的威胁。为了缓解这一问题，土壤和地下水修复，或泛义的环境污染修复将发挥其作用。以下是关于土壤和地下水修复独特挑战的简要概述，以及这一跨学科领域的涵盖范围。

1.6.1　与空气和地表水污染不同的独特挑战

土壤和地下水的复杂性使其有别于其他环境基质，如空气、地表水、废水和固体废物。修复一词通常与土壤和地下水污染的场所有关，并与用于其他污染问题的"处理"或"处置"技术一起使用。污染土壤和地下水修复面临的特殊挑战总结如下：

- 与空气或地表水不同，土壤和地下水污染不容易可视化。流动路径和污染物运动的检测可能需要很长时间，从而延误修复。
- 与空气或地表水中的污染物不同，地下水中的污染物不易降解或稀释；因此，污染物会随着时间的推移而累积，有可能超过当地或区域范围内的环境质量标准。所以，如果污染地点没有及时实施工程措施，土壤和地下水污染会变为一个不可逆的过程。
- 土壤和地下水污染修复通常时间较长、成本较高。这在一定程度上与地下水流缓慢以及在复杂的地质构造中很难接触和去除污染物有关。

1.6.2　环境污染修复范围

达到土壤和地下水污染修复目标的方法选择要根据具体地点而定，但需要进行环境修复时，要分析以下与技术活动相关联的问题：

- 污染物是什么？
- 它从哪里来，又要去哪里？
- 污染情况到底有多糟？
- 我们需要清除多少污染物量？
- 我们怎样才能清除污染？
- 需要多少钱？
- 我们如何知道自己修复成功了？
- 我们怎么知道什么时候该停下来？
- 哪些法律法规涉及修复过程？

本书的环境修复范围将涉及上述问题。从逻辑上讲，我们将首先分析常见污染物的化学-物理性质、含水层特征，以及土壤和地下水中物质的运动；然后，在特定场地的监管和经济约束条件下，评估技术上可行的修复方案。按照出现的先后顺序，本教材将涵盖以下几个方面：

- 污染物的种类及其物理、化学和生物特性（第 2 章）
- 含水层、土壤和地下水水文地质条件（第 3 章）
- 环境法规、成本和可被接受的风险水平（第 4 章）
- 污染场地、用途和物理特征的勘查（第 5 章）
- 特定地点修复措施的技术可行性（第 6~12 章）
- 地下水流动与污染物运移的数学模型（第 13 章）

土壤和地下水污染修复领域发展迅速，这要归功于我们在过去 40 年中通过创新研究和技术开发获得的知识和环境法规的实施。本书将介绍目前我们对环境修复的原理和应用的认识。可持续性作为绿色修复日益重要的组成部分，也将被纳入场地评估和修复的讨论中。

参 考 文 献

Citizen's Environmental Coalition(2001). 2001 Environmental Resource Guide, Houston, Texas.

Congressional Research Service(2016). Environmental Protection Agency(EPA): FY2016 Appropriations, 43pp.

European Environment Agency(2015). Progress in Management of Contaminated Sites, 33pp.

Margat, J. and van der Gun, J. (2013). *Groundwater around the World: A Geographic Synopsis*. Boca Raton: CRC Press.

Naidu, R. and Birke, V. (2015). *Permeable Reactive Barrier: Sustainable Reactive Barrier*. Boca Raton: CRC Press.

NICOLE Brownfield Working Group (2011). Environmental Liability Transfer in Europe: Divestment of Contaminated Land for Brownfield Regeneration.

Oliver, L., Ferber, U., Grimski, D. et al. (2005). The Scale and Nature of European Brownfield. In: *CABERNET. Proceedings of CABERNET 2005: The International Conference on Managing Urban Land* (ed. L. Oliver, K. Millar, D. Grimski, et al.), 274—281. Nottingham: Land Quality Press.

Pichtel, J. (2000). *Fundamentals of Site Remediation*. Rockville: Government Institutes.

Schirmeisen, A. (2005). Is there or if not could there be a European SUPERFUND of some kind or other? Master's Thesis. University of the West of England, Bristol.

Singh A., Kuhad, R. C., and Ward, O. P. (2009). Biological remediation of soil: An overview of global market and available technologies. In: *Advances in Applied Bioremediation* (ed. A. Singh), 1–20. Berlin: Springer.

Tremblay, D. L., Tulis, D., Kostecki, P., and Ewald, K. (1995). Innovation Skyrockets at 50,000 LUST Sites, Soil and Groundwater Cleanup, 6–13.

US Congress(1984). Protecting the Nation's Groundwater from Contamination, OTA-O-233, October 1984.

USDoD(1996). Restoration Management Information System, November 1996.

USDoE (1995). Estimating the Cold War Mortgage: The Baseline Environmental Report, DOE/EM-2032, March 1995.

USEPA(1990). National Water Quality Inventory: 1988 Report to Congress, EPA 440-4-90-003.

USEPA(1993). Draft Regulatory Impact Analysis for the Final Rulemaking on Corrective Action for Solid Waste Management Units Proposed Methodology for Analysis, March 1993.

USEPA(1994a). Analysis of Facility Corrective Action Data.

USEPA(1994b). RCRA Corrective Action Plan, *OSWER Directive* 9902:3–2A.

USEPA(2000). The Quality of Our Nation's Waters. A Summary of the National Water Quality Inventory: 1998 Report to Congress, EPA 841-S-00-001.

USEPA(2002). Drinking water from household wells: Washington, D C, US Environmental Protection Agency, Office of Water, EPA 816-K-02-003.

USEPA(2004). Cleaning up the Nation's Waste Sites: Markets and Technology Trends, 2004 Edition, EPA 542-R-04-015.

USEPA(2007). Innovative Treatment Technology: Annual Status Report, 12e, EPA 542-R-96-012.

USEPA(2009). National Water Quality Inventory: 2009 Report to Congress, EPA 841-R-08-001.

USGS(1998). Ground Water and Surface Water:A Single Resource,Denver,Colorado.

USGS(2006). Microbial Quality of the Nation's Ground-Water Resource,1993–2004.

USGS(2009a). Quality of Water from Domestic Wells in Principal Aquifers of the United States,1991–2004.

USGS(2009b). Factors Affecting Water Quality in Selected Carbonate Aquifers in the United States,1993–2005.

USGS(2010). Estimated Use of Water in the United States in 2010.

Xu,C.,Yang,W.,Zhu,L.,et al. (2017). Remediation of Polluted Soil in China:Policy and Technology Bottlenecks. *Environ. Sci. Technol.* 51(24):14027–14029.

问题与计算题

1. 收集您关注的城市或所在地区的地表水和地下水的相对百分比，以及其各自用途的分类。

2. 界定作为不同类型的"生活用水"和"公共用水"之间的区别。

3. 请描述地下水中潜在的自然和人为来源：(a)硝酸盐、(b)氡和(c)放射性。

4. 请描述地下水中潜在的自然和人为来源：(a)铀、(b)阿特拉津和(c)大肠杆菌。

5. 你所在的区域哪个地区含水层的地下水中氡的浓度通常很高？

6. 根据文献，你所在区域地下水中最常检测到的杀虫剂是什么？

7. 化粪池是否被认为是无害环境设备？为什么？

8. 收集信息，写一份关于你所在城市或州的污染修复状况的简短报告：(a)超级基金场地、(b)棕地场地和(或)(c)地下储罐。

9. 在您附近找到一个棕地，调查其过去的活动和相关的污染物。

10. 在美国，为什么"超级基金场地"的修复费用远远低于国防部和能源部的污染场地？国防部和能源部场地中的独特污染物是什么？

11. 请描述影响地下水中(a)杀虫剂和(b)硝酸盐浓度的两个主要因素。

12. 请描述影响地下水中(a)甲基叔丁基醚(MTBE)和(b)总大肠菌群浓度的两个主要因素。

13. 在图 1.3(b)中，尽管人口继续增长，但自 1985 年以来，抽取的新鲜地表水和新鲜地下水似乎趋于平缓。讨论一下这背后的原因是什么？

14. 请解释美国联邦和州的超级基金场地之间的区别。讨论你所在区域有无类似的评估。

15. 请解释"超级基金"和"棕地"之间在清单、适用法规、资金来源等方面的区别。

16. 讨论为什么对受污染场地的地下水进行修复时要考虑附近河流的水质。

17. 在一个大量施用化肥的农业地区，在几口家用水井中检测到了硝酸盐，与远处的水井相比，靠近河流的水井中硝酸盐的峰值浓度显示得更早。请尝试解释背后的原因。

第2章　地下水污染物归趋和迁移

学习目标

1. 了解土壤和地下水中常见污染物的结构特征。

2. 了解土壤和地下水中常见污染物的迁移归趋过程。

3. 判断可改变化学结构的化学和生物反应类型（水解、氧化还原和生物降解）。

4. 使用溶度积常数（K_{sp}）来估算沉淀-溶解反应中无机金属的水溶性。

5. 了解有机污染物水溶性的影响因素，并将溶解度与辛醇-水分配系数（K_{ow}）联系起来。

6. 应用密度区分轻质非水相液体（light non-aqueous phase liquid，LNAPL）和重质非水相液体（dense non-aqueous phase liquid，DNAPL），并将其在土壤和地下水中的迁移关联起来。

7. 区分与生物降解相关的各种术语，包括生物转化、矿化、需氧和厌氧生物降解。

8. 使用理想气体定律估计处于纯态平衡的蒸气的气相浓度。

9. 将亨利（Henry）常数（H）与两类常见的土壤和地下水污染物联系起来，如挥发性有机化合物（VOCs）和半挥发性有机化合物（SVOCs）。

10. 区分有机和无机污染物的主要吸附机制，并将它们分别与阳离子交换量和吸附系数（K_d）关联起来。

11. 应用物理化学属性（附录C）来判断某种给定污染物的主要归趋和迁移过程。

12. 将污染物的归趋和迁移与水文过程关联起来，包括对流、弥散和扩散，以及这些过程的定义方程，包括达西（Darcy）定律和菲克（Fick）第一定律。

污染修复技术的选择在很大程度上取决于化学污染物的类型、行为（归趋和迁移），以及土壤和地下水的特性（水文地质）。本章首先介绍在美国和世界各地受污染的土壤和地下水中经常检测到的一些化学污染物。化学迁移和归趋本质上属于环境化学专题，也是本章的重点。随后，本章将介绍化学物质在土壤和地下水中不同类型的"变化"和"移动"方式。非生物过程和生物过程，如水解、氧化还原和生物降解，通常会改变无机物质的形态或有机化合物的结构。这种变化可能会产生期望的结果，即分解成无毒副产物，也可能导致我们不想看到的毒性更强的子化合物产生。污染物的移动通常可分为相态间和相态内的过程，它们对于更好地实施监测、更有效地清除受污染土壤和地下水至关重要。它们包括相态（土壤-空气-水）之间的化学交换和均质环境介质（如地下水）内的化学迁移。总的来说，它们包括挥发、沉淀-溶解、增溶、吸附-解吸、离子交换、对流和各种类型的扩散-弥散。关于生物过程的更多细节将在第9章中介绍。某些非生物过程，如酸碱、络合和离子交换，虽然对某些污染物很重要，但在本书中未做详细讨论。表2.1列出了土壤和地下水中这些重要的归趋和迁移过程。

表 2.1　土壤和地下水中重要迁移归趋过程汇总

迁移归趋过程[1]	无机污染物（离子态金属）	有机污染物（疏水性、中性）	过程类型[2]	将在后续讨论的章节
水解	是	是	A、B	2.2.1
氧化-还原	是	是	A、B	2.2.2、10.1.1、12.1.2
生物降解	有可能[3]	是	B	2.2.3、9.1.3、10.2.1
络合作用	是	有可能[5]	A	2.3.2.1
挥发作用	有可能[4]	是	IR	2.3.1、8.2、10.2.1
沉淀-溶解	是	有可能[6]	IR	2.3.2、7.3.2、8.2.3、11.1.2
吸附-解吸	是	是	IR	2.3.3、7.3.2、8.2.2、10.2.1
离子交换	是	有可能[7]	IR	2.3.3、7.2.2
对流	是	是	IA	2.4.1、3.3、8.2.4、13.2、13.3
扩散-弥散	是	是	IA	2.4.2、7.3.2、8.2.3

1. 表中不包含土壤和地下水中通常不重要的某些物理化学和生物过程。这些过程包括但不限于光解、吸收、重力沉降、过滤、径流、侵蚀、生物吸收（生物浓缩）、冷凝和气象传输。2. A. 非生物过程；B. 生物过程；IA. 相态内化学运动；IR. 相态间化学迁移。3. 某些金属可以通过形态变化进行生物转化，但不会生物降解。4. 除了铅、汞等少数有机金属化合物以外，金属大多不易挥发。5. 除非离子有机化合物是螯合剂，否则不重要。6. 疏水性有机化合物存在于自由相液体中，因此增溶可能很重要。7. 只对离子态有机物重要。

2.1　土壤和地下水中常见污染物

在目前存在的约700万种化学品中，约有10万种已经被释放到环境中，其中通常被认为是重要的环境污染物的化学物质可能不到几百种。这些物质中，在环境实验室进行常规检测的化学品较少，其由不同组织和国家根据数量、持久性、生物累积性、迁移性、毒性和其他不利生物影响等选定因素列出作为"优先"污染物的化学品比例则更小。在第1章中，我们已经介绍了一些天然和人为（与人类活动有关）产生的常见化合物。以下我们将重点讨论在受污染土壤和地下水中经常检测到的主要由人为产生的有机化合物。

2.1.1　脂肪族和芳香烃

碳氢化合物仅由碳和氢组成，分为脂肪族（碳原子形成开放碳链）和芳香族（碳原子构成苯环）。具有一个以上碳原子的脂肪族碳氢化合物可以通过单键（烷烃）、双键（烯烃）或三键（炔烃）键合（图 2.1）。烷烃（或链烷烃）是饱和烃，而烯烃和炔烃都是不饱和烃。烷烃可以是支链状，或分子化学结构中有一个或多个碳原子环的环状（脂环烃）。脂环烃又称环烷烃，环烷烃、烯烃和芳香烃等环状或不饱和烃提高了汽油的辛烷值，而饱和正链烷烃则相反。烷烃是汽油和燃料油等石油产品的主要成分，可分析表征为石油烃或总石油烃（total petroleum hydrocarbon，TPH）。它们是由于石油溢出或地下储罐泄漏而被发现的。在同一系列碳氢化合物（同系物）中，随着结构大小增加，沸点和密度上升，溶解度和亨利常数（2.3.1 节）下降。例如，己烯的沸点和密度高于其同系物戊烯，而己烷的水溶性和亨利常数低于戊烯。

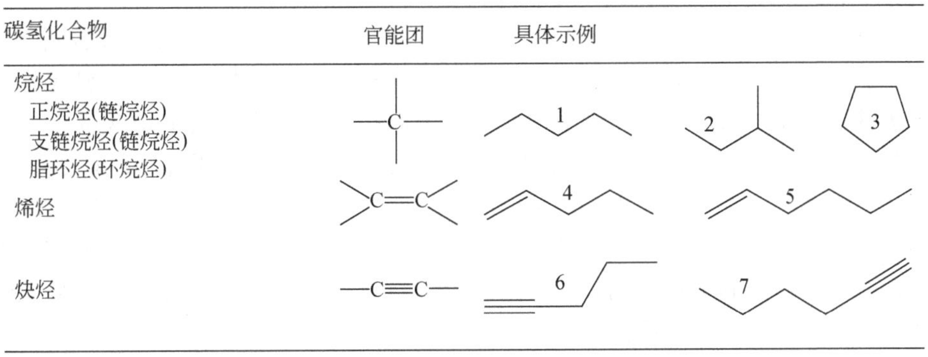

碳氢化合物	官能团	具体示例		
烷烃 　正烷烃(链烷烃) 　支链烷烃(链烷烃) 　脂环烃(环烷烃)	—C—	1	2	3
烯烃	C=C	4	5	
炔烃	—C≡C—	6	7	

图 2.1　汽油和燃料油中存在的烷烃、烯烃、炔烃和环烷烃示例图

1. 烷；2. 异戊烷；3. 环戊烷；4. 戊烯；5. 己烯；6. 戊炔；7. 己炔

修复重点关注的芳香烃包括 BTEX（苯、甲苯、乙苯和二甲苯）和多环芳烃（PAHs）（图 2.2）。BTEX 是单苯环化合物，是汽油和其他石油产品的常见成分，其最常见的来源是地下储罐。BTEX 极易挥发，水溶性适中，比水轻。因此，BTEX 是一种轻质非水相液体（LNAPL）（见 2.3.2.1 节）。当 BTEX 进入地下水时，它们可以作为溶解相溶于水中，或作为自由相漂浮在地下水表面。

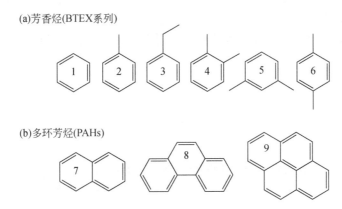

(a)芳香烃(BTEX系列)

(b)多环芳烃(PAHs)

图 2.2　受污染土壤和地下水中常见的芳香烃图

1. 苯；2. 甲苯；3. 乙苯；4. 邻二甲苯；5. 间二甲苯；6. 对二甲苯；7. 萘；8. 菲；9. 芘

多环芳烃（PAHs）具有两个或多个稠合芳香环结构。多环芳烃是不完全燃烧的产物，可在工业区以及涉及石油、杂酚油、煤焦油和木焦油的区域土壤中发现。多环芳烃通常具有低挥发性、水溶性和反应性，许多多环芳烃是致癌的。图2.2显示了具有2~3个苯环的三种多环芳烃（萘、菲和芘）。据估计有三万种多环芳烃，但只有16种常见多环芳烃被列为美国环境保护局优先污染物。

炼油工业中的石油烃组成多种多样。原油是数千种化合物的复杂混合物，其中大部分是碳氢化合物。平均来说，原油含有84.5%的碳、13%的氢、1.5%的硫、0.5%的氮和0.5%的氧。一种典型的原油可能由大约25%的烷烃（链烷烃）、50%的脂环烃（环烷烃）、17%的芳香烃（包括多环芳烃）和8%的沥青质组成，这些沥青质分子量非常高，是具有超过40个碳的分子（Fetter，1993）。

精炼石油组分是具有不同碳原子和沸点的碳氢化合物馏分，如汽油、煤油、润滑油、石蜡、沥青和焦炭（一种在没有空气的情况下加热煤制成的固体燃料）。汽油是由数百种碳原子范围在 C_4 和 C_{14} 之间的化学成分组成的复杂混合物。汽油的平均含量为10.8%~29.6%的正烷烃、18.8%~59.5%的支链烷烃、3.2%~13.7%的环烷烃、5.5%~13.5%的烯烃（不饱和 C_nH_{2n}）和19.3%~40.9%的单环芳烃（BTEX）。其中，BTEX含有0.9%~4.4%的苯、4.0%~6.5%的甲苯、5.6%~8.8%的间二甲苯和1.2%~1.4%的乙苯（Pichtel，2007）。石油提炼的柴油由大约75%的饱和烃（主要是链烷烃和环烷烃）和25%的芳香烃（包括萘和烷基苯）组成。

2.1.2　卤代脂肪烃

卤代烃是指含有氟（F）、氯（Cl）、溴（Br）或碘（I）等卤素原子的烃类。由于大多数土壤和地下水污染物含有氯，它们形成氯代脂肪烃（chlorinated aliphatic hydrocarbons，CAHs）或氯代芳香烃。在土壤和地下水中经常检出的氯代脂肪烃有氯化甲烷、乙烷或乙烯。它们分别具有1个碳、1个或多个氯、2个与氯键合的单键碳、2个具有1~4个氯原子的双键碳（图2.3）。三氯乙烯（TCE）和四氯乙烯（PCE，又称全氯乙烯）是电镀和商业干洗中最常用的两种脱脂溶剂。氯代脂肪烃具有高度挥发性、稳定性和不可燃性。该类化合物的水溶性低，密度大于水，因此称为重质非水相液体（DNAPL）。它们可以被某些厌氧细菌进行还原性脱卤反应，因此可以使用厌氧生物修复技术将它们分解成危害不大的化合物。

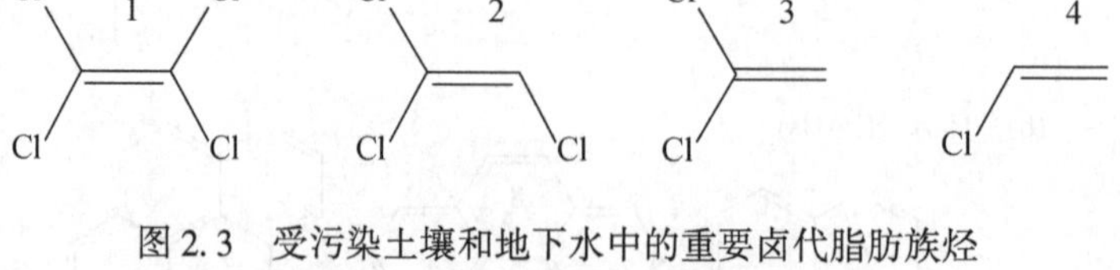

图 2.3　受污染土壤和地下水中的重要卤代脂肪族烃

1. 四氯乙烯；2. 三氯乙烯；3. 二氯乙烯；4. 氯乙烯

2.1.3　卤代芳香烃

卤代芳香烃，特别是氯代芳烃，包括氯化苯、滴滴涕（DDT）、多氯联苯（PCBs）和二噁英。氯化苯，包括一氯、二氯、三氯、六氯苯在内，经常在许多废弃垃圾场的渗滤液中发现。五氯苯酚（pentachlorophenol，PCP）也是一种氯化苯，经常在木材保存场地发现。多氯联苯有两个由单键连接的苯环（图 2.4）。PCBs 是一系列 209 种化合物（称为同系物），这些化合物在不同位置有 1~10 个 Cl 原子。在 20 世纪 70 年代的禁令之前，多氯联苯的商业名称为亚老格尔（Arochlor），通常被用作变压器的介电流体。

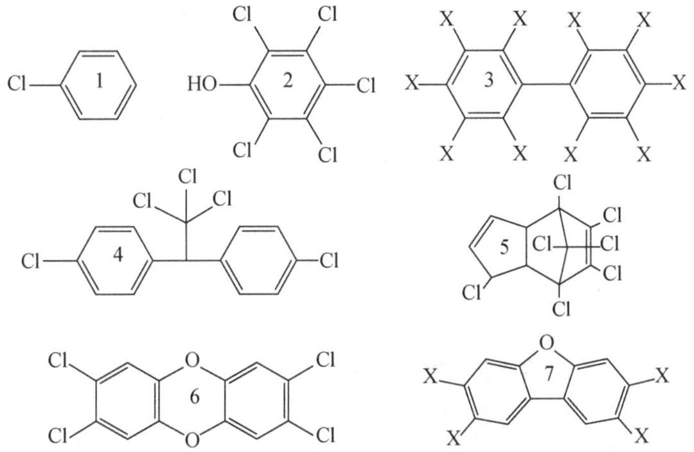

图 2.4　受污染土壤和地下水中的重要卤代芳香烃

1. 氯苯；2. 五氯苯酚；3. 多氯联苯，$X=1~10$ 个氯原子；4. 滴滴涕；5. 七氯；6. 2,3,7,8-四氯二苯并-对-二噁英；7. 2,3,7,8-四氯二苯并呋喃，$X=2~8$ 个氯原子

多氯联苯具有低蒸气压、极低水溶性和高辛醇–水分配系数。一旦多氯联苯进入地下水，它们就不容易溶解，而是会与土壤中的有机物紧密结合。它们的低挥发性意味着不会有太多的多氯联苯进入气相并填充孔隙，因此气相抽提修复技术不奏效。此外，氯和碳原子之间的强键合使多氯联苯成为一种非常稳定的化合物，能够抵抗化学和微生物攻击。

二噁英或类似二噁英的氯代化合物是地下水中毒性最大的污染物。二噁英不是人为有意制造的，而是含氯化合物燃烧的副产物。二噁英毒性很强；像多氯联苯一样，二噁英和类似二噁英的化学物质也很难生物降解。

2.1.4　含氮有机化合物

具有环境意义的含氮有机化合物具有多种结构上不同的特征和官能团。图 2.5（a）列出了几个重要的含氮官能团，包括胺、羟胺、硝基、亚硝基、亚硝胺、腈、偶氮和酰胺。

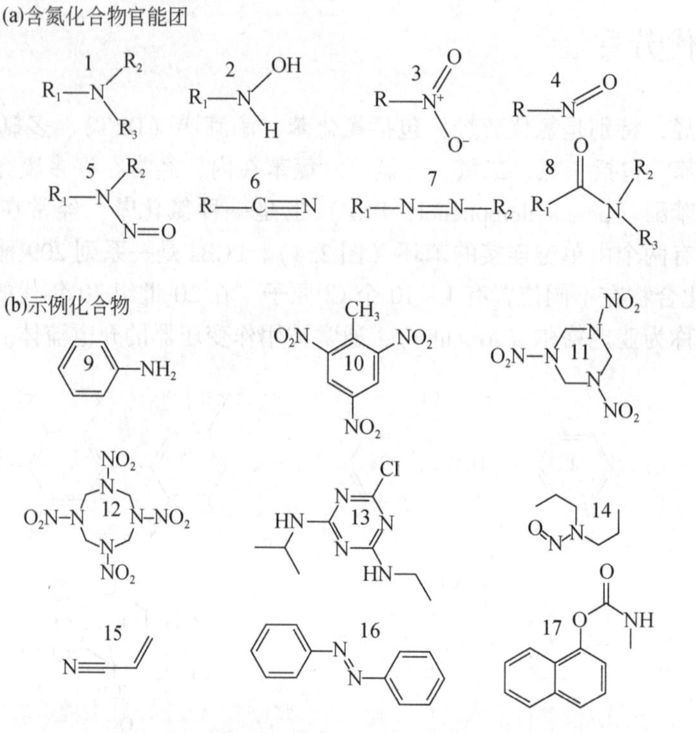

(a)含氮化合物官能团

(b)示例化合物

图 2.5　含氮化合物官能团（a）和化合物（b）示例图

1. 胺（如果 $R_1 = R_2 = H$，则为伯胺；如果 $R_2 = H$ 且 $R_3 \neq H$，则是仲胺；如果 $R_1 \neq H$ 且 $R_3 \neq H$，为叔胺）；2. 羟胺；3. 硝基；4. 亚硝基；5. 亚硝胺；6. 腈；7. 偶氮；8. 酰胺；9. 氨基苯；10. TNT；11. RDX；12. HMX；13. 阿特拉津；14. 二正丙基亚硝胺；15. 丙烯腈；16. 偶氮苯；17. 1-萘基甲氨基甲酸酯

在图 2.5（b）的示例化合物中，氨基苯（又称苯胺）由与氨基相连的苯基组成。它是许多工业化学品的前体，如染料、药品、杀虫剂和抗氧化剂。图 2.5（b）中给出了三种硝基（NO_2）化合物，包括 2,4,6-三硝基甲苯（2,4,6-trinitrotoluene，TNT）、1,3,5-三硝基-1,3,5-三氮杂环己烷（1,3,5-trinitro-1,3,5-triazacyclohexane，research department explosive，RDX）和八氢-1,3,5,7-四硝基-1,3,5,7-四唑嗪（octahydro-1,3,5,7-tetranitro-1,3,5,7-tetrazocine，high melting explosive，HMX）。TNT 是芳香族，而 RDX 和 HMX 是在环结构中具有交替的 C 和 N 原子的非芳香族杂环化合物。这些硝基化合物是理想的爆炸性化学品，因为 NO_2（一种电子受体）可以作为强氧化剂，当其从 +3 价氧化态还原时，可以快速释放能量。TNT、RDX 和 HMX 是众所周知的弹药和爆炸化合物。微生物还原这些硝基化合物可导致毒性更强的亚硝基（$R\!-\!N\!=\!O$）和羟胺（$R\!-\!NHOH$）代谢中间体。

亚硝胺类是工业生产、食品和酒精饮料加工的副产品，许多是致癌的。含氰基（$-C\!=\!N$）的腈类是降解生物质燃烧的潜在产物。酰胺由与氮原子结合的羰基（$-C\!=\!O$）组成。氮原子要么与两个氢原子（$-CONH_2$）键合，要么与一个或两个脂肪族或芳香族基团（$-CONR_1R_2$）键合。它们经常在动物废弃物和废水处理设施中检出，许多除草剂含有酰胺基。例如，广泛使用的除草剂和杀虫剂氨基甲酸酯（$HO\!-\!CO\!-\!NH_2$）就表现出酰胺功能。偶氮基团（—N≡N—）是一种强烈的吸光发色团（一种带有颜色的原子官能团），但它不是自然产生的。偶氮结构染料是合成染料中最大的一类，占所有合成染料的 50% 以上。

值得注意的一种含氮化合物是地下水中广泛检测到的阿特拉津，即 2-氯-4-（乙基氨基）-6-（异丙基氨基）-1,3,5-噻嗪。这种有机化合物由碳原子和氮原子交替的六面环组成。它是一种在美国和其他国家都广泛使用的除草剂。该化合物在饮用水中存在广泛污染（见第 1 章），且当其在人体中摄入浓度低于国家标准时，仍与出生缺陷和月经问题有关，因此，它的使用一直存在争议。尽管阿特拉津在欧盟已被禁用，它仍然是世界上使用最广泛的除草剂之一。

2.1.5 含氧有机化合物

这类化合物结构多种多样，如醇、苯酚（R—OH）、醚（R_1—O—R_2）、醛（R—CHO）、酮（R_1—CO—R_2）和羧酸（R—COOH）（图 2.6）。由于氧原子可以参与氢键，带有这些官能团的含氧有机化合物通常水溶性非常强。

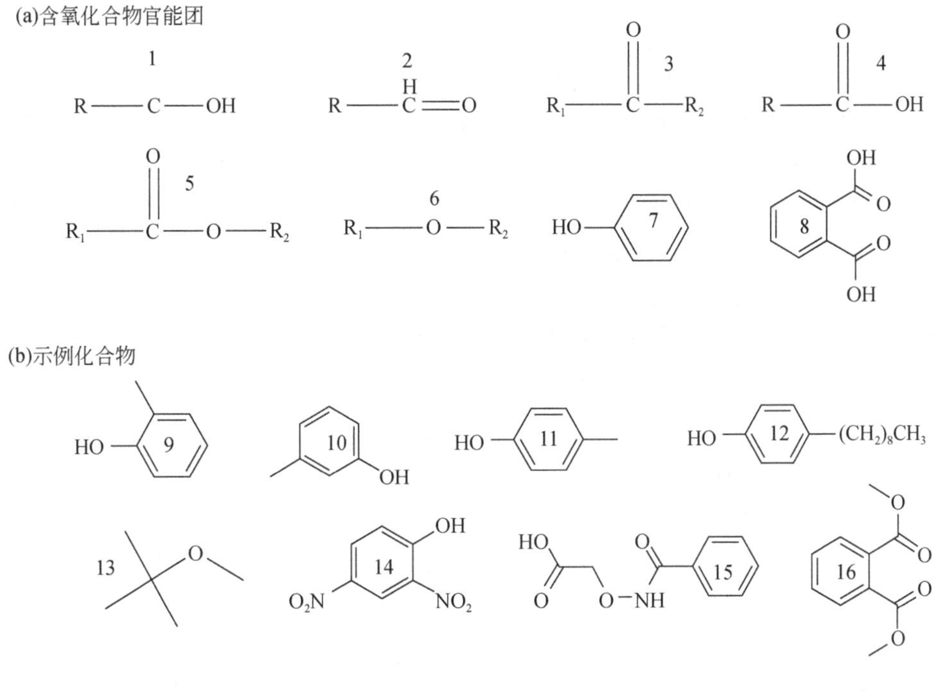

图 2.6 含氧化合物官能团（a）和受污染土壤和地下水中的含氧化合物（b）示例图
1. 醇；2. 醛；3. 酮；4. 羧酸；5. 酯；6. 醚；7. 苯酚；8. 邻苯二甲酸盐；9. 邻甲酚；10. 间甲酚；11. 对甲酚；12. 4-壬基酚；13. 甲基叔丁基醚；14. 2,4-二硝基苯酚；15. 2-[（苯甲酰氨基）氧] 乙酸（苯草多克死）；16. 邻苯二甲酸二甲酯

在图 2.6 所列的化学品中，甲酚是具有三种异构体（邻甲酚、间甲酚和对甲酚）的甲基苯酚。它们用于煤焦油精炼和木材防腐。在我们之前的讨论中（图 2.4），五氯苯酚属

于氯代芳香烃，它同样也属于氯代酚类。除了具有甲基和氯代官能团的酚类外，还有硝基酚，其中许多硝基酚是杀虫剂和炸药的前体。4-壬基酚是大量使用的非离子表面活性剂的微生物降解副产物。由于壬基酚在环境中经常被检测到，其可能潜在的内分泌干扰能力最近引起了人们的关注。

某些酯类在环境中无处不在。例如，邻苯二甲酸酯存在于许多化妆品中，如指甲油、止汗剂、乳液、发胶和洗发水。邻苯二甲酸盐被用作增塑剂，以提高各种塑料的柔韧性，许多天然和合成来源的酯类被用于调味品、香水、溶剂和油漆。许多农药是羧酸酯。如图 2.6 所示的苯草多克死就是一个例子，它可溶于水，被用作除草剂来控制甜菜中的曲霉菌（一种用于牛羊的抗旱饲料作物）。

甲基叔丁基醚（methyl tertiary butyl ether，MTBE）是一种值得注意的含氧地下水污染物。1973 年，含铅汽油被美国环境保护局禁用后，甲基叔丁基醚（MTBE）逐渐成为美国一些城市的汽油添加剂；一些汽油含有高达 15% 的 MTBE。作为一种醚，MTBE 具有相当的水溶性，因此当它溶于水时挥发性不强。由于醚键相对较强，其对生物降解的抵抗力增加了对其污染修复方面的挑战。

2.1.6 含硫和含磷有机化合物

许多目前使用的杀虫剂都含有硫和（或）磷。磷酸、膦酸和硫代磷酸的酯类和硫酯类可用于增塑剂、阻燃剂和杀虫剂，包括除螨剂。图 2.7 显示了这一组中的三种常见农药，包括灭多威（一种全身性杀虫剂和杀线虫剂）、马拉硫磷（杀虫剂）和对硫磷（杀虫剂和除螨剂）。与传统 DDT 农药相比（见图 2.4），这些含硫和含磷农药毒性更大，但持久性要低得多。由于 C $=$ S 和 P $=$ S 键比 C—Cl 键弱，许多含硫和含磷农药都会受到显著的生物水解作用。因此，这些杀虫剂不会在环境中持久存在。

另外，两种其他用途的含硫和含磷化合物也如图 2.7 所示。磷酸三苯酯是一种增塑剂和阻燃剂。直链烷基苯磺酸盐（linear alkylbenzene sulfonate，LAS）是体积最大的合成表

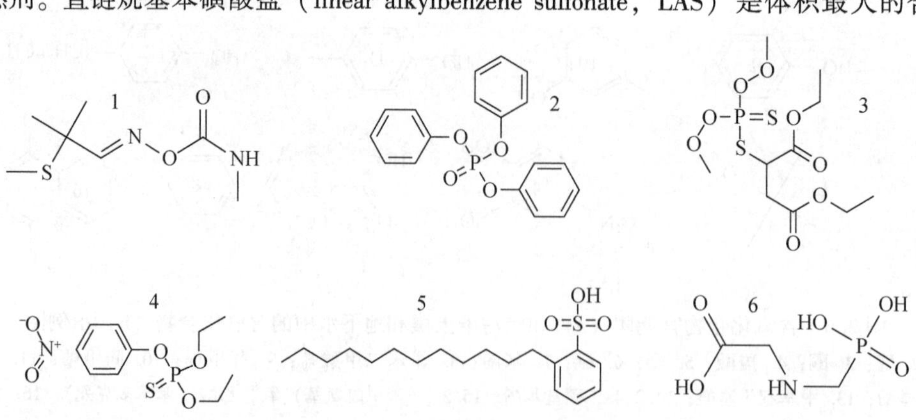

图 2.7　含 S 和 P 农药的示例图

1. 灭多威；2. 磷酸三苯酯；3. 马拉硫磷；4. 对硫磷；5. 十二烷基苯磺酸；6. 草甘膦

面活性剂（洗涤剂），具有亲水性磺酸和疏水性芳烃。这种两性分子特征也使得芳香族磺酸盐在表面活性剂、阴离子偶氮染料、荧光剂和增白剂中很受欢迎。这组阴离子表面活性剂成本相对较低、性能良好，更重要的是，其直链结构使其可以生物降解。然而，由于其数量巨大，当它们渗透到地下水中时，其中一些磺酸（特别是具有支链结构的磺酸）会导致地下水污染。

2.1.7　无机非金属、金属和放射性核素

无机非金属包括硒（Se）、砷（As）、氰化物（CN）、硝酸盐（NO_3^-）、亚硝酸盐（NO_2^-）和石棉（一种可空气传播的纤维，可通过吸入引起慢性肺病）。土壤和地下水中这些非金属的存在可能来自于自然界（如 As）或人类活动（如 NO_3^-）。在元素周期表中的 118 种元素中，约有 90 种是金属。环境关注的金属通常是重金属，包括但不限于铜（Cu）、锌（Zn）、铅（Pb）、镉（Cd）、镍（Ni）、汞（Hg）和铬（Cr）。硒和砷是类金属，但由于其毒性，它们通常被列为重金属。在土壤和地下水中经常检测到的这些重金属中，Hg、Pb 和 As 可能会挥发，如砷的 AsH_3 和 $As(CH_3)_2$，汞的 Hg^0 和 $Hg(CH_3)_2$，以及铅的 $Pb(C_2H_5)_4$。它们的归趋、迁移和毒性受到 pH 和 Eh 条件的极大影响（见 2.2.2 节）。金属和类金属可能以几种氧化态（形态）存在，它们的毒性、溶解度和反应性各不相同。因此，在修复中重要的通常是金属形态，而不是所有赋存形态的总浓度。无论其氧化状态如何频繁变化，金属都无法被破坏，这意味着焚烧不是重金属修复的解决方案。也说明生物修复和空气抽提（将在后续章节中介绍）不适用于金属和类金属污染物的彻底清除。

污染土壤和地下水中放射性核素的修复特别具有挑战性。放射性核素包括具有放射性的元素，如铯（Cs）、钴（Co）、氪（Kr）、钚（Pu）、镭（Ra）、钌（Ru）、锶（Sr）、钍（Th）和铀（U）。这些是铀矿开采、核设施和许多美国能源部（DoE）污染场地的常见污染物。在对美国超级基金放射性污染场地的调查中，Ra 代表最普遍的放射性核素，其次是 U、Th 和氡（Rn）（USEPA，2007）。由于其半衰期长（数千至数亿年），与其他无机和有机污染物相比，其安全储存和处置在技术上要求更高。

以上就是大多数污染场地当前主要关注的污染物。其中许多污染物被称为历史遗留污染物，如滴滴涕、多氯联苯和多环芳烃。遗留污染物是历史残留的结果，它们通常在环境中持续存在。我们没有讨论被称为"新型污染物"的一类污染物。注释栏 2.1 中给出了部分新型污染物清单。

注释栏 2.1　土壤和地下水中的新型污染物

美国环境保护局将新型污染物（emerging contaminant，EC）定义为未发布相关健康标准、但被认为对人体健康或环境具有潜在或实际威胁的化学物质或材料。一种既有污染物也可能因为发现了其新的来源或人体暴露新途径而成为"新型的"污染物。

美国环境保护局发布了新型污染物技术情况说明书（www. epa. gov/fedfac），其中包含给环境带来特有问题和挑战的这些污染物的简要概述。每一份情况说明书都简述了污

染物的物理化学性质、环境和健康影响，现有的联邦和州指南以及检测和处理方法。其中一部分新型污染物和其他值得关注的污染物包括：

纳米材料（nanomaterial，NM）：结构组分小于 $1\mu m$ 的小型物质，越来越多地应用于科学、环境、工业和医学领域。NM 属于金属氧化物、金属和碳纳米管，包括钛银、锌和铝等。

全氟辛烷磺酸（perflurooctane sulfonate，PFOS）和全氟辛酸（perfluorooctanoic acid，PFOA）：一组完全氟化的人造化合物，用作各种产品的表面活性剂，如灭火泡沫、涂料添加剂和清洁产品。

多溴联苯醚（polybrominated diphenyl ethers，PBDEs）和多溴联苯（polybrominated biphenyls，PBBs）：人造的溴代碳氢化合物，用作电气设备、电子设备、家具、纺织品和其他家用产品的阻燃剂。自 1973 年以来，美国已禁止使用多溴联苯，但多溴联苯醚却从 20 世纪 70 年代以来便在美国广泛使用。

高氯酸盐（ClO_4^-）：一种既天然存在也可人为制造的阴离子，已在多个历史上涉及弹药和火箭燃料制造、维护、使用和处置的污染场地中检测到其较高的含量。

钨（W）：一种自然存在的元素，是涉金属工业场地和美国国防部（DoD）制造、储存和使用钨基弹药场地的常见污染物。

药物、个人护理产品（pharmaceutical and personal care product，PPCP）和激素：尽管这些化学品浓度通常较低（ppb = 10^{-9} 至 ppt = 10^{-12} 级），但由于其广泛存在程度（如美国 80% 的溪流中存在）以及对人类和动物的潜在健康影响，已成为令人担忧的新型污染物。PPCP 从市政废水处理厂排出，而抗生素和激素化合物可能来自饲养场或奶牛场废物处理。

2.2　非生物和生物的化学物归趋过程

以下描述的三种过程包括水解、氧化还原和生物降解。水解和氧化还原既可以是化学的（非生物的）也可以是生物的，而生物降解过程直接涉及细菌或植物。

2.2.1　水解

水解是水分子（或氢氧化物）取代另一分子中的一个原子或一组原子的一种反应过程，即分子键断裂后加入了水中的氢阳离子（H^+）或氢氧根阴离子（OH^-）。无机化合物（金属）和有机化合物都可以发生水解。

无机物水解：在水溶液中，带正电的金属（M）离子表现为路易斯酸，也就是说，金属离子从水中的 O—H 键吸收电子密度。当—OH 键断裂时，质子释放，产生酸性溶液。

$$[M(H_2O)_n]^{z+}+H—OH \Longleftrightarrow [M(H_2O)_{n-1}(OH)]^{(z-1)+}+H_3O^+$$

因此，由于地下水中的水解，许多无机污染物以多种离子和分子形式（形态）存在。例如，水中的溶解态 Pb 浓度由 Pb^{2+} 和各种水解形态的浓度表示：

$$Pb（总）= Pb^{2+}+Pb(OH)^++Pb(OH)_2+Pb(OH)_3^-+\cdots$$

在大多数情况下，决定物质迁移归趋过程及其生物效应的，是其某些形态的浓度，而不是总金属浓度。

有机物水解：并非所有环境中的有机化合物都易水解。事实上，在受污染的土壤和地下水中经常检测到的许多化合物通常都具有抗水解性，包括烷烃、苯系物、PAHs、PCBs、芳香硝基化合物、醚类（如 MTBE）、酚类、酮类和羧酸类（表 2.2）。而含有烷基卤化物、羧酸酯类、氨基甲酸酯类（农药）、酰胺类、胺类和磷酸酯类的化合物则是潜在易于水解的常见地下水污染物。水解通常产生更多的极性产物，且通常（但并非总是）产生毒性较小的产物。

以下根据主要水解机理给出了水解反应的几个示例（Schwarzenbach et al., 2017）。注意，水解可以是非生物或生物的，生物水解是通过细菌细胞中的水解酶进行生物介导的。

表 2.2　与水解有关的有机官能团（据 Lyman et al., 1990）

一般抗水解的化学物质：	
烷烃、烯烃、炔烃	芳香胺类
苯系物（联苯）	醇类、酚类
多环芳烃（PAHs）	乙醇
杂环多环芳烃	醚类
卤代芳烃、多氯联苯（PCBs）	醛类
狄氏剂（艾氏剂）及相关卤代烃类农药	酮类
芳香硝基化合物	羧酸类（磺酸类）
潜在易水解的化学物质：	
烷基卤代化合物	腈类
酰胺类、胺类	膦酸酯类
氨基甲酸酯类	磷酸酯类
羧酸酯类	磺酸脂类
环氧化合物	硫酸脂类

（1）饱和碳原子的亲核取代：一个与环境相关的亲核取代例子是溴甲烷 CH_3Br 在碱性条件下的水解。攻击的亲核体（亲核，即带负电的形态）是 OH^-，离去基团是 Br^-。亲核取代通常发生在饱和脂肪烃，或饱和芳香烃及其他不饱和碳核（不太常见）。

$$CH_3Br + H_2O \longrightarrow CH_3OH（甲醇）+ H^+ + Br^-$$

（2）β-消除：消除 β-碳位的 Cl。一个例子是将 1,1,2,2-四氯乙烷（$Cl_2HC—CHCl_2$）转化为三氯乙烯（$Cl_2C =CHCl$）。

$$Cl_2HC—CHCl_2 + OH^- \longrightarrow Cl_2C =CHCl + Cl^- + H_2O$$

（3）酯水解：酯类在水、稀酸或稀碱的作用下水解生成羧酸（或羧酸盐）和醇。在碱性条件下，反应是单向的而不是可逆的。

对硫磷　　　　　　　　　　　O,O-二乙基硫代磷酸　　　4-硝基苯酚

（4）氨基甲酸酯水解：许多氨基甲酸酯农药都可以水解，特别是在碱催化对环境 pH 产生主要影响的时候。

呋喃丹　　　　　　　　甲胺　　　2,3-二氢-3,3-二甲基-7-苯并呋喃醇

通常假设水解为一级反应，然而，反应动力学速率取决于化学品的类型和环境条件。因此，对于表 2.2 中所列化合物类型的半衰期范围很难给定。例如，取决于化合物的类型和 pH 条件，氨基甲酸酯类的半衰期可以为几秒至 10^5 年。如果半衰期在几十年内，污染物通过水解的自然衰减将可以忽略不计。

2.2.2　氧化还原

氧化是当化学物质失去（提供）电子（即原子的氧化数变大）时发生的化学反应。当化学物质获得电子时（即氧化数变小），就会发生还原。如下所示，元素铁（Fe）的氧化数从零增加到+2，从而被氧化。分子氧（O_2）是氧化剂，因为氧从 Fe 获得电子，氧（O）的氧化数从 0 减少到–2。

$$2Fe(s) \longrightarrow 2Fe^{2+}(aq) + 4e^-$$
$$O_2 + 4H^+ + 4e^- \longrightarrow 2H_2O$$
$$\overline{2Fe(s) + O_2 + 4H^+ \longrightarrow 2Fe^{2+}(aq) + 2H_2O}$$

需要注意的是，氧化和还原是互补的，因为电子必须平衡，即从一种化学物质（还原剂，如 Fe）中损失的电子摩尔数必须等于另一种化学物（氧化剂，如 O_2）获得的电子摩尔数。这种电子转移反应统称为氧化还原反应，这意味着还原剂和氧化剂必须同时存在才能发生氧化还原反应。

无机物的氧化还原：对于无机化合物，通过检查参与电子迁移而改变的原子氧化数，可以很容易地观察到非生物和生物系统中的氧化还原反应。碳、氮、铁和硫是常见的具有可变氧化数的原子。例如，氮既可以向其他原子贡献电子，也可以获得不同数量的电子，因此具有从–3 到+5 的不同氧化数，分别为–3（NH_4^+）、0（N_2）、+2（NO）、+4（NO_2）、+3（NO_2^-）和+5（NO_3^-）。这些无机物中原子的氧化还原反应与 pH 和 Eh 具有密切的函数关系，它们是控制无机化合物形态和毒性的主要因素。其中，Eh 是以伏特（V）或毫伏（mV）为单位的还原电势，这是化学物质在还原过程中获取电子趋势的度量。每个形态都有其固有的还原电势，电势越正，对电子的亲和力就越大，越倾向于还原。在污染修复和风险评估中，相比总浓度，无机金属和类金属的毒性更取决于其形态。例如，六价铬［Cr（VI）］比三价铬［Cr（III）］毒性更大，而三价砷［As（III）］比五价砷［As（V）］毒性更高。示例 2.1 说明了在各种 pH 和 Eh 条件下 Cr 的形态及其对修复的影响。

有机物的氧化还原：对于有机化合物，氧化还原反应中氧化数的变化不如无机物的变化明显。在下面给出的示例中，DDT 中一个碳原子的氧化数从+3 变为+1，而所有其他原子（H、Cl 和其余碳原子）的氧化数保持不变。因此，从 DDT 向滴滴滴（DDD）的转化

总共需要从电子供体向 DDT 转移两个电子。正如我们后续将会学到的，这一重要的氧化还原反应被称为还原脱氯，以表示还原反应的发生和氯原子的去除。

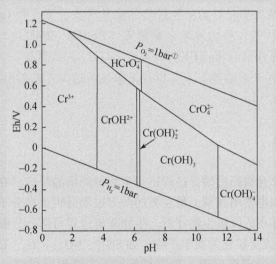

许多含卤素、氮和硫的有机化合物（如卤代烃和硝基芳香化合物）容易发生氧化还原反应。环境修复中重要的氧化还原反应示例包括燃烧、臭氧氧化、有氧生物降解和还原脱氯。与水解一样，环境修复中许多重要的氧化还原反应都是生物介导的，即它们是由微生物催化的。在地下水系统中，生物介导的氧化还原反应通常比非生物氧化还原更重要。

示例 2.1　应用 Eh-pH 图确定主导形态及对地下水中铬污染修复的影响

六价铬［Cr(VI)］在使用铬化砷酸铜（chromated copper arsenate，CCA）溶液进行木材防腐、金属电镀设施、涂料制造、皮革鞣制和其他工业中的应用有可能将高浓度的氧化 Cr(VI) 引入环境。铬已成为所有签署了决策记录的污染场地中发现的第二常见金属（USEPA，2000）。一方面，铬以 Cr(VI) 状态存在于铬酸盐阴离子中，铬酸盐具有剧毒，在地下水中具有很强的迁移性。另一方面，其还原态 Cr(III) 是自然存在的最常见的铬形态，在环境中基本上不迁移。Eh-pH 图（图 2.8）可以用来帮助制定一个修复 Cr(VI) 污染地下水的总体策略。

图 2.8　铬的 Eh-pH 图（转引自 Palmer and Wittbrodt，1991）

---

① 1bar＝10⁵Pa。

解答：

Eh-pH 图显示了特定 Eh 和 pH 范围内达到平衡时铬离子的主导形态。上述 Eh-pH 图显示，在强氧化条件下（高 Eh 值），铬以其阴离子 Cr(VI) 状态铬酸盐（$HCrO_4^-$ 和 CrO_4^{2-}）存在。然而，在还原条件下（低 Eh 值），Cr(III) 则是热力学最稳定的氧化态。Cr(III) 在 pH 小于 3.0 时以离子形态（即 Cr^{3+}）为主。在 pH 高于 3.5 时，Cr(III) 水解产生三价铬羟基化合物 $CrOH^{2+}$、$Cr(OH)_2^+$、$Cr(OH)_3$ 和 $Cr(OH)_4^-$。$Cr(OH)_3$ 是唯一以无定形沉淀存在的铬固态化合物。因此，$Cr(OH)_3$ 的存在作为 Cr(VI) 还原的主要沉淀产物对原位处理的可行性至关重要。

无论形态分布如何变化，总铬浓度都不会发生变化，因此修复试图将铬转化为无毒和无迁移的形态。基本方法是创造一种还原环境，使有毒和迁移性强的 Cr(VI) 可以还原为稳定形态［$Cr(OH)_3$］中无毒的 Cr(III)。含水层中的硫化物（S^{2-}）和亚硫酸盐（SO_3^{2-}）等含硫化合物可以还原 Cr(VI)。为了使硫化物还原 Cr(VI)，Fe(II) 必须存在作为催化剂。因此，在亚硫酸盐过量存在的地下水系统中，Cr(VI) 的还原可能发生如下反应（Palmer and Wittbrobt，1991）。

$$6H^+ + 2HCrO_4^- + 4HSO_3^- （过量） \longrightarrow 2Cr^{3+} + 2SO_4^{2-} + S_2O_6^{2-} + 6H_2O$$

随后，通过上述反应形成的焦亚硫酸根离子（$S_2O_6^{2-}$）可以将 Fe(III) 还原为 Fe(II)（如果存在的话）。在过量 Cr(VI) 存在下，亚硫酸盐将其还原为 Cr(III) 的反应如下：

$$5H^+ + 2HCrO_4^- （过量） + 3HSO_3^- \longrightarrow 2Cr^{3+} + 3SO_4^{2-} + 5H_2O$$

因此，添加焦亚硫酸钠（$Na_2S_2O_6$）作为还原剂可以将 Cr(VI) 原位还原为 Cr(III)，前提是在含水层修复带内有足够的铁和锰氧化物吸附点，可使得 Cr(III) 进一步沉淀到该吸附点。这一过程可视为铬的地球化学固定（USEPA，2000）。类似地，添加连二亚硫酸钠（$Na_2S_2O_4$）也可以将 Fe(III) 还原为 Fe(II)，从而进一步将 Cr(VI) 还原为 Cr(III)。铁在地下水中天然存在，也可以以元素铁的形式人为添加（见第 12 章）。

2.2.3　生物降解

生物降解是有机化合物通过酶促过程进行生物性降解的反应，在各种生物修复系统中主要由细菌进行，偶尔也使用真菌。最主要的两个过程分别是在分子氧存在情况下的需氧生物降解和分子氧不存在的厌氧生物降解。生物降解过程可部分分解为母体化合物（称为生物转化过程），也可完全矿化为简单产物，如 SO_4^{2-}、NO_3^-、CH_4、CO_2 和 H_2O。矿化是一个有机污染物完全解毒的理想过程，在厌氧条件下主要形成甲烷，或在有氧条件下形成 CO_2。转化也可以作为生物修复的一种策略。然而，某些有机化合物的转化有时会导致形成比母体化合物毒性更强的产物，这是生物修复过程中需要避免的过程。注释栏 2.2 给出了生物转化和矿化的示例。生物降解的详细过程将在第 9 章中讨论。当我们提到生物修复时，重要的是要注意它在改变或破坏有机化合物结构方面的用途。对于无机金属和类金属，生物过程只能改变赋存形态（氧化数），因为金属不能被消除。

注释栏 2.2　2,4-DNT 的生物降解：生物转化与矿化

细菌有多种策略（途径）来代谢环境中的污染物。以 2,4-二硝基甲苯（2,4-dinitro-toluence，2,4-DNT）为例，这种在以往是弹药厂场地经常被检出的硝基芳香化合物，可以根据细菌类型和环境条件不同，被生物转化或矿化。

在厌氧条件下，某些细菌可以通过形成比 2,4-DNT 毒性更大的中间体 2-羟基氨基-4-硝基甲苯，将 2,4-DNT 还原转化为 2,4-二氨基甲苯（Hughes et al.，1999）。这意味着，在厌氧条件下，这种细菌不能用于修复 2,4-DNT 污染场地。

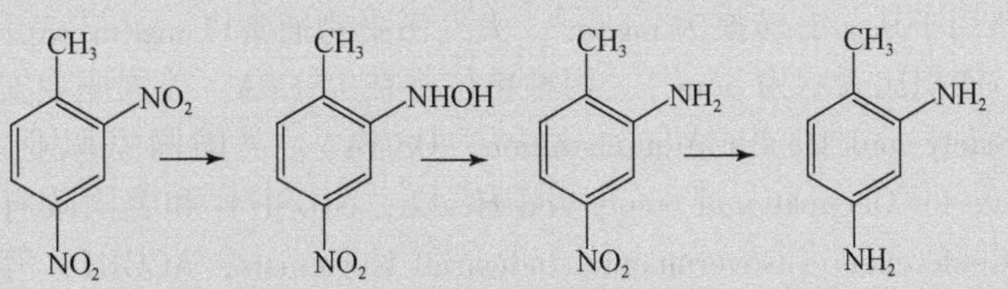

有趣的是，某些好氧细菌可以将 2,4-DNT 作为氮和碳的唯一来源，并将 2,4-DNT 矿化为 NO_2^-、CO_2 和 H_2O（Nishino et al.，2000）。由于母体化合物已经完全降解为 CO_2、H_2O 和其他无害化合物，因此矿化过程为更好的污染修复途径。从受污染土壤中去除 2,4-DNT 和 2,6-DNT 已经在中试实验中得到了证实（Zhang et al.，2000）。

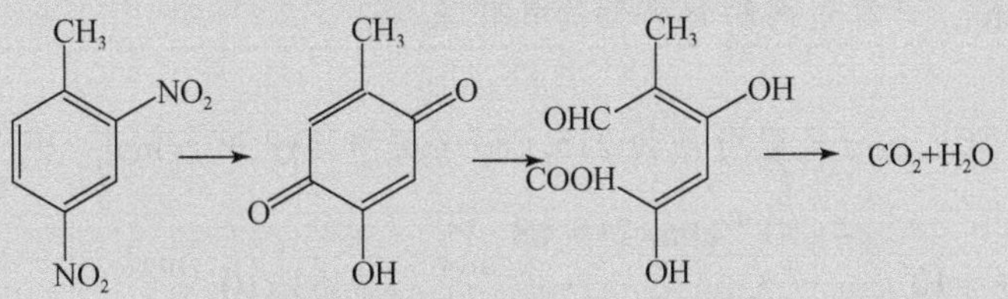

2.3　相态间化学迁移

方便起见，我们在下面的讨论中将使用"相态间"化学迁移来指代不同相态（气态、液态、固态）之间的物理化学过程，而"相态内"来指代单一相态内的物理化学进程。例如，挥发是从液体到气体的相间过程，而对流是液体（如地下水）相内的过程。

2.3.1　挥发

挥发（又称汽化）是通过加热、减压或这些过程的组合，将化学物质从液态或固态转化为气体或蒸气状态。这个术语经常与蒸发错误地混用。蒸发发生在液体表面，需要能量将分子从液体释放到气体中。纯化合物（不在其水溶液中）的挥发性可以通过其在平衡状态下的蒸气压（P）来测量。因此，在给定温度下具有较高蒸气压（P）的化合物往往更易挥发。对于纯化合物来说，可使用理想气体定律估算平衡气相浓度：

$$PV = nRT \tag{2.1}$$

式中，P 为蒸气压，atm[①]；V 为体积，L；n 为气相化合物的摩尔数；R 为理想气体常数，0.082atm·L/(mol·K)；T 为绝对温度，K。从式（2.1）可看出，单位体积的质量浓度（C）可以使用分子量（molecular weight，MW，单位：g/mol）从单位体积的摩尔浓度转换而来：

$$C\left(\frac{mg}{m^3}\right) = 10^6 \frac{PMW}{RT} \tag{2.2}$$

其中，系数 10^6 用于从 g/L 转换为 mg/m^3，大气污染物通常以 mg/m^3 表示，可进一步换算为 ppm（10^{-6}；体积比表示为 ppm_v）。两种单位都在 USEPA、美国职业安全与健康管理局（Occupational Safety and Health Administration，OSHA）、美国国家职业安全卫生研究所（National Institute for Occupational Safety and Health，NIOSH）和美国政府和工业卫生委员会（American Conference of Governmental Industrial Hygienists，ACGIH）等监管机构的标准中使用。示例 2.2 利用式（2.2）说明了蒸气压和挥发性之间的关系。

示例 2.2　估算化学泄漏后气相污染物的浓度

阿特拉津是一种农药，25℃时蒸气压为 4×10^{-10} atm，比干洗中使用的三氯乙烯（TCE）的蒸气压低约九个数量级（25℃时蒸气压＝0.13atm）。假设在 25℃条件下它们的蒸气达到纯态平衡，计算这两种化合物的气相浓度。

解答：

阿特拉津和 TCE 的分子量分别为 215.68g/mol 和 131.39g/mol。根据式（2.2）可得

$$\text{阿特拉津：} C = 10^6 \frac{4\times10^{-10}\,atm \times 215.68\,\frac{g}{mol}}{0.082\,\frac{atm\cdot L}{mol\cdot K} \times (273+25)\,K} = 3.53\times10^{-3}\,\frac{mg}{m^3}$$

$$\text{TCE：} C = 10^6 \frac{0.13\,atm \times 131.39\,\frac{g}{mol}}{0.082\,\frac{atm\cdot L}{mol\cdot K} \times (273+25)\,K} = 699000\,\frac{mg}{m^3}$$

如果我们将这些计算得到的气相浓度与其健康标准相比较，就可以马上知道 TCE 的挥发性和危害性。例如，ACGIH 将阿特拉津在空气中的限值（threshold limit value，TLV）设定为 $5mg/m^3$，取正常 8 小时工作日和 40 小时工作周的 8 小时时间加权平均（time weighted average，TWA）值。而 TCE 的相应 ACGIH 标准为 $270mg/m^3$。由于这些计

---

① 1atm＝1.01325×10^5 Pa。

算浓度来自于其纯态条件，这些值代表紧邻泄漏化学品的大气浓度，而不是与其在地下水中的溶解相接触的大气浓度。换言之，式（2.2）不能用于计算溶解在地下水中的 TCE 平衡蒸气浓度，但可用于地表土壤（包气带）孔隙中的蒸气与泄漏的纯态 TCE 平衡时的情况。上述计算结果还表明，去除气相的修复技术可以非常有效地应用于 TCE，但不适用于阿特拉津。

大多数情况下，当我们关注溶解在水中的化合物的挥发性时，重要的是要知道亨利常数（H）而不是蒸气压，因为 H 是控制污染物在水中挥发性的主导因子。尽管蒸气压仍然可以作为挥发性的度量，但关联某种化学物质挥发性的正确参数是亨利常数。亨利常数与平衡蒸气压（P）和溶解度（S）的关系如下：

$$H = \frac{P}{S} \tag{2.3}$$

上述定义的亨利常数单位为 atm/（mg/L）、atm/M、atm/（mol/m³）或 atm/（mol/m³），这取决于水溶解度的单位，如每单位体积的质量用摩尔浓度 M（mol/L）或 mol/m³ 表示。另一个常用单位是无量纲亨利常数，定义如下：

$$H(\text{无量纲}) = \frac{C_g}{C_{aq}} \tag{2.4}$$

式中，C_g 是气相浓度，mg/L；C_{aq} 是水相浓度，mg/L。由于亨利常数有许多不同的单位形式，有时可能令人非常困惑。单位的选择取决于不同学科或在特定环境下使用是否方便。对于修复专业人员来说，在计算和设计修复系统时，将一种单位的值正确转换为另一种单位的值非常重要（注释栏 2.3 中表 2.3）。

注释栏 2.3 亨利常数：有多挥发才叫挥发？

化学物质的挥发性随亨利常数的增加而增加，但是化学物质有多挥发才叫挥发呢？答案并不简单，因为没有明确的分界线将化学物质区分为不同种类的挥发性物质。然而，对于大多数环境污染物的相对挥发度一般有着普遍认识。例如，我们将苯系物称为挥发性物质，而有机氯农药、酚类、多环芳烃类和多氯联苯类，则属于半挥发性，大多数无机金属化合物为非挥发性。Mackay 和 Yuen（1980）提出了以下可用于评估环境温度（25℃）下水中有机溶质挥发性的方法（表 2.3）。

表 2.3 怎样应用亨利常数（H）判别挥发性

挥发性	挥发程度	条件
高挥发性	快速	$H > 10^{-3}$ atm·m³/mol ［H（无量纲）$> 4.09 \times 10^{-2}$］
一般挥发性	显著	$10^{-3} < H < 10^{-5}$ atm·m³/mol ［$4.09 \times 10^{-4} < H$（无量纲）$< 4.09 \times 10^{-2}$］
半挥发性	慢	$10^{-5} < H < 3 \times 10^{-7}$ atm·m³/mol ［$1.23 \times 10^{-4} < H$（无量纲）$< 4.09 \times 10^{-4}$］
不挥发	可忽略	$H < 3 \times 10^{-7}$ atm·m³/mol ［H（无量纲）$< 1.23 \times 10^{-4}$］

亨利常数对于不同化合物来说可以存在数量级的变化，且与温度密切相关。文献报道中亨利常数使用的多种形式的单位增加了工程计算的难度。想要熟悉亨利常数单位转换的读者可查阅环境化学文献（如 Hemond and Fechner-Levy，2014）。从业者也可以使用在线单位转换工具，如美国环境保护局的污染场地评估计算在线工具。例如，上文提供了两组常用的亨利常数单位（atm·m³/mol；基于浓度比的无量纲 *H*），需要时可以使用在线工具将其转换为另外两个单位（atm/摩尔分数；基于摩尔分数的无量纲 *H*）。

对于环境监测和修复实践而言，挥发性的概念很重要。挥发性有机化合物（VOCs）可通过基于挥发的修复技术［如土壤气相抽提（soil vapor extraction，SVE）］有效去除（第 8 章）。对于属于半挥发性有机化合物（SVOCs）的环境有机化合物，采取这类技术进行修复则更加困难。除了汞（Hg）、铅（Pb）、砷（As）等少数金属化合物外，大多数金属通常被认为不易挥发，因此无法通过蒸气修复去除。

亨利常数较小的化学品挥发性低，其蒸气压通常也较低，水溶性较高，在土壤中的吸附能力较低。亨利常数较小的化合物不太可能在土壤颗粒中从地下水挥发到空气中。这种化合物不易被基于蒸气的处理技术修复。

2.3.2　增溶、沉淀和溶解

水溶性（或溶解度）是化学物质可在水中溶解的最大量的度量。溶解度高的化学物质比溶解度低的化学物质更易在地下水中扩散。由于水是极性分子（具有一个负电氧原子和两个正氢原子），它对于极性化合物是极好的溶剂。然而，对于大多数具有疏水性特征的有机污染物来说，它是一种非常差的溶剂。溶解度取决于温度和压力，但影响有机和无机化合物溶解度的主要因素非常不同，这将在下面单独描述。

2.3.2.1　无机化合物的溶解度和溶度积

沉淀是两种溶解性物质反应后形成不溶性沉淀物的过程。沉淀及其逆溶解反应之间的平衡决定着许多无机金属在受污染地下水系统中的溶解度。受污染地下水中的金属可以通过沉淀反应去除，因此固定在受污染土壤中的金属可通过添加一些螯合剂进行溶解，然后再去除地下水中的溶解态金属。螯合剂是一种分子可以与单个金属离子形成多个键的物质。一个典型的沉淀例子是地下水中 Fe(II) 的去除，首先通过曝气（O_2）将 Fe(II) 氧化成 Fe(III)，然后通过与氢氧化物的反应生成沉淀去除 Fe(III)。

$$Fe^{2+} + 2H^+ + 1/2O_2 \longrightarrow Fe^{3+} + H_2O$$
$$Fe^{3+} + 3OH^- \longrightarrow Fe(OH)_3 \downarrow$$

无机沉淀物的溶解度可通过溶度积常数（K_{sp}）计算。例如，上述沉淀中 $Fe(OH)_3$ 的 K_{sp} 可以表示为

$$K_{sp} = [Fe^{3+}][OH^-]^3$$

式中，［ ］表示给定离子的摩尔浓度。如果已知 pH 和 K_{sp}，则可以确定 Fe^{3+} 的浓度，即

Fe(OH)$_3$ 的溶解度。为此，我们可以从任何无机化合物的 K_{sp} 推导出计算其溶解度的一般公式。

对于某种无机化合物 M$_x$A$_y$，其中金属（M）氧化数为 $+a$，阴离子（A）氧化数为 $-b$，描述其沉淀–溶解平衡的一般反应可以写为

$$M_x A_y(s) \Longleftrightarrow x M^{a+}(aq) + y A^{b-}(aq)$$

式中，x 和 y 分别为 M 和 A 的化学计量系数。由此可知，CaCO$_3$ 的 $x=1$，$y=1$；而 Ca$_3$(PO$_4$)$_2$ 的 $x=3$，$y=2$。平衡状态溶度积常数（K_{sp}）可写成如下：

$$K_{sp} = \left[M^{a+} \right]^x \left[A^{b-} \right]^y \tag{2.5}$$

如果我们假设 S mol 的 M$_x$A$_y$ 溶解于 1L 溶液中（即溶解度为 S），我们可以绘制化学教科书中常用的 "ICE 图表"：

项目	M$_x$A$_y$(s)	$x M^{a+}$(aq)	$y A^{b-}$(aq)
初始浓度（I）	全部固态	0	0
浓度变化（C）	$-S$ 溶解	$+xS$	$+yS$
平衡浓度（E）	固态变少	xS	yS

然后将平衡浓度代入式（2.5），得

$$K_{sp} = \left[xS \right]^x \left[yS \right]^y = (x^x y^y) S^{x+y} \tag{2.6}$$

求解式（2.6）的溶解度（S），可得一般方程为

$$S = \left(\frac{K_{sp}}{x^x y^y} \right)^{\frac{1}{x+y}} \tag{2.7}$$

由于 K_{sp} 值可以从参考文献获得，因此可以使用式（2.7）计算任何无机沉淀物的溶解度（参见示例 2.3）。

示例 2.3　计算金属化合物溶解度

给定 25℃ 下碳酸铅（II）和磷酸镉（II）的溶度积分别为 7.4×10^{-14} 和 2.53×10^{-33}，计算这两种化合物的溶解度，以单位 M 或 mg/L 表示。分子量：PbCO$_3$ = 267.21；Cd$_3$(PO$_4$)$_2$ = 527.18。原子量：Pb = 207.2；Cd = 112.41。

解答：

（a）对于碳酸铅，PbCO$_3$(s) $\Longleftrightarrow$ Pb^{2+}(aq) + CO$_3^{2-}$(aq)，$x=y=1$，$a=b=2$。因此使用式（2.7）得到溶解度如下：

$$S = (K_{sp})^{\frac{1}{2}} = \sqrt{(7.4 \times 10^{-14})} = 2.72 \times 10^{-7} \text{mol/L}$$

（b）对于磷酸镉，Cd$_3$(PO$_4$)$_2$(s) $\Longleftrightarrow$ 3Cd^{2+}(aq) + 2PO$_4^{3-}$(aq)，$x=3$，$y=2$，$a=2$，$b=3$。

$$S = \left(\frac{K_{sp}}{x^x y^y}\right)^{\frac{1}{x+y}} = \left(\frac{K_{sp}}{108}\right)^{\frac{1}{5}} = \sqrt[5]{(2.53 \times 10^{-33})/108} = 1.19 \times 10^{-7} \text{ mol/L}$$

通过将摩尔浓度与分子量相乘，再乘以 g/L 与 mg/L 的转换因子 1000，可将其进一步转换为 mg/L。因此可得到以 mg/L 为单位的溶解度。

$$S(碳酸铅) = 2.72 \times 10^{-7} \times 267.21 \times 1000 = 0.0727 \text{mg/L}(或 72.7\text{ppb})$$

$$S(磷酸镉) = 1.19 \times 10^{-7} \times 527.18 \times 1000 = 0.0625 \text{mg/L}(或 62.5\text{ppb})$$

由于铅和镉的自由离子态为毒性物质，其浓度可通过如下计算得

$$Pb^{2+} = 2.72 \times 10^{-7} \times 207.2 \times 1000 = 0.056 \text{mg/L}(或 56\text{ppb})$$

$$Cd^{2+} = 1.19 \times 10^{-7} \times 112.41 \times 1000 = 0.013 \text{mg/L}(或 13\text{ppb})$$

这些结果清楚地显示了这些具有低 K_{sp} 值的金属沉淀的低溶解度。即使在如此低的浓度下，Cd^{2+} 也超过了美国环境保护局饮用水标准中 0.005mg/L 的最大污染物水平（MCL）。对于 Pb^{2+}，USEPA 标准规定，如果超过 10% 的饮用水样品中铅浓度超过 0.015mg/L 的行动水平，则需要水处理系统来控制输水管道腐蚀。

溶液的 pH 对许多金属的溶解度有显著影响。根据金属种类不同，pH 可以增加或减少溶解度。增加溶解度的另一个因素是在络合（螯合）作用中有机螯合化合物的使用。金属在地下水中溶解度的增加通常会增强其从固定态金属形态到可溶态的去除（修复）作用。

2.3.2.2　有机化合物的溶解度和辛醇–水分配系数 (K_{ow})

有机化合物的溶解度通常取决于其结构特征，主要受到极性和非极性官能团影响。具有极性基团［如醇（OH）、酸（COOH）和醛（CHO）］的化合物可增强其溶解度，而非极性基团［如烷基（CH_3、CH_3CH_2）和卤素（Cl、F、B、I）］则降低水中溶解度。因此，甲苯、苯和苯甲酸的水溶性按照以下顺序依次增加：甲苯<苯<苯甲酸。在同一有机化合物系列中，溶解度随着化合物大小的增加而降低。在环境修复中，通过添加助溶剂（乙醇）的助溶作用，或通过表面活性剂的胶束增溶作用，可以大大提高有机化合物的溶解度。胶束增溶是土壤淋洗修复技术中的主要机制，第 11 章将对此进行详细阐述。

关于化学品溶解度的一个实用原则是，水溶性较高的化学品更有可能在地下水中流动，更不可能被吸附到土壤上，更不容易生物累积，更可能被生物降解（因为化学品必须溶解才能变得生物可利用）；相反，水溶性较低的化学品更有可能通过吸附固定化，在地下水中的流动性较小，生物累积性更强，持久性更强，不易生物降解。事实上，后者是许多疏水性环境有机化合物的特征，这些化合物代表了土壤和地下水修复的挑战。

在 2.1 节中，化学物质被标记为"可溶性很强"或"不可溶"。这种区分有时常有任意性，因为没有明确的分界线来划定一种化学物质的溶解度是低还是高。对于非专业人员和从业者来说，以下原则可能有用（Ney, 1998）：

- 水溶性低：<10mg/L；
- 水溶性中等：10～1000mg/L；

- 水溶性高：>1000mg/L。

与有机化合物的水溶性相关的一个重要参数是疏水性，通常通过 K_{ow} 或其对数（$\log K_{ow}$）来衡量。辛醇–水分配系数（K_{ow}）是通过实验确定的，在辛醇和水体积比为 50：50 的条件下测定化学物质的平衡辛醇浓度（C_{oct}）与平衡水相浓度（C_w）之比。辛醇是模拟天然有机化合物的良好替代品。

$$K_{ow} = C_{oct} / C_w \qquad (2.8)$$

具有较高 K_{ow} 的化学物质疏水性更强或极性更低，在混合物的水相部分中溶液浓度比在辛醇相中浓度低。具有较高 K_{ow} 的化学物质在土壤中的吸附潜力更大，在食物链中更易于被生物累积。因此，大多数疏水性有机污染物（如多环芳烃、多氯联苯）在土壤和地下水中的迁移性较低。疏水性化合物（具有高 K_{ow}）对非极性化合物，如动物脂肪和土壤腐殖质等有机化合物，具有较高的亲和力。这就是为什么大多数疏水性有机化合物会积聚在动物脂肪组织中，以及为什么有机含量特别高的土壤易存留有机污染物的原因。砂质土壤不会像有机含量高的农业土壤那样存留那么多有机污染物。

与水溶性一样，为了实际应用目的，我们也可以根据 K_{ow} 值对化合物的疏水性进行分组，并将其与化学物质的归趋和迁移性联系起来。由于在 K_{ow} 的测定中，使用了等体积的辛醇和水，K_{ow} 大于 1 意味着污染物更倾向于辛醇相。大多数有机化合物的 K_{ow} 值大于 1，多数大于 100，最高可达 10^8。由于该值范围很广，常用对数 K_{ow} 值表达。表 2.4（Ney，1998）给出了实用指南。

表 2.4 水溶性和辛醇–水分配系数（K_{ow}）

溶解度	如果	表明
高	$K_{ow}<500$ （$\log K_{ow}<2.7$）	迁移性强，几乎没有生物累积性或聚集性，可由微生物、植物或动物降解
中	$500<K_{ow}<1000$ （$2.7<\log K_{ow}<3.0$）	化合物可能呈现低或高 K_{ow}（$\log K_{ow}$）两种情况
低	$K_{ow}>1000$ （$\log K_{ow}>3.0$）	无迁移性，生物不可降解，化学物质易于生物累积、聚集、持久且易吸附于土壤

2.3.3 吸附和解吸

吸附是物质从溶液或气相转移到固相的过程。吸附（sorption）是一个术语，通常指两个难以区分的过程：吸附（absorption）和吸收。吸附是对固体表面的吸引力，而吸收则是对固体（或液体）的渗透。吸附取决于污染物（吸附物）和固体（吸附剂）的性质。在疏水性污染物和离子（极性）污染物之间，吸附机制有很大不同。对于固体，吸附的主要因素包括均匀性、渗透性、孔隙度、表面积、表面电荷、有机碳含量（对于吸附疏水性有机物而言）和阳离子交换量（cation exchange capacity，CEC）（对于离子物质而言）。

吸附机制可以描述为"同类吸附同类"（即极性表面上的极性物质和非极性表面的非

极性物质）。含水层中的土壤颗粒是含有矿物和天然有机物（如腐殖酸）的非均质复合物。矿物表面主要由能够与极性或离子污染物相互作用的极性或阴离子官能团组成。天然有机物通常由疏水分子组成，倾向于排斥水和其他极性分子，但留下非极性（疏水性）分子。

对无机物的吸附：对于无机污染物（以离子形态存在的金属），表面电荷（以阳离子交换量表示）决定了将阳离子吸引和保持在具有负电官能团的固体上的能力。因此，黏土或其他表面带负电的土壤颗粒将对带正电的阳离子有很强的吸附作用。阳离子交换量（CEC）是在给定的 pH 下，土壤能够携带的可与土壤溶液交换的最大阳离子总量。CEC 表示为每 100g 干燥土壤中氢的毫克当量（meq/100g）。

对有机物的吸附：对于中性有机污染物，土壤中的有机碳含量是控制疏水性污染物吸附的主要因素。有两个参数用于表示吸附特性，分别为吸附系数（K_d）和有机碳标准化吸附系数（K_{oc}）。吸附系数（分配系数）定义如下：

$$K_d = \frac{C_s(\text{mg/kg})}{C_w(\text{mg/L})} \tag{2.9}$$

式中，C_s 为土壤吸附浓度，mg/kg；C_w 为平衡水相浓度，mg/L。注意，K_d 的单位为 L/kg。K_d 是一个很好的低浓度环境化学物质吸附的指标，疏水吸附是主要机制。K_d 可以通过等温线很容易地获得，等温线是描述吸附污染物的量（土壤吸附浓度，C_s）与平衡水相浓度（C_w）的关系图。在简化情况下，给定温度下的等温线可假设为线性的，但也存在其他非线性等温线模型［如弗罗因德利希（Freundlich）等温线、朗缪尔（Langmuir）等温线；参见 Sparks, 2003；Schwarzenbach et al., 2017］。不足之处是，如果化合物以非线性等温线展示，则 K_d 将随平衡水相浓度（C_w）而变化。

对于被土壤有机质吸附的有机污染物而言，当没有 K_d 的实验值时，通常使用 K_d 和 K_{ow} 的经验公式，如下（Schwarzenbach and Westall, 1981）：

$$\log K_d = 0.72 \log K_{ow} + \log f_{oc} + 0.49 \tag{2.10}$$

上述公式表明，$\log K_d$ 随着 K_{ow}（吸附物或者关注化合物的疏水性）和 f_{oc}（土壤有机碳含量）的增加而增加。因此，K_{ow} 越高（即化合物的疏水性越强），K_d 越高。应注意的是，如式（2.10）所示的经验方程仅在特定条件下适用。例如，式（2.10）适用于有机碳含量超过 0.1%（$f_{oc} > 0.001$）的吸附剂对非极性化合物的吸附。由于 K_d 强烈依赖于土壤有机质含量，因此引入第二个参数有机碳标准化分配系数（K_{oc}）来定义特定化合物的吸附值，计算如下：

$$K_{oc} = \frac{K_d}{f_{oc}} \tag{2.11}$$

式中，K_{oc} 为有机碳标准化分配系数，即每千克有机碳中污染物的毫克数；f_{oc} 为土壤有机碳含量。与式（2.10）中的 K_d 类似，对于同类化合物和吸附剂也推导了 $\log K_{oc}$ 和 $\log K_{ow}$ 之间的经验公式：

$$\log K_{oc} = 0.72 \log K_{ow} + 0.49 \ (R^2 = 0.95) \tag{2.12}$$

文献中可以找到更多的经验表达式（如 Chiou, 2002），从而使用已知的 K_{ow} 来估计 K_d 和 K_{oc}。

吸附过程的逆过程称为解吸，即已被吸附的污染物与土壤分离并返回到水相或气相的过程。我们通常假设解吸过程是可逆的，但事实上研究表明，解吸过程很慢，这就解释了为什么在美国有许多受污染场地的清理需要很长的时间。

为了进一步了解吸附过程，让我们以更定量的方式来看 K_d 值。我们在此所做的工作，是根据给定的 K_d 值以及其他需要的土壤颗粒参数，推导出一个有用的方程，以计算土壤水中残留污染物比例（f_w）。f_w 的值很重要，因为只有这种溶解的部分可以通过如第 7 章所述的抽出处理修复技术来去除。

在土壤水中残留污染物比例（f_w）为

$$f_w = \frac{\text{水中污染物质量}}{\text{水中污染物质量} + \text{土壤中污染物质量}} = \frac{C_w V_w}{C_w V_w + C_s M_s} \tag{2.13}$$

式中，V_w 为水体积；M_s 为土壤质量。注意在分母中，使用的是土壤质量（M_s）而不是土壤体积，因为土壤中污染物的浓度单位总是以单位土壤质量的污染物量（如 mg/kg）表示。重新整理式（2.13），用吸附系数（K_d）代替 C_s/C_w 项，然后用土壤体积（V_s）和土壤容重（ρ）的乘积代替土壤质量，得

$$f_w = \frac{1}{1 + \dfrac{C_s M_s}{C_w V_w}} = \frac{1}{1 + K_d \dfrac{M_s}{V_w}} = \frac{1}{1 + K_d \dfrac{V_s \rho}{V_w}} \tag{2.14}$$

为了用一些常用参数代替 M_s/V_w 项，我们引入土壤孔隙度（n）的概念，定义如下：

$$n = \frac{\text{水的体积}(V_w)}{\text{水的体积}(V_w) + \text{土壤体积}(V_s)} = \frac{1}{1 + \dfrac{V_s}{V_w}} \tag{2.15}$$

重新整理式（2.15），并将 V_s/V_w 项代入式（2.14），得

$$f_w = \frac{1}{1 + K_d \rho \left(\dfrac{1}{n} - 1 \right)} \tag{2.16}$$

如果给出吸附系数（K_d）、土壤容重（ρ）和孔隙度（n），则可采用上式计算土壤水溶液中污染物的百分比（%）（参见示例 2.4）。注意，K_d 的常用单位为 L/kg（与 mL/g 相同），ρ 的单位为 g/mL（常写为 mg/cm³）。因此，K_d 和 ρ 相乘后单位互抵，与 f_w 相一致，都为无量纲。以下示例说明了如何使用式（2.16）。

示例 2.4　应用 K_d 计算水相（地下水）中污染物占比

汽油含有甲基叔丁基醚（MTBE；作为添加剂）和菲（重质馏分的一种次要组分）。据报道，在 $f_{oc} = 0.05$ 的粉质土壤中（即标准化为有机碳后的土壤有机质含量为 5%），MTBE 的 K_d 为 0.56L/kg，而在 $f_{oc} = 0.01$ 的砂质土壤中，则为 0.112L/kg（Jacobs et al., 2000）。菲在有机碳含量为 0.0126 的土壤中 K_d 为 300L/kg（Chiou et al., 1998）。为了进行比较，假设含水层的孔隙度为 30%，土壤容重为 1.8g/cm³。（a）计算两种土壤中 MTBE 的 f_w 值；（b）计算菲的 f_w；（c）假设平均孔隙度（n）为 0.30，容重（ρ）为 1.8g/cm³，图解说明 f_w 如何随 K_d 的变化而变化。

解答：

（a）对于粉质土壤中的 MTBE：$f_w = \dfrac{1}{1 + 0.56 \times 1.8 \times \left(\dfrac{1}{0.3} - 1\right)} = 29.8\%$

对于砂质土壤中的 MTBE：$f_w = \dfrac{1}{1 + 0.112 \times 1.8 \times \left(\dfrac{1}{0.3} - 1\right)} = 68.0\%$

（b）对于菲：$f_w = \dfrac{1}{1 + 300 \times 1.8 \times \left(\dfrac{1}{0.3} - 1\right)} = 0.079\%$

上述计算清楚地表明，一方面，由于土壤对 MTBE 的吸附能力不强，从汽油罐溢出的 MTBE 将迁移到离源很远的地方。另一方面，菲几乎不会溶解于地下水并迁移至距离源较远的地方。

（c）将给定的孔隙度（$n = 0.30$）和容重（$\rho = 1.8 \mathrm{g/cm^3}$）代入式（2.16），我们可以得到 f_w 与 K_d 的关系图（图 2.9）。该图清楚地显示了 f_w 和 K_d 之间的关系及其对修复的意义。例如，当 K_d 超过 10 时，几乎所有的有机污染物都会吸附于土壤，因此很难去除。通常，特定污染物的 K_d 值越高，被吸附到土壤的质量就越多，污染物与地下水相比其迁移速度就越慢（其延迟系数越高）。在低水力梯度下，K_d 值非常高的污染物污染羽甚至可能看上去完全没有移动。

注释栏 2.4 总结了一些关于污染物性质的实用参考，并给出例子（示例 2.5）说明如何使用这些基本属性来推断相关归趋和迁移过程（表 2.5）

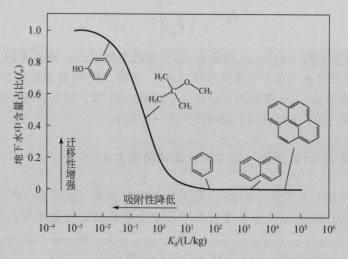

图 2.9 土壤水中残留污染物比例（f_w）与吸附系数（K_d）的函数关系

一起显示的还有代表性土壤和地下水污染物

注释栏 2.4　可用于实践参考的化学属性表

表 2.5 给出了蒸气压、溶解度和 K_{ow} 的常用参考，以便使读者大致了解某种化学物质属于哪一类型。注释栏 2.3 中给出了亨利常数的指引，为简便起见，并未给出 K_{oc} 的参考指引。请注意这些参考值是近似的，在科学上并不严格。尽管总有一些例外，但对一组特定性质的化学迁移归趋过程有所了解，将有助于理解我们在后续章节中将要讨论的修复技术。

表 2.5　蒸气压、溶解度、K_{ow} 与化学归趋表

迁移归趋	蒸气压		
	低 $<10^{-6}$ mmHg （1.36×10^{-9} atm）	中 $10^{-6} \sim 10^{-2}$ mmHg （$1.36\times10^{-9} \sim 1.36\times10^{-5}$ atm）	高 10^{-2} mmHg （1.36×10^{-5} atm）
挥发性	低	中	高
溶解性	高	中	低
持久性	是	有可能	可忽略
吸附性	高	有可能	低
生物累积性	是	有可能	可忽略
迁移归趋	溶解度		
	低 <10 mg/L	中 $10 \sim 1000$ mg/L	高 >1000 mg/L
迁移性	可忽略	两种情况均可能	是
持久性	是	两种情况均可能	可忽略
吸附性	是	两种情况均可能	可忽略
生物累积性	是	两种情况均可能	可忽略
生物降解性	有可能	两种情况均可能	是
迁移归趋	K_{ow}		
	低 $K_{ow}<500$ （$\log K_{ow}<2.7$）	中 $K_{ow}=500\sim1000$ （$\log K_{ow}=2.7\sim3.0$）	高 $K_{ow}>1000$ （$\log K_{ow}>3.0$）
迁移性	高	中	低
持久性	可忽略	两种情况均可能	是
吸附性	可忽略	两种情况均可能	是
生物累积性	可忽略	两种情况均可能	是
生物降解性	是	两种情况均可能	否或缓慢发生

注：改编自 Ney，1998

示例 2.5　使用参考指南识别污染物迁移归趋

（a）化合物 A：水溶解度 = 0.0017mg/L，K_{oc} = 238000，K_{ow} = 960000，BCF = 61600，其中生物富集系数（bio-concentration factor，BCF）通过鱼组织中平衡浓度与水相中平衡浓度的比率计算。

（b）化合物 B：水溶解度 = 150～200mg/L，K_{ow} = 758，20℃ 时的蒸气压 = 14Torr（1Torr = 1mmHg）。从土壤吸附、土壤径流、土壤浸出、潜在食物链污染和生物降解性等方面推导这两种化合物的基本迁移归趋特征。

解答：

（a）化合物 A：水溶性低通常表明这种化学物质易于吸附在土壤中，随土壤径流迁移，并具有生物累积性，不易被浸出，也不易被生物降解。高的 K_{oc} 值表明，这种化学物质极易吸附在土壤中。高 K_{ow} 值表明，该化学物质具有生物累积性，可能引起食物链污染，BCF 数据也证明了这一特性（流动水中的 BCF = 61600）。这一化学物质实际上是二氯二苯基三氯乙烷或滴滴涕。

（b）化合物 B：中等的水溶性表明，这种化学物质在浸出、径流、吸附、生物累积和生物降解方面可能表现出完全不同的特性。K_{ow} 值居中表明这种化学物质具有挥发性，可能会导致呼吸吸入风险。由于其挥发特性，可能会产生母体和潜在转化产物的吸入问题。虽然它具有潜在生物累积性，但由于其在生物累积之前就挥发了，因此生物积累几乎不可能发生。高挥发性也将阻止其在食物中的残留，但如果发生水污染，水中可能会残留一些该物质。这种化学物质实际上是四氯乙烯（PCE），一种用于干洗的常见氯化烃溶剂。

　　在本节讨论结束时，读者可能会发现附录 C 对于将普遍关注污染物的物理化学性质（比重、溶解度、K_{ow}、蒸气压和亨利常数）与其迁移规律关联起来非常有用。感兴趣的读者可以花些时间研究其中所列出的不同类别化合物的物理化学性质，并对上述化合物的基本迁移和归趋特征进行理解。

　　附录 C 给出的数据涉及与地下水修复相关的一个特殊概念，即基于溶解度和密度的化学物质分组。对于与水不混溶的液体（低水溶性化合物），采用非水相液体（non-aqueous phase liquid，NAPL）的概念用于表示地下水位以下或以上游离的独立相。试想一下，当植物油与水混合时，静置后，游离相油将与水分离，形成两种不混溶相：油和水。如果非水相的密度小于水的密度（1g/mL），则称为轻质非水相液体（LNAPL），反之称为重质非水相液体（DNAPL）。这两种 NAPL 不是由某种化学物质定义的，而是由它们相对于水的密度来定义的。从地下水修复的角度来看，区分这两类化学物质非常重要。例如，苯的密度为 0.8g/mL，TCE 的密度为 1.46g/mL（附录 C）。苯会浮在地下水位的顶部，而 TCE 会沉入地下水位以下，并继续下沉，直到到达含水层的底部。因此，苯可以称为 LNAPL 或漂浮物，TCE 则是 DNAPL 或沉降物。

　　LNAPL 包括 BTEX 化合物，而 DNPAL 包括氯代溶剂，如 TCE、PCE、PAHs 和 PCBs。

烷烃可以是 LNAPL（短链）或 DNAPL（长链和重馏分）。做如此区分的含义很明显，因为通常来说去除溶解态污染物比去除游离相的 LNAPL 或 DNPAL 更容易，去除 LNAPL 比去除 DNAPL 更容易。与溶解污染物不同，NAPL（特别是 DNPAL）是地下水修复中最具挑战性的污染物类别之一。

2.4　相态内化学物质的运动

污染物在地下水中的迁移也受到不同水文过程的影响。这些流体动力学过程包括对流、弥散和扩散，每个过程单独或共同影响着污染物随地下水流的运动。由于这三个过程总体上是物理过程，它们将改变（移动）化学物质的物理位置，但不会改变污染物的化学结构。

2.4.1　对流

对流是化学物质通过地下水流体的自然运动或抽水时的强制运动而产生的运动。水流从较高势能（潜在水头）流向较低的位置水头。"水头"是流体动力学中的一个术语，用于将不可压缩流体中的势能与该流体的等效静态柱的高度联系起来。例如，流体中给定点处的总水头（势能）等于与流体运动相关的势能（速度水头），加上流体中压力带来的势能（压力水头），再加上流体所在高度相对于任意基准面的势能（重力引起的位置水头）。水头以高度单位表示，如 m 或 ft[①]。地下水的流速可由达西定律确定：

$$v = -\frac{K}{n}\frac{dh}{dl} \tag{2.17}$$

式中，v 为地下水平均速度，m/s；K 为水力传导系数，m/s；n 为孔隙度，dh/dl 为水力梯度，即沿着 dl 距离所产生的水力头差（dh），m/m。水力头（h）用于测量相对于参考基准之上的液体压力。在含水层中，它可以通过一种专用水井（测压井）水深、给定测压计高程和井管带滤水孔深度（screen depth）计算得到。沿着流动路径特定距离 dl 处的两个位置之间的水力头差（dh）可用于计算水力梯度（dh/dl）。达西定律中的负号（−）是必需的，因为导数（dh/dl）是沿着地下水流动方向上计算的，即较低的总水头减去较高的总水头。负号确保总水头从高到低时的正速度。我们将在第 3 章中定义水力传导系数并说明达西定律的应用。

值得注意的是，由于吸附或其他机制，溶解在地下水中的污染物不会以与地下水流相同的速度移动。因此，采用延迟因子（R，无量纲）来反映污染羽移动的滞后。延迟因子（R）可以定义为达西速度（v）与污染物速度（v_c）之比，可以通过 K_d 采用以下公式获得

$$R = v/v_c = 1 + K_d\,\rho/n \tag{2.18}$$

式中，v 为达西定律［式（2.17）］中的地下水平均速度，m/s；v_c 为当浓度达到初始浓度

---

① 1ft = 3.048×10⁻¹ m。

一半时的污染物速度，m/s；ρ 为土壤容重，g/cm^3；n 为土壤孔隙度；K_d 为土壤-水分配系数，L/kg。那么延迟因子到底是什么意思呢？例如，如果含水层中某种污染物的 $R=10$，那么这意味着地下水的移动速度是有机污染物的 10 倍。延迟因子对地下水中污染羽流运动的影响如图 2.10 所示。

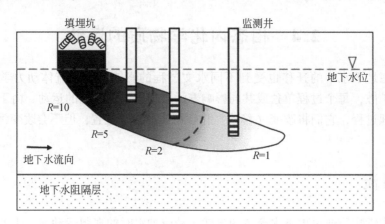

图 2.10   延迟因子对地下水中污染羽流运动的影响示意图

2.4.2   弥散和扩散

现在想象一种化学染料随着 5cm/h 的水流速度流过土壤柱。如果已知该化学物质的延迟因子为 10，则该化学物质的移动速度为 0.5cm/h。这种化学物质的所有分子会以相同的速度从柱中洗脱出来吗？或者这些分子会在同一瞬间从柱中洗脱出来吗？答案显然是否定的，原因是造成化学物运动"扩散"的另外两个流体动力学过程。

弥散是指化学物质沿水流方向（纵向弥散）或垂直于水流方向（横向弥散）的"扩散"。在这两个方向上，弥散可以分为两种方式：机械弥散和流体动力弥散。机械弥散是由受污染水体与未污染水体在流动路径上的"混合"产生的，它不包括分子扩散，而流体动力弥散则表示机械弥散加上扩散作用。所有弥散过程在微观（土壤孔隙尺度）和宏观（宏观或场地尺度）两个层面都会发生，因此分别有微观弥散和宏观弥散作用。据报道，实验室中测量的孔隙尺度弥散度为厘米量级，而现场测量的宏观弥散度为米量级（Fetter, 2001）。

在微观土壤孔隙层面，纵向弥散的三个基本因素如图 2.11 所示，①穿过较大孔隙的流体比在较小孔隙中的流体流动更快；②一些流体团比其他流体团迁移更长的路径；③当流体团通过多孔介质时，由于摩擦作用，通过孔隙中心的速度比沿着边缘的速度更快。横向弥散是由于流动路径的分开导致的，甚至可能发生在地下水中占主导地位的层流中。

在更大的宏观尺度（如场地尺度）上，由于含水层的不均匀性，如从一个位置到另一个位置水力传导系数的变化，就会发生弥散。水力传导系数的局部差异会导致局部水流方向扭曲，实际水流方向相对基于均质含水层预测的方向将发生偏离。

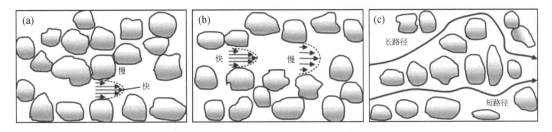

图 2.11　引起孔隙尺度纵向弥散的三个基本因素

（a）在单个孔隙（微孔尺度）中，穿过孔隙的流速剖面显示出土壤颗粒边缘速度为零，而孔隙中心速度最大；（b）在微孔尺度上，由于通过特定孔隙的水体积守恒，其在越小的孔隙中流速越快；（c）水通过多孔介质的路径不同，导致部分水迁移路径更长

水动力弥散（D_h）既来自于机械弥散（αv），也来自于分子扩散系数（D）。由于在实践中很难区分这两个过程，我们将它们结合如下：

$$D_h = \alpha v + D \tag{2.19}$$

式中，机械弥散与地下水速度（v）成正比；α 为动力弥散度；D 为分子扩散系数。化学物质通过地下水的扩散是由于浓度梯度造成的。即使地下水不流动，化学物质也会扩散。在稳态条件下，扩散可以用菲克第一定律来描述：

$$J = -D\frac{dC}{dx} \tag{2.20}$$

式中，J 为污染物单位面积、单位时间内的质量通量，mg/（m²·s）；D 为分子扩散系数，m²/s；C 为污染物浓度，mg/L；x 为沿梯度的距离，m。与达西定律一样，负号表示从更大的浓度向更小的浓度运动，质量通量（J）总是正的。

综合以上关于对流和弥散的讨论，污染物羽流可定性描述为一维土壤柱或二维含水层单元中从瞬时源发出的羽流［图 2.12（a）、（c）］，或一维土壤柱或二维含水层单元中从连续源发出的羽流［图 2.12（b）、（d）］。由于流体动力弥散，溶质的浓度将随着离源的距离增加而降低。在二维含水层单元中，污染物将沿地下水运动方向扩散，而不是沿垂直于水流的方向扩散，这是因为纵向弥散度大于横向弥散度。连续源将产生羽流，而一次性点源（如泄漏）将产生随时间推移而沿地下水流动路径移动的一段活塞流。微观尺度和宏观尺度上的非均质性（变化）越大，羽流中的弥散程度就越大。

图 2.13 是在聚碳酸酯材料制成的含水层模型系统中注入苯后 4 小时、9 小时、16 小时和 22 小时观察到的实际苯污染羽流。苯羽流呈带状，从含水层模型的左上角向右下角传播（Choi et al., 2005）。随着污染羽随时间推移，在我们之前讨论过的对流、弥散、挥发和吸附的组合过程作用下，污染羽的浓度峰值迅速下降。

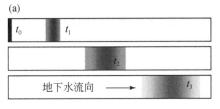

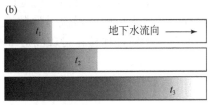

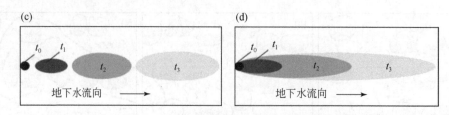

图 2.12　不同来源污染物羽流的变化趋势

（a）一维土壤柱中的瞬时源；（b）一维土壤中的连续源；（c）二维含水层单元中的瞬时源；

（d）二维含水单元中的连续源。图中暗度梯度显示了污染物浓度的大小

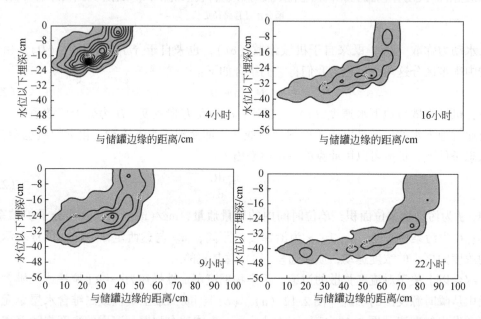

图 2.13　示踪剂注入 4 小时、9 小时、16 小时和 22 小时后观察到的苯污染羽流（等值线单位：mg/L）

资料来源：Choi et al.，2005，经 John Wiley & Sons 许可转载

　　在本章中，我们了解了各种物理、化学、生物和水文过程中复杂的污染物迁移和归趋规律。由于现场数据昂贵且难以获取，污染物的迁移归趋模型可用于土壤和地下水修复。这些模型有助于预测特定时间和空间点的潜在污染物浓度，并可初步确定环境介质修复目标值，以防止超过相关监管机构设置的人体健康和环境可接受限值。一个恰当的模型应该回答不安全的污染物浓度水平将持续多久，以及污染羽将迁移多远的问题。一般来说，模型需要输入化学性质数据和水文地质参数，如水力传导系数、水力梯度、孔隙度，以及对流、弥散、吸附和生物降解的迁移转化过程参数。换言之，污染羽的模型预测将基于污染物的归趋过程以及含水层中的对流、弥散输送。第 13 章将详细介绍地下水流动以及土壤和地下水中的化学物质迁移转化过程的数学模型框架。

参 考 文 献

Bedient, P. B., Rifai, H. S., and Newell, C. J. (1999). *Ground Water Contamination: Transport and Remediation*, 2e, Chapter 7. Upper Saddle River: Prentice Hall.

Benjamin, M. M. (2014). *Water Chemistry*, 2e. New York: McGraw-Hill.

Chiou, C. T. (2002). *Partition and adsorption of organic contaminants in environmental systems*, 257 pp. New York: John Wiley & Sons.

Chiou, C. T., McGroddy, S. E., and Kile, D. (1998). Partition characteristics of polycyclic aromatic hydrocarbons on soils and sediment. *Environ. Sci. Technol.* 32(2): 264–269.

Choi, J. -W., Ha, H. -C., Kim, S. -B., and Kim, D. -J. (2005). Analysis of benzene transport in a two-dimensional aquifer model. *Hydrol. Process.* 19: 2481–2489.

Evangelou, V. P. (1998). *Environmental Soil and Water Chemistry*, 272–283. New York: John Wiley & Sons.

Fetter, C. W. (1993). *Contaminant Hydrogeology*. New York: Macmillan Publishing Company.

Fetter, C. W. (2001). *Applied Hydrogeology*, 4e, Chapter 10. Upper Saddle River: Prentice Hall.

Grasso, D. (1993). *Hazardous Waste Site Remediation–Source Control*. Boca Raton: Lewis Publishers.

Hemond, H. F., and Fechner-Levy, E. J. (2014). *Chemical Fate and Transport in the Environment*, 3e. Boston: Academic Press.

Hughes, J. B., Wang, C. Y., and Zhang, C. (1999). Anaerobic biotransformation of 2,4-dinitrotoluene and 2,6-dinitrotoluene by *Clostridium acetobutylicum*: a pathway through dihydroxylamino-intermediates. *Environ. Sci. Technol.* 33: 1065–1070.

Jacobs, J., Guertin, J., and Herron, C. (2000). *MTBE: Effects on Soil and Groundwater Resource*, 264 pp. Boca Raton: Lewis Publishers.

Larson, R. A. and Weber, E. J. (1994). *Reaction Mechanisms in Environmental Organic Chemistry*, 217–221. Boca Raton: CRC Press.

Lehr, J., Hyman, M., Gass, T. E., and Seevers, W. J. (2002). *Handbook of Complex Environmental Remediation Problems*. New York: McGraw-Hill.

Logan, B. E. (2012). *Environmental Transport Processes*, 2e. New York: John Wiley & Sons

Loudon, G. M. (2015). *Organic Chemistry*, 6e. Oxford: Oxford University Press.

Mackay, D. and Yuen, T. K. (1980). Volatilization rates of organic contaminants from rivers. *Water Qual. Res. J.* 15 (1): 83–201.

Ney, R. E. Jr. (1998). *Fate and Transport of Organic Chemicals in the Environment: A Practical Guide*. Rockville: Government Institutes.

Nishino, S. F., Paoli, G. C., and Spain, J. C. (2000). Aerobic degradation of dinitrotoluenes and pathway for bacterial degradation of 2,6-dinitrotoluene. *Appl. Environ. Microbiol.* 66(5): 2139–2147.

Palmer, C. D. and Wittbrodt, P. R. (1991). Processes affecting the remediation of chromium-contaminated sites. *Environ. Health Perspect.* 92: 25–40.

Piatt, J. J., Backhus, D. A., Capel, P. D., and Eisenreich, S. J. (1996). Temperature-dependent sorption of naphthalene, phenanthrene, and pyrene to low organic carbon aquifer sediments. *Environ. Sci. Technol.* 30(3): 751–760.

Pichtel, J. (2007). *Fundamentals of Site Remediation*, 2e. Rockville: Government Institutes.

Schwarzenbach, R. P. and Westall, J. (1981). Transport of nonpolar compounds from surface water to groundwater:

laboratory sorption study. *Environ. Sci. Technol.* 15(11):1360-1367.

Schwarzenbach, R. P., Gschwend, P. M., and Imboden, D. M. (2017). *Environmental Organic Chemistry*, 3e, Chapter 2. New York: John Wiley & Sons.

Sparks, D. L. (2003). *Environmental Soil Chemistry*, 2e. Elsevier Science.

USEPA(2000). *In Situ* Treatment of Soil and Groundwater Contaminated with Chromium: Technical Resource Guide, EPA 625-R-00-005.

USEPA(2007). Technology Reference Guide for Radioactively Contaminated Media, EPA 402-R-07-004.

von Lyman, W. J., Reehl, W. F., and Rosenblatt, D. H. (1990). *Handbook of Chemical Property Estimation Methods*, 3e, 960 pp. Washington, DC: American Chemical Society.

Walther, J. V. (2009). *Essentials of Geochemistry*, 2e. Sudbury: Jones and Bartlett Publishers.

Zhang, C., Hughes, J. B., Nishino, S. F., and Spain, J. (2000). Slurry-phase biological treatment of 2,4-dinitrotoluene and 2,6-dinitrotoluene: role of bioaugmentation and effects of high dinitrotoluene concentrations. *Environ. Sci. Technol.* 34:2810-2816.

问题与计算题

1. 为什么修复地下储罐泄漏产生的 TCE 比修复汽油罐泄漏的 BTEX 更具挑战性?

2. 阐述(a)汽油、(b)柴油和(c)原油的基本化学成分。

3. 对以下各类农药举例说明,并识别其主要官能团:(a)含 N 农药、(b)含 O 农药、(c)含 S 农药和(d)含 P 农药。

4. 解释为什么当前使用的杀虫剂(如氨基甲酸酯和有机磷杀虫剂)与历史上曾使用的含氯杀虫剂(如滴滴涕)相比,在环境中不会持久存在。

5. 阐述氯代脂肪烃(氯代溶剂)对非生物或生物(a)水解与(b)氧化还原过程的敏感性。

6. 阐述哪些常见环境有机污染物易受以下影响:(a)水解、(b)脱卤和(c)氧化还原。

7. 决定以下物质水溶性的主要因素是什么:(a)金属的无机沉淀和(b)有机化合物。

8. 在土壤和地下水修复中,我们能做什么以提升下列物质的水溶性和迁移性:(a)金属的无机沉淀和(b)有机疏水化合物。

9. 阐述(a)生物降解、(b)生物转化和(c)矿化之间的区别。

10. 某些厌氧细菌可以将 PCE 转化为 TCE:$CCl_2 = CCl_2 \longrightarrow CHCl = CCl_2$,指出(a)经历氧化数变化的原子、(b)从 PCE 到 TCE 的氧化数变化以及(c)这是半还原反应还是半氧化反应?

11. 解释(a)蒸气压和亨利常数用于对一系列化合物的挥发性进行排序时有何不同;(b)有没有可能某种化合物的蒸气压很高,但亨利常数很低?

12. 以下与苯环相连的官能团如何影响芳香烃的溶解度?(a)$CH_3—CH_2$、(b)Cl、(c)OH 和(d)COOH。

13. 对以下化合物的相对水溶性进行排序:氯苯、间二氯苯、2,4,6-三氯苯、苯甲酸和苯。

14. 对以下化合物的相对疏水性(或 $\log K_{ow}$ 的量级)进行排序:苯、苯甲酸、氯苯、萘、菲和芘。

15. $CaCO_3$ 和 $CaSO_4$ 的 K_{sp} 分别为 6×10^{-9} 和 4.93×10^{-5}。哪一个在水中溶解度更大?

16. 计算(a)CdS($K_{sp} = 1 \times 10^{-27}$)和(b)$Ca_3(PO_4)_2$($K_{sp} = 2.07 \times 10^{-33}$)两种物质的水溶性。溶解度以 mg/L 为单位。

17. 导出 $Cd(OH)_2$ 溶解度(S)与溶液 pH 的关系式。25℃ 下该化合物的 K_{sp} 为 7.2×10^{-15}。

18. 简要评述以下化学物质或一类化学物质的挥发性、水溶性、疏水性和生物累积潜力:(a)BTEX、

(b)氯代溶剂(如 PCE、TCE)、(c)PAHs 和(d)酚类。

19. 根据下表提供的数据，简要预测以下两种化学物质的性质和(或)其归趋和迁移特征。

属性	污染物 A	污染物 B
水中溶解度/(mg/L)	0.0038(25℃)	1.1(25℃)
K_{ow}(无量纲)	1096478	3.98
蒸气压/Torr	$5×10^{-9}$(20℃)	2660(25℃)

20. 在一系列研究中，Piatt 等(1996)报道萘和芘的 K_d 分别为 1.6mL/g 和 8.3mL/g。所研究土壤的有机碳含量为 2%，孔隙度为 25%，容重为 1.75g/mL。

(a)各化合物存在于水相中的比例(f_w)是多少？

(b)有机碳标准化分配系数(K_{oc})值是多少？

(c)各化学物质相对于地下水的移动速度是多少？

21. 根据本章中提供的信息，哪些修复技术可以或不能用于以下污染物：(a)金属、(b)芘、(c)二噁英和(d)二氯乙烷。你可以考虑空气抽提、抽出处理、生物修复和焚烧。

22. 下图中萘的吸附等温线由 Chiou 等(1998)在室温下获得的。(a)在不使用原始数据的情况下，判断四种土壤(沉积物)样品的 K_d 值；(b)哪种土壤(沉积物)对萘的吸附潜力最高，为什么？(c)如果密歇根湖沉积物、马利特土壤、伍德伯恩土壤和密西西比河沉积物的有机碳含量分别为 0.0402、0.018、0.0126 和 0.0040，那么每种土壤(沉积物)的 K_{oc} 值是多少？(d)为什么萘在四种吸附剂中 K_d 值显著不同，而非 K_{oc} 不同？

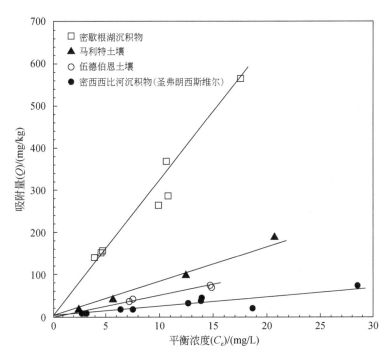

23. 使用示例 2.4 中提供的数据，计算以下化学物质的延迟因子(R)：(a)粉土中的甲基叔丁基醚(MTBE)、(b)砂质土壤中的甲基叔丁基醚(MTBE)和(c)在给定土壤中的菲。

24. 使用 Excel 推导 f_w 和 K_d 之间的关系以重绘图 2.9，采用孔隙度(n)为 0.40 和土壤容重(ρ)为 2.0g/cm^3。

25. 重绘图 2.9，但不绘制 f_w，而是绘制土壤中残留污染物比例(f_s)与 K_d 的关系图，假设采用同样的孔隙度(n)为 0.3、土壤容重为 1.8g/cm^3。注意：$f_s = 1 - f_w$。

26. 什么样的物理化学和生物特性使地下水中 MTBE 的修复特别具有挑战性？

27. 阐述(a)机械弥散、(b)流体动力学弥散和(c)分子扩散之间的差异。

28. 与地下水中的其他化学运动过程相比，分子扩散有多重要？在什么水文地质条件下，分子扩散将变得微不足道？

29. 识别第 1 章图 1.4 中给出的农药所带的官能团。

第 3 章 土壤和地下水水文学

学习目标

1. 了解土壤无机和有机组分,将土壤矿物和有机质与土壤修复联系起来。

2. 阐明常见的土壤硅酸盐结构、土壤有机成分,以及包括孔隙度和不同种类密度相关属性的计算。

3. 了解含水层(包气带和饱和带)的垂直分布特征,各种类型的地下水井以及地下水井相关的术语。

4. 定义各种水文地质参数,并计算孔隙度、给水度、水力传导系数、导水系数和储水率。

5. 利用达西定律计算达西速度,并将其与地下水流速(孔隙速度)以及污染物运移速度进行区分。

6. 区分包气带和饱和带,并将其与污染物的归宿和迁移联系起来。

7. 了解非饱和土壤中水力传导系数和压力水头作为土壤含水量函数的复杂性。

8. 计算稳态承压含水层中的井流量,包括水位降深、影响半径和捕获区。

9. 计算稳态无压含水层中的井流量,包括降水量和影响半径。

10. 描述重质非水相液体(DNAPL)与轻质非水相液体(LNAPL)的流动有何不同,并了解在各种水文地质条件下对 DNAPL 污染修复的挑战。

土壤和地下水的知识对于了解污染物在地面以下的归宿和迁移,以用于评估各种修复方法至关重要。传统的土壤科学学科涵盖了不同领域的课题,包括土壤的形成、分类、性质(物理、化学和生物),以及它们与作为自然资源的土壤的利用和管理的关系。地下水水文学(即水文地质学)与土壤学科大相径庭,但与土壤科学相关,它是研究地质学的一个领域,涉及地下水在土壤和岩石(称为含水层)中的分布和运动。与土壤和地下水修复有关,土壤和水文地质学最重要的方面是水和相关溶质(污染物)在土壤和地下水中的运动和迁移。本章将向读者简要介绍土壤和含水层特性以及水的基本运动原理。利用水文地质技术和方法测量含水层特性也是水文地质学的重要组成部分,第 5 章将介绍污染场地的综合场地勘查和地下特征分析。在讨论水的运动原理时,数学方程是必不可少的(见第 13 章);然而,这些方程在本章中讨论较少。要想详细了解土壤和地下水及其相关方程,请读者参考那些经典的书籍,如 Bear (1972)、Ellis 和 Mellor (1995)、Fetter (2001)、Greenland 和 Hayes (1978)、McBride (1994) 和 Sposito (2008)。

3.1　土壤成分和特性

　　土壤、岩石和矿物是地球岩石圈的一部分（岩石圈包括地壳和地幔最上层部分）。陆地面积占地球表面总面积的29%，其中森林、牧场与草甸、冰雪覆盖的土地和可耕地（适合耕种的）分别占40.9%、31.5%、17.2%和14.8%（van Loon and Duffy，2017）。土壤是一种重要的自然资源，用以支撑农业、林业、矿藏以及各种用途。它还是人类处置非危险废物和危险废物的倾倒场所。下面将简要介绍土壤三相（气体、液体、固体）的各种成分，以及与土壤和地下水修复有关的物理、化学和矿物学特性。

3.1.1　土壤的成分

　　土壤由三相组成，即土壤气体、土壤液体，以及固体无机物和有机物（图3.1）。土壤气体和液体被封闭在固体颗粒之间的孔隙中。由于地下水位以下的所有孔隙（饱和带）都被水填满，所以土壤气相在深层含水层中是不存在的。在表层土壤（0~15cm）中，土壤气体的数量与水的数量成反比关系。例如，在干旱的土壤中，所有的土壤孔隙都可以被空气填满，而在最近的降水之后，饱和土壤中的土壤空气可以被完全耗尽。

　　土壤气的组成应接近大气的典型成分，即78.08%的N_2、20.95%的O_2、0.93%的氩气（Ar）、0.031%的CO_2和其他微小气体（Sharma and Reddy，2004）。在具有生物活性的土壤中，O_2含量随土壤深度的增加而减少，CO_2含量随土壤深度的增加而增加。对于受污染的土壤，污染物可能以蒸气形态存在于土壤孔隙中。

　　土壤液体由水和溶解态的溶质组成，包括气体（如溶解氧）、营养物质和微量污染物。对于挥发性气体，可以通过亨利常数来大致计算溶解态气体（或溶质）的浓度（2.3.1节）。在极端情况下，如化学品泄漏，土壤孔隙中可能没有气体，完全由纯溶剂取代。土壤孔隙中的水可以通过各种机制被土壤颗粒紧紧吸附，或者以自由水分子的形式自由流动。

　　土壤颗粒的比例（即土壤固体）应更加受到关注，不仅是因为它们作为土壤结构骨干的重要性，也因为它们的理化作用影响污染物的迁移。土壤颗粒中含有少量的有机化合物，其含量占土壤质量的1%至5%。有机质含量高的土壤仅出现在泥炭土（>20%）和森林地区表层土壤（>10%）中。相比之下，沙漠土壤几乎不含有机物。尽管大多数土壤有机质比例很小，但它可以通过与有机污染物的吸附作用以及与金属和类金属的螯合反应，在污染物归宿和迁移中发挥着重要作用（螯合作用是与有机配体形成两个或多个配位键）。通常假设土壤有机质含有58%的碳（即1/0.58=1.724），所以土壤有机质含量［即式（2.11）中的f_{oc}，2.3.3节］通常是通过分析确定的有机碳百分比乘以1.724来间接确定的（Ranney，1969）。

　　土壤有机质的主要来源是生长中植物的根系分泌物（从根部渗出的液体）和植物组织如掉落到地表的树叶和树枝的分解。细菌、真菌、放线菌、原生动物等土壤微生物的生物量对土壤有机质总量也有少量的贡献。植物组织中的碳水化合物、蛋白质、半纤维素、纤

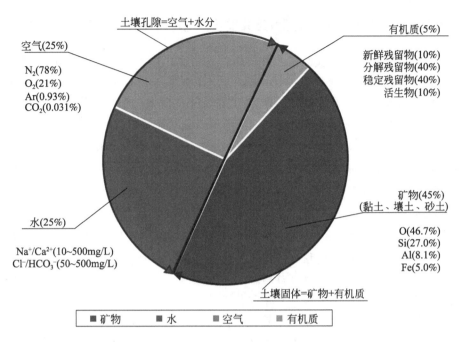

土壤孔隙=空气+水分

有机质(5%)
新鲜残留物(10%)
分解残留物(40%)
稳定残留物(40%)
活生物(10%)

空气(25%)
N₂(78%)
O₂(21%)
Ar(0.93%)
CO₂(0.031%)

矿物(45%)
(黏土、壤土、砂土)
O(46.7%)
Si(27.0%)
Al(8.1%)
Fe(5.0%)

水(25%)
Na⁺/Ca²⁺(10~500mg/L)
Cl⁻/HCO₃⁻(50~500mg/L)

土壤固体=矿物+有机质

■矿物　■水　■空气　■有机质

图 3.1　显示各种土壤成分平均含量的饼状图

维素、脂类和木质素共同形成了一种抗降解的土壤腐殖质，称为腐殖质。腐殖质可以根据溶解度进一步分类，首先用强碱提取，然后用酸进一步酸化：①胡敏素（有机化合物的一部分，在任何 pH 下均不溶解和提取）、②胡敏酸（从酸化提取物中沉淀出来的部分）和③黄腐酸（酸化溶液中残留的部分）。腐殖质不是单一化合物，而是分子量从几百的富里酸到几万的腐殖酸和胡敏素的大分子。由于自身的酸碱性、吸附性和络合性，它们对污染物的归宿和迁移非常重要。腐殖质的元素一般由 45% ~ 55% 的 C、30% ~ 45% 的 O、3% ~6% 的 H、1% ~5% 的 N 和 0 ~1% 的 S 组成。

　　由于 95% 以上的固体是无机矿物，土壤的元素组成主要以无机成分为主。一般来说，土壤主要是由氧（46.7%）、硅（27%）、铝（8.1%）和铁（5.0%）组成。氧、硅和铝以矿物成分和氧化物的形式存在。这些矿物包括碳酸盐矿物和硅酸盐矿物，碳酸盐矿物主要是方解石（$CaCO_3$）和白云石 $[CaMg(CO_3)_2]$；硅酸盐矿物（页硅酸盐）是由火成岩和变质岩的各种化学风化作用形成的。在粗粒土壤中，硅酸盐矿物包括石英（SiO_2）、长石和云母。在石英和长石中，硅（Si）和铝（Al）分别以三维四面体的形式排列，这样命名是因为每个硅或铝原子都被四个 O 原子以四面体的形式包围着。云母是由一个八面体层夹在两个四面体层之间形成的。在八面体片中，每个铝原子被六个八面体结构的氧原子包围。在细粒土壤中，硅酸盐矿物主要是黏土矿物形成的各种四面体和八面体薄片的组合，如高岭石、伊利石和蒙脱石（注释栏 3.1，图 3.2）。

注释栏 3.1　土壤黏土：对土壤肥力至关重要，也可用作垃圾填埋场衬垫结构?

　　根据四面体硅酸盐片和八面体氢氧化物片的组合，黏土矿物可分为 1∶1 型或 2∶1 型 [图 3.2（a）、(b)]。高岭石、蛇纹石等 1∶1 型黏土矿物由一个四面体片和一个八面体片组成。滑石粉、蛭石和蒙脱石等 2∶1 型黏土矿物由一个八面体片夹在两个四面体片之间组成。高岭石层间距离约为 1nm。蒙脱石层间的距离较大（约 1.4nm），有利于水合阳离子如 K^+、Na^+、Ca^{2+} 或 NH_4^+ 发生交换作用。黏土矿物通常带负电荷，主要是由于八面体片中的 Al^{3+} 被二价离子（如 Fe^{2+}）取代，四面体层中的 Si 原子被三价离子（如 Al^{3+}）取代，更重要的是蒙脱石中的 Al(III) 被 Fe(II) 或 Mg(II) 取代。这些同晶取代现象发生在尺寸相似的离子之间，并不会导致晶体结构发生任何显著变化，但会致使电荷不平衡。缺失的大量负电荷必须由阳离子（如 K^+、Na^+ 或 NH_4^+）补偿，从而确保水分和营养物质得以保留，这一过程与阳离子交换量（CEC）的概念有关。

　　土壤保持水分和养分的能力也与颗粒大小（表面积）密切相关。例如，细颗粒的黏土比粗颗粒的砂土更能紧密地保持水分和营养分子。由于黏土比砂土能保持更多的水分和养分，它们也能在较小的孔隙中更紧密地保持水分，因此黏土中的水分不太容易被植物吸收，或不太可能流向井中。正因为这些原因，砂质土壤需要更频繁地灌溉相对少量的水，而黏土通常需要在较长的时间间隔内灌溉大量的水以供植物生长。黏土中的养分也不易因灌溉或雨水浸出。

　　与污染修复相关，黏土通常用于衬垫系统，以保护地下水免受垃圾渗滤液的污染。黏土的上述特征表明地下水在黏土中的流动非常缓慢（更多细节见 3.3 节）。黏土可被用来筑建 2~5ft 厚的简单衬垫。在复合衬垫和双层衬垫中，压实的黏土层厚度通常在 2~5ft，具体取决于底层地质特征和要安装的衬垫类型（法规明确规定，所用黏土的渗透率不得低于 1.2in[①] 或 3.0cm/a）。黏土衬垫的缺点是由于冻融循环、干燥和某些化学物质的存在而引起的裂缝从而降低了其有效性。这些裂缝将导致渗滤液通过黏土衬垫流向地下水。在部分破碎黏土层失效的情况下，可以向衬垫中加入更多的黏土，以保证地下水的安全。

3.1.2　土壤的理化性质

　　本节将介绍土壤的理化性质（包括粒径、土壤质地、密度和孔隙度）。对于化学性质，我们将重点关注阳离子交换量（CEC）。土壤的其他地质和工程特征将在第 5 章现场特征中进行简要描述。

　　国际土壤科学学会定义土壤的粒径小于 2.0mm，根据这一惯例，粒径大于 2.0mm 的

---

　　① 　1in=2.54cm=2.54×10^{-2}m。

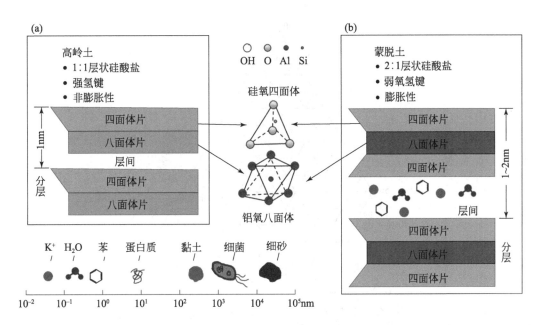

图3.2　黏土的基本单元（硅酸盐四面体和八面体铝）以及两种黏土［（a）高岭土（1∶1层状硅酸盐）和（b）蒙脱土（2∶1层状硅酸盐）］示意图

对阳离子（K⁺）、水、有机化合物和细菌的相对大小进行了比较以判断它们的尺寸是否与可膨胀黏土夹层的尺寸相匹配

砾石不属于土壤。土壤颗粒大小依次为黏土（<2μm）、粉土（2～20μm）、细砂（20～200μm）和粗砂（200μm～2.0mm）。由于黏土粒径小，具有较大的比表面积，可以通过离子交换和吸附反应与污染物发生相互作用。胶体是显微镜下粒径范围为1nm～1μm的小分子物质。

　　污染修复专业人员使用了两种土壤分类系统。统一土壤分类系统（unified soil classification system，USCS）是基于粒度以及其他地质工程性质，包括剪应力和持水塑性，而传统的美国农业部方法完全基于粒度。需要注意的是，对同一场地应使用一致的方法，以准确描述土壤样品。在美国农业部的方法中（图3.3），土壤质地是一个集合术语，根据黏土、粉砂和砂土的比例将土壤分成12种类别。土壤质地的命名是基于如图3.3所示的三角图。为了使用图3.3，考虑一种由20%黏土、70%粉砂和10%砂土构成的土壤，首先，在黏土轴20%且平行于砂土轴处画一条线；然后，在粉砂轴70%且平行于黏土轴处画第二条线；交汇点处所在区域即是"粉壤土"，土壤就是这样命名的。这与被称为"壤土"的土壤不同，壤土包括大约40%砂土、40%粉砂和20%黏土。

　　土壤（或一般的含水层）的密度和孔隙度是两个相关的术语。由黏土、砂土、砾石或裂隙岩石等物质组成的土壤和含水层统称为多孔介质。孔隙度（n）的定义是土壤的孔隙体积（即孔隙空间，V_v）与土壤总体积（V_b）的比率，即可用于储水的土壤体积百分比。

$$n = \frac{孔隙体积(V_v)}{土壤体积(V_b)} = \frac{V_b - V_p}{V_b} = 1 - \frac{V_p}{V_b} \qquad (3.1)$$

式中，V_b 为土壤总体积；V_p 为土壤颗粒体积（$V_v = V_b - V_p$）。对于既定质量的土壤，体积比与密度比成反比。因此，如果我们使用 ρ_p 和 ρ_b 来表示颗粒密度和土壤总密度，那么式

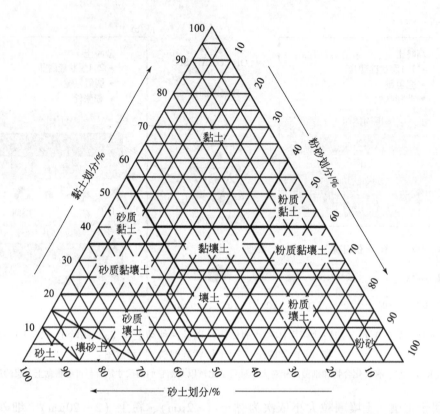

图 3.3　土壤质地三角图（据 USGS，2018 年；www. nrcs. usda. gov）

（3.1）可以写成

$$n = 1 - \frac{\rho_b}{\rho_p} \tag{3.2}$$

土壤颗粒的密度（不包括孔隙）取决于组分类型，其中，有机质<1g/mL，某些金属氧化物>5g/mL，金属硫化物>7g/mL。平均土壤颗粒密度在 2.5 ~ 2.8g/mL。土壤容重包括颗粒之间的孔隙，因此，其值小于平均土壤颗粒密度，为 1.2 ~ 1.8g/mL。例如，土壤颗粒密度为 2.65g/mL，容重为 1.75g/mL，孔隙度（n）则为 1-1.75/2.65=0.34。如果 $n=$ 0.34，含水层的含水量可达总体积的 34%。如果所有孔隙中的水都被 NAPL 所取代，那么理论上 NAPL 的最大容积也是 34%。

出于实际的目的，含水层的平均孔隙度可在 30% ~ 40%（表 3.1）。然而，随土壤类型、粒度和充填方式的不同，含水层的平均孔隙度也有所不同。例如，泥炭土孔隙度可能为 92%，而裂隙岩石孔隙度可能只有 10%。具有均匀颗粒的土壤比含有混合颗粒的土壤具有更大的孔隙度，因为许多较大的孔隙可以被较小的颗粒所填充（图 3.4）。分选良好（均匀尺寸）的颗粒比粒径相似、分选不良的材料具有更高的孔隙度，因为一些较小颗粒可以填充本该被水占据的孔隙。较小尺寸的颗粒可以大幅降低孔隙度和水力传导系数，即使它只占总体积的小部分。

有效孔隙度（n_e）是流体流动时总孔隙度中可用的一部分。有效孔隙度是通过测量重力作用下液体排入孔隙空间来计算的。有效孔隙度（n_e）的值小于总孔隙度（n），这是因为重力作用下水无法从非常小的或不连续的孔隙中排出。对于粗粉砂，有效孔隙度和孔隙度的差异很小，但对于粉砂或黏土比例高的土壤，两者之间差异较大。例如，产生可泵送地下水的土壤包括砾石、砂土和粉砂。黏土的孔隙度大，因而其地下水储量丰富。然而，由于黏土层的有效孔隙度普遍较低，通常难以从黏土含水层中抽出大部分水。这就解释了为什么具有高孔隙度（n）的黏土层地下水出水量较差（表 3.1）。在基岩中，裂隙高度发育的岩石通常储存大量的地下水。少数无裂缝的岩石类型也可以储存大量地下水，如砂岩、灰岩和白云岩。

表 3.1　常规含水层物质的孔隙度范围及其与有效孔隙度（给水度）和水力传导系数的关系

土壤类型	孔隙度/%	有效孔隙度/%	水力传导系数	
			/（m/d）	/（ft/d）
黏土	45	3	$4×10^{-6}$	$1.3×10^{-5}$
砂土	34	25	0.4	1.3
砾石	25	22	40	130
砾石和砂土	20	16	4	13
砂岩	15	8	0.04	0.13
灰岩、页岩	5	2	$4×10^{-4}$	$1.3×10^{-3}$
灰岩、花岗岩	1	0.5	$4×10^{-5}$	$1.3×10^{-4}$

注：由于相同地质条件下的水力传导系数可能因含水层而异，这些只是用于说明目的的代表值。

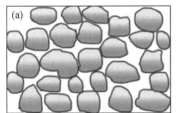 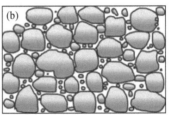

图 3.4　颗粒尺寸及颗粒混合物均匀性与孔隙度之间的关系图

（a）分选良好的土壤颗粒，具有高孔隙度；（b）分选较差的土壤颗粒，具有低孔隙度

最后一个重要的土壤参数是阳离子交换量（CEC）。如上所述，黏土颗粒主要带负电荷（阴离子），并且具有保持阳离子不被"淋溶"或冲走的能力。被吸附的阳离子在一个快速可逆的过程中被其他阳离子所取代，这一过程称为"阳离子交换"。土壤的阳离子交换量（CEC）是测量每单位质量土壤的负电荷或可交换的阳离子量。CEC 表示每 100g 干土中阳离子的毫克当量（meq）。例如，1meq 的 K^+ 相当于 1mmol 的 K^+，约有 $6.02×10^{20}$ 个带正电荷的离子（阿伏伽德罗常数 $=6.02×10^{23}$）；1meq 的 Ca^{2+} 相当于 0.5mmol 的 Ca^{2+}，约包含 $3.01×10^{20}$ 个带正电荷的离子，因为每个钙离子带有两个正电荷。黏土和有机质含量越高，阳离子交换量越大。有机质含量低的砂质土壤阳离子交换量可达 10meq/100g$_{土壤}$，而有机质含量高的粉质黏土阳离子交换量可达 10meg/100g$_{土壤}$。阳离子交换是土壤植物养

分保持和供应以及吸附阳离子污染物（如金属）的重要机制。阳离子交换量低的砂质土壤通常具有有限的吸附能力，因此更容易受到地下水中阳离子型污染物的影响。

3.2　含水层和地下水井的基本概念

地下水由降水和地表水补给所形成，它也会根据特定地区的水平衡情况排入地表水。然而，与地表水不同的是，地下水的流动是缓慢的，它通常很难被肉眼直视和预测。地下水流动是水文地质学的主题，了解它需要专业的知识和技能。在下面的讨论中，我们将介绍这个领域中必不可少的一些基本术语。

3.2.1　含水层的垂直分布

想一想，当水和相关的污染物接触到土壤表面并随后在其垂直方向上向下移动时会发生什么。水将遇到三个不同水文地质学构造的垂直区域（图 3.5）。第一个是非饱和带（又称包气带），从土壤表面延伸到地下水位。包气带的范围可以从高水位条件下的几英尺到干旱地区的数百英尺不等。第二个是毛细水带（毛细管边缘），由于表面张力，水被毛

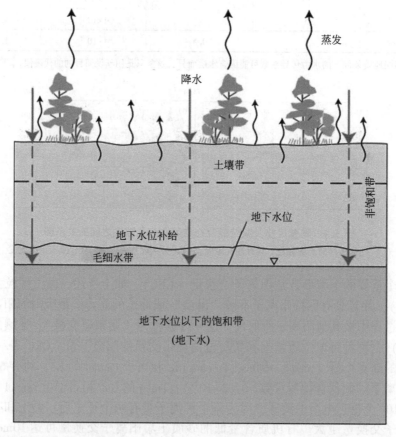

图 3.5　含水层的垂直区：非饱和带（包气带）、毛细水带、地下水位和饱和带（据 USGS，1999）

细力吸持到地下水位以上。毛细水带正好位于地下水位以上的含水层中，它可以从地下水位以下的承压含水层中吸出地下水。毛细水上升范围从细砾石的 2.5cm 到粉砂的 2m（Todd，1980）。在细粒土壤中，毛细水带会使地下水位以上的土壤变得饱和。第三个是饱和带，它位于地下水位之下，但在承压层之上。

地下水位是地下水压力水头等于大气压力（测量压力＝0）处的表面。它可以很方便地可视化为被地下水"饱和"的地下物质的"表面"。这里的"饱和"是指土壤颗粒的所有孔隙都充满了水。然而，低于大气压时表面张力将致使某些孔隙滞留水分，饱和条件可能延伸到地下水位以上。地下水位上的单个点通常被测量为水在浅层地下水上升到带孔井管的高度。大多数地下水存在于地表 300ft 之内，但其深度可达 2000ft（Moore，2002）。

需要注意的是，非饱和带中的水不能在重力作用下自由流动。因此，这部分水不能直接用作地下水资源。含水层是用来定义任何能够储存和供应大量水并能向井或泉水供应大量水的地质单元的术语。还有其他几个与含水层有关的术语。弱透水层是一个低渗透性的地质层，可以储存也可以将地下水从一个含水层缓慢输送到另一个含水层，也称为越流层。除此之外，还有不透水层和隔水层，其中不透水层是一种绝对不透水的单元，不会传递任何水，而隔水层具有非常低的水力传导性，难以输送水。

含水层有三种类型：潜水含水层、承压含水层和上层滞水含水层（图 3.6）。①潜水含水层是指在水位和地面之间没有隔水层的含水层。隔水层很少或没有孔隙度。②承压含水层是指在水位和地面之间有一个隔水层的含水层。同样，当孔隙水压力等于大气压力时，潜水含水层和承压含水层被地下水位分开。③上层滞水含水层（未显示在图 3.6）是在地下水下方具有隔水层且位于主地下水位上方的含水层。

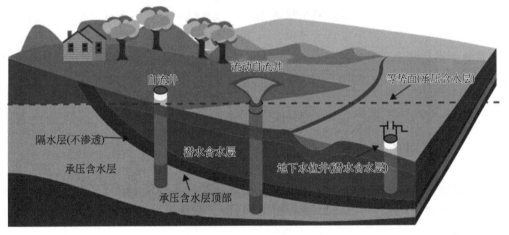

图 3.6   潜水含水层和承压含水层的横截面示意图（据 Environment Canada，2018 年）

3.2.2   地下水井和井的命名法

地下水井因其用途不同而有许多变化，可用于生产饮用水、抽取受污染的水、为水力控制而注入水、监测水文地质参数和收集样品以进行化学分析。生产井或抽油井直径较大

（>15cm），使用金属、塑料或混凝土作为套管，并用泵从含水层中抽水（如果不是自流井）。监测井或测压井通常是直径较小的井，用于监测水力头或采集地下水分析其化学成分。测压井可以安装一段很短的含水层上，也可以安装在多个高度上，以允许在同一位置不同垂直高度收集不同的样品或进行不同垂直高度的测量。

如注释栏 3.2 和图 3.7 所示，根据该井是位于潜水含水层还是承压含水层，可对其进行不同的命名。地下水位井位于潜水含水层中，水位随降雨量和含水层排放的地表水的变化而上升或下降。自流井从承压含水层中取水，该含水层上覆盖着一个相对不渗透（封闭）的单元（隔水层）。由于含水层的压力（自流压），自流井的水位位于地下水位以上的某个高度，它所处的高度是含水层的等势面（或等压面）。如果等势面高于陆地表面，就会形成一口流动的井或泉水，称为流动的自流井。等势面是一个假想的水平面，井中的水将上升到这个水平。在承压含水层中，这一表面位于含水层单元的顶部之上；而在潜水含水层中，这一表面与地下水位相同。

注释栏 3.2　地下水井有关的术语

图 3.7 展示了一个典型的监测井，说明几个对于地下水监测和修复工作必须熟悉的术语。

从表面延伸到监测井网区的钢管或聚氯乙烯（polyvinyl chloride，PVC）塑料管称为套管。井筛是井中向含水层开放的一部分，通常是一段有缝管道，允许水流入井中而土壤粗粒被筛出。筛管周围的环形空间被称为滤层，通常填充砂或砾石以限制细粒含水层物质的流入。在过滤器组上方是环形密封件（灌浆），它是围绕油井套管环空（紧邻套管周围空隙）的密封件。它通常用低渗透性材料如膨润土黏固到表面，以防止过滤层段上方泄漏或雨水渗透。在井安装过程中，扶正器可确保套管在井筒中心。监测井安装材料对监测数据的质量至关重要。因此，许多环境监管机构要求由持证钻井人员安装水井。常规监测井的直径为 2in 和 4in，分别安装在直径为 6in 和 10in 的钻孔中。

3.2.3　水文地质参数

本节将描述几个重要的水文地质参数，包括给水度、持水度、水力传导系数、渗透率、导水系数和储水率。

3.2.3.1　给水度和持水度

给水度（Y），又称可排水孔隙度，是一个与有效孔隙度相关的水文地质参数。它是重力作用下饱和含水层排水体积与含水层总体积的比率。这个比率小于或等于有效孔隙度，表明并非所有的水都能在重力作用下排出含水层。不同于给水度，持水度（R）是含水层反抗重力而保持的水量与含水层总体积的比率。显然总孔隙度（n）等于给水度和持水度之和。

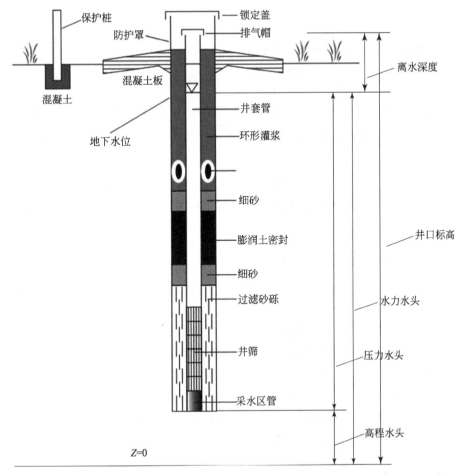

图 3.7　监测井示意图（改编自 Louisiana Department of Environmental Quality, 2000 年）

$$n = Y + R \tag{3.3}$$

因此，对于一个单位体积为 $1m^3$ 的含水层，如果可排水为 $0.2m^3$，滞留水（不可排水）为 $0.15m^3$，则给水度为 0.2，持水度为 0.15。该含水层的总孔隙度为 0.35 或 35%。有关这些概念的计算见示例 3.1。如果我们知道含水层污染的总体积（V_T），可以根据给定孔隙度和给水度计算可排出的受污染的地下水体积（V）：

$$地下水体积(V) = 给水度(Y) \times 总体积(V_T) \tag{3.4}$$

给水度可以在实验室通过土柱试验确定，也可以在田间通过抽水试验确定。在实验室中，已知体积的土壤样本从土柱底部缓慢填充至于完全饱和，使空气向上逃逸；然后，让水在重力作用下从柱中排出，并测量其体积。排水量与土柱体积之比即给水度。

示例 3.1　孔隙度、给水度和持水度

含水层的平均容重为 $1.85g/cm^3$，土壤颗粒密度为 $2.65g/cm^3$。给水度为 20%。每立方米含水层能排出多少水？每立方米含水层能持有多少水？

解答:

首先,根据式 (3.2) 计算孔隙度:

$$n = 1 - \frac{\rho_b}{\rho_p} = 1 - \frac{1.85}{2.65} = 0.30(30\%)$$

总排水量+持水量 $= 0.30 \times 1 m^3 = 0.30 m^3$。由于给水度为 20%,排水量 $= 0.20 \times 1 m^3 = 0.20 m^3$。因此,单位体积土壤($1 m^3$)的持水量为 $0.3 - 0.2 = 0.1 m^3$。

给水度和持水度与土壤颗粒尺寸有关。因此,如果两个土壤样品具有相同的孔隙度,但不同的颗粒尺寸,如黏土和砂,具有较小颗粒的样品将具有较低的给水度。粗粒多孔介质的给水度非常接近其总孔隙度(表3.1)

3.2.3.2　水力传导系数和渗透率

水力传导系数(K)和渗透率(又称间隙渗透率,k)是水文地质领域的两个重要参数。它们经常互换使用,但在地下水水文学中通常使用水力传导系数,在石油工业领域中使用渗透率。渗透率是指含水层传输流体的能力,其数值仅取决于多孔介质(即土壤、地下地层)。通常孔隙度和渗透率是相互对应的,高孔隙度总是意味着高渗透率,然而这种关系并不适用于像黏土和粉砂这样的介质。渗透率与流体(水)无关,它是多孔介质的"固有属性"。流体通过含水层的速度越快,渗透率就越高。

虽然水力传导系数也是含水层输水能力的衡量标准,但它取决于含水层性质(即固有渗透性,k)和流体(水)性质,可从下式水的密度和黏度看出这一点:

$$K = k\frac{\rho g}{\mu} \tag{3.5}$$

式中,ρ 为水的密度,量纲为 ML^{-3},g/cm^3、kg/m^3;g 为重力常数,量纲为 LT^{-2},$9.81 m/s^2$;μ 为水的动力黏度,量纲为 $ML^{-1}T^{-1}$。式 (3.5) 表明含水层的输水能力随着流体密度(ρ)的增加而增加,并与流体的黏度(μ)成反比。K 和 k 的单位不同,量纲分析如下所示:

$$K = k(L^2)\frac{\rho(ML^{-3}) \times g(LT^{-2})}{\mu(ML^{-1}T^{-1})} = LT^{-2}$$

其中,k 的单位是长度的平方(量纲为 L^2,m^2、ft^2);K 的单位是速度单位(量纲为 LT^{-1},m/s、ft/s),相当于量纲为 $L^3L^{-2}T^{-1}$,如 $m^3/(m^2 \cdot d)$、$gal/(ft^2 \cdot d)$。通俗地来说,水力传导系数是指水通过多孔材料的容易程度。在数学术语中,水力传导系数是达西定律中的比例常数 [式 (2.17)]。由于水力梯度(dh/dl)和孔隙度(n)都是无量纲的,K 的量纲为速度单位的量纲 LT^{-1}(如 m/s、ft/s、cm/s)。它与流速有关,但并不一样。

由于水力传导系数是关于含水层水流的重要水文地质参数,因此对其数值的定量理解至关重要。水力传导系数越大,地下水流动阻力越小。如图 3.8 所示,水力传导系数可以变化几个数量级。砂质含水层的 K 值为每天数米(可渗透的),而黏土含水层的 K 值可能只有 $10^{-6} m/d$($0.365 mm/d$)(不透水的)。这与我们在注释栏 3.1 中讨论的内容一致,即为什么在垃圾填埋场设计中可以使用黏土作为衬垫以防止渗滤液污染地下水。

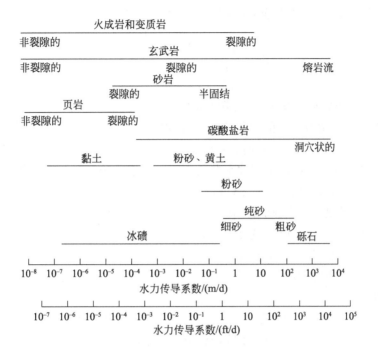

图 3.8 水力传导系数与含水层介质的关系图（改编自 Heath, 1983）

需要注意的是，地下水模拟中通常假定含水层为均质的。均质含水层基本上在任何区域均具有相同的水力传导系数。如果不同位置的水力传导系数不同，则称含水层为非均质含水层。水力传导系数也有可能在三个不同的方向（x、y 和 z）上有所不同。各向同性的含水层在所有方向上都具有一致的水力传导系数（$K_x = K_y = K_z$），而各向异性的含水层在不同方向上具有不同的水力传导系数。

3.2.3.3 导水系数和储水率

导水系数（T）是水在单位水力梯度（如 $dh/dl = 1ft/1ft = 1$）下，水平（沿 x 轴的流动方向）流过含水层单位宽度（如 $w = 1ft$，沿着 y 轴的方向）的速率。因此，

$$T = \frac{Q}{w \times \dfrac{dh}{dl}} \tag{3.6}$$

式中，Q 为体积流量，量纲为 L^3T^{-1}，m^3/d，其为流速（v，量纲为 LT^{-1}，m/s、ft/s）和垂直于流动方向的横截面积（A，量纲为 L^2，m^2、ft^2）的乘积：

$$Q = v \times A \tag{3.7}$$

我们现在将达西速度（$v = K dh/dl$）和垂直于流动方向（x 方向）的横截面积（$A = b \times w$）代入上面的方程，并重新排列：

$$Q = v \times A = \left(K\frac{dh}{dl} \right)(b \times w) = (K \times b) \times w\frac{dh}{dl} \tag{3.8}$$

式中，w 为垂直于流动方向（y 方向）的含水层宽度；b 为饱和含水层深度（z 方向）。将

式（3.8）代入式（3.6）中并重新排列上述方程，可得

$$T = \frac{Q}{w \times \frac{dh}{dl}} = \frac{(K \times b) \times w \frac{dh}{dl}}{w \times \frac{dh}{dl}} = K \times b \tag{3.9}$$

上述方程还表明导水系数（T）实际上是单位含水层宽度（w）、单位水力梯度（dh/dl）下水的传输速率（单位时间内的体积 Q）。当含水层宽度（w）和水力梯度（dh/dl）均为每单位时（即 $w = 1\text{ft}$、$dh/dl = 1$）时，T 在数值上等于体积流量（Q）。因此，导水系数可以衡量水平传输的水量，如传输到抽水井的水量。导水系数也等于水力传导系数（K）和含水层饱和厚度（b）的乘积[式（3.9）]。

导水系数的量纲为 L^2T^{-1}（m^2/d、ft^2/d），或者可以更好地理解为 $L^3L^{-1}T^{-1}$ [$gal/(d \cdot ft)$]以反映上述定义。它与含水层厚度（b）成正比，对于承压含水层，由于饱和厚度保持不变；T 值保持不变；潜水含水层厚度是从含水层底部（或隔水层顶部）到地下水位的距离，当地下水位波动时，潜水含水层的导水系数也会相应地发生变化。

储水率或储水系数（S）是一个无量纲数。它是含水层单位表面积（而不是水流截面面积）、单位水力头变化（而不是水力传导系数所定义的单位水力梯度）所释放或储存的水量。它是衡量含水层单位水力头下降而释放地下水能力的指标。在承压含水层和潜水含水层中，由于水力头降低（Δh）而排出的地下水体积（V）可以计算为

$$V = S \times A' \times \Delta h \tag{3.10}$$

式中，A' 为排水含水层的表面积。作为一个无量纲数，储水率的范围处于 0 和含水层有效孔隙度之间。承压含水层的储水率范围为 0.00005 ~ 0.005，潜水含水层的储水率范围为 0.07 ~ 0.25。这一数量级的差异表明与很少排水的承压含水层相比，潜水含水层的储水能力与排水孔隙紧密相关。由于承压含水层的储水量低，其对补给或抽水事件反应迅速，而潜水含水层则需要较长的抽水时间才能达到同样的水位降深。

3.3 地下水运动

地下水总是从高能量区域流向低能量区域。地下水的能量以动能（流体运动）、重力势能（与参考基准面间高差）和压力能（由于上覆水和岩石的重量）形式体现。下面的注释栏 3.3 阐明了能量守恒定律和相关概念在地下水系统领域的应用情况。

注释栏 3.3 伯努利（Bernoulli）方程：什么是水头和水力头？

伯努利方程是流体动力学中的一个重要方程。这个方程是以瑞士科学家丹尼尔·伯努利（Daniel Bernoulli）名字命名的，他在 1978 年出版的《流体动力学》（*Hydrodynamica*）一书中发表了这一原理。它可以从能量守恒原理推导出来。伯努利方程指出，在稳定流中，沿流线的流体中所有形式的能量之和在该流线上的所有点都是相同的。从数学上来讲，我们以每单位重量流体的能量表示如下：

$$H = Z + \frac{P}{\rho g} + \frac{v^2}{2g} = 常数$$

式中，H 为总水头（能量）；Z 为流体在参考平面以上的高度，正方向向上（与重力加速度相反的方向）；P 为流体压力；g 为重力加速度，9.80m/s^2；ρ 为流体密度；v 为流体在流线上某一点的流速。伯努利方程指出，流体中某一给定点的总能量是流体高度相对于任意基准点的能量（重力引起的高程水头），加上来自流体中的压力的能量（压力水头），再加上与流体运动相关的能量（速度水头）。

在第 2 章和第 3 章的几个实例中，我们介绍了水头、压力水头和水力头的概念。我们现在可以通过假设一些代表值，用伯努利方程来计算这三种能量的组成：设想在高于参考标高 0.5m 处流体（密度 $= 1.00 \times 10^3 \text{kg/m}^3$），$P = 1200\text{N/m}^2$，$v = 5 \times 10^{-6}\text{m/s}$，注意 $1\text{N} = 1\text{m} \cdot \text{kg/s}^2$。

$$H = 0.5\text{m} + \frac{1200\,\dfrac{\text{N}}{\text{m}^2}}{1.00 \times 10^3\,\dfrac{\text{kg}}{\text{m}^3} \times 9.80\,\dfrac{\text{m}}{\text{s}^2}} + \frac{\left(5 \times 10^{-6}\,\dfrac{\text{m}}{\text{s}}\right)^2}{2 \times 9.80\,\dfrac{\text{m}}{\text{s}^2}} = 0.5\text{m} + 0.12\text{m} + 1.28 \times 10^{-12}\text{m} = 0.62\text{m}$$

上述计算表明：①三个能量项可以用一个等效静态水柱的高度单位（量纲为 L，m 或 ft）来表示，因此能量是"头"，即高程水头（Z）、压力水头 $[P/(\rho g)]$ 和速度水头 $[v^2/(2g)]$。②地下水在多孔介质中的流动速度非常小，其动能（即 $1.28 \times 10^{-12}\text{m}$）可以完全地忽略。这意味着高程水头和压力水头是多孔介质中地下水流动的两个主要驱动力。

以地下水井为例，如图 3.7 所示，由于速度水头被认为是零，因此总水力头是井筛的高程水头和压力水头的总和。特定水井（测压井）的总水力头可根据井口的高程水头和水深（depth to water，DTW）计算，如下：

水力头 = 井口标高 - 水深（DTW）

再次参照图 3.7，如果水深为 5ft，井口标高为 35ft，则水力头为 35 - 5 = 30ft。水力头是指地下水位（井内水位）到参考基准面的距离（m 或 ft）。这个距离相当于井水参考地面基准的能量。地面基准是用于测量平均海平面以上或以下的高度（高程）或深度的零高程参考基准。很明显，这一简化后的能量单位为 m 或 ft，而不是一般的能量单位如焦耳（J），这为水文地质计算增加了许多便利。

正如下文进一步解释的，饱和含水层中的来自压力的能量（水头）与非饱和含水层中的来自压力的能量（水头）有很大的不同。因此，在下节中，我们将分别讨论这两个含水层的水流情况。

3.3.1　饱和带地下水的流动

与非饱和带相比，地下水在饱和带流动的一个显著区别是水在重力作用下可以自由流动。这种自由流动是由水力头（dh）或更准确地说是沿流动方向的两个相邻点或井的无量纲水力梯度（dh/dl）驱动的，正如我们在第 2 章中介绍的达西定律所述：

$$v = - K \frac{\mathrm{d}h}{\mathrm{d}l}$$

达西定律表明，流速随水力梯度的增加而增加，且随比例常数的增大而增大。这个常数就是我们在 3.2.3 节中定义的水力传导系数。需要注意的是，不要将达西速度（v）与另外两个速度（即地下水流速和沿地下水迁移的污染物速度）相混淆。表 3.2 列出了这三个速度项的不同名称和它们的公式进行比较，后面的示例 3.2 将计算这三项速度。注意第 2 章中的式（2.18）所提到的使用延迟因子（R）计算污染物速度（v_c）。示例 3.2 中的计算应有助于区分这三种速度。

达西速度既不是地下水流速（v_p），也不是污染物速度（v_c）。事实上，地下水流速度或孔隙速度，将大于达西速度，这是因为水只能通过连接的孔隙流动。

表 3.2 达西速度、地下水流速和污染物速度对比表

速度类型	其他名称	控制方程	公式编号
达西速度（v）	比流量	$v = - K \dfrac{\mathrm{d}h}{\mathrm{d}l}$	式（2.17）
	有效速度		
地下水流速（v_p）	孔隙速度	$v_p = \dfrac{v}{n} = -\dfrac{K}{n}\dfrac{\mathrm{d}h}{\mathrm{d}l}$	式（3.11）
	渗流速度		
	线性速度		
	流动前沿速度		
污染物速度（v_c）	无	$v_c = \dfrac{v_p}{R} = \dfrac{v_p}{1 + K_d \dfrac{\rho}{n}}$	式（3.12）

示例 3.2 达西速度、渗流速度和污染物迁移速度

20m 厚的承压含水层有两口监测井，沿地下水流方向间隔 500m。两口井的水位差为 2m。水力传导系数为 50m/d。假定含水层的孔隙率为 35%，容重为 1.8g/cm³。（a）估算达西速度和垂直于水流的每米含水层的体积流量。（b）估算渗流速度（非吸附化合物的实际速度）。（c）估计从上坡井到降下坡井的迁移时间。（d）如果甲基叔丁基醚（MTBE）（$K_d = 0.2$L/kg）污染了上坡井那么，MTBE 到达下坡井需要多长时间？（e）如果这种污染物是三氯乙烯（TCE），K_d 值为 5.2L/kg，则需要多长时间？

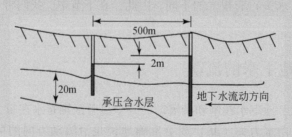

解答:

(a) 水力梯度为 2m/500m = 0.004。根据达西定律,可以得出达西速度 (v) 和体积流量 (Q):

$$v = -K \frac{\mathrm{d}h}{\mathrm{d}l} = -50 \frac{\mathrm{m}}{\mathrm{d}}(-0.004) = 0.2 \frac{\mathrm{m}}{\mathrm{d}}$$

$$Q = v \times A = 0.2 \frac{\mathrm{m}}{\mathrm{d}} \times (1\mathrm{m} \times 20\mathrm{m}) = 4 \frac{\mathrm{m}^3}{\mathrm{d}}$$

其中,上述计算中的 1m 和 20m 分别表示假定的含水层单位宽度和含水层实际深度。

(b) 渗流速度或非吸附化合物的实际速度为

$$v_\mathrm{p} = \frac{v}{n} = \frac{0.2 \dfrac{\mathrm{m}}{\mathrm{d}}}{0.35} = 0.57 \frac{\mathrm{m}}{\mathrm{d}}$$

(c) 从上坡井到下坡井的迁移时间:时间 = 500m/(0.57m/d) = 877 天 = 2.4 年。

(d) MTBE 的延迟因子 (R)、速度和迁移时间:

$$R = 1 + K_\mathrm{d} \frac{\rho}{n} = 1 + 0.2 \frac{\mathrm{L}}{\mathrm{kg}} \frac{1.8 \dfrac{\mathrm{g}}{\mathrm{cm}^3}}{0.35} = 2.03$$

$$v_\mathrm{c} = \frac{v_\mathrm{p}}{R} = \frac{0.57 \dfrac{\mathrm{m}}{\mathrm{d}}}{2.03} = 0.28 \frac{\mathrm{m}}{\mathrm{d}}$$

$$t = \frac{L}{v_\mathrm{c}} = \frac{500\mathrm{m}}{0.28 \dfrac{\mathrm{m}}{\mathrm{d}}} = 1786 \text{ 天} = 4.9 \text{ 年}$$

(e) TCE 的延迟因子 (R)、速度和迁移时间:

$$R = 1 + K_\mathrm{d} \frac{\rho}{n} = 1 + 5.2 \frac{\mathrm{L}}{\mathrm{kg}} \frac{1.8 \dfrac{\mathrm{g}}{\mathrm{cm}^3}}{0.35} = 27.7$$

$$v_\mathrm{c} = \frac{v_\mathrm{p}}{R} = \frac{0.57 \dfrac{\mathrm{m}}{\mathrm{d}}}{27.7} = 0.0206 \frac{\mathrm{m}}{\mathrm{d}}$$

$$t = \frac{L}{v_\mathrm{c}} = \frac{500\mathrm{m}}{0.0206 \dfrac{\mathrm{m}}{\mathrm{d}}} = 24272 \text{ 天} = 66 \text{ 年}$$

注意,ρ 的单位 g/cm³ 与 kg/L 相同,这与 K_d 的单位 L/kg 是一致的。上述例子表明,地下水流动是缓慢的,吸附污染物的运动甚至更慢。与地表水中的污染物不同,清理几十年前受到污染的场地可能需要多年的抽水泵的运转。事实上,在这个问题中假定的 50m/d (164ft/d) 的水力传导系数适用于由分选良好的砂砾石组成的含水层(表 3.2)。美国各地的地下水流速一般在 1ft/d 至 1ft/a (30cm/d 至 30cm/a) 的顺序,这取决于水力传导系数和地下水系统的梯度。因此,我们今天喝的井水可能是两个世纪前从地表补充的水!

如果我们想知道地下水到达一个特定地点（如一个家庭供水井）的迁移时间，那么所需时间=距离/v_p。同样，如果我们要计算特定污染物迁移到一定距离所需的时间，则所需时间=距离/v_c。式（3.12）表明，当 $R=1$（即不吸附或保守化学物质，如 NaCl）时，污染物将以与地下水流相同的速度移动。对于所有疏水性有机污染物，随着 K_d 值（吸附）的增加，污染物速度会减小。

在这一点上，人们应该对达西定律的适用条件持谨慎态度。在使用达西定律时，应该确定地下水流动是否在层流区，在层流区，流体在平行层中流动，没有湍流（扰动）。达西定律适用于层流或无量纲雷诺数（Re）<1。

$$Re = \frac{v_p d}{v_k} \tag{3.13}$$

式中，v_p 为孔隙速度，量纲为 LT^{-1}，m/d；d 为土壤平均粒径，量纲为 L，m；v_k 为动力黏度，量纲为 L^2T^{-1}，m^2/d。如果我们使用 $d=2mm$（0.002m），并且水在 10℃时的动力黏度=$1.31\times10^{-6} m^2/s$，则示例 3.2 的雷诺数［式（3.1）］为

$$Re = \frac{v_p d}{v_k} = \frac{0.57\frac{m}{d}\times0.002m}{1.31\times10^{-6}\frac{m^2}{s}\times\frac{24\times60\times60s}{d}} = 0.01（无量纲）$$

因此，这是一个层流流动（Re<1），达西定律是有效的。由于地下水流动通常是缓慢的，通常被认为是层流流动。只有在颗粒非常粗的含水层中，地下水流才可能是紊流的。

3.3.2　非饱和带地下水的流动

顾名思义，非饱和带（包气带）中的水（水分）含量是不饱和的。在一个非饱和带，水量（饱和度）取决于最近的降雨、渗透、植被蒸散以及通过毛细力补给的地下水。例如，在降雨或灌溉之后，最初饱和的表层土壤会随着时间的推移因蒸发蒸腾而失去水分［图 3.9（a）］。在浅层地下水中，随时间的推移干燥的表层土壤也可以通过毛细力从饱和带的地下水中获得水分［图 3.9（b）］。一般情况下，包气带的含水量朝着地下水位的方向而增加。由于仅部分土壤孔隙仅充满水时，含水量（θ）小于包气带的孔隙度（n）。

与饱和带中的地下水不同，非饱和带中的水被土壤表面力维持在一定的位置，在这些部分填充以及不连通的土壤孔隙中的水不能在重力作用下自由流动。因此，非饱和带中的流体压力（P）小于大气压力，压力水头（ψ）也将小于零［图 3.9（c）］。如果在非饱和带土壤中插入一个充满水的多孔杯，就能更好地理解这种负压。由于毛细水吸力，水（水分）将被吸出杯子并进入周边饱和土壤颗粒中。如果一个压力传感装置连接到这个多孔杯上，就可以测量杯内增加的真空度（或毛细管负压）。这个装置是一个土壤张力计。

与非饱和土壤相比，地下水位以下的土壤孔隙充满水，含水量（θ）等于孔隙度（n）。流体压力 P 大于大气压力，因此压力水头（ψ；以表压测量）大于零。在饱和带必须用孔隙压力计测量水力头（h）。为了更好地理解这种压力变化，需要注意的是，在从非饱和带向饱和带过渡时，地下水位处的压力为零。

图 3.9 揭示了含水量（θ）和压力水头（ψ）由土壤深度决定。因此，在非饱和带中

的水力传导系数（K）是含水量（θ）的函数 $[K(\theta)$；图 3.9]。这与饱和带的常数 K_s 形成显著的对比。在饱和带水分是恒定的，而饱和带水力传导系数（K_s）并不受压力水头（ψ）的影响。然而，3.3.1 节所讨论的饱和带达西定律仍然适用于非饱和带。

$$v = - K(\theta) \frac{\mathrm{d}h}{\mathrm{d}z} \tag{3.14}$$

式中，v 为达西速度；h 为水头，$h = z + \psi$，其中 z 为地面以下深度，ψ 为张力、吸力或压力水头；θ 为体积含水量；$K(\theta)$ 是取决于含水量的非饱和带水力传导系数函数。式（3.14）表明地下水在非饱和带中的流动要比在饱和带中的流动要复杂得多，包气带中地下水和溶质流动与迁移的控制方程是一个非线性偏微分方程，其将在第 13 章开展讨论。

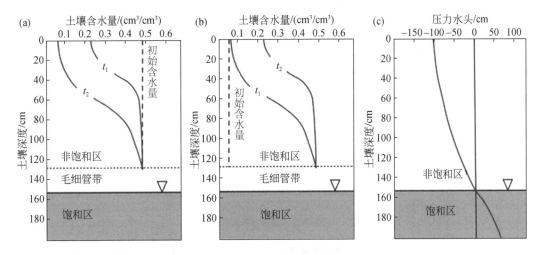

图 3.9　土壤含水量（θ）和压力水头（ψ）随土壤深度的变化图

（a）连续两次降雨或灌溉后土壤水分剖面随时间的变化（$t_1 < t_2$）；（b）由于地下水通过毛细力向上流动（$t_1 < t_2$），土壤水分剖面随时间的变化；（c）从非饱和带到饱和带，典型压力水头（ψ）随土壤深度的变化

由于非饱和带在控制地下水和污染物迁移方面的重要性，土壤含水量（θ）、$K(\theta)$ 和压力水头（ψ）之间的关系值得进一步研究。如图 3.10 所示，特定土壤体积含水量（θ）和土壤压力水头（ψ）之间的关系是非线性的（通常称为水分特性曲线）。van Genuchten（1980）提供了 ψ 和 θ 之间的拟合经验公式：

$$\theta(\psi) = \theta_r + \frac{\theta_s - \theta_r}{[1 + (\alpha\psi)n]^{1 - (1/n)}} \tag{3.15}$$

式中，$\theta(\psi)$ 为在压力水头 ψ 处的体积水分，cm^3/cm^3；θ_r 为土壤残余含水量，cm^3/cm^3；θ_s 为土壤饱和含水量，cm^3/cm^3；α 为与进气压力倒数相关的比例因子 cm^{-1}；n 为与土壤孔隙分布相关的曲线形状参数，无量纲。如图 3.9 所示，当土壤饱和含水量 θ_s 为 0.43cm^3/cm^3 时，土壤是饱和的，此时压力水头为零（压强为 1atm）。空气进入压力线是土壤孔隙中出现大量空气的地方。在非常高的土壤张力下（即大负压水头或张力水头），曲线几乎变得垂直，表明残余水与土壤颗粒紧密结合（$\theta_r = 0.045 cm^3/cm^3$）。非饱和带土壤的水力传导系数主要取决于导水通道的大小（横截面积）。随着含水量增加到饱和状态，水力传导系数呈非线性增加趋势。

非饱和带的水力传导系数 $K(\theta)$ 可以由饱和带水力传导系数（K_s）通过以下方程（Campbell，1974）估算得出：

$$K(\theta) = K_s \left(\frac{\theta}{\theta_s}\right)^{2b+3} \tag{3.16}$$

式中，参数 b 可从水分特征曲线，即 $\log\psi$ 与 $\log\theta$ 曲线斜率，估算得出。Campbell（1974）所使用的五种土壤的参数 b 估值在 $0.16 \sim 12.5$。这些经验关系虽然近似，但在估计这些难以测量的参数时很有用处。

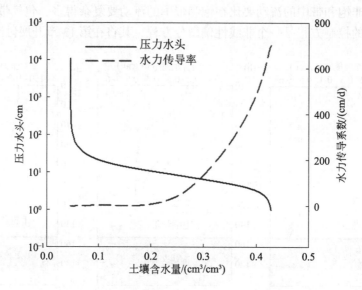

图 3.10　压力水头（ψ）和非饱和带水力传导系数（K）与土壤含水量（θ）之间的关系

使用 Kosugi 等（2002）的砂土参数值生成的图表：$\theta_s = 0.43\,\mathrm{cm^3/cm^3}$，$\theta_r = 0.045\,\mathrm{cm^3/cm^3}$，

$\alpha = 0.145\,\mathrm{cm^{-1}}$，$n = 2.68$，$b = 1$，$K_s = 712.8\,\mathrm{cm/d}$

从实际土壤修复的角度来看，进一步识别污染物在包气带中的不同相态是非常重要的。饱和带和非饱和带中污染物可以是①溶解在土壤水中；②吸附在土壤颗粒上以及③来自于最近漏油的自由流动的非水相液体。与饱和带不同的是，包气带中还包含额外的蒸气态污染物。因此，在修复包气带污染土壤时，对蒸气行为的考虑至关重要。蒸气在包气带中的流动和运移随压力和浓度梯度的变化而变化。这一点将在 8.2 节中进行详细的定量说明。正如我们将看到的，土壤气相抽提可用于修复浅层含水层，包括受污染的包气带。

3.3.3　稳态承压含水层中流向井的地下水流

本节试图推导出可用于描述稳态条件下承压含水层地下水流动的控制方程。稳态指的是随时间的推移，水力头保持恒定，但是水力头将随着井中抽水而在空间上发生变化。我们考虑了两个地下水位观测井，分别距离抽水井 r_1 和 r_2，体积流量为 Q（图 3.11）。应用达西定律可得到任意半径 r 处的 Q 为

$$Q = -KA\frac{\mathrm{d}h}{\mathrm{d}r} = -K(2\pi rb)\frac{\mathrm{d}h}{\mathrm{d}r} \tag{3.17}$$

式中，A 是半径为 r、高度为 b（即承压含水层的厚度）的圆柱体侧面的表面积，$A = 2\pi rb$。分离变量（h 和 r）后，式（3.17）再积分可得

$$Q = 2\pi Kb\frac{h_2 - h_1}{\ln\dfrac{r_2}{r_1}} \tag{3.18}$$

解决抽水井稳态径向流的式（3.18）即为齐姆（Theism）方程。由于导水系数（T）等于 K 和 b 的乘积 [式（3.9）]，式（3.18）经重新排列后可用于估算导水系数：

$$T = Kb = \frac{Q}{2\pi(h_2 - h_1)}\ln\frac{r_2}{r_1} \tag{3.19}$$

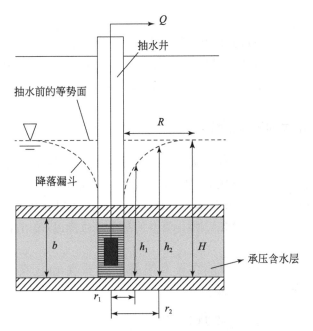

图 3.11　承压含水层的降落漏斗

水平虚线表示抽水前的地下水位，曲线代表抽水井的降落漏斗

通过借助两个观测井的水位以及降落漏斗，可以利用上述方程通过现场实验测定 K 或 T。式（3.18）当我们将抽水井设置为观察井之一时，即 $r_1 = r_w$（抽水井半径）处 $h_1 = h_w$，可得

$$Q = 2\pi Kb\frac{h_2 - h_w}{\ln\dfrac{r_2}{r_w}} \tag{3.20}$$

如果重新排列上述方程并求解 T，我们可以得到一个类似于式（3.19）的方程（h_w 和 r_w 分别代替 h_1 和 r_1）。因此，如果我们只知道一口井的地下水位和降落漏斗，我们就可以确定 T 值。请注意，上述方程中的 h_1、h_2 和 h_w 是以平均海平面（mean sea level，MSL）

表示的水位（海拔）。许多情况下，上述方程中也可以使用水位降深参数。水位降深（s）为含水层中井的水力头变化，通常是由于从水井中抽水来测试含水层或水井造成的水头变化。如果原始静水头为 H，那么与抽水井距离 r_1 和 r_2 处的两口观测井的水位降深分别为 $s_1 = H - h_1$，$s_2 = H - h_2$（图 3.11）。式（3.19）中的 $h_2 - h_1$，可以替换为 $(H - s_2) - (H - s_1) = s_1 - s_2$。将其代入式（3.19）或式（3.20）后，我们可以将 Q 和 T 表示为水位降深函数，而不是地下水位。式（3.19）可以变更为

$$T = \frac{Q}{2\pi(s_1 - s_2)} \ln \frac{r_2}{r_1} \tag{3.21}$$

另一种特殊情况是，当 r_2 处的井内地下水位降深为零时（即 $s_2 = 0$），这意味着抽水对该处水位没有影响；相应的 r_2 被称为影响半径，推导如下：

$$r_2 = r \times e^{(2\pi sT/Q)} \tag{3.22}$$

影响半径是以抽水为基础的地下水及蒸气修复中的一个重要概念，因为这是一个衡量抽水可以达到多大程度来提取污染羽流的指标。示例 3.3 展示了上文所讨论的一些方程的使用情况即利用稳定态的水位降深数据来估算承压含水层中的水文参数。有关这一概念的更多讨论将在 3.3.4 节、5.3.3 节、7.2.1 节和 8.2.4 节中介绍。

示例 3.3　承压含水层的导水系数

利用一个完整井抽降水和两个监测井的水位降深数据，估算承压含水层的导水系数（T）。含水层厚度 = 10m（33ft）；井径 = 4in（0.1m）；地下水抽速 = 25gal/min（0.0016m³/s 或 0.06ft³/s）；距离抽水井 1.83m（6ft）的监测井的稳态水位降深 = 0.67m（2.2ft）；距离抽水井 7.62m（25ft）的监测井的稳态水位降深 = 0.52m（1.7ft）。

解答：

由于给出的是水位降深（s）数据而不是静水头（h），我们可以直接使用式（3.21）。当使用 SI 单位时：

$$T = \frac{Q}{2\pi(s_1 - s_2)} \ln \frac{r_2}{r_1} = \frac{0.0016 \frac{m^3}{s}}{2\pi(0.67m - 0.52m)} \ln \frac{7.62m}{1.83m} = 0.0024 \frac{m^2}{s} \left(0.027 \frac{ft^2}{s} \right)$$

该式计算出的 T 与 0.0024m³/(m·s) 或 0.027ft³/(ft·s) 相同，单位是单位时间内单位宽度的体积。在美国单位制中，可以直接使用 gal/min 来得到以 gal/(ft·s) 为单位的 T 值，如下所示：

$$T = \frac{Q}{2\pi(s_1 - s_2)} \ln \frac{r_2}{r_1} = \frac{25gal/min}{2\pi(2.2ft - 1.7ft)} \ln \frac{25ft}{6ft} = 11.4 \frac{gal}{ft \cdot m} = 0.19 \frac{gal}{ft \cdot s}$$

3.3.4　稳态潜水含水层中流向井的地下水流

图 3.12 展示了潜水含水层中的井的降落漏斗曲线。应用达西定律：

$$Q = -KA\frac{\mathrm{d}h}{\mathrm{d}r} = K(2\pi rh)\frac{\mathrm{d}h}{\mathrm{d}r} \tag{3.23}$$

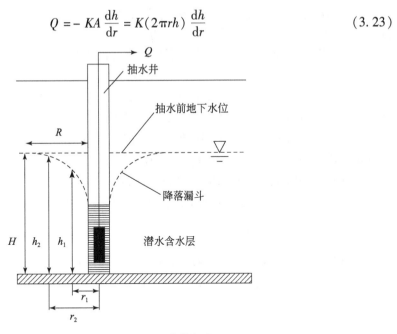

图 3.12　潜水含水层的降落漏斗

不同于承压含水层的恒定厚度（b）[式（3.17）]，潜水含水层的水力头（h）是变化的 [式（3.23）]。式（3.23）的积分形式也与式（3.18）略有不同：

$$Q = \pi K \frac{h_2^2 - h_1^2}{\ln \dfrac{r_2}{r_1}} \tag{3.24}$$

式中，h_1 和 h_2 分别是距离抽水 r_1 和 r_2 处的井中所观察到的地下水标高。示例 3.4 阐明了式（3.24）在潜水含水层中的应用。与承压含水层类似，我们可以推导出影响半径。由于始水头 H 是已知的，为了简化，我们标记 $h_2 = H$。潜水含水层的影响半径为

$$r_2 = r_1 \times e^{[(\pi K/Q)(H^2 - h_1^2)]} \tag{3.25}$$

示例 3.4　潜水含水层的水力传导系数

一口井从潜水含水层中每分钟排放 100gal（100gal/min）。抽水前水位是 50ft MSL（平均海平面）。经过很长一段时间后，位于 100ft 外的观察井的地下水位为 30ft MSL，位于 1500ft 外的另一口井的地下水位为 40ft MSL。确定该含水层的水力传导系数（K），单位为 ft/s。

解答：

通过重新排列式（3.24），可得

$$K = \frac{Q}{\pi(h_2^2 - h_1^2)}\ln\frac{r_2}{r_1} = \frac{100\,\dfrac{\text{gal}}{\text{min}} \times \dfrac{1\text{min}}{60\text{s}} \times \dfrac{1\text{ft}^3}{7.48\text{gal}}}{\pi(40^2 - 30^2)\,\text{ft}^2}\ln\frac{1500}{100} = 2.75 \times 10^{-4}\,\frac{\text{ft}}{\text{s}}$$

对于非常厚的潜水含水层（H 和 h_1 都很大，且 $H \approx h_1$），$H^2 - h_1^2 = (H - h_1)(H + h_1) \approx (H - h_1) \times 2H = 2sH$，其中，$s$ 是地下水位为 h_1 的时井的水位降深。将其代入式（3.25）中，将得到一个适用于计算较厚潜水含水层影响半径的简化方程：

$$r_2 = r_1 \times e^{(2\pi k s H / Q)} \tag{3.26}$$

与影响半径相关，这里引入了捕获区的概念。美国环境保护局将捕获区定义为一个或多个井或排水沟抽取地下水的三维区域。如果水井用于饮用水，则要避免抽取受污染的地下水；如果水井用于修复目的，则要清除（修复）受污染的羽流。这里只简单介绍一下这个概念，有兴趣的读者可以利用参考文献，获得更详细的推导和计算实例（如 Bedient et al., 1999；USEPA, 2008；Hemond and Fechner-Levy, 2014）。

对于如图 3.13 所示的单个抽水井，计算捕获区宽度（y）的公式为

$$y = \frac{Q}{bv} \tag{3.27}$$

上述方程表明，抽水区或截留区宽度（y）随体积流量（Q）的增加而增加，并随含水层厚度（b）或达西速度（v）的减少而增加。对于沿 y 轴对称排列的多个（n）且间距最佳的井，式（3.27）应修改为 $y = nQ/(bv)$。

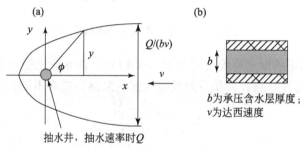

图 3.13　捕获区曲线图
(a) 平面视图；(b) 垂直视图

到目前为止，已经介绍了许多数学方程来描述承压含水层和潜水含水层系统中的地下水流动。这对某些读者来说，可能一开始就会感到不知所措。对大多数读者来说，一个有效的问题是如何选择合适的方程解决特定的实际问题。

首先，读者应该理解这些数学方程式背后的内容，这些方程式的假设和预期用途。例如，式（3.17）~式（3.22）仅适用于承压含水层的地下水流动，而式（3.23）~式（3.26）仅适用于潜水含水层。所有这些方程都是由达西公式推导出来的。如果试图从现场的地质测试中获取水力传导系数，那么重新排列式（3.20）和式（3.24）应该可以为我们提供正确的公式去分别确定承压含水层和潜水含水层的 K 值。如果需要关注影响半径，那么承压含水层中的地下水流动应使用式（3.22），而对于潜水含水层应使用式（3.25）或式（3.26）。这两个方程的选择取决于给定的已知参数，如水力头（h）或水位降深（s）。

3.3.5　非水相液体的流动

非水溶性（不溶解的）液体（如油类、NAPL）的流动比水和溶解态化学物的流动更为复杂。非水相液体（NAPL）的流动示意图如图 3.14 所示，运动模式主要取决于其密度，即它是以 LNAPL 还是 DNAPL 的形式存在（其定义见第 2 章）。LNAPL（如汽油）和 DNAPL（如重油）的羽流分布差异如图 3.14 所示，即 LNAPL 倾向于漂浮在地下水位的表面，而 DNAPL 倾向于下沉并最终分散在非承压含水层的顶部。相比之下，溶解态污染物将随水流运动。

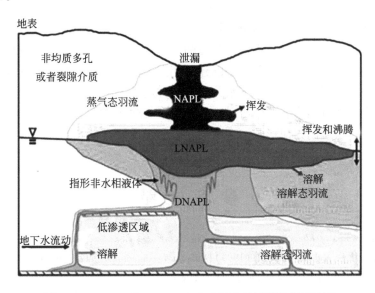

图 3.14　LNAPL 和 DNAPL 在含水层中的迁移途径对比图

垂直横截面描述了泄漏的 LNAPL 和 DNAPL 在地面下的渗透情况以及后续挥发态和溶解态有机物的羽流情况。

资料来源：Essaid et al., 2015，经 John Wiley & Sons 许可转载

非水相液体（NAPL）在地下水中的迁移是一个非常复杂的过程。因此，描述 NAPL 在含水层中的迁移并对其进行修复，特别是 DNAPL，是非常困难的。表 3.3 显示了危险废物所在地的污染物行为和水文地质条件与修复难易程度之间的关系。显然地，修复 DNAPL（如在裂隙含水层中）是非常困难的，极具挑战性。

表 3.3　污染物行为和水文地质条件与修复难易程度的关系表（据 MacDonald and Kavanaugh, 1994）

水文地质条件	污染物化学行为					
	流动、溶解（降解、挥发）	流动、溶解	吸附、溶解（降解、挥发）	吸附、溶解	分离态 LNAPL	分离态 DNAPL
均质，单层	1	1~2	2	2~3	2~3	3
均质，多层	1	1~2	2	2~3	2~3	3
异质，单层	2	2	3	3	3	4

续表

水文地质条件	污染物化学行为					
	流动、溶解（降解、挥发）	流动、溶解	吸附、溶解（降解、挥发）	吸附、溶解	分离态 LNAPL	分离态 DNAPL
异质，多层	2	2	3	3	3	4
裂隙	3	3	3	3	4	4

注：修复的轻易难度：1=最容易至4=最困难。本表中使用的1~4等级不应被视为客观的、固定的，而应被视为一种主观的、灵活的场地评估方法。影响修复难易程度的其他因素，如污染物在某个地点的浓度和自其排放以来的扩散范围，未在本表中列出。

　　作为本章的结束语，有必要指出计算机模型对于模拟复杂含水层中的地下水流动具有重要的意义。地下水流动模型是水文学领域的标准实践，通过它可以预测地下水在含水层中的流动速度和方向。归趋和迁移模型的建立还需要借助经过校准的地下水流模型，或者至少需要根据现场数据准确确定地下水的流速和方向。无论如何，模型的选择和正确使用必须基于我们在第2章和第3章中所讨论的地下水流动和溶质运移过程的全面理解，通常包括流动方向、含水层的几何形状、含水层材料的异质性或各向异性、污染物传输机制和化学反应。

参 考 文 献

Bear, J. (1972). *Dynamics of Flows in Porous Media*. New York: Elsevier.

Bedient, P. B., Rifai, H. S., and Newell, C. J. (1999). Chapter 7: contaminant fate processes. In: *Ground Water Contamination: Transport and Remediation*, 2e. Upper Saddle River: Prentice Hall.

Campbell, G. S. (1974). A simple method for determining unsaturated conductivity from moisture retention data. *Soil Sci.* 117(6): 311–314.

Ellis, S. and Mellor, A. (1995). *Soils and Environment*. London: Routledge.

Essaid, H. I., Bekins, B. A., and Cozzarelli, I. M. (2015). Organic contaminant transport and fate in the subsurface: evolution of knowledge and understanding. *Water Resources Res.* 51: 4861–4902.

Fetter, C. W. (1993). *Contaminant Hydrogeology*, 2e. New York: Macmillan Publishing Company.

Fetter, C. W. (2001). Chapter 10: water quality and ground-water contamination. In: *Applied Hydrogeology*, 4e. Upper Saddle River: Prentice Hall.

Greenland, D. J. and Hayes, M. H. B. (1978). *The Chemistry of Soil Constituents*. Chichester: John Wiley & Sons.

Heath, R. C. (1983). Basic Ground-Water Hydrology: US Geological Survey Water-Supply Paper 2200. Alexandria, Virginia: United States Government Printing Office.

Hemond, H. F. and Fechner-Levy, E. J. (2014). *Chemical Fate and Transport in the Environment*, 3e. Boston: Academic Press.

Knox, R. C., Sabatini, D. A., and Canter, L. W. (1993). *Subsurface Transport and Fate Processes*. Boca Raton: Lewis Publishers.

Kosugi, K., Hopmans, J. W., and Dane, J. H. (2002). Parametric methods. In: *Methods of Soil Analysis*. Part 4, Physical Methods, Soil Science Society of America Book Series, no. 5. Washington, DC: Soil Science Society of America.

Leake,S. A. (1997). Modeling Ground-Water Flow with MODFLOW and Related Programs:US Geological Survey Fact Sheet 121-97,4 pp.

Lee,C. C. and Lin,S. D. (2007). *Handbook of Environmental Engineering Calculations*,2e. New York:McGraw-Hill.

MacDonald,J. A. and Kavanaugh,M. C. (1994). Restoring contaminated groundwater:an achievable goal? *Environ. Sci. Technol.* 28(8):362A-368A.

Manahan,S. E. (2005). *Environmental Chemistry*,6e. New York:CRC Press.

McBride,M. B. (1994). *Environmental Chemistry of Soils*. New York:Oxford University Press.

Moore,J. E. (2002). *Field Hydrogeology:A Guide for Site Investigations and Report Preparation*. Boca Raton:Lewis Publishers.

Ranney,R. W. (1969). An organic carbon-organic matter conversion equation for Pennsylvania surface soils. *Soil Sci. Soc. Am. Proc.* 33:809-811.

Sharma,H. D. and Reddy,K. R. (2004). *Geoenvironmental Engineering:Site Remediation,Waste Containment,and Emerging Waste Management Technologies*. Hoboken:John Wiley & Sons.

Sposito,G. (2008). *The Surface Chemistry of Soils*,2e. Oxford:Oxford University Press.

Todd,D. K. (1980). *Ground Water Hydrology*,2e. New York:John Wiley & Sons.

USEPA(2008). A Systematic Approach for Evaluation of Capture Zones at Pump and Treat Systems:Final Project Report,EPA 600-R-08-003.

USGS(1999). Sustainability of Ground-Water Resources: US Geological Survey Circular 1186,Colorado:Denver.

van Genuchten,M. T. (1980). A closed-form equation for predicting the hydraulic conductivity of unsaturated soils. *Soil Sci. Soc. Am. J.* 44:892-898.

van Loon,G. W. and Duffy,S. J. (2017). *Environmental Chemistry:A Global Perspective*,4e. New York:Oxford University Press.

问题与计算题

1. 污染物通常是如何与土壤的三相(气相、液相、固相)相关联的?

2. 定义以下几类土壤的成分差异:黏土、粉质黏土、黏土壤土、粉质黏土壤土。

3. 定义以下几类土壤的成分差异:砂质黏土、砂质黏土壤土、砂质壤土、砂质壤土和砂土。

4. 土壤有机质和无机矿物的组成元素有什么不同?

5. 如果土壤样品的总有机碳含量为 1.2%,那么土壤有机质含量大约是多少?

6. 描述高岭土和蒙脱土之间的结构差异。为什么蒙脱土能保留更多的水和阳离子型营养物质?

7. 解释为什么土壤黏土带负电荷,并说明这与阳离子交换量(CEC)有什么关系?

8. 定义术语:腐殖质、胡敏素、腐殖酸和富里酸。

9. 为什么与土壤无机成分相比,土壤有机物在污染物的归趋和迁移中发挥着超出其应有比例的重要作用?

10. 如何命名质地由 50% 黏土、10% 黏土和 40% 砂土组成的土壤?

11. 描述(a)地下水井、(b)自流井和(c)非自流井间的区别。

12. 描述三种主要含水层类型的区别(a)承压含水层、(b)潜水含水层和(c)上层滞水含水层。

13. 描述监测井以下结构的功能: (a)套管、(b)井筛和(c)环形密封圈。

14. 黏土的粒径比粉土和砂土小得多,且孔隙率高达 40% ~50%,但为什么认为它们一般是不透水的?

15. 粉砂壤土样品的颗粒密度为 $2.65g/cm^3$，体积密度为 $1.5g/cm^3$，孔隙率是多少?

16. 某含水层的孔隙度为 0.42，持水度为 0.20，其给水度是多少?

17. 如果水深(DTW)为 7ft，井口标高为 50ft，那么井中地下水位的水力头是多少?

18. 如果一个含有砂砾的污染含水层的孔隙率为 39%，给水度为 25%。如果地下储罐的体积约为 2000ft×1500ft×25ft，那么地下泄漏能排出多少加仑的地下水。

19. 砂岩含水层(高×宽×长 = 20m×1000m×5km)的水力传导系数为 $5×10^{-2}m/d$。在 5km 范围内的水头变化为 5m。确定(a)该含水层的地下水日流量；(b)该含水层的导水系数。

20. 在废弃溶剂回收设施下面的含水层的水力传导系数为 $1.5×10cm/s$。场地等高线图上的水力梯度(dh/dl)显示在距离 250ft 处地下水高程从 150ft 变化到 145ft。污染场地宽度为 500ft，含水层厚度为 35ft。(a)计算此处地下水流速(gal/min，$1ft^3 = 7.48gal$)；(b)如果有效孔隙度假定为 30%，计算此处地下水流速。

21. 描述饱和含水层和非饱和含水层中地下水流动的主要区别。

22. 解释这些参数是如何影响包气带的水力传导系数：(a)水分含量、(b)孔隙率、(c)土壤空气和(d)土壤颗粒的均质性。

23. 一座 130ft 长的混凝土沉淀池支撑在一层粉质砂上，粉砂的水力传导系数(K)为 $3.28×10^{-6}ft/s$，其下为不透水的黏土层。挖一个施工沟槽以便于对储罐进行维修。准确算出(a)流入沟槽的地下水的水力梯度(dh/dl)；(b)使沟槽排水至黏土层高度所需的最小抽水能力(Q)，单位为 ft^3/s。

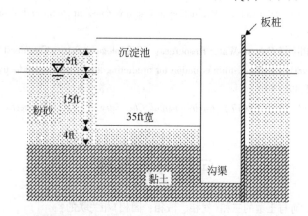

24. 一口井位于潜水含水层中，其排水量为 75gal/min，原始水位记录为 35ft。一段时间后，位于 75ft 外的观察井水位为 20ft，另一口位于 2000ft 外的观察井水位为 34ft。确定此含水层的水力传导系数(单位为 ft/s)。

25. 建设一口井从 35m 厚的污染含水层中抽取地下水。距抽水井 200m 和 950m 处各建设两口观测井。抽水井以 $0.35m^3/min$ 的速度持续排水。当达到稳态时，位于 200m 和 950m 处观测井的水位分别下降 7m 和 3m。确定(a)导水系数(T)和(b)水力传导系数(K)。

26. 解释以下情景下修复的相对难易程度：(a)浅层均质含水层中的溶解态 MTBE 污染羽；(b)非均质含水层中的溶解态五氯苯酚污染羽；(c)一摊含有烷烃和 BTEX 的汽油位于承压含水层中；(d)含四氯乙烯的水泄漏到浅层含水层；(e)旧变压器设施中的一摊多氯联苯泄漏到裂隙含水层。

27. 在高于参考高度 0.5m 处的地下水的压力为 $1000N/m^2$，流速为 $2.5×10^{-6}m/s$，密度为 $1.05×10^3kg/m^3$，计算此处地下水的高程水头、压力水头、速度水头和总水力头。

第4章　法规、成本和风险评估

学习目标

1. 理解土壤和地下水修复决策中三个独立但相关的因素的重要性：法规、成本和风险。

2. 提升对美国重要地下水保护法律的监管意识，包括《安全饮用水法》（Safe Drinking Water Act, SDWA）、《资源保护和恢复法》（RCRA）、《综合环境反应、赔偿和责任法》（CERCLA，又称《超级基金法》）。

3. 研究其他国家和地区污染修复的相关法规文献，并与美国土壤和地下水修复的法律进行比较。

4. 学习理解国家现行《国家初级饮用水法规》（National Primary Drinking Water Regulations, NPDWR）中的最大污染物水平（MCL）和最大污染物水平目标（maximum contaminant level goal, MCLG）。

5. 学习理解《资源保护和恢复法》（RCRA）D 项关于城市固体废物有关的法规和 C 项关于危险废物处置相关法规。

6. 学习理解超级基金场地和棕地相关的法规（CERCLA，又称《超级基金法》），以及《小型企业责任减免与棕地复兴法》（SBLR&BRA）。

7. 培养环境修复系统的成本估算意识，包括成本组成和成本估算的基本方法（如单位修复成本、修复成本指数、规模化估算）。

8. 根据利息（贴现）率和未来价值计算现值，或根据现值和利息（贴现）率计算未来价值，通过成本估算评估修复方案优先性。

9. 根据现有的标准和导则，定义何为清洁土壤，包括但不限于土壤背景值、检出限、监管标准、基准和筛选水平。

10. 使用癌症斜率因子（cancer slop factor, CSF）和单位风险来计算致癌化合物暴露风险。

11. 使用参考剂量（reference dose, RfD）、参考浓度（reference concentration, RfC）和慢性每日摄入量（chronic daily intake, CDI）计算非致癌化合物暴露风险。

12. 确定土壤和地下水中致癌和非致癌化合物基于风险的修复目标水平。

本章介绍了三个独立但均与环境污染修复相关的因素：法规、成本和风险。这些因素对保护地下水资源和修复污染场地都很重要，首先，环境法规是修复实施的驱动力；其次，为特定污染场地选择的最佳修复技术除了技术层面合理之外，应当同时具有高成本效益；最后，虽然在许多情况下，彻底清除污染物并不是必需的，但在所有修复工作之前，应明确可承受的风险和污染物修复目标（即何为清洁土壤的问题）。本章的目的是帮助读者了解土壤和地下水修复的这三个基本因素，介绍法规、成本和风险评估等非技术因素在实践中的重要性，以及强调了环境修复决策的困难。

4.1 土壤和地下水保护法规

美国土壤和地下水修复相关环境法律法规自20世纪70年代以来就已经确立并渐趋完善。以下讨论将首先介绍美国相关土壤和地下水法律。随后，将简要介绍其他国家的环境法规框架。这种综述非常重要，因为环境污染并不总是只限于一个国家边界之内，有时必须通过跨境措施来解决。以下概述的环境法律法规信息可以作为读者搜索有关国家和地区具体法规条款细节的指南。在阅读以下各种环境法律之前，熟悉注释栏4.1中介绍的基本术语将有助于更好的理解。

注释栏4.1 环境法律相关基本知识

在美国，联邦环境法律是由美国国会通过的。这些法律规定了环境目标，但没有明确实现这些目标的技术细节。一项法律首先作为一项法案由一名或多名国会议员提出。如果两院，即众议院和参议院，都批准这项法案，它就会被提交给总统，由总统批准或否决。如果获得批准，该法案将成为法律或法令，而该法令的文本被称为公共法规。若一项法令被通过，众议院将以法律标准规范化文本，并在《美国法典》（United States Code, USC）中予以公布。

在环境领域，通常国会授权美国环境保护局来制定如何实现环境法中所述目标的全部技术细节。这些技术细节被称为规范，包含符合法律规定的要求。在制定规范的过程中，美国环境保护局负责开展相应研究并在《联邦公报》上公布拟定的规范，并在规定的时间内征求公众意见。随后，该规范在《联邦法规》（Code of Federal Regulations, CFR）中公布，完成该规范的正式收录。所有的环境规范都收录在第50卷第40章中，其中每条规范都有其小节和部分。例如，《联邦法规》第40章第230节第280部分（40 CFR 280.230）关于"运行地下储罐或地下储罐系统"。从实践的角度来看，法律和规范之间的区别可能不是那么重要。

此外，美国环境保护局还发布了技术指南和政策。政策是由行政部门制定的，可能经过或不经过公开听证程序。虽然它们不具有法律效力，但它们可以极大地影响土壤清理修复计划的实施。在美国，各州和地方政府都根据联邦法律规范制定了各州和地方政府的法律规范。如果是这样，州和地方的法律规范一般比联邦法律规范更严格。

4.1.1　美国土壤和地下水保护相关法律

20 世纪 70 年代至 80 年代，在美国环境保护局的领导下，发布了几项重要的联邦环境法规，以保护土壤和地下水。按照发布顺序，分别是《安全饮用水法》（SDWA）（1974 年）、《资源保护和恢复法》（RCRA，1976 年）、《综合环境反应、赔偿和责任法》（CERCLA，1980 年）、《危险和固体废物修正案》（Hazardous and Solid Waste Amendment，HSWA，1984 年）、《超级基金修正案和再授权法》（Superfund Amendment and Reauthorization Act，SARA，1986 年），以及《小型企业责任减免与棕地复兴法》（SBLR&BRA，2002 年），见图 4.1。除了这些联邦环境法规外，美国各州在地下水保护方面也发挥着重要作用，它们实施各州地下水供应、分配和与地下水保护有关的产权法（Bedient et al.，1999）。各州可以采用各州的环境法规但比相应的联邦法规必须更加严格。

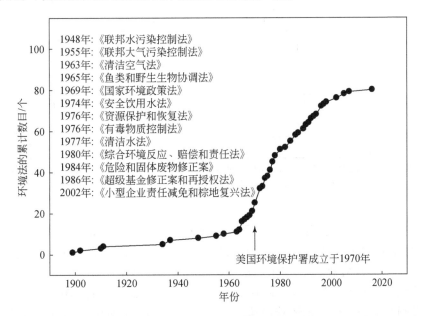

图 4.1　美国联邦环境法累计数量及与土壤和地下水修复有关的几个关键驱动法规

4.1.1.1　《安全饮用水法》

《安全饮用水法》（SDWA）关注公共供水的安全，主要有两项举措：①制定国家饮用水标准；②实施广泛的地下水保护计划，即"地下水注入控制"（groundwater injection control，UIC）计划。由于饮用水标准并不涉及规范地下水污染源，一方面，它对防止地下水污染的影响很小。另一方面，UIC 计划通过州政府的许可计划对各种井的地下注射进行管理和控制。

SDWA 对饮用水中的污染物设定强制性水质标准。这些执行标准称为最大污染物水平（MCL），其目的是保护公众免受饮用水污染物对人类健康的危害。最大污染物水平是指给消费者供应的饮用水中某种污染物的最大允许浓度。SDWA 还设定了最大污染物水平目标

（MCLG），指饮用水中某种污染物不构成已知或预期健康风险的水平。最大污染物水平目标能确定饮用水的安全系数，但它是不强制执行的公共健康目标。在考虑现有的最佳处理技术及成本因素可行的情况下，MCL 的设定通常尽可能接近 MCLG 的标准。目前美国《国家初级饮用水法规》（NPDWR）中，大约包含 150 种污染物，分为六类：①微生物、②消毒剂、③消毒副产物、④无机化学品、⑤有机化学品以及⑥放射性核素。表 4.1 提供了选定污染物的 MCLG 和 MCL。

表 4.1　部分饮用水中国家优先管控污染物

污染物	MCLG/(mg/L)	MCL/(mg/L)	污染物	MCLG/(mg/L)	MCL/(mg/L)
砷	0	0.01	铅	0	0.015a
阿特拉津	0.003	0.003	汞（无机物）	0.002	0.002
苯并(a)芘	0	0.0002	硝酸盐-N	10	10
钡	2	2	亚硝酸盐-N	1	1
溴化物	0	0.005	多氯联苯	0	0.0005
溴酸盐	0	0.01	硒	0.05	0.05
镉	0.005	0.005	五氯乙烷	0	0.005
铬（总量）	0.1	0.1	甲苯	1	1
铜	1.3	1.3a	三氯乙烯	0	0.005
乙基苯	0.7	0.7	铀	0	0.03
氟化物	4	4	二甲苯（总量）	10	10

　　a. 对于铜和铅，这些是执行水平（action level），而不是最大污染物水平（MCL）。铅和铜的处理技术是通过控制水的腐蚀性来达到。如果超过 10% 的自来水样本超过执行水平（铜为 1.3mg/L，铅为 0.015mg/L），供水系统必须采取额外措施。

　　此外，美国环境保护局制定了《国家二级饮用水法规》（National Secondary Drinking Water Regulations，NSDWR），对 15 种污染物（颜色、气味、总溶解固体、腐蚀性、发泡剂、pH、氯、氟、硫酸盐、铝、铜、铁、锰、银和锌）制定了非强制性的水质标准。这些"二级最大污染物水平"（secondary maximum contaminant level，SMCL）是不强制执行的，作为导则协助公共供水系统管理其饮用水的美学影响（如味道、颜色和气味）。二级最大污染物水平包含的污染物不被认为对人类健康有风险，但可能会出现①美学影响：不受欢迎的味道或气味；②美容影响：不损害身体但不良的影响；以及③技术影响：损坏水处理设备或降低处理其他污染物的效果。

　　《安全饮用水法》每六年一次识别并列出"尚未受管制的污染物"，称为污染物候选名单（contaminant candidate list，CCL）。可以从污染物候选名单中选取至少五种污染物支撑饮用水监管决策。美国环境保护局使用这个名单来确定研究和数据收集工作的优先次序，以确定新的污染物是否应该被监管。其中许多化学品被称为新型污染物（见注释栏 2.1），已经出现或预计出现在公共饮用水中，如药品、个人护理产品和荷尔蒙化合物。

4.1.1.2　《资源保护和恢复法》

　　《资源保护和恢复法》（RCRA）最初于 1976 年通过，随后补充若干修正案，包括最重要的 1984 年《危险和固体废物修正案》（见 4.1.1.4 节）。RCRA 直到 20 世纪 80 年代末才由美国环境保护局颁布，以应对包括拉夫运河事件在内的几起环境悲剧（注释栏1.2）。RCRA 在 C 项下对危险废物的处置进行监管，在 D 项下对非危险城市固体废物进行监管。C 项涵盖的危险废物分为两类：列入清单的危险废物和特征危险废物。列入清单的危险废物是 USEPA 已经确定为危险废物的废物，而特征危险废物是具有可燃性、腐蚀性、可反应的或有毒性的废物。一些危险废物被豁免于 RCRA，包括污水，以及已经受《清洁水法》（Clean Water Act，CWA）管制的废水排放、采矿废物、核废料和城市垃圾。D 项涵盖的非危险固体废物，包括家庭垃圾、废金属、建筑废物和废水处理厂产生的底泥。

RCRA 为产生危险废物的设施、危险废物的迁移方，以及处理、储存或处置（treatment，storage，and disposal，TSD）危险废物的设施制定了标准。RCRA 清单计划创建了一个"纸质线索"，以获取废物从"摇篮到坟墓"的数据。每个危险废物产生方和迁移方必须具备 USEPA 认定的一个识别码，每个 TSD 设施必须得到 USEPA 的许可。危险废物产生方负责确定其废物是否为危险废物，而迁移方必须遵守交通部关于危险废物迁移的规定。TSD 设施的所有者或经营者必须保存完整的清单和操作记录，并向监管机构提交两年一次的报告。

RCRA 给予 1980 年 11 月 19 日之前存在的 TSD 设施以"临时状态"，这些设施必须提交最终许可证申请。最终许可证确定了 RCRA 认证 TSD 设施必须执行的条款和条件。如果他们未能通过最终许可证的申请，这些设施将面临关闭。在"临时状态"期间，该设施还必须实施地下水监测和地下水质量评估计划。然而，即使发现地下水污染，RCRA 计划也不要求立即进行清理或修复行动。当 TSD 设施未获取 RCRA 最终许可并面临关闭时，必须制定一个设施关闭计划，以控制、最大程度减少或清理废物。

4.1.1.3　《综合环境反应、赔偿和责任法》

1980 年，美国国会颁布《综合环境反应、赔偿和责任法》（CERCLA），通常称为《超级基金法》。CERCLA 规定了①对关闭和废弃危险废物场地的禁止条例和要求；②明确场地危险废物排放各方责任；以及③建立了一个信托基金，以便在无法确定责任方时进行危险废物清理。通过对化学和石油行业征税，CERCLA 提供了可以直接应对或威胁废弃或未受控制的危险废物场地的危险物质排放的联邦权力。美国国会委派美国环境保护局使用危害排序系统（HRS）建立"国家优先名录"（NPL），以指导"超级基金"资金的支出（见注释栏1.4）。只有 NPL 场地（截至 2018 年，共有 1343 个场地）的修复活动才有资格获得"超级基金"资助。

CERCLA 程序从修复调查（remedial investigation，RI）开始，以收集场地数据和识别场地为特征。然后通过可行性研究（feasibility study，FS）评估各种修复措施的可行性，包括对一些指标进行评估，如长期有效性、毒性减少量、修复导致的污染迁移和体积、短期有效性、可实施性和成本。最后，考虑社区的意见和接受度，以选择最终的修复措施，并完成归档"裁定记录"（ROD）。在 ROD 之后，修复设计-修复行动（remedial design/remedial action，RD/RA）阶段将朝着清理超级基金场地的方向进行。

4.1.1.4　《危险和固体废物修正案》

《资源保护和恢复法》（RCRA）的这一修正案是国会不满足于 USEPA 允许利用土地处理设施处置不含液体危险废物后提出的。《危险和固体废物修正案》（HSWA）于 1984 年通过，主要针对美国国家地下水污染问题。《危险和固体废物修正案》有四项主要举措（Bedient et al.，1999）：①实施对危险废物倾倒处置的禁令。这些禁止的活动包括 "……任何将危险废物填埋、倾倒于地表水、堆放、水井注射、堆放于地上处理设施、盐丘、盐床、地下矿井或洞穴"。②将危险废物产生豁免从 1000kg/月减少到 100kg/月。③地下储罐成为监管对象，对其泄漏进行追踪、分析和修复。④监管并要求固体废物管理装置（SWMU）对造成的地下水污染进行检测。如果检测到污染泄漏，必须采取清理行动。

4.1.1.5　《超级基金修正案和再授权法》

《超级基金修正案和再授权法》（SARA）为 CERCLA 增加了一项条款，保护受污染财产的 "无辜" 购买者免于承担 CERCLA 的责任，即所谓的尽职调查。如果购买者在购买财产时 "没有理由知道" 污染情况，那么将保护他们免于承担责任。这项新条款从根本上改变了参与房地产交易的所有相关方对可能承受的财产污染责任。贷款人和买家在房产或土地交易之前倾向于审查是否 "没有理由知道" 污染的情况。这一变化创造了一个全国性的咨询业务，称为第一阶段（主要是视觉检查）、第二阶段（主要是取样和分析）和第三阶段（修复行动）。

另一个新的要求是《超级基金修正案和再授权法》第三章要求产生超过一定规模有害物质的设施必须每年向美国环境保护局报告其经过许可或未经许可的设施中释放的危险废物总量。这一报告要求实际上影响了美国的所有主要工业设施。

4.1.1.6　《小型企业责任减免与棕地复兴法》

《小型企业责任减免与棕地复兴法》（SBLR&BRA）于 2002 年颁布，试图改变 CERCLA 严格的监管方法，解决与棕地及其再开发相关的环境、经济和环境公正问题（Collin，2003）。它可以免除作为产生者和迁移者在国家优先名录场地上的超级基金相应费用责任，如果能够证明：①含有有害物质的液体材料总量少于 110gal（约 416L）或固体材料少于 200lb①（约 91kg）。②全部或部分的处置、处理或迁移发生在 2001 年 4 月 1 日之前。《小型企业责任减免与棕地复兴法》每年为棕地振兴设立 2.5 亿美元，包括每年 2 亿美元用于棕地评估、清理、循环贷款和环境职业培训；以及每年 5000 万美元用于协助州和部落开展棕地应对计划。

4.1.2　其他国家的环境法律框架

与美国《超级基金法》类似，加拿大也发布了《污染场地条例》。规定 "谁污染谁付

---

① 1lb=453.59g。

费"原则，并为国家重要优先场地设立了基金。欧洲国家有不同的环境法规，但基本原则相同，如达到地下水"良好化学状"态的义务、防范性原则、"谁污染谁付费"原则，以及行业规则和法规（专业原则）。仅欧盟范围内的环境法就有 500 多项指令、条例和决定。

《水框架指令》（Water Framework Directive，WFD）是欧盟一项水政策，旨在使河流、湖泊、地下水和沿海水域达到"良好质量"。《欧盟地下水指令》是《水框架指令》的"子指令"，包括通过确定实现"良好化学状态"和识别质量趋势的通用地下水标准来预防和控制地下水污染的特别措施。表 4.2 列出了土壤污染立法完善的欧盟国家和缺乏土壤污染总体或全面立法的国家。在 12 个国家或地区中，有九个国家或地区制定了专门针对土壤污染的支配性立法，其余三个国家，即芬兰、法国和捷克，通过其他立法涵盖了污染土壤问题（Fraye and Visser，2016）。

表 4.2　部分欧盟国家关于土壤污染立法的情况

国家或地区	立法情况
比利时佛兰德斯	《土壤修复法令》，1995 年
比利时布鲁塞尔地区	《有关污染土壤管理的条例》，2004 年
英国	《污染土地条例》，2000 年（英格兰和苏格兰）和 2001 年（威尔士）；《废弃物和污染土地法令》，1997 年（北爱尔兰）
比利时瓦隆大区	《关于污染土壤修复的法令》，2004 年
荷兰	《土壤保护法》，1987 年
德国	《联邦土壤保护法》，1998 年
西班牙	《皇家法令》，2005 年
意大利	《第 471 号部长令》，1999 年
瑞典	《环境法典》，1998 年
芬兰*	《环境保护法》（86/200）
法国*	《分类设施法》（2003/699）
捷克*	《国家废弃物法》，2005 年

＊缺乏土壤污染总体或全面立法的国家。

4.2　污染修复的成本考虑

成本是在各种替代方案中选择适当修复技术的决定性因素。许多成本分析方法通常在工程经济学课程中涉及（注释栏 4.2），在此不做赘述。本节意在通过一些实践计算案例来介绍场地修复成本的基本概念。

注释栏 4.2　环境修复中的工程经济学

在美国和其他一些国家，工程经济学通常是本科工程课程的必修课。在美国，它也是处理各种环境工程项目成本估算的两阶段考试［见习工程师（engineering in training, EIT）和专业工程师（professional engineer, PE）］的一部分。在工程经济分析中，货币的时间价值是核心，现金流使用贴现率进行折现。这些贴现率不是使用数学公式［如式（4.3）］，而是在许多工程手册中获取。软件工具也是可获取的，可以用于更复杂的工程经济分析。

在土壤和地下水修复中，通常有许多备选修复方案，包括作为比较基础的"不采取任何措施"方案。场地清理修复费用因场地而异，且很难评估。例如，土壤的渗透性和污染物的迁移等地质相关因素都是因场地不同而不同。场地经济分析会因为直接成本（资本和劳动力）以外的因素而变得复杂，例如，是消耗资源用来清理场地，还是用来建造桥梁、学校和医院的机会成本。在欠发达国家，这些机会成本特别高，因为环境问题与许多其他重要的社会问题同时存在。机会成本的概念用于广泛比较社会优先事项。环境修复还会产生体制成本，包括管理、监测和执法支出，这些因修复方案而定，体制成本在资源有限的欠发达经济体中会变得更加沉重。

完整的成本分析还应考虑场地修复带来的效益是如何改善人体健康和生态系统健康或避免人体健康和环境质量在未来退化。因此，场地修复的效益与场地暴露途径直接相关。一般来说，污染物毒性较高且有大量暴露人群或栖息地时，场地修复的效益最大。还有一些与修复相关的社会效益，如修复完成后的就业机会、土地及财产价值的提高（Boyd, 1999）。

在超级基金项目中，成本估算一般早在可行性研究（FS）阶段就进行。在可行性研究阶段，污染修复行动的计划仍然是概念性的，而不是详细的。成本估算被认为是在-50% 至+100% 准确度下进行"备选方案筛选"，在-30% 至+50% 准确度下得到"数量级"的估值。例如，实际成本为 10 万美元，在准确度为+100% 至-50% 时，备选方案的估算成本可能在 5 万~20 万美元；随着项目的进展，修复设计变得更加完整，成本估算也变得更加确定，因此，在最终的项目成本估算中，成本估算的准确度提高到-10% 到+15%（即 9 万~11.5 万美元）（图 4.2）。下面的讨论只关注于"数量级"准确度的成本估算。

4.2.1　修复成本要素

资金成本：指最初为建造或安装修复设施和运行（如地下水处理系统和相关的现场工作）而需要的支出。它们不包括在整个生命周期内操作或维护该设施和运行所需的费用。资金成本包括所有的劳动力、设备和材料成本，包括场地修复承包商的额外支出，如与动员、遣散等活动相关的间接费用和利润；场地监测；现场工作；安装抽提、密封或处理系

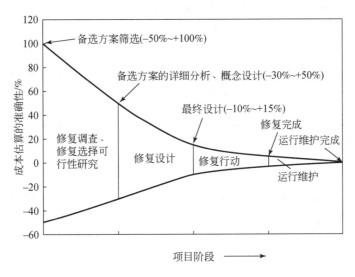

图 4.2　超级基金项目不同阶段成本估算的准确性（改编自 USEPA，2000）

统；以及污染物处置费用。资金成本还包括支持修复行动建设所需的专业、技术服务的支出。

　　年度运行维护（operation and maintenance，O&M）**成本**：是确保施工后修复运行持续有效发挥作用的必要成本，这些费用主要是按年度估算的。年度运行维护成本包括所有的劳动力、设备和材料成本，还包括场地修复承包商的额外支出，如与监测等活动相关的间接费用和利润；抽提、储存或处理系统的操作和维护费用；以及污染物处置费用。年度运行维护成本还包括支持运行维护活动所需的专业、技术服务的支出。

　　周期性成本：是指每隔几年才产生一次的成本（如五年审查、设备更换）或在整个运行维护期内只发生一次的支出（如关闭现场、修复措施失败或更换）。这些成本既可以是资金成本，也可以是运行维护成本，但由于其周期性，在估算过程中，将其与其他资本或运行维护成本分开考虑更为实际。

　　表 4.3 提供了上述三类成本的核对表，这个核对表并非包罗万象，因此，所列成本要素不一定适用于每个修复方案。然而，核对表可用于确定适用的成本要素，可根据现场的具体条件增加或修改。

4.2.2　修复成本估算的基础

　　方案筛选阶段的成本估算基础可以根据多种数据来源，包括成本曲线、通用单位成本、供应商信息、标准成本估算指南、历史成本数据和类似项目的成本估算，并针对具体场地进行修改。在筛选阶段，资本和运行维护成本都应酌情考虑。在详细分析阶段制定的成本估算，用于比较替代方案和支持筛选修复措施。成本评估类型包括以下内容：①资金成本，包括直接和间接成本；②年度运行维护成本；③资本和运行维护成本的净现值。

表 4.3　修复项目的成本要素核对表（改编自 USEPA，2000）

资金成本	年度运行维护成本	周期性成本
施工活动	运行维护活动	施工活动和运行维护活动
• 动员、遣散	• 监测、取样、测试和分析	• 修复措施失败或更换
• 监测、取样、测试和分析	• 提取、储存或处理系统建设	• 拆除现场提取、储存或处理系统
• 现场工作	• 场外处理（处置）	• 应急措施
• 地表水收集或储存	• 应急费用	专业、技术服务
• 地下水的抽取或储存	专业、技术服务	• 五年审查
• 气体（蒸气）收集或控制	• 项目管理	• 地下水质量和优化研究
• 土壤开挖	• 技术支持	• 修复行动报告
• 沉积物（淤泥）的清除或储存	制度控制	制度控制
• 拆卸和拆除	• 行政控制	• 行政控制
• 封顶或覆盖	• 法律控制	• 法律控制
• 现场处理（特定处理技术）		
• 场外处理（处置）		
• 应急费用		
• 专业、技术服务		
• 项目管理		
• 修复设计		
• 施工管理		
• 制度控制		
• 行政控制		
• 法律控制		

基于单位成本的成本估算：美国环境保护局根据一些修复技术的历史数据报告了单位成本（图 4.3）。例如，抽出处理系统的单位成本是基于每年处理 1000gal（约 3785L）地下水的成本，热脱附、生物通风和土壤气相提取的单位成本基于处理单位质量或体积的土壤修复成本。图 4.3 显示，抽出处理系统若用于处理较多的水，相比用于处理较少水的系

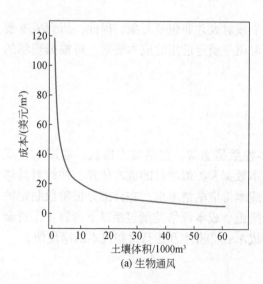

(a) 生物通风

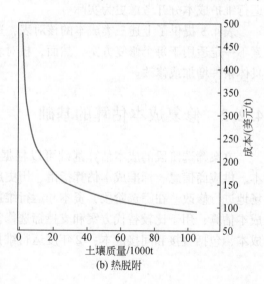

(b) 热脱附

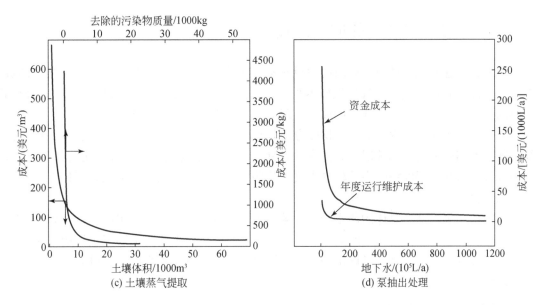

图 4.3　修复成本与处理过的土壤、地下水数量（体积、质量）或去除的污染物质量的相关关系图
成本数据来自于 USEPA（2001），并根据通货膨胀率调到 2018 年的成本

统，处理成本更低。这些单位成本趋势可以作为技术广泛评估的一部分。把这些成本数据应用于另一个具有不同污染物、地质条件和监管要求的场地时，应当非常谨慎。

基于成本指数的成本估算：若已完成项目的成本是已知的，那么价格可以通过以下公式转换为当年的价格：

$$C = C_{\mathrm{p}} \frac{I}{I_{\mathrm{p}}} \tag{4.1}$$

式中，C 和 C_{p} 分别为当年和前一年的成本；I 和 I_{p} 分别为当年和前一年的指数值。这些公开的成本指数值可以在劳工统计局网站上获取，也可以通过《工程新闻记录》、《化学工程成本指数》、《马歇尔和斯威夫特设备成本指数》订阅每周至每月的数据。

规模扩大的成本估算：当处理设备扩大规模时，其价格可以根据"十分之六规则"（0.6 幂次法则），由它们的相对规模决定。

$$C_{\mathrm{a}} = C_{\mathrm{b}} \left(\frac{S_{\mathrm{a}}}{S_{\mathrm{b}}} \right)^{0.6} \tag{4.2}$$

式中，C_{a} 和 C_{b} 分别为两个不同大小的设备 A 和 B 的成本；S_{a} 和 S_{b} 分别为设备 A 和 B 的容量（大小）。指数因子根据不同类型的设备略有不同。当规模差距小于 10 倍时，这种比例方法是适用的（Peters and Timmerhaus，2003；Holland et al.，2007）。

基于总成本百分比的成本估算：某些成本可以用相关总成本的百分比来估计。例如，总直接资金成本可以用来估计设备和污染控制，工程和监督，以及年度运行维护成本中的一般维护成本。另外，突发事件（杂费）可能发生在施工的每个阶段，因此使用总间接资金成本来估算是不合适的。突发事件成本指的是为处理不可预见情况而产生的费用。

4.2.3　修复方案之间的成本比较

修复成本通常包括项目开始时的建设成本（如资金成本），以及后续实施和维护的成本（如年度运行维护成本、周期性成本）。为直接比较各种修复措施，以达到筛选和评估的目的，需要计算一个单一数字的成本。现值法可用于评估资本或运行维护成本，这些成本产生于同一生命周期内。另一种比较方法是年度成本（年度现金流）法，尤其适用于修复方案有不同生命周期的情况。在这种方法中，通过每年的成本或效益来比较替代方案。这两种方法都是工程经济学中的标准方法。这些方法的细节以及其他方法都可以在工程经济学的资料中找到。

在现值法中，这个具体的成本数字，被称为现值（present value，PV），需要将未来所需资金转换为场地修复最初的时间点（基准年），以保证现在预留足够资金以应对未来所需资金，假设经济发展趋势是确定的。可以用以下公式计算将未来所需支付值（终值）转换成现值：

$$PV = \frac{FV_t}{(1+i)^t} \tag{4.3}$$

式中，FV_t 是第 t 年的未来值（future value；支付）或终值（$t=0$ 为现在或基准年）；i 是利息（贴现）率。美国环境保护局建议，在可行性研究期间，为修复替代方案制定成本现值估算时，应使用7%的贴现率。例如，假设在第6年更换一个泵需要支付10000美元。使用7%的贴现率，现值将为

$$PV = \frac{10000\ 美元}{(1+0.07)^6} = 10000\ 美元 \times 0.666 = 6660\ 美元$$

因此，为了在第6年拥有10000美元，需要在本年度（第0年）预留或投资6660美元，利息率或贴现率为7%。0.666［即 $1/(1+i)^n$］这个数字被称为年度贴现系数，通常是针对不同的年（t）和不同的贴现率（参考表4.4，假设利率为7%）计算的。使用式（4.3）和年贴现系数进行的成本分析如示例4.1和表4.5所示。

表4.4　贴现率7%时的年度贴现系数表

年	贴现系数	年	贴现系数	年	贴现系数	年	贴现系数	年	贴现系数
1	0.935	7	0.623	13	0.415	35	0.0937	70	0.00877
2	0.873	8	0.582	14	0.388	40	0.0668	80	0.00446
3	0.816	9	0.544	15	0.362	45	0.0476	90	0.00227
4	0.763	10	0.508	20	0.258	50	0.0339	100	0.00115
5	0.713	11	0.475	25	0.184	55	0.0242	150	0.0000391
6	0.666	12	0.444	30	0.131	60	0.0173	200	0.00000133

示例 4.1　资金成本、年度运行维护成本和周期性成本估算现值

一个修复方案的现值为 1800000 美元，10 年内年度运行维护费用为 50000 美元，第 5 年的定期费用为 10000 美元，第 10 年为 60000 美元，这个修复项目的现值是多少？

解答：

使用表 4.4 中的贴现系数（即 0.935、0.873、0.816 等），并将这些贴现系数放入表 4.5 的 e 列，我们可以计算出 10 年间每一年的现值（f 列）。如表 4.5 所示，资金成本、年度运行维护成本和周期性成本的现值总计约 218 万美元。

表 4.5　修复替代方案的现值计算示例

年	资金成本/美元	年度运行维护成本/美元	周期性成本/美元	总成本/美元	贴现率7%时的年度贴现系数	贴现率7%时的总成本现值/美元
	a	b	c	$d=a+b+c$	e	$f=d\times e$
0	1800000	0	0	1800000	1.000	1800000
1	0	50000	0	50000	0.935	46750
2	0	50000	0	50000	0.873	43650
3	0	50000	0	50000	0.816	40800
4	0	50000	0	50000	0.763	38150
5	0	50000	10000	60000	0.713	42780
6	0	50000	0	50000	0.666	33300
7	0	50000	0	50000	0.623	31150
8	0	50000	0	50000	0.582	29100
9	0	50000	0	50000	0.544	27200
10	0	50000	60000	110000	0.508	55880
总计	1800000	500000				2183760

使用上面说明的现值法，可以计算出几个假定修复方案的成本（表 4.6）。在这个示例中，六个替代方案的初始资金成本、年度运行维护成本以及分析周期各不相同。图 4.4 中使用表 4.6 中的数据描述的成本分析清楚地表明替代方案 F 是成本最低的替代方案（成本现值最低），尽管它的总成本在基准年中排名第二。这是因为它的大部分成本产生在未来，在应用了贴现率之后，成本变得相当小。替代方案 C 的成本低于替代方案 D，但其现值更高，因为它有大量的前期资金成本。这个示例说明了不同的初始资金成本、年度运行维护成本和分析时间跨度对替代方案现值成本的影响。

表 4.6　六种修复替代方案的现值比较（改编自 USEPA，2000）

修复替代方案	初始资金成本/美元	年度运行维护成本/美元	分析周期*/年	总成本/美元	贴现率7%时的现值/美元
替代方案 A	0	0	0	0	0

续表

修复替代方案	初始资金成本 /美元	年度运行维护成本 /美元	分析周期* /年	总成本/美元	贴现率7%时的现值 /美元
替代方案 B	3650	583	15	12395	8960
替代方案 C	10800	548	30	27240	17600
替代方案 D	2850	696	50	37650	12455
替代方案 E	5500	230	80	23900	8771
替代方案 F	2000	120	220	28400	3714

* 在这个示例中，分析周期与项目期限相同。

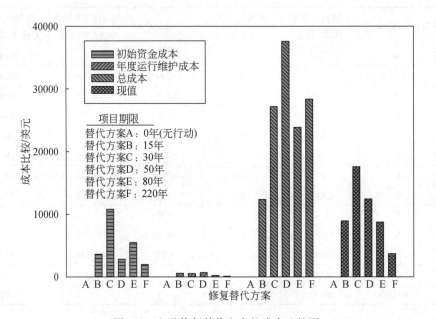

图4.4　六种修复替代方案的成本比较图

另一个示例，替代方案 B 的现值为 8960 美元，用 Excel 表格计算（表4.7）。有兴趣的读者可以对表4.6中的其他替代方案做同样的计算。注意，与表4.5不同的是，定期费用未包含在内，以便于解释说明。值得注意的是，即使分析时间跨度（修复活动的持续时间）不同，现值法也可以很好地比较不同的修复方案，因为所有的成本项都调整为第0年的现值。

表 4.7　修复替代方案 B 的现值计算示例

年	资金成本/美元	年度运行维护 成本/美元	总成本/美元	贴现率7%时的 年度贴现系数	贴现率7%时的 总成本现值/美元
	a	b	$c=a+b$	d	$e=c \times d$
0	3650	0	3650	1.000	3650
1	0	583	583	0.935	545

续表

年	资金成本/美元	年度运行维护成本/美元	总成本/美元	贴现率7%时的年度贴现系数	贴现率7%时的总成本现值/美元
2	0	583	583	0.873	509
3	0	583	583	0.816	476
4	0	583	583	0.763	445
5	0	583	583	0.713	416
6	0	583	583	0.666	388
7	0	583	583	0.623	363
8	0	583	583	0.582	339
9	0	583	583	0.544	317
10	0	583	583	0.508	296
11	0	583	583	0.475	277
12	0	583	583	0.444	259
13	0	583	583	0.415	242
14	0	583	583	0.388	226
15	0	583	583	0.362	211
总计	3650	8745	—	—	8959

4.3　基于风险的修复

理想情况下，可以彻底清理污染场地所有存在的污染物。但很多时候，情况并非如此。彻底清除污染物的成本太高，费时费力，而且不一定能做到。因此，在我们修复一个场地之前，必须明确场地要达到的清理和修复目标。当达到适当的清理水平时，就不需要进一步的修复。

4.3.1　多么干净才算干净

用来确定修复目标的标准取决于几个因素，这些因素包括特定场地当前或未来的土地用途、适用的监管标准，以及污染物对人类和生态系统的潜在风险。各种已有量化标准可帮助决策者制定特定场地的"不能超过"（not to exceed，NTE）值，即在场地的任何单一采样点污染物不得超过的浓度或整个场地平均不得超过的浓度（Sellers，1999）。修复目标值应考虑以下因素：

- 土壤中的背景水平；
- 分析检出限；
- 监管标准、基准和筛选水平；
- 人类健康相关的风险；

- 基于污染物质量的去除率;
- 最佳可用技术。

土壤中的背景水平: 许多被认为是环境污染的化合物都有一些自然来源, 也就是说, 它们并非完全来自人类活动。这些包括许多无机重金属和金属类化合物, 如镉、铅、汞、铬和砷。这些金属和金属类化合物通常存在于天然土壤中, 在未受污染的土壤中达到 ppm (mg/kg) 水平。对于有机化合物, 多环芳烃 (PAHs) 是有许多自然来源的化合物, 包括森林火灾和自然渗出。因此, 这些污染物在土壤和沉积物中的背景值可以作为污染物清理目标。一旦受污染的场地恢复到背景水平, 就可以认为修复工作已经完成。土壤中的背景水平可以通过在上风向或远离污染边界的地方采集土壤样本来确定。表 4.8 是美国主要农业地区 3405 个地表土壤样本中镉、锌、铜、镍和铅的背景浓度统计汇总表。这些土壤样本收集于距离任何烟囱排放 (燃煤发电站、冶炼厂、铸造厂等) 至少 8km 的下风向, 距离美国州立公路 200m, 距离农村公路 100m, 距离现有的、废弃的或已拆除的建筑场地 100m, 距离田野边界 50m。这些土壤以前没有堆放过底泥。

表 4.8　美国主要农业地区 3045 个地表土壤的金属和其他土壤参数的背景值

(改编自 Holmgren et al., 1993)

统计数据	铜	锌	铅	镉	镍	阳离子交换量 (CEC)/(cmol/kg)	有机碳 (OC)/%	pH
	浓度/(mg/kg干土)							
美国土壤:								
平均值	29.6	56.5	12.3	0.265	23.9	26.3	4.18	6.26
±s	40.6	37.2	7.5	0.253	28.1	37.6	9.53	1.07
最小值	<0.6	<3.0	<1.0	<0.010	0.7	0.6	0.09	3.9
第 5 百分位数	3.8	8.0	4.0	0.036	4.1	2.4	0.36	4.7
第 50 百分位数	18.5	53.0	11.0	0.20	18.2	14.0	1.05	6.1
第 95 百分位数	94.9	126.0	23.0	0.78	56.8	135.0	33.3	8.1
最大值	495	264.0	135.0	2.0	269.0	204.0	63.0	8.9
检出限	0.6	3.0	1.0	0.010	0.6	1.0	0.01	0.1
百分比<检出限	0.19	0.83	0.29	1.64	—	—	—	—
世界土壤:								
平均值	30	50	10	0.06	40			
最小值	2	10	2	0.01	5			
最大值	100	300	200	0.70	500			

分析检出限: 如果基于风险的清理水平 (将在下面讨论) 低于目前可用的最先进分析方法的检出限, 那么清理水平只能以检出限为基础。检出限是指在一定的置信度下 (如 99%) 可检测到的最低浓度, 统计上显著地高于零。在低于该检出限的浓度时, 既使用最先进的分析仪器也无法检测到。例如, 表 4.8 显示, 某些土壤样本中的镉浓度低于 0.01mg/kg 的检出限, 但显然镉的清理目标不能低于 0.01mg/kg。

监管标准、基准和筛选水平：联邦和州政府机构已经为土壤、沉积物和地下水中的污染物制定了各种监管标准、基准和筛选水平。虽然标准和筛选水平受技术影响，但它们不是强制性的清理水平。只有监管标准是可以强制执行的。例如，如果含水层被用作饮用水源，可以使用饮用水标准，如美国环境保护局在《安全饮用水法》中的最大污染物水平（MCL），或类似的州标准。对于接受地下水排放的地表水，地下水净化标准也可基于饮用地表水的潜在风险或对水生生物的风险制定。在这种情况下，应采用《清洁水法》（CWA）框架下制定的环境水质标准（ambient water quality criteria，AWQC）。《安全饮用水法》和《清洁水法》框架下实施保护地下水质量是强制性的。

人类健康相关的风险：基于风险的评估越来越多地在自愿的基础上使用（即在标准监管领域之外），以证明在特定暴露情况下是否存在与环境或人体健康相关的风险，或相关风险的影响程度（Teaf et al.，2003）。例如，土壤筛选水平（soil screening level，SSL）的发展，是基于风险的浓度，由标准化的方程结合假定的暴露数据和 USEPA 给出的污染物毒性数据得出。SSL 被用来补充或代替已颁布的标准或基准。它们不是国家层面场地污染物清理目标，所以仅超过 SSL 不一定需要完全清理场地的污染物。然而，如果污染物浓度等于或超过 SSL，则需要进一步研究或调查。SSL 帮助场地管理者消除国家场地优先名单上的关注区域、途径和（或）化学品，以简化对土壤的评估和清理。

加利福尼亚州环境保护局制定的土壤筛选值是基于风险的土壤筛选水平。表 4.9 是一些非挥发性物质的土壤筛选值（mg/kg$_{干土}$）的示例，加利福尼亚州还制定了挥发性化学品的土壤气筛选值（μg/L$_{土壤气}$）（California EPA，2005）。基于风险的浓度的来源也可以在美国环境保护局的一些准则中找到（USEPA，1996a，1996b，1996c）。这些数值在风险评估中的使用将在接下来的章节中进行说明。

表 4.9　基于污染土壤总体暴露的非挥发性物质的土壤筛选值：吸入、摄取和皮肤吸附

污染物	土壤筛选值（mg/kg）[1]		污染物	土壤筛选值（mg/kg）[1]	
	住宅	商业/工业		住宅	商业/工业
银	380（nc）	$4.8×10^3$（nc）	1,4-二噁烷	18（ca）	64（ca）
艾什剂	0.033（ca）	0.13（ca）	二噁英	$4.6×10^{-6}$（ca）	$1.9×10^{-5}$（ca）
砷[2]	0.07（ca）	0.24（ca）	异狄氏剂	21（nc）	230（nc）
苯并(a)芘	0.038（ca）	0.13（ca）	氟化物	$4.6×10^3$（nc）	$5.7×10^4$（nc）
镉	1.7（ca）	7.5（ca）	汞	18（nc）	180（nc）
三价铬	105（nc，max）	105（nc，max）	林丹	0.5（ca）	2（ca）
六价铬	17（ca）	37（ca）	镍	$1.6×10^3$（nc）	$1.6×10^4$（nc）
铜	$3.0×10^3$（nc）	$3.8×10^4$（nc）	铅	80（nc）	320（nc）
DDD	2.3（ca）	9.0（ca）	多氯联苯	0.089（ca）	0.3（ca）
DDE	1.6（ca）	6.3（ca）	高氯酸盐[3]	28（nc）	350（nc）
DDT	1.6（ca）	6.3（ca）	硒	380（nc）	$4.8×10^3$（nc）

续表

污染物	土壤筛选值（mg/kg）[1]		污染物	土壤筛选值（mg/kg）[1]	
	住宅	商业/工业		住宅	商业/工业
狄氏剂	0.035（ca）	0.13（ca）	锌	2.3×10^4（nc）	1.0×10^5（nc）

1. ca. 基于致癌效力系数；nc. 基于癌症以外的慢性毒性影响；max. 基于允许的最大浓度，100000mg/kg，而不是毒性。

2. 仅适用于人为带来的砷，如果是自然产生的砷，其浓度可能远远高于筛选值，这种情况下，应咨询权威机构以做出修复决策。

3. 虽然这些土壤中的高氯酸盐浓度被认为是安全暴露浓度，但有严重污染地下水的可能性，因为安全饮用水高氯酸盐浓度水平为6μg/L。

注：DDE. 滴滴伊，二氯二苯基二氯乙烯，dichlorodiphenyldichloroethylene。

4.3.2　致癌化合物的环境风险估算

风险可以被认为是暴露于环境压力下对人类健康或生态系统产生有害影响的概率。人类健康风险分为两类，即致癌风险和非致癌风险。一种致癌物质可能同时带来致癌和非致癌风险，而非致癌物质则只会引起非致癌风险。例如，已知苯是致癌物，它可以导致白血病（癌症）的风险，以及非致癌风险，如淋巴细胞数量减少。氯甲烷在人类致癌性方面无法归类，它只会带来非致癌性风险，如小脑病变。致癌化合物根据其致癌性证据权重（weight of evidence，WOE）可分为四类（表4.10）。

表 4.10　美国环境保护局关于致癌性的证据权重

级别	证据权重（WOE）
A 级	已知的人类致癌物（充分的人类证据）
B 级	可能的人类致癌物。B1＝有限的人类证据；B2＝充分的动物证据，人类证据不足
C 级	可能的人类致癌物（有限的动物证据）
D 级	不能分类（没有充分的人类或动物证据）
E 级	非致癌性证据（在两个动物物种中没有致癌性证据，或在人类和动物研究中都没有致癌性证据）

致癌物被视为具有"无阈值影响"，即与致癌物质在任何暴露浓度时都可能导致癌症。致癌物和非致癌物的剂量反应曲线被认为是不同的。癌症斜率因子（CSF），又称效力因子（potency factor，PF），是口服剂量反应曲线的斜率，它是长期每日摄入 1mg/（kg·d）的单位风险。因此，它的单位是 $[mg/(kg \cdot d)]^{-1}$。

对于评估其他环境来源的污染物的风险，剂量–反应的测定以每个浓度单位的风险来表示。这些被称为空气的单位风险（即吸入单位风险）和饮用水（口服）的单位风险。由于空气和饮用水暴露浓度的单位通常分别为 μg/m³ 和 μg/L，因此吸入单位风险和饮用水单位风险的单位分别为 $(\mu g/m^3)^{-1}$ 和 $(\mu g/L)^{-1}$。表4.11 中说明了几种致癌化合物的癌症斜率因子（CSF）和单位风险，这些数值对致癌风险评估至关重要。

表 4.11 部分致癌化合物致癌评估的癌症斜率因子（CSF）和单位风险

化合物	WOE 级别	经口摄入 CSF /$[mg/(kg \cdot d)]^{-1}$	饮用水单位风险 /$(\mu g/L)^{-1}$	吸入单位风险 /$(\mu g/m^3)^{-1}$
无机砷	A	1.5	5.0×10^{-5}	4.3×10^{-3}
苯	A	$1.5 \times 10^{-2} \sim 5.5 \times 10^{-2}$	$4.4 \times 10^{-7} \sim 1.6 \times 10^{-6}$	$2.2 \times 10^{-6} \sim 7.8 \times 10^{-6}$
苯并(a)芘	B2	1.0	NA	6.0×10^{-4}
溴酸盐	B2	0.7	2.0×10^{-5}	NA
氯仿	B2	NA	NA	2.3×10^{-5}
p,p'-DDT	B2	3.4×10^{-1}	9.7×10^{-6}	9.7×10^{-5}
多氯联苯（PCB）	B2	2.0	NA	1.0×10^{-4}
四氯乙烯（PCE）	B2	2.1×10^{-3}	6.1×10^{-8}	2.6×10^{-7}
三氯乙烯（TCE）	A	4.6×10^{-2}	NA	4.1×10^{-6}
氯乙烯（VC）	A	7.2×10^{-1}	2.1×10^{-5}	4.4×10^{-6}

注：NA. 这些数值在目前的综合风险信息系统项目中没有计算或评估。完整的清单可以在美国环境保护局的综合风险信息系统（Integrated Risk Information System, IRIS）中找到。

癌症斜率因子（CSF）较高的化合物将带来较高的风险。对于致癌物来说，可接受的风险通常在 1×10^{-4}（万分之一的癌症概率）和 1×10^{-6}（百万分之一的癌症概率）之间。经口摄入风险的计算如下：

$$致癌风险 = CDI \times CSF \tag{4.4}$$

式中，CDI 为慢性每日摄入量，$mg/(kg \cdot d)$，即每天、每单位体重（body weight, BW）的摄入量（mg）。美国环境保护局为确定成年男性、成年女性和儿童的饮用水慢性日摄入量设定了假定默认值。美国环境保护局假设成年男性、成年女性和儿童的体重（BW）分别为 70kg、50kg 和 10kg，每天的饮水量为成人 2L、儿童 1L。根据暴露途径不同，CDI 的计算如下：

（1）饮用水 CDI：

$$CDI\left(\frac{mg}{kg \cdot d}\right) = \frac{C\left(\frac{mg}{L}\right) \times IR\left(\frac{L}{d}\right) \times EF\left(\frac{350d}{a}\right) \times ED(年)}{BW(kg) \times AT\left(年 \times \frac{365d}{a}\right)} \tag{4.5}$$

（2）空气吸入 CDI：

$$CDI\left(\frac{mg}{kg \cdot d}\right) = \frac{C\left(\frac{mg}{m^3}\right) \times IR\left(\frac{m^3}{d}\right) \times EF\left(\frac{350d}{a}\right) \times ED(年)}{BW(kg) \times AT\left(年 \times \frac{365d}{a}\right)} \tag{4.6}$$

（3）无组织排放灰尘-土壤吸入 CDI：

$$CDI\left(\frac{mg}{kg \cdot d}\right) = \frac{C\left(\frac{mg}{kg}\right) \times IR\left(\frac{kg}{d}\right) \times EF\left(\frac{350d}{a}\right) \times ED(年) \times BR(\%) \times ABS(\%)}{BW(kg) \times AT\left(年 \times \frac{365d}{a}\right)} \tag{4.7}$$

式中，C 为在水（mg/L）、空气（mg/m^3）或灰尘-土壤（mg/kg）中的污染物浓度；IR 为摄入（摄食）率（ingestion rate）；EF 为暴露频率（exposure frequency）；ED 为暴露时间（exposure duration）；BW 为体重；AT 为平均时间（averaging time），70 年×365d/a=25550天；BR 为粉尘呼吸率（breathing rate），%；ABS 为粉尘吸收率（absorption rate），%。表 4.12 是在美国环境保护局用来计算 CDI 的假设的默认值，假设每年有 2 周的假期，EF 为 350d/a；假设 ED 是 30 年，即一个人一生中在某处只住 30 年。还要注意，这些默认值在不同的文献中可能略有不同。例如，工业环境使用 21 年而不是 25 年，同样假设 245 天而不是 250 天（Michelcic and Zimmerman，2010）。使用这些数字之前应当检查美国环境保护局最近更新。

表 4.12　美国环境保护局标准默认暴露系数

土地利用方式	暴露途径	摄入（摄食）率（IR）	暴露频率（EF）/(d/a)	暴露时间（ED）/年	体重（BW）/kg
住宅	水	1L/d（儿童） 2L/d（成人）	350	30	70
	空气	20m³/d（总体） 15m³/d（室内）	350	30	70
	土壤、粉尘	200mg/d（儿童） 100mg/d（成人）	350	6（儿童） 24（成人）	15（儿童） 70（成人）
工业	水	1L/d	250	25	70
	空气	200m³/d（总体）	250	25	70
	土壤、粉尘	250mg/d	250	25	70

从单位风险（unit risk，UR）中计算出致癌风险，可使用以下公式：

$$致癌风险 = EC \times UR \tag{4.8}$$

式中，EC 为暴露浓度（exposure concentration），水中为 $\mu g/L$，空气中为 $\mu g/m^3$；单位风险（UR）被认为是在 $1\mu g/L$ 水中或 $1\mu g/m^3$ 空气中的暴露浓度下，连续暴露于某种化学品估算的终身致癌风险。如果饮用水中含有 $0.2\mu g/L$ 的溴酸盐，饮用水中的单位风险为 2×10^{-5} $(\mu g/L)^{-1}$（表 4.11），可以用式（4.8）计算致癌风险：

$$致癌风险 = 0.2\mu g/L \times 2\times10^{-5} (\mu g/L)^{-1} = 4.0\times10^{-6}（即百万分之四）$$

这表明，在接触这种含溴酸盐的饮用水的 100 万人中，预计会有四个超过致癌风险的案例。下面的示例 4.2 说明了用式（4.4）计算经口摄入癌症斜率因子（CSF）并估算致癌风险。

示例 4.2　计算致癌风险

一台泄漏的变压器产生的多氯联苯（PCBs）污染了一个为 30 万人服务的社区供水系统。在六个月的时间里，水中多氯联苯的平均含量为 $10\mu g/L$。（a）饮用该水的个人终生致癌风险是多少？（b）多氯联苯污染的饮用水产生该社区的集体风险是多少（修改自 King，1999）？

解答：

（a）我们首先确定 CDI＝水中致癌物的浓度×每日摄入的水/平均体重。假设一个成年男性个体，每天的水摄入量为 2L/d，平均体重为 70kg。因此：

$$CDI = \frac{10^{-2}\frac{mg}{L} \times 2\ \frac{L}{d} \times 6\ 月 \times \frac{30d}{月}}{70kg \times 70\ 年 \times \frac{365d}{a}} = 2.01 \times 10^{-6}\ \frac{mg}{kg \cdot d}$$

使用多氯联苯的 CSF 值为 2.0 $[mg/(kg \cdot d)]^{-1}$（表 4.11），个人终身致癌风险计算为

$$致癌风险 = CDI \times CSF = 2.01 \times 10^{-6}\ \frac{mg}{kg \cdot d} \times 2.0 \left(\frac{mg}{kg \cdot d}\right)^{-1} = 4.02 \times 10^{-6}$$

（b）集体风险是个人风险与面临风险的总人口的乘积。假设每个人都喝了同一来源的受污染水，这个集体风险将是 $300000 \times 4.02 \times 10^{-6} = 1.21$。这意味着将有一个癌症患者因这次多氯联苯的意外污染而死亡。

从上述示例中计算出的 4.02×10^{-6} 的致癌风险，相当于 100 万人中有四个人因癌症死亡。值得注意的是，这个死亡率小于美国因火灾引起的每年、每 100 万人中 28 人的死亡率，以及因机动车驾驶引起的每年、每 100 万人中 240 人的死亡率。为更好地了解致癌化合物的暴露风险，可以参考注释栏 4.3 和图 4.5 中的一些数据。若一个人能耐受 X 光或污染海产品，则上述示例中计算出的污染风险是可以忍受的。但公共供水系统中污染饮用水暴露风险可能是一个更为敏感的问题。

注释栏 4.3 什么是场地清理风险承受能力？何时停止污染修复？

低于 10^{-6}（百万分之一）和 10^{-4}（万分之一）的风险通常被认为是可以承受的。尽管这对环境从业者来说是一个有用的默认值，但这确实是过于简化了。可承受的风险应当是视情况而定的。例如，《清洁水法》304(a) 设定 10^{-6} 的风险水平为标准，并建议各州和部落将标准设定为 10^{-5} 或 10^{-6}，而大多数高度暴露的人群不应超过 10^{-4} 的风险水平。但美国环境保护局不可能批准 10^{-4} 设定为全国范围的风险水平。在超级基金场地中，过量癌症的风险范围为 10^{-6} 至 10^{-4}，适用于线性低剂量致癌物。如果致癌风险高于这个范围，必须采取行动。对于非线性低剂量风险，危害指数大于 1 时要采取行动。

然而，应当牢记的是，没有什么是绝对安全的，几乎所有东西都有风险。为了更好地了解风险，图 4.5 示意性地比较了暴露 70 年以上的个人终生致癌风险。值得注意的是，被氯化物污染的饮用水的致癌风险甚至可能比自然放射性氡暴露的平均水平低得多。

环境风险可以与我们日常生活中的其他因素引起的风险进行数量级比较。例如，每 100 万人、每年的死亡风险按递增顺序为雷击（0.5）、洪水（0.6）、火灾（28）、农业（360）、采煤（630）、消防（800）、吸烟相关的癌症（1200）、吸烟导致的所有死亡（3000）以及驾驶摩托车（20000）。这意味着每个人有百万分之 0.5 的机会被雷电击中

（Grasso，1993）。虽然这种风险可以忽略不计，但百万分之一的风险水平对于风险评估来说是一个非常保守的数字。

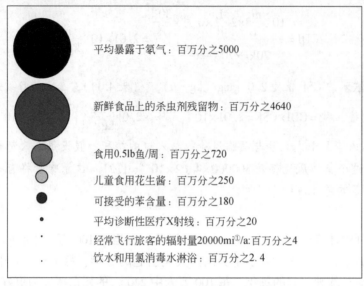

平均暴露于氡气：百万分之5000

新鲜食品上的杀虫剂残留物：百万分之4640

食用0.5lb鱼/周：百万分之720

儿童食用花生酱：百万分之250

可接受的苯含量：百万分之180

平均诊断性医疗X射线：百万分之20

经常飞行旅客的辐射量20000mi[①]/a:百万分之4

饮水和用氯消毒水淋浴：百万分之2.4

图4.5　暴露70年以上的个人终生致癌风险

4.3.3　非致癌化合物的环境风险估算

对于非致癌化合物的风险评估，使用参考剂量（RfD）或参考浓度（RfC）。RfD 也被用于评估致癌化合物的非致癌影响。以苯为例，接触致癌的苯也会导致许多非致癌的健康影响，这些影响与体内重要系统（如生殖、免疫、神经、内分泌、心血管和呼吸系统）的功能紊乱有关。RfD 是每日暴露水平的估算，使其在人生命周期内不会产生明显不良影响。与 CSF 一样，RfD 值也可以从美国环境保护局的综合风险信息系统（IRIS）中找到，表 4.13 为特定污染物的 RfD 和 RfC 值。对于饮用或口服非致癌物，RfD 是以 $mg/(kg \cdot d)$ 为单位表示的"安全"参考口服剂量；当涉及非致癌物的吸入暴露（通过呼吸）时，RfC 用于表示"安全"参考吸入浓度（$\mu g/m^3$）。

表4.13　部分化学品非致癌评估的 RfD 和 RfC 值

化学品	经口摄入 RfD/[mg/(kg · d)]	吸入 RfC/(μg/m³)
无机砷	3.0×10^{-4}	NA
苯	4.0×10^{-3}	3.0×10^{-2}
苯并(a)芘	3.0×10^{-4}	2.0×10^{-3}
溴酸盐	4.0×10^{-3}	NA

①1mi＝1.609km。

续表

化学品	经口摄入 RfD/[mg/(kg·d)]	吸入 RfC/(μg/m³)
氯仿	1.0×10^{-2}	NA
p,p'-DDT	NA	NA
多氯联苯	2.0	1.0×10^{-4}
四氯乙烯	6.0×10^{-3}	40
三氯乙烯	5.0×10^{-4}	20
氯化乙烯	3.0×10^{-3}	100

注：NA. 这些数值在目前的综合风险信息系统项目中没有计算或评估。完整的清单可以在美国环境保护局的综合风险信息系统（IRIS）中找到。

表4.13 中的 RfD 和 RfC 值是根据无明显损害作用水平（no-observed-adverse-effect level，NOAEL）得出的，单位为 mg/(kg·d)。NOAEL 是由实验确定的剂量，在该剂量下，不会出现统计学或生物学上的显著毒性迹象。为保护敏感群体，采用不确定因素（uncertainty factor，UF）将 NOAEL 转换成 RfD。换算方法如下：

$$RfD = \frac{NOAEL}{UF} \tag{4.9}$$

上述"不确定性"包括人群之间敏感度差异（个体之间或种内差异性）、将从动物身上研究获取的数据应用至人类的不确定性（种间不确定性）、从短于生命周期暴露的研究获得的数据外推至整个生命周期的不确定性（从亚慢性暴露外推至慢性暴露）、从最低可见有害效应水平（lowest-observed-adverse-effect level，LOAEL）外推至无明显损害作用水平（NOVEL）的不确定性以及在数据库不完整时外推数据的不确定性。

美国环境保护局规定的 UF 值：种内差异性（种群内差异）乘10、种间差异（动物到人）乘10、用 LOAEL 代替 NOAEL 乘10 以及亚慢性暴露代替整个生命周期暴露效应（亚慢性到慢性）乘以10。因此，UF 值取值为 10～1000。

危害商数（hazard quotient，HQ）是指单一途径接触（如水、空气）的剂量（或浓度）与参考剂量（或参考浓度）的比率。

$$HQ(无量纲) = \frac{CDI\left(\dfrac{mg}{kg \cdot d}\right)}{RfD\left(\dfrac{mg}{kg \cdot d}\right)} \tag{4.10}$$

危害指数（hazard index，HI）是接触多种污染物和（或）多种接触途径的危害商数总和。如果涉及多种污染物，需要计算同一途径（如水、空气）的 HQ 之和：

$$HI = \sum (HQ_{化学品A} + HQ_{化学品B} + \cdots) \tag{4.11}$$

HQ<0.2 或 HI<1.0 的暴露表示预计不会发生对人类健康不利的影响（非致癌）。如果 HQ>0.2 或 HI>1.0，则是不安全的，应完善风险评估和（或）采取风险管控措施。示例 4.3 列举了使用危害商数的非致癌风险评估［式（4.10）］。

示例4.3　计算非致癌风险

如果非致癌风险的计算当氯（Cl_2）与饮用水中的有机化合物反应时，消毒过程中会形成氯仿。测定自来水中氯仿的平均浓度为80μg/L，请计算饮用这种自来水的成年人终生非致癌风险？

解答： 首先我们使用表4.12中IR、EF、ED、BW的默认值，并应用式（4.5）来计算CDI：

$$CDI\left(\frac{mg}{kg \cdot d}\right) = \frac{C\left(\frac{mg}{L}\right) \times IR\left(\frac{L}{d}\right) \times EF\left(\frac{350d}{a}\right) \times ED(年)}{BW(kg) \times AT\left(年 \times \frac{365d}{a}\right)} = \frac{0.08\left(\frac{mg}{L}\right) \times 2\left(\frac{L}{d}\right) \times 350\left(\frac{d}{a}\right) \times 30(年)}{70kg \times AT\left(年 \times \frac{365d}{a}\right)}$$

$$= 0.066\frac{mg}{kg \cdot d}$$

然后我们使用表4.13中的RfD值，并应用式（4.10）以危害商数（HQ）来计算风险：

$$HQ(无量纲) = \frac{CDI\left(\frac{mg}{kg \cdot d}\right)}{RfD\left(\frac{mg}{kg \cdot d}\right)} = \frac{0.066\left(\frac{mg}{kg \cdot d}\right)}{1 \times 10^{-2}\left(\frac{mg}{kg \cdot d}\right)} = 6.58$$

由于HQ>0.2，我们得出结论，该自来水中的氯仿水平将带来非致癌风险。例如，氯仿会在肝脏中导致中度到显著的脂肪囊肿形成，以及血清谷氨酸丙酮酸转氨酶（serum glutamic pyruvic transaminase，SGPT）水平升高，这是一种在肝脏或心脏受损时释放到血液中的酶。

4.3.4　确定土壤和地下水基于风险的清理水平

在此，我们将介绍如何利用4.3.3节中的公式，推导出基于风险的土壤和地下水修复清理水平。给定可接受的风险或HI，对致癌和非致癌化合物的一般计算方法是相同的。但不同的接触途径之间有一些细微的差别，例如，从饮用水或污染食物经口摄入，从空气中吸入，以及直接摄入土壤和灰尘。下面对这些情况进一步说明：

4.3.4.1　确定饮用水和空气中的最大污染浓度

首先，对于致癌物，我们使用之前给出的公式：

$$风险 = CDI \times CSF = \frac{C \times IR \times EF \times ED}{BW \times AT} \times CSF$$

重新整理上述方程式，我们可以求出浓度（C）：

$$C\left(\frac{mg}{L}\right) = 风险（可承受的） \times \frac{BW \times AT}{CSF \times IR \times EF \times ED} \tag{4.12}$$

其次，对于非致癌物，可以得出类似的公式来计算最大浓度：

$$C\left(\frac{mg}{L}\right) = HI \times \frac{RfD \times BW \times AT}{IR \times EF \times ED} \tag{4.13}$$

因此，如果已给定可承受的风险，式（4.12）和式（4.13）可分别用于计算致癌和非致癌物质在饮用水和空气中的安全浓度（见示例4.4）。

示例4.4　确定基于风险的饮用水中的最大浓度

已知苯的个人终身额外致癌风险 = 10^{-5}，苯的 CSF = 0.029 $[mg/(kg \cdot d)]^{-1}$，确定在此可接受的风险下苯在饮用水中的最大浓度。

解答：

由于我们需要计算苯的致癌效应，可以使用式（4.12）。代入风险值和 CSF 值，并使用式（4.12）中的其他参数的默认值，我们得

$$C\left(\frac{mg}{kg}\right) = 10^{-5} \times \frac{70kg \times 70\ 年 \times 365d/a}{0.029\frac{kg \cdot d}{mg} \times 2\frac{L}{d} \times 350\frac{d}{a} \times 30\ 年} = 0.03\frac{mg}{L}$$

注意，如果本示例中关注点是苯的非致癌效应（如对生殖器官的影响），我们可以使用式（4.12），但假设 HI = 1 来计算苯的最大安全水平浓度。最终的清理水平（最大浓度）应当从风险的角度出发，做保守选择。

4.3.4.2　确定允许的土壤清理水平

这里我们用示例4.5来说明在经口直接摄入污染土壤粉尘后，如何确定基于风险的土壤清理水平。

示例4.5　确定基于风险的土壤清理水平

确定基于风险的二氯甲烷土壤清理水平，基于以下条件：目标致癌风险 $<10^{-6}$，经口摄入土壤接触途径二氯甲烷的 CSF = 0.0075 $[mg/(kg \cdot d)]^{-1}$。假设灰尘的保留率为80%，吸收率为90%。必要时可以使用美国环境保护局其他的假设默认值。

解答：

结合式（4.7）和式（4.4）计算最大浓度：

$$C\left(\frac{mg}{kg}\right) = 10^{-6} \times \frac{70kg \times 70\ 年 \times 365d/a}{0.0075\frac{kg \cdot d}{mg_{二氯甲烷}} \times \frac{100mg_土}{d} \times 350\frac{d}{a} \times 30\ 年 \times 80\% \times 90\%} = 0.000315\frac{mg_{二氯甲烷}}{mg_土}$$

$$= 315\frac{mg_{二氯甲烷}}{kg_土}$$

因此，315mg/kg 是保护受危害人群免受百万分之一（10^{-6}）以下致癌风险的土壤中二氯甲烷最大目标浓度。

4.3.4.3 涉及多介质的风险

在现实情况下，通过多介质（如饮用水和鱼）接触的风险是常见问题。总的风险可以通过将饮用水的风险和食用受污染鱼的风险加和来计算。计算基于风险的水质标准程序通常与单相（介质）的计算相同。在多介质风险评估中，须假设各相之间的平衡分配常数（见第 2 章）。在同时摄入鱼和饮用水的示例中，假设美国环境保护局默认的鱼摄入量为每人、每天 6.5g，并引入以下平衡分配常数来联系水和鱼之间的污染物浓度：

$$\text{BCF}\left(\frac{\text{L}}{\text{kg}}\right) = \frac{\text{鱼体内浓度}\left(\frac{\text{mg}}{\text{kg}}\right)}{\text{水中浓度}\left(\frac{\text{mg}}{\text{L}}\right)} \tag{4.14}$$

疏水性污染物的生物富集系数（或生物浓缩系数，BCF）非常高。因此，如果一个人大量食用某些鱼类，那么有关的风险主要来自被污染的"鱼"，而不是被污染的"饮用水"（如鲨鱼，但虾、鲑鱼和鲶鱼的污染物累积量通常要低得多）。示例 4.6 列举了饮用水和鱼类摄入的暴露剂量的计算。总的风险可以从两者暴露剂量中估算得出。

示例 4.6   计算暴露于受污染水和鱼类的健康风险

确定暴露于受污染水和食用受污染鱼的人类的主要风险。相关污染物的 BCF 为 10^3 L/kg，溶于水的浓度 = 0.01mg/L，一个女性（体重 = 50kg）每天喝 2L 水、吃 30g 鱼。

解答：

$$\text{来自水的摄入量}\left(\frac{\text{mg}}{\text{kg}\cdot\text{d}}\right) = \frac{2\dfrac{\text{L}}{\text{d}}\times 0.01\dfrac{\text{mg}}{\text{L}}}{50\text{kg}} = 0.0004\frac{\text{mg}}{\text{kg}\cdot\text{d}}$$

$$\text{来自鱼的摄入量}\left(\frac{\text{mg}}{\text{kg}\cdot\text{d}}\right) = \frac{0.01\dfrac{\text{mg}}{\text{L}}\times 1000\dfrac{\text{L}}{\text{kg}}\times 0.03\dfrac{\text{kg}}{\text{d}}}{50\text{kg}} = 0.006\frac{\text{mg}}{\text{kg}\cdot\text{d}}$$

来自鱼的摄入量所占百分比 = 0.006/（0.006+0.0004）= 93.75%。这表明风险的主要部分（93.75%）来自食用受污染的鱼，因为该污染物的生物累积性很高。

在结束本节之前，让我们看一个更复杂的示例（示例 4.7），考虑涉及多媒介风险，基于饮用地下水的暴露，确定基于风险的土壤清理水平筛选值。

示例 4.7　确定暴露于饮用水的基于风险的土壤清理目标值

美国环境保护局对饮用水中苯的污染物最高水平是 0.005mg/L，土壤的相应清理标准应该是多少？用经验系数 16 将苯的地下水浓度（0.005mg/L）转换成孔隙水浓度。

解答：

为解答这道题，我们需要牢记：

（1）地下水浓度与土壤孔隙水浓度不同。地下水浓度是人类饮用暴露的浓度；然而，孔隙水浓度才是我们需要用于方程计算的浓度。这是因为只有孔隙水是直接与土壤水和土壤气接触的。

（2）为将地下水浓度（0.005mg/L）转换为孔隙水浓度，要用到苯的经验系数 16。因此孔隙水浓度为

$$C_{孔隙水} = 0.005mg/L \times 16 = 0.08mg/L$$

（3）下一步是反算土壤中苯的总浓度，即土壤吸附浓度加上土壤水中的浓度，再加上土壤气中的浓度。通过在第 2 章中学到的污染物在土壤和土壤孔隙水之间（土壤-水分配系数，K_d）、土壤孔隙水和土壤气之间（亨利常数，H）的分配方式，这样我们就可以得

$$土壤筛选浓度 = 土壤吸附浓度 + 土壤水中的浓度 + 蒸发混合在土壤气中的浓度$$

$$= C_{孔隙水} \times K_d + \frac{C_{孔隙水}\theta_水}{土壤密度} + \frac{C_{孔隙水}\theta_气 \times H}{土壤密度}$$

式中，$\theta_水$ 和 $\theta_气$ 分别为土壤水分百分比和土壤气空隙百分比（本示例中假设 30% 和 20%，即 $\theta_水 = 0.3$，$\theta_气 = 0.2$）；土壤密度 = 2.1g/cm³（即 2.1kg/L）；H（无量纲）= 0.1；K_d = 1.05L/kg。

（4）将所有数字代入上述公式，我们可以得到土壤的清理筛选值为

$$土壤容许浓度 = 0.08\frac{mg}{L} \times \frac{1.05L}{kg} + \frac{0.08\frac{mg}{L} \times 0.3}{2.1\frac{kg}{L}} + \frac{0.08\frac{mg}{L} \times 0.2 \times 0.1}{2.1\frac{kg}{L}} = 0.096mg/kg$$

请注意，浓度单位（mg/L）× K_d 单位（L/kg），或浓度单位（mg/L）/土壤密度单位（kg/L）计算出土壤污染物浓度的单位为 mg/kg。

关于风险评估技术细节的讨论见注释栏 4.4，由美国材料与试验协会（American Society for Testing and Materials，ASTM）研究制定。

注释栏 4.4　美国材料与试验协会（ASTM）的风险评估程序

美国材料与试验协会（ASTM）制定了一份基于风险的纠正措施（risk-based corrective action，RBCA）指南，该指南是在保护人体健康和环境的基础上，对石油泄漏进行评估和应对的一个连续决策过程（ASTM，1995）。石油泄漏场地在复杂性，物理和

化学特征，以及对人体健康和环境造成的风险方面存在很大差异。RBCA 流程认识到了这种多样性，并采用了一种分级方法，根据现场的具体条件和风险来制定纠正措施。虽然 RBCA 流程并不局限于某一类化合物，但本指南通过实际案例强调了 RBCA 在石油产品泄漏方面的应用。本指南所讨论的生态风险评估，是对环境（非人类）受体的实际或潜在影响的定性评估。

第 1 级评估从现场评估开始，通常包括调研场地历史用途和污染泄漏历史，以及现场和周围环境的未来用途。第 2 级可以确定有关污染物的特定场地目标水平（site-specific target level，SSTL）。在第 3 级中，使用统计学以及归宿与迁移模型，并根据现场的具体输入参数，制定场地和达标点的 SSTL 细节。

参 考 文 献

ASTM(1995). Standard Guide for Risk-Based Corrective Action Applied at Petroleum Release Sites, E1739-95, West Conshohocken: ASTM.

Bedient, P. B., Rifai, H. S., and Newell, C. J. (1999). *Ground Water Contamination: Transport and Remediation*, 2e, Chapter 14. Upper Saddle River: Prentice Hall.

Boyd, J. (1999). *Environmental Remediation Law and Economies in Transition*. Washington, DC: Resources for the Future.

California EPA(2005). Human-Exposure-Based Screening Numbers Developed to Aid Estimation of Cleanup Costs for Contaminated Soil.

Collin, F. P. (2003). The small business liability relief and brownfields revitalization act: a critique. *Duke Environ. Law Policy Forum* 132: 303-328.

Federal Remediation Technologies Roundtable(2018). Cost and Performance Case Studies, http://www.frtr.gov/costperf.htm.

Fraye, J. and de Visser, E. -L. (2016). The interaction between soil and waste legislation in ten European Union countries, A Network for Industrially Contaminated Land in Europe(NICOLE).

Grasso, D. (1993). *Hazardous Waste Site Remediation: Source Control*. Boca Raton: CRC Press.

Holland, F. A., Watson, F. A., and Wilkinson, J. K. (2007). Process Economics. In: *Perry's Chemical Engineers' Handbook*, 8e(ed. R. H. Perry, D. W. Green and J. O. Maloney). New York: McGraw-Hill.

Holmgren, G. G. S., Meyer, W., Chaney, R. L., and Daniels, R. B. (1993). Cadmium, Lead, zinc, copper, and nickel in agricultural soils of the United States of America. *J. Environ. Qual.* 22: 335-348.

King, W. C. (1999). *Environmental Engineering P. E. Examination Guide & Handbook*, 2e. American Academy of Environmental Engineers Publication.

Kingscott, J. and Weiman, R. J. (2002). Cost evaluation for selected remediation technologies. *Remediation Spring*, 99-116.

Lawal, Q., Gandhi, J., and Zhang, C. (2010). Direct injection, simple and robust analysis of trace-level bromate and bromide in drinking water by IC with suppressed conductivity detection. *J. Chromatogr. Sci.* 48: 537-543.

MacDonald, D., Ingersoll, C., and Berger, T. (2000). Development and evaluation of consensus-based sediment quality guidelines for freshwater ecosystems. *Arch. Environ. Contam. Toxicol.* 39(1): 20-31.

Mihelcic, J. R. and Zimmerman, J. B. (2014). Chapter 6: environmental risk. In: *Environmental Engineering*: *Fundamentals*, *Sustainability*, *Design*, 2e. Hoboken: John Wiley & Sons.

Peters, M. S., Timmerhaus, K. D., and West, R. (2003). *Plant Design and Economics for Chemical Engineers*, 5e. New York: McGraw-Hill.

Sellers, K. (1999). *Fundamentals of Hazardous Waste Site Remediation*. Boca Raton: Lewis Publishers.

Teaf, C. M., Covert, D. J., and Coleman, R. M. (2003). Risk assessment applications beyond baseline risks and clean-up goals. *Soil and Sediment Contamination* 12(4): 497–506.

USEPA(1985). Remedial Action Costing Procedures Manual, EPA 600-8-87-049.

USEPA(1996a). Soil Screening Guidance: Fact Sheet, EPA 540-F-95-041.

USEPA(1996b). Soil Screening Guidance: User's Guide, 2e, EPA 540-R-96-018.

USEPA(1996c). Soil Screening Guidance: Technical Background Document, 2e, EPA 540-R-96-128.

USEPA(1996d). The Role of Cost in the Superfund Remedy Selection Process: Quick Reference Fact Sheet, EPA 540-F-96-018.

USEPA(1997). Rules of Thumb for Superfund Remedy Selection, EPA 540-R-97-013.

USEPA(2000). A Guide to Developing and Documenting Cost Estimates During the Feasibility Study, EPA 540-R-00-002.

USEPA(2001a). Cost Analyses for Selected Groundwater Cleanup Projects: Pump and Treat Systems and Permeable Reactive Barriers, EPA 542-R-00-013.

USEPA(2001b). Remediation Technology Cost Compendium-Year 2000, EPA 542-R-01-009.

问题与计算题

1. 确定你所关注地区(国家、省或州、地区)的土壤和地下水相关法律。

2. 描述(a)超级基金场地和(b)RCRA 设施之间的区别。

3. 一个房地产投资者几年前在市中心购买了一个公寓楼出租,这个公寓楼在他不知情的情况下重建于以前的棕地,一些租户抱怨该公寓楼带来的健康问题。他是否要对其房产中原先存在的环境问题负责?他在购买交易之前应该做些什么?

4. 超级基金场地是如何被列入国家优先名录的?是否美国所有的危险废物场地都有资格获得超级基金的资金?

5. 描述以下内容的区别:(a)标准、(b)基准和(c)土壤筛选水平。

6. 描述(a)MCL 和 MCLG 之间的区别;(b)SDWA 中一级和二级标准之间的区别。

7. 计算花费 20000 美元(a)10 年后和(b)15 年后的现值,假设利率均为 7%。

8. 计算花费 20000 美元在 10 年后的现值是多少,假设利率分别为(a)4.5%、(b)5.5%、(c)6.5% 和(d)7.5%。

9. 一家修复咨询公司的实验室分析仪器的初始资本成本为 200000 美元,年度运行维护成本为 15000 美元,在其 10 年的预期寿命结束时,残存价值为 25000 美元。它的现值是多少?

10. 使用 Excel 表格计算表 4.6 中所列的替代方案 C、D、E 和 F 的现值。

11. 使用现值法从两个方案中选择成本效益更佳的修复方案。假设贴现率为 7%。(提示:将年度运行维护成本转换为现值时,可是使用表格中的值进行转换,或使用公式 $P = A\left[\dfrac{(1+i)t^{-1}}{i(1+i)^t}\right]$ 将年度运行维护成本转换为现值。)

方案 1:资本成本=50 万美元,年度运行维护成本=1.5 万美元,残存价值=5 万美元,预期寿命=

15 年。

方案 2：资本成本=35 万美元，年度运行维护成本=1 万美元，设备每三年更换花费=2 万美元，残存价值=5000 美元，预期寿命=15 年。

12. 根据本章给出的文献资料，列出常见的(a)抽出处理修复和(b)土壤蒸气处理的主要成本组成。

13. 用氯气饮用水消毒时，会产生一种不受欢迎的副产品——氯仿(CH_3Cl)。氯仿是一种 B2 级致癌物，其癌症斜率因子为 $6.1×10^{-3}[mg/(kg·d)]^{-1}$。假设一位体重 70kg 的人每天喝 2L 水，持续 70 年，氯仿浓度为 0.10mg/L(饮用水标准)。

(a)计算这个人的致癌风险上限。

(b)如果一个拥有 50 万人的城市也喝同样体积的这种污染水，预计每年由氯仿引起多少额外的癌症人数？假设标准寿命为 70 年。

(c)将由饮用水中的氯仿造成的每年额外癌症人数与其他原因造成的预期癌症死亡人数进行比较，哪一个更高？美国的癌症死亡率为每年、每 10 万人中 193 人。

14. 溴酸盐(BrO_3^-)是一种 B2 级致癌物，已知在事先经过臭氧处理的瓶装水中检测到了溴化物(Br^-)。在一项对美国杂货店出售的瓶装水的调查中(Lawal et al., 2010)，检测到溴酸盐的最高浓度为 7.72μg/L (99% 置信度下为 0.32~2.58μg/L)。以此最高浓度为最坏情景，计算(a)成年男性和(b)成年女性饮用此品牌瓶装水的致癌风险。溴酸盐的癌症斜率因子(CSF)为 $0.7[mg/(kg·d)]^{-1}$。假设摄入率(IR)= 2L/d，暴露频率(EF)= 350d/a，暴露时间(ED)= 30 年，男性体重(BW)= 70kg，女性体重(BW)= 50kg，平均寿命(AT)= 70 年或 70×365 = 25550 天。

15. 根据示例 4.6 给出的数据，分别计算一个成年女性(a)饮用污染水和(b)食用受污染鱼的实际风险。假设关注污染物经口摄入的癌症斜率因子(CSF)为 $0.15[mg/(kg·d)]^{-1}$。

16. 美国环境保护局将三氯乙烯(TCE)列为 B2 级致癌物。在一家干洗店发现其室内空气三氯乙烯的平均浓度为 50μg/m³。一个工作 25 年的雇员吸入三氯乙烯的致癌风险将是多少？尽可能使用 USEPA 的默认值进行假设计算。

17. 如果我们只考虑吸入甲苯的非致癌作用，对于居住在工业区附近的居民来说，每天吸入 10μg/m³ 的污染空气是否有健康风险？IRIS 数据库显示甲苯的吸入参考剂量(RfD)为 0.114mg/(kg·d)。

18. 氯仿的超额个人终生致癌风险=10^{-5}，CSF=$6.1×10^{-3}[mg/(kg·d)]^{-1}$，确定饮用水中氯仿的最大浓度。

19. 理解 USEPA 和 ASTM 的两种不同的风险评估程序。

20. 从一个农场收集的土壤样本检测分析表明，几种金属的浓度(干重计)如下：铜为 15mg/kg、铅为 25mg/kg、镍为 10mg/kg、锌为 30mg/kg。拥有这块土地的农民对这些金属的存在感到担忧，其中一些可能是有毒的。如果这位农民找到你，你的专业意见是什么？

21. 在垃圾填埋场、废水处理厂和聚氯乙烯(PVC)生产和加工设施附近经常检测到氯乙烯。如果检测到平均浓度为 150ppb_v(380μg/m³)，那么从空气中吸入氯乙烯，其终生致癌风险是多少？氯乙烯的单位吸入风险=$4.4×10^{-6}(μg/m³)^{-1}$，计算每 100 万人口的额外致癌风险。

22. 在一个超级基金场地 5mi 内的地下水监测井中，四氯乙烯(PCE)和三氯乙烯(TCE)的平均浓度分别为 150μg/L 和 200μg/L。这个被污染的含水层是当地居民唯一的饮用水供应来源。使用饮用水中 PCE 和 TCE 的单位风险来计算致癌风险。

23. 计算题 22 中同一超级基金场地 5~10mi 的居民因受污染地下水而产生的致癌风险。PCE 和 TCE 的浓度分别为 0.5μg/L 和 25μg/L。

第5章 土壤和地下水污染修复的场地勘查

本章我们将讨论，在众多场地相关的要素中，对土壤和地下水修复至关重要的参数"是什么"并且"如何获得"这些参数。场地勘察的目的是阐述污染物的迁移和暴露途径，以指导后续修复技术的筛选，并反馈场地修复或管控效果。本章内容涵盖场地调查、地下水流动系统调查，以及污染表征的一般范围和工作流程。地质和水文地质现场调查能够阐明地下水流动条件，土壤和地下水采样分析用于进一步刻画污染物浓度在时空上的变化和运移规律。对受污染场地的充分了解将有助于因地制宜地制定更好的场地修复方案。

5.1 场地勘察概述

在我们讨论场地勘察的具体技术之前，我们需要定义场地勘察的目标和一般范围。下文将以各种情景为例，对第一和第二阶段的场地勘察工作进行详细阐述，以分析开展第一和（或）第二阶段勘察工作的必要性。

5.1.1　场地勘察的目标和范围

场地勘察的目的有几个方面：①记录地下是否存在受环境法律管制的污染物；②描述污染物的归宿和运移；③识别环境影响的受体，并评估污染物对人体健康和生态环境的潜在威胁；④修复措施、技术和成本的可行性评估。换句话说，在场地勘察过程中需要回答：污染物在哪（污染的性质和程度）？污染的发展变化趋势（未来的迁移和控制）？它会造成什么危害（受体及其受到的风险）？我们如何修复它（修复技术的选择）？

为了解决所有这些问题，需要在场地勘察过程中获取各种数据。此类数据可大致分为两类：化学特征数据和地下水流动特征数据。对于化学特征，可以收集与污染物来源、范围、与迁移有关的历史数据和最新的环境样品分析数据。对于地下水流动特征，地质和水文地质数据是必不可少的，其中地质数据刻画了地下水流动通道的地质结构，而水文地质数据是确定地下水流向和速率的关键。在某些情况下，两类数据可以在现场或实验室内同步获取，如钻探过程采集的地质样品可同时进行污染物化学组分的检测分析。在实际情况下，场地调查和勘察通常分阶段进行，下节内容将对此开展讨论。

在任何现场或实验室工作开始之前，必须事先明确场地勘察的目的，以满足特定场地条件和监管要求。场地勘察，或通常称为场地环境评价（environmental site assessment，ESA），是响应美国《超级基金修正案和再授权法》（SARA）的第一步（见第 4 章）。比超级基金场地小得多的场地进行产权交易可能也需要开展环境评估。当美国《综合环境反应、赔偿和责任法》（CERCLA）不适用时，可试着采用美国材料与试验协会（ASTM）的E1528-96 标准（交易筛选流程）。SARA 通过为所谓的"无辜购买者"或"无辜土地所有者"辩护，激励商业地产交易中的环境尽职调查行为。ASTM 于 1993 年发布了 ASTM 规程E1527（即 E1527 标准）：《房地产交易环境评价（第一阶段场地环境评价过程)》，该标准是危险废物场地环境评价的适用指南。美国环境保护局（USEPA）未要求强制执行 ASTM标准协议，但该协议仍被当作标准指南被广泛使用。

在"没有理由知道"（"no reason to know"）这一条款下，买家将被鼓励雇佣环境公司提供场地勘察服务，一旦发现场地潜在有毒污染物，就可以规避与此相关的清理责任和费用。"没有理由知道"不代表买方可以忽视对所购房地产潜在环境问题的评估。据报道，美国约 75% 的 ESA 客户是房地产买家。尽职调查（又称谨慎性调查，due diligence）通常与商业地产交易相关，指对商业地产开展环境或其他调查的程序，目的是保护那些希望在交易前进行有限环境调查或审计的人健全良好的美国商业惯例。尽职调查只是第一阶段场地环境评价的一小部分，如对一些棕地进行场地环境评价以促进地产的再开发利用。如果场地存在污染，则需要确定其污染特征，包括它造成的威胁、可选的修复技术方案，以及场地再开发成本。

ASTM E1527 标准将公认的环境条件（recognized environmental condition，REC）定义为"场地上存在或可能存在的任何有害物质或石油产品，在其所处的环境条件下，有害物质或石油产品已经、曾经或可能释放到地上构筑物、土壤、地下水或地表水中"。E1527标准还列出了一些明确排除在第一阶段场地环境评价之外的环境问题，如涉及石棉材料、氡、铅基涂料、饮用水中的铅、湿地、工业卫生、健康与安全、室内空气质量和高压电线等（Alter，2012）。

5.1.2　第一、第二和第三阶段评价的基本步骤

场地环境评价可根据实际情况划分为三个阶段。概括地说，第一阶段称为审查阶段，主要开展资料收集和现场踏勘；第二阶段包括取样和分析；第三阶段称为修复设计阶段，是针对后续修复活动而开展的。由于第一和第二阶段是真正的场地"评价"活动，下文我们将只针对这两阶段工作进行论述。

5.1.2.1　第一阶段场地环境评价

第一阶段场地环境评价的目的：①确定场地先前或当前污染的潜在责任；②确定是否需要开展土壤或其他环境介质的样品采集工作，以对潜在污染开展充分评估；③查找与房地产转让相关的适用于当前场地的国家及地方法律法规；④对人员访谈、资料回顾和现场踏勘的结果提供书面分析，以供开发商、贷款人和其他相关方做出合理判断。第一阶段场地环境评价工作的内容如图 5.1 所示。

（1）**资料审核**：场地信息相关资料包括但不限于场地地图、建筑平面图、房地契、所有权与租赁记录、火灾保险地图、行政许可记录、先前审计与评估资料，以及一些合规性文件。污染物迁移途径的记录包括当前地形图（与地表排水和污染物运移可能性有关）、先前地形图（河流或渠道填充或改道之前）、航拍照片（与潮汐或河流水位变化有关）、土壤与地下数据（地下管道或设施的位置）、地下水信息（市政、农业或其他用途的井的位置，生产井或当地的地下水抽水记录）。来自州和地方卫生部门、有毒物质和疾病登记局（Agency for Toxic Substances and Disease Registry，ATDR）的环境和健康记录。

（2）**现场踏勘**：开展实地考察，重点观察场地内受监管的活动、设施的状况。需要重点关注的场地特征包括气味、土壤和路面污染痕迹、腐蚀性污渍、地下储罐（UST）、UST通风管和地上储罐（above-ground storage tank，AST）、桶容器、PCB 变压器、化粪池系统、干井、坑、池塘、污水池、固废堆体、储罐管道和生长不良的植被。

（3）**人员访谈**：对象包括地块过去和现在各阶段的使用者、居住者、邻居以及熟悉地块的第三方，如相邻地块的工作人员和附近的居民，或者其他可能提供帮助或相关信息的人群。可以访谈政府工作人员，请他们提供地块相关历史资料和文件。

（4）**报告编制**：将获得的数据和信息编制成符合评价目标要求的报告。该报告应包括调查范围、场地描述、使用者提供的信息、现场踏勘、人员访谈、发现的潜在环境问题、是否需要开展第二阶段场地环境调查的建议和结论。请注意，第一阶段主要使用已知信息，不包括现场采样。本阶段工作旨在满足 CERCLA 对无辜买方辩护的要求。

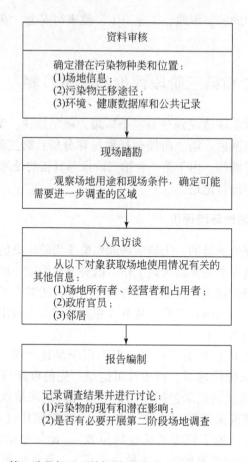

图 5.1　第一阶段场地环境评价流程图（改编自 USEPA，2001）

5.1.2.2　第二阶段场地环境评价

第二阶段场地环境评价是在第一阶段确定场地环境影响时的后续工作。许多贷款人要求对已知含有有害物质的场地进行第二阶段评价工作，如涉及干洗行业、加油站和危险废物储存的场地。其主要目的是确定污染的性质和程度，以便做出明智的商业决策，并满足超级基金对无辜买家的辩护要求。第二阶段场地环境评价可能包括第一阶段的部分工作内容，还包括疑似污染区域土壤、地下水和地表水的取样工作。如果已知场地存在污染，可以跳过第一阶段，直接开展第二阶段的工作。

图 5.2 给出了 USEPA 建议的第二阶段场地环境评价工作的流程图，包括：①制定数据质量目标（data quality objective，DQO）；②建立基于风险的筛选水平（见第 4 章）；③进行评价活动（现场取样和分析）；④报告编制，报告内容需涵盖采样过程、结果分析、发现和结论。

土壤和地下水样品采集和分析是第二阶段的主要工作内容。在取样和分析之前，应制定书面 DQO，包括问题阐述、决策识别、决策输入、确定研究范围、制定决策规则以及避

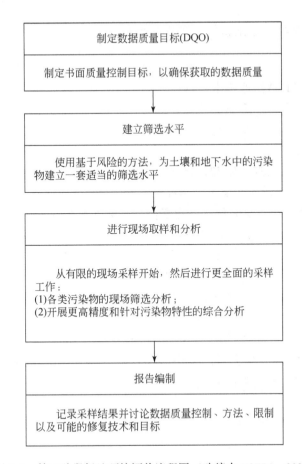

图 5.2　第二阶段场地环境评价流程图（改编自 USEPA，2001）

免决策错误的相关规范。可参考 USEPA 或州级指南确定污染物的筛选水平。土壤和地下水采样和分析的基本技术和质控要求可在其他地方找到（Zhang，2007；Zhang et al.，2013）。本章剩余部分将介绍场地环境评价的其他关键环节。

　　第二阶段场地环境评价的成果是一份报告，报告需记录采样和分析的结果（包括样品采集、检测分析、地质和水文地质条件、数据分析和结果）以及从项目相关数据得出的结论。如果确定场地需要开展治理修复，还需在报告的建议部分对常用的可选修复技术进行讨论。

　　总结我们在场地环境评价三个阶段所讨论的内容如下：第一阶段需要通过资料审核、现场踏勘和人员访谈获取场地信息，第二阶段仅在第一阶段结论为需要进一步开展采样分析时才进行。如果第二阶段表明场地存在潜在的环境风险，第三阶段将进一步重点阐述修复设计和计划。第三阶段将利用最新的研究和建模程序，在考虑修复成本和工艺流程的基础上，详细介绍高性价比的污染土壤和地下水可选修复策略。

　　针对场地勘察工作的利益相关方（从场地所有者到环境专业人员），注释栏 5.1 提供了一些有用的参考信息。示例 5.1 说明了需要或不需要开展场地环境评价的几种情况。

注释栏 5.1　场地勘察：谁来执行？预期是什么？

作为利益相关方，无论您是当地社区的居民、企业主还是监管机构，都有必要掌握一些场地环境评价（ESA）的基本知识。例如，当企业主考虑购买商用或工业用地产权时，需要雇佣技术人员开展 ESA。这种行为类似于，二手交易前请工程师检查车辆，或买房前请验房师检查房屋。第一和第二阶段场地环境评价的目的就是评估曾用于商业用途的场地的环境问题。

相关适用标准包括 ASTM E1527-05（《场地环境评价标准规程：第一阶段场地环境评价》）、E2247-08（《场地环境评价标准规程：林地或农用地第一阶段场地环境评价》）和 E1903-97R02（《场地环境评价标准指南：第二阶段场地环境评价》）。除 CERCLA 外，还有一些其他来自于地方、州或联邦法规的场地勘察要求。

第一或第二阶段 ESA 应由受过培训且经验丰富的环境专业人员执行。通常他们都是环境科学专家，且接受过不同学科的综合培训。许多州都有适用于第一阶段 ESA 工作者的专业注册资格，如加利福尼亚州的注册名为"加利福尼亚州一级或二级注册环境评价师"。ASTM E1527-05 规定开展第一阶段 ESA 的人员需满足以下资格条件：

* 具有美国任一州或领土的专业工程师（PE）或专业地质学家（professional geologist，PG）资格证或注册资格，同时具有同等三年的全职工作经验；
* 拥有经认可的高等教育机构颁发的工程或科学学士或更高学位，并具有同等五年的全职工作经验；
* 具有同等 10 年的全职工作经验。

不满足一项或多项上述资格的人员可协助开展第一阶段 ESA，前提是该人员在项目执行过程中的行为受到环境专业工作人员监管，或对其行为负责。有能力开展 ESA 的环境公司通常列于黄页的"工程师"分类下，或"咨询""环境""岩土工程"等其他栏目下。针对非常复杂的场地，训练有素的专业人员将发挥重要作用。

应给予环境专业人员足够的时间，以充分开展信息收集和 ESA 前期准备工作。ESA 能够成为采购协议中的一份重要文件，可以用于：

* 要求当前土地所有者在房地产出售前开展清理工作；
* 在房地产购买金额中扣除与污染修复成本相对应的费用；
* 寻求收购和污染修复的备选方案，以将房地产环境责任控制在一定范围内。

经验丰富的环境专业人员执行 ESA 能够提出最新的污染修复技术方案，也能提供最合理的成本估算。与卖方签订的最终合同中应包含与谁支付污染修复费用以及修复评价标准有关的所有详细信息。

对于房地产所有者、买家和其他利益相关方，更多基本信息（如聘请环境顾问和 ESA 结果的应用）可从州政府网站获得。对于环境专业人员，与第一和第二阶段场地环境评价相关的技术细节可参见 ASTM（2011，2013）。

示例5.1 讨论是否需要开展第一和（或）第二阶段场地环境评价工作

考虑以下四种情况，各相关方应采取什么行动？（a）一座拥有 25000 人口的城市中有一处废弃的电池制造厂地块，该市致力于振兴土地利用，并希望了解地块的污染程度。（b）一家大型制药公司希望收购一家中型制造厂，以扩大其新药生产规模，但希望避免承担中型制造厂由于过去的生产经营活动可能产生的环境责任。（c）一家位于都市区的家庭干洗店已经运营了几十年，为了扩大经营以提高竞争力，业主希望从银行申请贷款。（d）一位私人投资者想在市中心购买一栋 1978 年以前的建筑用于商业开发，但担心这座旧建筑中的铅漆和石棉可能存在潜在的环境风险。

解答：

（a）该市需要聘请一家环境服务公司基于地块相关历史数据开展调查，如有必要还应采集土壤样品以确定土壤中潜在的铅污染。该地块可能是一处棕地，可以通过背景调查、现场采样分析以及修复成本估算等手段评估场地重建的可行性。（b）大型制药公司应对中型制造厂进行彻底的调查评估，不仅是为了避免潜在的责任，还为了在收购谈判过程中降低采购价格。理想情况下，应组建一个在分析化学、环境工程、统计、经济学和公共政策方面均具有专业知识的团队来完成这项收购任务。（c）在贷款获批前，业主必须聘请一名环境专业人员进行第一阶段场地环境评价，并将评价报告作为银行贷款申请文件的一部分。（d）石棉或铅基涂料不属于第一阶段场地环境评价的范围，因为这些材料所产生的危害不会使所有者承担棕地或超级基金规定的广义责任。事实上，大多数金融机构要求合规的贷款都需包含确定的场地环境信息，与含铅油漆和石棉相关的健康风险评估通常由验房师或其他专业人员进行。

5.2 土壤和地质调查

在本节中，我们将介绍几种常用的土壤和地质调查技术。地质调查包括与地层、岩性和构造地质相关的许多参数，所采用的方法可分为直接取样法、直接钻探法、间接地球物理方法和驱动方法。直接取样法详见 5.4.1 节，本节对其余方法进行简要介绍。

5.2.1 地层、岩性和地质构造

地层学是地质学的一个分支，着重研究层状岩石和松散材料（如黏土、砂、淤泥和砾石）的形成、组成、层序关系和相关性。地层数据可以从现场钻探日志、钻屑和（或）岩心中获取，也可以通过孔隙度、饱和度的室内分析获得。地层调查将揭示可能输送或阻止地下水污染迁移扩散的含水层或隔水层的组成。

岩性学涉及松散沉积物或岩石的物理特征和组成。包括矿物学、有机碳含量、粒度、颗粒形状和堆积状态。前两项影响吸附能力，而后三项影响水的储存和流动能力。构造地质学研究和绘制沉积时和沉积后运动产生的特征。结构特征包括褶皱、断层、节理、裂缝和连接空隙（即洞穴和熔岩管）。结构特征影响地下水的输送，如节理和裂缝会造成地下水的优势水力路径。

一些地质特征的刻画可以在现场完成，如土壤类型、水力传导系数、地下水位等，而其他如土壤湿度、有机质含量、粒度、密度、阳离子交换容量和液塑限等特性需要在实验室内测定。阿特贝限（Atterberg limit）用于测量细粒土（如黏土和粉土）的剪切强度，这些细粒土的收缩和膨胀体积受含水率影响较大。阿特贝限试验价格相对较低，但测试结果对污染土壤的处置过程非常有用。

5.2.2　直接钻探法

土壤取样方法可大致分为手持式和电动式。手持式通常用于采集 2~3m 深度范围内的近地表土（见 5.4.1 节），而大型钻机可钻至地下数百英尺。空心螺旋钻是目前最常用的松散地层建井方法，而坚固地层（如实心岩石）最常采用空气循环钻，更深层的样品采集需通过安装在卡车或全地形车辆上的电动钻机完成。需根据不同目的，如岩性样品采集、土壤环境样品采集或建井等，进行钻探方式的选择。

螺旋钻探法：实心螺旋钻和空心螺旋钻是两种主要方法。切割钻头与长螺旋钻相连，钻头用于松动土壤，岩屑由螺旋钻运送至地面。实心螺旋钻适用于饱和带上方的黏性土层，但不适用于松散土层、地下水位以下或地下水监测井建设。空心螺旋钻［图 5.3（a）］可将钻孔推进至目标深度以进行精确采样。作为一种首选的环境钻探方法，空心螺旋钻适用于各种类型的土壤，并且可用于地下水监测井建设。

回旋钻探法：该方法在钻井液（所谓"泥浆"）存在的情况下旋转切割钻头［图 5.3（b）］。当液体被泵送至井下时，岩屑沿钻孔向上循环至地面。使用套管或泥浆来保持钻孔的稳定性。在深含水层、坚硬地层和流动砂层等螺旋钻不适用的条件下可采用湿式回旋钻进，但钻探过程中需使用水和泥浆。

在场地环境评价中，通常使用干式螺旋钻，以避免任何异物的引入。湿式回旋钻用于在更深的地层钻孔以安装压力计或建设地下水监测井。与湿式回旋钻井类似，使用压缩空气的空气回旋钻也是常用的钻探方法，尤其是在坚固地层、更深的松散地层中应用更加广泛。表 5.1 比较了空心螺旋钻和回旋钻用于建井的优缺点。

表 5.1　空心螺旋钻和回旋钻用于建井的优缺点

类型	优点	缺点
空心螺旋钻	对含水层的损害最小； 无需钻井液； 螺旋叶片发挥临时套管的作用，增加钻孔稳定性； 适用于松散地层	不能用于坚固地层； 适用建设深度小于 150ft 的地下水监测井； 如遇巨型砾石，可能需要废弃钻孔

续表

类型	优点	缺点
回旋钻	快速高效； 适用于大直径和小直径孔； 无深度限制； 可用于坚固（实心岩石）和非固结（松散） 地层	钻探泥浆可能改变水的化学组成； 在井壁上形成泥饼，需要另外开展洗井，可能引起水的 化学组成变化； 裂隙性和高渗透地层中可能发生井漏

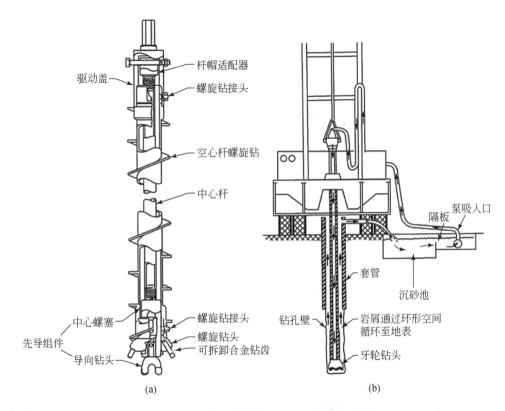

图 5.3　（a）空心螺旋钻和（b）回旋钻对比图

资料来源：中央矿山设备公司和澳大利亚国家水井协会

5.2.3　采用圆锥贯入仪的驱动方法

圆锥贯入仪或圆锥贯入测试（cone penetrometer test，CPT），其原理是使用安装在卡车上的液压系统，将带有电子阻力应变仪的锥形探头以恒定速率推入地下（图 5.4）。这是一种驱动方法而不是钻探方法。阻力应变仪将在不同深度下，对与土壤特性相关的贯入阻力和摩擦力进行实时测量，如高贯入阻力和低摩擦力表明土壤颗粒较粗。此外，电导率和激光诱导荧光光谱与地下的碳氢化合物或游离相碳氢化合物的存在相关联。CPT 也可以改进为采用钻孔压力值推断地层渗透性。

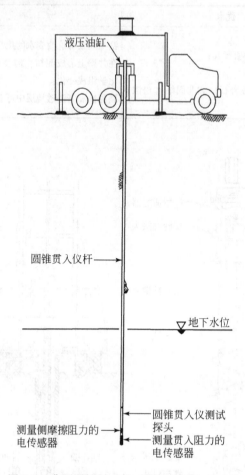

图 5.4　典型圆锥贯入仪（据 USEPA，1993a）

CPT 不同于下节介绍的其他地球物理方法，因为它会破坏土壤样品的完整性。CPT 可以在初始土壤调查期间提供如土壤类型、对传感探头敏感的污染物等有用信息。直接推入法，如 Geoprobe 系统，主要是为岩土工程勘察而开发的，目前越来越多地用于环境领域的土壤采样和污染场地监测。

5.2.4　间接地球物理方法

不同于直接对地质土壤和岩石样本展开测试，地下地质构造也可以通过各种地球物理仪器间接测量。间接测量通常基于安装在地上、地面到钻孔、钻孔之间、单个钻孔的装置所发出的各种仪器信号。地球物理技术被广泛地应用于评估地下水污染和定位危险废物等方面（Evans and Schweitzer，1984）。表 5.2 总结了这些地球物理方法的主要原理和应用范围。一些地球物理技术是非破坏性的，可以在不开展挖掘或钻探工作的情况下，快速地描绘地下条件的变化，这使其成为场地调查精准且高效的理想工具。然而，地球物理信号的使用在很大程度上依赖于数据解析，因此这些间接方法通常与前面描述的直接方法联用，以对数据解析结果开展进一步验证。

表 5.2　场地勘察常用地球物理方法的比较

技术方法	技术原理	应用范围和限制
电阻率	利用电机测量电流和电压	绘制导电或非导电污染物的污染羽；研究含水层。没有使用深度限制，但通常用于深度 90m 以内
电磁传导率	测量交变磁场产生的感应电流的电导率	绘制导电或非导电污染物的污染羽；探测掩埋的金属物体，如废桶。频域分析情景下最大探测深度 60m，时域分析情景下最大探测深度 300m
磁强计	用核磁共振磁力仪测量磁场强度	特别适用于探测地埋金属桶或其他铁磁性（铁和钢）金属物体。没有使用深度限值，但通常用于深度 90m 以内
探地雷达	测量发射到地下的无线电波的反射	探测地下掩埋物体（塑料和金属）；适用于黏土等导电土层；探测地下水位埋深。通常应用于 9~30m 深度范围
地震反射–折射法	使用锤子或爆炸装置撞击地面，通过地震检波器监测撞击产生的声波	基岩顶部的高分辨率测绘。地震反射可用于深度 300m 以上；地震折射没有使用深度限制

电阻率：在常规电阻率测量中，将电极插入土壤中测量电流（I）和电压差（V）。电极之间的测量电阻（$R=V/I$）取决于地层的电特性，而地层的电特性又取决于孔隙水的电阻率（ρ）、孔隙水中溶质的量和土壤质地。电阻率（单位为 $\Omega \cdot m$）与电阻 R（单位为 Ω）可借助截面积/长度（m^2/m）确定的系数进行直接换算。

淡水的电阻率为 $10~200\Omega \cdot m$，而含水层的电阻率可能在 $50~2000\Omega \cdot m$。岩石和砾石比淤泥和黏土的电阻率更高，因为细颗粒的带电表面是更好的导体（电阻率更低）。水的导电性很强，而水中溶解的化学物质浓度升高会使其成为更好的导体（电阻率更低）。因此，可以从电阻率测量结果中推断出孔隙度和局部地层结构。某些污染物浓度较高的污染羽通常表现为高导电层，因此可以采用电阻率法识别和绘制这类污染物的污染羽。电阻率法可用于提供详细的地下信息，如勾勒含水层边界、地下水位、基岩深度、土壤类型或污染水平等。

作为电阻率法的一个示例，图 5.5 描述了地下水曝气前的背景电阻率及曝气后电阻率的变化情况。在空气注入之前，饱和区的电阻率在 $200~400\Omega \cdot m$，而非饱和区的电阻率高达 $1600\Omega \cdot m$（LaBrecque et al.，1996）。随着空气进入饱和区，电阻率提高了 $500\Omega \cdot m$。

与使用锤入地下的电极探头不同，商用的电容耦合电阻率法使用由现场工作人员或全地形车辆沿地面牵引的天线（图 5.6）。该系统使用偶极子阵列来测量电阻率。详细的工作原理超出本书内容范畴。

电磁传导率（electromagnetic conductivity，EM）：单位为 S/m，是电阻率的倒数。EM 或土壤电导率测量仪测量的是电导率，原则上它与上述电阻率测量方法的应用范围相同。EM 由发射器和接收器组成。发射器线圈产生交变磁场，在地下产生感应电流。感应电流随地层的电导率改变而发生变化，并改变发射器的磁场，这种变化由接收器线圈检

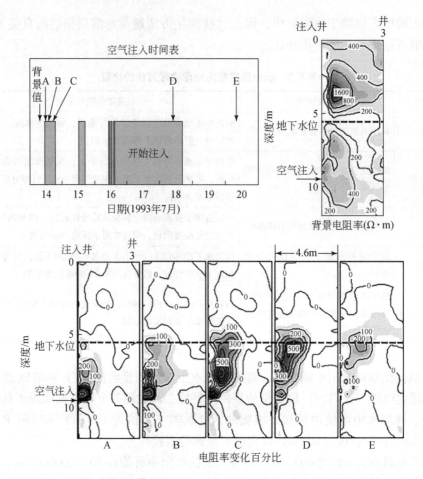

图 5.5　俄勒冈州佛罗伦萨空气注入实验的时间表、背景电阻率及其变化
示意图（据 LaBrecque et al.，1996）

A. 空气注入 20min；B. 空气注入 1 小时；C. 空气注入 4 小时；D. 空气注入 8 小时；E. 注入停止 18 小时

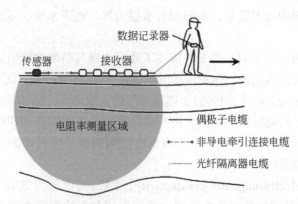

图 5.6　现场工作人员牵引的电容耦合阵列电阻率系统（一个传感器和五个接收器）示意图

测。由于这些设备通常在地表附近使用，无需安装电极或检波器，因此 EM 速度快，比传统电阻率法更经济。EM 可用于检测由污染羽或地埋金属废物（如金属桶）引起的地下电导率变化，是做一种快速、经济、高效的污染羽测绘方法。

磁强计：以 γ 或 nT（$1\gamma=10^{-9}T=1nT$）为单位测量磁场强度。地球在经纬度都为 0 的点位磁强约为 32000nT。埋有大量金属材料（如钢桶）的区域会出现磁场异常。例如，单个地下储罐可导致 1000γ（1000nT）的异常值（Barrows and Rocchio，1990）。磁场异常强度与地埋金属的数量和深度有关。

手持式质子核磁共振磁力仪的广泛使用，可实现由单人对几英亩的场地快速勘测。测量员首先建立一个网格系统，并测量每个网格交点处的磁场。这种方法特别适用于识别地埋的金属桶或其他外来铁磁（铁和钢）材料。如图 5.7 所示，磁强计成功探测到一个市政车库下方距地表约 1.4m 的地下储罐，这些钢罐体积约为 2000L，直径为 1.4m，长度为 2.1m。

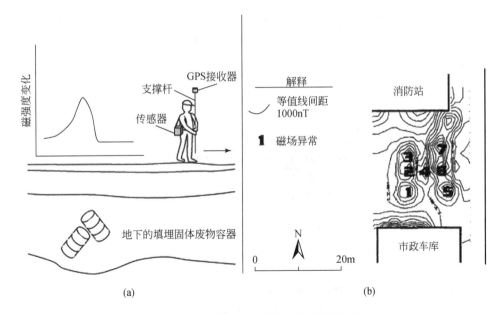

图 5.7　（a）磁强计工作原理示意图和（b）磁强度等值线图（据 van Biersel et al.，2002，
经 John Wiley & Sons 许可转载）
图（b）显示市政车库下方由 12 个地下储罐引发的磁场异常

探地雷达（ground penetrating radar，GPR）：将 50MHz 至 2.5GHz 的无线电波发射到地面以下，对反射波进行监测和分析（图 5.8）。反射是地层孔隙度和含水量变化的结果。该方法可用于确定地层变化或定位地下物体，如汽油罐和钢桶。GPR 可以在整个调查区域内开展，也可仅应用于电磁传导率法发现的磁场异常区域。该方法仅适用于黏土等导电土壤。

使用如图 5.8 所示的探地雷达将得到下方地层的一维扫描图，GPR 还可以测量剖面信息并以二维图像的形式展示出来。为了建立二维的地下剖面图（雷达图），天线需要横穿

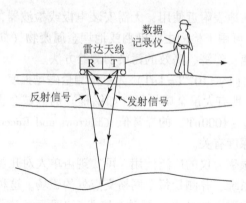

图 5.8　现场工作人员拖曳的探地雷达（GPR）系统示意图

地表以采集许多相邻的扫描数据。使用工作频率为 100MHz 的雷达在英格兰东部的一个非密封的有盖垃圾填埋场得到的雷达图如图 5.9 所示，其中图上使用圆圈标注的宽 2m、深 12m 的区域表示阻隔墙渗出的渗滤液。渗滤液导致孔隙水电导率增加，导致了雷达信号的吸收。探地雷达还可以在不开展侵入性钻探的情况下探测地埋金属、给排水管线和其他掩埋物体。

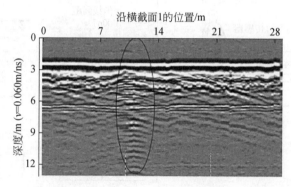

图 5.9　使用 100MHz 的探地雷达（GPR）采集的英格兰东部的垃圾填埋场雷达图
（异常特征被圈出；据 Splajt et al., 2003）

地震反射-折射法：该方法所涉及的原理与探地雷达相似，区别在于探地雷达使用的是电磁能而该方法使用声学（声音）能量。地震反射-折射法使用机械锤或爆炸装置在地面上的某一特定点位进行撞击，产生的声波由距撞击源不同距离的传感装置（地震检波器）监测（图 5.10）。地震折射法测量折射波沿声学界面的传播时间，反射法测量从界面反射的波的传播时间。声波到达接收点的时间取决于声波穿过不同地层时的速度和密度比。接收到的声音信号和传播速度可用于确定该区域的地层结构信息，如基岩深度、基岩坡度、地下水位埋深等，在某些情况下也可用于确定地层的一般岩性。

地震反射法与地震折射法使用的设备相似，都利用地震仪采集数据。地震反射技术在石油工业领域已经被成熟利用。在水文地质领域，该方法可有效用于确定基岩上方松散地层的厚度，其原理是松散地层比坚固地层具有更慢的地震波传播速度。地震反射法还可以

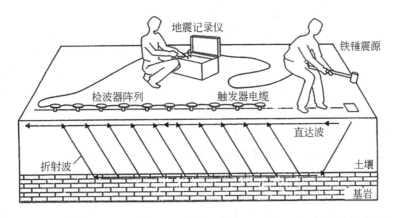

图 5.10　在土壤–基岩双层地层中 12 频道地震仪布设及直达波、折射波的路径示意图
（据 USEPA，1993a）

测量地下水位，其原理是同一土壤单元内，饱和带比非饱和带地震波传播速度高。

5.3　水文地质现场调查

确定地下水流向和流速需要用到水力梯度、渗透速率和有效孔隙度等水文地质参数，我们在第 3 章给出了这些参数的定义。有效孔隙度可以通过室内试验估算，地下水监测水位（水力头）和渗透速率通常在现场测量。下文将从建井和洗井开始，逐步介绍水力头、地下水流向、水力传导系数的测定等内容。

5.3.1　建井和洗井

水文地质调查工作需要建井，监测井安装在含水层的确定深度，并使筛管暴露在周边地下水中。建井是一项非常复杂的工作，需要具备一定的专业技能。根据不同建井目的，如水样采集、NAPL 捕捉、土壤气采集等，井的设计有所差异。应重点考虑井管和筛管的尺寸和材料、滤料的材料（多使用中砂或粗砂）、环形密封材料（多使用膨润土）的选定。例如，筛管应足够长，以保证其在地下水位的年际波动范围内均与地下水位相通。多数情况下，用于监测地下水埋深的监测井其筛管长度不得小于 10ft（地下水位线上下方各 5ft）。如筛管安装在错误位置，将导致多用途监测井无法测量水位，也无法捕捉到漂浮在水面上的 LNAPL。

测压井是一种小直径的非抽水井，用于测量地下水位或测势面的高程。测势面是一个假设的曲面，表示如果地下水不被困在承压含水层中将升至的水位。在非承压含水层中，测势面相当于地下水位。测压井筛管相对较短，一般在 2~5ft，其数值仅代表含水层一个小垂直截面的压力值。测压井也可用于地下水样品采集。

成井洗井是在建井后去除井中细颗粒（砂土、粉土和黏土）的过程，一口洗好的井可以让地下水在不受细颗粒干扰的情况下通过筛管自由流入井内，并降低地下水环境样品浊度。最常见的洗井方法有活塞洗井法、喷射洗井法、超量抽水法和捞砂法。活塞洗井法借助外力使活塞在井管内上下移动，井内形成的水力冲击会破坏井孔泥浆壁，含水层中的杂质亦随高速水流而流向井中。喷射洗井法是将一根小孔径喷射管下放到井内，使用水流或空气高速水平冲刷管壁，这种方法在分解回旋钻井过程中形成的井孔泥浆壁方面特别有效，与此同时，气体泵也通常被用于去除井中细颗粒物。超量抽水法是以高速率或高流量抽水，尽可能降低井内水位，待水位恢复到初始水位后重复抽水过程，直到产生无沉淀物的水。捞砂法使用装有止回阀的贝勒管手动提水，与其他洗井方法一样，需重复提水直至产生无沉淀物的水，浅井或回水速率较慢的井可以选择捞砂法进行洗井。

采样前洗井用于清除井孔内和相邻滤层中的滞水，以稳定水质并采集代表性地下水样品。有多种可以用于判断洗井程度的方法，如美国地质调查局（USGS）建议当 pH、温度和电导率稳定后再采集井内地下水样品，"稳定"状态通过水质参数的现场测量来判定，要求溶解氧变化幅度在±0.3mg/L以内，浊度小于10NTU[①]或变化幅度在±10%以内，电导率的变化幅度在±3%以内，氧化还原电位的变化幅度在±10mV以内，pH 的变化幅度在±0.1以内，温度的变化幅度在±0.1℃以内。USEPA（2002）的《超级基金和 RCRA 项目管理地下水指南》也规定了这种判定方法。美国环境保护局还建议洗井水量应达到三倍井水体积。采用英制单位的简便计算公式如下（Bodger，2003）。

$$V = 7.48 \times \pi r^2 h \tag{5.1}$$

式中，V 为井体积，gal；r 为监测井半径，ft；h 为井深与水深之差，即水柱高度，ft；7.48 为换算系数，$gal/ft^3_{水}$。

5.3.2　水力头和地下水流向

我们在第 3 章中定义了水力头的概念。下面简要介绍水力头的测量以及使用水力头确定地下水流向的方法。

5.3.2.1　水力头测量方法

第 3 章讨论了水力头的概念及其与地下水监测井水位的关系。水位的测量通常在取样前进行。钢卷尺是最简单、最精确的测量工具。在卷尺被放入井下之前，在其底部 1～2ft 处用粉笔涂上标记，然后将卷尺放入井中，直到下部被浸没。该方法的测量精度可达到 1/100ft。如今，这种传统方法已经基本上被电水位计所替代，当电子探针降至水面以下将形成闭合电路，从而启动蜂鸣器或指示灯。此外，针对快速变化的水位，可使用压力传感器将水位数据自动传输到数据记录器，从而实现地下水位的连续测量。

5.3.2.2　地下水流向

根据地下水的水力头，可以很容易地确定地下水的流向。掌握地下水流向非常重要，设想一下，地下水实际是向南流动，但测量结果表明地下水向北流动，若采用错误结论指

---

① NTU 为浊度单位（nephelometric turbidity unit）。

导后续样品采集和治理修复将浪费大量的采样费用，后续的整个修复工作也将付诸东流。与地表水不同，地下水流动非常缓慢（每年几英尺到几百英尺），水流方向无法肉眼观察，需要借助地下水井或其他手段测量。

地下水从较高水力头流向较低水力头。如图 5.11 所示，可以根据三口间隔足够但连接良好的监测井的水力头来估计地下水流向。下文将给出一般流程和示例 5.2。

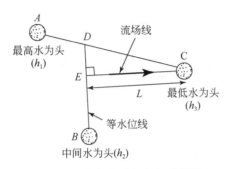

图 5.11　确定地下水流向示意图

- 步骤 1：在最高水力头（h_1）和最低水力头（h_3）的两口井之间画一条线（即线 AC）。
- 步骤 2：在中间水力头（h_2）和线 AC 上对应 h_2 的点 D 之间画一条线（即线 BD）。换言之，点 D 处的水力头与井 B 的水力头相同。线 BD 是等水位线，线上任意点的水力头值相等。
- 步骤 3：从水力头最低的井 C 开始，画一条垂直于等水位线的线（即线 CE）。这是一条"流场线"，地下水的流动方向与这条线平行，且从较高的水力头指向较低的水力头（即箭头从 E 指向 C）。
- 步骤 4：确定水力梯度 $\mathrm{d}h/\mathrm{d}L = (h_2 - h_1)/L$，其中 L 是从井 C 到线 BD 的距离，即线 CE。

示例 5.2　确定地下水流向

两口井沿东西方向相距 300m。东井和西井的水力头分别为 20.0m 和 20.4m。第三口井位于东井正南方 200m 处，南井水力头为 20.2m。图示性确定地下水流向并估计水力梯度。

解答：

一般步骤（参见图 5.12）：

（1）已知水力头：A 点 > C 点 > B 点，在水头最高（A 点）和水头最低（B 点）的两口井之间画一条线（线 AB）。

（2）在线 AB 上确定 D 点，该点与南井（C 点）的水头值相对应。绘制线 CD，该线是等水位线。

（3）画一条与线 CD 垂直的线 BE，该线是流场线，意味着地下水沿与该线平行的方向流动。由于地下水沿较高水力头向较低水力头流动，因此地下水流向为从 E 向 B。

（4）确定水力梯度：

$$水力梯度 = \frac{南井水为头 - 东井水为头}{B点到等水位线（线CD）的距离} = \frac{20.2 - 20.0}{120} = 0.00167（无量纲）$$

请注意，D点恰好位于线AB的中间，因为南井水力头（20.2m）位于东井水力头（20.0m）和西井水力头（20.4m）的中点。否则线BE长度的几何计算将更加复杂。

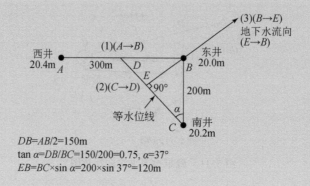

图 5.12　使用三口井确定地下水流向示意图（改编自 Zhang，2007）

5.3.3　用于估算水力传导系数的含水层试验

含水层特性（水力传导系数、导水系数、储水率）不是直接测量的，而是通过模型方程或使用含水层现场测试数据经图解法计算得到的，有时建议多种方法联用来确定含水层特性。

表 5.3 对水力传导系数的测量方法进行了总结，包括被称为渗透仪的实验室设备，以及利用单井（段塞测试）或多井（泵送测试）的原位测量法。基于孔隙大小、粒径分布和土壤质地等土壤性质参数，也可采用经验方法进行水力传导系数的大致估算。实验室中使用重塑的扰动含水层测得的水力传导系数是近似值，仅适用于小规模情景。因此，通常建议在控制条件下开展原位测试。下文讨论的重点是两个常见的含水层现场测试手段，即段塞测试和泵送测试。

表 5.3　实验室和现场测量水力传导系数的方法汇总

方法	应用
常水头渗透仪	在 $1.0 \sim 10^3$ cm/s 范围内测定典型粒状含水层水力传导系数的实验室方法
变水头渗透仪	确定细粒至粗粒含水层水力传导系数的实验室方法
段塞测试	使用完全渗透带孔监测井对承压含水层进行现场测试。采用单井测试获得水力传导系数。不需要电力，可由一个人快速完成

续表

方法	应用
泵送测试	承压含水层中，采用由完全或部分穿透井组成的复杂井群开展现场测试。水力传导系数的测量范围宽泛，测试井可用于地下水样品采集。可用于测定体积相对较大的含水层的水力传导系数，需要几天的时间来完成地下水的抽出和处理

5.3.3.1　段塞测试：伏斯列夫法

常用的段塞测试方法是从井内地下水中快速移除微少水量，然后测量水位随时间的变化直至其恢复到原始水位。段塞测试的一般步骤如下：①记录静止水位（H_0）；②在井内放入已知体积的圆柱体，导致水位在时间 t 等于 0 时上升至 H。此时水位变化值 h_0 等于 $H-H_0$；③快速移除井内圆柱体，导致水位突然下降，并在不同时间（t）测量变化的水位（H_t），直到其恢复到初始值 H_0。在任意给定时间 $t>0$，水位相对于初始静止水位的变化 h 等于 H_t-H_0；④绘制 $\log[(H_t-H_0)/(H-H_0)]$ 或 $\log h/h_0$ 与时间的关系图；⑤分析关系图，使用式（5.2）确定水力传导系数，该方程最早由伏斯列夫（Hvorslev，1951）创建。

$$K=\frac{r^2\ln(L_e/R)}{2L_e t_{0.37}}\tag{5.2}$$

式中，K 为水力传导系数；r 为井管半径；R 为钻孔半径；L_e 为筛管有效长度；$t_{0.37}$ 为水位降至初始水位变化值的 37% 所需时间。

$t_{0.37}$ 的值可以从 h/h_0 与 t 的半对数关系图中获得，取 h/h_0 等于 0.37 的点所对应的时间轴坐标值（图 5.13）。注意，H_0 为 t 等于 0 时的水位，H 为圆柱体去除前的初始水位，H_t 为 $t>0$ 时记录的水位值。获得 $t_{0.37}$ 后，可使用式（5.2）计算 K。式（5.2）适用于筛管有效长度与筛管有效半径之比 L/R 大于 8 的情况，监测井的设计普遍符合这一比值。

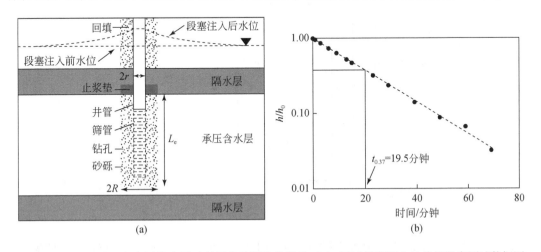

图 5.13　（a）承压含水层段塞测试所需的监测井参数及（b）通过伏斯列夫法分析段塞测试数据图

5.3.3.2 段塞测试：鲍尔和赖斯法

最常用于确定水力传导系数的段塞测试是由鲍尔和赖斯（Bouwer and Rice，1976）设计的，该方法最初用于非承压含水层，但如果筛管顶部与其上部隔水层相隔一定距离，则该方法亦可用于承压或分层含水层。管控方程为

$$K=\frac{r^2\ln(R_e/R)}{2L_e}\frac{1}{t}\ln\frac{y_0}{y_t} \tag{5.3}$$

式中，r 为井管半径；R 为井孔半径（筛管半径与过滤层厚度之和）；R_e 为段塞测试影响半径（与井几何结构相关）；L_e 为含水层中筛管长度；y_0 为 $t=0$ 时的水位降深（井内水位与井外水位的垂直差）；y_t 为 t 时刻的水位降深。

注意，式（5.3）中的 r、R、L_e 和 y_0 的值可以从井结构信息中获取。段塞测试影响半径（R_e）的值取决于井结构几何和经验数值（Bouwer and Rice，1976）。使用 $\ln y_t$ 和时间（t）之间的线性部分的任意两点（图 5.14），可以计算 $\frac{1}{t}\ln\frac{y_0}{y_t}$ 的值。可见通过鲍尔和赖斯法进行 K 值估算比伏斯列夫法更耗时。

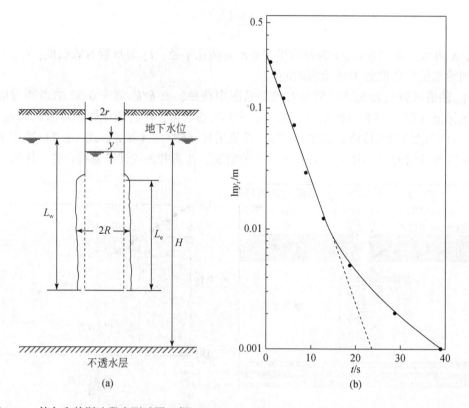

图 5.14　鲍尔和赖斯法段塞测试图（据 Bouwer and Rice，1976，经 John Wiley & Sons 许可转载）
(a) 几何结构和符号；(b) $\ln y_t$ 和时间（t）关系

虽然水力头的上升反映了监测井附近含水层的特征，但段塞测试测得的水力传导系数仍需谨慎地用于表示含水层水力传导系数的变化。段塞测试结果提供了测试点位附近含水层的信息，但不建议将其用于修复系统的设计。

5.3.3.3　泵送测试：泰斯标准曲线法

典型的泵送测试步骤如下：①在固定时间内以恒定速率抽水（例如，承压含水层抽水24 小时；非承压含水层抽水几天）。②在抽水井和一个或多个观察井中观察水位下降情况。③关闭抽水泵，恢复水位。④绘制水位下降与时间的关系图，并按如下所述计算含水层水力参数（K、T、S）。

在 3.3.3 节中，我们描述了抽水井的径向稳定流，并导出了通常称为齐姆（Theism）解的式（3.18）。它们源于达西定律在柱壳控制体积法中的应用。然而，在非稳定流条件下，美国地质调查局的查尔斯·弗农·泰斯（Charles Vernon Theis）于 1935 年导出的泰斯方程可用于构建无限均质含水层中点源的二维径向流模型：

$$h_0 - h = \frac{Q}{4\pi T} \int_u^\infty \frac{e^{-a}}{a} \mathrm{d}a = \frac{Q}{4\pi T} W(u) \tag{5.4}$$

其中，式（5.4）中的积分 $W(u)$ 可以用无穷级数近似，因此泰斯方程变为

$$h_0 - h = \frac{Q}{4\pi T}\left[-0.5772 - \ln u + u - \frac{u^2}{2\times 2!} + \frac{u^3}{3\times 3!} - \frac{u^4}{4\times 4!} + \cdots \right] \tag{5.5}$$

$$u = \frac{r^2 S}{4Tt} \tag{5.6}$$

式中，$h_0 - h$ 为水位降深（试验开始后某一点的水力头变化）；u 为无量纲时间参数；Q 为抽水速率，$\mathrm{m^3/s}$；T 和 S 为井周围含水层的导水系数和储水率，$\mathrm{m^2/s}$ 和无量纲；r 为从抽水井到观察到水位下降点的距离，m 或 ft；t 为抽水开始后的时间；分钟或 s；$W(u)$ 为非水文地质文献中通常称为幂积分的"井函数"。

水位降深（$h_0 - h$）要在井中测量，r、t 和 Q 是观测值。泰斯方程式（5.4）和式（5.6）需要用图解法来计算抽水井附近的平均 T 值和 S 值。这种图解法被称为标准曲线法，采用 $W(u)$ 和 $1/u$ 关系曲线、实测水位降深（$h_0 - h$）和 t 关系曲线两条曲线叠加。$W(u)$ 和 $1/u$ 的关系曲线（泰斯曲线）表示承压含水层对恒定抽水应力的理论响应。

图解法如图 5.15 所示，一旦两条曲线处于正确的匹配位置，就可以在重叠图上选取任意匹配点。在 $W(u)$ 和 $1/u$ 关系曲线的长轴交点选择匹配点更便于计算，在该点 $W(u)$ 和 $1/u$ 等于 10 的偶数次方（即匹配点不一定非在泰斯曲线上选取）。将匹配点的 $W(u)$ 和水位下降 $h_0 - h$（图 5.15 中的 s）代入式（5.4）中以计算 T，再将 T 值代入式（5.5）中，以使用 T 和 u 的匹配点值求解储水率 S（示例 5.3）。

与段塞测试相比，泵送测试可以更准确地估算大部分含水层的导水系数、水力传导系数和储水率，它适用于地下水修复系统的详细设计，但比段塞测试更昂贵且更耗时。段塞测试通常在涉危险废物场地使用，因为它不像泵送测试那样需要处置大量的抽出废水。

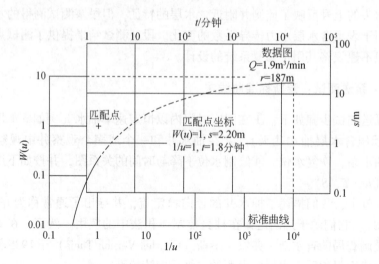

图 5.15　泰斯曲线法的 $W(u)$–$1/u$ 与水位降深–时间的叠加图以及相应的匹配点值（据 Heath，1983）

示例 5.3　泰斯方程的使用

承压含水层厚度 25m，以 2500m³/d 的流量抽水。该含水层的水力传导系数为 10m/d，储水率为 0.005。抽水 2 天后，确定距离抽水井 10m 处的水位降？

解答：

首先，我们根据以下公式计算导水系数：

$$T = Kb = 10\text{m/d} \times 25\text{m} = 250\text{m}^2/\text{d}$$

使用式（5.6），我们可以计算无量纲时间参数：

$$u = \frac{r^2 S}{4Tt} = \frac{10\text{m}^2 \times 0.005}{4 \times 250 \dfrac{\text{m}^2}{\text{d}} \times 2 \text{ 天}} = 0.00025 \text{（无量纲）}$$

现在我们使用式（5.5）的无穷级数项来近似求解 $W(u)$：

$$W(u) = -0.5772 - \ln u + u - \frac{u^2}{2 \times 2!} + \frac{u^3}{3 \times 3!} - \frac{u^4}{4 \times 4!} + \cdots$$

$$= -0.5772 + 8.294 + 0.00025 + 1.562 \times 10^{-8} + 8.68 \times 10^{-13} + 4.069 \times 10^{-17} + \cdots$$

$$\approx 7.72$$

注意，若 $u < 0.09$，则可以忽略 $W(u)$ 中第四项及后续项。通过将 $W(u)$ 值代入式（5.4），我们可以估算以 2500m³/d 的速率抽水 2 天后，距离 10m 处的水位下降：

$$h_0 - h = \frac{Q}{4\pi T} W(u) = \frac{2500 \dfrac{\text{m}^3}{\text{d}}}{4 \times \pi \times 250 \dfrac{\text{m}^2}{\text{d}}} \times 7.72 = 6.15\text{m}$$

5.4　环境样品的采集和分析

用于污染表征的各类环境介质（空气、水、土壤、固废等）样品的采集和分析可以在许多标准方法和书籍中找到（Zhang，2007；Zhang et al.，2013；USEPA，2017）。下文概述了包气带土壤、地下水、土壤气等样品采集的相关工作程序，以及用于分析土壤、地下水和土壤气体样品的实验室仪器类型。

5.4.1　常用土壤采样器

典型的土壤取样器有勺（适用于 1～10ft 深度范围内软土）、手钻（适用 3in 到 10ft 深度范围）、管式取样器、分体式勺式取样器，以及钻机和地质探测器，具体视场地实际情况而定。一些代表性的土壤取样器如图 5.16 所示。

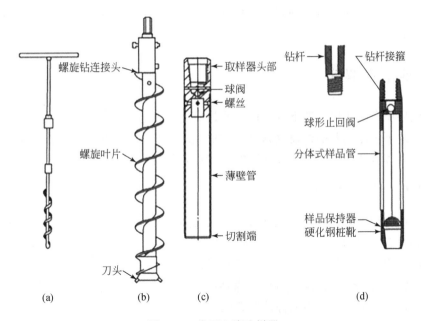

图 5.16　常用土壤取样器

（a）手钻；（b）实心螺旋钻；（c）标准薄壁（谢尔比）管取样器；（d）标准对开勺式取样器

手动、机械驱动螺旋钻：该取样器通常由一个短圆筒组成，切割端连接在钻杆和手柄上，通过旋转和向下的力推进［图 5.16（a）、（b）］。该取样方法不能完整保留原状土壤性质（如土壤结构），因为采集的样本已被扰动。手钻在深度小于 10ft 的情况下工作最佳，尤其适用于卡车无法进入的区域。

谢尔比（Shelby）管取样器：该 ASTM 标准取样器（ASTM D1587）由一根薄壁管组成，管脚处装有切割端［图 5.16（c）］。取样器头部将谢尔比管连接到钻杆上，头部还装有止回阀和泄压口。该取样器通常在黏性土壤中使用，将取样器推进到土层中，通常推进深度比管的长度小6in。管被拔出时，止回阀创造的真空条件以及管内样品的内聚力会使样品保留在管内。大多数环境钻探工作采用标准 ASTM 尺寸的谢尔比管，外径为3in，长度为3ft，标准厚度为16（即1.59mm）。该取样方式可以采集非扰动土壤样品，以用于继续开展强度、渗透性、压缩性和密度测试。

对开勺式、分裂管取样器：该取样器列于"土壤标准贯入试验（standard penetration test，SPT）和分裂管取样标准方法"（ASTM D1586）中。它通常采用一根纵向一分为二的中空管，管长为18~30in，外径为2.0in。取样器底部连接一个带1.375in开口的硬化金属桩靴，头部连接有单向阀和钻杆接头［图5.16（d）］。用140lb的锤子将其打入地面30in深。该取样器通常用于非黏性土壤，采集的样本被视为扰动样。

直推式取样器：与大型常规钻探设备不同，直推式取样器可以安装在皮卡车上，通过液压推进，辅以快速冲击锤增强推力以穿透路面和坚硬地层。它通常由配有丙烯酸或黄铜衬里的钢管或分裂管组成，完成取样后，或在现场将管材剖开，或将里面的土壤挤出，或将管材切割后直接送到实验室进行分析。某些直推取样器在开口处有一个塞子，塞子由活塞或其他装置固定。当活塞在预定深度释放时，可以收集原状土柱。此外，直推法可用于监测井的安装。

5.4.2　地下水取样

与其他环境介质相比，地下水采样可能是最复杂，也是最困难的。到目前为止，我们已经介绍了地下水监测井的建设（建井）、成井洗井和采样前洗井的操作。下文是有关地下水取样工具和取样过程交叉污染问题的一些补充介绍。

5.4.2.1　地下水采样工具

可以采用各种类型的贝勒管或泵从井中采集地下水样品（图5.17）。贝勒管是一种顶部开口、底部有止回阀的管子（长为3ft，内径为1.5in，容积为1L）。取水时需用一根线机械地将贝勒管下放至井中。贝勒管易于使用和迁移，但当贝勒管落入井中时可能产生湍流，且贝勒管中的水倒入容器中时会暴露在空气中的 O_2 中。应用更加广泛的底部填充式贝勒管可以较好地保护水样中的挥发性有机化合物（VOCs）。

蠕动泵由带滚珠的转子组成，将专用管件连接到转子的两端，一端插入井中，另一端用作排水。蠕动泵适用于小直径（如2in）的井取样，并且具有25ft的使用深度限制。因为使用了专用管件，样品不会与泵或其他设备接触，不会产生交叉污染。但样品曝气可能导致 VOCs 的潜在损失。

气囊泵由不锈钢或聚四氟乙烯（特氟隆，Teflon）外壳组成，壳内装有特氟隆气囊。操作过程使用压缩气体源（瓶装气体或空气压缩机），地下水通过下部止回阀进入气囊，压缩气体通过上部止回阀将水移动至排水管线。气囊泵取样的有效深度约达100ft。由于气囊泵对样品的扰动最小，可以用于采集 VOCs 样品。该泵有些难以清理，应单井专用。

对洗井（5.3.1节）或其他目的可使用多种其他类型的泵。潜水泵流速高（gal/min），但很难清理。当拟建井区域有大量沉积物时，负压泵有利于洗井工作的开展，缺点是负压泵由汽油驱动，使用过程中需要注水以使泵保持真空状态，且仅在 20ft 的深度内有效。空气提升泵通过释放压缩空气来工作。空气与井中的水混合降低水柱的比重，并将水提升至地面，空气提升泵更适用于洗井而非样品采集。

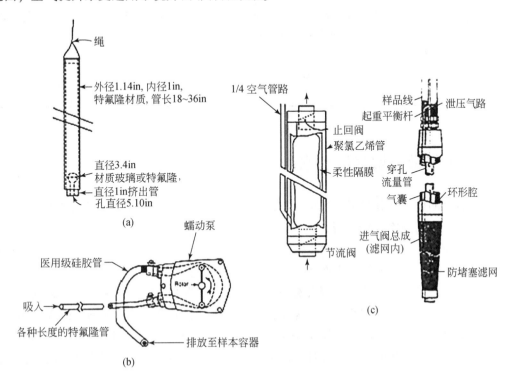

图 5.17 常用地下水采样工具
（a）贝勒管；（b）蠕动泵；（c）气囊泵

5.4.2.2 地下水取样过程中的交叉污染

防止交叉污染是地下水取样质量保证和质量控制（QA/QC）的重要组成部分。地下水样品采集过程存在许多潜在的污染源，包括建井过程使用的井管、洗井过程用到的泵和输送管线以及取样过程用到的取样工具、水位计、监测探头等。表 5.4 列出了建井、抽水等过程中会用到的材料，以及这些材料对地下水样品造成的潜在污染。地下水取样前，应彻底清洁所有取样设备或井管。

表 5.4 容器或设备自身成分可能导致的污染

材料	潜在污染物
PVC 螺纹接头	三氯甲烷
不锈钢泵和外壳	Cr、Fe、Ni 和 Mo
聚丙烯或聚乙烯管材	邻苯二甲酸酯和其他增塑剂
聚四氟乙烯（Teflon）管	未检测到

续表

材料	潜在污染物
焊接管	Sn 和 Pb
PVC 水泥接头	甲基乙基酮、甲苯、丙酮、二氯甲烷，苯、乙酸乙酯、四氢呋喃、环己酮、三种有机 Sn 化合物和氯乙烯
玻璃容器	B 和 Si
用于标记的记号笔等	挥发性化学品
各种用途的管道胶带	有机溶剂

5.4.3　包气带土壤气体和水的采样

在受监管的设施（如垃圾填埋场）对地下水造成污染前，通常收集包气带土壤气和地下水样品，以监测设施运行状况。包气带具有不同于饱和带的地球化学特征，在包气带内，土壤孔隙间存在着土壤气、大量的气体交换和丰富的有机质，且水力传导系数存在相当大的非均质性。这对采集代表性样品提出了巨大挑战。

土壤气样品采集时，首先将探头安装到土壤中，再施加真空将土壤气抽入碳氟化合物材质的气袋或注射器中（图 5.18）。这些样品可以在移动实验室进行现场分析或送到室内实验室进行检测。一些移动的环境实验室可以分析土壤气、土壤和地下水中的 VOCs，如卤代烃、氯化烃溶剂和燃料成分（如 BTEX）。土壤气的存在可以为定位 VOCs 提供有价值的筛选工具。

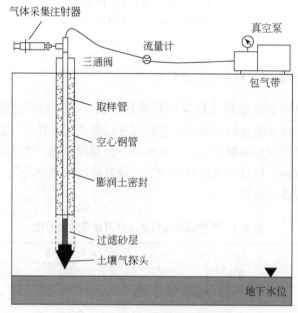

图 5.18　包气带土壤气样品采集

包气带中水的存在主要依靠土壤对水的吸力，由于水不能在包气带中通过重力自由流动，因此必须利用抽吸或真空蒸渗仪从土壤中提取液态水。抽吸或真空蒸渗仪由中空管和安装在管末端的中空多孔集液杯组成（图 5.19）。取样时，采用吸力或真空将土壤中的水分吸入杯中，水量足够后，再通过吸力或正压力使水从排水管排出。理论上，施加的吸力应能将水提升至 32ft（10m），而实际应用过程中发现，15 ~ 25ft（4.5 ~ 8m）是这种蒸渗仪能够发挥作用的高度上限。

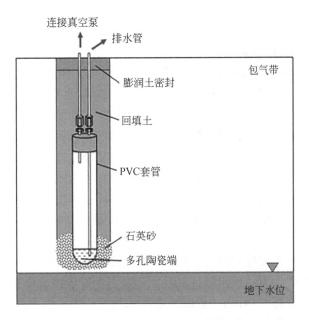

图 5.19　用于对包气带水样采集的吸力或真空蒸渗仪

5.4.4　化学分析仪器

如前所述，场地调查通常属于地质专业人员的工作范围，但环境样品采集后的化学分析完全是化学专业人员的工作。尽管许多参数可以在现场测定，但大量的实验室仪器可用于土壤和地下水中化学成分的精确分析。表 5.5 中给出了指定地球化学成分分析技术的选定。仪器的选择通常取决于检出限、仪器可用性、样品处理能力、分析成本和其他因素。

表 5.5　针对不同待测物质种类的常用实验室分析方法

化学物质类型	方法
大多数金属	AA、GFAA、ICP-OES、ICP-MS
汞	CVAA
离子，如 NO_3^-，NO_2^-，NH_4^+，SO_4^{2-}，$Cr_2O_4^{2-}$	IC-CD、IC-UV
卤化化合物、氯化农药、多氯联苯	GC-ECD
碳氢化合物、BTEX、PAHs	GC-FID

续表

化学物质类型	方法
大多数 VOCs、SVOCs、PAHs、PCBs、杀虫剂	GC-MS
SVOCs、杀虫剂、炸药	HPLC

注：AA. 原子吸收光谱法；GFAA. 石墨炉原子吸收光谱法；ICP-OES. 电感耦合等离子体–发射光谱法；ICP-MS. 电感耦合等离子体–质谱法；CVAA. 冷蒸气原子吸收光谱法；IC-CD. 离子色谱–电导检测法；IC-UV. 离子色谱–紫外光检测法；GC-ECD. 气相色谱–电子捕获检测法；GC-FID. 气相色谱仪–火焰离子化检测法；GC-MS. 气相色谱–质谱联用法；HPLC. 高效液相色谱法。

USEPA、USGS 和美国职业安全与健康管理局（OSHA）在其网站上发布了大量的分析方法。例如，USEPA 的 SW-846 方法是一套与固体和有害物质分析直接相关的详细方法（USEPA，2018）。除了上述标准方法外，一些其他的专业机构，如美国公共卫生协会（American Public Health Association，APHA）、ASTM 和美国国家职业安全卫生研究所（NIOSH）发布了通用方法，其中许多方法得到了 USEPA 和其他监管机构的认可。本章论述的第一、第二和第三阶段场地环境评价工作指南是将 ASTM 标准应用于场地调查的一个很好的例子，APHA 方法是一套用于水和废水中化学和生物成分分析的标准方法。具体细节超出了本书范畴，感兴趣的读者可以在 Zhang（2024）中找到这些标准方法的指南。

最后，土壤和地下水取样和分析的质量保证和质量控制同样重要。质量保证（quality assurance，QA）是一项综合管理程序，旨在保证数据质量，手段包括查看质控数据、采取矫正措施、制定过程管理计划和人员规划。质量控制（quality control，QC）是为使数据达到预期精度、准确度和方法检出限（MDL）而进行的专项技术检查。在场地环境评价之前，需确定数据质量目标（DQO），以明确所需的数据质量。数据的科学性和合规性需能够接受考验，且满足数据的预期用途。

质量保证和质量控制方案应该是场地环境评价工作计划的一部分。它将减少采样、分析和测试过程中发生的错误。在开展现场工作时，针对样品采集、保存和迁移等可能存在误差的环节，需要添加如设备空白、现场空白、迁移空白和现场平行样（Zhang et al.，2013）等质控样品，以发现或消除误差。在实验室分析阶段也应添加质控样品，如空白样或加标回收样，以说明样品制备、交叉污染、干扰或其他的误差来源。

参 考 文 献

Alter, B.（2012）. *Environmental Consulting Fundamentals：Investigation and Remediation*. Boca Raton：CRC Press.

APHA（2017）. *Standard Methods for the Examination of Water and Wastewater*, 23e. APHA.

ASTM（1996）. *American Society of Testing and Materials*, ASTM standards E1528-96（Transaction Screen Process）. West Conshohocken, PA：ASTM.

ASTM（2011）. *Standard Practice for Environmental Site Assessments：Phase II Environmental Sites Assessment Process*, ASTM standards E1903-11. West Conshohocken, PA：ASTM.

ASTM（2013）. *Standard Practice for Environmental Site Assessments：Phase I Environmental Sites, Assessment Process*, ASTM standards E1527-13. West Conshohocken, PA：ASTM.

Bair, E. S. and Lahm, T. D. (2006). *Practical Problems in Groundwater Hydrology: Problem-Based Learning Using Excel Worksheets.* Upper Saddle River: Prentice Hall.

Barrows, L. and Rocchio, J. E. (1990). Magnetic survey for buried metallic objects. *Groundwater Monitoring Remediation* 10(3): 204–211.

Bedient, P. B., Rifai, H. S., and Newell, C. J. (1999). *Ground Water Contamination: Transport and Remediation*, 2e. Upper Saddle River: Prentice Hall.

Bodger, K. (2003). *Fundamentals of Environmental Sampling.* Rockville: Government Institutes.

Bouwer, H. and Rice, R. C. (1976). A slug test for determining hydraulic conductivity of unconfined aquifers with completely or partially penetrating wells. *Water Resources Research* 12(3): 423–428.

Connecticut Department of Environmental Protection (2010). Site Characterization Guidance Document, 48 pp.

Evans, R. B., and Schweitzer, G. E. (1984). Assessing hazardous waste problems: Geophysical techniques are becoming more useful for locating hazardous wastes and estimating groundwater contamination. *Environ. Sci. Technol.* 18(1): 330–339A.

Fetter, C. W. (2001). *Applied Hydrogeology*, 4e. Upper Saddle River: Prentice Hall.

Heath, R. C. (1983). Basic Ground-Water Hydrology: US Geological Survey Water-Supply Paper 2200. Alexandria, Virginia: United States Government Printing Office.

Hvorslev, M. J. (1951). Time Lag and Soil Permeability in Ground Water Observations, Bulletin No. 36: US Army Corps of Engineers.

Keith, L. H. (1996). *Principles of Environmental Sampling*, 2e. Washington, DC: American Chemical Society.

LaBrecque, D. J., Ramirez, A. L., Daily, W. D. et al. (1996). ERT monitoring of environmental remediation processes. *Meas. Sci. Technol.* 7: 375–383.

Ohio Environmental Protection Agency (2017). Chapter 6: drilling and subsurface sampling. In: *Technical Guidance Manual for Hydrogeologic Investigations and Ground Water Monitoring*. Ohio Environmental Protection Agency.

Pichtel, J. (2007). Chapter 5: Environmental Site Assessment, In: *Fundamentals of Site Remediation: For Metal- and Hydrocarbon-Contaminated Soils.* Rockville: Government Institutes.

Splajt, T., Ferrier, G., and Frostick, L. E. (2003). Monitoring of landfill leachate dispersion using reflectance spectroscopy and ground-penetrating radar. *Environ. Sci. Technol.* 37: 4293–4298.

The Hazardous Materials Training and Research Institute (HMTRI) (2002). Chapter 1: Site Investigation. In: *Site Characterization: Sampling and Analysis.* New York: John Wiley & Sons.

US Army Corps of Engineers (2001). Requirements for the Preparation of Sampling and Analysis Plans: Engineer Manual, EM 200-1-3.

USEPA (1984). Geophysical Techniques for Sensing Buried Wastes and Waste Migration, EPA 600-S7-84-064.

USEPA (1991). Site Characterization for Subsurface Remediation, EPA 625-4-91-026.

USEPA (1993a). Subsurface Characterization and Monitoring Techniques: A Desk Reference Guide, vol. 1, Solids and Ground Water, Appendices A and B, EPA 625-R-93-003a.

USEPA (1993b). Suggested Operating Procedures for Aquifer Pumping Tests, EPA 540-S-93-503.

USEPA (1996). A Guideline for Dynamic Workplans and Field Analytics: The Keys to Cost-Effective Site Characterization and Cleanup, EPA 542-B-96-002.

USEPA (1997). Federal Facilities Forum Issue: Field Sampling and Selecting On-Site Analytical Methods for Explosives in Soil, EPA 540-R-97-501.

USEPA (1998) Leak Detection for Landfill Liners: Overview of Tools for Vadose Zone Monitoring, EPA 542-R-

98-019.

USEPA(1998a). Innovations in Site Characterization Case Study：Hanscom Air Force Base，Operable Unit 1，EPA 542-R-98-006.

USEPA(1998b). Quality Assurance Guidance for Conducting Brownfields Site Assessments，EPA 540-R-98-038.

USEPA(1999). Environmental Technology Verification Site Characterization and Monitoring Technologies Pilot，EPA 542-F-99-009.

USEPA(2001). Technical Approaches to Characterizing and Cleaning Up Brownfields Sites，EPA 625-R-00-009.

USEPA(2002). Ground-Water Sampling Guidelines for Superfund and RCRA Project Managers，Ground Water Forum Issue Paper，53 pp.

USEPA(2013). Field Sampling and Analysis Technologies Matrix，Version 1. 0，http://www. frtr. gov/site/.

USEPA(2017). Site Characterization and Monitoring Technology Support Center FY16 Report，EPA 600-R-17-409.

USEPA(2018). Test Methods for Evaluating Solid Waste/SW-846，https：//www. epa. gov/hw-sw846.

van Biersel，T. P.，Bristoll，B. C.，Taylor，R. W.，and Rose，J. (2002). Abandoned underground storage tank location using fluxgate magnetic surveying：a case study. *Ground Water Monitoring Rev.* 116–120.

Zhang,C. (2024). *Fundamentals of Environmental Sampling and Analysis*，Chapter 5，and Chapter 6. New York：John Wiley & Sons.

Zhang,C.，Mueller，J. F.，and Mortimer，M. R. (2013). *Quality Assurance and Quality Control of Environmental Field Sampling.* London：Future Science.

问题与计算题

1. 项目经理派您前往某市的重建区，现场考察该区域某个旧变压器设施的污染程度。您希望获得哪些类型的信息？将开展哪些工作？

2. 对于潜在污染场地，第一和第二阶段场地环境评价报告中应包含哪些内容？

3. 在网上搜索第一和第二阶段场地环境评价报告的示例，总结他们在目的、内容、数据需求和结论等方面的差异。

4. 在第二阶段场地环境评价工作开展之前，第一阶段评价工作是必需的吗？

5. 以下各术语分别包含哪些研究内容：(a)地层、(b)岩性和(c)构造地质学。

6. 常用的地下水监测井钻探施工方法有哪些？

7. 场地环境评价的 ASTM 标准方法是什么？

8. 描述几种常用的土壤取样工具和适用的土壤类型。

9. 为什么干钻特别适用于环境调查工作？

10. 比较螺旋钻、回旋钻和地球物理方法采集土壤样品的优缺点。

11. 简要描述以下术语：(a)第一阶段场地环境评价、(b)钻孔测井、(c)圆锥贯入测试(CPT)、(d)探地雷达(GPR)、(e)洗井和(f)泵送测试。

12. 可用于探测地下埋藏的金属桶和废弃储罐的地表地球物理方法有什么？

13. 是否可以采用电阻率作为地球物理工具来描绘咸水入侵或垃圾填埋场渗滤液导致的地下咸水的羽流？解释原因。

14. 什么采样器适用于非扰动土壤样品的采集？

15. 井深与水深之差为 5ft，井内径为 5in。估算采样前洗井水体积。

16. 用于确定含水层水力传导系数的四种常用方法是什么？

17. 讨论段塞测试和泵送测试的优缺点。

18. 为什么包气带土壤气和地下水样品采集工作不同于其他土层？

19. 两口井沿南北方向相距250m。南井和北井的水力头分别为18.6m和18.0m。第三口井位于北井正西方200m处，水力头18.3m。图示性地确定地下水流向并估计水力梯度。

20. 选取某地下水监测井开展段塞测试，井管内径为10cm，筛管加滤层直径为15cm，筛管长度为1.8m，从井管顶部测得静止水位埋深为2.45m。段塞抽水使水位降至3.05m后，每隔3s记录一次非承压含水层的水位。水位上升至初始变化值(T_0)的37%需要15s，该数值从$(h-H_0)/(H-H_0)$与t的半对数关系图中获得，令$(h-H_0)/(H-H_0)=0.37$。请通过伏斯列夫法确定含水层的水力传导系数。

21. 分别计算u值为(a)1.5×10^{-4}和(b)4×10^{-3}的井函数$W(u)$的值。为了节省时间，请使用Excel证明，当u值在1×10^{-10}到1×10^{-1}范围内时，可以忽略$W(u)$的第四项及后续项。在Excel中，阶乘函数为@FACT( )，如$\text{FACT}(3)=3!=3\times2\times1=6$。

$$W(u)=-0.5772-\ln u+u-\frac{u^2}{2\times2!}+\frac{u^3}{3\times3!}-\frac{u^4}{4\times4!}+\cdots$$

22. 某承压含水层厚度35m，水力传导系数为10m/d，储水率为0.015。对该含水层内地下水监测井以2150m³/d的恒定速率抽水，请计算u和$W(u)$的数值，并估算抽水1天后，距抽水井10m处的地下水位降深。

23. 常用的地下水取样工具是什么？

24. 地下水取样过程中常见的交叉污染有哪些类型？它们为什么值得关注？

25. 描述用于环境分析的地下水监测井开展（a）成井洗井和（b）采样前洗井的目的。

26. 描述（a）蒸渗仪和（b）压力计的安装和使用。

27. 描述分析地下水中无机和有机污染物的一些常用仪器。

28. 土壤和地下水化学分析标准方法的来源有哪些？

第6章 修复技术优选概述

学习目标

1. 对当下各种土壤和地下水污染修复技术有广泛的认识和了解。
2. 基于修复地点、环境基质与机制来区分不同污染修复技术适用的场地。
3. 理解污染场地采用传统和新型污染修复技术的利弊。
4. 为土壤和地下水中各类污染物（如 VOCs、SVOCs、燃料、炸药、无机物和放射性污染物）修复制定方案。
5. 理解修复调查和修复可行性分析过程，从小试到中试，再到现场应用；同时学习成功的要领。
6. 使用处理技术筛选模型，根据污染物、研发状况、总体成本和清理时间等筛选变量，对各种原位和异位污染修复技术进行筛选。
7. 应用绿色和可持续原则，了解污染修复行业的最新进展和趋势。
8. 对清理受污染的土壤和地下水中最常用的污染修复技术进行排序。
9. 确定原地和异地（挖掘后）污染修复受污染土壤的可行技术选择。
10. 明确污染地下水修复可行的原位和异位（泵水后）修复技术选择。
11. 根据给定的土壤和地下水污染修复情景，设计污染修复技术组合。

通过前五章的学习，我们已经掌握了理解土壤和地下水污染修复至关重要的基本原则和概念，包括化学、地质、法规、风险评估、成本估算和场地表征技术。本章为读者提供不同土壤和地下水污染修复技术的概述，本书其他章节将对不同修复技术进行详细解读。在这章中，我们将简要学习污染修复技术的类型和发展轨迹，根据各类筛选标准选择修复技术以及了解这些修复技术的应用情况。通常情况下，单一技术无法完成整个污染场地的修复，因此在本章末尾简要介绍了修复技术组合的概念，即综合使用几种处理技术。

这些污染修复技术的细节，包括管理方法、工程设计、成本效益和案例研究，将在随后的各章中提供。读者应注意，本书中的"污染修复"一词仅指土壤（有时是沉积物）和地下水的污染修复。多数时间，专业人员会处理其他待修复污染，如室内石棉消减、霉菌调查和修复、氡气调查和修复等情况。这些内容需要应用环境工程师的特定专业知识，已经超出本书的范围，感兴趣的读者可以在 Alter（2012）中找到部分所需内容。

6.1　修复技术种类

讨论各类污染修复技术有两个目的：第一，通过介绍全部可用的污染修复技术，让本书读者从中获益并做出更好、更全面的决策；第二，即使第 7 章至第 12 章将详细介绍常见的污染修复技术，一些不常见但适用于某些污染状况的修复技术将在本章中述及。全方位地了解各种修复技术将有助于我们进行决策。

6.1.1　修复技术的种类

污染修复项目的负责人往往接受过环境科学或环境工程方面的充分培训，在选择污染修复技术时，负责人将面临许多污染修复技术的选择。污染修复技术主要是指 USEPA 制定的推荐污染修复技术。这些推荐污染修复技术是针对常见类型污染场地的首选技术，是基于历史案例的选择，也是 USEPA 通过科学和工程评估技术实施过程数据得到的成果。仅重点关注少数推荐污染修复技术，将节省大量的时间和精力，以减少场地特征数据的需求（USDoD，1994）。为方便讨论，下面将污染修复技术进行分类。

- 从修复地点看，污染修复技术可以是原位或异位，有时是在场内，位置的选择与污染源相关。
- 从污染媒介看，污染修复技术主要是针对土壤和地下水，但有时也包括空气注入和尾气处理。污染土壤修复可能意味着沉积物、基岩、底泥和其他固体基质，而地下水的污染修复往往涉及地表水，尤其是垃圾填埋场的渗滤液（针对饮用水的地表水和污水处理被称为"处理"，而非"污染修复"。水和废水处理是环境工程基础课程中的成熟科目）。
- 从污染物来看，污染修复技术会因污染物的不同而有很大差异，如挥发性有机化合物（VOCs）、半挥发性有机化合物（SVOCs）、金属、燃料、能量或混合废物。
- 从处理过程看，有被动和主动（如抽提和收集系统）的处理方法。
- 从未来发展看，污染修复技术可以分为成熟、新型或新兴技术。
- 还有其他方法可以对这些不同种类的污染修复技术进行分类。总的来说，这些都将在下文阐述。

原位和异位修复：原位和异位修复技术在应用情景和限制条件方面有所不同。原位修复技术是在不挖掘或清除源介质的情况下处理或消除源介质中的污染物，或在不提取、抽取或以其他方式从含水层中清除地下水的情况下，处理或消除地下水中的污染物。异位修复技术则需要挖掘或清除被污染的源介质，或从含水层中抽取地下水，而后在地面上进行处理。以下是一些常见的原位和异位修复技术的例子：

原位修复技术	异位修复技术
• 监控自然衰减	• 生物泥浆
• 原位生物修复	• 堆肥处理
• 曝气	• 焚烧
• 土壤气相提取	• 土壤洗涤
• 土壤淋洗	• 生物堆
• 地下连续墙	• 土耕法
• 还原脱卤	• 分离

有几个因素可以使原位修复成为污染场地修复的最终选择，包括：①具有高或中等水力传导系数的场地，或低水力传导系数区域但被中或高等水力传导系数区域包围的场地；②具有深层地下水位和（或）合格含水层的场地；③含有难以通过土壤修复技术处理的场地；④污染修复完成时间不紧迫的场地；⑤存在废弃物但因结构性原因无法进入的场地；⑥污染基质难以挖掘或成本太高；⑦迁移基础设施质量较差，或存在大量低浓度污染物无法实现异位修复的场地。

土壤和地下水修复：基于基质分类（表6.1）将修复技术分为①土壤和其他固体基质（沉积物、基岩和底泥）和②地下水和其他液体基质（地表水和渗滤液）。这种分类具有实用价值，然而在大多数污染场地，土壤和地下水修复经常是分不开的。地下水的清理需要清除与土壤颗粒结合或残留其中的污染物，清理受污染土壤往往依赖于清除地下水中与受污染土壤平衡的相关污染物。

表6.1还提到了对应章节（第7～12章），这些章节将介绍主要的修复技术。部分或大或小的修复技术（如固化-稳定化、电动修复）不在详细讨论范围内，但在本章后面会有定义。常见的物理-化学修复技术（如氧化还原、离子交换、沉淀）或专业领域的修复技术（如人工湿地）也被省略。

物理-化学、生物和热修复：如表6.1所述，各种修复技术根据其基础机制可进一步分为物理-化学、生物和热修复技术。基于物理-化学原理的修复技术包括（但不限于）：土壤气相抽提（SVE）、固化-稳定化、物理分离、化学萃取、土壤洗涤、颗粒活性炭（granular activated carbon，GAC）固化以及空气吹脱。对于受污染的土壤和地下水，有多种生物修复方法，包括生物修复、生物通风、堆肥处理、泥浆相生物修复和固相生物修复。热处理在环境修复中是独一无二的，包括众所周知的焚烧、热增强土壤气相抽提（SVE）、蒸汽热脱附、高温热分解和玻璃化。

基于污染物（固化）阻断、提取或破坏的修复方法：根据污染物是否被"（固化）阻断"、"提取"或完全"破坏"，污染修复技术可分为三个不同的类别（图6.1）。"固定化"处理方法包括固化-稳定化、构建阻隔和苫盖。这些固定或控制技术"锁定"污染物，使其暴露风险降至最低或消除。"抽提"处理方法包括土壤挖掘、活性炭处理、真空抽提、空气吹脱、表面活性剂淋洗和原位热处理。例如，土壤气相抽提只通过蒸气形式从非饱和土壤中清除污染物，而表面活性剂淋洗则将污染物从土壤中冲洗到液体中。这些提取技术只是改变了污染物的相位，仍需要后续处理来完成彻底清除。"破坏"技术包括生物修复、化学氧化、氧化脱氯和焚烧。理想的情况是，若每一种修复技术都能充分运行，则每种修复技术在一定程度上均可以实现污染物的"破坏"，即污染物被降解（分解）成无毒的形式，如二氧化碳和水。

表 6.1　土壤和地下水修复技术种类

A. 土壤、沉积物、基岩和底泥	对应章节	B. 地下水、地表水和渗滤液	对应章节
A1. 原位生物修复		B1. 原位生物修复	
生物通风	9	强化生物修复	9
强化生物修复	9	监控自然衰减	9
植物修复	9	植物修复	9
A2. 原位物理–化学修复		B2. 原位物理–化学修复	
化学氧化	6、附录 B	曝气	8
电动分离	6、附录 B	生物泥浆井	9
压裂	7	化学氧化	6、附录 B
土壤淋洗	11	定向井（加强）	7
土壤气相抽提	8	双相浸提	7
固化–稳定化	6、附录 B	热修复	10
A3. 原位热修复		水力压裂（增强）	7
热脱附	10	井内空气吹脱	8
A4. 异位生物修复（包括挖土）		被动反应墙	12
生物堆	9	B3. 异位生物修复	
堆肥处理	9	生物反应器	9
土耕法	9	人工湿地	6、附录 B
泥浆相生物修复	9	B4. 异位物理–化学修复（假设泵送）	
A5. 异位物理–化学修复（包括挖土）		吸附–吸收	7
化学萃取	6、附录 B	高级氧化法	6、附录 B
化学还原–氧化	6、附录 B	空气吹脱（气提）	8
脱卤	6、附录 B	活性炭吸附	7
筛分	6、附录 B	地下水抽出处理	7
土壤洗涤	11	离子交换	6、附录 B
固化–稳定化	13	沉淀、凝结、絮凝	6、附录 B
A6. 异位热修复（包括挖土）		过滤	6、附录 B
热气净化	10	喷灌	6、附录 B
焚烧	10	B5. 阻断	
明燃、明爆	6、附录 B	物理阻隔	7
热分解	10	深井灌注	7
热脱附	10		
A7. 阻断			
填埋苫盖	9		
填埋苫盖强化–替代	9		

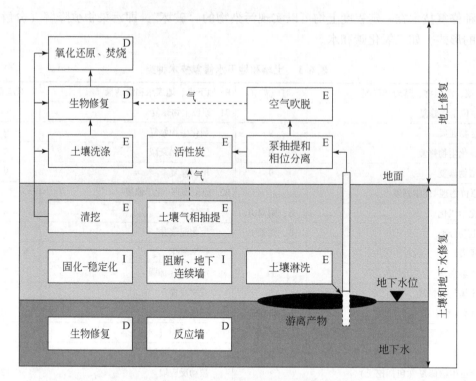

图 6.1 根据功能将常见土壤和地下水修复技术分类

D. 破坏；E. 抽提；I. 固化。虚线表示气相转化

基于处理、阻断或制度控制的修复方法：另一种有趣的分类是根据污染源头控制、修复措施的类型来完成分类：①源头控制处理措施包括任何原位或异位修复技术；②源头控制阻断是对源头的污染物进行阻断，包括在现场内外使用盖子、衬垫、覆盖和填埋；③制度控制和其他非工程措施，如监测和人口疏散（见注释栏 6.1）。

注释栏 6.1 场地修复的制度（非工程）控制

本章内容中，我们的重点始终放在清理污染土壤和地下水的工程措施上，但非工程控制或制度控制（institutional control, IC）可能同样重要。实际上，在涉及污染修复的各利益相关者中，对于 IC 接受程度逐渐提高。制度控制（IC）是非工程工具，如行政和法律控制，有助于最大限度地减少人类接触污染的可能性和（或）保护修复措施的完整性。IC 不涉及通过施工或物理途径改变场地。因此，USEPA 不认为在场地设置禁止入内的围栏是一种制度控制。

IC 是为了补充工程控制，因此，该方法很少作为现场唯一的修复措施。IC 在场地修复中发挥着重要作用，因为它们通过限制土地或资源的使用、纠正行为、公众宣传来减少与污染的接触。当首次发现污染、当修复措施正在进行、当现场内污染残存且不允许在修复完成后无限制地使用或暴露，都应使用 IC。

IC 可分为四种常见类型：①政府控制：包括地方法律或许可，如县分区、建筑许可和地下水使用限制；②所有权控制：包括基于私有产权法的财产使用限制，如地役权、契约和国家使用限制；③执法工具：包括要求个人、公司进行或禁止特定行动的文件，如环境清理法院同意法令、行政命令或许可证；④信息配备：包括提醒和教育人们有关某一地点的业主（房产）证明或公众通告。

现场管理人员选择制度控制的指南可从 EPA（2000）获得，各种 IC 的类型、定义、示例、优点和限制的详细信息也可以在美国 EPA 网站上找到：https://www.epa.gov/superfund/superfund-institutional-controls。

6.1.2　常见和常用的修复技术

表 6.1 中给出了一些常用修复技术，下面将根据两种主要污染基质（土壤和地下水）分别列出。在这些常用技术中，只有焚烧、填埋和固化-稳定化技术是成熟的修复技术。传统上，这些技术在美国的超级基金场地和世界各地的污染场地得到了最广泛使用用的。

土壤修复	地下水修复
● 生物修复	● 曝气
● 苫盖	● 原位生物修复
● 脱氯	● 自然衰减
● 破坏	● 物理阻隔
● 电动修复	● 抽出处理
● 固化	● 还原脱卤
● 焚烧	
● 土耕法	
● 植物修复	
● 分离	
● 土壤挖掘	

相较于成熟的技术，新型修复技术是指那些相对较新的工艺，它们已经被测试并应用于处理危险废物或其他受污染的材料，但仍然缺乏足够的相关成本和效果的数据以预测这些技术在各种操作条件下的性能（USEPA，1996）。这类新型修复技术有生物修复、土壤气相抽提、曝气、热脱附、土壤洗涤、原位土壤淋洗、化学脱卤和溶剂萃取。新型修复技术可以成为比成熟修复技术更可取的替代方案，因为这些新型修复技术可以为危险废物清理问题提供具有成本效益的长期解决方案，而且新型修复技术往往比一些成熟修复技术更容易被周围社区（居民）接受。

　　根据一项针对美国超级基金场地修复的调查，目前使用的大部分修复技术仍被归类为"新型"而非"成熟"。截至1990年，使用新型修复技术的场地占比为15%，2004年增加到48%。直到最近，使用新型修复技术的项目的占比几乎与使用更成熟修复技术的项目相等。

　　图6.2显示了美国超级基金场地修复中最常用技术的更多细节，许多时候，异位修复项目已经完成，但是原位修复和抽出处理项目还未结束。到2004年，约有93%的地下水修复项目依靠抽出处理，这一点将在第7章充分讨论。其他具有重要意义的常用修复技术土壤气相抽提和原位曝气（第8章）、生物修复（第9章）、热处理技术（如焚烧和热脱附；第10章）、土壤淋洗和原位淋洗（第11章）以及反应墙（第12章）。图6.2中显示的数据仅包括部分修复技术，如近年来常用的制度控制和遏制技术就不包含在内，读者应从USEPA网站上查看最新的讯息。更多关于超级基金修复技术的最新总结可从USEPA（2013，2017）获得。

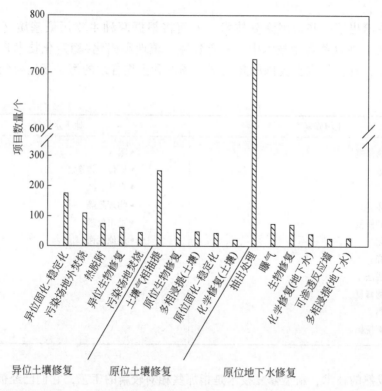

图6.2　美国常用的土壤和地下水修复技术（据 USEPA，2007；基于 1982～2005 年数据）

6.1.3　不同污染物的修复技术

　　在第2章，我们介绍了一些常见的土壤和地下水污染物及其特性。在此，我们进一步从污染物的角度描述适用的修复技术。一般来说，有机化合物和无机金属的污染修复技术有本质的区别。

对于土壤中的有机污染，最常用的技术是针对挥发性有机化合物（VOCs）的土壤气相抽提（SVE），在某些情况下，土壤气相抽提可以增强土壤渗透性或污染物的挥发性，针对半挥发性有机化合物（SVOCs）污染修复效果较好。对于石油碳氢化合物和多环芳烃来说，生物修复是第二常用的方法；对于 VOCs 和 SVOCs 来说，热脱附是第三常用的方法。

对于土壤中的无机金属，固化-稳定化（stabilization/solidification，S/S）的固定方式仍然是最常用的，但应用于土壤和地下水的修复技术通常有所不同。在以下各类具有代表性污染物的讨论中（USDoD，1994），我们将"土壤"泛指任何固体基质，包括土壤、沉积物和底泥；"地下水"则指普通液体废物，包括抽取的地下水、渗滤液或地表水。

土壤中的 VOCs：对于土壤、沉积物和底泥中的 VOCs，土壤气相抽提、热脱附和焚烧是 VOCs 污染场地的推荐修复技术。采用焚烧法处理卤代 VOCs 时，应进行特殊的尾气处理和淋洗水处理。生物通风是一种通过注入空气为好氧降解提供氧气的修复方法，是另一种常用的技术。一般来说，卤代 VOCs 比非卤代化合物更难完成生物降解。通用的原则是，附着在化合物上的卤素越多，该化合物就越难进行生物降解。

地下水中的 VOCs：对于地下水、渗滤液、抽提的地下水或地表水中的 VOCs，使用填料式空气吹脱塔进行吹脱法是常用的方法。抽提塔可以在现场的混凝土地面永久性安装，也可以在滑车（拖车）上临时安装。另一种处理液体中 VOCs 的方法是液相碳吸附，这是市政污水和废水成熟的处理方法。被 VOCs 污染的地下水穿过一系列含有活性炭的容器，利用活性炭将其中低浓度的溶解 VOCs 去除，但含有高浓度 VOCs 的废水并不具有成本效益，因为需要经常进行碳再生。

空气或尾气中的 VOCs：对于处理排放空气或尾气中的 VOCs，碳吸附、催化氧化和热氧化是三种常用的方法。与前述的液相碳吸附类似，串联或并联的颗粒活性炭（GAC）填料床可以去除气流中的 VOCs。催化氧化法在修复过程中通常利用具有经济效益的非贵金属（如镍、铜或铬，而非铂和钯等贵金属），温度范围为 600～1000 ℉。在热氧化过程中，使用带有耐火衬垫的氧化剂和以丙烷或天然气为燃料的燃烧器。

土壤中的 SVOCs：虽然被归类为 SVOCs，但这组化合物包括多种来源和各种不同结构的化学品，如氯化芳烃、酚类、醚、邻苯二甲酸盐、多环芳烃、多氯联苯和农药。土壤、沉积物和底泥中 SVOCs 的常见处理技术包括生物修复、焚烧和清挖后异位处理。低分子量的多环芳烃，如萘、菲和蒽，通常可被生物降解，而高分子量的多环芳烃，如芘、䓛和荧蒽，则不易被细菌侵蚀。原位注入营养物和异位生物反应器都可以设计为针对 SVOCs 进行生物修复的方法。多氯联苯和氯化芳烃（如五氯苯酚）通常被认为是难以生物降解的化合物，因此难以实施生物修复技术。焚烧可以达到大于 99.99% 的去除效率，在一个操作适当的焚烧炉中，对多氯联苯和二噁英类的去除率甚至可以达到 99.9999%。由于日益严格的监管控制，危险材料的异位处理，如填埋，已经变得越来越困难，成本也越来越高。

地下水中的 SVOCs：如果 SVOCs 存在于地下水、地表水或渗滤液等液体中，应用于 VOCs 的液相碳吸附法同样适用于 PAHs、PCBs 和农药等的去除，这些化合物的高疏水性使它们对活性炭吸附剂有较强的亲和性。此外，基于紫外线的高级氧化法（advanced oxidation process，AOP）也可以通过将紫外线与催化剂、氧化剂［如臭氧（O_3）和过氧化氢（H_2O_2）］相结合来应用。

土壤中的燃料：燃料是脂肪族碳氢化合物（如烷烃）和芳香族碳氢化合物（如 BTEX 和少部分 PAHs）的混合物，来自泄漏的地下储罐、石油精炼厂、脱脂溶剂和车辆维修区。燃料可能存在于自由相 NAPL 中。由于它们是 VOCs 和 SVOCs 的混合物，所以适用于 VOCs 和 SVOCs 推荐修复技术一般也适用于土壤中燃料的修复。对于污染土壤和沉积物中的燃料，可以采用各类的生物降解技术，包括生物通风、堆肥处理、泥浆相生物反应器和土耕法。在厌氧条件下对燃料进行生物修复也是可行的，尽管有时发生的是生物转化而非矿化作用（注释栏 2.2）。如果燃料类碳氢化合物中还存在卤素化合物，则应采用焚烧法处理。对于表层和深层土壤中的燃料，土壤气相抽提技术的效果非常好。低温热脱附可在 90～315℃的温度范围内用于分离燃料中的挥发性成分。

地下水中的燃料：燃料污染的地下水经常通过吹脱法、碳吸附和游离产物回收。这些都是需要抽取地下水的异位处理技术。通过抽水或被动收集系统来清除游离产物（漂浮在水面上不溶解的液态碳氢化合物）。

土壤中的炸药：TNT、RDX、HMX 和四硝胺（2,4,6-三硝基苯甲基硝胺），军事区域最常用的炸药（TNT、RDX 和 HMX 的结构见图 2.5）。炸药属于高度浓缩有机物，因此前文针对高度浓缩有机物的技术普遍适用这一类修复项目。在修复被爆炸物污染的土壤时，应采取安全预防措施。例如，若某地区的爆炸物含量超过 10%，可稀释、混合处理受污染土壤。混合完成后，通过生物修复或焚烧来处理受污染土壤。其他前景较好的修复技术包括再利用–再循环、溶剂萃取和土壤淋洗。

生物修复通常对处理低浓度爆炸物最为有效。结晶 TNT 很难进行生物处理。爆炸物的生物途径（见第 9 章）会因场地条件的不同而改变。TNT 在有氧条件下不能完全降解，因此，单胺、双胺、羟基-DNT 和四硝基氮杂环丁烯可以累积。RDX 和 HMX 在厌氧条件下可以降解为二氧化碳和水。在某些最佳的有氧条件下，2,4-DNT 和 2,6-DNT 都可以被矿化为二氧化碳、水和亚硝酸盐（Zhang et al.，2000）。美国国防部目前一直在开发或实施对爆炸物污染土壤的生物修复方法：泥浆相生物反应器、堆肥处理、土耕法和白腐菌修复，均为固相修复以及原位生物修复。

经美国国防部爆炸物安全委员会批准，焚烧爆炸物含量不足 10%的材料可被视为非爆炸性操作。美国陆军主要使用三种类型的焚烧装置：回转窑焚烧炉、失活炉和污染废物处理器（USDoD，1994）。

地下水中的爆炸物：对于受爆炸物污染的地下水，正如我们对 SVOCs 的描述，颗粒活性炭（GAC）和基于紫外线的 AOP 是可用的技术，颗粒活性炭可用于处理受爆炸物污染的水，包括弹药制造和非军事化的过程性废水（粉水）以及因处置这些水而被污染的地下水。由于 GAC 修复技术的广泛使用，紫外线（ultraviolet，UV）氧化法没有被广泛用于修复被炸药污染的水。然而，基于紫外线的高级氧化法（AOP）可以有效地处理被炸药污染的水，与碳处理不同的是，它实际上破坏了目标化合物，而不仅仅是将它们转化为更容易处置的介质。

土壤中的无机物：可修复的无机化合物包括金属、核废料中的放射性污染物（单独讨论）、氰化物和石棉。其中，砷和硒不是真正的金属，但它们属于 RCRA 监管的八种金属（砷、钡、镉、铬、铅、汞、硒和银）。固化-稳定化（S/S）是处理土壤、沉积物和底泥中的金属最常用的修复方法，这一方法涉及添加材料，如粉煤灰，以减少废物的可溶性和流动性。

不同于有机化合物，金属无法被破坏或生物降解。金属只能转化为固定（生物上不可利用）的形式和（或）无毒的形式。然而，它们可以通过化学和生物途径从一个形式被生物转化为另一个形式。例如，致癌物 Cr(VI) 可以在化学或生物过程中，通过还原反应转化为无毒的 Cr(III) 形式。在厌氧条件下，砷酸盐［As(VI)］可以被还原成毒性更强的亚砷酸盐［As(III)］，其溶解度更高，更容易被浸出。

金属通常被认为是不可挥发的，因此它们不受任何基于挥发原理的修复技术的影响，如土壤气相抽提和曝气。铅（Pb）和汞（Hg）是例外，修复过程涉及其自身的挥发。铅在生物甲基化形成四甲基铅和四乙基铅后的有机铅具有可挥发性。汞的金属形式（Hg^0）或汞甲基化后形成的二甲基汞都有可挥发性。铅和汞的甲基化形态在蒸发到大气环境后危害性更大，我们需要切断它们的形成途径。

地下水中的无机物：对于地下水、地表水和渗滤液等液体中所含的金属，广泛使用的异位修复技术包括沉淀-絮凝、过滤和离子交换等。这些技术在传统的水和废水处理厂中已经非常成熟。

放射性污染物：与非放射性金属不同，放射性污染物衰变为非放射性化学品可能需要极长的时间（^{239}Pu 半衰期为 2.41 万年；^{235}U 衰期为 7 万年）。因此，放射性废物的储存、处理和处置均面临独特的挑战。在美国，核武器设施产生的废物至少是核电行业的 10 倍，而其他来源的放射性废物（医院、科研实验室、一些行业、铀的开采和加工）只占一小部分（Girard，2014）。放射性废物的清理被认为是一项具有专门性的工作，因此注释栏 6.2 中简要介绍了背景信息。

注释栏 6.2　放射性废料：不只是不能在我家后院，而是不能在地球上！

放射性废物分为低放射性废物（low-level radioactive waste，LLW）和高放射性废物（high-level radioactive waste，HLW）两大类。高放射性废物（HLW）含有 ^{239}Pu（钚），包括来自商业发电厂和武器工厂核反应堆的乏燃料棒组件，以及来自核武器设施的某些其他高放射性废物。所有其他放射性废物都被归类为低水平废物，其中通常含有来自医院、研究实验室和某些工业的稀释半衰期较短的放射性污染物，以及来自核武器工厂的稀释超铀（又称超铀）废物（原子序数大于铀的元素，即 92）。

美国国会通过了《低放射性废物政策法案》，将 1986 年（后来延长到 1992 年）定为每个州处理低放射性废物的最后期限。低放射性污染物的初始处理包括分离、浓缩（减容）和固定化。在放射性达到显著衰减后，可在专门设计的沟渠、垃圾填埋场和坑中处理低放射性废物，如华盛顿州汉福德的一个和新墨西哥州卡尔斯巴德的废物隔离试验工厂（Waste Isolation Pilot Plant，WIPP）。WIPP 是世界上第三个获准永久处理超铀放射性废物长达 1 万年的深层地质储存库。

应该为高放射性废物，如乏核燃料，建立专门的地质贮存库，以便永久处置。《核废料政策法案》规定美国能源部负责寻找核废料处理场。经过多年的努力，能源部将范围缩小到三个地点（华盛顿州汉福德、得克萨斯州戴夫史密斯县、内华达州尤卡山），最终选择内华达州奈县的尤卡山作为地质库，设计用于接受高放射性废物（Lehr et al.，2002）。然而，在美国的多个地点，临时储存仍在继续。显然，反对放射性废物处理地点不仅邻避"NIMBY"（不能在我家后院，not in my backyard），更是"NOPE"（不能在地球上，not on planet Earth）！

表 6.2 概述了土壤和地下水中各类污染物的可处理性。这些污染物被分为八组：非卤代 VOCs、卤代 VOCs、非卤代 SVOCs、卤代 SVOCs、燃料、无机物、放射性污染物和爆炸物。可处理性被定义为"高于平均水平" = 在中试或现场应用中证明有效；"平均" = 在中试或现场应用中证明部分有效；"低于平均水平" = 在中试或现场应用中未证明有效。示例 6.1 和示例 6.2 简要说明了使用该模型来筛选修复技术的情况。

表 6.2　土壤和地下水中各类污染物可处置度筛选矩阵（改编自 USEPA，2018）

常见的土壤和地下水修复技术	非卤代 VOCs	卤代 VOCs	非卤代 SVOCs	卤代 SVOCs	燃料	无机物	放射性污染物	爆炸物
A. 土壤、沉积物、基岩和底泥								
A1. 原位生物修复								
生物通风	●	◆	●	○	●	○	◆	○
强化生物修复	●	●	●	◆	●	◆	◆	●
植物修复	◐	◐	◐	◆	◐	◐	○	○
A2. 原位物理-化学修复								
化学氧化	◐	●	○	◐	○	◆	○	◐
土壤淋洗	●	●	●	●	●	●	●	◐
土壤气相抽提	●	●	○	○	●	○	○	○
固化-稳定化	○	○	◐	◐	○	●	◐	○
A3. 原位热修复：热修复	●	●	●	●	●	○	○	○
A4. 异位生物修复（包括挖土）								
生物堆	●	●	◐	◆	●	◆	○	○
堆肥处理	◐	●	◐	◐	●	◐	○	●
土耕法	◐	●	◐	◐	◐	○	○	◆
泥浆相生物修复	◐	●	●	◆	●	◆	○	●
A5. 异位物理-化学修复（包括挖土）								
化学萃取	◐	◐	●	●	●	◐	◐	○

续表

常见的土壤和地下水修复技术	非卤代VOCs	卤代VOCs	非卤代SVOCs	卤代SVOCs	燃料	无机物	放射性污染物	爆炸物
化学还原-氧化	◐	◐	◐	◐	◐	●	○	◐
脱卤	○	●	○	●	○	○	○	◐
土壤洗涤	◐	◐	◐	◐	◐	◐	○	○
固化-稳定化	○	○	◐	◐	○	●	●	○
A6. 异位热修复（包括挖土）								
焚烧	●	●	●	●	●	○	○	●
热分解	◐	◐	●	●	◐	○	○	○
热脱附	●	●	●	●	●	○	○	●
A7. 阻断：填埋苫盖强化-替代	◐	◐	◐	◐	◐	◐	○	◐
A8. 其他：清挖、回收、场外处理	◐	◐	◐	◐	◐	◐	○	◐
B. 地下水、地表水和渗滤液								
B1. 原位生物修复								
强化生物修复	●	◆	●	◆	●	◆	○	◐
监控自然衰减	◐	◐	◐	◐	◐	○	○	○
植物修复	◐	◐	◐	◐	◐	◆	○	○
B2. 原位物理-化学修复								
曝气	●	◐	◐	◐	●	○	○	○
生物泥浆井	◐	◐	●	●	◐	○	◐	○
化学氧化	◐	◐	○	◐	○	◆	○	◐
定向井（加强）	◐	◐	◐	◐	◐	◐	○	◐
热修复	◐	●	●	●	●	○	○	○
井内空气吹脱	◐	◐	◐	○	◐	○	○	○
被动反应墙	●	●	●	●	◐	◆	○	●
B3. 异位生物修复								
生物反应器	●	●	◆	●	○	○	○	●
人工湿地	◐	◐	◐	◆	◐	●	○	●
B4. 异位物理-化学修复（假设泵送）								
吸附-吸收	◐	◐	◐	◐	○	●	◆	○
高级氧化法	●	●	●	●	●	◆	◆	●
空气吹脱（气提）	●	●	○	○	○	○	○	○

续表

常见的土壤和地下水修复技术	非卤代 VOCs	卤代 VOCs	非卤代 SVOCs	卤代 SVOCs	燃料	无机物	放射性污染物	爆炸物
颗粒活性炭吸附、活性炭液相吸附	●	●	●	●	●	◆	○	◆
地下水抽出处理	◐	◐	◐	◆	◐	◐	○	◐
B5. 阻断：物理阻隔	●	●	●	●	●	●	●	●
B6. 空气注入和尾气处理								
氧化作用	●	●	●	●	●	○	I/D	◐
活性炭气相吸附	●	●	●	●	●	◐	I/D	●

注：●为高于平均水平；◐为平均水平；○为低于平均水平；◆为有效性水平高度依赖于具体的污染物种类及其应用；I/D 为数据不足。

示例 6.1　木材防腐加工类污染场地各种污染物可被降解的情况

下表提供了修复受木材防腐保存污染场地的各类修复技术的有效性（USEPA，1992）。简要说明这些修复技术针对不同污染物的效果。

污染物	焚烧	化学脱卤	化学氧化	生物修复
二噁英类、多氯联苯类	●	●	○	○
五氯苯酚、甲酚	●	◐	◐	◐
多环芳烃类	●	○	○	●
极性有机化合物	●	○	○	●
金属	○	○	◐	○

注：●为证明有效；◐为部分有效；○为未证明有效。

解答：

根据我们在 6.1.3 节中的描述，各种修复技术对特定类别污染物的有效性大多是不言自明的。例如，人们希望焚烧可以去除全部有机化合物，但金属除外，因为金属无法被改变。在充分的脱卤反应条件下，卤代化合物可以发生化学脱卤。二噁英类、多氯联苯类和金属很难完成生物降解，而低分子量的多环芳烃和大多数极性有机化合物则有很快的生物降解动力学速率。对于二噁英类和多氯联苯类的化合物，化学氧化法是最不可行的，但通过氧化剂的适当选择，如选择 H_2O_2 作为氧化剂和 Fe^{2+} 作为催化剂 [芬顿（Fenton）试剂]，还是有可能实现化学氧化修复的。

示例 6.2 使用修复技术的筛选矩阵

你作为一个环境专业人士,当一个当地社区的代表或参与污染修复项目的监管者联系你,就以下两个污染修复问题咨询时,你将如何评价和提出建议:(a)煤气化设施土壤中存在的非卤代 SVOCs;(b)旧焚烧坑周围存在的卤代 SVOCs。作为一个专业人士,你会提出什么建议? 在这两种污染情况下,推荐的修复技术是原位生物修复和焚烧。

解答:

(a)非卤代 SVOCs 很可能是来自煤气化设施的 PAHs。原位生物修复和焚烧对修复 PAHs 来说在技术上都是可行的。原位生物修复的优势在于其较低的投资成本和修复成本;异位焚烧的优势在于其修复时间短。(b)需要关注的化合物可能有多氯联苯、氯化杀虫剂或其他卤代有机化合物。卤代有机化合物可以通过异位焚烧完全去除(去除率可达到 99.9999%),但通常不采用微生物降解。

6.2 修复技术筛选

本节首先将描述各种污染修复技术一般是如何通过各种可行性研究开发出来:实验室小试规模、中试规模和现场应用。随后,引入筛选模型和标准,以协助选择合适的修复技术。最后,本节将介绍土壤和地下水修复方面的一些最新进展,其中包含可持续性的概念。这一概念将在此后的章节中更多被提及,此后的章节中,会完善各类修复技术的更多细节。

6.2.1 修复调查和修复可行性研究

在修复调查和修复可行性(remedial investigation/remedial feasibility, RI/RF)阶段,可行性研究是最为关键的一步,其主要目标集中在如下方面:①提供足够的数据,以便在详细分析中充分开发和评估所有修复技术,并为选定修复技术的设计提供支持;②将处理方案的成本、性能的不确定性降低至可接受的水平,以便进行修复技术的选择。RI/RF 期间开展的可行性研究应用于充分评估某种特定技术,包括评估性能、确定工艺规模,并充分、详细地估算成本,以支持修复技术的选择。这并不适用于完成细节设计和设定应该在修复设计阶段确定的运行参数。

可行性研究有三个等级(图 6.3)。等级的选择取决于场地的有用信息、技术情况和所需信息的性质。最快、最便宜的可行性研究是实验室筛选,最昂贵的是用供应商提供的设备进行实地研究。实验室筛选的目的在于了解更多关于污染物的特性,并判断是否可以用某种特定技术处理。实验室筛选测试需要几天到几周的时间,一般费用在 1 万~5 万美元。一次成功的实验室筛选可能会利于更复杂的可行性研究。

可行性研究的下一个等级是小试规模研究,通过使用极少量污染物或受污染的基质模

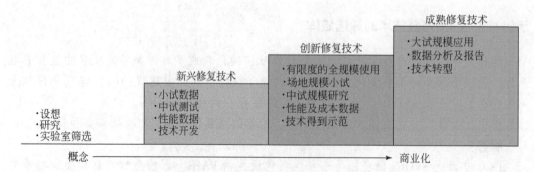

图 6.3　土壤和地下水修复技术的研发

拟修复过程，收集更多该修复技术的效果数据（以及某些情况下的成本数据）。开展小试的目的在于确定该修复技术是否能达到为该场地设定的修复目标。小试的费用大致在5 万 ~ 25 万美元。小试通常用于确定修复技术的"物理学"、"化学"或"微生物学"原理是否有效，通常在反应器（如混合良好的"反应器试验"）或土壤柱中进行，处理参数一次一变。由于反应器（如瓶子、烧杯、柱子）的体积小、价格低廉，因此可以经济地使用小试实验来大量测试修复技术性能和污染物成分变量。

在下一个等级，中试规模可行性研究通常在现场或实验室进行，需要安装修复设备。这项研究通常用于提供修复技术的性能、成本和设计等步骤的数据。由于成本较高（>25万美元），所以中试研究几乎只用于技术设计的微调。中试研究的目的是模拟现场应用时的物理化学和（或）生物参数；因此，中试系统处理单元的尺寸和处理量远大于小试规模试验。如此一来，中试目的在弥补小试与现场应用之间存在的差异，同时旨在更精准的模拟现场应用时的性能。

中试阶段装置的体量通常是为了尽量减少试验设备对处理性能的物理和几何影响，以更好地模拟现场应用时的性能。可能造成的影响包括混合、壁效应、准确的沉淀数据、产生足够的残余物（底泥、废气等）用于额外的测试（脱水、固定等）。试验装置的运行方式尽可能地与全尺寸系统的运行方式相近。换句话说，如果现场应用时系统连续运行，那么中试装置系统通常也将连续运行。表 6.3 总结比较了实验室小试和中试之间的异同。

表 6.3　小试和中试研究参数表（改编自 USEPA，1988）

参数	小试	中试
目的	确定性能和最佳工艺参数，包括有效机制、化学剂量、环境因素的影响、材料兼容性和过程动力学	确定大规模应用的性能和成本，微调操作标准和修复设计
规模	实验室或台式（反应器和土壤柱试验）	1% ~ 100%的全面应用
地点	实验室	现场
供应商	产品供应商、大学、国家实验室、独立实验室	商业研发实验室和环境咨询公司
测试变量	较多	少数有限的特定地点变量
材料和污染物	少量到中等量	相对较多

续表

参数	小试	中试
所需时间	数天到数周	数周到数月
成本	修复项目资本成本的 0.5% ~2%	根据总成本，修复项目资本成本的 2% ~5%
限制条件	墙体、边界和混合效应；体积效应；模拟固体处理的困难；迁移足够的废物量	测试大量变量的成本很高；产生大量的废物；安全、健康和其他风险；需要处理工艺废物

图 6.4 是一个使用泥浆相生物反应器对土壤中的爆炸物进行生物降解的中试规模的示例。该生物反应器装置采用容积为 80L 的市售泥浆反应器，采用分批填充、提取的操作模式。在反应器的运行过程中，首先对受污染的土壤进行分离以去除砾石，然后用自来水清洗土壤以去除可溶于水的大部分爆炸性化合物。过程中产生的泥浆被放置在一个生物反应器系统中，该系统持续监测并调整 pH，以实现细菌的最佳生长环境。来自生物反应器的固体残余物排放前在储存罐中进一步处理，并将处理过的土壤与液体污水分开（Zhang et al.，2001）。

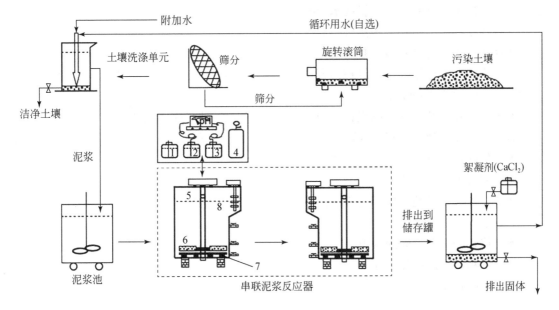

图 6.4 爆炸性污染物在土壤泥浆相生物降解中试示意图（改编自 Zhang et al.，2001）

1. 营养液；2. HCl；3. NaOH；4. 压缩空气；5. 空气输送管；6. 空气扩散管；7. 底部耙；8. 泡沫破碎机

需要注意的是，并非所有的修复技术都需要进行可行性研究，这包括那些成熟的技术，如活性炭和吹脱法。此外，不是所有新型技术的可行性研究都能使其在修复过程中成功利用和商业化。这是因为有些技术需要进一步的研发，有些技术需要良好的现场数据，有些技术需要降低成本。某些技术也会因为各种原因而消失，如高成本、修复失败、负面报道、应用不当、系统设计不良或本身的局限性。有些技术可能在某个污染场地有效，但在另一个污染场地就无效了。

最有可能成功的技术包括那些简单、低成本、有成功案例且有大型公司感兴趣的技术（如通风、曝气、生物修复）。易于成功的技术包括那些具有可信的市场或销售白皮书、可遵循的详细章程、用户友好的辅助工具以及得到大型公司使用的技术。USEPA 鼓励使用新型修复技术，尽管会遇到一些严峻的阻碍因素。这些阻碍新修复技术应用的因素可能包括：责任划分、缺乏技术开发者提供的可用数据、不切实际的成本和性能数据、缺乏准确的市场数据来估计资本需求、高风险且低回报、商业化所需时间过长（法规、许可等）、缺乏利益相关方良好的合作关系、缺乏有针对性的技术转让联系人和信息。

6.2.2 修复技术的筛选和选择标准

在联邦修复技术圆桌会议（Federal Remediation Technologies Roundtable，FRTR）的支持下，美国陆军环境中心（United States Army Environmental Center，USAEC）主导了一个多机构参与的工作，以创建修复技术筛选的模型和参考指南。其目的是创建一个现场应用的"修复技术黄页"，提供给负责环境修复的技术人员使用（Teefy，1997）。表 6.4 总结了根据以下情况筛选的主要修复技术的相关内容。

- 技术成熟度（可用技术的规模状况）；
- 修复技术组合（该技术是否仅作为修复技术组合的一部分而有效？）；
- 整体成本和性能（运行维护、资本、系统可靠性和可维护性、相对成本、修复一个"标准"场地所需的时间）；
- 技术可获取情况（能够设计、建造和维护该技术的供应商数量）。

表 6.3 中没有列出的其他因素，可能包括以下一些内容：

- 产生的残余物，如固体、液体和蒸气；
- 可实现的污染物最低浓度；
- 对毒性、流动性或体积的考虑；
- 长期运行的有效性和性能；
- 对修复公司和社区的认识；
- 监管和许可的可接受性；
- 社区的接受程度。

表 6.4 土壤和地下水修复技术筛选矩阵（改编自 USEPA，2018）

常见的土壤和地下水修复技术	技术成熟度	修复技术组合	相对的整体成本和性能					技术可获取情况
			运行维护	投资成本	系统的可靠性和可维护性	相对成本	时间	
A. 土壤、沉积物、基岩和底泥								
A1. 原位生物修复								
生物通风	●	●	●	●	●	●	◑	●
强化生物修复	●	●	○	◑	◑	●	◑	●
植物修复	●	●	●	●	○	●	○	◑

续表

常见的土壤和地下水修复技术	技术成熟度	修复技术组合	相对的整体成本和性能					技术可获取情况
			运行维护	投资成本	系统的可靠性和可维护性	相对成本	时间	
A2. 原位物理–化学修复								
化学氧化	●	●	○	◐	◐	◐	●	●
土壤淋洗	●	●	○	◐	◐	◐	◐	●
土壤气相抽提	●	○	○	◐	●	●	●	●
固化–稳定化	●	●	◐	○	●	●	●	●
A3. 原位热修复：热修复	●	○	○	○	●	◐	●	●
A4. 异位生物修复（包括挖土）								
生物堆	●	●	●	●	●	●	◐	●
堆肥处理	●	●	●	●	●	●	◐	●
土耕法	●	●	●	●	●	●	◐	●
泥浆相生物修复	●	○	○	○	◐	●	◐	●
A5. 异位物理–化学修复（包括挖土）								
化学萃取	●	○	○	○	●	●	◐	●
化学还原–氧化	●	◐	◐	○	●	●	●	●
脱卤	●	◐	○	○	○	○	◐	◐
土壤洗涤								
固化–稳定化	●	●	◐	○	●	●	●	●
A6. 异位热修复（包括挖土）								
焚烧	●	●	○	○	◐	○	●	●
热分解	●	●	○	○	○	○	●	●
热脱附	●	●	○	○	◐	◐	●	●
A7. 阻断：填埋苫盖强化–替代	●	●	◐	○	●	●	○	●
A8. 其他：清挖、回收、场外处理	●	●	●	●	●	◆	●	●
B. 地下水、地表水和渗滤液								
B1. 原位生物修复								
强化生物修复	●	●	○	◐	●	●	◆	●
监控自然衰减	●	●	○	◐	◐	●	◆	●
植物修复	●	●	●	●	○	●	○	◐
B2. 原位物理–化学修复								
曝气	●	●	●	●	●	●	●	●
生物泥浆井	●	◐	●	●	●	●	◐	◐
化学氧化	●	●	◐	○	●	●	◐	●
定向井（加强）	●	●	◐	○	◐	◐	◐	◐
热修复	●	○	○	○	◐	◐	●	●

续表

常见的土壤和地下水修复技术	技术成熟度	修复技术组合	相对的整体成本和性能						技术可获取情况
			运行维护	投资成本	系统的可靠性和可维护性	相对成本	时间		
井内空气吹脱	●	◐	◐	○	◐	◐	○		●
被动反应墙	●	●	◐	◐	●	◐	◐		●
B3. 异位生物修复									
生物反应器	●	●	◐	○	◐	●	◐		●
人工湿地	●	◐	◐	○	◆	◐	◆		○
B4. 异位物理-化学修复（假设泵送）									
吸附-吸收	●	●	○	◐	◐	○	○		●
高级氧化法	●	●	◐	◐	●	◐	◐		●
空气吹脱（气提）	●	◐	◐	◐	●	◐	◐		●
颗粒活性炭吸附、活性炭液相吸附	●	◐	◐	◐	●	◐	◐		●
地下水抽出处理	●	◐	○	○	●	●	○		●
B5. 阻断：物理阻隔									
B6. 空气注入和尾气处理									
氧化作用	●	N/A	●	●	●	●	I/D		
活性炭气相吸附	●	N/A	●	●	●	●	I/D		●

注：●为高于平均水平；◐为平均水平；○为低于平均水平；◆为有效性水平高度依赖于具体的污染物种类及其应用；I/D 为数据不足；NA 为不适用。修复技术筛选模型中使用的符号的定义详见 USEPA，2018。

下面的例子展示了根据表 6.4 中列出的主要准则使用该筛选模型的情况。对于详细的筛选分析，读者应该熟悉相关的工程、法律法规、经济、公共卫生和社区认知等方面的所有要求。

6.2.3　绿色和可持续的修复措施

20 世纪 70 年代末，美国、加拿大和大部分欧洲国家在环保运动之后，开始了针对受污染土壤和地下水的环境污染修复。正如我们在 6.2.2 节所了解的，修复技术的选择传统上一直是基于特定技术的成本效益（资本和运行维护成本、修复效率和时间），以满足修复目标，没有过多考虑现场之外的影响因素。因此，自从美国的国家修复计划开始以来，更具扩散性和能源密集型的修复技术（如抽提、土壤清挖和焚烧等；表 6.5）是清理超级基金场地的主要修复技术。随着人们对成本效益的逐渐了解，这些成熟技术在 1990 年前后逐渐转向其他所谓的新型修复技术，如土壤气相抽提、原位生物修复和自然衰减。

自 2000 年左右，人们越来越关注污染物修复的可持续性。特别是在过去的十几年间，通过政府机构、修复行业从业人员和行业协会发布的指南和导则等，在可持续的修复领域取得了重大进展（如 USEPA，2008，2009a，2009b，2010，2012；SURF，2009）。

表 6.5 环境修复技术的演变 （据 Zhang, 2013）

时期（大概）	1970 年	1990 年	2000 年
偏好技术	土壤清挖、焚烧、抽出处理	土壤气相抽提、原位生物修复、自然衰减	考虑到场地特征、设计、施工、运营和监测的整体方法
主要决定因素	效果	费用、效果	成本、效果、可持续性
空间–时间边界	所在区域；短期	所在区域；长期（一般情况下）	区域到全球；全生命周期
优点和缺点	更有效（理论上）、更佳，但成本更高	低强度、成本较高，但时间较长（一般情况下）	兼顾社会、经济和环境效益的和谐局面

可持续的修复措施被定义为某一种修复技术或多种修复技术的组合，通过灵活地使用有限的资源，实现人类健康和环境净利益最大化（SURF, 2009）。许多公司有时会提到绿色修复，即考虑实施修复技术产生的所有环境影响，并结合各种方案以最大限度地提高清洁行动的净环境效益的做法（USEPA, 2008）。与其他行业的可持续性一样，可持续性修复的目的是基于美国前总统奥巴马的 13514 号总统令（The White House, 2009），"创造并维持人类与自然和谐相处的条件，以满足当今和未来的社会、经济和其他需求"。

在美国，目前还没有任何监管规定强制执行污染物的可持续性修复。USEPA 认为，以科学为基础的绿色项目是对其传统的"命令与控制"式行业监管的自愿补充，以实现环境保护的可持续性发展（Hjeresen et al., 2001）。因此，绿色修复实践中最明显的挑战在于监管和经济驱动。幸运的是，随着对全球变暖、气候变化和其他环境问题的日益关注，社会上对可持续性发展的认识已经普遍提高。企业领导人也更深刻地意识到企业活动对区域和全球环境的影响。可持续的动力越来越多地来自于行业内部，企业自身的愿望是节约更多成本［至少对于部分的最佳管理实践（best management practice, BMP）］，并提高其可持续的企业形象。

预计可持续性将成为批复未来场地修复实施计划的一个决定性因素。部分欧美国家有很多可持续发展的实践案例。接下来的第 7～12 章将包含绿色和可持续性原则在土壤和地下水修复中的具体应用。

6.3 修复技术介绍

本章中提到了许多修复技术。下面的内容只提供了大部分（如果不是全部）常见的修复技术的简介，因为涉及的技术将在本书的其他章节进行详细介绍。在许多污染场地，较少使用单一修复技术来实现污染清理的目标，通常会将两种或更多的技术结合起来，即所谓的修复技术组合。

6.3.1 各种修复方法的描述

附录 B 可用于查找各种修复技术的简单定义。读者应注意的是，学术界和修复行业仍在不断研发新型修复技术。同样值得注意的是，并非所有修复技术都能在特定的情况下变得同等重要。相反，每一种新型技术都可能呈现出自己的特点，适用于特定场景下的污染修复。在附录 B 中，修复技术根据需要处理的介质进行分组：①土壤、沉积物和底泥；②地下水、地表水和渗滤液；③空气注入和尾气处理（FRTR，2018）。对于①和②，修复技术将根据原位或异位进一步分组的。

6.3.2 修复技术组合

附录 B 中描述的两种或两种以上的修复技术在场地修复中经常一起使用，即所谓的修复技术组合，它是一种综合的或一系列连续的修复，以实现特定的修复目标。当没有某一种技术能够处理特定介质中的所有污染物时，就会采用一些修复方案。例如，受有机物和金属污染的土壤可以首先通过生物修复来去除有机物，然后通过固化-稳定化来降低金属的浸出性。在其他情况下，修复技术组合可能被用来使某种介质更容易被另一种后续技术处理，减少用昂贵技术处理的废物量，或防止清挖和混合过程中的挥发性污染物排放。

图 6.5 列出了美国超级基金场地修复行动中使用的一些常见修复技术组合（USEPA，2007）。可以看出，新型的修复技术可以与成熟技术或其他新型技术一起使用。根据超级基金的调查结果显示，最常见的修复技术组合分别是曝气与土壤气相抽提结合、生物修复与土壤气相抽提或固化-稳定化结合。当曝气与土壤气相抽提结合使用时，曝气被用来实现地下水中污染物的原位清除，土壤气相抽提用来捕集从地下水中清除的污染物，并清除地下水位以上的土壤中的污染物（渗流区）。当在修复技术组合中使用原位技术时，可能会应用一种强化的技术来修复具有高污染物浓度或 NAPL（热点）的区域，随后应用一种低强度的技术来修复包括前重点区域在内的更大区域。下文用示例 6.3 和示例 6.4 的两种不同情况说明修复技术组合的概念。

图 6.5 美国超级基金场地采用新型土壤和地下水修复技术的修复技术组合（改编自 USEPA，2007）

示例 6.3　TCE 污染地下水的处理方案

一个曾经的军事训练场造成大量的 TCE 迁移到地下水中，同时可能存在与 TCE 相关的集合 DNPAL 相。通过注入过氧化氢（H_2O_2）、芬顿试剂来实现原位化学氧化（*in situ chemical oxidation*, ISCO）的初步修复，在为期数月的运行中取得了很好的效果。然而，在停止注入 H_2O_2 的几个月后，地下水中的 TCE 浓度出现反弹。进一步的现场特征分析和计算机建模显示，污染区可以被归为目标修复区域。1 区是污染源区，有高浓度的游离相 TCE；2 区有液相 TCE 溶解在污染源区和地块边界之间的地下水中。请根据所提供的信息，设计一个修复技术组合。

解答：

这类问题的答案可能会因现场特定的含水层条件、修复目标和许多其他因素而有所不同。考虑到这些条件，合理的做法是首先为这两个区域设计两种不同的修复技术组合。

对于可能存在游离相 TCE 的 1 区，可以采用主动抽水的扩散性游离产物回收法。另外，也可以通过注入还原剂来进行化学还原脱氯处理。在这些扩散过程中，大部分的 TCE 会被清除。残留的 TCE 可以通过基于微生物后续处理步骤逐步清理。如果受污染的地下水中有足够的有机电子供体，某些脱卤菌如脱卤拟球菌可以将 TCE 转化为乙烷，成为无害的最终产物。若 1 区不存在游离相 TCE，那么注入糖蜜和脱氯菌将加速 1 区的脱氯过程。

对于轻度污染的 2 区，在最初的原位化学氧化处理后，假设监控自然衰减（monitored natural attenuation, MNA）的条件有利则建议采取相对温和的方式，如存在末端电子接收过程（terminal electron accepting process, TEAP）和微生物活动，如 1 区的后续步骤所述的微生物活动。MNA 系统必须保持持续的监控，以确保该目标修复区域的污染物浓度随时间推移而下降。

示例 6.4　含有 PAHs 和重金属的混合污染物的修复技术组合

在一个废弃的煤气厂的少量表层土壤中，存在高分子量 PAHs 和四种金属（Cu、Pb、Zn、Cd）的高残留浓度。请为污染土壤设计一些修复措施的技术框架。

解答：

因场地而异，答案可能会有所不同。多环芳烃和金属的共同存在使修复工作更加复杂，因为多环芳烃和金属的性质大不相同。热脱附或焚烧可以高效去除、破坏土壤中的 PAHs，但不会影响土壤中的金属。如果待处理的土壤量适用于现场土壤淋洗装置，则可以使用含有表面活性剂和螯合剂（如乙二胺四乙酸）的混合溶液来清洗土壤，以分别去除疏水性 PAHs 和金属。清洗后的土壤可以在现场回填或运到填埋场。含有 PAHs 和金属的液体废物可通过碳吸附处理或在附近的废水处理厂处理（若有）。

另外，应该进行小试规模的可行性研究，如测试洗涤溶液的类型和剂量，以及活性炭工艺的去除效率。

仅作为本章的结束语应该提醒读者的是，本章包含现有修复技术的概述。污染修复是一个快速发展的领域，越来越多的研发数据将会出现。我们鼓励读者浏览一些有用的网站，了解最新的咨询信息。一些关于危险废物修复及特征有用的在线资源来自 USEPA 的超级基金新型技术和棕地倡议、环境保护署固体废物与应急响应办公室（Office of Solid Waste and Emergency Response，OSWER）网站、战略环境研究与发展规划（Strategic Environmental Research & Development Program，SERDP）、国防环境网络与信息交流（Defense Environmental Network and Information Exchange，DENIX）以及能源部环境管理（environmental management，EM）办公室等，仅供参考。

参 考 文 献

Alter,B. (2012). *Environmental Consulting Fundamentals：Investigating and Remediation*. Boca Raton：CRC Press.

Federal Remediation Technologies Roundtable(FRTR) (2018). Remediation Technologies Screening Matrix and Reference Guide,Version 4,http://www. frtr. gov/matrix2/top_page. html.

Girard,J. E. (2014). *Principles of Environmental Chemistry*,3e. Burlington：Jones & Bartlett.

Hadley,P. W. and Ellis,D. E. (2009). Integrating sustainable principles,practices,and metrics into remediation projects. *Remediation J.* 19(3)：5–114.

Hjerssen,H. L., Anastas, P., Ware, S., and Kirchhoff, M. (2001). Green chemistry progress and challenges. *Environ. Sci. Technol.* 115A–119A.

Lehr,J.,Hyman, M., Gass, T. E., and Seevers, W. J. (2002). *Handbook of Complex Environmental Remediation Problems.* New York：McGraw-Hill.

Sustainable Remediation Forum(SURF) (2009). Integrating sustainable principles,practices,and metrics into remediation projects. *Remediation J.* 19(3)：5–114.

Teefy,D. A. (1997) Remediation Technologies Screening Matrix and Reference Guide：Version III. *Remediation J.* 8(1)：115–121.

The White House(2009). *Federal Leadership in Environmental,Energy,and Economic Performance.* Office of the Press Secretary,October 5,2009.

USDoD (1994). Remediation Technologies Screening Matrix and Reference Guide, 2e：DoD Environmental Technology Transfer Committee,611 pp.

USEPA(1988). Guidance for Conducting Remedial Investigations and Feasibility Studies Under CERCLA,EPA 540-G-89-004.

USEPA(1990). The Superfund Innovative Evaluation Program：A Forth Report to Congress,EPA 540-5-91-004.

USEPA(1992). Contaminants and Remedial Option at the Wood Preserving Sites,EPA 600-R-92-182.

USEPA (1996). A Citizen's Guide to Innovative Treatment Technologies, for Contaminated Soils, Sludge, Sediments,and Debris,EPA 542-F-96-001.

USEPA(2000). Institutional Controls：A Site Manager's Guide to Identifying,Evaluating and Selecting Institutional Controls at Superfund and RCRA Corrective Action Cleanups,EPA 540-F-00-005,OSWER 9355. 0-74FS-P.

USEPA(2007). Treatment Technologies for Site Cleanup：Annual Status Report,12e,EPA 542-R-07-012.

USEPA(2008). Green Remediation：Incorporating Sustainable Environmental Practices into Remediation of Contaminated Sites,EPA 542-R-08-002.

USEPA(2009a). Principles for Greener Cleanups：US Environmental Protection Agency, Office of Solid Waste and Emergency Response.

USEPA(2009b). Green Remediation Best Management Practices：Pump and Treat Technologies, Office of Solid Waste and Emergency Response.

USEPA(2010a). Superfund Green Remediation Strategy：US Environmental Protection Agency, Office of Solid Waste and Emergency Response, Office of Superfund Remediation and Technology Innovation.

USEPA(2010b). Superfund Remedy Report, 13e, EPA 542-R-10-004.

USEPA（2012）. Methodology for Understanding and Reducing a Project's Environmental Footprint：US Environmental Protection Agency, EPA 542-R-12-002.

USEPA(2013). Superfund Remedy Report, 14e, EPA 542-R-13-016.

USEPA(2017). Superfund Remedy Report, 15e, EPA 542-R-17-001.

USEPA(2018). Contaminated Site Clean-Up Information(CLU-IN), http://www. clu-in. org/.

Zhang, C. (2013). Incorporation of green remediation into soil and groundwater cleanups. *Int. J. Sustainable Human Dev.* 1(3)：128–137.

Zhang, C., Hughes, J. B., Nishino, S. F., and Spain, J. (2000). Slurry-phase biological treatment of 2,4-dinitrotoluene and 2,6-dinitrotoluene：role of bioaugmentation and effects of high dinitrotoluene concentrations. *Environ. Sci. Tech.* 34(13)：2810–2816.

Zhang, C., Hughes, J. B., Daprato, R. C. et al. (2001). Remediation of dinitrotoluene contaminated soils from former ammunition plants：soil washing efficiency and effective process monitoring in bioslurry reactors. *J. Haz. Materials* 2676：1–16.

问题与计算题

1. 为什么原位修复技术更受青睐，什么因素使异位修复技术成为一个必要的选项。

2. 对于以下污染物分别有哪些推定的土壤修复技术：（a）卤代 VOCs、（b）卤代 SVOCs、（c）非卤代 VOCs 和（d）非卤代 SVOCs？

3. 对于土壤中金属和放射性污染物，有哪些推定的修复技术。

4. 对于土壤和地下水中的 VOCs，分别有哪些推定的修复技术。

5. 对于以下两种情况可以考虑哪些修复方法：（a）受污染土壤中爆炸物的生物修复；（b）通过泵抽出提取的污染地下水中爆炸物的修复。

6. 对于被爆炸物污染的固体和有害物质的修复，有哪些必要的预防措施？

7. 请列出针对有机污染物的破坏性修复技术的清单。

8. 对于土壤中 SVOCs 和地下水中 VOCs 的修复，分别有哪些推定的修复技术。

9. 对于美国超级基金场地的修复，通常是哪种类型的技术使用更频繁：成熟修复技术或是新型修复技术？

10. 在哪种条件下，制度控制可以在所有修复策略中变得至关重要？请结合一个已关闭的有害垃圾填埋场或已经移除名录的超级基金场地作为说明。

11. 请提供一个常见的制度控制（IC）清单。请问为什么 USEPA 不把用栅栏阻隔来限制进入污染场地作为 IC 的一种？

12. 请描述原位生物修复是否适用于以下污染物：（a）卤代 VOCs、（b）卤代 SVOCs、（c）非卤代 VOCs 和（d）非卤代 SVOCs。

13. 请指出在通常情况下生物修复（原位或异位）是否可以应用于土壤和地下水中有以下污染物的情

况：(a)PAHs、(b)PCBs、(c)燃料和(d)放射性污染物。

14. 请指出，通常情况下，生物修复(原位或异位)是否可以应用于土壤和地下水中有以下污染物的情况：(a)苯系物、(b)酚类、(c)金属和(d)爆炸物。

15. 相比于一般的有机污染物，金属的修复有什么独特之处？

16. 利用修复筛选模型比较使用以下技术处理燃料碳氢化合物污染土壤的利弊：(a)土耕法和(b)焚烧处理。

17. 在美国的超级基金场地，目前最常用的创新修复技术有哪些？

18. 不同修复技术对于某一种污染物的潜在实用性，可以通过结合修复技术运作基本原理和污染物化学特性来衡量。根据本章的内容，请问哪些技术可以有效去除来自于一个前溶剂回收设施场地污染含水层中的四氯乙烯和多氯联苯(见下表)。

修复技术	污染物	
	四氯乙烯	多氯联苯
污染土壤挖掘再焚烧	?	?
泵抽出+地上空气吹脱	?	?
泵抽出+地上活性炭吸附	?	?
原位生物修复	?	?

请明确回答上表中的每个问号(是或否)，并解释理由。请注意，多氯联苯不易被细菌降解，已知土壤中的某些细菌在很大程度上都可以厌氧降解四氯乙烯。

19. 土壤洗涤、溶剂萃取和热脱附可以被认为是适用于从土壤中分离污染物的"分离"技术。根据基本原则，在表中注明它们是否可能是"证明有效"(●)、"部分有效"(◑)或"未证明有效"(○)。注意：例外是可能发生的，若是请说明理由。

污染物	土壤洗涤	溶剂萃取	热脱附
二噁英类、多氯联苯类			
五氯酚			
多环芳烃类			
极性有机化合物			
金属			

20. 请描述以下修复技术：(a)土壤洗涤、(b)原位土壤淋洗、(c)玻璃化和(d)固化-稳定化。

21. 请描述以下修复技术：(a)曝气、(b)土壤气相抽提、(c)自然衰减和(d)反应墙。

22. 以下技术是否可以既在原位应用又在异位应用：(a)土壤气相抽提、(b)固化-稳定化和(c)玻璃化。

23. 异位化学氧化还原法修复污染土壤时常用的氧化剂有哪些？

24. 对于清挖出的土壤采用以下异位热修复技术时温度范围为多少：(a)高温热脱附、(b)焚烧和(c)低温热脱附。

25. 请描述热分解和焚烧的区别。

26. 污染修复的自然衰减法是基于哪种机理实现的？

27. 对于地下水原位生物修复，注入甲烷、硝酸盐、氧气、空气和过氧化氢的目的分别是什么？

28. 请描述曝气法和空气吹脱法的不同用途——两者都使用空气吗？

29. 在针对泵出地下水的各种物理-化学处理技术中，请说明哪种方法可以用来实现无机污染物修复，哪种方法可以用来实现有机污染物修复？

30. 空气注入和尾气处理的修复措施有哪些？

31. 如果当地某个乡镇的代表找到你，要求你对一个前军事训练场爆炸物污染表层土壤生物修复进行小试规模的可行性研究，你对可行性研究的时间框架、成本、测试目标和变量有何建议。该市希望共计投资约 200 万美元来清理这个场地。该场地距离住宅和商业区 5mi，因此修复完成时间并不重要。

32. 请为以下两个污染场地设计修复技术组合：(a)浅层土壤被重金属(铅、镉)和多氯联苯污染的场地；(b)最近发生过 BTEX 泄漏且历史上存在含有爆炸物的污染土壤的场地。

33. 请为以下两个污染场地设计修复技术组合：(a)包气带和饱和带均存在卤代 VOCs 污染的场地；(b)最近在土壤和浅水层发生过含有 BTEX 汽油泄漏的场地。

34. 请描述，自 20 世纪 70 年代以来污染修复技术在实现可持续方面的演变？为了实现这一目标，选择修复技术的主要决定因素，发生了哪些变化？

第7章 抽出处理系统

学习目标

1. 描述各种用于泵抽提（去除）或控制污染羽的抽提井、注入井，以及物理和水力阻隔的布局。

2. 了解实现抽出处理（pump-and-treat，P&T）系统最佳性能的设计参数（井的数量、位置和抽提流量）。

3. 在理想含水层的简化条件下，利用控制方程计算捕获区和最佳井间距。

4. 了解常见无机和有机污染物地面处理的一般方法。

5. 了解控制空气吹脱（气提）性能的参数（包括亨利常数）和气提塔设计计算的控制方程。

6. 利用吸附等温线数据设计活性炭工艺，用于估算每日碳使用量和容器尺寸。

7. 了解抽出处理的优点和缺点，了解其在去除污染物和水力控制方面什么时候有效，什么时候无效。

8. 通过对非水相液体（NAPL）溶解相和残留饱和度的定量分析描述抽出处理的限制因素。

9. 确定污染物浓度拖尾反弹的各种原因，如缓慢的溶解、解吸、扩散和非均质含水层地下水流速的变化。

10. 提出各种缓解方法来改善传统抽出处理，包括但不限于化学强化、水平井、调整的抽提和诱导裂隙。

11. 应用绿色可持续修复的概念和原则，为传统的抽出处理系统提出最佳管理实践（BMP）。

抽出处理（P&T）系统已经频繁用于大多数土壤和地下水污染场地的修复。在美国，大约四分之三的超级基金场地一直在使用传统 P&T 或其变型之一。本章的目的是介绍传统 P&T 的正确用途，污染地下水的抽提和后续地面处理的一般设计考虑因素，抽提的局限性，以及传统 P&T 的一些变形。在阅读完本章之后，读者应该理解一个合适的 P&T 是为什么而设计的，P&T 何时有效或无效，以及改进 P&T 系统的创新方法有哪些。本书的描述和讨论更多地针对有机污染物，但基本原理和运行的考虑应也适用于土壤和地下水中无机污染物的修复。

7.1　传统抽出处理的常规应用

抽出处理包括将受污染的地下水抽到地表，随后在地面上处理受污染的地下水，在许多情况下，通过将处理过的水重新注入送回地下。从广义上讲，抽出处理是指任何用地下水抽提或注入来进行污染修复的系统。本章描述的抽出处理是指传统的抽出处理系统，这些传统的抽出处理系统于 20 世纪 70 年代末至 80 年代初在美国出现，用于超级基金场地修复。这种 P&T 系统曾被认为是修复受污染地下水的唯一修复措施。只有在它运行了大约十年之后，修复工程师才开始意识到它的应用和局限性（Travis and Doty, 1990）。然而，P&T 仍然是含水层治理的重要组成部分。根据几十年的经验，我们现在知道传统 P&T 的总体应用分为以下两类：

- 通过抽提去除污染物：在修复的初始阶段，抽提可以有效地通过一口或一系列回收井去除"溶解相"污染物。当轻质非水相液体（LNAPL）可以通过场地特征准确识别时，抽提也可以去除自由流动相 LNAPL。

- 水力控制：抽提（包括广义上的注入）可以成功地用于"控制"（水力阻隔）污染物，通过使用抽提井和注入井来控制污染羽迁移。

在本节的后续讨论中，我们将扩展上述关于适当使用抽出处理去除污染物和水力控制的概念。虽然通过抽提来去除污染物和水力控制具有不同的目标，但通常含水层的治理工作需要实现两者的结合。为此，在 7.2 节对地下水捕获区进行定量分析之前，将介绍为优化抽出处理而设计的抽提井和注入井的布局。

7.1.1　污染物的清除与水力控制的关系

水力控制是一种涉及水力来控制污染地下水迁移以防止污染区的继续扩大的过程。可通过单独抽提井、注入井以及抽提井–注入井联合进行（图 7.1）。水力控制也可与各种结构的不透水材料制成的物理阻隔结合一起使用。因此相关的术语水力阻隔与水力控制也经常互换使用。

图 7.1（a）是用于抽出处理修复的抽提井示意图。这些抽提井是用于"去除"溶解相污染物的主要形式，但当它们通过水平或垂直捕获区控制地下水流动方向时也可视为一种水力控制。这种控制是通过减小附近地下水流的水力头来完成的。

用于水力控制的注入井［图 7.1（b）］是压力脊系统，其中经过处理的地下水或未受污染的水将通过位于污染羽上游或下游的注入井线注入地下。压力脊的主要目的是增加水力梯度，从而增加清洁地下水流入污染羽的速度，增加流向回收井的流量，以修复受污染的含水层。换句话说，压力脊的作用是增加孔隙体积交换率，而不是起到阻隔的作用。阻隔压力脊系统是通过沿污染羽的周边放置注入井来完成的。上游压力脊还可以改变污染羽周围未受污染的地下水流向，而下游压力脊则防止污染羽的进一步扩张。通常情况下，来自污染羽内抽提井的经过处理的地下水为注入井提供水，以形成压力脊。

抽提井和（或）注入井也可以与物理阻隔结合使用。图 7.2（a）、（b）为两种地下连

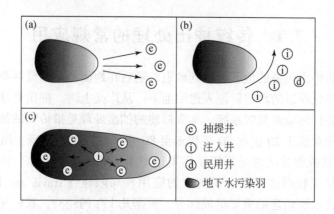

图 7.1　抽提井、注入井以及抽提井-注入井联合平面图

(a) 用于去除地下水中溶解相的污染羽以及引导（控制）污染地下水流向的抽提井；(b) 用于分流
污染地下水的注入井；(c) 用于分流地下水和去除污染物的联合抽提井-注入井系统

续墙（又称泥浆墙）结构的鸟瞰图。物理阻隔由低渗透材料建造，用于防止清洁地下水进入受污染的含水层。它们还有助于防止现有的污染区域迁移到清洁地下水区域，或向溶解的污染羽释放额外的污染物。大多数涉及物理阻隔的系统都需要抽提地下水，通过保持对被封闭区域的水力梯度来确保有效控制。与使用水力控制相比，物理阻隔的优点是它减少了必须抽提的地下水量。

　　物理阻隔的主要类型包括覆盖层、灌浆帷幕、板桩和地下连续墙。覆盖层在地面用低渗透材料制成。它们可以由土、黏土、合成膜、水泥土、沥青混凝土或沥青建造。覆盖层可以防止或减少雨水通过受污染土壤的渗透。如果地下水位在污染区域内波动，或当 NAPL 蒸气存在时，它可能是无效的。灌浆帷幕是通过在压力下向地下注入稳定材料（如硅酸盐水泥、硅酸钠）来填充地下的空隙、裂隙、缝隙或其他缺口而形成的。泥浆也可以用大型搅钻与土壤混合。薄板桩防渗墙是通过打桩机或更专业的振动驱动器将薄板材料（通常是钢）通过未固结的材料来建造的。对于泥浆沟壁，首先在适当的位置和所需的深度挖掘土壤。由此产生的沟渠用黏土浆填充，沟渠侧壁回填膨润土、水泥膨润土或混凝土混合物，以防止其坍塌。

　　图 7.2（c）、(d) 展示了两种类型的地下连续墙：悬挂式地下连续墙和镶入式地下连续墙。分别取决于污染羽是 LNAPL 还是 DNAPL，地下连续墙可以悬挂在承压层之上，或者镶入承压层。这些不同结构的目的是阻断或包围污染源以防其流入受保护的地下水使用区域，如民用水井。

　　上述对受污染地下水污染羽的控制和阻隔方法有以下优点：①控制，无论是水力阻隔还是物理阻隔，都是一种简单而可靠的技术；②与修复相比，控制通常是便宜的，特别是对于源区面积大的情况；③建造良好的控制系统几乎完全消除污染物向其他地区的迁移，从而防止直接和间接暴露；④在疏松土壤中，控制系统大大减少了物质通量和从源头迁移的可能性；⑤控制系统可与原位修复相结合，以控制污染物或常规化学物质的迁移。

　　控制的主要目标是防止污染羽的进一步扩散。当去除污染物不可行的时候，控制是修

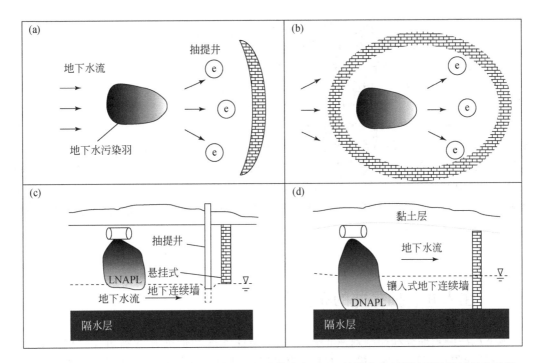

图 7.2　（a）位于污染羽和抽提井下游的地下连续墙和（b）抽提井和环形地下连续墙的鸟瞰图，以及（c）用于漂浮的 LNAPL 的悬挂式地下连续墙和（d）用于 DNAPL 的镶入式地下连续墙的垂直视图

复的必要的初始步骤，存在于地下水位以下的 DNAPL 通常就是这种情况。与控制有关的若干固有限制：①除非与修复技术结合使用，否则控制不会降低源区质量、浓度或毒性；②控制系统，如地下连续墙，不是严格不透水的，因此可能仅在有限的时间内有效控制；③关于不同类型的物理控制系统的长期完整性的实地数据有限；④长期监测对于确保污染物不会从控制系统迁移至关重要。

　　下面的示例 7.1 可以用来说明抽提井抽提会降低污染物浓度或质量，其效果取决于溶解相浓度和抽提流量（C 和 Q）。相反，控制不会降低污染物质量。

示例 7.1　溶解相污染物去除：抽提井抽提流量的影响

　　图 7.1（a）所示的单一污染源以 15g/d 的恒定速率释放三氯乙烯（TCE）。下游三口抽提井中每口井的抽提流量均为 450L/min。假设污染羽在抽提井中被完全捕获，且不存在从源区到抽提井的损失机制（挥发、非生物及生物转化）。（a）估算抽提井中的 TCE 浓度；（b）如果每口井的抽提流量加倍，TCE 检测浓度将是多少？

　　解答：

　　（a）浓度（质量/体积）可以通过质量/时间的释放率除以体积/时间的泵抽率来计算，计算公式如下：

$$C = \frac{M}{Q} = \frac{15\text{g/d}}{450\text{L/min} \times 3} \times \frac{1 \text{ 天}}{24 \times 60 \text{ 分钟}} = 7.72 \times 10^{-6} \frac{\text{g}}{\text{L}} = 7.76 \frac{\mu\text{g}}{\text{L}}$$

（b）如果抽提流量加倍，则井中检测到的浓度将减少一半，如下所示：

$$C = \frac{M}{Q} = \frac{15\text{g/d}}{900\text{L/min} \times 3} \times \frac{1 \text{ 天}}{24 \times 60 \text{ 分钟}} = 3.86 \times 10^{-6} \frac{\text{g}}{\text{L}} = 3.86 \frac{\mu\text{g}}{\text{L}}$$

本示例表明，对于抽提流量低的井，下游井中的污染物浓度会增加。这是因为抽提流量较低的井对污染物的稀释程度较低。这一计算的实际含义是，小型私人供水井可能比每分钟抽提数百至数千升的大型市政系统的供水可能会面临更大的风险（Einarson and Mackay，2001）。在得出这个结论时应该谨慎，因为我们假设了恒定的污染物质量释放速率。这个示例也表明，对于一个有缓释污染源的场地，仅仅增加抽提流量并不一定能提高污染物的总去除率。

7.1.2　注入井、抽提井的布置方案

地下水污染物抽提和控制效果的决定因素是注入井和抽提井的数量、布设位置、筛层–切缝的间隔深度和抽提流量。计算机模型已经可用来优化监测井布局。虽然最佳注入井、抽提井建设方案取决于特定的场地条件、目标和限制条件，但可以从一些已报道的建模研究中得出一些结论。

第一个建模分析模拟了均匀介质、线性平衡吸附、单一非降解污染物及持续释放下的理想化场地的三种备选抽提策略（图7.3），包括：①下游抽提；②下游抽提的源控制；③中部污染羽和下游抽提的源控制（Faust et al.，1993；USEPA，1997）。如图7.3所示，在下游抽提本身使重污染地下水得以在污染源区和下游回收井之间的水流路径上迁移。这种替代方案会导致高度污染的污染羽扩散，使修复工作更加困难。通过比较这三种不同的管控方案，可以清楚地看出源控制的重要性。通过抽提进行源头管控，防止持续的场外迁移，从而促进了下游污染地下水的修复。源头管控、中部污染羽和下游抽提的组合方案减少了污染物流向抽提井的路径和迁移时间，减少了导致拖尾过程的影响。因此，使用更激进的抽出处理，可以更快地实现修复，并且必须抽提的地下水量比其他替代方案要少。

第二项模拟研究比较了七个注入井、抽提井方案在去除污染羽方面的有效性（Satkin and Bedient，1988）。起初，似乎很难评价这些不同方案的相对有效性，但污染物迁移模型使得这种评价成为可能。模型可以方便地通过改变最大水位降深（5~10ft）、纵向水力分散度（10~30ft）和区域水力梯度（0.0008~0.008），来评估八种不同水文地质条件下每种方案的性能（图7.4）。不同方案的有效性评估是基于修复程度、淋洗速度以及需要处理的水量。研究结果表明：①沿污染羽轴（中心线方案）布设多口抽提井，可缩短污染物迁移路径，提高抽提流量，从而缩短修复时间；②双井、三点和双槽方案在低水力梯度条件下均有效，但需要进行场地处理和回注；③三点模式在高区域水力梯度条件下的模拟

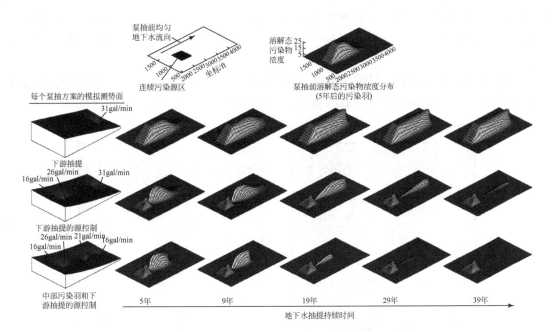

图 7.3　理想化污染场地三种备选抽提策略的模拟结果显示溶解态污染物
浓度随泵抽时间的变化图（据 USEPA，1997）
假设均匀介质、线性平衡吸附和单一非降解污染物

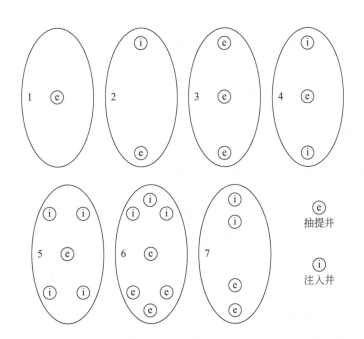

图 7.4　用于清理污染羽的七个井布设方案的比较图（改编自 Satkin and Bedient，1988）
1. 单井；2. 双井；3. 中心线；4. 三点；5. 五点；6. 双三角；7. 双槽

效果优于其他模式；④无论在低梯度还是高梯度条件下，中心线方案都能最有效地减少99%的污染物，但它可能存在水处理问题；⑤中央抽提井的五点模式是效果最差的修复方案。

第三个相关的报道是通过模型模拟划定了五点抽提方案（一口中心注入井和相邻的四口抽提井）的水力头和地下水流速（图7.5）（USEPA，1994，1996）。在该抽提方案中，污染物滞流区清晰可见，这些滞流区在抽出处理过程中应尽量减少。

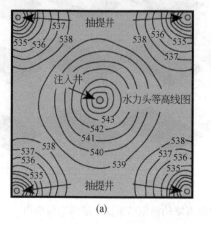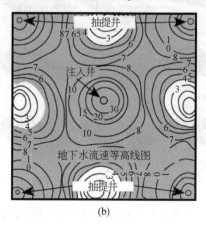

(a)　　　　　　　　　　　　　　　　(b)

图 7.5　五点泵抽方案的水流模式示意图（据 USEPA，1996）

（a）水力头（单位：m）；（b）地下水流速（单位：m/s），停滞区（白色区域）地下水流速小于 4m/s

7.2　抽出处理系统的设计

从 7.1 节的示例中，我们知道井的数量和位置在抽出处理（P&T）系统中至关重要。在本节中，我们将介绍在简化的含水层条件下抽提井工程设计的控制方程。随后，我们会介绍两种最常用的地面处理工艺：气提工艺和活性炭工艺的设计。

7.2.1　抽出处理优化的捕获区分析

捕获区的概念已在第 3 章（3.3.4 节）中介绍。在这里需要继续讨论，因为捕获区的大小是使用 P&T 设计和优化污染物抽提和控制的核心。地下水流动数值模型，如MODFLOW、MODPATH、MOC、MT3D，可以方便工程师在复杂水文地质条件下进行井网设计。但是，用一些简单的示例来说明这个概念更为直观。Javandel 和 Tsang（1986）报道的捕获区类型曲线是一种简单的图形方法，用于确定捕获受污染地下水所需的最小抽提流量和井距。该方法假设在承压含水层中沿垂直于区域地下水流动方向的一条线上有一口、两口或三口抽提井。参考图 7.6，在理想含水层的简化条件下（即均匀、各向同性、截面均匀、宽度无限）定义捕获区的一般方程如下（Javandel and Tsang，1986）：

$$y = \pm \frac{Q}{2bv} - \frac{Q}{2\pi bv}\tan^{-1}\frac{y}{x} \tag{7.1}$$

式中，x 为水流方向坐标（离水井的距离）；y 为沿含水层宽度方向垂直于地下水流量的坐标；Q 为水井抽提流量，m^3/d；b 为含水层厚度，m；v 为达西速度，m/d；$\tan^{-1}$ 为反正切函数（即 $\tan$ 的反函数）。

上面的方程可以用一个角度 ϕ（弧度）来重写，从原点到捕获区曲线上的 x，y 坐标（图 7.6）。

$$\tan\phi = \frac{y}{x} \tag{7.2}$$

对于 $0 \leqslant \phi \leqslant 2\pi$，可将式（7.2）重新排列如下：

$$y = \frac{Q}{2bv}\left(1 - \frac{\phi}{\pi}\right) \tag{7.3}$$

现在我们可以用式（7.3）推导出捕获区的一些重要特征。首先，捕获区宽度（$2Y_{max}$）是 x 趋近于无穷时的 y 值，即 $\phi = 0$：

$$Y_{max} = \frac{Q}{2bv} \tag{7.4}$$

参考图 7.6，捕获区宽度（$2Y_{max}$）将是式（7.3）中 y 值的两倍（即 $2Y_{max}$ 与 Y_{max}）。由上式可知，捕获区宽度随抽提流量的增大而增大，但随达西速度与含水层厚度乘积的增大而减小。换句话说，当达西速度较高时，需要更高的抽提流量来捕获相同面积的污染羽。由于可以抽提的水量受到水压下降的限制，抽提流量（Q）将达到最大限度。这也清楚地表明，捕获区的宽度将受到最大抽提流量的限制。为了增加捕获区宽度，必须将多口井排成一列。

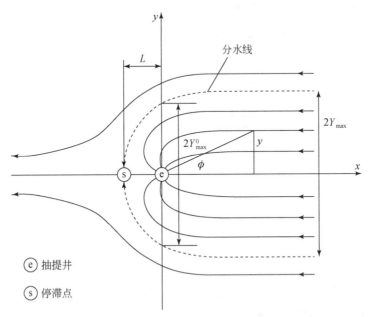

图 7.6　捕获区宽度 $[2Y_{max} = Q/(bv)]$ 和停滞点 $[L = -Q/(2\pi bv)]$ 示意图

将流入井的水和井周围流动的水分开的虚线称为分离流线或分水线。分水线之间的区域是井的捕获区

其次，当 $x=0$ 时（即井位于 y 轴），利用式（7.3）可得到抽提井线上沿 y 轴的捕获区宽度。当 $x=0$ 时，$\phi=\pi/2$，则

$$Y_{max}^0=\frac{Q}{2bv}\left(1-\frac{\pi/2}{\pi}\right)=\frac{Q}{4bv} \tag{7.5}$$

因此，沿 y 轴在井位于捕获区的宽度（$2Y_{max}^0$）只有距离井远处宽度（$2Y_{max}$）的一半。同样，y 值必须乘以 2 才能计算 $x=0$ 处捕获区域的宽度$\left(\text{即当 }x=0\text{ 时，捕获区域的宽度}=\right.$ $\left.2\times\frac{Q}{4bv}=\frac{Q}{2bv}\right)$。

最后，特别关注的一个点是位于 x 轴（$y=0$）上距离井下游 L 处的停滞点。如果我们使用负号表示井的下游距离，则停滞点可以由下式推导：

$$L=-\frac{Q}{2\pi bv} \tag{7.6}$$

需要注意的是，如果污染羽比最大抽提流量形成的捕获区更宽，则需要多个抽提井。多口抽提井的一个问题是，它们的捕获区必须重叠，否则水可能会从井之间绕过而不被捕获。相邻两口井之间所需的最小距离即为最佳井距（d），可由下式计算：

$$d=\frac{Q}{\pi bv} \tag{7.7}$$

与单井的计算式（7.3）类似，对于沿 y 轴对称布设的 n 口最佳间距井，捕获区类型曲线正半部分的一般方程为

$$y=\frac{Q}{2bv}\left(n-\frac{\sum_{i=1}^{i=n}\phi_i}{\pi}\right) \tag{7.8}$$

表 7.1 总结了 $n=1$、2 和 3 时捕获区的宽度以及 $n=2$ 和 3 时的最佳井距。当 n 较大时，寻找相邻两口井之间的最佳井距非常麻烦，表 7.1 中没有列出。当 $n=4$ 时，该值近似等于 $1.2Q/(\pi bv)$。示例 7.2 演示了上述的一些方程的用法。

表 7.1　捕获区曲线的特征表

井的数量	$2Y_{max}$	$2Y_{max}^0$	D
$n=1$	$Q/(bv)$	$Q/(2bv)$	—
$n=2$	$2Q/(bv)$	$Q/(bv)$	$Q/(\pi bv)$
$n=3$	$3Q/(bv)$	$3Q/(2bv)$	$\sqrt[2]{2}Q/(\pi bv)$
$n=4$	$4Q/(bv)$	$2Q/(bv)$	$1.2Q/(\pi bv)$
$n=n$	$nQ/(bv)$	$nQ/(2bv)$	

注：$2Y_{max}$ 为捕获区宽度（$x\to\infty$），即流线与抽提井远上游的距离；$2Y_{max}^0$ 为捕获区宽度（$x\to0$），即井线上流线之间的距离；D 为每对抽水井之间的最佳井距。

示例 7.2　捕获区和井距计算

一个家族食品加工和包装厂位于一个小镇的水果农场内。它一直是该地区有影响力的果冻生产商，但直到最近，才因为使用可能受到污染的地下水而受到一些负面报道。企业主怀疑附近的两家加油站发生了漏油事故，想对这两家加油站提起诉讼。果冻工厂的厂主联系了作为环境地质学和水文地质学专家的你进行一些初步调查。你能得到的数据如下：果冻厂以 50gal/min 的流量抽提地下水。农场区域位于一个均匀的各向同性含水层，处于无限流动域中。含水层厚度为 10m，水力传导系数为 3.5×10^{-4} m/s，水力梯度为 0.003，水流方向为东西向。加油站 A 在东面 1500m，北面 50m、加油站 B 在东面 200m、南面 200m。你会得出什么专业结论？

解答：

首先用达西定律计算达西速度：

$$v = -K \frac{dh}{dl} = -\left(3.5 \times 10^{-4} \frac{m}{s}\right) \times (-0.003) = 1.05 \times 10^{-6} \frac{m}{s} = 9.07 \frac{cm}{d}$$

现在我们可以使用表 7.1 中单井 $(n=1)$ 的公式，分别计算 $x=0$ 和 $x=\infty$ 时 y 轴上的 y 值：

$$2Y_{max}^0 = \frac{Q}{2bv} = \frac{50 \frac{gal}{min} \times \frac{1min}{60s} \times \frac{1m^3}{264gal}}{2 \times 10m \times 1.05 \times 10^{-6} \frac{m}{s}} = \frac{0.003157 \frac{m^3}{s}}{0.000021 \frac{m^2}{s}} = 150m$$

$$2Y_{max} = \frac{Q}{bv} = 300m$$

这些数值在图 7.7 中已标注了，可以看出它与该水果农场的井和两个加油站的相对位置。

由于 y 值是捕获宽度的一半，因此分割线在 $x=0$ 处将经过 $y=\pm 75m$，在 $x=\infty$ 处将经过 $y=\pm 150m$。如果画出捕获区曲线和两个场地相对于井的位置（图 7.7），即加油站 A

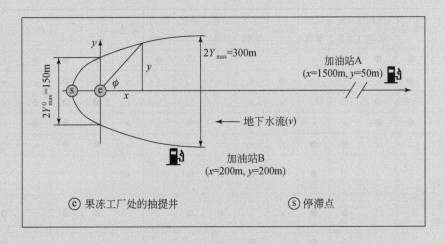

图 7.7　与当地果冻工厂和两个加油站相对位置的捕获区示意图（未按比例）

（$x=1500\mathrm{m}$，$y=50\mathrm{m}$）、加油站 B（$x=200\mathrm{m}$，$y=-200\mathrm{m}$）和井（$x=0$，$y=0$），那么很明显，只有加油站 A 在捕获区边界内。加油站 A 比加油站 B（东侧200m）距离农场更远（东侧1500m），但比加油站 B 更接近井中心线和流向。这说明只有加油站 A 很可能对农场地下水污染负有潜在责任。

7.2.2　污染地下水的地面处理

被污染的地下水经抽提井抽提后，被带到地表进行地面处理。地面处理相对简单，因为这种工艺的设计在水和废水处理行业已经很成熟了（如 AWWA，2011；Tchobanoglous et al.，2014）。在此，我们简要介绍了适用于处理地下水中各种污染物的地面处理方案，然后重点介绍两种常用处理技术的设计方程和计算。这两种常见的技术是气提和活性炭工艺。

7.2.2.1　现有一般处理技术

表7.2 总结了各种处理技术对受各种无机和有机污染物污染的地下水的适用性。例如，地下水中的大多数重金属（如铜、锌、铅、镉、镍）可以通过凝结、沉淀、离子交换、电化学和过滤处理。由于六价铬［Cr(VI)］、砷和汞有其独特的物理化学性质，适用的技术可能不同。挥发性有机化合物（VOCs）和半挥发性有机化合物（SVOCs）有不同的适用处理技术。例如，VOCs 可以通过空气（蒸汽）吹脱、活性炭和化学氧化来处理，而 SVOCs 可以通过活性炭、蒸汽吹脱、UV（臭氧）或化学氧化来处理。某些有机化合物，如酮、农药和多氯联苯，可以通过各种物理、化学或生物方法去除。

表7.2　各种处理技术对受污染地下水的适用性（据 USEPA，1996）

污染物	沉淀	共沉淀-凝结	UV(臭氧)	化学氧化	还原	空气吹脱	蒸汽吹脱	活性炭	重力分离	浮选	膜分离*	离子交换	过滤	生物	电化学
重金属	●	●	×	×	○	×	×	○	●	×	●	●	●	×	●
Cr(VI)	●	×	×	×	●	×	×	×	×	×	●	●	●	●	●
砷	○	●	○	○	×	×	×	○	○	×	●	●	●	○	×
汞	●	●	×	●	×	×	×	●	×	×	●	●	●	●	○
氯化物	×	×	●	●	●	×	×	×	×	×	●	○	×	○	○
挥发性有机化合物	×	×	○	●	×	●	●	●	×	×	○	○	×	●	×
半挥发性有机化合物	○	○	●	●	●	○	●	●	○	●	●	○	●	●	×
酮类	×	×	○	●	●	●	×	●	×	×	×	×	×	●	×
农药	○	○	●	●	×	×	×	●	×	×	●	×	×	●	×

续表

污染物	沉淀	共沉淀-凝结	UV(臭氧)	化学氧化	还原	空气吹脱	蒸汽吹脱	活性炭	重力分离	浮选	膜分离*	离子交换	过滤	生物	电化学
多氯联苯	●	●	●	●	×	×	×	●	●	●	●	●	●	○	×
油和油脂	●	●	×	×	×	×	×	×	●	●	●	●	○	○	×

＊技术包括反渗透和超滤等多种工艺；

注：●为适用；○为可能适用；×为不适用。

由于气提和活性炭是处理有机化合物的两种主要工艺，我们将通过描述它们在工程设计中的控制方程来进一步说明这些工艺。然而，读者应该知晓，装好填料好的气提塔和活性炭吸附塔是可以在市场上买到的。一个重要的考虑因素是所选地下水应用技术的处理能力是否足够。

7.2.2.2　气提设计考虑因素

气提塔被广泛用于去除大部分 VOCs，并在有限的范围内去除抽提地下水中的一些 SVOCs。VOCs 通常具有较高的蒸气压和亨利常数；然而，某些 VOCs 具有较高的蒸气压，但亨利常数较低（见 2.3.1 节）。气提对去除以下 VOCs 的效率较低，包括丙酮、叔丁醇、甲基叔丁基醚、萘、1,2-二氯乙烷、（1,1,1,2 或 1,1,2,2）四氯乙烷、2-丁酮、甲基异丁基酮和 1,1,2-三氯乙烷。气提技术已经使用了几十年，并通过两种常见配置可靠地处理地下水：气提器填料塔和塔盘吹脱器。由于气提将污染物从水中转移到空气中，气提器排出的气体可能需要进一步处理，如催化氧化或气相碳吸附。

在典型的气提工艺中，含有 VOCs 的地下水与填料塔中的空气进行逆流接触（图 7.8）。填料塔之所以如此命名，是因为它充满了填料，以增加质量传递的接触面积。水和 VOCs 的流动是逆流的，因为清洁的水从顶部进入，在重力作用下向下流动，VOCs 污染的水随着底部鼓风机的气流向上输送。在紧密的气液接触过程中，VOCs 被转移到气相中。气相和水相的平衡分布可以用亨利定律 ［式 (2.3)、式 (2.4)］ 来描述。废气中的 VOCs 必须通过将含有 VOCs 的空气通过活性炭柱来处理。影响气提器性能的主要设计参数是亨利常数 (H)、液体装载率 (L) 和气液比 (G/L)。

气提塔所需高度的主要设计方程为（AWWA, 2011）：

$$z = \frac{L}{K_{La}} \frac{R}{R-1} \ln\left[\frac{\frac{C_i}{C_o}(R-1)+1}{R} \right] \quad (7.9)$$

式中，z 为填料高度，m；L 为液体装载量，$m^3/(m^2 \cdot h)$；K_{La} 为总传质系数，h^{-1}，是亨利常数和 VOCs 在液相和气相中单独传质系数的函数；C_i 为进水中 VOCs 的浓度；C_o 为出水中 VOCs 的浓度；R 为吹脱系数，无量纲，定义为

$$R = \frac{HG}{L} \quad (7.10)$$

式中，H 为 VOCs 的无量纲亨利常数；G 为空气流量；$m^3/(m^2 \cdot h)$。吹脱系数是决定气提器去除特定污染物的能力的关键。由于运行 G/L 是基于气提器中气体和液相的体积负荷，

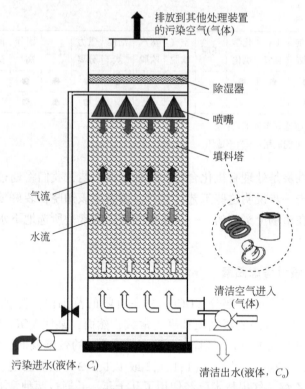

排放到其他处理装置
的污染空气(气体)

除湿器

喷嘴

填料塔

气流

水流

清洁空气进入
(气体)

污染进水(液体，C_i)

清洁出水(液体，C_o)

图 7.8　用于处理受污染地下水的气提塔设计图

式（7.10）表明，具有较低亨利常数的污染物将需要较高的气体到液体的比率来实现成功的去除率。理论上［式（7.9）］，吹脱系数 $R=1$ 时需要无穷的塔高（z）才能实现 100% VOCs 的去除。因此，在实践中，为了在合理的塔高下完全去除 VOCs，吹脱系数应显著大于 1。VOCs 的亨利常数的值可以确定 VOCs 在实际的 G/L 条件下是否可以被吹脱。一般认为，气提器对无量纲亨利常数大于 0.01 的挥发性化学品有效。设计良好的气提器对 VOCs 的去除率可达 95%～99% 甚至更高。气提在处理大量低浓度的 VOCs 废水时特别有用。对于亨利常数较低或浓度较高（>100mg/L）的气体，可以采用蒸汽吹脱（Davis and Cornwell，2013）。下面的示例 7.3 说明了前面描述的设计方程的使用。

示例 7.3　填料式气提塔设计

　　井水被 500μg/L 的四氯乙烯污染。必须使用填料式气提器将水处理到最大污染物水平（MCL）不超过 5μg/L。根据以下情况需要的塔高是多少？$L=80 \mathrm{m^3_{水}}/(\mathrm{m^2_{塔横截面}} \cdot \mathrm{h})$，$G=2000 \mathrm{m^3_{空气}}/(\mathrm{m^2_{塔横截面}} \cdot \mathrm{h})$，无量纲 $H=0.34$（20℃），小试参数 $K_{La}=50 \mathrm{h^{-1}}$。

　　解答：

首先应用式（7.10）计算吹脱系数：

$$R=\frac{HG}{L}=\frac{0.34 \times 2000}{80}=8.5 \text{（无量纲）}$$

现在用式（7.9）估算出气提塔高度：

$$z=\frac{L}{K_{La}}\frac{R}{R-1}\ln\left[\frac{\frac{C_i}{C_o}(R-1)+1}{R}\right]=\frac{80}{50}\times\frac{8.5}{8.5-1}\ln\left[\frac{\frac{500}{5}(8.5-1)+1}{8.5}\right]=8.1m$$

当使用式（7.9）时，必须保持单位一致，如本例所示。

7.2.2.3　活性炭工艺的设计考虑

碳吸附对于去除液态和气态中 SVOCs 和一些疏水性 VOCs 非常有效。可有效去除的 SVOCs 包括氯化溶剂、总石油烃（TPH）、多环芳烃和多氯联苯。活性炭工艺不适用于甲醇、乙醇、丙酮等低分子量亲水 VOCs 的处理。活性炭对部分金属（铜、锌、铅、铬、镍）的吸附能力有限（一般去除率<90%）。目前使用的活性炭有两种：直径为 0.2 ~ 2.4mm 的颗粒活性炭（GAC）和直径小于 0.44 ~ 0.074mm（200 目）的粉末活性炭（powdered activated carbon，PAC）。GAC 通常填充在固定床柱中，PAC 通常与水混合，然后回收或分离。PAC 在地下水处理中应用较少。废弃的活性炭可以填埋或通过热处理清除破坏有机污染物以再利用。

吸附的设计变量包括需要多少吸附材料（lb/d）和吸附单元的尺寸。初始的方程是描述与活性炭相关的吸附相浓度与平衡时的液相（或气相）浓度之间关系的吸附等温线（线性、朗缪尔或弗罗因德利希）。活性炭工艺设计的一般步骤如下。

首先，计算要去除的化学物质的量（X），单位为 lb/min，这取决于处理的水量（Q，gal/min）和地下水中污染物的浓度（mg/L）。

$$X=f\times Q\times(C_i-C_o) \tag{7.11}$$

式中，C_i 和 C_o 分别为进水和出水的浓度，mg/L；f 为单位换算系数（$f=8.34\times10^{-6}$）；Q 和 C 的单位分别为 gal/min 和 mg/L，X 的结果以 lb/min 为单位 $\left(\frac{gal}{min}\times\frac{mg}{L}\times\frac{3.785L}{1gal}\times\frac{1lb}{454000mg}\right.$

$\left.=8.34\times10^{-6}\frac{lb}{min}\right)$。此单位换算系数与污水处理厂 Q 以 Mgal/d 表示时常用的单位换算系数 8.34 相同。对于线性等温线：

$$\frac{X}{M}=KC_o \tag{7.12}$$

式中，X/M 为单位质量碳吸附的污染物质量，mg/g；K 为实验室小试中测得的分配系数，L/kg。式（7.12）实际上与第 2 章中描述土壤吸附的式（2.9）相同，其中 K_d 为吸附系数，C_s 为土壤中吸附浓度（$C_s=X/M$）。如果我们使用非线性弗罗因德利希等温线：

$$\frac{X}{M}=KC_o^{1/n} \tag{7.13}$$

式中，分配系数 K 的单位为（mg/g）(L/mg)$^{1/n}$；$1/n$ 为拟合弗罗因德利希等温线的实验测量常数（几种常见污染物的测量值见表 7.3）。注意，使用 C_o 是因为它是吸附剂（活性炭）的平衡浓度。根据等温线数据，可计算出日碳用量（M，lb/d）：

$$M\left(\frac{\text{lb}}{\text{d}}\right) = \frac{X\left(\frac{\text{lb}}{\text{d}}\right)}{\left(\frac{X}{M}\right)} = \frac{X\left(\frac{\text{lb}}{\text{d}}\right)}{K \times C_{\text{o}}^{1/n}} \qquad (7.14)$$

表 7.3　弗罗因德利希等温线中的 K 和 $1/n$ 参数

污染物	甲苯	氯苯	林丹	四氯乙烯	三氯乙烯	二氯甲烷
$K/(\text{mg/g})(\text{L/mg})^{1/n}$	100	100	285	51	28	1.3
$1/n$	0.45	0.35	0.43	0.56	0.62	1.16

注：参数源于 USEPA（1980），EPA-600/8-80-023。

如示例 7.3 所示，必须使用一致的单位来计算每日的碳使用量。

下一个设计变量是 GAC 尺寸，它应考虑过程中的水与 GAC 之间的空床接触时间（empty bed contact time，EBCT）以及方便 GAC 更换的日程。EBCT 是测量待处理水在接触容器中与处理介质接触的时间，假设所有液体以相同的速度通过容器。EBCT 等于空床的体积（量纲为 L^3）除以流量（Q，量纲为 L^3T^{-1}）。每个容器的 EBCT 一般应在 15～30 分钟。以 GAC 质量表示的近似容器尺寸可计算如下：

$$\text{容器尺寸} = \text{EBCT}(\text{分钟}) \times Q\left(\frac{\text{gal}}{\text{min}}\right) \times \frac{1\text{ft}^3}{7.48\text{gal}} \times \frac{30\text{lb}_{\text{GAC}}}{1\text{ft}^3} \qquad (7.15)$$

最后，要考虑活性炭突破的时间点（即碳的更换时间）。理想情况下，容器的大小应该允许在进行其他场地活动时每季度或每半年进行一次更换。示例 7.4 说明了使用式（7.11）~式（7.15）的设计计算。

示例 7.4　活性炭系统的设计

设计一个处理含 10mg/L 甲苯污染的 15gal/min 地下水的 GAC 装置。饮用水中甲苯的最大污染物水平（MCL）为 1mg/L。

解答：

我们用 MCL 作为出水浓度，代入式（7.11），计算出要去除的甲苯量：

$$X = f \times Q \times (C_{\text{i}} - C_{\text{o}}) = 8.34 \times 10^{-6} \times 15\frac{\text{gal}}{\text{min}} \times (10-1)\frac{\text{mg}}{\text{L}}$$

$$= 1.13 \times 10^{-3}\frac{\text{lb}}{\text{min}} = 1.62\frac{\text{lb}}{\text{d}}$$

接下来，我们使用表 7.3 中的 K 值和 $1/n$ 值，并将其代入式（7.14），以估算活性炭的日使用量：

$$M\left(\frac{\text{lb}}{\text{d}}\right) = \frac{X\left(\frac{\text{lb}}{\text{d}}\right)}{\left(\frac{X}{M}\right)} = \frac{X\left(\frac{\text{lb}}{\text{d}}\right)}{K \times C_{\text{o}}^{1/n}} = \frac{1.62\frac{\text{lb}}{\text{d}} \times \frac{454000\text{mg}}{1\text{lb}}}{100\left(\frac{\text{mg}}{\text{g}}\right) \times \left(\frac{\text{L}}{\text{mg}}\right)^{0.45} \times \left(1\frac{\text{mg}}{\text{L}}\right)^{0.45}}$$

$$= 7360\frac{\text{g}}{\text{d}} = 7360\frac{\text{g}}{\text{d}} \times \frac{1\text{lb}}{454\text{g}} = 16.2\frac{\text{lb}}{\text{d}}$$

假设空床接触时间为 20 分钟（EBCT 一般在 15～30 分钟范围内），根据式（7.15），可以估算出容器尺寸为

$$容器尺寸 = EBCT(分钟) \times Q\left(\frac{gal}{min}\right) \times \frac{1ft^3}{7.48gal} \times \frac{30lb_{GAC}}{1ft^3}$$

$$= 20 \text{ 分钟} \times 15\frac{gal}{min} \times \frac{1ft^3}{7.48gal} \times \frac{30lb_{GAC}}{1ft^3} = 1200lb_{GAC}$$

7.3　抽出处理的限制和改进

到目前为止，我们已经认识到抽出处理对于实现污染羽的水力控制和（或）受污染地下水的抽提是多么重要。在接下来的讨论中，我们将讨论抽出处理的限制。也就是说，哪些过程可能会阻碍抽出处理的有效性，是什么使得在许多污染场地实现修复目标需要长期而持久的努力，以及可以对传统的抽出处理系统进行哪些改进和完善？

7.3.1　非水相液体的剩余饱和度

7.3.1.1　非水相液体中的溶解污染物

在 7.1 节中，我们注意到传统的抽出处理系统只在污染物的"溶解相"抽提污染物。如果在污染含水层中存在非水相液体（NAPL）的自由相和剩余饱和度，这就导致了 P&T 的主要限制之一。我们将使用示例 7.5 来定量地说明溶解相的占比可以有多小。随后，我们将在土壤微观尺度上引入"剩余饱和度"的概念，定量地研究这种剩余饱和度如何进一步限制 P&T 的顺利实施。

示例 7.5　溶解相与汽油泄漏的 NAPL 相

一个泄漏的地下储罐向地下释放了 1000gal 汽油（密度约为 0.9g/mL，含 1% 的苯）。1 年后，溶解的苯污染羽长 100ft、宽 50ft、深 10ft。污染羽中溶解苯的平均浓度为 0.10mg/L，含水层孔隙度为 0.30。假设没有碳氢化合物通过挥发或生物降解损失。（a）估算泄漏的苯质量（以 kg 计）；（b）估算地下水污染羽的总量；（c）估算泄漏的苯有多少处于溶解相，有多少处于 NAPL 相；（d）这对地下水修复意味着什么？（改编自 Bedient et al., 1999）

解答：

（a）汽油中释放的苯质量 = 苯体积 × 苯密度 =（汽油体积 × 1%）× 苯密度

$$苯质量 = 1000gal \times 1\% \times 0.9\frac{g}{mL} \times \frac{3.78L}{1gal} \times \frac{1000mL}{1L} \times \frac{1kg}{1000g} = 34.02kg$$

（b）地下水污染羽体积=污染羽体积×孔隙度

$$地下水污染体积=(100×50×10)ft^3×\frac{28.3L}{1ft^3}×0.3=424500L$$

（c）溶解苯质量=体积×浓度

$$溶解苯质量=424500L×0.1\frac{mg}{L}×\frac{1kg}{10^6mg}=0.04245kg=42.45g$$

（d）根据 NAPL 和溶解相中苯的总量（NAPL 质量=34.02kg，溶解相=0.04245kg），溶解相中苯的百分比仅为 0.04245/34.02=0.12%。0.1mg/L 的溶解苯浓度远低于苯 1780mg/L 的溶解度。

这个示例清楚地表明，苯不是在它的平衡状态，NAPL 会作为地下水溶解污染物的长期来源。使用抽提井网从地下水中抽提苯需要大量的地下水，因此会延长时间。

7.3.1.2 剩余饱和度

以"剩余饱和"形式存在的污染物是限制抽出处理效果的另一个重要因素。饱和度（S）是指多孔介质中含有特定流体（空气、水、NAPL）的总孔隙空间的百分比。对于 NAPL，饱和度定义为

$$S=V_{NAPL}/V_{孔隙} \tag{7.16}$$

因此，饱和度（S）值为 20% 意味着 20% 的孔隙体积被 NAPL 填充。当含水层中 NAPL 含量较高时，它可在土壤孔隙内形成连续相（自由相）。这种连续相可以在重力作用下自由流动；因此，它是可抽提的（通过抽提可回收）。然而，当 NAPL 的含量继续减少时，NAPL 将形成一个非连续相（图 7.9）。这就是定义剩余饱和度（S_r）的分界点。剩余饱和度是指在周围地下水流动条件下，剩余 NAPL 所占总孔隙体积的百分比。剩余饱和是指连续的 NAPL 变得不连续，并被毛细管力固定，因此不能从地下抽提。简单地说，剩余饱和度定义了不能通过抽提从土壤中回收的 NAPL 的比例。例如，如果在受污染的含水层中存在 10% 的剩余饱和度（S_r），这意味着 10% 的孔隙中充满了残留的 NAPL，并且无法适用于抽提井处理。一般剩余饱和度在包气带为 5%～20%，在饱和带为 15%～50%。

如图 7.9 所示，NAPL 倾向于在饱和土壤中形成残留物的中枢，就是在较大的孔隙中心的不连续有机液体。在包气带，水优先湿润固体表面，并倾向于占据最小孔隙的全部。然而，最大孔隙的中心现在被非饱和带的土壤气体所占据。被包裹的有机液体倾向于沿水气界面扩散，形成连续的薄膜、薄层或液楔。研究表明，在地下与空气或 NAPL 混合时，水几乎总是润湿流体。NAPL 在与空气混合时是润湿流体，但在地下与水结合时是非润湿流体（Domenico and Schwarts，1997）。

测定饱和度（S）和剩余饱和度（S_r）的方法起源于石油工业，包括简单但精度较低的蒸馏法和耗时较长但精度较高的迪安-斯塔克（Dean-Stark）抽提法。对于蒸馏法，土壤样品被放置在密封的铝容器中，并在蒸馏装置（称为蒸馏器）中加热到 100℃ 以分离水，然后加热到 650℃ 以测量 NAPL 的量。水和 NAPL 的体积与总土壤孔隙体积一起用于

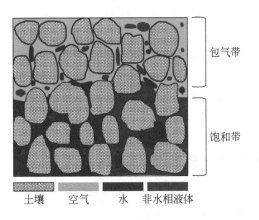

图 7.9　饱和带和非饱和带残留 NAPL 分布的微观示意图

有机液体的不连续团块是残余饱和，而连续 NAPL 相是自由相

估算水饱和度、NAPL 饱和度和空气饱和度（见示例 7.6）。迪安−斯塔克方法是一种标准的美国材料与试验协会（ASTM）程序（ASTM D95），它使用加热烧瓶中的溶剂蒸气（甲苯）来取代土壤孔隙中的水和 NAPL。

示例 7.6　用蒸馏法测定土壤流体饱和度

采用蒸馏法，回收的 NAPL（油）和水的体积分别为 3.50mL 和 3.00mL。在此实验之前，测得受试土壤样品的体积为 35.50mL，土壤颗粒体积为 26.25mL。确定该样品中的水、土壤空气和 DNAPL 的饱和度。

解答：

以下是具体步骤。

（1）土样孔隙体积：$V_p = V_b - V_g = 35.50 - 26.25 = 9.25mL$

（2）样品孔隙率：$n = 9.25/35.50 = 0.261$（26.1%）

（3）应用式（7.16），NAPL（油）饱和度：$S_{NAPL} = 3.50/9.25 = 0.379$（37.9%）

（4）同样，我们可以计算出水饱和度：$S_水 = 3.00/9.25 = 0.324$（32.4%）

（5）由于所有土壤孔隙都必须被 NAPL、水或空气形式的流体占据，因此空气饱和度：

$$S_{空气} = 1 - S_{NAPL} - S_水 = 1 - 0.379 - 0.324 = 0.297(29.7\%)$$

从修复的实际应用出发，可利用土壤中容易测量的总石油烃（TPH）来估算 NAPL 饱和度。TPH 通过溶剂（碳氟化合物-113）提取，并根据美国环境保护局（USEPA）方法 418.1 通过红外分析测量。从每千克土壤中的碳氢化合物毫克数（土壤中的 TPH 含量，mg/kg）到每升土壤孔隙中的油的升数（饱和度,%）的换算如下：

$$S = \frac{\rho_b \times TPH}{\rho_n \times n \times 10^6} \tag{7.17}$$

式中，S 为 NAPL 饱和度，无量纲；ρ_b 为土壤容重，g/cm³；ρ_n 为 NAPL 密度，g/cm³；n 为孔隙度；TPH 为总石油烃，$\mathrm{mg_{烃}/kg_{干土}}$；10^6 为单位换算系数。当 TPH 大于 5000mg/kg 时，式（7.17）才适用，否则，如果用于测试的 TPH 值不能完全覆盖存在的 NAPL 成分的范围（偏低），则可能产生重大误差。下面的示例 7.7 展示了利用式（7.17）从实验测量的 TPH 计算饱和度，示例 7.8 进一步阐述了饱和度、剩余饱和度和自由相 NAPL 之间的差异，这些数值对修复影响重大。

示例 7.7　基于土壤中 TPH 估算 NAPL 饱和度

污染土壤的 TPH 浓度为 30000mg/kg。土壤的容重为 1.85g/cm³，孔隙度为 0.35。TPH 的污染是储罐中的有机溶剂，主要是密度为 0.80g/cm³ 的苯系物。估算 NAPL 饱和度。忽略一小部分以溶解相和吸附相存在的 NAPL。

解答：

应用式（7.17），可得

$$S = \frac{\rho_b \times TPH}{\rho_n \times n \times 10^6} = \frac{1.85 \times 30000}{0.80 \times 0.35 \times 10^6} = 0.198 \ （19.8\%）$$

饱和度为 19.8% 意味着土壤孔隙体积（而不是土壤体积）的 19.8% 被溢出的苯系物占据。如果在同一场地检测到更低的 TPH 浓度，如 5000mg/kg，则 NAPL 饱和度可计算为 $(1.85 \times 5000)/(0.80 \times 0.35 \times 10^6) = 3.3\%$。在这种低 NAPL 饱和度的情况下，NAPL 很可能以残留状态存在，并且这部分 NAPL 是不会迁移的。

示例 7.8　在 LNAPL 溢油后饱和度、剩余饱和度和自由相 NAPL 的计算

2018 年初秋，美国得克萨斯州西部一个小镇的偏远农村地区，一辆农场油罐卡车侧翻，导致约 550gal（4114ft³）柴油（密度 = 0.85g/mL）泄漏。意外泄漏在数小时内迅速发生在砂壤土上，估计表面污染面积为 20ft×20ft（400ft²），应急响应人员未来得及清理地表自由流动的柴油。假设所有泄漏的柴油都渗透到地下水位以上 7ft 的包气层土壤中，随后在地下水位周围形成了一个自由相 NAPL。为了简化计算，忽略柴油在空气中的蒸发损失。此外，我们假设气相柴油在包气带，溶解相柴油在土壤孔隙水和地下水污染羽中可以忽略不计。该泄漏点的其他可用数据包括包气带参数（孔隙度为 0.38；空气饱和度为 0.15；水饱和度为 0.20；NAPL 剩余饱和度为 0.10）和饱和带参数（孔隙度为 0.35；剩余饱和度为 0.32）。

（a）估算包气带 NAPL 饱和体积；

（b）估算包气带 NAPL 剩余饱和体积；

（c）估算位于地下水位上的自由相 NAPL 的体积。

解答：

（a）包气带土壤孔隙由空气、水和 NAPL 三相组成。我们首先估算包气带污染土壤、土壤孔隙、剩余水、剩余空气的体积。

$$V_s(土壤) = 400ft^2 \times 7ft = 2800ft^3$$

$$V_v(孔隙) = V_s \times 孔隙度 = 2800ft^3 \times 0.38 = 1064ft^3$$

$$V_w(水) = V_v \times 水残留度 = 1064ft^3 \times 0.20 = 212.8ft^3$$

$$V_a(空气) = V_v \times 空气残留度 = 1064ft^3 \times 0.15 = 159.6ft^3$$

根据上述计算，剩余水（212.8ft³）和剩余空气（159.6ft³）的体积占据总共为 1064ft³ 的孔隙体积。剩余孔隙体积被 NAPL 相所占据：

$$V_{NAPL} = 1064 - 212.8 - 159.6 = 691.6ft^3$$

（b）691.6ft³ 的体积可视为泄漏后的初始饱和度。如果所有这些 NAPL 在包气带都无法迁移，那么包气带 0.65（=691.6ft³/1064ft³）的剩余饱和度就非常高了。考虑到与土壤颗粒毛细力相关的重力导致的 NAPL 向下流动，这种高剩余饱和度是不太可能的。由于我们已知包气带剩余饱和度为 0.1，剩余 NAPL 的当量体积为 1064ft³×0.1=106.4ft³。这是在包气带残留的 NAPL 或不连续的 NAPL 相的体积，不能通过泵抽提来回收。由于 106.4ft³ 的 NAPL 将驻留在包气带，因此总共 691.6-106.4=585.2ft³ 的 NAPL 将随后分散到土壤气相中或形成地下水位以上的自由相。这部分 NAPL 在包气带中的最终去向和迁移取决于时间尺度、水力传导系数和其他物理化学参数（如温度与蒸气压的关系）。

（c）如果我们进一步假设在短时间内，除重力流外，包气带无 NAPL 损失机制，则可以通过泄漏总量与包气带保留的 NAPL 之间的差值来估算浮在地下水位上的自由相 NAPL 的体积，即 4114-691.6=3422.4ft³（458gal）。

计算结果表明，在上述泄漏情况下，应急响应人员仍然可以采取进一步措施，在自由相 NAPL 从源头向下游扩散之前将大部分收回。如果我们假设饱和带剩余饱和度较高，为 0.32，那么在泄漏点通过泵抽提可以除去的自由相柴油体积将为 3422ft³×（1-0.32）=2327ft³（311gal），这是最初泄漏柴油的 57%。注意，上面的示例是用来说明饱和度和剩余饱和度的概念。对数据的过度解释应该引起注意，因为我们已经做了许多假设来简化计算。

7.3.2 污染物浓度拖尾和回升的问题

在 20 世纪 70 年代末到 90 年代初，抽出处理系统的广泛使用应该完成了美国和世界各地的许多污染场地修复。不幸的是，含水层和化学物质（NAPL）固有的复杂性使得在许多污染场地理论上可行的做法在实践中不可能实现。泵抽处理场地地下水监测结果常出现污染物浓度"拖尾"和"反弹"现象。拖尾是指随着 P&T 系统的持续运行所观察到的溶解污染物浓度下降速度逐渐变慢（图 7.10）。拖尾使得污染物浓度可能超过修复标准。反弹是指由于暂时达到修复目标而停止抽提后，污染物浓度可能迅速升高。在这种升高之后，污染物浓度可能稳定在稍低的水平。

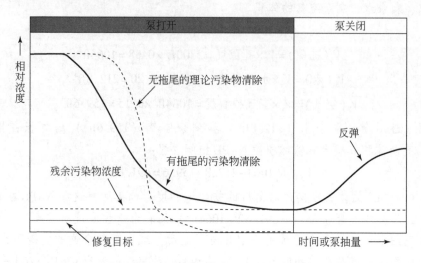

图 7.10 相对浓度与泵抽持续时间或体积的关系图（显示了拖尾和反弹效应）

由于要延长修复时间，以及污染物浓度的超标，拖尾和反弹对修复工作的影响是重大的。拖尾效应显著增加了抽出处理系统必须运行时间以实现地下水修复的目标。事实上，监测数据表明，对于许多具有 NAPL 和复杂地质条件的场地，抽出处理可能需要进行数百年，而不是数十年。污染物浓度速率的快速下降仅限于一开始的泵抽。当出现拖尾时，浓度下降较为缓慢，最终仍然稳定在高于修复目标的表观残留浓度水平。

几种化学和水动力因素会引起拖尾反弹，包括：①NAPL 在剩余饱和相或自由相中缓慢溶解；②多孔介质中被吸附的有机污染物缓慢解吸或无机沉淀物缓慢溶解到地下水中；③滞留在地下水难以进入的低渗透基质区的污染物缓慢扩散；④地下水流速不均一使得，污染物流向抽提井的路径不同。由于这四个因素在决定抽出处理系统的最终效果方面非常重要，下面将对其进行进一步阐述。

7.3.2.1 非水相液体的缓慢溶解

尽管非水相液体（NAPL）相对不溶于水，但通过 NAPL 剩余饱和或聚集自由相的溶解过程，它们通常足以使其在地下水中的浓度超过 MCL［图 7.11（a）］。特别是源区存在的自由相往往充当长期污染源，在一段时间内向溶解相中释放地下水污染物。溶解过程取决于许多特定场地条件。例如，当地下水流动非常缓慢或接触时间较长时，有足够的时间使纯 NAPL 液相与其溶解相之间建立平衡。换句话说，NAPL 可以接近溶解度极限［图 7.11（b）］。虽然抽出处理系统增加了地下水流速，导致初始浓度下降，但浓度的下降随后将逐渐减少，直到 NAPL 的溶解速率与泵入地下水的流速平衡。如果抽提停止，地下水流速减慢，浓度就会反弹。开始时反弹可能很快，然后逐渐达到平衡浓度，直到恢复抽提。与 LNAPL 相比，成片的 DNAPL 的问题尤其大，因为其污染物的溶解速度甚至比残留的 DNAPL 还要慢。从成片的 DNAPL 中去除少量污染物可能需要几十年（NRC，1994）。

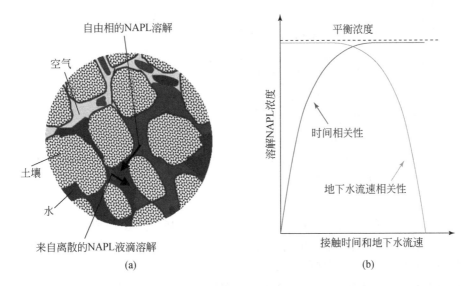

图 7.11　（a）来自离散的 NAPL 液滴（残余饱和度）或自由相（液–液分配）的 NAPL 溶解和（b）溶解过程中溶解 NAPL 浓度对接触时间和地下水流速的依赖性示意图

7.3.2.2　污染物缓慢的解吸–沉淀溶解

研究表明，吸附的有机污染物通常是隔离的，这意味着污染物被土壤中的有机物质或矿物成分紧紧地固定住。因此，这些被吸附的污染物的解吸是一个非常缓慢的过程。由于抽出处理系统的运行降低了溶解污染物的浓度，吸附到地下介质中的污染物只能缓慢地从土壤基质中解吸到地下水中。与剩余和自由相 NAPL 的缓慢溶解类似（图 7.11），如果持续抽提，缓慢解吸也会导致严重的拖尾。此外，吸附和解吸产生的污染物浓度与地下水流速和接触时间的关系与 NAPL 相似，导致抽提过程中的拖尾和抽提停止后的反弹。

对于无机污染物，沉淀–溶解平衡是控制溶解相浓度的决定因素。例如，铬的溶解相浓度可以通过大量的无机污染物沉积来控制，如在 $BaCrO_4$ 的晶体或非晶体沉淀物中发现的铬酸盐（Palmer and Wittbrodt，1991）。图 7.12 给出了污染物浓度受溶解度控制的拖尾曲线，溶解度与沉淀物的 K_{sp} 有关（对于 $BaCrO_4$，$K_{sp} = 2.3 \times 10^{-10}$；使用 K_{sp} 的计算参见 2.2.3 节和示例 2.3）。在这种情况下，如果在固相消耗之前停止抽提，就会发生反弹。

7.3.2.3　土壤基质中缓慢的扩散

基质扩散是指非均质含水层中污染物由于浓度梯度由低渗透带向高渗透带（如从淤泥、黏土、岩石或裂隙向黏土）移动的过程 [图 7.13（a）]。当溶解的污染物未被强力吸

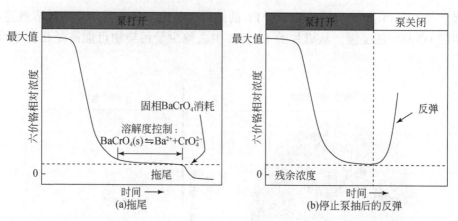

图 7.12　在含有固相 BaCrO$_4$ 沉淀的地层中，回收井泵抽地下水中溶解的
六价铬浓度与时间的关系示意图（改编自 Palmer and Wittbrodt，1991）

附时，如无机阴离子和一些疏水性较弱的有机化学品，基质扩散更有可能发生。在抽出处理操作过程中，通过平流淋洗，相对高渗透带的溶解污染物浓度会降低，而低渗透带的溶解污染物浓度会增加。这种缓慢的扩散过程如图 7.13（b）所示，它是基于氯化溶剂释放的模型计算而来（Seyedabbasi et al.，2012）。例如，修复源区四氯乙烯（PCE）大约需要 200 年，紧接着，基质扩散大约需要额外的 40 年。基质扩散分别占 PCE 和三氯乙烯（TCE）的 17% 和 69%。基质扩散的重要性随着污染和修复之间的时间长度的增加而增加。在非均质含水层中，只要污染物已经扩散到渗透性较差的基质中，基质扩散对拖尾反弹的影响是可以预期的。这种拖尾和潜在的反弹会导致修复时间延长。

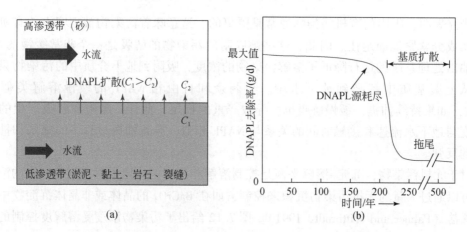

图 7.13　（a）非均质含水层中 DNAPL 的基质扩散和（b）DNAPL 去除率随时间的变化示意图
说明了 DNAPL 源清除的缓慢过程，随后是基质扩散导致的拖尾

7.3.2.4　地下水流速变化

拖尾反弹也可能是由于污染物通过不同流动路径引起的进入抽提井的时间不同而造成

的。例如，在较低的水力梯度下，由抽提井产生的捕获区边缘的地下水比靠近捕获区中心的地下水需要流动的距离更远［图 7.14（a）］。此外，在非均质含水层中，污染物到井的传播时间是水力传导系数的函数。如图 7.14（b）所示，在 t_2 时刻，上层砾石层的清洁水与下层砂石层中仍受污染的地下水混合后发生拖尾（USEPA，1994）。

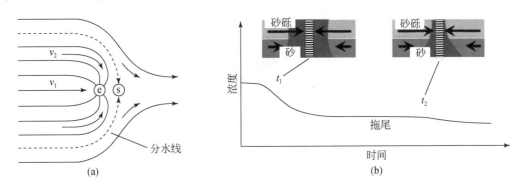

图 7.14　地下水速度变化导致的拖尾示意图（改编自 USEPA，1994）

（a）流向泵井的地下水速度的水平变化（$v_1>v_2$）；（b）分层砂砾石含水层

7.3.3　常规抽出处理的改进

常规的抽提修复方法有很多变异、改进和改变。提高抽出处理效率可以通过以下方法实现：①化学强化来提高流动性和溶解相浓度，如使用助溶剂和表面活性剂；②使用传统直井以外的井，如水平井、斜井、拦截渠和排水渠；③改变泵抽操作，如使用阶段性抽提井、自调节抽提和脉冲抽提，以在反弹前的拖尾期避免不必要地抽提大量的地下水；④含水层水力导流性的变化，如诱导裂隙；⑤抽提井、注入井与物理阻隔（包括非反应性地下连续墙和隔水漏斗–导水门处理系统中使用的反应墙）结合。其中一些内容将在以后的章节中详细介绍，如助溶剂和表面活性剂的使用（第 11 章）和反应墙（第 12 章）。下面是传统抽出处理（P&T）系统的简单总结。

7.3.3.1　化学强化以增加污染物的流动性和溶解度

通过使用助溶剂，如乙醇和表面活性剂，可以大大提高有机化合物的液体溶解度。其中一些化合物，特别是表面活性剂，也会通过降低界面张力来促进 NAPL 迁移，从而增加 NAPL 的流动性（详见第 11 章）。当 NAPL 变得可迁移时，抽提可提高其去除率。对于无机金属，可通过加入螯合化合物来提高其溶解度和迁移率。一些化学强化剂将污染物在地下转化为毒性较低或无毒的形式。

7.3.3.2　水平井、斜井、拦截渠和排水渠

传统的 P&T 系统通常包括在含水层中垂直放置的抽提井和注入井。石油工业定向钻进技术的最近发展使水平井或斜井也成为提高污染地下水修复率的可行且有吸引力的方

法。定向钻进方法几乎可以造出任何轨迹的井眼。图 7.15（a）、（b）显示了典型无承压含水层特别是薄无承压含水层的流动状况（Kawecki，2000）。在这种水平方向上形成的水流特别适合于修复应用，如细长污染羽、建筑结构下方和交叉垂直裂隙 [图 7.15（c）]。水平井也比传统的直井更具可持续性（见注释栏 7.1，图 7.4、图 7.5）。

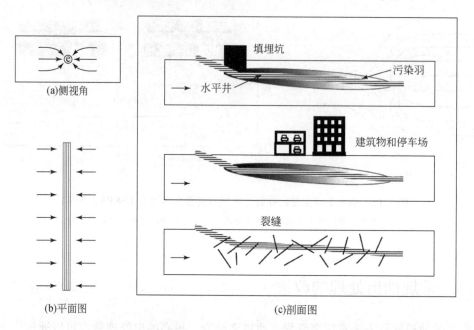

图 7.15 　（a）水平井流侧视图、（b）水平井流平面图和（c）水平井的应用示例
从上到下分别为拦截由区域梯度拉长的污染羽、建筑物和停车场下方的通道、垂直裂缝交叉

注释栏 7.1　可持续性比较：水平钻井与垂直钻井

　　目前的抽出处理系统依赖于古老的传统垂直钻和井。至今几乎没有尝试提高这种能源密集型技术的可持续性。尽管水平定向钻进（horizontal directional drilling，HDD）技术不是普遍适用或可取的，但它在实现施工和运营方面的可持续性方面是比垂直螺旋钻钻井更好的选择。HDD 可以大大减少构建井网所花费的时间（单个水平井一周，而安装多个垂直井需要几周）。这意味着由于设备使用减少、现场工时减少和施工期间的场地迁移减少而大量节能。HDD 系统通常只需要一个泵就能抽取数百英尺长的污染地下水。与垂直井系统相比，更少、更小的泵或鼓风机以及输送管线输送泵的尺寸或数量减少的组合可节约能源，从而减少运行期间的污染排放（Lubrecht，2012）。

　　对于长度为 1000ft、地下水位为 50ft 的假想污染羽，表 7.4 给出了 310m 污染羽捕获的水平井与垂直井的对比。所有井的配置均为 4in 直径和 8in 孔径。

表7.4 1000ft（310m）污染羽捕获的水平井与垂直井的对比

描述	水平井	垂直井
井的数量	1	12
井间距	NA	83ft
井的深度（长度）	1480ft	70ft
每口井的筛管长度	1000ft	20ft
总筛管长度	1000ft	240ft
组合立管长度	480ft	600ft
组合井长度	1480ft	840ft
井材料	HDPE	PVC

表7.5进一步比较了垂直螺旋钻和水平定向钻的空气排放。Lubrecht（2012）的数据表明，与使用空心钻杆螺旋钻的传统垂直钻相比，使用HDD的环境足迹略有减少。HDD装置使用钻井泥浆，可减少VOCs或粉尘的空气排放。使用泥浆回收器（从泥浆中去除钻屑）可使相对少量的泥浆在作业期间持续重复使用。

表7.5 垂直螺旋钻与水平定向钻不同大气污染物排放量的比较 （单位：t）

大气污染物排放量	垂直螺旋钻	水平定向钻
温室气体排放	23	21
NO_x 排放	0.137	0.130
SO_x 排放	1.95×10^{-2}	1.35×10^{-2}
PM_{10} 排放	2.05×10^{-2}	1.90×10^{-2}

拦截渠也广泛用于控制地下流体和回收污染物。它们的功能与水平井类似，但也可以有重要的垂直成分，可以穿过并允许进入夹层沉积物中的渗透层。对于浅层含水层的应用，使用传统设备可以用相对较低的成本安装沟渠。最近的技术创新使得沟渠挖掘和水井开筛可以在深度20ft的地方一步完成（USEPA，1994）。在深度不受限制的情况下，拦截渠通常优于直井。在这种情况下，它们在低渗透基质和非均匀含水层中尤为有效。

7.3.3.3 阶段性抽提井、自调节抽提和脉冲抽提

一个高效的P&T系统会考虑地下水水质的变化，并结合最新的监测数据来改进和优化P&T的初始设计。例如，可以通过监测数据选择合适的后续井的位置，采用阶段性布设抽提井以改善污染羽捕获。第二种相关的方法是使用自调节抽提，包括井场设计，使抽提和注入可以调节，以减少停滞区。抽提井可以定期关闭，其他井可以打开，抽提流量也可以变化，以确保以尽可能快的速度修复污染羽。计算机模拟显示，在劳伦斯利弗莫尔（Lawrence Livermore）美国国家实验室超级基金场地，自调节抽提可以显著地将场地修复

所需的时间从大约 100 年减少到 50 年（USEPA，1994）。

　　如图 7.16 所示的第三种方法说明了脉冲抽提的概念。在不抽提的静止期，污染物浓度由于缓慢移动的地下水中的扩散、解吸和溶解而增加；一旦恢复抽提，污染物浓度较高的地下水被去除，从而增加了抽提过程中的质量去除。脉冲抽提有可能增加污染物质量与地下水体积的比例，因为传质限制可能降低了溶解态污染物的浓度。在快速脉冲抽提条件下，连接较差的孔隙和连接良好的孔隙之间质量传递的改善归因于两个机制：涡流的喷射和深层的清理（Kahler and Kabala，2016）。随着快速的水流降低或增加而使污染物排出。然后深层的清理用快速增加的水流将不连续的孔隙贯通。

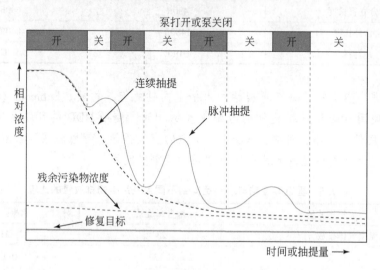

图 7.16　脉冲抽提与传统连续抽提的示意图

7.3.3.4　诱导裂隙

　　低渗透地质地层会严重限制水的循环，因此，基于营养物质、空气或其他载体流体（如生物修复和土壤气相抽提中使用的流体）的输送，预期的修复措施有效性会受到影响。在低渗透地层、黏土、粉砂和基岩物质（如页岩、灰岩和砂岩）中可以诱导裂隙以提高其渗透率。诱导裂隙网有助于改善平流输运，缩短扩散输运途径。地下的诱导裂隙也将提高井的出水量，从而提高污染物的去除能力。尽管诱导裂隙技术在石油工业中得到广泛应用，但在地下水修复中仍被视为一种新兴技术，其应用仅限于低渗透物质中的污染地下水（见注释栏 7.2）。

注释栏 7.2　水力压裂：优势与劣势

　　水力压裂，通常称为"压裂"，是在高压下向地质地层注入大量水、砂和化学品的过程。高压混合物导致地质构造产生裂隙，这些裂隙由于注入的砂粒而保持裂开。水力压裂由于可以通过显著刺激石油和天然气从不透水地质层中的移动来提高碳氢化合物的产量，已成为石油和天然气行业中越来越流行的技术。就在过去几年里，压裂技术的进步使美国天然气储量巨大，实现首次盈利的开采。例如，在美国，页岩层的天然气供应量从 2000 年的 1% 增加到近 25%，这主要是因为新兴的水力压裂技术。

然而，由于潜在的环境影响，人们对压裂技术越来越担忧，主要是因为大量用作压裂液的水流回地表需要进行储存和处理。据报道，回收的水含有高浓度的盐和天然放射性化学物质。据报道，水可能含有多达 750 种化学物质（其中许多专利液压泥浆可能包括盐酸、乙二醇、磷酸铝和 2-丁氧基乙醇），其中 29 种是可能或已知的致癌物（美国新闻，2011 年 11 月 29 日）。压裂过程还产生不受控制的空气污染物，如甲烷（比 CO_2 更强的温室气体）、苯和氧化硫。因此，水力压裂被认为是一种极具争议的做法。波兰接受它，而法国禁止它。美国和其他国家仍在讨论这个话题。

用于土壤和地下水修复行业的压裂与用于石油行业的压裂原理相同。主要的区别在于，在土壤和地下水修复中，通过显著提高水力传导系数，污染物成为清除的目标。通过压裂法强化去除地下污染物是一项新兴技术。因此，还需要更多的数据。然而，由于修复中使用的压裂法与石油、天然气开采的情况存在差异，它似乎更有应用前景。与用于提高石油和天然气产量的水力压裂相比，有几个因素有利于用于土壤和地下水修复的水力压裂，包括：①用于修复的裂隙水量要少得多（万分之一至千分之一）；②浅得多的地下水深度（约 100ft 和约 1000ft）；③低得多的压力（几磅每平方英寸和几千磅每平方英寸）；④使用更安全的化学品。

7.3.3.5　结合渗透墙和非渗透墙的抽提

在 7.1.1 节中，我们介绍了使用物理阻隔（如地下连续墙和板桩）来协助抽水，以实现水力控制和污染物去除。虽然地下连续墙和板桩是非渗透墙，但在有或没有抽提（即在自然水力梯度下）的情况下，也可以使用渗透反应墙。隔水漏斗-导水门处理系统受到了最广泛的关注，因为可以针对不同类型的污染物和地质环境开发多种适用情景。它通常结合了非渗透墙，以控制和转移污染羽至反应墙。根据污染羽中存在的污染物，反应区可以使用物理、化学和生物过程的组合（例如，活性炭填充阻隔，零价铁）。原位反应墙的巨大前景是，一旦安装，它们将需要很少的或不需要能量输入，但能比自然条件下的生物修复提供更好的管控和污染物处理。主要的工程挑战包括在可渗透介质中提供适当数量的反应性材料，并放置在适当位置以避免导水门和防渗墙之间的接触短路。第 12 章将提供更多关于各种反应性材料和阻隔设计的细节。

研究案例 7.1 是我们在使用抽出处理修复许多污染场地时所面临的困境的典型。通常可以得出结论，P&T 的修复时间不仅取决于泵速，还取决于许多其他因素。典型情况表明，预期的修复时间从几年到几十年（对于简单的均质含水层），到数百年甚至数千年（对于非均质含水层中的 DNAPL）（Kavanaugh et al.，1994）。抽提和处理作业的成本为 5 万～500 万美元，但在大多数情况下，成本可能会更高。人们还普遍认为，在许多污染场地也许不可能将地下水恢复到饮用水标准。抽出处理地下水的修复措施虽然成功地管控了地下水污染羽，并降低了地下水污染物的浓度，但不能指望其将污染物水平降低到环境可接受的标准。

研究案例7.1　美国北卡罗来纳州勒琼营海军陆战队航空站

海军陆战队航空站与海军陆战队基地位于北卡罗来纳州的勒琼营（Camp Lejeune）。超级基金场地签署了两个可操作单元（operable unit，OU）的裁定记录（ROD）。OU1（如下所述）由三个场地（场地21、24、78）组成，这些场地曾产生杀虫剂、多氯联苯、废油和其他工业废物。OU2包括三个产生溶剂、油、废弃弹药和其他废物的场地。国家石油和危险物质污染应急计划（通常称为国家应急计划，National Contingency Plan，NCP）定义的"可操作单元"是分步渐进的行动，以全面解决场地污染的问题。

在OU1中，21号场地有一部分区域在1958~1977年期间被用作农药混合和农药施用设备的清洗，以及一个在1950~1951年期间用于变压器油处理的坑（20~30ft长、6ft宽、8ft深）。从20世纪40年代后期到1980年，24号场地被用于处理飞灰、煤渣、溶剂、废弃油漆吹脱化合物、污水底泥和水处理底泥。78号场地发生了主要的石油相关产品和溶剂泄漏，这些产品和溶剂来自建筑和设施，包括维修店、加油站、行政办公室、小卖部、仓库和堆场。

ROD指定了抽出处理来修复OU1的地下水。抽提采用了三口抽提井（6in直径的不锈钢套管和钢丝缠绕筛管；35ft深）、18口浅层监测井（5~25ft深）、两口中等深度监测井（55~75ft深）和两口深井（130~150ft深）。OU1系统地面处理采用油水分离、絮凝-过滤、气提和颗粒活性炭吸附。设计流速为80gal/min，处理过的水排放到下水道。

经过2.5年的运行，累计去除的VOCs总量大概为12lb（运行的前三个月去除了6lb，后27个月去除了6lb，或每月去除0.22lb）。月度总VOCs进水浓度较低（<400μg/L）。处理厂排出的污水一直符合排放限值；然而，浅层含水层的低水力传导系数导致进水处理厂的流量小于设计容量的9%。在1999年，去除每磅污染物的平均成本为28277美元，而处理厂每月的运行维护成本为12300美元。

我们通过引用以下陈述来结束本章的内容："地下水科学家和工程师普遍认为，对许多（如果不是大多数）受污染的场地来说，完全修复含水层是一个不切实际的目标"（USEPA，1996），"因此，传统的抽出处理系统是一种原本就低效的去除污染物的方法，即使它们在某些情况下是有效的"（National Research Council，1994）。尽管有许多负面评论，但人们应该认识到，抽出处理将继续在许多受污染的场地中使用，并将成为世界各地场地修复的一种不可缺少的手段。随着绿色修复的进展和应用，通过实施一些最佳管理实践，可以使成本高昂的抽出处理系统更具可持续性（见注释栏7.3）。

注释栏 7.3　抽出处理中的绿色修复和最佳管理实践

可持续实践的机会早在绿色修复概念出现之前就已经存在。绿色修复技术的要素因修复阶段和所选的具体修复方案而异。可持续实践尤其适用于那些资源密集型修复技术，包括抽出处理。USEPA 发布了一系列关于各种活动的绿色修复 BMP 的情况说明书，从场地评估、调查开始，到修复过程和修复整个生命周期的结束（USEPA，2009a，2009b，2010）。

根据 USEPA（2008）的数据，超级基金场地使用的五种能源密集型技术，按其预计年平均能耗的降序排列为抽出处理（79.2%）、热脱附（15.0%）、多相浸提（3%）、空气曝气（1.6%）和气相抽提（1.1%），这五种修复技术的年总能耗估计为 6.18 亿 kW·h。假设美国每千瓦时发电量向空气中排放 1.37lb 二氧化碳，预计 2008~2030 年在 NPL 场地使用这五种技术的二氧化碳排放总量为 920 万吨。这相当于两个燃煤电厂运营一年。新泽西州的修复项目也提出了类似的声明，其中提出的两项修复措施之间的差异可能高达整个州每年温室气体排放量的 2%（Ellis and Hadley，2009）。

对于抽出处理，可持续设计可纳入工艺和参数中，如更好的抽提井布置、提取率、泵抽持续时间和更有效的地面处理（活性炭、空气吹脱）。例如，通过考虑土地再利用计划、当地分区、维护和监测任何工程和制度控制，可以更好地布设水井。泵、鼓风机和加热器不应过大，必要时应采用脉冲泵抽方案。

在抽出处理过程中引入的 BMP 可以在修复实施期间继续。可持续实践可包括为车辆和设备使用清洁燃料和可再生能源，改装柴油机械和车辆以改善排放控制，建筑和日常作业材料重新利用，回收建材废料或加工固体废物，以及最大限度地控制暴雨径流。抽出处理的可持续建设还包括与再利用和分区相兼容的抽提井布设、绿色化学品和材料、雨水排放控制、地面处理机组的绿色结构和外壳（USEPA，2009b）。

运营阶段的典型抽出处理系统包括 39% 的劳动力、23.5% 的公用设施、16% 的材料、13% 的化学分析和 8.5% 的处置成本，这些占比都取决于可再生能源、绿色收购、回收或生物基材料（如表面活性剂）等可持续实践的部署。泵、鼓风机和加热器的可再生能源已在美国的各种污染场地使用，包括通过光伏（photovoltaic，PV）直接或间接加热和照明系统的太阳能，或聚光太阳能；风能则作为沿海地区或许多矿区常见的高海拔地区的替代能源。9mi/h（风力发电场>13mi/h）的风速足以抽提地下水。可再生能源系统可以独立运行或与现有公用电网连接。

参 考 文 献

AWWA(American Water Works Association)(2011). *Water Quality and Treatment: A Handbook on Drinking Water*,6e. New York: McGraw-Hill.

Bedient,P. B.,Rifai,J. S.,and Newell,C. J. (1999). Chapter 11: nonaqueous phase liquids. In: *Groundwater Contamination: Transport and Remediation*. Englewood Cliffs: Prentice-Hall.

Davis, M. L. and Cornwell, D. A. (2013). *Introduction to Environmental Engineering*, 5e. New York: McGraw-Hill.

Domenico, P. A. and Schwartz, F. W. (1997). *Physical and Chemical Hydrogeology*, 2e. New York: John Wiley & Sons.

Einarson, M. D. and Mackay, D. M. (2001). Predicting impacts of groundwater contamination. *Environ. Sci. Technol.* 35(3): 66A–73A.

Ellis, D. E. and Hadley, P. W. (2009). Sustainable remediation white paper-integrating sustainable principles, practices, and metrics into remediation projects. *Remediation J.* 19(3): 5–114.

Faust, C. R., Sims, P. N., Spalding, C. P. et al. (1993). *FTWORK: Groundwater Flow and Solute Transport in Three Dimensions*, Version 2.8. Sterling: GeoTrans, Inc.

Javandel, I. and Tsang, C. (1986). Capture-zone type curves: a tool for aquifer cleanup. *Ground Water* 24(5): 616–625.

Kahler, D. M. and Kabala, Z. J. (2016) Acceleration of groundwater remediation by deep sweeps and vortex ejections induced by rapidly pulsed pumping. *Water Resources Res.* 52: 3930–3940.

Kawecki, M. W. (2000). Transient flow to a horizontal water well. *Ground Water* 38(6): 842–850.

Lubrecht, M. D. (2012). Horizontal directional drilling: a green and sustainable technology for site remediation. *Environ. Sci. Technol.* 46: 2484–2489.

MacDonald, J. A. and Kavanaugh, M. C. (1994). Restoring contaminated groundwater: an achievable goal? *Environ. Sci. Technol.* 28(8): 362A–368A.

Mackay, D. M. and Cherry, J. A. (1989). Groundwater contamination: pump-and-treat remediation. *Environ. Sci. Technol.* 23(6): 630–636.

Masters, G. M. and Ela, W. P. (2007). *Introduction to Environmental Engineering and Science*, 3e. Upper Saddle River: Prentice Hall.

National Research Council (1994). *Alternatives for Groundwater Cleanup. Washington*, DC: National Academy Press.

Nyer, E. K. (1992). *Practical Techniques for Groundwater and Soil Remediation.* London: Lewis Publishers.

Nyer, E. K. (2000). Chapter 1: Limitations of pump and treat remediation methods. In: *In Situ Treatment Technology*, 2e. Boca Raton: Lewis Publishers.

Palmer, C. D. and Fish, W. (1992). Chemical enhancements to pump-and-treat remediation: US EPA Groundwater Issue Paper, EPA 540-S-92-001.

Palmer C. D. and Wittbrodt, P. R. (1991). Processes affecting the remediation of chromium-contaminated sites. *Environ. Health Perspect.* 92: 25–40.

Satkin, R. L. and Bedient, P. B. (1988). Effectiveness of various aquifer restoration schemes under various hydrogeologic conditions. *Ground Water* 26(4): 488–498.

Seyedabbasi, M. A., Newell, C. J., Adamson, D. T., and Sale, T. C. (2012). Relative contribution of DNAPL dissolution and matrix diffusion to the long-term persistence of chlorinated solvent source zones. *J. Contam. Hydro.* 134-135: 69–81.

Tchobanoglous, G., Stensel, H. D., Tsuchihashi, R., and Burton, F. (2014). *Wastewater Engineering: Treatment and Resource Recovery*, 5e. New York: McGraw-Hill.

The White House(2009). Federal Leadership in Environmental, Energy, and Economic Performance: Office of the Press Secretary, October 5, 2009.

Travis, C. C. and Doty, C. B. (1990). Can contaminated aquifers at Superfund sites be remediated? *Environ. Sci. Technol.* 24(10): 1464–1468.

USEPA(1980). Carbon Adsorption Isotherm for Toxic Organics, EPA 600-8-80-023.

USEPA(1989). Performance Evaluations of Pump-and-Treat Remediation, EPA 540-4-89-00.

USEPA(1990). Air/Superfund National Technical Guidance Study Series: Air Stripper Design Manual, EPA 450-1-90-003.

USEPA(1994). Methods for Monitoring Pump-and-Treat Performance, EPA 600-R-94-123.

USEPA(1996). Pump and Treat Ground-Water Remediation: A Guide for Decision Makers and Practitioners, EPA 625-R-95-005.

USEPA(1997). Design Guidelines for Conventional Pump-and-Treat Systems, EPA 540-S-97-504.

USEPA(2001). Groundwater Pump and Treat Systems: Summary of Selected Cost and Performance Information at Superfund-financed Sites, EPA 542-R-01-021b.

USEPA(2005). Cost Effective Design of Pump and Treat System: One of Series on Optimization, EPA 542-R-05-008.

USEPA(2008). Green Remediation: Incorporating Sustainable Environmental Practices into Remediation of Contaminated Sites, EPA 542-R-08-002.

USEPA(2009a). Principles for Greener Cleanups: US Environmental Protection Agency, Office of Solid Waste and Emergency Response.

USEPA(2009b). Green Remediation Best Management Practices: Pump and Treat Technologies, EPA 542-F-09-005.

USEPA(2010). Superfund Green Remediation Strategy: US Environmental Protection Agency, Office of Solid Waste and Emergency Response, Office of Superfund Remediation and Technology Innovation.

USEPA(2012). Methodology for Understanding and Reducing a Project's Environmental Footprint, EPA 542-R-12-002.

Zhang, C. (2013). Incorporation of green remediation into soil and groundwater cleanups. *Int. J. Sustainable Human Develop.* 1(3): 128−137.

问题与计算题

1. 举例说明地下水修复中使用的渗透和非渗透墙。

2. 使用水力墙和物理墙控制污染羽的基本机制是什么？抽提井和注入井都可以用于水力控制吗？

3. 为什么在污染羽形成的初始阶段，水力控制尤为重要？

4. 讨论抽出处理装置的一般设计注意事项(影响因素)。

5. 从 Faust 等(1993)的三种抽提情景的研究中可得出什么结论(关于源头管控、污染羽控制和抽提)？

6. 从 Satkin 和 Bedient(1988)的模拟研究中，可以得出什么关于抽提井和注入井最佳位置的一般结论？

7. 以下说法是否正确：抽提井和(或)注入井越多，对污染场地的治理越好？

8. 使用控制方程计算捕获区，可以怎样做来扩大捕获区？

9. 为什么使用多个抽提井时，相邻井之间的捕获区必须重叠？如果井的总数(n)为 2 或 3，那么井之间的最大间距是多少？

10. 示意性地绘制(a)LNAPL 与(b)DNAPL 的污染羽扩散模式，该模式来自以下含水层中的储罐泄漏。基岩和黏土层是隔水层，下图显示了初始泄漏和初始地下水位。

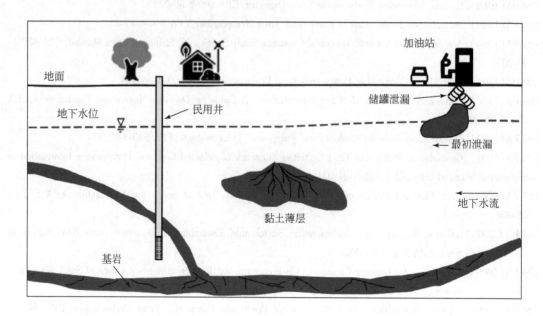

11. 一个污染场地已开展调查，并划定了一个 150ft×100ft×15ft(长×宽×高)的污染区域。土壤中总石油烃(TPH)的平均浓度为 10000mg/kg。

(a)场地污染物的总质量是多少千克？假设土壤的容重约为 128lb/ft^3(比重=2)。

(b)使用(a)中的计算结果，估算最初泄漏的石油烃总量，假设 50% 的石油烃因挥发、生物降解和溶解而损失(计算结果以 gal 为单位)。假设场地泄漏的石油烃是比重为 0.8(即 0.8kg/L)的汽油，并且汽油的密度在土壤中不会随时间变化。

(c)根据 TPH、土壤容重、TPH 密度和土壤孔隙度(n)，估算石油烃–土壤系统的残余饱和度(%)。假设土壤孔隙度(n)为 0.35。

12. 单位体积为 1m^3 的含水层含有 20L 从渗漏的储罐中泄漏的纯三氯乙烯(TCE)。TCE 的溶解度为 1100mg/L，比重为 1.47g/mL。含水层的孔隙度为 0.35，地下水以 0.025m/d 的实际速度流动。溶解的 TCE 浓度为其溶解度的 20%。(a)估算 TCE 的总质量、溶解 TCE 的质量和溶解 TCE 的百分比；(b)估算去除所有 TCE 所需的时间(假设垂直于水流的单位横截面积为 1m^2)(改编自 Masters and Ela，2007)。

13. 一个污染场地采样项目监测到以下一个 DNAPL 区域：一个未断裂黏土中地层凹陷中自由相 DNAPL 的"池"。池面积为 200ft^2，平均厚度为 5ft。一个直接延伸至面积为 100ft^2 的旧矿坑下方的残留 DNAPL 区。残余区延伸穿过 5ft 厚的非饱和带和 15ft 厚的饱和带，直到到达成片 DNAPL。其他数据：土壤碳氢化合物的实验室小试和工程判断提供了以下饱和度数据：非饱和带的残余饱和度 = 0.10；饱和带残余饱和度 = 0.35；自由相区的饱和度 = 0.70。假设一般孔隙度值为 0.3，应将其视为总可采体积的上限估计值。实际体积通常要小得多。

(a)受污染土壤的总体积是多少(即非饱和带+饱和带+洼地)？

(b)场地 DNAPL 的估测总体积是多少(即非饱和带 DNAPL+饱和带 DNAPL+作为自由相的洼地 DNAPL)？

(c)从理论上讲，有多少 DNAPL 是可抽出的(注意：残留 NAPL 是不可抽出的)？

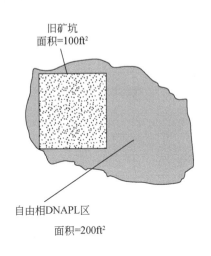

旧矿坑
面积=100ft²

自由相DNAPL区

面积=200ft²

平面图

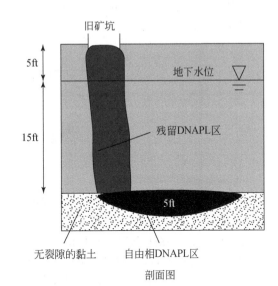

旧矿坑

5ft

地下水位 ▽

残留DNAPL区

15ft

5ft

无裂隙的黏土　　　自由相DNAPL区

剖面图

14. 井水被 $200\mu g/L$ 的四氯化碳污染。必须使用装好填料的气提塔将地下水处理至最大污染物水平（MCL）$5\mu g/L$。根据以下条件计算所需的气提塔高度是多少？$L = 50 m^3_{水}/(m^2_{塔横截面}\cdot h)$，$G = 2500 m^3_{空气}/(m^2_{塔横截面}\cdot h)$，无量纲 $H = 0.97(20℃)$，基于实验室研究的 $K_{La} = 25 h^{-1}$。

15. 承压含水层的厚度为 30m，水力传导系数为 1.75×10^{-3} m/s，水力梯度为 0.0006。最大抽提流量确定为 3×10^{-3} m^3/s。最近发现的污染羽宽度为 75m。确定单个抽提井相对于污染羽的位置，以便去除污染羽（改编自 Masters and Ela，2007）。

16. 考虑与上述问题情况相同，但使用两个抽提井来抽提污染羽。(a) 确定两口井的最佳距离？(b) 如果这两个最佳位置的井沿着污染羽前端对齐，那么对于 75m 宽的污染羽，能保证完全捕获污染羽的最小 Q 值是多少？(c) 如果污染羽长度为 800m，含水层孔隙度为 0.35，那么需要多长时间才能抽出与污染羽中所含水量相等的水量？

17. 使用干馏法测量从油污染场地采集的土壤岩心样品的饱和度。从蒸馏法回收的油和水的体积分别为 4.43mL 和 1.95mL。在本实验之前，容积为 35.00mL，颗粒体积为 26.50mL。测定该土壤样品的油饱和度。

18. 一口民用水井中的水含有氯仿 $375\mu g/L$。必须使用装好填料的气提塔对水进行处理，以达到 95% 的去除率。在以下条件下，气提塔所需的高度是多少？给定：$L = 65 m^3_{水}/(m^2_{塔横截面}\cdot h)$，$G = 2300 m^3_{空气}/(m^2_{塔横截面}\cdot h)$，无量纲 $H = 0.21(20℃)$，基于实验室研究的 $K_{La} = 35 h^{-1}$。

19. 设计一个 GAC 装置，用于处理受 1mg/L TCE 污染的 40gal/min 地下水。饮用水中 TCE 的最大污染物水平（MCL）为 0.005mg/L。

20. 如果 TPH 浓度为 40000mg/kg，孔隙度为 0.35，估算受污染含水层的 NAPL 饱和度？土壤容重为 1.8g/cm³，DNAPL 密度为 1.75g/cm³。

21. 使用量纲（单位）分析导出式 (7.17)，包括 10^6 的转换因子。TPH 的单位为 $mg_{TPH}/kg_{土壤}$。孔隙度是无量纲，但可以被认为具有每单位土壤体积（cm³）的孔隙体积单位（cm³）。类似地，饱和度是无量纲，但可以被视为每单位孔隙体积（cm³）具有 TPH（cm³）的体积单位。

22. 气提旨在有效去除挥发性有机化合物，但为什么某些挥发性有机化合物（如丙酮和甲基叔丁基醚）不适合气提处理？

23. 以下哪种化合物最不适合被活性炭有效去除：苯系物、多环芳烃、多氯联苯、酚类、重金属？

24. 涂抹(smearing)是 LNAPL 随着含水层中地下水位的上升和下降相对应的移动。解释 LNAPL 涂抹如何导致含水层污染。

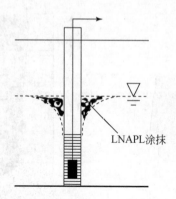

25. 解释以下分配平衡如何影响地下水中污染物的拖尾和反弹：(a)NAPL 溶解、(b)吸附解吸和(c)沉淀溶解。有机化合物和无机化合物之间产生拖尾的主要原因有哪些区别？

26. 为什么由于基质扩散，疏水性较低的化合物对拖尾的影响较大？

27. 水平井在地下水修复中的潜在应用是什么？为什么从可持续的角度来看，水平定向钻进(HDD)技术比传统的垂直旋转钻进技术会更有优势？

28. 举例说明适用于抽出处理系统的最佳管理实践。

第 8 章　土壤气相抽提和原位曝气

学习目标

1. 描述两种基于气相的包气带土壤污染修复技术（土壤气相抽提）和地下水修复技术（原位曝气）的异同。

2. 了解土壤气相抽提（soil vapor extraction, SVE）和原位曝气（in situ air sparging, IAS）的适用性和局限性，并描述挥发性和渗透性对其性能的影响。

3. 在土壤气相抽提和原位曝气中，将空气流动模式与含水层性质（如粒径分布）相关联。

4. 利用亨利常数和土–水分配系数计算气相浓度与溶解相和吸附相浓度的关系。

5. 利用拉乌尔（Raoult）定律计算包气带 NAPL 平衡状态下的蒸气压和蒸气浓度。

6. 理解多孔介质中由于蒸气吸附、溶解、挥发和扩散引起的传质限速过程的动力学。

7. 将达西定律应用于稳态条件下的蒸气对流，并估算出抽提井的影响半径。

8. 使用 Johnson 等（1990）开发的筛查模型，定量评估土壤气相抽提是否适用。

9. 理解 SVE/IAS 的局限性和改进气相抽提的策略，如加热、表面密封和臭氧注入。

10. 在设计土壤气相抽提时，估算井的数量、流量和井的位置。

11. 了解土壤气相抽提和原位曝气后的各种气态污染物处理方案。

12. 关注土壤气相抽提和原位曝气技术的可持续工程实践。

本章介绍了两种基于气相的技术，即土壤气相抽提（SVE）和原位曝气（IAS）。这两种技术通常在污染场地和地下储罐泄漏位置一起使用，以去除气相（蒸气）中的有机污染物。因此，SVE 和 IAS 与直接去除溶解相中污染物的传统抽出处理系统互补。SVE 技术依靠真空（负压）从包气带（即非饱和带）提取 VOCs，而 IAS 通过注入空气（正压）从饱和带去除 VOCs。本章的目的是介绍这两种技术的一般应用和局限性、基本化学和地质参数、气态污染物行为及其去除原理，以及确定土壤气相抽提及其设计（包括空气流速和井数）适宜性的数学公式。在阅读各种数学公式时，读者应努力理解蒸气迁移特有的基本物理和化学机制、模型框架和设计流程，而不是数学推导。对于土壤气相抽提的设计，特别是曝气过程，由于不存在固定的"流程"，因此应通过结合现场特定条件和参数进行假设和确定。

8.1 气相抽提的一般应用和局限性

SVE 和 IAS 都是原位气相抽提技术，但它们在体系组成、适用范围、应用限制条件等方面有显著差异，以下章节将进行详细说明。

8.1.1 工艺描述和体系构成

土壤气相抽提（SVE）是通过向提取井施加真空，以蒸气形式从土壤中提取污染物，来去除非饱和带土壤中的挥发性有机化合物（VOCs）和部分半挥发性有机化合物，然后根据需要处理提取的气态污染物，并将其排放到大气中或（在允许的情况下）重新注入地下。通常，除了真空抽提井外，还需安装空气注入井以提高空气流量和污染物去除率。环境空气的注入主要由注气井通过鼓风机主动实现的，或通过泄露边界和（或）井被动实现（图 8.1）。

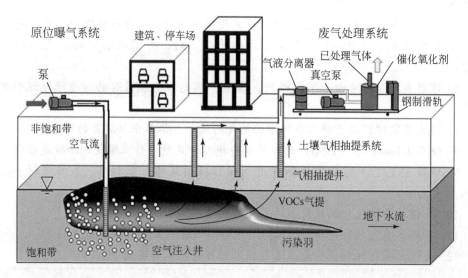

图 8.1　原位曝气系统（饱和带）、土壤气相抽提系统（非饱和带）和废气处理系统的组合示意图

原位曝气（IAS）是与 SVE 一起使用的一种原位修复技术，适用于处理地下水位以下（饱和带）的污染地下水。其原理为将干净的空气注入地下饱和带，使污染物从溶解状态转移到气相状态，然后从非饱和带排出。原位曝气最常与土壤气相抽提（SVE）技术一起使用，也可以与其他修复技术一起使用，如生物通气，以增强污染物的生物降解。当 IAS 与 SVE 同时使用时，这种组合系统被称为 SVE/IAS。SVE 系统通过一系列空气注入井在非饱和带产生负压，来控制污染羽迁移；IAS 系统通常用于去除含水层中的残留污染物，修复污染物羽中与溶解相平衡的 VOCs，也或用作 VOCs 的迁移屏障。

如图 8.1 所示，SVE/IAS 系统通常由曝气（注入）系统、抽提井系统、废气处理系统、废水（有时会从蒸气中冷凝出少量液体）处理系统组成。气相抽提系统通常包括放置在包气带土壤渗透填料（粗砂或砾石）中的带孔管道、气液分离器、真空泵和（或）鼓风机，以及用于蒸气浓度和压力测量的监测井。真空泵和鼓风机用于降低或增加抽提井中的气体压力，并诱导受污染的蒸气流向井中。气液分离器不是必须的，但对于保护泵、鼓风机以及使用热气体处理装置时至关重要。其他可选组件包括屏障井和地面上的防渗罩。安装防渗罩（塑料膜、建筑物、停车场、低渗透土层）的目的是尽量减少水从表面的渗透，或通过防止短循环来增加系统的影响半径，并控制可绕过污染物进气的水平移动。

SVE 和 IAS 对污染物都是非破坏性的，因此需要废气处理来进一步去除蒸气流中的污染物，之后才能排放到大气中。处理方法包括热处理（蒸气燃烧、催化氧化；见第 10 章）、蒸气冷凝、湿式洗涤器、生物反应器和活性炭装置。回收的冷凝水在排放到公共污水处理厂之前，应按照预处理要求进行处理，如空气吹脱（气提）和活性炭吸附（第 7 章）。

在文献中，SVE 还有其他名称，包括原位挥发-蒸发、土壤通气、土壤真空抽提和增强性挥发。原位曝气又称原位抽提和原位挥发。在本章中，我们使用土壤气相抽提和原位曝气来区分这两种过程。在某些情况下，我们使用气相抽提来表示这两种工艺中的一种或两种工艺的同时使用，以便于讨论。

8.1.2　影响气相抽提的化学和地质参数

从上述工艺简介可以看出，SVE 和 IAS 都是针对 VOCs 的修复。SVE 可以去除渗透性包气带中的污染物，IAS 可以去除渗透性饱和带中的污染物。如下文所述，影响这两个过程的化学和地质参数有许多相似之处。

首先，SVE 和 IAS 均适用于去除挥发性化合物，而挥发性又由蒸气压、沸点或亨利常数决定。正如我们在第 2 章所讨论的，挥发性化合物和半挥发性化合物之间没有明确的分界线。但是，人们普遍认为，SVE 适用于蒸气压大于 0.5mmHg（相当于 6.6×10^{-4} atm、66Pa、0.66mbar）、沸点范围 250 ~ 300℃ 或无量纲亨利常数大于 0.01 的化合物（DePaoli，1996）。这个条件也适用于原位曝气。例如，苯是一种挥发性很强的化合物（蒸气压：0.125atm；沸点：80.1℃；亨利常数：0.24），适合用 SVE 和 IAS 处理。挥发性较低的多环芳烃，如萘（蒸气压：3×10^{-4} atm；沸点：218℃；亨利常数：0.049），也可用 SVE 和 IAS 处理；但分子量较高的多环芳烃，如芘（蒸气压：3.29×10^{-9} atm；沸点：404℃；亨利常数：4.66×10^{-4}），则不适合用这些基于气相的技术进行处理。

低分子量、挥发性化合物，如三氯乙烯（TCE）、四氯乙烯（PCE）以及大多数较轻的汽油组分（丁烷、戊烷、己烷、芳香苯，包括 BTEX 和其他烷基苯）都可以用 SVE 去除。三氯苯、丙酮和较重的石油燃料（柴油、原油、燃料油、废油和燃料油）等化学物质则不适合用 SVE 处理。重油、重金属、多氯联苯和二噁英等化合物也不能用 SVE 去除。SVE 和 IAS 可以去除几乎所有的汽油成分，部分煤油和柴油燃料成分可以通过 SVE/IAS 从饱和带去除。SVE/IAS 不能去除燃料油和润滑油（表 8.1）。但是，SVE/IAS 可促进半挥发性和非挥发性成分的生物降解。

表 8.1　石油产品沸点范围表（改编自 USEPA，2017）

产品	碳原子的近似数量	沸点范围/℃
石油醚	4 ~ 10	35 ~ 80
汽油	4 ~ 13	40 ~ 225
煤油	10 ~ 16	180 ~ 300
柴油	12 ~ 20	200 ~ 338
燃料油	14 ~ 24	250 ~ 350
润滑油	20 ~ 50	<350
沥青	80% 碳黏性液体	>300
焦炭	>90% 碳固体	不适用

其次，土壤性质是影响气相抽提的另一个重要因素。土壤渗透性、均质性、低有机质含量（f_{oc}）和低含水率都是影响 SVE 修复效果的有利条件。非均质性含水层对空气和污染物迁移的影响比均质含水层更难以预测。因此，非均质性的存在使抽提井和注入井的安装更加困难。低含水率的土壤更适用于 SVE，因为它更容易通过干燥的土壤吸取空气。这也使 SVE 成为少数可以适用于地下水位较深的含水层的技术之一，在这种情况下，污染可以延伸到地下水位 40ft（12m）深的位置。研究表明，从多孔土壤中释放出来的汽油在 100 天内就可以完全去除。但是，石油产品中沸点较高的其他污染物在气相抽提 120 天后仍然保持在较高的浓度。

空气渗透性（即土壤对空气的渗透性）是影响气相抽提成功的最重要因素。正如在第 3 章中定义的那样，渗透率是衡量多孔介质传输流体（在我们这里的例子中，它是空气）程度的指标。由于它与流体性质无关，所以称为固有渗透率。渗透率的单位为长度的平方，如 cm^2、m^2。水力传导系数是一个与渗透率相关的术语，是衡量水在多孔介质中流动的难易程度的参数，取决于基质渗透性以及流体性质，以长度/时间为单位，如 cm/d、m/d。当空气是所关注的流体时，渗透性决定了土壤气从包气带提取（SVE）或饱和带注入（IAS）的速率。对空气的渗透性也是污染物从溶解相向气相传质速率的决定因素。

粗粒土（如砂土）比细粒土（如黏土或粉砂）具有更大的固有渗透率。对于大多数的土壤材料，固有渗透率的变化范围可以超过 13 个数量级（从 $10^{-16}\,cm^2$ 到 $10^{-3}\,cm^2$）。对于大多数土壤类型，空气渗透率在 $10^{-13}\,cm^2$ 至 $10^{-5}\,cm^2$ 范围内。土壤水分的存在会降低土壤传输空气的能力，从而堵塞土壤孔隙并减少气流。这在易于保持水分的细粒土中尤为重要。表 8.2 列出了影响 SVE 和 IAS 适用性的固有渗透率范围。

表 8.2　影响 SVE 和 IAS 适用性的固有渗透率范围（据 USEPA，2017）

SVE 或 IAS 的适用性	固有渗透率（k）	
	土壤气相抽提（SVE）	原位曝气（IAS）
一般适用	$k \geqslant 10^{-8} \, cm^2$	$k \geqslant 10^{-9} \, cm^2$
可能适用，需要进一步评估	$10^{-8} \geqslant k \geqslant 10^{-10} \, cm^2$	$10^9 \geqslant k \geqslant 10^{-10} \, cm^2$
勉强适用到不适用	$k < 10^{-10} \, cm^2$	$k < 10^{-10} \, cm^2$

　　化学性质（蒸气压）、土壤渗透性和污染物释放时间对 SVE 适用性的综合影响可以用半定量的视图（图 8.2）表示。该列线图（nomogram）可以对 SVE 成功的可能性进行近似的图形计算。使用列线图时，从污染物释放时开始，画一条水平线到相应的土壤渗透性，然后从交点开始，画一条直线到相应污染物的蒸气压，这条线与连续体相交的点表示在该组条件下 SVE 修复污染场地的有效性。

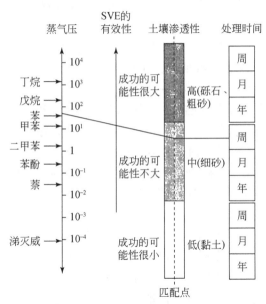

图 8.2　土壤气相抽提列线图（据 USEPA，1991a）
显示了蒸气压、土壤渗透性和污染物释放时间对 SVE 修复有效性的影响

　　注意，采用 SVE 可去除包气带中的 VOCs。如果同一场地地下水中存在 VOCs，则原位曝气作为 SVE 的补充手段使用，可以去除溶解在地下水中的 VOCs。SVE 可用于 5～300ft（1.5～90m）的垂直井。当地下水接近地表（如小于 5ft 或 1.5m）时，SVE 则不适用。此外，当地下水位在短时间内波动较大时，如在降水和潮汐运动的季节性波动期间，SVE 则不适用（Cole，1994）。

8.1.3　气相抽提和原位曝气的优缺点

　　土壤气相抽提：具有下述几个明显的优势，使其成为美国许多地下储罐泄漏污染场地最广泛使用的创新修复技术。SVE 所需机械部件少、运行维护成本低；采用传统的现成设备和材料，可以快速安装；不需要试剂，并提供永久性修复；不受地下水深度的限制，不需要清挖土壤；不具有破坏性（不影响企业经营活动或居民生活习惯），但修复效果明显；可以用来修复建筑物或其他构筑物下面的土壤。SVE 的另一个优点是它可以增强好氧细菌（生物通气）对化合物的生物降解。

SVE 的局限性：对低蒸气压污染物的去除效率较低。如果气态污染物受到细粒土壤的阻碍，或者如果产生的气态污染物变为空气质量问题，不得不进一步处理时，SVE 的使用也会受到限制。由于 SVE 不改变化学结构，污染物的毒性不会改变，有时需要额外的处理技术。对于具有复杂地层和低渗透率的场地，处理效果和时间也会无法预测。另一个可能的负面影响是，由于真空泵的存在，地下水位可能会上升。地下水位上升可能导致污染物扩散到上升的流水中，因此也需要对地下水进行修复。这个问题可以通过在污染羽附近增加一个地下水抽提井通过稳定地下水位来缓解。

原位曝气：通过饱和带空气对流去除气态污染物。这种对流比常规泵抽处理系统中的扩散控制流动更有利。与抽出处理相比，原位曝气的另一个优点是污染物更容易进入气相，而不是进入地下水。原位曝气可用于处理毛细管边缘和（或）地下水位以下的污染物（与土壤气相抽提相反）。现有的监测井也可用于原位曝气。由于操作和维护成本低，当必须处理大量地下水时，原位曝气尤其具有成本效益。

当污染物与土壤基质形成复合物时，会影响挥发率，使得原位曝气变得不利。如前所述，原位曝气影响因素包括蒸气压、溶解度、亨利常数等。溶解度较高、亨利常数较低的组分，如 MTBE、二溴二乙烯等，由于可溶于水，不能通过原位曝气有效去除。与 SVE 的局限性类似，IAS 也不适用于细粒和低渗透性土壤，因为细粒和低渗透性土壤会减少通过地下水和包气带的空气流量。非均质土壤会导致空气优先通过高传导系数层或可能绕过污染区域，因此，与非均质性相关的复杂气流条件也将使其难以预测和（或）控制。如果受污染地下水的深度低于地表以下 5ft（1.5m）或饱和带厚度较小，则可能需要很多井来确保所有地区的完全覆盖。当自由流动的污染物存在时，原位曝气会造成地下水堆积，从而导致自由流动的污染物迁移和扩散。因此，任何自由流动的污染物都必须在原位曝气前去除。当场地附近有地下室、下水道或其他地下密闭空间时，不能使用 IAS，除非使用气相抽提系统控制气态污染物迁移，否则潜在危险组分浓度将在地下室中累积。当受污染的地下水位于承压含水层系统中时，不能使用 IAS，因为注入的空气会被饱和承压层截留，无法逃逸到非饱和带。

8.2 地下空气流动和气态污染物行为

空气通过 IAS 注入，气态污染物通过 SVE 排出，因此在本章应特别关注地下空气流动和气态污染物行为。从广义上讲，气体（气态污染物）在地下的行为与水（溶解态污染物）的行为具有相似的原理，如描述对流流动的达西定律。本节将讨论气相中污染物与溶解相中污染物的各种传质过程。

8.2.1　地下空气流动模式

空气注入井或真空抽取井周围的空气（蒸气）流动模式是决定系统效率的关键因素，也是影响系统设计和成本的重要因素。了解空气（蒸气）流动模式对于评估场地空气注入、分析真空抽提适用性以及优化 SVE/IAS 系统设计和运行至关重要。例如，过度乐观的估计影响半径将导致废气去除效率低下。Lundegard 和 LaBreque（1998）使用电阻层析成像（electrical resistance tomography，ERT）对两个场地的注入井周围的空气流动模式进行了绘制。如图 8.3（a）所示，场地由相对均匀的沙丘砂组成，气流的主要区域大致对称于注气井，注气井半径仅为 2.4m；在另一个场地［图 8.3（b）、（c）］，具有高度不均匀的冰碛土（颗粒大小从粉砂到鹅卵石不等），气流模式更加复杂，但显示出主要的水平分量。

均匀砂质含水层中的垂直气流表明，注气井的影响半径实际上可能没有这么大。相比之下，低渗透含水层的水平（横向）气流意味着注入的空气很少能到达渗流区，因此 VOCs 可能被截留在注气井附近的饱和带。

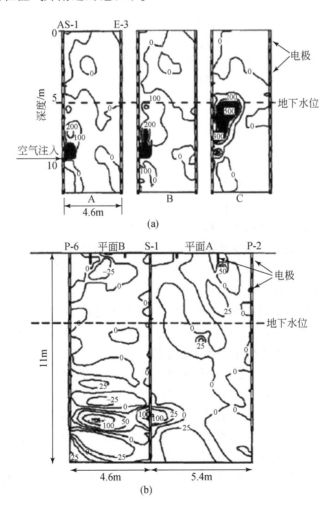

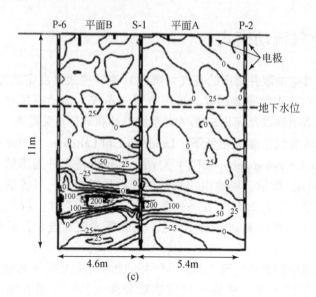

图 8.3　电阻层析成像（ERT）显示图（据 Lundegard and LaBrecque，1998，
经 John Wiley & Sons 许可转载）

在地下条件非常不同的两个场地的饱和带，注入井（AS-1 和 S-1）周围有两种不同的气流模式：场地 A 由相对均匀的沙丘砂组成（a），而场地 B 由高度不均匀的冰碛土组成［（b）和（c）］。等高线描述了相对于空气注入前背景数据的电阻率变化百分比。（a）A、B、C 分别为场地 A 连续空气注入 20 分钟、2 小时、48 小时；（b）、（c）场地 B 连续空气注入 2 小时、28 小时。E-3. 采用 ERT 电极的监测井；P-2、P-6. 采用 ERT 电极的深压仪

8.2.2　水气平衡和热力学

SVE 和 IAS 都可以直接去除气相污染物，但土壤和地下水中的污染物也以其他几种形式存在。在包气带中，可能存在四种污染物相：气相、溶解相、吸附相和游离相。在没有土壤空气的饱和带，存在三种污染物相：溶解相、吸附相和游离相。这些不同的污染相通过不同的分配平衡相互关联，如图 8.4 所示。例如，吸附在土壤颗粒上的 VOCs 必须先解吸，然后分解成气相，最后以自由气体、蒸气方式通过对流、扩散和弥散输送。无论哪个限速步骤都是影响气相抽提的控制因素。因此，了解气态污染物在土壤–水系统中的行为，以及最终如何从受污染的土壤和地下水中逸出是非常重要的。

多孔介质中的气态污染物：亨利定律［式（2.3）、式（2.4）］可将土壤孔隙中的气态污染物浓度与溶解在土壤水分中的污染物浓度联系起来。在式（2.9）（2.3 节）中定义的土壤–水分配系数（K_d）是土壤中平衡浓度与水中平衡浓度的比值，也可以以类似的方式将土壤中的平衡浓度与土壤孔隙中的气态污染物浓度联系起来。在扩散控制或弱对流的地下水环境中，可以假定气态污染物的挥发和吸附处于平衡状态。因此，亨利常数（H）和吸附系数（K_d）是确定气态污染物在相（即土壤湿度、土壤空气和土壤颗粒）之间分配的有用参数。它们可以用来量化在假定平衡状态下的溶解态、气态和吸附态污染物分配。示例 8.1 和示例 8.2 说明了它们在两相和三相系统中的应用，以及结果如何与基于气

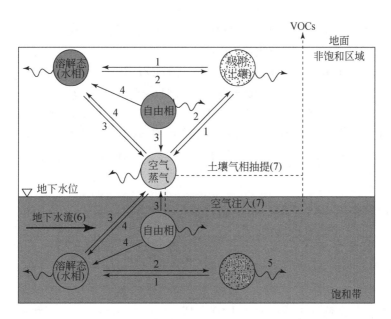

图 8.4　VOCs 在 SVE（包气带）和 IAS（饱和带）的传质过程示意图

1. 解吸；2. 吸附；3. 挥发；4. 溶解；5. 扩散；6. 水流引起的对流；7. SVE/IAS 中强制气流引起的对流

相的修复技术相关。

需要注意的是，亨利定律适用于水中溶质浓度低的理想溶液。例如，对于溶解在地下水中的 NAPL，亨利定律将土壤空气中 NAPL 的蒸气压与溶解在地下水中的 NAPL 的平衡浓度联系起来。由于这些 NAPL 的水溶性通常很低，亨利定律也适用于这些稀溶液。如果有多种组分溶解在地下水中，如 BTEX，这些 VOCs 的蒸气压也可以使用亨利定律单独计算。

下面两个例子说明了在处理空气–水（两相）体系或空气–水–土壤（三相）体系时，如何利用亨利定律和吸附系数进行的化学平衡计算。与第 7 章中抽出处理的溶解态浓度计算类似，示例 8.1 和示例 8.2 使用基于气相的修复技术 SVE 和 IAS 计算。

示例 8.1　饱和带气–水两相平衡计算

氯乙烯（VC）污染含水层的残余气体饱和度为 30%（即 30% 的孔隙度含有气体），水相氯乙烯浓度为 0.7mg/L，氯乙烯在 25℃ 时的亨利常数（H）= 22.4L·atm/mol 或 0.916（无量纲）。（a）计算单位为 mg/L 的气相浓度；（b）SVE 去除这种化学物质是否可行？（c）计算气相中氯乙烯质量百分比。

解答：

（a）气相浓度可以根据亨利定律计算。为了便于计算，以下使用无量纲 H。

$$C_g = C_w \times H = 0.7\text{mg/L} \times 0.916 = 0.641\text{mg/L}$$

（b）可行。如前所述，如果无量纲 H 大于 0.01，SVE 就是有效的。上面计算的高气相浓度也说明 SVE 去除这种化学物质是可行的。

（c）对于单位体积（1L）的含水层材料，由于残余气饱和度为30%（注意30%不是孔隙率），因此存在0.3L空气和0.7L水。

土壤水相中氯乙烯总质量=0.7mg/L×0.7L=0.49mg

土壤空气相中氯乙烯总质量=0.641mg/L×0.3L=0.1923mg

气相中氯乙烯质量百分比=0.1923/（0.1923+0.49）=0.28（28%）

注意：计算得出28%的氯乙烯蒸气并不意味着SVE只能去除28%的氯乙烯。随着氯乙烯挥发并继续被去除，将建立新的平衡，进一步从土壤水分中挥发去除更多的氯乙烯。

示例8.2　包气带气-水-土壤三相平衡计算

某地块因苯泄漏渗入土壤，通过采集土壤样本，测定土壤中苯的平均浓度为1000mg/kg。假设苯的 $K_d=0.88L/kg$，无量纲亨利常数（H）=0.24。（a）如果雨水渗透并浸透表层土壤，则从土壤中浸出并溶解在水中的苯浓度是多少？假设苯在水和土壤间处于平衡状态，且土壤：水的比例为4∶1（4kg土壤与1L水）。（b）如果一部分水迅速从表层土壤中排出（允许空气补充排出的水），那么溶解在土壤孔隙水中和蒸气中的苯浓度是多少？假设空气：土壤：水的比例为1∶8∶1。

解答：

（a）土壤：水的假设很重要，因为苯的浓度取决于水的含量。如果存在无限量的水，则苯的浓度非常小。相反，如果水的含量相对较小，则苯浓度较高。

还要注意，1000mg/kg是初始浓度，而不是平衡浓度，因为雨水泄漏是苯泄漏的后续事件。否则，该浓度即为土壤吸附浓度（C_s）。当苯在1L水与4kg土壤平衡时，可得到质量平衡：

$$C_s\left(\frac{mg}{kg}\right)\times4kg+C_w\left(\frac{mg}{L}\right)\times1L=1000\frac{mg}{kg}\times4kg$$

$$4C_s+C_w=4000$$

第二个公式是应用线性吸附等温线［式（2.9）］和给定的 K_d 值为0.88L/kg：

$$\frac{C_s}{C_w}=0.88, \quad 即\ C_s=0.88C_w$$

将 C_s 代入第一个公式：

$$4\times（0.88C_w）+C_w=4000$$

因此，$C_w=885mg/L$ 和 $C_s=779mg/kg$。如果错误地假设 $C_s=1000mg/kg$，则 $C_w=C_s/K_d=1000/0.88=1136mg/L$。

通过计算得出的 C_w 和 C_s，可以进一步确定水相中苯的百分比，以及当两相中苯达到吸附平衡时土壤相中苯的比例。

$$水相（\%）= \frac{885\frac{mg}{L}\times 1L\text{ 水}}{779\frac{mg}{kg}\times 4kg\text{ 土壤}+885\frac{mg}{L}\times 1L\text{ 水}} = \frac{885mg}{3115mg+885mg} = 0.22\text{（}22\%\text{）}$$

这个数字表明，相当大一部分（22%）的吸附苯可以分配到水中，即苯具有较高的溶解度，可以在环境中移动。也可通过 $\log K_{ow}=2.13$ 预测，即较小的 $\log K_{ow}$ 值对应较高的水溶解度和迁移率（见第 2 章）。

（b）不同于（a），现在有三个未知浓度，即 C_s（土壤）、C_w（水）和 C_a（空气）。假设不存在额外的自由相 NAPL，该三相系统与非饱和带更相似。注意：1000mg/kg 是土壤中的初始浓度，而不是平衡浓度。现在需要三个公式来求解三相（C_s、C_w 和 C_a）中的污染物浓度。当 1L 水、1L 空气与 8kg 土壤平衡时，得到质量平衡方程：

$$C_s\left(\frac{mg}{kg}\right)\times 8kg+C_w\left(\frac{mg}{L}\right)\times 1L+C_a\left(\frac{mg}{L}\right)\times 1L=1000\frac{mg}{kg}\times 8kg$$

这将变为

$$8C_s+C_w+C_a=8000$$

第二个方式是应用线性吸附等温线 [式（2.9）]，于是：

$$\frac{C_s}{C_w}=0.88，\text{ 即 }C_s=0.88C_w$$

第三个方式是在土壤空气和水之间应用亨利定律，取 $H=0.24$：

$$\frac{C_a}{C_w}=0.24，\text{ 即 }C_a=0.24C_w$$

将 C_s 和 C_a 代入第一个公式，可得出 C_w：

$$8\times（0.88C_w）+C_w+0.24C_w=8000$$

因此，$C_w=966mg/L$，也可以得出 $C_a=232mg/L$，$C_s=850mg/kg$。

通过计算得出的 C_w、C_a 和 C_s，我们可以进一步确定苯在三相达到平衡时水相、空气相和土壤相中苯的百分比。

$$水相（\%）= \frac{966\frac{mg}{L}\times 1L（\text{水}）}{850\frac{mg}{kg}\times 8kg（\text{土壤}）+966\frac{mg}{L}\times 1L（\text{水}）+232\frac{mg}{L}\times 1L（\text{空气}）}$$

$$= \frac{966mg}{6800mg+966mg+232mg} = 0.12（12\%）$$

$$气相（\%）= \frac{232\frac{mg}{L}\times 1L（\text{空气}）}{850\frac{mg}{kg}\times 8kg（\text{土壤}）+966\frac{mg}{L}\times 1L（\text{水}）+232\frac{mg}{L}\times 1L（\text{空气}）}$$

$$= \frac{232mg}{6800mg+966mg+232mg} = 0.029（2.9\%）$$

该结果表明，苯在水、空气和土壤中的分配率分别约为 12%、2.9% 和 75.1%。

与自由相 NAPL 平衡的气态污染物：现在将情况更改为与相应的纯液体相平衡的多组分蒸气（如 BTEX 混合物，而不是溶解在水中的单个 BTEX），如来自汽油泄漏的多组分蒸气。将混合物中每种组分的蒸气压与每种纯化合物的蒸气压联系起来的制约方程是拉乌尔（Raoult）定律，该定律指出，组分 i 的蒸气压（p_i）与其纯组分的蒸气压（p_i^0）和混合物中组分 i 的摩尔分数（x_i）成正比：

$$p_i = x_i p_i^0 \tag{8.1}$$

式中，摩尔分数（x_i）可以由化学物质 i 的摩尔数除以混合物中所有组分（$i = 1, 2, \cdots, n$）的总摩尔数（$\sum_{i=1}^{n} x_i = 1$）得到。

式（8.1）表明，对于纯液体中的单一化合物，即 $x_i = 1$，其蒸气压（p_i）将等于其纯液体的蒸气压。如果混合物中存在多种组分，则每种组分的蒸气压将根据其相应的摩尔分数按比例降低。以苯和甲苯二元混合物为例，如果苯和甲苯的摩尔分数分别为 $x_1 = 0.6$ 和 $x_2 = 0.4$，那么苯的蒸气压将为其纯液体蒸气压的 60%，而甲苯的蒸气压则为其纯液态蒸气压的 40%。这里，纯液体的蒸气压（p_i^0）是文献中给定温度下的表列值。在表列温度条件以外的温度下的（p_i^0）值可以通过描述蒸气压温度依赖性的克劳修斯–克拉珀龙（Clausius-Clapeyron）方程来估计。

$$\ln \frac{p_{i1}}{p_{i2}} = \frac{\lambda_i}{R} \left(\frac{1}{T_2} - \frac{1}{T_1} \right) \tag{8.2}$$

式中，p_{i1} 为温度 $T_1(\mathrm{K})$ 下的蒸气压；p_{i2} 为温度 $T_2(\mathrm{K})$ 下的蒸气压；λ_i 为假定在 T_1 至 T_2 温度范围内为常数的摩尔蒸发热，kJ/mol；R 为理想气体定律常数，$0.0821\,\mathrm{atm \cdot L/(mol \cdot K)}$。

注意，空气中以大气压为单位的化学物质的分压（p_i）可以很容易地换算为以体积度量的百万分之一（$\mathrm{ppm_v}$），因为在海平面上总气压等于 1atm。例如，如果空气中苯的蒸气压为 0.0015atm，则苯浓度等于 $0.0015 \times 10^6 = 1500\,\mathrm{ppm_v}$。蒸气压也可以使用理想气体定律 $[pV = nRT$，或者 $n/V = p/(RT)]$ 以如下形式直接转换为单位体积浓度的质量，如 mg/L，或更常见的大气污染物浓度 $\mathrm{mg/m^3}$：

$$C_i = \frac{n}{V} \times \mathrm{MW}_i = 10^6 \times \frac{p_i \times \mathrm{MW}_i}{RT} \tag{8.3}$$

式中，C_i 为组分 i 的蒸气浓度，以单位体积（$\mathrm{m^3}$）内污染物质量（mg）表示，可以由摩尔浓度（n/V, mol/L）和分子量（MW_i）的乘积换算而成。对于单组分系统，式（8.3）与式（2.2）相同。示例 8.3 和示例 8.4 说明了式（8.1）和式（8.3）的用法。

示例 8.3　利用理想气体定律计算气相中污染物浓度

（a）在旱季，一箱纯 TCE 被释放到包气带砂壤土中，其在土壤中的饱和蒸气浓度是多少？浓度单位为 $\mathrm{mg/m^3}$ 和 $\mathrm{ppm_v}$。

（b）SVE 要求最小蒸气压大于 0.5mmHg（0.000658atm），其在土壤蒸气中的浓度是多少（$\mathrm{mg_{TCE}/L}$）？TCE 的分子量为 131，蒸气压为 0.08atm，20℃时无量纲亨利常数为 0.42。

解答:

(a) 由于 TCE 是唯一的化学物质, 式 (8.1) 中的摩尔分数 (x_i) 为 1.0。对于纯液体, 可以将蒸气压 ($p^0 = 0.08$atm) 直接转换为 ppm_v:

$$TCE（ppm_v）= 0.08atm_{TCE}/1atm_{空气} = 80000ppm_v$$

采用式 (8.3) 形式的理想气体定律直接估算其饱和蒸气浓度:

$$C\left(\frac{mg}{m^3}\right) = 10^6 \times \frac{p_i \times MW_i}{RT} = 10^6 \times \frac{0.08atm \times \dfrac{131g}{1mol_{TCE}}}{0.0821 \dfrac{atm \cdot L}{mol \cdot K} \times (273+20)K}$$

$$= 436000 \frac{mg}{m^3_{空气}} \left(= 436 \frac{g}{m^3_{空气}}\right)$$

(b) 使用与 (a) 相同的公式, 代入 SVE 最低要求的 0.5mmHg 蒸气压。注意, mmHg 应转换为 atm (1atm = 760mmHg)。

$$摩尔浓度 = \frac{n}{V} = \frac{p}{RT} = \frac{0.5mmHg \times \dfrac{1atm}{760mmHg}}{0.0821 \dfrac{atm \cdot L}{mol \cdot K} \times (273+20)K} = 2.73 \times 10^{-5} \frac{mol_{TCE}}{L}$$

然后, 可以用分子量将摩尔浓度转换为质量/体积浓度:

$$C = 2.73 \times 10^{-5} \frac{mol_{TCE}}{L} \times \frac{131000mg}{1mol_{TCE}} = 3.58 \frac{mg_{TCE}}{L_{空气}} = 3580 \frac{mg_{TCE}}{m^3_{空气}}$$

在本示例中, TCE 的蒸气压 (0.08atm) 远高于 SVE 所需的最低要求 (0.000658atm)。如果 TCE 在包气带土壤中饱和, SVE 对其气态污染物的去除浓度可高达 436g/m³!

示例8.4　使用拉乌尔定律估算 NAPL 混合物在气相中浓度

一个干洗店场地被 10kg 的液态溶剂 (游离相) 污染, 该液态溶剂由重量比为 50% 的 PCE 和 50% 的 TCE 组成。该场地将通过土壤气相抽提进行清理。估算 20℃时包气带土壤中 PCE 和 TCE 的饱和蒸气浓度。PCE 和 TCE 在 20℃时的蒸气压分别为 0.02 和 0.08atm。$MW_{PCE} = 166$g/mol, $MW_{TCE} = 131$g/mol。

解答:

本示例涉及拉乌尔定律在双相 DNAPL 系统中的应用问题。对于 10kg(10000g) 的总质量, PCE 和 TCE 的质量均为 5000g。可计算 PCE 和 TCE 的摩尔数 (n_1、n_2) 和摩尔分数 (x_1、x_2) 分别为

$$n_1(PCE) = 5000g/(166g/mol) = 30.1mol$$

$$n_2(TCE) = 5000g/(131g/mol) = 38.2mol$$

$$x_1(\text{PCE}) = 30.1/(30.1+38.2) = 0.441$$

$$x_2(\text{TCE}) = 38.2/(30.1+38.2) = 0.559$$

注意：这个二元体系的摩尔分数 $x_1 + x_2 = 0.441 + 0.559 = 1.0$。使用拉乌尔定律：

$$p_1(\text{PCE}) = x_1 \times p_1^0 = 0.441 \times 0.02 = 0.00882\text{atm}(= 8822\text{ppm}_v)$$

$$p_2(\text{TCE}) = x_2 \times p_2^0 = 0.559 \times 0.08 = 0.04471\text{atm}(= 44710\text{ppm}_v)$$

PCE 的体积（摩尔）组成 $= 0.00882/(0.00882+0.04471) = 0.165$（16.5%），TCE 的体积（摩尔）组成 $= 1 - 0.165 = 0.835$（83.5%）。

应用式（8.3）分别通过蒸气压计算质量浓度：

$$C_1\left(\frac{\text{mg}}{\text{m}^3}\right)(\text{PCE}) = 10^6 \times \frac{p_1 \times \text{MW}_1}{RT}$$

$$= 10^6 \times \frac{0.00882\text{atm} \times \dfrac{166\text{g}}{1\text{mol}_{\text{PCE}}}}{0.0821 \dfrac{\text{atm} \cdot \text{L}}{\text{mol} \cdot \text{K}} \times (273+20)\text{K}} = 60860 \frac{\text{mg}}{\text{m}^3_{\text{空气}}}$$

$$C_2\left(\frac{\text{mg}}{\text{m}^3}\right)(\text{TCE}) = 10^6 \times \frac{p_2 \times \text{MW}_2}{RT}$$

$$= 10^6 \times \frac{0.04471\text{atm} \times \dfrac{131\text{g}}{1\text{mol}_{\text{TCE}}}}{0.0821 \dfrac{\text{atm} \cdot \text{L}}{\text{mol} \cdot \text{K}} \times (273+20)\text{K}} = 243480 \frac{\text{mg}}{\text{m}^3_{\text{空气}}}$$

现在可计算出抽提蒸气的重量组成（w）：

$$w_1(\text{PCE}) = 60.86/(60.86+243.48) = 0.20(20.0\%)$$

$$w_2(\text{TCE}) = 243.48/(60.86+243.48) = 0.80(80.0\%)$$

上述结果表明，从体积和质量上看，提取的蒸气中 TCE 含量均高于 PCE。如果将提取的蒸气与原始溢出溶剂的质量百分比进行比较（即各 50%），则提取的蒸气中 TCE 比 PCE 更多。由于提取的蒸气中含有较高浓度的挥发性更高的化合物（TCE 比 PCE 挥发性更高），因此该结果适用于任何 SVE 系统。随着 SVE 操作的进行，挥发性较低的化合物将在提取的蒸气中越来越占主导地位，这将导致 SVE 的去除效率随着时间的推移而降低（Kuo，1999）。

如例 8.4 所示，拉乌尔定律可用于计算与自由相 NAPL 平衡的饱和蒸气压。拉乌尔定律也可用于预测溶质对溶剂（即水）蒸气压的影响。如果非挥发性化学物质（如葡萄糖）溶于水中，水的蒸气压将按水的摩尔分数的比例降低。如果挥发性化学物质（如苯）溶解在水中，水的蒸气压将随着降低的摩尔分数而降低。由于苯是挥发性的，因此该溶液的总蒸气压将是水蒸气的蒸气压加上苯蒸气的蒸气压。由于苯作为溶质的溶解度很低，所以水蒸气压的变化可能很小。

8.2.3　挥发、蒸气扩散和 NAPL 溶解动力学

挥发：在第 2 章中，应用理想气体定律将气相浓度与平衡时纯液体的蒸气压联系起来 [式 (2.1)、式 (2.2)]。如果挥发速率受到动力学限制，则平衡时计算的气相浓度将被高估。通常假设挥发速率 $[J, \text{mol}/(\text{m}^2 \cdot \text{h})]$ 与溶解相浓度 (C_{aq}；即可测量的实际浓度) 和气相浓度 (C_i/H) 平衡的理论 (计算) 水相浓度之间的浓度梯度成正比：

$$J = -K_L \left(C_{aq} - \frac{C_i}{H} \right) \tag{8.4}$$

式中，K_L 为传质系数，m/h；C_{aq} 为水相浓度，g/m^3；C_i 为气相浓度；H 为亨利常数。根据质量守恒 ($\mathrm{d}C/\mathrm{d}t = -\mathrm{d}J/\mathrm{d}L$)，式 (8.4) 可写成水相浓度随时间变化的形式：

$$\frac{\mathrm{d}C_{aq}}{\mathrm{d}t} = \frac{K_L}{L} \left(C_{aq} - \frac{C_i}{H} \right) \tag{8.5}$$

式中，L 为深度，m (即单位体积的界面面积)。对式 (8.5) 积分可得到污染物 i 在给定时间 t 的溶解相浓度：

$$C_{aq} = \frac{C_i}{H} + \left(C_{aq}^0 - \frac{C_i}{H} \right) \exp \left[\left(-\frac{K_L}{L} \right) t \right] \tag{8.6}$$

当气相浓度 (C_i) 与液相浓度相比非常低时 (在实际修复中通常如此)，可以简化上述方程：

$$C_{aq} = (C_{aq}^0) \exp \left[\left(-\frac{K_L}{L} \right) t \right] \tag{8.7}$$

由式 (8.7) 可知，挥发可以描述为一级动力学。在监测井 (直径 2in，长 4ft 的水井测压装置) 中，一项模拟滞留水中 VOCs 挥发的实验室柱状研究中揭示了一级动力学 (McAlary and Barker, 1987)。滞留井挥发损失在 12 小时内达到 10%，在 4 天内达到 50%。结果表明，如果地下水恢复缓慢，如低渗透性含水层，如果没有压力诱导的真空或注入气流，挥发可能是一个限速的缓慢过程。

蒸气扩散：蒸气的扩散由相内的浓度梯度 (相内化学运动) 驱动。化合物 i 的扩散动力学可由菲克第二定律描述：

$$\frac{\partial C_{aq}}{\partial t} = D \frac{\partial^2 C_{aq}}{\partial^2 x} \tag{8.8}$$

式中，D 为分子扩散系数，cm^2/s；x 为沿 x 轴的扩散距离。在定义了一个初始条件和两个边界条件之后，在任何时间 t 和距离 x 处，C_{aq} 的菲克第二定律的解析解如下 (Grasso, 1993)：

$$\frac{C_{aq} - C^*}{C^0 - C^*} = \frac{2}{\sqrt{\pi}} \int_0^{\frac{x}{\sqrt{4Dt}}} e^{-n^2} \mathrm{d}n = \mathrm{erf} \left(\frac{x}{2\sqrt{Dt}} \right) \tag{8.9}$$

式中，C^0 为 ($t = 0$) 初始浓度；C^* 为饱和浓度；erf 为误差函数。使用式 (8.9)，给定扩散系数常数和浓度梯度，可以确定在特定时间 (t) 和位置 (x) 的浓度。缓慢扩散过程在缓慢移动的地下水或工程系统中的污染物迁移过程中变得重要，如当渗滤液中的污染物穿

过填埋场防渗结构并向地下水移动时。

NAPL 溶解：NAPL 以离散的液块或自由流动的液态溶剂形式溶解，对提高土壤和地下水的质量有很大贡献。溶解可描述如下（Clement et al., 2004）：

$$\frac{\rho}{\theta}\frac{dC_s}{dt} = -K_{La}(C^* - C) \tag{8.10}$$

式中，ρ 为含水层的容重，量纲为 ML^{-3}；θ 为含水层孔隙度；C_s 为 NAPL 在土壤中的滞留浓度，量纲为 MM^{-1}，mg/kg；C^* 为 NAPL 的水相溶解度，量纲为 ML^{-3}；C 为 NAPL 的水相浓度，量纲为 ML^{-3}；K_{La} 为总传质系数，量纲为 T^{-1}，是多孔介质性质、NAPL 饱和度和几何结构（包括界面面积和流动条件）的函数，因此可能会表现出时空变化（Mobile et al., 2012）。

此时，应注意上述过程（挥发、扩散、溶解等）的"动力学"方面，因为限速过程是从土壤地下水中去除污染物的控制步骤。换句话说，对于处于吸附阶段（土壤颗粒上）的 NAPL 污染物，必须先从土壤中解吸，溶解在水中，然后挥发去除（解吸+溶解+挥发）。这些过程中的任何一个都可能成为传质过程中的限速步骤。Garges 和 Baehr（1998）的一项模拟研究表明，PCE 的主要传输机制是扩散，MTBE 的主要传输机制是对流，苯的主要传输机制是先对流再向扩散过渡的。研究发现，明尼苏达州 Bemidji 地区的油气在非饱和带主要以扩散（带一些对流）的方式迁移，在饱和带主要以对流和机械扩散的方式迁移（Essaid et al., 2011）。

8.2.4 水气对流的达西定律

在 8.2.3 节中讨论了气态污染物在多孔介质中随空气–水和 NAPL 自由相水界面处浓度梯度的流动和迁移。扩散（溶解和解吸之后）和对流都可能导致传质限制步骤。在真空抽提（SVE）或空气注入（IAS）等压力诱导条件下，压力梯度将是控制土壤–地下水系统中气态污染物对流的主要驱动力。用于描述水的对流流动的达西定律（第 2 章和第 3 章）也可用于描述气态污染物的对流流动：

$$v = -K\frac{d\left(Z + \frac{P}{\rho g}\right)}{dx} \tag{8.11}$$

注意，在包气带，水力头（h）用 $Z + P/(\rho g)$ 代替，其中 v 是蒸气流的达西速度（cm/s），Z 是潜在水头（平均海平面以上的高程），$P/(\rho g)$ 是压力水头。

从第 3 章的式（3.5）中，我们得出水力传导系数（K）和固有渗透率（k）之间的关系：

$$K = k\frac{\rho g}{\mu}$$

式中，μ 是蒸气动力黏度，g/（cm·s）。通过将上述公式代入式（8.10）并忽略潜在水头变化（$dZ/dx = 0$），得

$$v = -k\frac{\rho g}{\mu}\left(\frac{dZ}{dx} + \frac{1}{\rho g}\frac{dP}{dx}\right) = -\frac{k}{\mu}\frac{dP}{dx} \tag{8.12}$$

上述达西定律表明，蒸气流的达西速度（v）与土壤气相抽提中的压力梯度成正比，

且与固有渗透率和动力黏度的比例常数成正比。

为了推导蒸气流动方程，需要一个连续性方程（蒸气质量守恒）：

$$\frac{\partial n\rho_b}{\partial t} = -\nabla \rho b v \tag{8.13}$$

式中，n 为空气填充孔隙率；∇ 为梯度算子，cm^{-1}；b 为含水层厚度，cm；v 为蒸气速度，cm/s；ρ 为根据理想气体定律随蒸气压变化的蒸气密度，g/cm^3。

$$\rho = \rho_{atm} \frac{P}{P_{atm}} \tag{8.14}$$

式中，ρ_{atm} 为参考压力 P_{atm} 下的蒸气密度。通过将 v［式（8.12）］和 ρ［式（8.14）］代入连续性方程式（8.13）（Grasso，1993；USEPA，1995），得

$$\left(\frac{2n\mu}{k}\right)\frac{\partial P}{\partial t} = -\nabla^2 P^2 \tag{8.15}$$

在稳态 $\left(\frac{\partial P}{\partial t}=0\right)$ 和径向流动的情况下，边界条件为 $r=R_w$ 时，$P=P_w$；$r=R_I$ 时，$P=P_{atm}$（图 8.5），对于均质或分层土壤系统，式（8.15）的解为（Johnson et al.，1990；USEPA，1995）

$$P_r^2 - P_w^2 = (P_{RI}^2 - P_w^2)\frac{\ln\left(\dfrac{r}{R_w}\right)}{\ln\left(\dfrac{R_I}{R_w}\right)} \tag{8.16}$$

式中，P_r 为距离气相抽提井径距离 r 处的压力；P_w 为气相抽提井绝对压力；P_{RI} 为影响半径处的压力，通常设定为大气压（1atm）或其他预设值；r 为距离气相抽提井径向距离；R_I 为压力为预设值时的气相抽提井影响半径；R_w 为气相抽提井半径。式（8.16）的使用见示例 8.5。

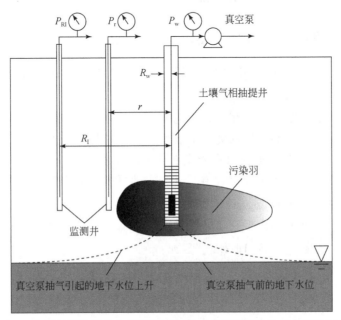

图 8.5　土壤气相抽提井和监测井示意图（显示了井的位置和真空压力）

示例 8.5　计算土壤气相抽提井的影响半径

对于土壤气相抽提系统，抽提井压力为 0.9atm，距离抽提井 30ft 的监测井压力为 0.98atm。抽提井的直径为 4in（0.33ft）。求该土壤气相抽提井的影响半径（改编自 Kuo，1999）。

解答：

为了通过式（8.16）计算 R_I，需要知道除了 P_{RI} 之外的所有参数的值，可以假设 P_{RI} 等于大气压（1atm）。因此，

$$0.98^2 - 0.9^2 = (1.0^2 - 0.9^2) \frac{\ln\left(\dfrac{30}{0.165}\right)}{\ln\left(\dfrac{R_I}{0.165}\right)}$$

$$R_I = 118\text{ft}$$

注意，式（8.16）是从式（8.15）推导得来，用于均匀多孔介质中气态污染物的稳态径向流动，感兴趣的读者还可以从式（8.15）推导在非稳态条件下气态污染物流动的解。Johnson 等（1990a）开发的控制方程可用于通过进行类似于抽出处理试验的现场空气渗透试验来确定土壤中空气的固有渗透率，以获取水力传导系数（见第 3 章）。固定渗透率（k）最好在现场通过渗透性试验或 SVE 试验研究来获得，也可以在实验室使用现场的土壤芯样在一个或两个数量级的精度范围内进行估算。在饱和带土壤与非饱和带土壤相似的场地，土壤的水力传导系数与土壤的透气性有关［式（3.5）］。由于空气渗透率易于测量，水力传导系数也可以通过回归进行经验估计。注释栏 8.1 提供了一些关于水力传导系数、固有渗透率和空气渗透率的附加信息。

注释栏 8.1　水力传导系数、固有渗透率和空气渗透率

（a）水力传导系数（K_w）定义了"水"在多孔介质中流动的难易程度。它取决于水（密度和黏度）和土壤（孔隙度、土壤质地等）的性质。饱和带的水力传导系数称为饱和水力传导系数，有别于非饱和带的非饱和水力传导系数。由于含水量在非饱和带是一个变量，非饱和水力传导系数取决于充水孔隙度（即土壤含水量）。

（b）"水"的固有渗透率仅取决于多孔介质的性质，而不是含水量（或一般地说，流体）的性质。这就是它被称为"固有"渗透率的原因。水的固有渗透率（k_w）与饱和水力传导系数的关系为 $K = k(\rho g/\mu)$。因此，水力传导系数的单位是长度/时间（cm/s），而固有渗透率的单位是长度的平方（cm^2 或 D）。例如，水在 20℃时的动力黏度（μ）为 0.01g/(cm·s)，密度（ρ）为 1g/cm³，因此：

$$\frac{\rho g}{\mu} = \frac{1\,\frac{g}{cm^3} \times 981\,\frac{cm}{s^2}}{0.01\,\frac{g}{cm \cdot s}} = 9.81 \times 10^4\,\frac{1}{cm \cdot s} \cong 10^5\,\frac{1}{cm \cdot s}$$

很明显的，通过将固有渗透率（k，cm^2）乘以 10^5，可以计算出水力传导系数（K，cm/s）。注意，固有渗透率的常见非量纲单位是达西（D），这是一个混合的单位。渗透率为 1D 的介质允许黏度为 1 厘珀 $[1cP = 1mPa \cdot s = 0.01g/(cm \cdot s)]$ 的流体在 1atm/cm 的压力梯度作用于 $1cm^2$ 的面积下流动 $1cm^3/s$。由式（8.12）可知：

$$v = -\frac{k}{\mu}\frac{dP}{dx}$$

通过将固有渗透率（k）作为其他决定因素的函数重新计算，可得

$$k(D) = -\frac{v\,\mu}{dP/dx} = -\frac{\dfrac{1cm^3/s}{1cm^2} \times 1mPa \cdot s}{1\,\dfrac{atm}{cm} \times \dfrac{1.01 \times 10^8 mPa}{1atm}} \cong 10^{-8}\,cm^2$$

因此，要将 k 从 cm^2 转换为 D，需要将 cm^2 中的 k 值乘以 10^8。例如，固有渗透率为 $5 \times 10^{-8}\,cm^2$ 的土壤将具有 5D。如果进一步给出另一温度下流体（即水）的密度和黏度，如水的密度为 $0.999703g/cm^3$，水的黏度为 $0.01307g/(s \cdot cm)$，则该土壤在 10℃ 的地下水流下的水力传导系数为 [式（3.5）]：

$$K = k\frac{\rho g}{\mu} = 5 \times 10^{-8}\,cm^2 \times \frac{0.999703\,\dfrac{g}{cm^3} \times 980\,\dfrac{cm}{s^2}}{0.01307\,\dfrac{g}{s \cdot cm}}$$

$$= 5 \times 10^{-8}\,cm^2 \times 7.5 \times 10^4 = 3.75 \times 10^{-3}\,\frac{cm}{s}$$

空气渗透率（k_a）可以定义为土壤通过对流流动传导空气（而不是水）的能力的度量。对流流动是土壤空气在总气体压力梯度下的运动。由于土壤中的孔隙一般被空气和水所占据，因此空气渗透率与土壤含水量成反比，且可表示为充气孔隙度（或体积空气含量）的函数。此外，与水力传导系数（取决于充水孔隙度，即土壤含水量）类似，空气渗透率也与总充气孔隙度、孔隙大小分布和土壤中开放孔隙的连通性（与土壤类型）有关。对于完全干燥的土壤，透气率被认为是和土壤的固有渗透率（k）相等的（两者的单位都是 cm^2 或 D）。一般来说，饱和水力传导系数（K_w）和空气渗透率（k_a）不能从一个转换成另一个，尽管研究表明两者之间存在对数相关性。注意，本书省略了 K_w 的下标"w"和 k_a 的下标"a"，因此分别用 K 和 k 表示对水力传导系数和空气渗透率。

8.3 气相抽提和原位曝气系统的设计

本节中的定量分析和设计公式主要摘自 Johnson 等（1990a，1990b）在土壤气相抽提方面的开创性工作。这些数学公式是对实际场景的简化，但它们在筛查分析中具有重要作用，可以确定土壤气相抽提是否是一种合适的处理技术，并确定 SVE/IAS 达到处理效果的主要设计参数。用于包气带分析的模型有很多（Bedient et al., 1999），包括筛查模型（如 BioSVE、HyperVentilate，见注释栏 8.2）、气流模型（如 MODAIR、P3DAIR）、多相模型（如 T2VOCs、Bioventing）以及非饱和带空气流动和迁移模型（如 Chemflo、AIRFLOW/SVE、3DFEMFAT）。在下面的讨论中，将重点讨论土壤气相抽提系统的设计基础。

注释栏 8.2　辅助 SVE 设计的计算机模型：HyperVentilate

计算机模型可用于预测多孔介质中的气态污染物流动，如 Airtest、AIRFLOW 和 AIR3D。然而，这些模型对设计师设计 SVE 系统并没有直接帮助。基于壳牌石油公司 Johnson 等（1990b）的工作的另外两个模型，VENTING 和 HyperVentilate 是更完整的 SVE 筛查模型。基本公式已在 8.3.1 节和 8.3.2 节中介绍。

HyperVentilate 可以评估土壤渗透率、估算气流速度、污染物残留浓度、污染物去除率和各种 SVE 系统设计参数，如所需的气相抽提井数量、处理时间和系统运行条件。

HyperVentilate 可以通过结构化的决策过程指导用户，以确定 SVE 系统的适宜性和有效性，从而根据场地特定数据因地制宜地修复污染场地。

8.3.1　土壤气相抽提适宜性定量分析

在 Johnson 等（1990b）开发的筛查模型中，通过回答以下六个问题，可以确定气相抽提是否适用。①计算能达到的气态污染物浓度是多少？②在理想的蒸气流量条件下（即 100～1000scfm[①] 蒸气流量），该浓度是否可以达到满足要求的去除率？③蒸气流量的范围实际情况下是否可以实现？④在上述污染物浓度和实际蒸气流量下是否可以达到满足要求的去除率？⑤土壤中是否会残留大量残留物？气态污染物浓度是否超过监管要求？⑥土壤气相抽提是否可能产生负面影响？如果问题②和问题④的答案都是否，则原位土壤抽提技术不适用于实际应用。

问题①中的气态污染物浓度估算值（$C_{估算值}$）可根据拉乌尔定律和理想气体定律［式

---

① 标准立方英尺每分钟（standard cubic foot per minute, scfm），$1scfm = 1ft^3/min = 2.831685 \times 10^{-2} m^3/min = 28.3L/min$。

(8.1)、式（2.1）、式（2.2）] 计算，适用于混合组分，如汽油。注意，C_{est} 是气相抽提开始时的最大浓度，或污染物清除的最佳情况。由于成分的变化（参见示例8.4）、残留水平或扩散阻力的增加，实际气态污染物浓度将随抽提时间下降。

问题②中的"满足要求的"去除率（去除率可接受值，$R_{可接受值}$）由实际泄漏质量（$M_{泄漏}$）除以可接受的最大处理时间（t）计算得

$$R_{可接受值} = M_{泄漏} / t \tag{8.17}$$

可根据以下公式由气态污染物浓度估算值（$C_{估算值}$）计算气态污染物去除率估算值（$R_{估算值}$）：

$$R_{估算值} = C_{估算值} \times Q \tag{8.18}$$

在理想条件下，蒸气流量（Q）在 100～1000scfm 或 140～2800L/min（$1ft^3 = 28.3L$）的范围内。Johnson 等（1990a）指出，持续使用土壤气相抽提，需要去除率不能低于1kg/d。这种最低要求的质量去除率相当于气态污染物浓度为 0.3mg/L（根据 $R = 1kg/d$，$Q = 140L/min$ 计算），或地下温度相当于 0.0001atm 单一化学成分的蒸气压。污染物浓度有时以甲烷当量（ppm_v，CH_4）的形式计。使用该单位是因为现场分析工具总是以 ppm_v 值计，ppm_v 值通常是用甲烷校准的。

例如，如果在抽提过程中使用 $2800L/min(100ft^3/min)$ 的流量，平均为 6.25kg/d（即在八个月内清理大约 500gal 或 1500kg 的泄漏汽油），则可以使用式（8.18）直接计算能达到的最低气态污染物浓度估算值如下：

$$C_{估算值} = \frac{R_{估算值}}{Q} = \frac{6.25kg/d}{2800L/min} \times \frac{1 \, 天}{24 \times 60min} \times \frac{10^6 mg}{1kg} = 1.55 \frac{mg}{L}$$

计算得出的浓度 1.55mg/L（即 $1550mg/m^3$）等于甲烷（CH_4）当量 $2532ppm_v$，如下所示：

$$CH_4(ppm_v) = 1550 \frac{mg}{m^3} \times \frac{24.5}{16} = 2373$$

上述浓度换算从 mg/m^3 到 ppm_v 是假设理想气体体积恒定为 24.5L/mol，CH_4 的分子量为 16。

问题③可根据以下公式计算特定场地条件下的实际空气流量（Q）：

$$\frac{Q}{H} = \pi \frac{k}{\mu} P_w \frac{1 - \left(\frac{P_{atm}}{P_w}\right)^2}{\ln \frac{R_w}{R_I}} \tag{8.19}$$

式中，Q/H 为井筛每单位厚度（cm）的流速，cm^3/s；H 为井筛的长度，通常与受污染含水层的厚度（cm）相同；k 为土壤对气流的渗透率，cm^2 或 D；μ 为空气黏度，取 $1.8 \times 10^{-4} g/(cm \cdot s)$；$P_w$ 为抽提井绝对压力 $[g/(cm \cdot s^2)]$ 或真空压力（atm）；P_{atm} 为绝对环境压力，取 $1.01 \times 10^6 g/(cm \cdot s^2)$ 或 1atm；R_w 为气相抽提井半径，cm；R_I 为气相抽提井影响半径，cm。

由式（8.19）可知，所需流量随着透气性的增加呈线性增加，在其他几个因素中与黏度成反比，如图8.6所示。蒸气流速对空气渗透率（k）的依赖性很明显，因为 k 在不同

土壤条件下有几个数量级的差异。在式（8.19）中，抽提井真空压力（P_w）在 0.40 ~ 0.95atm 范围内，气相抽提井半径（R_w）通常设为 5.1cm（4in）。结果表明，Q/H 对影响半径（R_I）在 9 ~ 30m（30 ~ 100ft）范围内不敏感。但是，可以假设通用 R_I 值为 12m（参见图 8.6 中的图例顶部）。如果可以使用这些通用值，则可以用图 8.6 代替式（8.19）来预测在土壤渗透率（k）和施加真空压力（P_w）的范围内，单位井筛长度的稳态气流速率（即 y 轴：Q/H）。Johnson 等（1990b）详细介绍了 R_w 和 R_I 其他条件下的修正。示例 8.6 将说明这两种计算 Q/H 的方法 [式（8.19），图 8.6]。

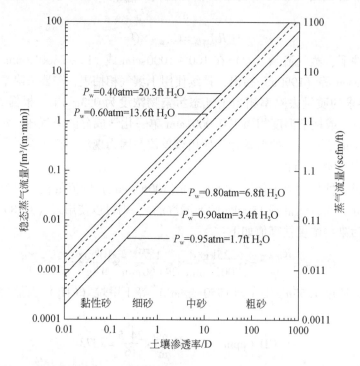

图 8.6　在给定的土壤渗透率（k）和施加的真空压力（P_w）（以 atm 计）条件下，预测单位井筛长度的稳态蒸气流量

假设值：R_w=5.1cm（2in）；R_I=12m（40ft）。ft H_2O 表示用等水柱高度表示的真空度

示例 8.6　气相抽提井所需空气流速的设计

给定以下条件：渗透率（k）为 10^{-8} cm^2，气相抽提井半径（R_w）= 5.1cm，真空影响半径（R_I）= 12m，真空压力（P_w）= 0.90atm [即 9.09×10^5 g/（cm · s^2）]，空气黏度为 1.8×10^{-4} g/（cm · s）。（a）通过使用图 8.6 并应用式（8.18）验证，求出单位长度井筛的空气流速 Q/H，（b）如果井筛穿过厚度为 5m 的整个污染区，空气流速（单位：ft^3/min）是多少？

解答:

(a) 通过将 10^{-8}cm^2 的 k 值乘以 10^8, 把空气渗透率从 cm^2 转换为 1.0D。从图 8.6 中, 在 x 轴上定位 1.0D, 画一条垂直线与 $P_\text{w}=0.90\text{atm}$ 的线相交。从该交叉点, 向 y 轴绘制一条水平线, 以获得 Q/H 的值, 对于 $k=1.0\text{D}$, $P_\text{w}=0.90\text{atm}$, 通用 $R_\text{w}=5.1\text{cm}$, 该值为 $0.04\text{m}^3/(\text{m}\cdot\text{min})$。或者, 如果应用式 (8.19), 也可以计算 Q/H:

$$\frac{Q}{H}=\frac{\pi k}{\mu}P_\text{w}\frac{\left[1-\left(\dfrac{P_\text{atm}}{P_\text{w}}\right)^2\right]}{\ln\dfrac{R_\text{w}}{R_\text{I}}}=\frac{\pi\times10^{-8}\text{cm}^2}{1.8\times10^{-4}\dfrac{\text{g}}{\text{cm}\cdot\text{s}}}\times9.09\times10^5\frac{\text{g}}{\text{cm}\cdot\text{s}^2}\times\frac{\left[1-\left(\dfrac{1\text{atm}}{0.90\text{atm}}\right)^2\right]}{\ln\dfrac{5.1\text{cm}}{1200\text{cm}}}=6.81\frac{\text{cm}^3}{\text{cm}\cdot\text{s}}$$

将单位换算成 $\text{m}^3/(\text{m}\cdot\text{min})$:

$$\frac{Q}{H}=6.81\frac{\text{cm}^3}{\text{cm}\cdot\text{s}}\times\frac{1\text{m}^3}{10^6\text{cm}^3}\times\frac{100\text{cm}}{1\text{m}}\times\frac{60\text{s}}{1\text{min}}=0.041\frac{\text{m}^3}{\text{m}\cdot\text{min}}$$

这与使用图 8.6 图解法获得的 Q/H 几乎一致 $[0.041\text{m}^3/(\text{m}\cdot\text{min})$ 和 $0.04\text{m}^3/(\text{m}\cdot\text{min})]$。

(b) 如果井筛厚度 $H=5\text{m}$, 则

$$Q=0.041\frac{\text{m}^3}{\text{m}\cdot\text{s}}\times5\text{m}=0.205\frac{\text{m}^3}{\text{s}}=0.205\frac{\text{m}^3}{\text{s}}\times\frac{60\text{s}}{1\text{min}}\times\frac{35.3\text{ft}^3}{1\text{m}^3}=423.6\text{cfm}$$

对于土壤气相抽提, 计算得出的空气流量 (Q) 在理想范围 ($100\sim1000\text{ft}^3/\text{min}$) 内。

问题④是关于计算去除率估算值 ($R_{\text{估算值}}$) 是否满足 $R_{\text{估算值}}>R_{\text{可接受值}}$? 最大去除率仅通过受污染的土壤区域实现, 并且传质受到限制。换言之, 所有蒸气都流经污染的土壤, 并被气态污染物饱和。这是利用式 (8.18) 计算的最佳情况。Johnson 等 (1990b) 详述的修正公式解释了其他非最优条件, 包括:①如果蒸气的一部分 (ϕ) 流经未受污染的土壤, 则 $R_{\text{估算值}}=(1-\phi)C_{\text{估算值}}Q$。②如果蒸气平行于污染区流动, 但不穿过污染区, 则 $R_{\text{估算值}}=\eta C_{\text{估算值}}Q$, 其中 η 为相对于最大去除率的效率 (Johnson et al., 1990a)。当由于蒸气扩散而产生显著的传质阻力时, 如 NAPL 层位于非渗透率地层或地下水位的顶部。③如果蒸气主要流经污染土壤区, 而不是穿过污染土壤区域, 如被砂土包围的污染黏土层。在这种情况下, 蒸气通过黏土扩散, 导致去除率受限。

问题⑤是残留在土壤中的气态污染物成分和浓度是否满足监管要求。随着气相抽提的进行, 少量残留的土壤污染物浓度降低, 混合物成分中挥发性较低的化合物比例增加。为了去除残留的污染物, 需要更多的蒸气流。土壤气相抽提的最大效率受到污染物在土壤基质和受吸附与溶解过程影响的气相之间的平衡分配的限制 (图 8.4 和 8.2.2 节)。这可以通过数学模型来预测, 在此不适合进行完整的讨论。由于这些限制, 人们应该考虑其他技术, 如原位生物修复。

最后一个问题⑥是考虑土壤气相抽提的所有负面影响, 包括来自邻近物业其他责任方的场地外污染物的迁移, 或真空抽提井中心的上升流 (见图 8.5 中的地下水位上升)。场地外气体迁移的解决方案是通过允许蒸气流入任何周边地下水监测井来建立蒸气屏障, 然后作为被动空气供应井。地下水位上升的解决方案是在真空抽提井附近安装抽提井。

8.3.2 井数、流量和井位布置

如果筛查模型显示土壤抽提是可行的选择，设计工程师可利用化学和水文地质参数以及其他现场信息，设计抽提井的数量、间距和结构等。

确定抽提井的数量有很多方法，从这些方法中选择最多的井数用于土壤气相抽提。计算井数（$N_井$）的第一种方法是去除率可接受值（kg/d）与去除率估算值（kg/d）的比值：

$$N_井 = R_{可接受值}/R_{估算值} \qquad (8.20)$$

式（8.17）和式（8.18）提供了计算上述公式中 $R_{可接受值}$ 和 $R_{估算值}$ 的方法。

第二种方法是污染面积（$A_污染$）与单个抽提井影响面积之比：

$$N_井 = A_污染/(\pi R_I^2) \qquad (8.21)$$

对于透水性土壤，如地表以下深度大于 20ft 的砂质土壤或表面密封性良好的浅层土壤，R_I 值通常为 10～40m。R_I 可以通过拟合透气性试验（Johnson et al., 1990a）的径向压力分布数据 $P(r)$ 得到，利用前面介绍的式（8.16）。

第三种方法是基于土壤孔隙体积。井数的计算方法是将总提取流量除以单井可达到的流量。总提取流速是处理区域内土壤孔隙体积在一个给定合理时间内（8～24 小时）气体交换的速率。

$$N_井 = \frac{nV/t}{v} \qquad (8.22)$$

式中，n 为土壤孔隙度，m^3 蒸气/m^3 土壤；V 为处理区域内的土壤体积，m^3；v 为单个提取井的蒸气提取率，m^3 蒸气/h；t 为孔隙体积交换时间，小时。

根据提供的信息，上述三种方法都可用于计算 SVE 所需的真空井数量，以确保气态污染物的去除。示例 8.7 是设计 SVE 井数的计算练习。

示例 8.7 计算所需的气相抽提井数量

作为示例 8.6 的延续，如果在 200ft×200ft 的中型砂土区域发生 500gal TCE 泄漏，SVE 所需的抽提井数量是多少？TCE 的密度为 1.46g/mL。

解答：

使用式（8.21）计算井的数量，假设相同的真空影响半径（R_I）= 12m 或 12×3.28 = 39.36ft：

$$N_井 = A_污染/(\pi R_I^2) = \frac{200 \times 200 ft^2}{\pi \times (39.36 ft)^2} = 8.3 \approx 8 \ 口$$

如果需要在 3 个月内清理场地，那么也可以用式（8.20）来估算井数。首先，根据式（8.17）计算可接受去除率：

$$R_{可接受值} = \frac{M_泄漏}{t} = \frac{500 gal \times 1.46 \frac{g}{mL} \times \frac{3.79L}{1gal} \times \frac{1000mL}{1L} \times \frac{1kg}{1000g}}{90 \ 天} = 30.7 \ \frac{kg}{d}$$

使用平衡水相-气相浓度 436mg/L 代替（见例 8.3，该平衡浓度在真空诱导对流条件下通常无法达到），假设 $C_{估算值} = 1mg/L$，蒸气流量（Q）为 423.6ft³/min（示例 8.6），计算去除率 [式 (8.18)]：

$$R_{估算值} = C_{估算值} \times Q = 1\frac{mg}{L} \times 423.6\frac{ft^3}{min} \times \frac{28.3L}{1ft^3} \times \frac{24 \times 60min}{1 \text{ 天}} \times \frac{1kg}{10^6 mg} = 17.3\frac{kg}{d}$$

所需井数 [式 (8.20)]：

$$N_{井} = R_{可接受值}/R_{估算值} = \frac{30.7kg/d}{17.3kg/d} = 1.8 \approx 2 \text{ 口}$$

或者，也可以根据孔隙体积来估计井数，如式 (8.22) 所示。假设孔隙体积交换时间为 10 小时，孔隙度为 0.4，每口井 200ft³/min，则估算的井数为

$$N_{井} = \frac{nV/t}{v} = \frac{0.4 \times (200 \times 200 \times 39.36)ft^3/(10h)}{200\frac{ft^3}{min} \times \frac{60min}{1h}} = 2.2 \approx 2 \text{ 口}$$

为了保守起见，选择几种计算方法得到井数的最大值，因此总共需要 8 口井进行土壤气相抽提。

设计的下一步是选择土壤气相抽提和原位曝气的井位。基本策略与我们在第 7 章中讨论的 P&T 系统相同。适当的井数、井距和位置（配置）的目的是确保整个污染区的影响半径（radius of influence，ROI）和孔隙气速都达到最大化。影响半径基于抽提井周围 SVE 系统的压降，该半径范围内的体积称为影响区（zone of influence，ZOI）。在影响区，包含蒸气，但并不一定会捕获蒸气。另一种方法是基于捕获区（zone of capture，ZOC）。ZOC 采用临界孔隙-气体速度，将传质限制的影响纳入 SVE 设计。基于 ZOC 的设计将会确保有适量的气流流向抽提井。通常，可以选择 2.54cm 水柱（0.0025atm）的真空来定义 ZOI 的边界，而 0.01cm/s 的临界孔隙-气体速度可以用来定义 ZOC（Dixon and Nichols，2006）。

与 P&T 中的井位布置类似，井位布置在 SVE/IAS 中也很重要。例如，如果一口井就足够了，则基本放置在污染土壤区域的几何中心，除非蒸气或水流会穿越污染区并朝向阻力小的方向流动。当两个井的影响半径重叠时，就会产生死区。建议 SVE 设计时采用 1.5 倍的真空影响半径。这与 P&T 中的井距考虑不同，因为井重叠是为了避免滞留区。

SVE 中的死区是由两个井的真空力相互抵消造成的。在死区中，没有水的流动，污染物不会移动。必须通过正确放置空气注入井或被动空气井来避免死区，这使得空气可以流向两个相互竞争的井。如果在给定地点需要三个抽提井，并且按照如图 8.7 所示的三叉设计进行安装，会导致三个水井中间出现较大面积的滞留区域。解决方案是在中心放置被动注入井或强制空气注入井。被动井本质上是一个向大气开放的井，可以允许空气流向三个抽提井。在实际应用中，被动注入井也可以是现有的监测井。

8.3.3　其他设计考虑因素

井的安装。土壤气相抽提的井通常是由非常基本的材料建造的，如位于污染区的 PVC

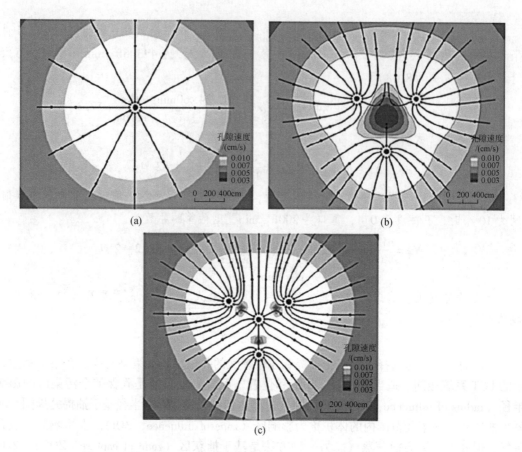

图 8.7　通风井配置:(a) 单井方案、(b) 三井方案和 (c) 四井方案

流线上的标记表示距离井 100cm 的 0.5 天间隔;深灰色区域显示了孔隙气体速度非常小 (cm/s) 的死区。

资料来源:Dixon and Nichols, 2006, 经 John Wiley & Sons 许可转载

管、粗砂或砾石过滤器填料、过滤器填料上方的膨润土颗粒和水泥浆。气相抽提井在建造中类似于地下水监测井。由于蒸气在进入井之前不需要过滤就会流入,所以过滤器填料应尽可能粗。抽提井只需要在通过污染区域时带孔,除非对蒸气流动的渗透率很低,在这种情况下可在邻近的土层中引入气流以增加去除率。沟渠也可用于从浅层含水层(地表以下小于 4m)中提取蒸气。

SVE 性能监测。为了确保 SVE 正常工作,需要监测土壤和地下水系统的运行参数和特性,包括蒸气流速和压力、蒸气浓度和成分、水分含量、空气和土壤温度、地下水位和污染深度。随着 SVE 的进行,蒸气成分会发生变化,即挥发性较高的化合物会减少,挥发性较低的化合物会增加。如果总蒸气浓度降低而成分没有改变,可能是由于传质阻力、地下水位上升、孔隙堵塞或泄漏。如果蒸气浓度的降低伴随着成分向低挥发性化合物的转变,则可能是由于残留污染物浓度的变化。

图 8.8 中的现场数据说明了位于安大略省博登的加拿大军事基地的 9m×9m×3.3m 表层砂含水层中 PCE 的气相抽提效率。在对流为主的初始阶段,SVE 非常有效。1m 和 2m

深度的浓度（注意图中的 lg 刻度）均显著降低。在 PCE 浓度最高的区域，即沿着西南角到西北角（1m）以及西南角附近和北边缘（2m）区域，浓度的降低尤为明显。在这些区域，从初始状态到土壤气相抽提 170 天，浓度降低了 2~3 个数量级。进一步检查图 8.8 中的数据，可以发现 170 天后中心附近的 PCE 浓度升高。研究发现，该地区 PCE 饱和度的升高与相对较高的含水率有关。水分降低了蒸气的渗透率，导致气体在该区域周围形成通道（Thomson and Flynn，2000）。这些现场数据表明了对 SVE 系统进行全面监测的重要性，包括 VOCs、现场异质性和运行参数。

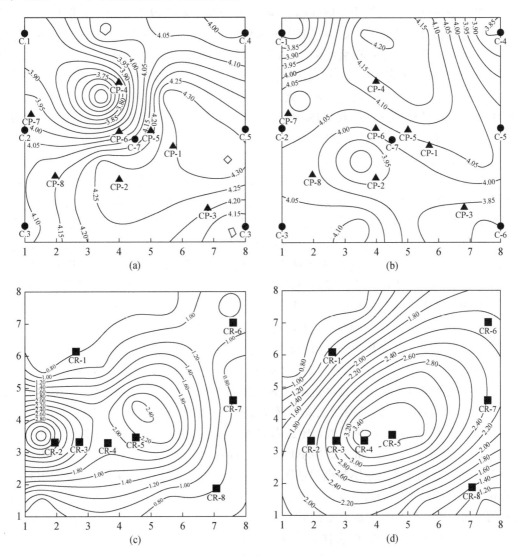

图 8.8 土壤气体空间分布图（lg，ppm）

（a）1m 深度土壤气体初始浓度（等高线间距为 0.05）；（b）2m 深度土壤气体初始浓度（等高线间距为 0.05）；
（c）1m 深度 170 天后土壤气体浓度（等高线间距为 0.2）；（d）2m 深度 170 天后土壤气体浓度（等高线间距为 0.2）。

资料来源：Thomson and Flynn，2000，经 John Wiley & Sons 许可转载

何时停止 SVE/IAS。如果泄漏量准确已知，则累积去除质量是停止 SVE/IAS 过程的良好指标。抽提井中的蒸气浓度表明了抽提过程的有效性。但是，这种减少并不一定意味着土壤中实际污染物浓度的减少。污染物浓度减少可能是由于地下水位升高，干燥引起的传质阻力增加，或抽提系统中的泄漏。由于 SVE 会先去除挥发性较高的化合物，因此蒸气成分向挥发性较低的化合物的变化表明了气相抽提已取得预期效果。

蒸气处理方法。蒸气处理的各种方法在此仅作简要描述。①蒸气燃烧：绝大多数通过 SVE 从土壤中抽出的化合物都可以燃烧。但由于浓度太低，需要补充燃料以实现完全燃烧。如果气态污染物浓度低于 10000ppm，则该方法将不具有成本效益。②催化氧化：提取的气态污染物可以加热并通过催化剂床去除 95% 的污染物。当污染物浓度低于 8000ppm 时，该方法非常有用。③颗粒活性炭（GAC）：气相污染物吸附在 GAC 上。该方法对小于约 100g/d 的蒸气流速非常有效。④生物过滤：许多有机化合物可以通过微生物最终降解为二氧化碳。⑤烟囱扩散：这是一种非处理的稀释方法。当使用该方法时，要用大气污染物迁移模型来评估环境浓度。⑥液体-蒸气冷凝：适用于污染物浓度高、流速低的情况。通常是通过制冷来实现的，因此价格昂贵。有关使用 GAC 和空气吹脱处理废气的详细信息，读者请参阅第 7 章。

强化 SVE。由于各种原因，仅使用 SVE 可能不够充分或速度较慢。但经过一种或多种改进，SVE 仍然是修复给定场地的最佳选择。可以通过增加对好氧微生物的空气供应与生物降解相结合来增强 SVE，或者通过改善饱和带的蒸气输送与空气注入相结合来提高 SVE。其他强化措施包括：①原位加热：通过将热空气泵入地下，蒸气压增加 [式(8.2)]，从而增加低蒸气压污染物的挥发。②被动空气注入：放置向大气开放的井可以增加穿过地下的空气流量，从而提高处理效率。③原位化学氧化：在密歇根州南部的一个前处理井中，证明臭氧注入系统对氯化溶剂的处理是有效的（Dickson and Stenson，2011）。④表面密封和封罩：通过在井附近应用表面密封，可以改变流向污染羽的气流，从而提高处理效率。抽提井同时采用表面密封，可以促进土壤蒸气的横向流动，从而提高 SVE 处理效率。表面密封在包气带浅层（<5m）有效，而在 8m 以下时效果较差或无效。用于表面密封的材料包括用合成材料制成的柔性膜衬垫，如高密度聚乙烯（HDPE）（最常见）、黏土或膨润土，以及混凝土或沥青（最适用于铺设场地，如工业园区或加油站）。

例如，在中试设置中测试了表面密封对 SVE 系统性能的有效性，该中试设置包括一个直径 56cm 的铝圆柱罐，20cm 高的砂填料，3cm 的不渗透黏土层，以及位于罐中央的一个直径 3cm 的真空抽气井。建模数据包括压差（mbar）和孔隙气速（cm/s）。表面密封将真空从 0.25mbar 增加到 7mbar，从而增加了气相抽提的影响半径。与表面未密封相比，表面密封的土壤孔隙速度更高，从而增强了 VOCs 的挥发（Boudouch et al.，2009；图 8.9）。较高的孔隙速度对于确保 SVE 中有显著的蒸气流动非常重要。

SVE 经济性。与 P&T 相比，SVE/IAS 修复持续时间短，可显著节约成本。P&T 可能需要很多年甚至几百年的时间，每个项目 25 万美元到 50 万美元，而 SVE 需要 0.5～5 年的时间。SVE 的成本在 10～50 美元/吨，具体取决于是否需要废气或废水处理。废水处理可能会增加总成本的约 25%。小型场地通常更贵，高达 150 美元/吨。当非饱和带深度大于 10ft 时，SVE 的经济优势最为明显。对于 SVE 和 IAS，在设计、井安装、运营和监测阶段，

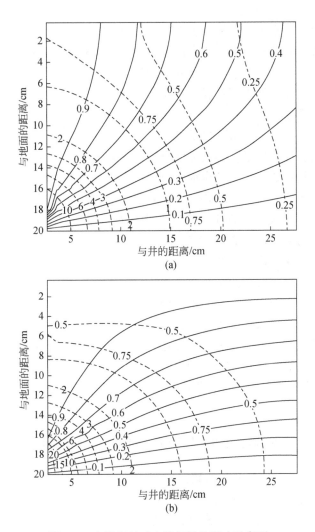

图 8.9　土壤密封对土壤气提的影响示意图

数据基于孔隙气速（cm/s，虚线）和流线（实线），（a）无密封土壤对照（对大气开放）；（b）有
表面密封的土壤，气流速度 0.73g/s。资料来源：Boudouch et al.，2009，经 John Wiley & Sons 许可转载

通过各种绿色修复和最佳管理实践，可以进一步提高成本效益和可持续性（注释栏 8.3）。

本章内容相关案例见研究案例 8.1。

注释栏 8.3　SVE 和 IAS 用于绿色修复的最佳管理实践（BMP）

减少环境足迹的方法普遍存在，在 SVE 和 IAS 的设计、施工和使用过程中，以及操作/监控阶段，这些包括但不限于以下方面（USEPA，2010）：

（1）SVE 或 IAS 系统的设计：在设计阶段，通过建立土壤-蒸气流动模型，详细描述气源区域和气相污染羽，有助于优化井位和筛管深度。例如，选择真空泵和鼓风机，通过调节处理过程中操作要求的变化，就可以通过 BMP 来降低能源消耗和空气排放。使用直径足够大的管道可以最大限度地减少压力下降，从而减少操作鼓风机所需的额外能量。变频驱动电机可用于自动调节能耗。使用脉冲而不是连续的空气交换过程也可以促进高浓度污染物的提取。如果地表下层和大气层之间存在足够的响应滞后，气压泵可以利用气压差来提高空气通量。

在设计阶段，建议进行现场中试①确定用于向地下注入或从地下抽取空气的设备的合适尺寸，从而优化能源使用；②确定能满足修复目标和时间要求的最小气流速率，同时尽量减少能源消耗；③评估空气和蒸气处理的效果，从而减少材料使用或废物产生。

（2）SVE 或 IAS 系统的施工：环境足迹的很大一部分来源于 SVE 系统的建设，包括井的安装。例如，直推技术（DPT）可用于安装标准直径 2in 的真空抽气井、注气井、地下水凹陷井和监测点。使用 DPT 设备而不是传统钻机，可以减少钻屑和相关废物的处理，避免钻井液的消耗或处理，并将钻井时间缩短 50%～60%。另一个例子是小直径注入井的使用会导致较大的压降，从而增加系统的能耗。

（3）SVE 或 IAS 系统的操作和监控：SVE 和 IAS 系统操作会产生很大的噪声。可以在现场建造或通过商业途径获得具有回收或可回收组件的隔音屏障。使用离心式冷却器代替正排量鼓风机或安装空气管道消声器也将降低噪音。通过尽早考虑场地的拟再利用方式，可以进一步减少对土地或生态系统的干扰，提高效率。例如，可以建造 SVE 或 IAS 管网，以便将来集成到场地的公用事业基础设施中。

研究案例8.1　美国加利福尼亚州山景城 Fairchild 超级基金场地

Fairchild 超级基金场地位于加利福尼亚州圣何塞南部，是一家半导体制造厂，运营期为 1977～1983 年，有约 60000gal 的溶剂从 UST 中泄露，主要污染物是 1,1,1-TCA 及其降解产物 1,1-DCE，以及其他污染物，包括二甲苯、丙酮、氟利昂-13 和 PCE。

修复活动始于 1982 年，拆除了受损的 UST 和相关管道，开挖了 3400yd³ 的受污染土壤，并拆除了其他设施，如酸废液罐和废溶剂罐下方的混凝土板。1982 年安装了地下水泵和处理系统，用于控制污染羽的迁移。1986 年，在场地周边修建了膨润土地下连续墙，用于容纳受污染的地下水，并协助修复场地边界内的高浓度区挥发性有机化合物。在 1982 年和 1988 年的地下水泵和处理过程中，共从地下水中去除了 93285lb 的挥发性有机化合物。

SVE 系统于 1987～1990 年间运行，用于处理包气带污染土壤。气相抽提系统由真空泵（4500ft³/min，0.67atm），抽湿机和五个 GAC 吸附单元组成，用于捕获气态污染物（两个 3000lb 的 GAC 床并联运行，然后是第二组 GAC 床，最后是一个 3000lb 的 GAC 床）。SVE 每周运行 5 天。在任何特定时间，该系统最多使用 39 口抽取井中的 25 口进行作业。据估计，SVE 在运行的 16 个月内从土壤中去除了 16000lb 的溶剂。TCA、DCE 的浓度降低，但由于土壤中污染物浓度的变化（实际中常见的问题），一些土壤钻孔中的污染浓度增加。在修复早期（约 2 个月），最大去除率为 130lb/d，但去除率随后降低（8 个月后<10lb/d；16 个月后<4lb/d）。

通过土壤清挖、P&T 和 SVE，共从现场清除了 14.6 万 lb 挥发性有机化合物。自 1998 年以来，现场未进行任何积极的修复措施。该场地将监测衰减作为进一步的修复措施。SVE 的资金成本为 210 万美元，不包括地下连续墙和 P&T 成本。运营 16 个月，运维成本总计 180 万美元。相当于污染物去除成本为 240 美元/lb，处理污染土壤成本为 93 美元/m³。

参 考 文 献

Bear, J. (1979). *Hydraulics of Groundwater.* New York：McGraw-Hill.

Beckett, G. D. and Huntley, D. (1994). Characterization of flow parameters controlling soil vapor extraction. *Groundwater*, 32(2)：239-247.

Bedient, P. B., Rifai, H. S., and Newell, C. J. (1999). *Ground Water Contamination：Transport and Remediation*, 2e. Upper Saddle River：Prentice Hall.

Bird, R., Stewart, W., and Lightfoot, E. (2002). *Transport Phenomena.* New York：John Wiley.

Boudouch, O., Ying, Y., and Benadda, B. (2009). The influence of surface covers on the performance of a soil vapor extraction system. *Clean-Soil Air Water* 37(8)：621-628.

Clement, T. P., Kim, Y. -C., Gautam, T. R., and Lee, K. -K. (2004). Experimental and numerical investigation of DNAPL dissolution processes in a laboratory aquifer model. *Ground Water Monit. Remediat.* 24(4)：88-96.

Cole, G. M. (1994). *Assessment and Remediation of Petroleum Contaminated Sites.* Boca Raton：CRC Press.

DePaoli, D. W. (1996). Design equations for soil aeration via bioventing. *Sep. Tech.* 6：165-174.

Dickson, J. R. and Stenson, R. (2011). Insufficient source area remediation results in the rebound of TCE breakdown products in groundwater. *Remediation Winter*：87-103.

DiGiulio, D. (1992). Evaluation of soil venting application. *J. Haz. Materials* 32(2-3)：279-291.

Dixon, K. L. and Nichols, R. L. (2006). Soil vapor extraction system design：a case study comparing vacuum and pore-gas velocity cutoff criteria. *Remediation* Winter：55-67.

Essaid, H. I., Bekins, B. A., Herkelrath, W. N., and Delin, G. N. (2011). Crude oil at the Bemidji site：25 years of monitoring, modeling, and understanding. *Ground Water* 49(5)：706-726.

Garges, J. A. and Baehr, A. L. (1998). Type curves to determine the relative importance of advection and dispersion for solute and vapor transport. *Ground Water* 36(6)：959-965.

Grasso, D. (1993). *Hazardous Waste Site Remediation-Source Control.* Boca Raton：Lewis Publishers.

Johnson, P. C., Kemblowski, M. W., and Colthart, J. D. (1990a). Quantitative analysis of the cleanup of hydrocarbon-contaminated soils by *in-situ* soil venting. *Groundwater* 28：413-429.

Johnson, P. C., Stanley, C. C., Kemblowski, M. W. et al. (1990b). A practical approach to the design, operation and monitoring of in situ soil-venting systems. *Ground Water Monitoring Rev.* 10(2)：159-178.

Kuo, J. (1999). *Practical Design Calculations for Groundwater and Soil Remediation.* Boca Raton：Lewis Publishers.

Lundegard, P. D. and LaBrecque, D. J. (1998). Geophysical and hydrologic monitoring of air sparging flow behavior: comparison of two extreme sites. *Remediation* Summer: 59–71.

McAlary, T. A. and Barker, J. F. (1987). Volatilization losses of organics during ground water sampling from low permeability materials. *GWMR* 7(4): 63–68.

Mobile, M. A., Widdowson, M. A., and Gallaher, D. L. (2012). Multicomponent NAPL source dissolution: Evaluation of mass-transfer coefficient. *Environ. Sci. Technol.* 46: 10047–10054.

Nyer, E. K. (1993). *Practical Techniques for Groundwater and Soil Remediation.* Boca Raton: Lewis Publishers, CRC Press.

Nyer, E. K., Palmer, P. L., Carman, E. P. et al. (2001). *In Situ Treatment Technology*, 2e. Boca Raton: Lewis Publishers.

Pichtel, J. (2007). *Fundamentals of Site Remediation.* Rockville: Government Institutes.

Thomson, N. and Flynn, D. J. (2000). Soil vacuum extraction of perchloroethylene from the Borden aquifer. *Ground Water*, 38(5): 673–688.

USEPA(1991a). Soil Vapor Extraction Technology: Reference Handbook, EPA 540-2-91-003, Cincinnati: Office of Research and Development.

USEPA(1991b). Guide for Treatability Studies Under CERCLA: Soil Vapor Extraction, EPA 540-2-91-019A, Washington, DC: Office of Emergency and Remedial Response.

USEPA(1993). Decision-Support Software for Soil Vapor Extraction Technology Application: HyperVentilate, EPA 600-R-93-028, Cincinnati: Office of Research and Development.

USEPA(1995). Review of Mathematical Modeling for Evaluating Soil vapor Extraction Systems, EPA 540-R-95-513.

USEPA(2010). Green Remediation Best Management Practices: Soil Vapor Extraction & Air Sparging, EPA 542-F-10-007.

USEPA(2012). A Citizen's Guide to Soil Vapor Extraction and Air Sparging, EPA 542-F-12-018.

USEPA(2017). How to Evaluate Alternative Cleanup Technologies for Underground Storage Tank Sites: A Guide for Corrective Action Plan Reviewers, EPA 510-B-17-003.

Weiner, E. R. (2000). *Application of Environmental Chemistry: A Practical Guide for Environmental Processional.* Washington, DC: Lewis Publishers.

Wisconsin Department of Natural Resources(DNR)(2014). Guidance for Design, Installation and Operation of Soil Venting Systems, PRB-BR-185.

Wong, J. H. C., Lim, C. H., and Nolen, G. L. (1997). *Design of Remediation System.* Boca Raton: Lewis Publisher.

问题与计算题

1. 哪些化合物不适用于 IAS/SVE：BTEX、二噁英、燃料油、润滑油、多氯联苯？

2. 描述在包气带中以下因素如何影响 SVE：腐殖质含量(f_{oc})、土壤湿度、细粒砂、黏土和粗粒砂？

3. 确定以下哪项对 SVE 不利：(a)地下水位在 4ft 处；(b)地下水位在 200ft 处；(c)地下水位波动很大。

4. 确定以下哪一项对 IAS 不利：(a)地下水位上存在自由流动的 LNAPL 相；(b)污染发生在建筑物场地下；(c)有污水管道的存在；(d)5ft BGS 处的污染；(e)无承压含水层。

5. 解释上升流如何影响 SVE 性能以及如何缓解这一问题。

6. 通常情况下，原位曝气的最小亨利常数(atm)、蒸气压(mmHg)、最大沸点(℃)和最小固有渗透率(cm^2)分别是多少？

7. 通常情况下，土壤气相抽提的最小亨利常数（atm）、蒸气压（mmHg）、最大沸点（℃）和最小固有渗透率（cm^2）分别是多少？

8. 描述土壤非均质性、孔隙度和湿度对透气性的影响。

9. 水力传导系数和水的固有渗透率是文献中可互换使用的两个术语，但它们不同。列出两者之间的几个主要区别。砂土中水流的水力传导系数和气流的固有渗透率的典型范围是什么？

10. 在现场表征阶段，污染土壤的水力传导系数为 $1.8×10^{-8}$ m/s，空气渗透率为 $5×10^{-12}$ cm^2。确定以 cm^2 和达西（D）为单位的固有渗透率？以 D 为单位的空气渗透率是多少？给定：$\mu_水 = 0.01$ g/（cm·s），$\rho_水 = 1$ g/cm^3，$g = 981$ m/s^2。

11. 如果水的固有渗透率为 $1.5×10^{-8}$ cm^2，其饱和水力传导系数（cm/s）是多少？如果土壤中的水分完全耗尽（干燥），那么它对空气的渗透率会如何？

12. 描述土壤透气性和土壤透水性之间的差异。

13. 如何在实验室和现场测定气流的固有渗透率？必要时提供关键方程。

14. 描述（a）SVE 和（b）IAS 的典型系统组件。

15. 描述 SVE 和 IAS 中使用的井的功能：真空井、注气井、被动井和监测井。

16. SVE 中主要的污染物去除途径是对流、解吸、挥发还是扩散？

17. 干燥的土壤对 VOCs 的吸附较强，而潮湿的土壤有利于 VOCs 的解吸。这种现象如何限制 SVE 在美国西南部各州应用的有效性？

18. 使用拉乌尔定律计算含有 40g/L 葡萄糖（MW=180）的水溶液的蒸气压。25℃时纯水的蒸气压为 23.8mmHg。

19. 如果将 15g 环己烷（$p_0 = 81$Torr，MW=84）与 20g 乙醇（$p_0 = 52$Torr，MW=92）混合。饱和蒸气中环己烷和乙醇的分压是多少？

20. 水溶液在 25℃下的苯饱和含量为 1780mg/L。利用拉乌尔定律计算溶解的苯对蒸气压的影响。25℃时纯水和苯的蒸气压分别为 23.8mmHg 和 95mmHg。

21. 某场地被 50% 苯和 50% 的二甲苯（按重量计）污染。计算 250℃下提取的苯和二甲苯的饱和蒸气浓度。苯的分子量为 78，蒸气压为 95mmHg，二甲苯的分子量是 106，蒸气压为 10mmHg。

22. 抽出处理（P&T）与土壤气相抽提（SVE）：（a）简要总结（制表）P&T 和 SVE 在处理介质、处理化学品、污染物形式、物理–化学原理、清理时间、成本和其他可能重要的方面的差异。（b）P&T 作为控制羽流的遏制策略非常有效，但在修复受污染的含水层方面成本效益不高。解释为什么成本效益不高？（c）SVE 是最常用的新型修复技术，在美国的许多污染场所都取得了成功。解释为什么？

23. 使用 SVE 诺模图预测在以下条件下土壤气相抽提成功的可能性：（a）苯在 2~3 周前在粗砂土中释放；（b）苯在 3 个月前在细砂土中释放；（c）苯在 2~3 周前在黏土中释放。

24. 对于上述问题，如果污染物是：（a）甲苯；（b）酚类化合物；（c）低分子量多环芳烃，如萘，结果将是怎样？

25. 海平面上氧气的正常大气分压约为 0.2atm。由于土壤细菌的消耗氧气，包气带中的氧气分压较低，假设为 0.063atm。氧气的亨利常数（H）为 26（无量纲）或 635L·atm/mol（20℃）。

（a）计算土壤孔隙水中的氧浓度（mg/L）。

（b）如果溶解氧的最低要求为 4.0mg/L，该溶解氧浓度是否满足好氧细菌的生长？

26. 一个含有甲苯的地下储罐破裂，并将纯甲苯释放到含水量非常低的包气带砂土中。它在饱和土壤蒸气中的浓度是多少？甲苯的分子量为 92.14，蒸气压为 0.037atm，无单位亨利常数为 0.28，温度为 200℃。

27. 为保证化合物有效地去除，SVE 和 IAS 都需要 0.5mmHg 的最小蒸气压。（a）计算相应的平衡浓度（mol/L）是多少；（b）如果是甲烷（CH_4），那么 CH_4 的浓度（mg/L）是多少？

28. 阿特拉津是美国常用的除草剂，阿特拉津的亨利定律常数为 3×10^{-6} L·atm/mol 或 1×10^{-7}（无量纲）（20℃），蒸气压为 4×10^{-10} atm。

(a)计算阿特拉津在土壤孔隙水中的溶解度（$mg/L_{水}$）（提示：使用 216g/mol 的分子量将 mol/L 转换为 mg/L）。

(b)计算土壤空气中阿特拉津的浓度（单位：$mg/L_{气}$）。

(c)土壤气体中阿特拉津总质量的百分比是多少？假设被阿特拉津污染的含水层的残余气体饱和度（即土壤孔隙被气体占据的百分比）为 15%。

(d)SVE 能否用于修复阿特拉津污染的包气带土壤？佐证您的是或否的答案。

29. 评估极高的真空如何影响：(a)对流与基于扩散的污染物去除；(b)SVE 的成本效益。

30. 如果蒸气在 25scfm（Q）的恒定蒸气流量下含有 1mg/L（C）的污染物，则计算通过土壤气相抽提去除的 VOCs 的质量（单位：kg/d）。

31. 进行与上述问题相同的计算，但假设 $C=5$mg/L，$Q=50$scfm。

32. 给定以下条件：渗透率（k）为 10^{-7}cm²，提取井半径（R_w）为 5.1 cm，真空影响半径（R_I）为 12m，真空压力（P_w）为 0.90atm[即 9.09×10^5 g/(cm·s²)]，空气黏度为 1.8×10^{-4} g/(cm·s)。(a)由图 8.6 求出井筛单位厚度的流量（Q/H），并应用式(8.19)进行验证。(b)如果井筛穿过厚度为 5m 的整个污染区，则以 ft³/min 为单位的空气流速是多少？该流量是否在 100~1000ft³/min 的理想范围内？

33. 使用图 8.6 求出渗透率为 10D、$P_w=0.8$atm、$R_I=12$m 和 $R_w=5.1$cm 的中砂的 Q/H。假设抽提井的筛管段为 10m，Q 值是多少？

34. 建议在设计、施工、运营和监测阶段 SVE 和 IAS 可使用哪些可持续性修复的最佳管理实践（BMP）。

35. NAPL 在(a)包气带和(b)饱和带中分别最多可存在多少种相？

第9章 生物修复和环境生物技术

学习目标

1. 理解生物修复中的基本微生物学知识及各种微生物在生物修复中的作用，为什么细菌在生物修复中极其重要。

2. 理解电子塔理论和细菌与污染底物之间关于电子、碳和能量需求的相互作用。

3. 对细菌的氧气和养分需求进行化学计量的计算。

4. 利用一级生物降解动力学计算清除时间。

5. 学习各种污染物基团的生物降解潜力和在好氧与厌氧条件下细菌的策略（代谢途径）；

6. 了解基于微生物的生物修复最佳条件，包括水文参数和土壤、地下水特性，如 pH、温度、DO、湿度和毒性。

7. 描述各种原位和异位生物修复技术的应用、优缺点、优化处理（如生物刺激和生物增强），以及氧释放化合物的使用。

8. 作为绿色修复技术的一部分，描述植物如何以及何种类型的植物可以用于选定环境污染物的植物修复。

9. 描述一些常见生物修复技术的一般设计因素，包括监控自然衰减、生物通风、生物曝气、堆肥和垃圾填埋。

10. 通过案例研究，了解各种生物修复技术相对于其他物理化学方法的成本效益优势。

自 1972 年宾夕法尼亚州安布尔的太阳科技公司首次商业应用以来，生物修复技术已成为污染土壤和地下水清理的第三大最常见的新型修复技术（Norrish and Figgins，2005）。目前，生物修复是生物技术的主要环境应用之一，它利用活生物体来改进、修改或生产用于环境目的的产品或工艺。本章节介绍了生物修复的基本原理、应用、设计和案例分析。基本原理包括微生物生长、化学计量学、反应动力学，以及脱毒与生物降解的生物化学途径。理解这些原理对于确定可行性和设计任何生物修复系统都至关重要，如估算养分需求、氧气输送速率、成本效益监测和清除时间。生物修复应用包括那些传统的应用于废水处理的生物技术（生物膜、活性底泥、氧化塘、养分去除和厌氧过程），但我们的重点将完全集中在土壤和地下水生物修复技术上，如原位和异位生物修复、监控自然衰减、生物通气、堆肥处理、土耕法、泥浆相生物反应器和植物修复。

9.1　生物修复和生物技术的基本原理

本节旨在让读者回顾一些基本的微生物学，对理解生物修复和环境生物技术至关重要（注释栏 9.1）。因为细菌在生物修复和环境生物技术中发挥主要作用，我们的重点将是细菌生长、细菌介导的反应动力学和生物修复的相关途径。真菌和植物的修复方法将仅对特殊应用进行简要描述。

注释栏 9.1　环境生物技术

生物技术在农业、医药、食品、药品、能源、工业生产、环境保护等领域有着广泛的应用。环境生物技术是通过对固体、液体和气体废物的生物处理，以及对环境和处理过程的生物监测，将以微生物为主（有时是植物）及其相关产物应用于预防和控制环境污染的方法。

广义上讲，环境生物技术包括成熟的废水生物处理领域，如 1914 年在英国发明并首次使用的活性底泥系统，以及基于微生物的垃圾填埋系统。1937 年在加利福尼亚州弗雷斯诺开放的弗雷斯诺市政垃圾填埋系统卫生垃圾填埋场，被认为是美国第一个现代卫生垃圾填埋场。环境生物技术还包括已有几个世纪历史的堆肥技术，该技术后来被用于处理固体废物，再演变为处理危险废物。

虽然环境生物技术的主题在文献中定义不明确，但人们普遍认为生物修复是环境生物技术的一个主要应用。生物修复一词通常用于土壤和地下水的处理。虽然生物修复可以指地表水石油泄漏的微生物处理，但很少用这一术语来代表生活和工业废水生物处理的常规技术。这些生物修复技术的一个例子包括（但不仅限于）表 6.4 所列的原位和异位土壤和地下水处理方法。

环境生物技术依靠各种类型的天然或基因修饰的微生物来降解和脱毒污染物，包括厌氧、缺氧和好氧微生物的利用。能够代谢污染物的天然和转基因高等植物的使用也属于环境生物技术领域，如植物修复和湿地处理系统。在一些案例中，因为自然界土著细菌或菌群性质大量存在，一些环境生物技术依赖于刺激或改善土壤地下水状况，包括最佳氧气、电子受体、养分、土壤湿度、pH 等。

环境生物技术应用的另一个领域是生物监测。生物传感器是环境和处理过程中生物监测的重要工具。生物传感器系统可用于检测各种化学物质的浓度或毒性。同时对环境样品中的不同微生物或特定基因进行定性或定量检测的微型传感器在生物修复系统的微生物监测中也很有用。

9.1.1 微生物和微生物生长

9.1.1.1 微生物种类

在此，我们首先介绍了生命的分类（生物分类学），并解释了为什么细菌在生物修复系统中特别重要。如图 9.1 所示，细菌、古菌和真核生物是所有有机生物的三个主要生物界。

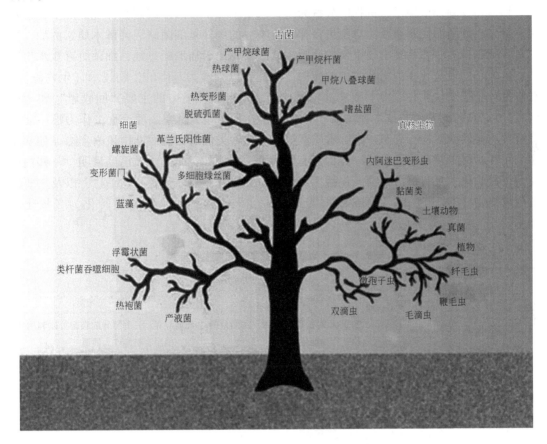

图 9.1 生命分类学：系统发育树

细菌是微观尺度的单细胞原核生物，其特征是缺乏膜结合的细胞核和膜结合的细胞器。直到分子方法的出现，古菌被发现与细菌完全不同。由于核糖体 RNA 中的碱基排列以及质膜和细胞壁组成的差异，古菌与细菌在生物化学上完全不同。虽然它们在大小上与细菌相似，但生物学家已经确定，在化学性质上，它们与植物和动物比与细菌有更多的相似之处。古生菌通常可以在极端环境中生存，如高温、缺氧和高盐度条件。对环境修复很重要的古菌的一个例子是产甲烷菌，它在缺氧条件下产生甲烷作为代谢副产物。真核生物（eukaryota）包含所有的真核的领域，如植物、动物、原生生物和真菌。

微生物具有多样的有机体生物群，包括细菌、真菌、古菌和原生生物；微植物（绿藻）；浮游生物和涡虫等动物（非寄生的淡水蠕虫）。一些生物学家也将病毒包含在内，但有一些生物学家认为病毒没有生命。大多数微生物是单细胞，然而一些多细胞生物也极其微小。另外，一些单细胞的原生生物和细菌，如 *Thiomargarita namibiensis*（直径0.75mm），是肉眼可见的。

基于碳源和能量来源的差异，微生物大致可分为四类（表 9.1）：化能异养、光能异养、化能自养、光能自养。所有真菌和大多数细菌都是化能异养生物，这意味着它们必须依赖"有机物质"作为食物。在环境应用中，"有机质"底物就是我们要去除的污染物。

细菌和真菌都依赖于有机物的分解为生，但由于几个原因，细菌在环境修复中特别重要。首先，细菌的代谢途径比真菌更多样化，唯一的例外是细菌缺乏降解木质素的酶，这也是真菌在自然生态系统中很重要的原因。其次，相比于陆地栖息地，细菌更喜欢水生环境，这使它们更适合在生物技术中的应用。因此，以细菌为基础的生物技术（生物修复）在修复行业很受欢迎并取得了成功。相反，真菌是自然环境中的主要"回收者"和"分解者"，以真菌为基础的技术在污染环境的清洁中仍有待于研究。理论上，作为唯一能够降解木质素的微生物，真菌在降解木质素或与木质素类似的有机污染物和聚合物（如滴滴涕和用作木材防腐剂的杂酚油）方面具有巨大潜力。例如，研究人员已经证明，一些白腐真菌可以矿化大量有机污染物，包括多氯联苯（PCBs）、多环芳烃（PAHs），以及主要的常规爆炸物（TNT、RDX 和 HMX）。当矿化发生时，这些污染物将被转化为二氧化碳和水。

表 9.1　基于碳源和能量来源的微生物分类

碳源	能量来源	
	化学物质	光化学（光能）
有机质	化能异养：所有的真菌和原生动物，大部分的细菌；使用有机物作为能量和碳源	光能异养：一些特殊的细菌可以利用光能，但用有机物作为碳源
无机碳（CO_2、HCO_3^-）	化能自养：利用 CO_2 产生生物量；利用氧化底物产生能量，如 H_2、NH_4^+ 和 S	光能自养：藻类、蓝藻细菌和光合细菌；利用光能通过光合作用转化 CO_2，HCO_3^- 为生物量

更重要的是，细菌的生长和繁殖速度比真菌快得多。细菌通过一种叫作二元分裂（$20 \sim 30s$ 细胞分裂一次）的无性繁殖过程进行繁衍，1、2、4、8、16、32……如果它们生长不受限制的话。细菌数量大约每 45 分钟翻一番。速度如此之快，以至于一个细菌（$10^{-13}g$）可以在一天内繁殖 10^{16} 个细菌，干重约为 18kg！

细菌能分解各种化学物质的原因是它们有各种类型的代谢酶。酶是生物"催化剂"，但与传统的化学催化剂不同，酶的存在能使生物化学氧化反应在低温和低压下发生。酶是由氨基酸组成的蛋白质，通常以它们催化的物质加"某酶"命名，如细胞内的水解酶和呼吸酶包括氧化还原酶、转移酶、裂解酶、异构酶和连接酶。水解酶通常位于细胞外（细胞外酶），而呼吸酶（脱糖酶）是细胞内（细胞内）的酶。酶的活性取决于温度、pH、氧化还原电位（Eh）和底物浓度。

　　目前，环境生物技术中最重要的应用是细菌的生物修复。它是利用细菌（天然的或基因工程修饰的，见注释栏 9.2）对污染物进行生物降解。生物修复技术的成功取决于我们对土壤和地下水中细菌、污染物和环境条件之间相互作用的理解。下面介绍的内容是当污染物作为底物存在时，细菌的生长和能量学。能量学从热力学的角度量化细菌从有机污染物的降解中获得的能量。细菌降解动力学（与清理时间相关的降解速率）和生化途径（细菌降解和脱毒污染物的策略）将在 9.1.1.2 节中详细阐述。

注释栏 9.2　超级细菌和转基因细菌

　　超级细菌的名字通常被公众理解为耐抗生素的细菌菌株。这些都是危害公众健康和安全的有害微生物。在环境领域，人们多年来一直在寻找超级细菌，希望这些菌株能够脱毒和降解多种污染物，包括那些难分解的污染物，如多氯联苯（PCBs）、滴滴涕和二噁英。通过大量的研究工作，研究者已经成功分离出许多能够降解一种或一类结构相似污染物的菌株。这些分离的细菌或者来自实验室的强化培养，或者来自某些细菌菌株已经适应甚至代谢污染物的受污染的环境。

　　另一个方法是开发基因工程微生物（genetically engineered microbe，GEM）或结合了几种细菌遗传特征的超级细菌。生物技术学专家也能够将特定的质粒转移到单个细菌中，使其成为超级细菌。这些质粒是细菌染色体外的遗传因子，含有一定的遗传特征，可以转移到其他细菌中，并获得在新细菌中独立复制的能力。

　　在 20 世纪 70 年代，Chakrabarty（1981）和同事首次宣称他们开发出了一种超级细菌，能够降解许多与石油泄漏有关的污染物，包括辛烷、己烷、二甲苯、甲苯和萘。因此，在 1980 年，他们因发明这种基因工程微生物而获得了美国专利。作为第一个获得专利的生物，这种超级细菌——恶臭假单胞菌（*Pseudomonas putida*），可以降解约四分之三的石油污染。它的质粒包含来自四种不同细菌中降解油脂的基因。1990 年，这种超级细菌被用于得克萨斯州石油泄漏的清理工作。

　　能够降解所有持久性污染物的真正超级细菌可能是不存在的。然而，基因工程专家们正在积极构建具有广泛分解代谢潜力的微生物菌株，以适用于水生和陆地环境中生物修复的应用。

9.1.1.2　依赖于污染物的细胞生长

　　污染物（底物）在被细菌降解时通常充当电子供体。电子供体是一种将电子传输给另一种化合物的化学物质。因为它失去了电子，所以在这个过程中它自己也被氧化了，这种化学物质是还原剂。在生物降解过程中，一部分电子（f_e）被转移到电子受体以提供能量（分解代谢），另一部分电子（f_s）用于细胞合成（合成代谢）（图 9.2）。如图 9.2 所示，$f_e = 0.703$ 和 $f_s = 0.297$，表明 70.3% 的电子用于产生降解 2,4-DNT 所需的能量，而 29.7% 的电子用于细胞合成（Zhang and Hughes，2004）。

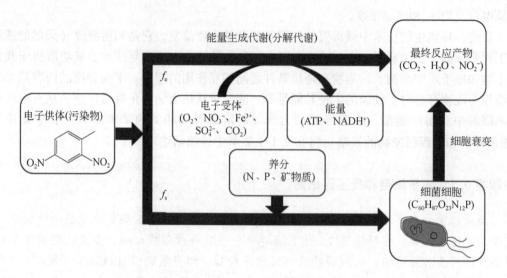

图 9.2 以污染物为电子供体的细菌降解和细胞生长示意图

对于 2,4-DNT，电子转移到电子受体的部分 $f_e = 0.703$（70.3%），而用于细菌细胞生长和

繁殖的那部分电子是 $f_s = 0.297$（29.7%）。ATP. 腺苷三磷酸，adenosine triphosphate

细胞合成指细菌细胞的生成，细胞的经验化学公式为 $C_5H_7O_2N$ 或 $C_{60}H_{87}O_{23}N_{12}P$。根据电子受体的可利用性，生物降解通过各种细菌途径发生 [见式（9.1）~式（9.5）的电子塔理论]。电子受体指化合物从其他物质获得电子，如 O_2、NO_3^-、Fe^{3+}、SO_4^{2-} 和 CO_2。细菌会从特定"食物"（底物）的氧化过程中获得尽可能多的能量。因此，具有最高自由能产生的反应（即最负的 ΔG）将是热力学上最有利的反应。

- 有氧氧化（好氧细菌）：

$$\frac{1}{4}O_2 + H^+ + e^- \longrightarrow \frac{1}{2}H_2O \quad \Delta G^0 = -220.9 \frac{kJ}{mol} \tag{9.1}$$

- 反硝化（厌氧细菌）：

$$\frac{1}{5}NO_3^- + \frac{6}{5}H^+ + e^- \longrightarrow \frac{1}{10}N_2 + \frac{3}{5}H_2O \quad \Delta G^0 = -210 \frac{kJ}{mol} \tag{9.2}$$

- 铁还原（铁还原菌）：

$$Fe^{3+} + e^- \longrightarrow Fe^{2+} \quad \Delta G^0 = -100 \frac{kJ}{mol} \tag{9.3}$$

- 硫还原（硫还原菌）：

$$\frac{1}{8}SO_4^{2-} + \frac{19}{16}H^+ + e^- \longrightarrow \frac{1}{16}H_2S + \frac{1}{16}HS^- + \frac{1}{2}H_2O \quad \Delta G^0 = -20 \frac{kJ}{mol} \tag{9.4}$$

- 甲烷产生（产甲烷菌）

$$\frac{1}{8}CO_2 + H^+ + e^- \longrightarrow \frac{1}{8}CH_4 + \frac{1}{4}H_2O \quad \Delta G^0 = -15 \frac{kJ}{mol} \tag{9.5}$$

式中，ΔG^0 是在标准状态下（1bar、25℃），1mol 化学物质从它的组成元素到形成这种物质过程中发生的标准吉布斯自由能的变化。从上述反应的 ΔG^0（Rittmann and McCarty，2001），很明显当使用氧气作为电子受体时，细菌收益最大 [式（9.1）]。相应的，电子

受体的优先顺序为 $O_2 > NO_3^- > Fe^{3+} > SO_4^{2-} > CO_2$。这也意味着，需氧的好氧细菌是最节约能量的，可利用的能量和反应速率由大到小依次为好氧、反硝化、铁还原、硫还原和产甲烷菌。

　　土壤和地下水中微生物可利用的典型的电子受体是 O_2、NO_3^-、Fe^{3+}、SO_4^{2-} 和 CO_2。当氧气作为电子受体时，微生物呼吸被称为有氧呼吸。当其他物质作为电子受体时，被称为厌氧呼吸。根据呼吸方式的不同，微生物可分为三类：①好氧菌、②厌氧菌和③兼性菌。好氧菌只能在有氧环境中以溶解氧作为电子受体生长。严格的厌氧菌只在氧气不存在的高度还原的条件下生长，使用如硫酸盐或二氧化碳作为电子受体。许多微生物既能适应好氧条件，也能适应厌氧条件，但通常在有氧气的情况下更活跃。这些生物被称为兼性菌，大多数利用硝酸盐作为电子受体的微生物往往是兼性的。

　　图 9.3 展示了在污染羽中电子受体被利用的顺序，如图所示，羽流的呼吸条件从污染羽流最外侧的高反应性好氧条件，通过厌氧的硝酸盐和铁还原反应，到污染源高度还原的硫酸盐和产甲烷条件而发生相应的变化。电子受体的顺序与电子塔理论预测的利用顺序正好吻合。

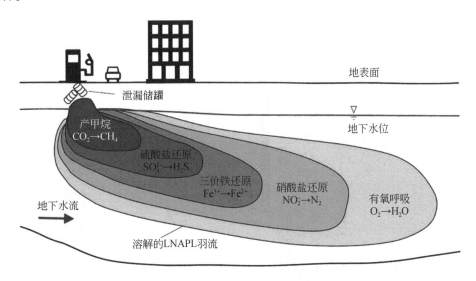

图 9.3　含有溶解污染物羽流中电子接受条件的示意图

　　如图 9.3 所示的氧化还原区域已在许多污染地点得到确认（Cozzarelli et al., 2011）。野外证据也表明，原位生物修复在整个给定位点的不同位置可以使用不同的电子受体。图 9.4 是关于德国柏林附近煤油污染场地中电子受体和还原产物分布的现场数据示例。地下水主要在非饱和区的表层含水层东西流向通过淤泥单元，而中心的一小块区域则是南北流向。如图 9.4（a）所示，源区下方存在溶解氧（DO）浓度低于 1mg/L 的厌氧条件；在源区下游 200 ~ 300m，DO 水平上升至 3 ~ 4mg/L；在污染场地中心，栖息含水层和主含水层之间的水交换处也发现了 DO。二价铁[Fe(Ⅱ)]在整个源区下方均为高浓度（>30mg/L），其浓度分布规律与污染物浓度相对应，Fe(Ⅱ) 的分布特征表明，在源区和污染羽流中存在明显的生物降解过程。Fe(Ⅱ) 浓度升高与低硫酸盐浓度和高甲烷浓度有关，这表明硫酸盐还原和甲烷生成共同发生。这个地方电子受体的详细分析可以参考 Miles 等（2008）。

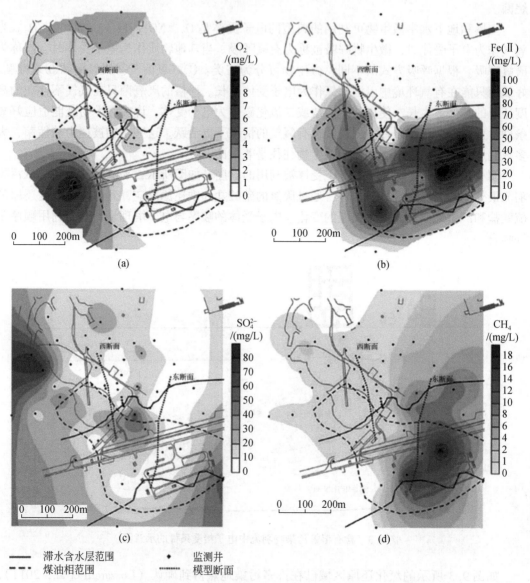

图 9.4　德国柏林附近一个煤油污染地现场电子受体和还原产物分布的证据

（a）溶解氧；（b）Fe(Ⅱ)；（c）硫酸盐；（d）甲烷。硝酸盐（数据未显示）在该地点的浓度不明显。

煤油泄漏的来源是东南地区的油库，并显示了煤油泄漏的程度。资料来源：Miles et al., 2008,

经 John Wiley & Sons 许可转载

9.1.2　反应的化学计量和动力学

　　化学计量是化学反应或微生物介导反应中反应物和生成物之间的摩尔关系。它以质量平衡方程为基础，对于以化学或生物反应为基础的工程设计是必不可少的。例如，通过摩尔关系，可以估计出需氧量或营养需求（反应底物），生物量生产或厌氧反应中的甲烷生产。例如，利用吉布斯自由能数据，Zhang 等（2001）推导出了泥浆相生物反应器中降解 2,4-二硝基甲苯（2,4-DNT；分子式 $C_7H_6N_2O_4$）的微生物反应：

$$C_7H_6N_2O_4+5.62O_2 \longrightarrow 5.17CO_2+1.63NO_2^-+1.63H^++0.90H_2O+0.37C_5H_7O_2N \quad (9.6)$$

上述反应的化学计量表明对于 1mol 的 2,4-DNT（分子量 = 182），好氧细菌需要 5.62mol 的氧气（分子量 = 32）。同时，细菌产生了 5.17mol 的 CO_2，1.63mol 的 NO_2^-、1.63mol 的 H^+ 和 0.90mol 的 H_2O。此外，降解 1mol 的 2,4-DNT 将合成 0.37mol 的细菌细胞（经验公式：$C_5H_7O_2N$，分子量 = 113）。上述反应的同阶化学质量平衡方程如下：

$$182gC_7H_6N_2O_4+180gO_2 = 227gCO_2+75gNO_2^-+1.63gH^++16gH_2O+42gC_5H_7O_2N \quad (9.7)$$

本研究中使用的细菌（Zhang et al., 2001）能够以 2,4-DNT 作为唯一的碳源和氮源，而无需额外的氮供应。值得注意的是，另一种营养元素磷也是必需的。由于采用了简化的细菌细胞经验分子式（$C_5H_7O_2N$），所以上述反应中不包括磷。如果将磷考虑在内，另一个常用的细菌细胞经验分子式是 $C_{60}H_{87}O_{32}N_{12}P$（Tchobanogous et al., 2014）。参与特定化学反应的细菌的确切成分可以通过实验对生物量样品的元素进行分析。

使用化学计量来估计所需的氧、氮和磷的量在示例 9.1 ~ 示例 9.3 中已说明。对于实际应用中或化学计量反应未知的情况下时，可以用的 C : N : P 的质量比在 100 : 10 : 1 到 100 : 1 : 0.5 间来估算养分（N 和 P）的需求。此外，如果已知所需氮量，可用平均 N 和 P 质量比为 6 : 1 来估计所需的磷。

示例9.1 计算化学计量溶解氧（DO）的需求

由于临近地下储罐的苯意外泄漏，造成了地下水的污染。假设地下水位上的游离的苯已被去除，溶解的苯的浓度相当于 50% 的饱和度；苯的溶解度为 1780mg/L；溶解氧（DO）在 13℃ 的典型地下水温度时为 10mg/L。当苯在 50% 饱和浓度时，DO 浓度是否能满足进行苯的生物有氧降解？

解答：

不考虑细胞生物量的计算，我们利用化学计量反应简化了苯生物降解过程：

$$C_6H_6+7.5O_2 \rightleftharpoons 6CO_2+3H_2O$$

C_6H_6 和 O_2 的分子量分别为 78 和 32。C_6H_6 和 O_2 的质量比 = 1×78 : 7.5×32 = 78 : 240 = 1 : 3.08。50% 饱和浓度的溶解的苯浓度 = 1780mg/L×50% = 890mg/L，这里的需氧量是 890×3.08 = 2740mg/L，远远超过地下水饱和溶解氧浓度。这个例子表明地下水在生物降解过程中通常是缺氧的。幸运的是，氧气将会被流经污染物羽流的含氧地下水补充。然而，在渗透性较差的含水层中，地下水流动缓慢，溶解氧可能总是一个问题。对于水力传导系数较低，地下水饱和 DO 浓度为 10mg/L 的含水层，在不补充 DO 的情况下，苯只能降解 10/3.08 = 3.2mg/L。

示例9.2 根据化学计量计算养分 (N、P) 需求

估算受 7000mg/kg 总烃污染的 3000yd³ 土壤，生物修复中对电子受体和养分 (N、P) 的需求。假设：①总含烃包括 BTEX、正戊烷、2,2-二甲基庚烷、苯 1,2-二醇和丁酸，平均化学分子式 $C_6H_{10}O$；②根据公式：$C_6H_{10}O + 4O_2 + 0.8NH_3 \rightleftharpoons 2CO_2 + 0.8C_5H_7O_2N + 3.4H_2O$，$NH_3$ 作为氮源；③土壤容重 115lb/ft³。

解答：

分子量：$C_6H_{10}O = 98$；$O_2 = 32$；$NH_3-N = 14$（校正的 NH_3-N 意味着 NH_3 作为 N 源时，分子量不是 17）；$CO_2 = 44$。由于磷 (P) 不包括在化学计量反应中，我们假设磷是所需氮质量的 1/6。$C_6H_{10}O : O_2 : N : P : CO_2$ 的质量比 $= 98 : 4×32 : 0.8×14 : 1/6×0.8×14 : 2×44$。除以 98，我们得到比值为 $1 : 1.31 : 0.114 : 0.019 : 0.90$。

$$总烃质量 = 土壤体积×土壤容重×浓度$$

$$总烃质量 = 3000yd^3 × \frac{115lb}{ft^3} × \frac{7000lb}{10^6 lb} × \frac{27ft^3}{yd^3} = 65206lb$$

注意：7000mg/kg 是 7000ppm，与 $7000lb/10^6 lb$ 或 $7000kg/10^6 kg$ 的单位相当。O、N、P 的需求如下：

$$氧需求 = 65205×1.31 = 85420lb$$
$$氮需求 = 65205×0.114 = 7430lb(按 N 计)$$
$$磷需求 = 65205×0.019 = 1240lb(按 P 计)$$

注意，在上述计算中，使用的是 N (14) 的原子量而不是 NH_3 的分子量 (17)。这是因为常用肥料中的 N 和 P 成分都是按 N 或 P 元素呈现的，因为这样很容易地转化为化合物的质量，如硫酸铵 $[(NH_4)_2SO_4]$ 或三聚磷酸盐 $(K_3P_3O_{10})$。

示例9.3 不按照化学计量计算养分需求 (N、P)

一个泄漏地下储罐 (leaking underground storage tank, LUST) 估计污染了 90000ft³ 的土壤。污染土壤 TPH 的平均浓度为 1000mg/kg，土壤容重为 50kg/ft³ ($1.75g/cm^3$)。估算该污染地点生物修复所需的营养物质。

解答：

污染土壤的质量等于体积与容重的乘积：

$$土壤质量 = 90000ft^3 × 50 \frac{kg}{ft^3} = 4.5×10^6 kg$$

污染物质量 (TPH) 是受污染土壤质量与受污染土壤中平均污染物 (TPH) 的乘积 (1kg=2.2lb)，因此：

$$污染物质量(TPH) = 4.5×10^6 kg×1000 \frac{mg}{kg} = 4.5×10^9 mg = 4500kg = 10000lb$$

不同于示例 9.2，我们没有展示化学计量反应式，因此，用 C：N：P 经验比率的 100：10：1 来估计氮和磷的需求。这里，我们假设碳的总质量与 TPH 的总质量相同。这是一个相当保守的近似值，因为它假设土壤中碳氢化合物的总量代表了可用于生物降解的碳量。在 UST 站点常见的石油碳氢化合物的碳含量约为 90%（USEPA，1994），因此这种简化假设是有效的。

利用 100：10：1 的 C：N：P，需要的氮大约为 1000lb（450kg），需要的磷的质量大约是 100lb（45kg）。在把这些质量转换成浓度单位之后（即每 4.5×10^6 kg 的土壤氮需求为 450kg 或 100mg/kg；每 4.5×10^6 kg 的土壤磷需求为 45kg 或 10mg/kg），它们可以与土壤分析结果进行比较，以确定是否需要添加养分。由于 100mg$_N$/kg$_{土壤}$ 的浓度显著高于大多数土壤的氮背景浓度，因此添加氮是必要的，而且最好选择缓释氮源。选择缓释氮源的一个重要原因是氮肥添加入土壤后会明显降低土壤 pH。

化学反应计量需要反应物和生成物在反应热力学平衡时的数量（质量）。然而，如果反应物的利用速率（如污染物降解、氧气利用率）或产物的生成速率已知，则反应的动力学速率也应当被告知。在实际应用中，生物降解的速率可以用一级反应来近似代替，也就是反应速率（dC/dt）与一种反应底物的浓度（C）成正比：

$$\frac{dC}{dt} = -kCt \tag{9.8}$$

式中，C 为 t 时刻的浓度；k 为一阶速率常数。对式（9.8）积分得到

$$C_t = C_0 e^{-kt} \tag{9.9}$$

式中，C_0 为有机化合物的初始浓度；C_t 为降解后 t 时刻的浓度，天；k 为一阶速率常数，天$^{-1}$。如果半衰期（$t_{1/2}$）已知，可估算反应速率常数：

$$t_{1/2} = \frac{0.693}{k} \tag{9.10}$$

在某些案例中，给出了生物降解百分比（或一般情况下，去除率 $= 1 - C_t/C_0$），清除时间（t）可以被估算：

$$t = \frac{\ln(1 - 降解百分比)}{-k} \tag{9.11}$$

式（9.9）~式（9.11）对于估算许多修复系统中的清理时间非常有用，在这些系统中，无论是物理反应（热和放射性衰变）、化学反应还是生物反应，通常都可以近似为一阶反应。我们将在以后的章节中重新讨论这些方程的使用，但在这里我们使用示例 9.4 来说明一阶反应生物修复中的应用。

示例 9.4　根据生物降解动力学计算氧气传送速率

在实验室研究中，萘生物降解的半衰期约为 35 天。对于受污染的场地，萘必须达到小于 100mg/kg 的清理目标，相对应萘要达到 99% 的去除率。（a）估计清除时间需要多少天。（b）前两周修复后，剩余的萘的百分比是多少？（c）如果总需氧量计算为 100000lb，

前两周和后两周的平均供氧量各是多少（改编自 Cookson，1995）？

解答：

（a）我们首先根据半衰期（$t_{1/2}=35$ 天）利用式（9.10）计算一阶速率常数：

$$k=\frac{0.693}{t_{1/2}}=0.0198 \text{ 天}^{-1}$$

根据式（9.11）计算去除 99% 的清理时间：

$$t=\frac{\ln(1-0.99)}{-0.0198}=233 \text{ 天（8 个月）}$$

（b）需要注意的是，清除时间取决于去除的百分比，与实际浓度无关，即特定时间（t）的污染物浓度（C_t/C_0）与 $t=0$ 时的初始浓度之比。

通过对式（9.9）的变换，我们可以在 $t=14$ 天计算出前两周的剩余百分比：

$$剩余百分比=\frac{C_t}{C_0}=\mathrm{e}^{-kt}=\mathrm{e}^{-0.0198\times14}=0.758（75.8\%）$$

（c）在前两周结束时，降解百分比 $=1-0.758=0.242$（24.2%）。这相当于前两周总共消耗了 $24.2\%\times100000\mathrm{lb}=24210\mathrm{lb}$ 的氧气。前两周的平均速率 $=24210\mathrm{lb}/14$ 天 $=1700\mathrm{lb/d}$。

现在我们在第二个两周结束时（第 15 天到第 28 天）做同样的计算：

$$剩余百分比（第 28 天）=\frac{C_t}{C_0}=\mathrm{e}^{-kt}=\mathrm{e}^{-0.0198\times28}=0.574（57.4\%）$$

后两周结束时，降解百分比 $=1-0.574=0.426$（42.6%）。在后两周结束时所需的总氧气量为 $42.6\%\times100000\mathrm{lb}=42558\mathrm{lb}$。

在生物降解的后两周（第 15 天至第 28 天）所需的氧气 $=42558-24210=18348\mathrm{lb}$。如果我们取后两周的平均值，那么氧气的输送速率 $=18348/14=1300\mathrm{lb/d}$。这比前两周的平均氧气输送量（17000lb/d）要小。氧气利用率随着时间的推移而降低，这意味着为降低生物修复的成本，供氧速率应随时间而调整到逐渐降低。

9.1.3　生物降解的潜力和代谢途径

生物修复技术的可行性取决于污染物生物降解的速度和程度，或一般来说，生物可降解性或生物降解潜力。评估生物修复技术可行性和监测生物修复进程所需的其他信息是细菌消耗相应化合物的代谢（生化）途径。理想情况下，污染物被最终矿化成二氧化碳、水和其他无害的产物。但是，大多数情况下并非如此。有时候，子化合物甚至比母化合物更毒（参见注释栏 2.2 中的例子）。

已有大量的工作从事各种污染物生物降解潜力和途径的研究。研究表明，一般来说，一些环境污染物只能被好氧细菌生物降解，而其他化学物质只能被厌氧细菌生物降解。尽管策略不同，但有些化学物质都可以被这两种类型的细菌生物降解。此外，有些化学物质的降解需要好氧细菌和厌氧细菌共同参与。能够降解常见污染物的细菌通常在自然土壤和浅层地下水中大量存在。自然环境中细菌的多样性是必不可少的，因为没有任何一种细菌（所谓的超级细菌）能够降解所有合成（人造）化学物质。表 9.2 呈现了几种主要污染物的生物降解性。下面将根据土壤和地下水中常见的污染物类别进一步阐述。

表 9.2　化学分类和它们对生物修复的敏感性（改编自 Baker and Herson，1994）

化合物类别	示例	生物降解能力
脂肪烃	戊烷、正己烷	有氧降解
芳香烃	苯、甲苯	有氧和厌氧降解
酮和酯	丙酮、MEK	有氧和厌氧降解
石油烃	燃油	有氧降解
氯化物溶剂	TCE、PCE	厌氧（还原脱氯）
多环芳烃	蒽、苯并(a)芘、杂酚	有氧降解
多氯联苯（PCBs）	芳氯物	不易生物降解
金属类	镉	不能降解，可生物吸附

注：MEK. 甲基乙基酮；TCE. 三氯乙烯；PCE. 四氯乙烯。

9.1.3.1　石油脂肪烃的生物降解

在标准温度和压力（normal standard temperature and pressure，NSTP；1atm，20℃）下，CH_4（甲烷）到 C_4H_{10}（丁烷）的烷烃为气态；C_5H_{12}（戊烷）到 $C_{17}H_{36}$ 的烷烃都是液态；$C_{18}H_{38}$ 的烷烃是固态。由于高挥发性，在大多数污染地点很少发现汽油中 4～10 个碳的饱和脂肪烃。汽油泄漏的长碳链烷烃可以被好氧细菌生物降解（矿化）为二氧化碳和水，如图 9.5 所示。生物降解潜力是碳链长度、饱和度和烷烃分支程度的函数。长链烷烃比短链烷烃更容易降解。短链烷烃比长链烷烃更不容易生物降解，这是因为小于九个碳的烷烃由于其较高的水溶解度而具有毒性。饱和烷烃比不饱和烷烃（即烯烃、炔烃）更容易受到好氧细菌的攻击。支链烷烃比直链烷烃更不易降解。

如图 9.5 所示，烷烃降解最常见的好氧途径是末端甲基通过醇中间体氧化成羧酸，最终通过 β- 氧化完全矿化（Leahy and Colwell，1990；Cookson，1995）。β-氧化如此命名，是因为氧化发生在 β 位点的碳上，以乙酰辅酶 A（coenzgme A，CoA）的形式一次性除去两个碳形成羧基。这些反应通常发生在线粒体中。生理和系统发育上不同的厌氧菌是否具有相似的生物学机制尚不清楚。然而，最近关于正己烷利用反硝化分离物的数据指出了一个涉及反丁烯二酸（—OOC—H ═CHCOO—）的初始酶攻击的不同的途径，其方式类似于后面讨论的甲苯。显然，脂肪族烃的生物修复应根据好氧而不是厌氧过程进行。虽然天然土壤通常含有足够的降解烷烃的微生物，但必须提供额外的氧气。

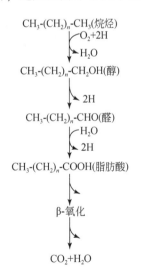

图 9.5　好氧微生物对烷烃的降解示意图

9.1.3.2　单环石油芳烃的生物降解

虽然石油泄漏中的饱和烷烃对健康的影响较小，但由于相比之下，具有一个苯环的石油芳烃（即 BTEX）由于潜在的健康影响，显得更为重要。石油芳香族化合物可以通过最初的微生物攻击而降解，导致形成二氢二醇（dihydrodiol），这是单环、双环和三环芳烃的典型特征。好氧生物降解的下一步是对芳香环的氧化攻击，芳香环被裂解形成邻苯二酚，如图9.6 所示。这将最终导致苯被矿化为二氧化碳和水。

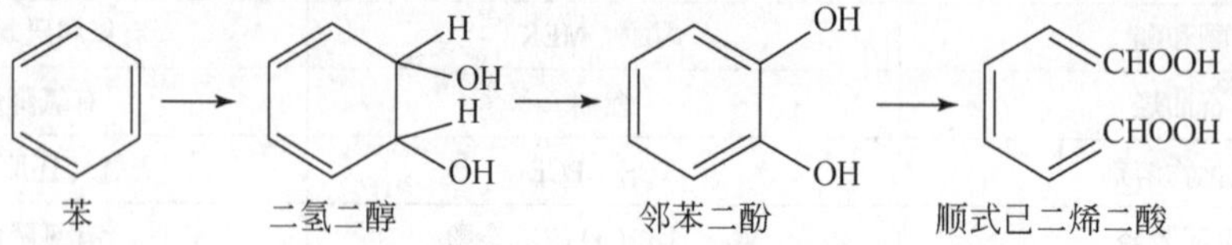

图 9.6　苯的好氧生物降解的最初步骤

在厌氧条件下，某些细菌能够将单环芳香烃（BTEX）矿化为 CO_2 和 H_2O。然而厌氧的生物化学途径不同于有氧。图 9.7 显示了厌氧细菌降解汽油中苯、甲苯、乙苯和二甲苯

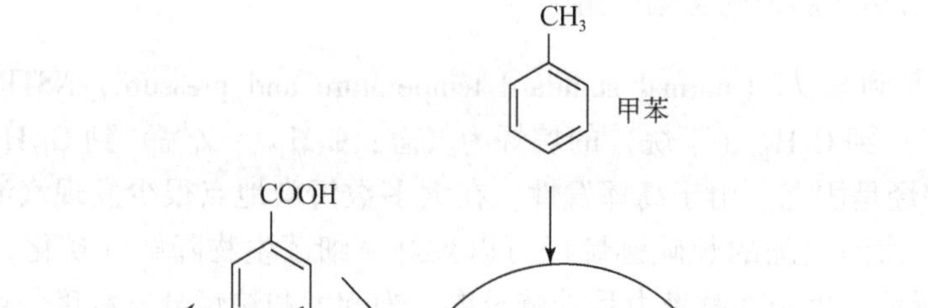

图 9.7　BTEX 厌氧生物降解的路径（改编自 Zhang and Bennett，2005）

（BTEX）四种主要环境污染物的一般策略。然而，由于不同的细菌依赖于对应于不同氧化还原条件的不同的电子受体，因此存在不同的途径（Chakraborty and Coates，2004）。除对二甲苯外所有 BTEX 化合物的完全矿化已有报告，但迄今为止的研究只能阐明最初的酶促反应，如图 9.7 所示。

与好氧机制的一个显著区别是通过 H_2O 引入 O_2，形成不太稳定的含氧单芳烃化合物，这些化合物容易进一步裂解。图 9.7 还显示了所有 BTEX 化合物的常见中间体——苯甲酰辅酶 A（benzoyl-CoA）。苯甲酰辅酶 A 是通过富马酸盐加入 BTEX 化合物，利用琥珀酸苄酯合酶（benzylsuccinate synthase，BSS）（用于甲苯）或琥珀酸甲基苄酯合酶（用于邻二甲苯和中二甲苯）的酶的作用形成的。苯甲酰辅酶 A 通过一种关键酶——"苯甲酰辅酶 A 还原酶"转化为 1,5-二烯-1-羧基辅酶 A。经过一系列水合和脱氢步骤，1mol 的 BTEX 化合物生成 3mol 的乙酰辅酶 A 和 1mol 的 CO_2（Mogensen et al.，2003）。

BTEX 的成功降解已在所有厌氧条件下得到证明：硝酸盐呼吸、硫酸盐还原和产甲烷发酵。由于降解时间较长，厌氧过程在热力学上往往不如好氧过程。与氧作为电子受体相比，反硝化反应的速率似乎要低 50%。然而，据报道，与 H_2O_2 供应氧气作为电子受体相比，每单位体积土壤使用硝酸盐作为电子受体的成本低 50%（Cookson，1995）。

9.1.3.3　燃料添加剂（MTBE）的生物降解

甲基叔丁基醚（MTBE）已被用来取代四乙基铅，用来提高汽油的辛烷值，并达到《清洁空气法》的要求。美国环境保护局（USEPA）于 1979 年开始批准使用甲基叔丁基醚，在 20 世纪 80 年代被批准以约 2%～5% 的体积添加到汽油中作为辛烷值助推器。1992 年，在冬季充氧燃料项目的地区，被批准可以混合 10%～15% 体积的甲基叔丁基醚。此外，其他一些醚也被用作汽油中的氧化物，如叔戊甲基醚（tertiary amyl methyl ether，TAME）和乙基叔丁基醚（ethyl tertiary butyl ether，ETBE）。由于它们的使用还不普遍，其环境威胁在大多数地点不可能像 MTBE 那样大。

MTBE 易挥发（蒸气压为 245mmHg，温度为 25℃时，亨利常数为 0.02）；然而，由于其水溶性极高（25℃时为 51g/L），它在地下水中持续存在并且不易受微生物攻击。由于 MTBE 能在地下水中迅速扩散，含与不含 MTBE 石油泄漏的清理方式将会有所不同。醚键结构稳定，从而不易受非生物或生物的水解作用的影响。MTBE 在有氧和无氧条件下的代谢途径尚不清楚。现有的研究表明，好氧菌通过单加氧酶攻击 MTBE，导致稳定的醚键断裂。在厌氧菌存在时，木质素（一种天然的醚类化合物）的降解涉及甲基转移酶、四氢叶酸和聚乙二醇（—O—CH_2—CH_2OH）发酵过程中羟基的添加产生。

已有案例对 MTBE 的生物修复进行了报道。几个试点试验和有限的现场应用表明，在修复地点自然衰减的监测进程中，甲基叔丁基醚的生物降解往往很明显（Davis and Erickson，2004）。在过去十年中，降解 MTBE 的生物数量和报告的生物降解率显著增加。在获得更多数据支持之前，还不可能确定现场生物强化是否有益于 MTBE 的降解。有氧和无氧降解策略都可以适用；然而，与其他污染物相似，MTBE 的好氧生物降解率显得更高一些。

9.1.3.4 多环芳烃（PAHs）等污染物的生物降解

好氧和厌氧条件下，细菌介导的多环芳烃（PAHs）和功能基取代的PAHs的生物转化和矿化已被证实。在有氧条件下，二环或三环多环芳烃易于生物降解。具有四个或更多芳香环的多环芳烃的生物降解明显更困难，有些可能是不易分解的。多环芳烃的生物降解性取决于其溶解度（而这又取决于芳香环的数量）、烷基取代（数量、类型和位置）和土壤-水分配系数（K_d）。烷基取代会降低多环芳烃的生物降解。疏水性较低的多环芳烃由于从土壤颗粒中快速解吸附，往往更具有生物可利用性。对于具有四个或更多环的多环芳烃，共代谢并结合结构类似底物的诱导（类底物诱导）可能是实现高分子多环芳烃清除的有效途径。共代谢是指两种化合物同时降解，其中第二种化合物（次级底物）的降解取决于第一种化合物（初级底物）的存在。类底物诱导的一个例子是使用低分子的多环芳烃（如萘）来诱导酶的产生，从而促进高分子多环芳烃的降解。

虽然相关的详细途径和酶仍在积极研究中，但众所周知，有氧多环芳烃降解的限速步骤是将羟基和环氧化合物（一种具有三个原子环的环醚）连接到芳环中的一个碳上的初始环氧化。初始攻击也是PAHs厌氧降解的限速步骤。图9.8为厌氧细菌降解萘和多环芳烃类似结构物的策略。与好氧降解过程类似，苯环必须首先被打开，这样细菌才能将其转化为二氧化碳和水。二环或三环的芳香族化合物都能在反硝化、硫酸盐还原、发酵和产甲烷的条件发生转化。

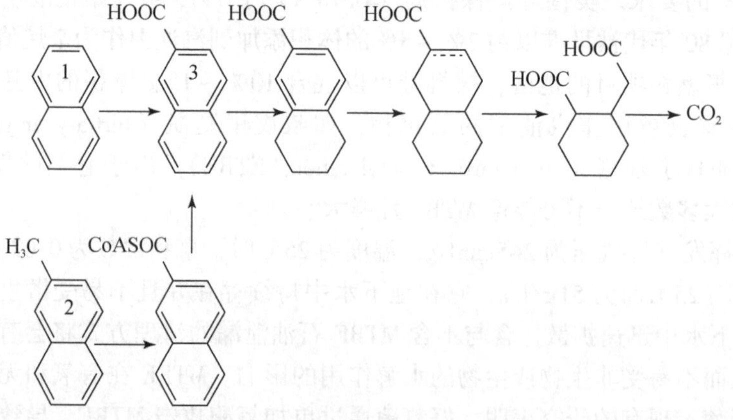

图9-8 生物降解多环芳烃的厌氧途径（改编自 Zhang and Bennett，2005）
1. 萘；2. 2-甲基萘；3. 2-萘甲酸

9.1.3.5 含氯代脂肪烃（CAHs）等污染物的降解

对于含有一到两个碳的氯化（或卤代）脂肪烃，如常见的地下水污染物 PCE 和 TCE，主要存在三种生物降解途径。这些途径包括有氧氧化（氯代烷烃用作唯一的能源），有氧条件下的共代谢和厌氧条件下的还原脱氯（或一般脱卤）。在生物修复应用中，还原脱氯是最重要的应用。

有氧转化使用氧作为1~3个卤脂肪族化合物（如氯乙烯、DCE 和 TCE）的电子受体。

参与这种好氧转化的酶有加氧酶、脱卤酶或水解脱卤酶。加氧酶将 CAHs 转化为醇、醛或环氧化物。脱卤酶将 CAHs 转化为醛和谷胱甘肽，后者是该酶亲核取代反应的辅助因子。水解脱卤酶将 CAHs 水解成醇。

　　图 9.9 展示了厌氧细菌将 PCE 和 TCE 降解为无害产物乙烯的策略。但是为避免有毒中间产物氯乙烯（VC）的积累，应很好地控制这一过程。还原转化是由初级底物作为电子供体被氧化释放电子进行（如 H_2 作为电子供体被氧化成 H^+）。由于 CAHs 在还原脱卤过程中作为电子受体，其他电子受体如硝酸盐、硫酸盐和 CO_2 的存在会对还原脱卤产生不利影响。还原过程通常是通过共代谢完成的，例在当有甲烷营养菌的存在时。

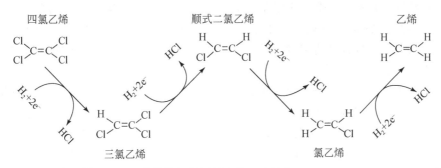

图 9.9　四氯乙烯（PCE）生物降解的厌氧途径（改编自 Rittmann and McCarty，2001）

9.1.3.6　含氯芳香族化合物的生物降解

　　含氯芳香族化合物包括多种对环境有重大影响的污染物，如氯苯、氯酚、氯硝基酚、一些杀虫剂（如滴滴涕）、多氯联苯和二噁英。因此，关于生物降解潜力和途径的详细讨论在这里不太合适，下面只做一些一般性的评论。

　　用于一些单环的氯化芳香族化合物，如 3-氯苯甲酸盐和盐儿茶酚（3-甲基-5-氯邻苯二酚），在苯环被打开后好氧菌很容易将他们氧化。典型的好氧生物转化过程的初始酶攻击是卤化物被羟基取代过程中必不可少的步骤。在有氧条件下，卤素的消除速率随着卤素取代的增加而降低；有趣的是，厌氧转化则与之相反，即还原脱氯随着氯取代数的增加而增加。氯化芳烃的另一个重要方面是联合细菌来降解一些高氯化芳烃化合物，如多氯联苯。高氯取代多氯联苯对有氧细菌不敏感。然而，一旦氯被去除，有氧转化就可能发生。因此，这种复杂的卤化芳烃的分解应采用厌氧–好氧的工艺顺序。厌氧阶段促进还原脱氯的发生，而随后的好氧阶段则进一步将低氯代谢中间体氧化成 CO_2、Cl^- 和水（图 9.10）。

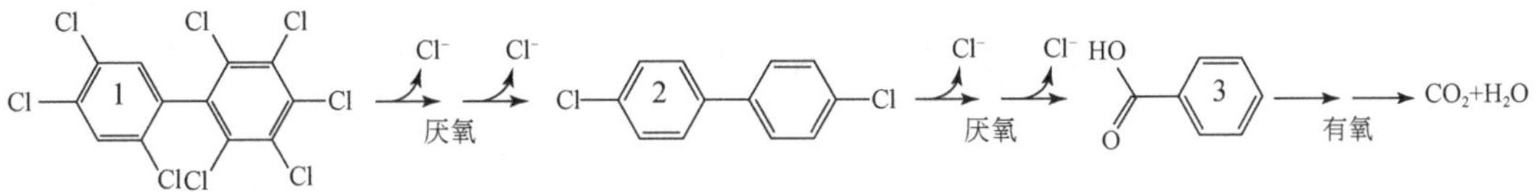

图 9.10　厌氧–好氧连续工艺对多氯联苯的生物降解
1. 2,2′,3,4,4′,5,5′,6-八氯联苯；2. 4,4′二氯联苯；3. 苯甲酸

这两种互补的多氯联苯的生物降解过程（厌氧和好氧）在哈德逊河沉积物和许多其他污染地点已被使用（Abramowicz, 1995）。

电子供体和电子受体对芳香烃还原脱氯的影响是一个重要的考虑因素。一方面，由于卤素是通过从电子供体获得电子而被还原，电子供体如丁酸、丙酸、乙醇或丙酮的添加可能会增加生物降解的速度和程度；另一方面，一些电子受体的出现如硫酸盐（来自硫酸盐还原菌）将对脱卤产生不利影响，因为脱卤细菌和硫酸盐还原细菌将竞争电子供体。

9.1.3.7　爆炸物的生物降解

在第6章（6.1.3节）中，简要介绍了几种常见爆炸物污染物的生物降解潜力以供技术筛选。这些化合物包括 TNT、2,4-DNT、2,6-DNT、RDX 和 HMX（结构见图2.4）。TNT、2,4-DNT 和 2,6-DNT 是硝基芳烃（nitroaromatic compounds，NACs），RDX 和 HMX 都是环结构中含有 C 和 N 的非芳香族杂环化合物。

TNT 在 2,4,6 位上有三个氧化的 NO_2 基团。由于它处于高氧化状态，有氧氧化不太可能破坏这个分子的稳定性。相反，由于亲电子的特性，这些外部的 NO_2 基团易于被酶还原。同时，由于空间位阻隔作用，苯环上的 π 电子被四个官能团（三个 NO_2 和一个 CH_3）隔离，芳香结构非常稳定，从而阻止了酶对苯环的破坏。这种独特的化学结构在一定程度上解释了为什么 TNT 的生物转化发生得很快，但在好氧或无氧系统中矿化成 CO_2 和 H_2O 都没有实现。不仅 TNT 不能被生物降解成二氧化碳和水，而且一些甚至比 TNT 毒性更大的硝基还原中间产物，如 TNT 的羟氨基（NHOH）的衍生物也不能被生物降解成二氧化碳和水。

硝基比 TNT 少一个的 2,4-DNT 和 2,6-DNT 的生物降解潜力显著提高。在最适有氧条件下，在中试规模的生物泥浆反应器系统中证明了它们可以被完全和快速的矿化（Zhang et al., 2000）。图9.11 阐明了主要代谢途径。在最适的 pH、养分和混合条件下，2,4-DNT 和 2,6-DNT 都完全矿化为亚硝酸盐（NO_3^-）、CO_2 和 H_2O。总体的化学计量反应已在前面的式（9.1）中给出。

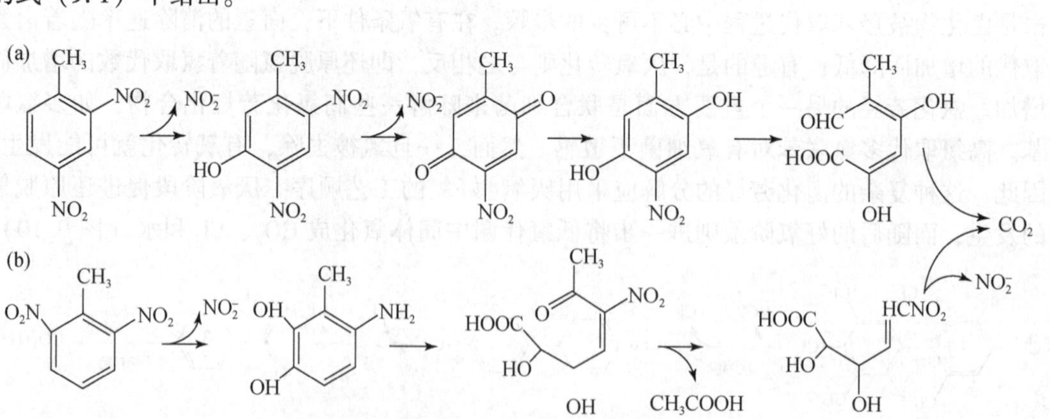

图9.11　（a）*Burkholderiacepacia* JS872 氧化降解 2,4-DNT 和 （b）*Burkholderiacepacia* JS850 和 *Hydrogenophagapalleronii* JS863 氧化降解 2,6-DNT 的有氧途径（改编自 Nishino et al., 2000）

　　而在厌氧条件下，2,4-DNT 和 2,6-DNT 都只能进行转化而不能被矿化（见注释栏 2.2）。如图 9.12 所示，硝基（NO_2）被还原为羟胺基（NHOH），其活性和毒性比母化合物更强。NHOH 中间体可进一步生成二氨基甲苯作为最终产物。上述有氧与无氧途径清楚地表明，只有在有氧条件下生物修复 2,4-DNT 和 2,6-DNT 才能满意地实现。

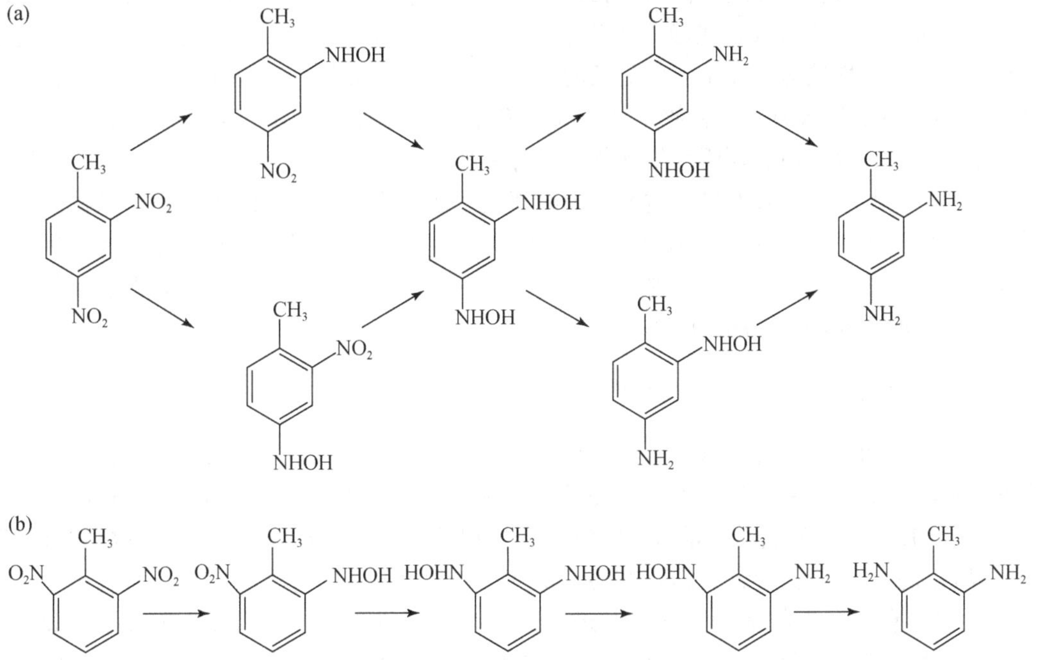

图 9.12　厌氧途径导致（a）2,4-DNT 和（b）2,6-DNT 在丙酮丁酸杆菌
（*Clostridium acetobutylicum*）的细胞培养物和细胞提取物中的还原转化

资料来源：经 Hughes 等（1999）授权改编，版权归美国化学学会所有

9.1.4　生物修复的最佳条件

　　化合物的生物可降解性是任何生物修复技术成功的先决条件。然而，仅从文献或实验室测试数据中获得的预期的生物可降解并不能保证其在实际污染场地的生物修复也能成功。在技术筛选过程中评价生物修复的适用性时需要审视一些基本问题。从广义上讲，应确保①地下污染区具有数量丰富且合适的细菌（合适的细菌）；②场地具有细菌生长和生物降解的最佳条件（合适的环境条件）；③通过工程或水文地质方法（混合、平流）能保持细菌、污染物、营养和电子供体（受体）间密切接触（合适的接触）。

　　在接下来的讨论中，我们将这些参数分为四类：①水文地质参数；②土壤–地下水物理化学参数；③微生物存在；以及④污染物特性。各种基于细菌的生物修复工艺进程的总体状况将在 9.2 节介绍。读者应该注意一些另外情况的存在。例如，影响生物堆肥的环境因子（如温度、土壤湿度）与原位地下水修复不同。同样，影响渗流层生物修复的参数也不同于影响饱和带生物修复的参数。而且，基于植物的生物修复（也就是植物修复）与基于细菌修复的工艺参数也有很大不同。我们将在 9.2 节讨论这些特定的工艺参数。

9.1.4.1　水文地质参数

受污染含水层的水力传导系数控制着污染物，电子供体（受体），以及水、地下营养物质的迁移和分布，所有这些都对生物修复至关重要。生物修复通常在可渗水（如砂质、砾石）含水层介质中有效。在渗透性较差的粉质或黏土介质中，原位生物修复不太可能非常有效，比渗透性较强的介质需要更长的时间来清理。一般认为，要使生物修复有效，需要大于 10^{-4} cm/s 的水力传导系数。对于水力传导系数较低（如 $10^{-6} \sim 10^{-4}$ cm/s）的场地，该技术也可以有效，但必须要仔细评估、设计和控制。

使原位生物修复有效的另一重要考虑因素是土壤结构和分层。结构特性，如微观的断裂孔隙，将导致某些土壤（如黏土）更高的渗水性。不同渗透性的分层土壤在渗透性较强的地层中可以显著增加地下水的侧向流动。因此，优先流会减少地层中不透水部分的流量，从而增加了现场清理的时间。

9.1.4.2　土壤–地下水理化参数

土壤水分和有机质含量以及地下水溶解氧（DO）、pH、温度、渗透压、盐度、养分、溶解铁和电子供体（受体）是影响生物修复的因素。作为末端电子受体（terminal electron acceptor，TEA），溶解氧通常是石油碳氢化合物和其他易于生物降解的耗氧有机物有氧降解的限制因素。然而，溶解氧的存在会对厌氧菌产生不利影响。极端 pH（即低于 5 或高于 10）将不利于微生物活性。通常，最佳的微生物活性发生在中性 pH 条件下（即 6 ~ 8）。在自然环境中，只有强势微生物才能在超出这个 pH 范围（如 4.5 ~ 5）的条件下存活。如果污染物降解会改变 pH，pH 的变化应密切监测。pH 超过一个或两个单位的快速变化会抑制微生物的活性，在微生物恢复其活性之前可能需要较长的驯化期。当地下水的 pH 过低时，可以加入石灰或氢氧化钠来提高 pH；当 pH 过高（太碱性）时，可加入合适的酸（如盐酸或稀释的盐酸）来降低 pH。图 9.13 展示了 pH 和磷对 2,4-DNT（CO_2 作为产物）生物降解的影响。

细菌的生长速度和微生物活性随着温度的升高而增加。在 10 ~ 45℃ 范围内，温度每升高 10℃，微生物活性通常会翻一番。在地下水原位生物修复的大多数情况下，生活在地下的细菌可能经历相对稳定的温度，只有轻微的季节变化。在美国大部分地区，地下水的平均温度大约是 13℃，但在最北部和南部的州，地下水温度可能略低或略高。在低于 10℃ 的温度下，地下微生物活性显著减少，在低于 5℃ 时基本停止。大多数细菌活性在温度高于 45℃ 时也会减弱。过高的矿物质含量（Ca^{2+}、Mg^{2+}、Fe^{2+}）会与溶解的二氧化碳发生反应（部分由微生物作为最终产物产生）导致结垢，从而导致生物修复系统运行困难。钙和镁（通常用硬度来测量）也会与磷酸盐（通常以三聚磷酸盐的形式作为营养物质供体）反应，形成磷酸盐沉淀，这导致微生物无法利用磷酸盐作为营养物质。使用三聚磷酸盐时，三聚磷酸盐与总矿物质（Ca^{2+}、Mg^{2+}）的摩尔比大于 1 : 1，可将这种影响降至最低。在这个比例下，三聚磷酸盐作为一种络合剂将 Ca^{2+} 和 Mg^{2+} 维持在水溶液中。

在还原的地下水环境中，铁以二价亚铁的可溶性形式存在（Fe^{2+}）。当 Fe^{2+} 暴露于氧

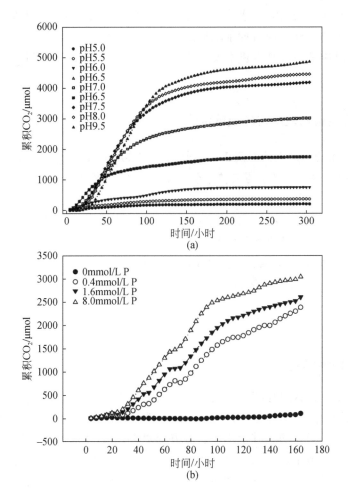

图 9.13　通过使用呼吸计在控制良好的实验室研究中累积 CO_2 的释放量监测来显示
（a）pH 和（b）磷对 2,4-DNT 有氧降解的影响

资料来源：授权改编自 Zhang and Hughes, 2004, 经 John Wiley & Sons 许可转载

气时，特别是当氧气作为电子受体引入注入井时，Fe^{2+} 发生氧化。三价铁（Fe^{3+}）的氧化产物以 $Fe(OH)_3$ 的形式存在，然后形成不溶性氧化铁（Fe_2O_3）沉淀。这种沉淀物可以沉积在含水层的水流通道中，会降低渗透率。由于土壤中铁含量非常丰富，铁沉淀的影响在注入井附近最为明显。因此注入井需要定期测试，如果 Fe^{2+} 在 10～20mg/L 范围内，可能需要定期清洗或更换。当 Fe^{2+} 大于 20mg/L 时，不建议进行原位生物修复。

氮通常是地下水生物修复中主要的限制性养分。氮可能降低地下水 pH，因此应避免氮的过量添加。由于地下水中硝酸盐含量可能超过 40mg/L 的标准，因此首选缓释氮源。事实上，原位地下水生物修复应在接近养分限制的条件下进行。

细菌需要潮湿的土壤条件才能正常生长。然而，过高的土壤湿度会限制空气通过土壤孔隙的流动，从而降低氧气的有效性。土壤湿度的理想范围是土壤持水能力的 40% 至 85% 之间（见示例 9.5）。一般来说，水分饱和的土壤阻止了气流和氧气传递给细菌，而干燥的土壤缺乏细菌生长所需的水分。例如，在生物通风过程中，毛细管边缘的土壤含水量可能过高。如果是这样，通过抽水降低地下水位对土壤的生物通风可能是必要的。生物通风通过增加土壤中的空气来促进潮湿土壤的脱水。另一方面，过度脱水会阻碍生物通气并延长清理时间。

示例9.5　估算生物修复所需的土壤水分

在一个最近爆破的地下油箱周围，估计总共有 $500yd^3$ 的土壤需要进行生物处理。土壤的孔隙度为40%，土壤湿度为其储水量的15%。需要洒多少水？

解答：

土壤孔隙总体积 $=500yd^3 \times 0.40 = 200yd^3$。因为理想土壤湿度是土壤持水量的40%~85%，添加的水需要达到最适生物修复条件。如果我们选择中间值60%，则额外的水量 $= 200yd^3 \times (0.60-0.15) = 90yd^3 = 18180gal$（ $1yd^3 = 202gal$）。

需要注意的是，土壤含水饱和度需要经常监测，而补充水的数量取决于受污染地点的当地气候状况。

9.1.4.3　微生物存在

由于土壤中微生物普遍存在、种类繁多、数量庞大，在进行原位生物修复时往往不需要额外的细菌接种。生物增强是一种引入一组天然或外来微生物菌株来处理受污染的土壤或水的过程，它仅在必要的基础上提供，如在某些特殊的外来污染物的情况下。除粗粒、高渗透性含水层外，微生物往往不会移动到离注入点很远的地方，因此，生物强化（bio-augmentation）的有效性可能在一定程度上受到限制。生物强化常用于生物反应器和异位系统。

为了确定能够降解目标污染物的天然细菌的存在和种群密度，应对该地点的土壤样本进行实验室分析。总异养细菌（即使用有机化合物作为能量来源的细菌）的平板计数，在可能的情况下可以将污染物降解细菌用作指标。尽管异养细菌通常存在于所有土壤环境中，但每克土壤的菌落形成单位（colony forming unit，CFU）大于 $1000CFU/g$ 的平板计数才能表明在原位生物修复中微生物存在良好；低于 $1000CFU/g$ 的土壤表明可能缺少氧气或其他必需养分或存在有毒成分。但是，在假定有毒物质不存在的条件下（如异常高浓度的重金属），低至 $100CFU/g$ 浓度的土壤微生物可被刺激到可接受的水平。

9.1.4.4　污染物特征

对生物降解很重要的污染物特性包括但不限于污染物的化学结构、浓度和溶解度。在9.1.4.3节中，描述了生物可降解性和途径对化学物质类别和结构的依赖。因此，这里只讨论污染物浓度和溶解度的影响。

土壤中高浓度的有机和无机污染物可能有毒，并抑制生物降解细菌的生长和繁殖。例如，含水层介质中石油碳氢化合物（以总石油碳氢化合物或 TPH 测量）浓度超过

50000mg/kg、有机溶剂浓度超过 7000mg/kg 或重金属浓度超过 2500mg/kg，通常被认为对需氧细菌具有抑制作用和（或）毒性。浓度影响应该是可行性研究的一部分。图 9.14 显示了在可行性研究中 2,4-DNT 浓度如何影响二硝基甲苯的两种异构体（2,4-DNT 和 2,6-DNT）的生物降解。这些信息很重要，因为在爆炸物污染的土壤中发现了高浓度的爆炸物，并且发现了两种异构体同时存在于土壤中。

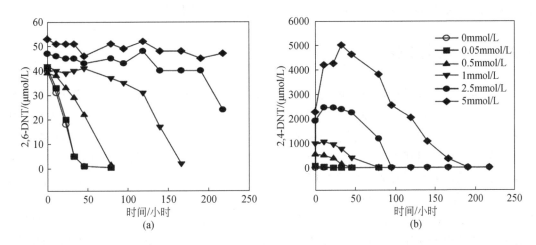

图 9.14　在实验室摇瓶研究中 2,4-DNT 浓度对（a）2,6-DNT 和（b）2,4-DNT 生物降解的影响
2,4-DNT 和 2,6-DNT 通常在爆炸物污染现场共存。资料来源：经 Zhang 等（2000）许可改编，
版权归美国化学学会所有，2000 年

　　除了最大浓度外，极低浓度的有机物质也会导致细菌活性水平的降低。这时应考虑土壤处理后有机污染物的清洁浓度，因为如果有机污染物浓度低于一定的"阈值"水平，细菌就不能从降解的组分中获得足够的碳源来维持适当的生物活性。从实验室处理研究中确定的阈值水平可能远低于现场在非最佳条件下将能达到的水平。尽管阈值限制因细菌特异性和成分特异性特征而有很大差异，但总含水层基质中的成分浓度低于 0.1mg/L 可能很难达到。然而，地下水中的特定成分的浓度可能低于检出限。经验还表明，由于存在"难降解"或不可降解的石油成分，很难实现降低污染物（如石油碳氢化合物浓度大于 95%）的目标。

　　水可溶性高的污染物易于溶解到地下水中，对细菌的生物降解更有生物可利用性；相反，低水溶性的化学物质倾向于保持在吸附状态，被生物降解得更慢。一般来说，低分子量物质往往比高分子量或大分子量的物质更容易溶解和生物降解。在污染场地，水相中污染物浓度很少接近其溶解度，因为水相中污染物浓度往往通过其他成分的竞争性溶解而降低，或者通过降解过程（如生物降解、稀释和吸附）而降低。

9.2　生物修复和生物技术的工艺描述

　　从发展角度来看，基本上有两种基于生物降解的技术（即生物技术）。常规的生物工艺包括生物膜、活性底泥、氧化塘、反硝化、除磷和厌氧工艺。这些是传统上为处理家庭和工业废水而开发的生物应用。这些常规的生物过程是传统环境工程教科书将讨论的领域，Rittmann 和 McCarty（2001）写了一本关于这些主题的优秀专著。除了传统的生物进程，一些新型的生物技术已被发展运用于处理固体废物，污染土壤、地下水的清除，如原位和异位生物修复（包括生物通风、生物曝气），监控自然衰减，堆肥处理，土耕法，垃圾填埋，异位生物泥浆反应器，植物修复等。这些生物修复技术的概述参见第 6 章的表 6.1。以下部分将进一步阐述几种重要的生物修复和生物技术过程。

9.2.1　原位生物修复

原位生物修复技术是目前为止最常用的新型的生物修复技术，仅次于土壤气相抽提技术在污染场地的应用。它有许多不同的形式，包括用于土壤原位生物处理的生物通风、生物曝气和生物强化修复，以及用于污染地下水原位处理的生物强化修复和监控自然衰减。生物修复也可以通过多种方式增强，如生物增强和生物刺激。正如我们前面提到的，生物增强是将细菌培养物添加到受污染的培养基中；常用于生物反应器和异位系统。Lippincott 等（2015）也在 82 ~ 92ft 的深层含水层成功地进行了生物增强，他们使用富集的 *Rhodococusruber* 菌株降解了 1,4-二氧六环。生物刺激是在土壤和或地下水中通过添加各种受限的养分和电子受体，如氮、磷和氧气，刺激了土著微生物群落的生长。生物刺激可发生在原位或异位修复中。

生物通风是在不饱和带中通过引入空气进入土壤以刺激微生物生长来处理污染土壤的方法。生物通风优先用于低蒸气压的重烃，而蒸气压高的碳氢化合物往往会通过挥发进入空气中。生物通风通常用低气流速率以减少挥发；当挥发性较高时，生物通气通常与土壤气相抽提（SVE）配合，在土壤气相抽提（SVE）之后进行通气层的修复。生物通风是相对无破坏性的，它对于处理军事基地、工业综合体和加油站的污染土壤尤其有价值，因为这些地方的结构和公用设施不会受到干扰（图 9.15）。

与通气层的生物通风不同，生物曝气是一种原位修复技术，利用本地的微生物对饱和带的有机成分进行生物降解。虽然不饱和带土壤中吸附的污染物也可以通过生物曝气处理，但在这种情况下，生物通气通常更有效。生物曝气过程类似于第 8 章中描述的空气曝气。然而，虽然空气曝气主要通过挥发去除污染物，但生物曝气是促进污染物的生物降解而不是挥发（通常使用比空气曝气更低的流速）。特别是，当使用空气曝气或生物曝气时，会发生一定程度的挥发和生物降解。

有氧生物修复可以通过注入空气、纯氧或使用释氧化合物来加强——所有这些都被称为增强有氧生物修复。纯氧注入时，溶解氧浓度可达 40 ~ 50mg/L，相比之下当饱和带使用含约 20.95% 氧气（按体积计算）的大气充气时，溶解氧浓度仅为 8 ~ 10mg/L。

常用的释氧化合物包括钙或镁的过氧化物，它们以固体或悬浮液的形式引入饱和带。当这些过氧化物被地下水水化时，它们最终转化为各自的氢氧化物，从而向含水层释放氧气。因为过氧化镁的溶解度较低，氧气释放时间更长，因此过氧化镁比过氧化钙更常在污染场地应用。

$$2MgO_2 + 4H_2O \longrightarrow 2Mg(OH)_2 + 2H_2O_2 \tag{9.12}$$

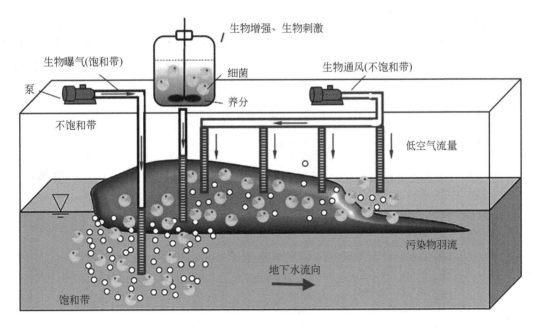

图 9.15　各种生物修复过程示意图

包括饱和带生物曝气过程不饱和带生物通气过程以及生物增强、生物刺激过程

$$2H_2O_2 \longrightarrow 2H_2O + O_2 \qquad\qquad (9.13)$$

在短期注入过程中，将过氧化镁配方置于饱和带，可在 4 ~ 8 个月的时间内持续向地下水释放氧气。根据化学计量学以及 72% 过氧化镁的重量不是氧气的事实，需要加入大量的过氧化镁。在过氧化镁活性有效期间，仅相当于过氧化镁重量 28% 的氧气被释放到含水层。

向饱和带引入过氧化氢（H_2O_2，一种化学氧化剂）也可以显著增加现有的氧水平，如示例 9.6 所示。H_2O_2 可以迅速分解生成氧气，每引入 2mol 过氧化氢到地下水中，可以产生 1mol 氧气 [式 (9.13)]。由于过氧化氢与水互溶，因此相对于其他生物增强的好氧生物修复技术，过氧化氢有可能为受污染的地下水提供更高水平的可用氧。理论上，10%的过氧化氢可提供 50000mg/L 的可利用的氧。

示例 9.6　利用 H_2O_2 释放 O_2 向地下水输送溶解氧

（a）估算土壤空隙中空气平衡时，地下水中溶解氧（DO）浓度（mg/L）。氧气在 25℃ 亨利常数是 756.7atm/(mol/L)。为了进行比较，可计算土壤空气中的氧浓度，并以 mg/L 为单位来表示。假设土壤空隙中的空气与大气中的空气成分相同（即 20.95% 的 O_2 和 79.05% 的 N_2）。（b）过氧化氢作为一种释氧的化合物，由于其潜在的生物灭杀特性，地下水中的过氧化氢通常保持在 1000mg/L 以下。如果注入浓度为 1000mg/L$_{H_2O_2}$，H_2O_2 可以提供多少 DO 浓度？

解答：

（a）溶解氧在地下水中浓度可用亨利定律计算：$H = p/C$，p 为地下水溶解氧分压，C 为地下水溶解氧摩尔浓度。20.95% 的氧气相当于土壤空气中氧气的分压为 $1\,atm \times 0.2095 = 0.2095\,atm$，因此地下水中的 DO 为

$$C = \frac{p}{H} = \frac{0.2095\,atm}{756.7\,\dfrac{atm}{\left(\dfrac{mol}{L}\right)}} = 0.000277\,\frac{mol}{L}$$

将 mol/L 换算为 mg/L，只需将氧的分子量乘以 32g/mol 或 32000mg/mol，可得

$$C = 0.000277\,\frac{mol}{L} \times \frac{32000mg}{1mol} = 8.86mg/L_{地下水}$$

这是 25℃ 时氧分子能溶解在水中的最大浓度。如此低的溶解氧浓度证实了氧气只能少量溶于水。现在，让我们用理想气体定律将 0.2095atm 转换 mg/L 为单位：

$$C = \frac{n}{V} = \frac{p}{RT} = \frac{0.2095\,atm}{0.0821\,\dfrac{atm \cdot L}{mol \cdot K} \times (273+25)\,K} = 0.008563\,\frac{mol}{L}$$

同样，利用 32000mg/mol 的换算系数，我们可以计算出土壤空气中的氧浓度：

$$C = 0.008563\,\frac{mol}{L} \times \frac{32000mg}{1mol} = 274mg/L_{土壤空气}$$

（b）为了进行化学计量计算，必须将 H_2O_2 的单位转换为摩尔浓度。H_2O_2 的分子量为 34g/mol 或 34000mg/mol，因此 1000mg/L H_2O_2 的摩尔浓度为 1000mg/L/（1mol/34000mg）= 0.0294mol/L。

由式（9.13）可知，假设 H_2O_2 完全分解，每 2mol H_2O_2 将产生 1mol 溶解氧。因此，0.0294mol/L H_2O_2 在地下水中将产生 0.0147mol/L 的 O_2，或 0.0147×32000 = 471mg/L 的 O_2。引入 H_2O_2 后的 DO 浓度是之前计算的地下水饱和 DO 浓度（8.86mg/L）的 50 多倍，证明了 H_2O_2 是一种有效的释氧化合物。

最后，臭氧注入既是一种化学氧化技术，也是一种强化好氧生物修复技术。这是因为臭氧是一种强氧化剂，也是一种释氧化合物。臭氧在水中的溶解度是纯氧的十倍以上（25℃ 臭氧和纯氧的溶解度分别是 109mg/L 和 8.0mg/L）。然而，由于臭氧的不稳定性，它通常在现场制作，将含有 5% 臭氧的空气注入地下水井中。

自然衰减，又称原生生物修复，是一种依靠自然发生的过程来控制溶解在地下水中的污染物迁移的修复方法，如分散、吸附、蒸发和生物降解。然而，自然衰减，就其定义而言，不仅是一个生物过程，而且是一种物理化学方法。自然不能被误解为"无作为的方法"。相反，需要主动监测，因此通常称为监控自然衰减（MNA）。MNA 包括以下几个优点：①与其他原位技术相比，它减少了废物的产生和暴露；②更少的干扰；③总体治理成本低。MNA 的缺点包括：①清理时间较长；②需要长期监测；③污染物持续迁移；以及④复杂且昂贵的场地勘察。

总体而言，原位生物修复技术具有以下优点：①相比其他物理化学方法受到的干扰更少；②不需要挖掘土壤，不需要提取地下水；③不需要储存或处置废物；④处理系统的地上部分占地面积更小；⑤安全，与危险废物迁移和处理相关的暴露风险更小；⑥完全恢复到原本的化学组成，而不是简单地将废物转移到另一种介质（如大气）；⑦因为利用自然产生的微生物降解有毒物质的理念而被受到公众欢迎；⑧成本花费比传统技术便宜，尽管其长期花费和较低的维护成本会主导初始的投资费用。

原位生物修复的缺点一般有以下几方面：①进行现场表征和确定系统设计的可行性和参数的前期成本高；②很难说服责任方预先进行详细分析采样的必要性及相关的成本的合理性；③需要对修复人员进行高水平的技能培训，以便于在系统安装之前和系统运行之后采样的需要；④一般很难证明生物修复是导致地下污染物浓度下降的机制。

9.2.2　异位生物处理

异位生物技术包括生物堆和堆肥处理，土耕法，用于处理污染土壤的泥浆相生物反应器（即异位生物泥浆反应器），以及用于处理污染地下水的人工湿地。人工湿地系统将在植物修复部分简要介绍（详见9.2.4 节）。

9.2.2.1　生物堆和堆肥处理

生物堆，又称生物单元、生物土墩和堆肥堆，通过使用生物降解来减少挖掘土壤中的污染物。这项技术包括将受污染的土壤堆成堆（或"单元"），并通过通气和（或）添加矿物质、营养物质和水分来刺激土壤中的好氧微生物的活性。增强的微生物活性通过微生物呼吸降解被吸附的污染物。典型的生物单元如图 9.16 所示。

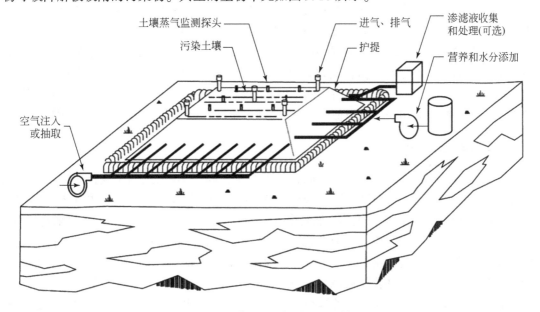

图 9.16　典型的生物堆处理系统

生物堆常被称为堆肥处理，实际上是在印度和中国已有百年历史的处理庭院垃圾的一项的技术。堆肥处理是城市固体废物管理的一项成熟的技术，是危险废物处理的一种新型技术。它是通过细菌、真菌和低等动物对有机质的好氧嗜热（>45℃）的降解。堆肥处理的产物，称为"堆肥"，是一种部分分解富含腐殖质的物质，外观呈黑色，容易弄碎，具有泥土的香气。城市垃圾的堆肥可以用作土壤的肥料，还可以减少送往垃圾填埋场的废物量。

一个健康的堆肥处理系统涉及多种生物。主要的参与者是微生物，包括真菌、细菌、线虫和放线菌（类似真菌的丝状细菌）。放线菌是难分解植物组织的主要分解者，如树皮、纸张和木块。它们能特别有效地分解原始植物组织（纤维素、几丁质和木质素），软化这些植物组织以供其他生物利用。线虫是微小圆柱形的（长 $400\mu m \sim 5mm$），通常是透明的微观蠕虫，是物理分解者中数量最多的生物。

有一些种类的无脊椎动物，如螨虫、千足虫、蜗牛、蛞蝓、蚯蚓、豆虫和白虫。这些无脊椎动物破碎植物组织，为真菌、细菌和放线菌的活动创造了更多的表面积。这种无脊椎动物可以被高级形式的生物如螨虫和弹尾虫吃掉。臭虫是螃蟹和龙虾的近亲，它们强有力的口器可以用来粉碎植物残体和落叶。千足虫的每个体节上都有两对腿，它们是粉碎机，会咀嚼植物残体，以植物表面的细菌和真菌为食。蚯蚓在分解过程中至关重要，它们开凿地下通道，以死去的植物和腐烂的昆虫为食。挖掘的通道增加了堆肥的透气性，使水、营养物质和氧气能通畅的流过。当土壤和有机物通过蚯蚓的身体时，物质被磨碎，然后被消化。

有害废物的堆肥处理已被应用于处理含有 TNT、石油底泥和某些农药的废物。通常，有害废物与膨胀材料混合，如锯末、木屑和稻草捆。堆肥处理为管理危险的工业废物和修复被有毒有机化合物污染的土壤提供了一种廉价的和技术上直接的解决方案。堆肥处理的成本通常大大低于传统技术：20 ~ 40 美元/吨（自然堆肥法）和 60 ~ 120 美元/吨（静态供氧堆肥）。一般来说，使用堆肥处理比焚烧等传统技术可以节约50%以上的能源。

从设计的角度来看，有三种类型的堆肥处理系统。①供氧堆肥处理：要堆肥处理的材料被堆在不透水的平台上，如混凝土或沥青，通过手动或机械翻转堆肥混合物使料堆充气。②静态供氧堆肥处理：采用强制曝气，不需要翻转。在堆肥物料底部布置穿孔管系统，通过推动空气经过堆肥物料实现正曝气模式或通过对物料施加真空可实现负曝气模式。③容器堆肥处理：与堆肥物料不同，堆肥物料被放置在一个封闭的反应器中（圆桶、筒仓、混凝土衬砌的沟渠，或类似的设备），通过旋转和强制曝气来实现混合和曝气。

9.2.2.2　土耕法

土耕法是一种对污染土壤处理的固相处理系统，高于 1ft 以上的土壤被污染时需要进行原位处理，开挖后土层深度大于1ft 时可以在建造好的土壤处理单元（预备床）中进行（Cookson，1995）。土耕法与生物堆肥法相似，因为它们都是使用氧气（通常来自空气）来刺激参与降解吸附在土壤上的有机污染物的好氧细菌的生长和繁殖的地面上的工程系统。生物堆肥通常是通过在整个堆中放置开槽或穿孔管道使空气充气，但土地耕作系统是通过典型的农业操作（如耕作或犁）充气。

建造的土壤处理单元的一个关键组成部分是保护层，称为"衬垫"，它是由不透水材料制成的，用于保护地下水免受淋滤液的污染（图9.17）。由砂或土壤组成的地基进一步用于保护黏土或衬垫免受设备的损害。

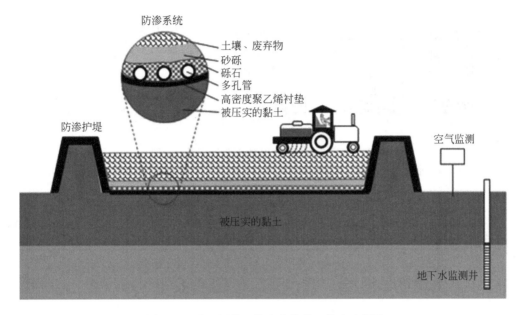

图 9.17　处理污染土壤和废物的土耕法示意图
所示为土地处理单元的横截面，土地处理单元衬垫和渗滤液收集系统的特写

在土耕法中，通过施肥、灌溉和耕作土壤来增加土壤微生物对养分、水分和氧气的可利用性，以加快污染物的降解速度。通常使用土著细菌，土耕法对上层土壤有效（合并层，厚 18 ~ 24in）。土耕法是一项成熟的技术，特别是在石油炼油厂、受杂酚油污染的底泥和土壤中。它的大致成本一般是 50 ~ 80 美元/yd³；土壤超过 1000yd³ 的石油污染场地价格为 30 ~ 50 美元/yd³。

土耕法成本低、操作简单。它特别适用于生物降解缓慢的污染物，由于生物反应器的尺寸和成本大，生物反应器方法不可行。中低浓度污染物的处理通常使用土耕法。土耕法可能存在有毒和粉尘产生的问题。如果有淋滤液的问题，它需要衬底，如果有毒金属存在，它需要预处理。土耕法只适用于全年大部分时间环境温度适宜的地方。因为它是有氧分解，所以需要大片的土地。与其他生物修复技术相比，它的处理速度通常较慢。

9.2.2.3　生物泥浆反应器

生物泥浆反应器可以是在分批提取和填充模式下运行的土壤泥浆反应器（图 9.18），或在连续模式下运行的泥浆氧化塘系统。封闭式生物泥浆反应器系统通过优化的细菌降解、pH、温度、养分、氧气、混合和接触提供了高度控制的微生物环境。因此，生物泥浆反应器可以非常高效和快速。虽然成本可能高于土耕法和堆肥处理，但它低于传统的污染修复措施，如焚烧和固化-稳定化处理技术。为保持悬浮状态以利于机械操作（如泵），反应器系统中可以装载的固体浓度的最大百分比是一个关键的操作参数。固体浓度取决于土壤的物理性质，可能在 5% ~ 50%。高黏性污染物，如沥青和某些油类可能不适合生物泥浆反应器。

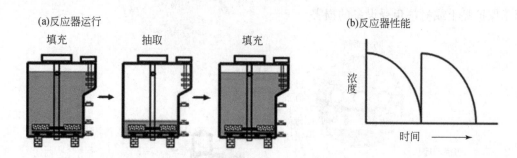

图 9.18 中试规模的生物泥浆反应器示意图

（a）抽取、填充模式：在抽取操作中，一定比例的总土浆体积被保留为细菌种子；

（b）用污染物浓度随时间变化的函数表示的反应器性能

生物泥浆反应器已用于 RCRA 列出的危险废物的处理，如处理木材废物、溶解气浮废物、油乳化固体和油分离器底泥。

9.2.3 卫生垃圾填埋场

填埋被 USEPA 筛选矩阵列为阻断方法（第 6 章，表 6.1）。然而，它是一种最初利用好氧过程，随后利用厌氧过程降解危险废物和危险材料的生物过程。垃圾填埋场是一个主要利用厌氧细菌降解固体废物中的有机污染物的系统。厌氧菌将污染物转化为甲烷气体，可以用作能源。卫生垃圾填埋场的微生物学和工程控制相当复杂，因此现代卫生垃圾填埋场不是简单的露天垃圾场。

现代的垃圾填埋场受到严格的监管控制。这些法规要求通常包含：垃圾填埋场应建立在地下水位以上；底部和侧面的衬垫和黏土；渗滤液收集系统；地下水监测；每天的土壤覆盖及最后的覆盖土层；以及甲烷的排放和收集。所有填埋场均应小心选址，因为在这些地方，黏土沉积物及其他地貌可作为填埋场与周围环境之间的天然缓冲。它们都位于地下水位以上（底部与季节性高地下水位之间至少 5ft；底部与基岩之间至少 10ft）。现代卫生垃圾填埋场的底部和侧面都铺有一层黏土或塑料，以防止渗滤液进入土壤和地下水。现代卫生垃圾填埋场有渗滤液收集和气体回收系统，以进一步防止对地下水和大气的污染（见图 9.19 垃圾填埋场示意图）。法律要求在填埋场关闭后至少 20 年或更长时间内对地下水进行监测。

垃圾填埋场的主要厌氧菌是产甲烷细菌，它们直接从固体废物中获得生长基质，如糖、蛋白质、脂类和各种令人关心的污染物。在它们发挥作用之前，其他细菌必须首先将这些有机化学物质转化为产甲烷细菌可以利用的醋酸盐、H_2、CO_2、甲酸盐、甲醇、甲基化胺和二甲基硫化物。这种转化是一系列的分解过程，如好氧降解、硫酸盐还原和醋酸生成（通过二氧化碳和电子源的还原形成醋酸盐）。产甲烷细菌只能在缺氧（无氧）或厌氧条件下生长，在产甲烷细菌接管之前，必须在垃圾填埋场的初始好氧阶段耗尽氧气。产甲烷菌通常是球菌（球形的）或杆菌（杆状的），虽然所有产甲烷菌都属于古生菌，但已描述的产甲烷菌种类超过 50 种，它们不形成单一门（phyla）的菌群（图 9.1）。

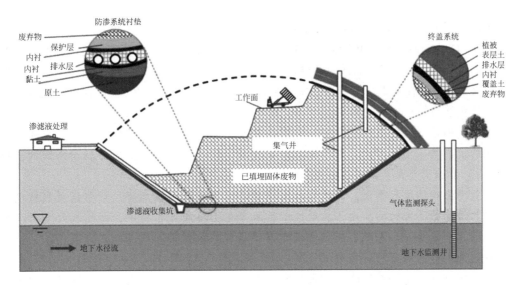

图 9.19　现代卫生垃圾填埋场示意图

9.2.4　植物修复和人工湿地

植物修复是利用植物（以及与植物相关的根瘤菌）来清理被污染的土壤、地下水、废水或沉积物。植物在历史上一直被用于控制风力和土壤侵蚀，但利用植物来清理受污染的环境是一种相对较新的生物技术应用。它仍然是学术界和修复行业许多正在进行的研究和现场测试的主题。人工湿地系统与植物修复有关。人工湿地是由饱和水分的土壤、砂、岩石，以及大量适合生长在饱和水分土壤的植被组成的人工土地系统。我们熟悉的天然湿地的例子有沼泽、湿草地和泥炭藓地。当废水流经人工湿地系统时，污染物可通过多种机制被去除，包括植物修复以及物理过滤、生物膜等其他机制。

根据污染物的类型，植物修复涉及的机制可能包括植物提取、植物挥发和植物降解。植物提取是将污染物吸收和储存进植物茎叶。一些植物通过根部吸收大量的污染物被称为富集植物。污染物在茎叶中积累后，植物被收割，然后烧掉或处理掉。即使这些植物不能被利用，焚烧和处置这些植物仍然比传统的修复方法更便宜。相比之下，一个含有 5000t 污染物的土壤场地估计只会产生 20～30t 灰（Black，1995）。这种方法在修复金属或放射性核素时特别有用（见注释栏 9.3）。植物挥发是植物对污染物的吸收和蒸发，这种机制将固体或液体污染物转化为空气中的蒸气，蒸气可以是纯污染物，也可以是污染物在气化之前被植物代谢掉，如汞、铅和硒。

注释栏 9.3　苏联切尔诺贝利核电站的植物修复

1986 年，乌克兰的一个核反应堆破裂发生了切尔诺贝利核事故。这场灾难释放了前所未有的放射性物质，估计造成了 5 万多例癌症病例和 2.5 万多例癌症死亡。放射性大约14EBq（1EBq=10^{18}Bq），1Bq被定义为放射性物质每秒一个原子核衰变的活度。通过其与全球^{14}C估算储量8.5×10^{18}Bq（8.5EBq）进行比较，可以更好地了解这次释放的数量级。这次意外释放的放射性物质包括碘（I）、铯（Ce）、锶（Sr）和钚（Pu）的放射性同位素。大多数放射性核素的半衰期很短并且已经衰变（1～131为8天），因此半衰期较长的放射性化学物质Cs-137（39年）和Sr-90（29年）在目前是最重要的污染物。

泄漏后的前几年，空气中的污染含量显著减少，大多数放射性物质最终沉积在土壤或水中的沉积物床上。因此，切尔诺贝利事故主要影响了有机含量高的农田系统的土壤（泥炭土）和未开垦的牧场。

因为受影响的面积很大，而且垃圾填埋场不允许有放射性危害，切尔诺贝利核电站的移除和清除是不可行的。由于放射性核素固定在土壤或沉积物中，因此水力方法（如抽出处理）也不合适。隔离、控制和稳定是受环境中放射性物质基本的补救措施，使有人居住土地附近的暴露保持在最低限度。

生物修复是一种可持续的、可再生的、清洁的技术。两种技术，即植物修复和菌根修复，已被用于修复该地区。例如，由于放射性核素和植物必需矿物质之间存在类似（Sr与Ca；Cs与K），铯和锶很容易被植物吸收。1994年，Phytotech（一家来自美国新泽西州的修复公司）创建了切尔诺贝利向日葵工程，并使用向日葵来收集放射性核素。

测试项目位于距离切尔诺贝利反应堆1km的一个75m^2的池塘。结果表明，近95%的放射性核素在10天内被清除（成熟植株），其中大部分Cs-137位于根中，大部分Sr-90位于地上茎叶中。向日葵可以种植在漂浮的泡沫聚苯乙烯筏中，使其从水中直接吸收放射性物质。为了适应有毒环境，植物已进化了复杂的隔离和代谢机制。成本大约是0.5～1.6美元/1000L。植物虽然不代谢放射性核素，但焚烧带放射性核素的向日葵后，大量的放射性核素废物可以被安全储存。

利用真菌进行的菌根修复是在切尔诺贝利地区提出并使用的另一种生物修复技术。真菌通常比细菌对毒性的耐受力更高，尤其适用于放射性核素的修复。在切尔诺贝利关闭反应堆的墙壁上发现覆盖了黑色的霉菌。人们发现，某些类型的真菌中含有的黑色素与植物中的叶绿素起着类似的作用，这些真菌可以将伽马射线转化为化学能。据报道，超积累菌根蘑菇吸收Cs-137的浓度约为环境背景水平的10000倍。收获后，蘑菇可以被焚烧，放射性灰烬随后可以被安全储存。

切尔诺贝利地区现在仍然受到严重污染，对数百万欧洲人产生影响。使用植物和真菌对受污染的水和土壤进行生物修复似乎是一种比传统修复方案更可行和更可持续的替代方案。

植物降解是指植物对污染物的代谢。污染物被植物吸收后，被植物组织同化，然后由植物降解污染物。这种由植物来源的酶（如硝化还原酶、乳糖酶、脱卤酶和硝化酶）进行的代谢尚未得到充分的研究，但已在实地研究中得到证实（Boyajian and Carreira, 1997）。子化合物可以挥发或储存在植物中。如果子化合物是相对良性的，植物仍然可以在传统应用中被使用。如果子化合物比母化合物的危害小，但还是有害的，那么植物生物量可以燃烧或用于其他用途。

植物修复作为一项绿色技术，在公众心目中享有良好的声誉。由于成本低且美观，它在大众中很受欢迎。例如，在切尔诺贝利场址为修复放射性核素进行了植物修复试验（注释栏9.3）。然而，为更快和更有效的修复，最近发展的转基因植物也受到公众的监督和争议。植物修复技术有多方面的优势：它由太阳能驱动，维护成本低，适用于金属和轻微疏水化合物，包括许多有机物；这种原位修复方法可以刺激与植物根系密切相关的土壤进行生物修复；植物可以通过释放养分和将氧气输送到根部来刺激微生物；植物修复相对便宜，它的成本可以低至 $10 \sim 100$ 美元/yd^3，而金属清洗的成本可能为 $30 \sim 300$ 美元/yd^3（Watanabe，1997）；地面覆盖植物也可降低对社区的暴露风险（即铅）；此外，在场地上种植植被还可以减少风和水的侵蚀，从而使可用的表土完好无损。

然而，像以细菌为基础的生物修复一样，植物修复可能需要许多生长季节才能清理干净一个污染场地。植物修复适用于受污染的浅层含水层中污染物浓度在中低范围间的修复。种植作物的根较短，因此植物修复适用于近地表土壤或地下水的原位清理，通常为 $3 \sim 6ft$。如果用植物修复深层含水层，还需要进一步的设计工作。树的根较长，可以清除比种植作物更深的污染物，一般为 $10 \sim 15ft$。树根生长在地下水和土壤交界的毛细管边缘，但不会深入含水层。作物和树木不建议在 DNAPL 的原位修复使用。此外，吸收有毒物质的植物可能会污染食物链。化合物的挥发可以将地下水污染问题转化为空气污染问题。植物修复对与土壤紧密结合的疏水污染物的修复效果较差。

在实际应用中，植物的选择在植物污染修复中至关重要（表9.3）。植物应该耐受污染物，并可以吸收大量的目标污染物（所谓的富集植物）。理想情况下，这些植物是本地原有的（非入侵物种），生长迅速且有高生物量（根、叶、茎）。具有深根和须根组织的植物因巨大的表面积被优先选择。选择的植物种类应该吸收大量的水（例如，一棵杨树每天可以蒸发 $50 \sim 300gal$ 的水），并且不能作为食物链的一部分被昆虫或动物吃掉。因此，农作物和牧草的使用可能对动物和人类构成潜在的风险。

表9.3　植物修复中用于去除选定污染物的植物

被去除的污染物	被使用的植物
重金属（Cu、Ni、Hg、Pb 等）	印度芥菜、杂交白杨、棉白杨
氯化物溶剂（TCE 等）	杂交白杨、东部棉白杨
石油烃	紫花苜蓿、白杨杜松、羊茅
多环芳烃（PAHs）	黑麦草、桑
爆炸物（TNT 等）	浮萍、鹦鹉羽毛、杨树
放射性核素（铯、铀等）	向日葵、印度芥菜、卷心菜

转基因植物在植物污染修复中的潜在应用已被广泛研究。转基因植物是通过转移具有某些有益或理想特性（如分解污染物的酶的表达）的非原生基因（转基因）从而进行基因改造的植物。因为他们是基因改造，他们的公众形象很可能很差。

植物修复的成功取决于与污染物、土壤和气候条件有关的许多其他因素。例如，污染物必须是生物可利用的，以供植物吸收。如果化合物太疏水，将留在细胞膜的脂质双分子层；如果化合物太亲水，就不能穿过细胞壁。土壤性质影响污染物的生物有效性，因此土壤条件可能成为植物修复成功的关键。富含有机物的土壤倾向于结合疏水化合物，这样这种化合物就不能被植物吸收。气候也起着重要作用，因为更温暖的气候使植物生长季节变长，延长了生物过程。植物降解需要最佳温度以保持植物酶活性。

示例9.7通过收获积累土壤金属的植物生物量来计算植物修复所需的清除时间，相关的计算很好地说明了选择超富集植物的重要性。

示例9.7　估算使用植物修复所需的清除时间

在中国农业土壤中，镉（Cd）污染在所有金属中排名第一。据报道，中国 7% 的土壤（相当于约 900 万 ha[①] 的农业土壤）超过了环境保护部的镉标准（Zhao et al., 2015）。Cd 的中国土壤环境质量二级标准为 0.3mg/kg（pH<6.5）以及 0.6mg/kg（pH>7.5）。将 Cd 浓度从假设的平均 0.8mg/kg 降低到 0.3mg/kg 的清除目标，（a）如果用水稻来清理土壤，假设谷物和秸秆的生物量为 12000kg/(ha·a)，水稻可累积高达 0.2mg/kg 的 Cd（中国食品镉的标准），以年为单位估算所需的清理时间；（b）如果超富集植物（如印度芥菜）被种植、施肥和收获来植物萃取污染物，假设生物量生产力为 2500kg/(ha·a)，Cd 浓度为其干燥生物量的 0.01%，以年为单位估算所需的清理时间。同时假设被污染的表层土壤深度为 0.2m，土壤容重为 2000kg/m^3。在植物修复期间，大气沉降和肥料都没有增加 Cd 的来源。

解答：

（a）我们首先根据土壤面积 1ha 和深度 0.2m 计算受污染的土壤质量。

$$土壤(kg) = 面积 \times 深度 \times 容重 = \frac{10000m^2}{1ha} \times 0.2m \times 2000 \frac{kg}{m^3} = 4 \times 10^6 \frac{kg}{ha}$$

每公顷表层土（0.2m）将 Cd 的浓度从 0.8mg/kg 降到 0.3mg/kg 的去除量：

$$Cd\left(\frac{g}{ha}\right) = 土壤中 Cd 浓度 \times 土壤质量 = (0.8-0.3)\frac{mg}{kg} \times 4 \times 10^6 \frac{kg}{ha} = 2 \times 10^6 \frac{mg}{ha} = 2000 \frac{g}{ha}$$

水稻对 Cd 的吸收速率如下：

水稻吸收的 Cd = 水稻 Cd 浓度 × 生物量生产速率

$$= 0.2 \frac{mg}{kg} \times 12000 \frac{kg}{ha \cdot a} = 2400 \frac{mg_{Cd}}{ha \cdot a} = 2.4 \frac{g_{Cd}}{ha \cdot a}$$

用去除 Cd 的质量和 Cd 摄取率来估计清除时间：

$$清除时间 = \frac{2000 \frac{g_{Cd}}{ha}}{2.4 \frac{g_{Cd}}{ha \cdot a}} = 833 \ 年$$

---

① 　1ha = 1hm^2 = 10^{4}m^2。

（b）对于印度芥菜，0.01% 的 Cd 浓度相当于 100mg/kg 的 Cd。印度芥菜对 Cd 的吸收速率如下：

$$芥菜吸收的 Cd = 芥菜中 Cd 浓度 \times 生物量生产速率$$

$$= 100 \frac{mg}{kg} \times 2500 \frac{kg}{ha \cdot a} = 2.5 \times 10^5 \frac{mg_{Cd}}{ha \cdot a} = 250 \frac{g_{Cd}}{ha \cdot a}$$

使用上述相同的去除质量和吸收速率来估计 Cd 的清除时间为

$$清除时间 = \frac{2000 \dfrac{g_{Cd}}{ha}}{250 \dfrac{g_{Cd}}{ha \cdot a}} = 8 \ 年$$

这个简化的例子说明了对污染土壤正确选择一种超富集植物和高生物量产量原生植物的重要性。请注意，所需的清理时间是根据植物生物量中的污染物浓度计算的。如果通过收获植物生物量作为污染物去除的机制，是一种有效的方法。然而，对于那些停留在污染地点并主要通过蒸散作用去除有机污染物的树木，应该使用稍微不同的方法。根据 Schoor（1997）推荐的这个第二种方法将在示例 9.8 中呈现。首先，我们假设植物未吸收的污染物浓度与通过蒸腾蒸气浓度系数（transpiration stream concentration factor，TSCF，无量纲）计算的地下水中的浓度（C）相关。如果已知蒸散速率（ET，L/d），则污染物去除率（m，mg/d）为

$$m = ET \times (C \times TSCF) \tag{9.14}$$

式中，TSCF 与污染物的 $\log K_{ow}$ 相关联，相应的典型值已有报道（如 TCE 为 0.74，阿特拉津值为 0.74，RDX 为 0.25）。我们假设蒸腾作用是一阶动力学，如果已知土壤中污染物的初始质量（M，mg），则可以计算所需的速率常数（k，天$^{-1}$）：

$$k = \frac{m}{M} \tag{9.15}$$

注意 m 和 M 的单位分别是 mg/d 和 mg。只要我们有一个确定的清理目标，如去除百分比或污染物最终和初始浓度（C_t / C_o），根据式（9.15）计算出的 k 值，我们可以使用式（9.11）来估计所需的清理时间。

示例 9.8 利用杂交杨树通过污染地下水的蒸腾作用对 RDX 进行植物修复

RDX 污染了原生产车间附近的表层土壤（2m）。从浓度计检测的样品，非饱和土壤水样中 RDX 含量为 2mg/L。在一个计划的植物修复工程中，每英亩土地将种植 1000 棵杨树，预计每年每英亩平均蒸发 1in 的土壤水分。如果目标是在表层土壤中将 RDX 从 2mg/L 降低到 0.02mg/L 或从 0.5kg/acre 降低到 0.05kg/acre，达到 90% 的去除率，估算清除时间。

解答：

TSCF$=0.25$，$C=10$mg/L，ET$=1$in·acre/a（$=10^3$m^3/a$=1.03\times10^5$L/a），我们可以用式（9.14）估算 RDX 每年的去除量：

$$m=1.03\times10^5\frac{\text{L}}{\text{a}}\times0.25=51500\frac{\text{mg}}{\text{a}}=0.0515\frac{\text{kg}}{\text{a}}$$

利用式（9.15），我们可得

$$k=\frac{0.0515\dfrac{\text{kg}}{\text{a}}}{0.5\text{kg}}=0.2575\ \text{年}^{-1}$$

利用式（9.11）可计算 90% 去除率所需的时间：

$$\text{清除时间}=\frac{\ln(1-\text{降解百分比})}{-k}=\frac{\ln(1-0.9)}{\dfrac{-0.2575}{\text{年}}}=8.9\ \text{年}$$

9.3　设计考虑因素和成本效益

在 9.1.2 节中，我们已经列举了在生物修复设计过程中可能遇到的一些计算，包括氧气和养分的需求以及清理时间。还有许多其他与设计相关的也需要考虑。然而，对于许多原位和异位生物修复技术，为谨慎起见，本节将不包括任何具体的设计细节。相反，这里只介绍几种选定的生物修复技术的设计元素和基本原理。

9.3.1　一般设计原理

读者应将本节作为设计原理，而不是初始阶段或详细工程的设计指南。在进行具体工程设计时，应查阅具体详细的手册。

9.3.1.1　地下水原位生物修复的设计

以下元素是按照设计信息通常被收集的顺序列出的。其中一些组件的设计原则与第 7 章讨论的抽注井系统的相同。其他设计组成在本章前面已经介绍过，如氧气（养分）输送和清理时间。

- 待处理含水层的体积和面积；
- 要处理污染物的初始浓度；
- 污染物要达到的最终浓度；
- 估计电子受体和营养的需求；
- 注采井布局；
- 设计影响范围；
- 地下水抽注流量；

- 场地建设限制；
- 电子受体系统；
- 营养配方及输送系统；
- 生物增强；
- 被抽取地下水的处理与处置；
- 污染修复时间；
- 注入（渗透）与抽取的比例；
- 自由 NAPL 回收系统。

9.3.1.2　生物通风设计

对于生物通风系统，设计组件包括井的位置、朝向、提取–注入–监测井的结构、管道、蒸气处理和鼓风机规格。设计应包括以下信息：

- 设计影响半径（radius of influence，ROI）；
- 井口压力；
- 需要引导的蒸气流量；
- 初始污染物蒸气浓度；
- 污染物要达到的最终浓度；
- 污染修复所需清理时间；
- 待处理的土壤体积；
- 孔隙体积计算；
- 排放限制和监测要求；
- 工地施工限制；
- 养分配方及输送速率。

9.3.1.3　生物曝气设计

生物曝气的关键要素将是注入井的定位、布置、施工、管汇、压缩空气设备以及监测和控制设备。由于生物曝气可与养分输送和 SVE 相结合，因此还应考虑另外的设计因素。生物曝气系统应考虑的因素如下：

- 注入井的影响半径；
- 曝气气流速率；
- 曝气压力；
- 营养物配方及输送速率（如有需要）；
- 初始污染物的浓度；
- 饱和带氧和二氧化碳的初始浓度；
- 饱和带最终要达到的污染物水相浓度；
- 污染修复所需清理时间；
- 饱和带有待处理体积；
- 排放限制和监测要求；

- 场地建设限制（如建筑位置、公用设施、掩埋物、住宅）。

9.3.1.4　生物堆和堆肥处理设计

重要的技术参数将是通风，水分含量和营养需求。适宜微生物生长的土壤湿度和碳氮比分别为 40% ~85% 和 20∶1 ~40∶1。

- 用地需求；
- 生物堆布局；
- 生物堆结构；
- 通风设备；
- 控制径流的水管理系统；
- 水土流失控制；
- 对风和水影响土壤侵蚀的控制；
- 调节 pH、水分添加和营养供应的方法；
- 场地安全；
- 废气排放控制（如封盖或结构封闭）。

9.3.1.5　垃圾填埋场设计

垃圾填埋场的一些重要设计要素如下：
- 垃圾填埋场的容量和面积；
- 场地选择与机场，洪泛区和附近的资产；
- 垃圾填埋场建设(底部)-双层衬垫系统；
- 垃圾填埋场建设(顶部)-每日土壤覆盖度，最终覆盖度和坡度；
- 填埋场单元和升降机要求；
- 渗滤液收集及回收系统；
- 填埋场气体组成及甲烷含量估算。

9.3.2　成本效益案例研究

总的来说，与物理化学和热技术相比，生物修复的总成本较低（图 9.20）。在该图中，生物修复指的是一系列原位、现场和场外技术，如垃圾填埋、生物堆肥、植物修复、生物泥浆反应器、生物泥浆井、土耕法、堆肥处理和土壤通风。同样，物理化学修复的成本数据包括原位、现场和场外技术，如土壤清洗、固定、空气注入、化学氧化和反应墙。热技术主要是指焚烧、玻璃化和几种热增强技术。单位成本将根据具体地点而定，并根据水文地质环境、污染物的修复、种类和数量而有很大差异。单位成本也将随着土壤和地下水处理量的减少而增加。无论如何，图 9.20 表明，使用这些各种生物修复技术都将有利于成本方面的考虑。下面的研究案例 9.1 ~9.4 涉及几种特定生物修复方法的成本效益。

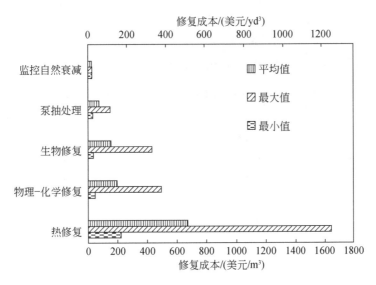

图 9.20　土壤和地下水修复技术相对成本的比较

反映了从 2001 年至 2005 年英国和欧洲的修复技术的成本。成本数据来自于 Summersgill（2006），

欧元假设 5% 的利率转换为美元（2018 年）

研究案例 9.1　美国犹他州盐湖城希尔空军基地的生物通风

犹他州盐湖城的希尔空军基地因泄漏了 27000gal 的 JP-4 喷气燃料油而污染了土壤。燃料污染迁移到主要由砂和砾石组成的约 65ft 深的渗流区。

该场地最初被建造为高气流速率的 SVE。几个月后，在 1991 年至 1995 年期间，利用较低的气流速率来促进生物降解而不是挥发。约 1500lb 的烃类燃料通过挥发去除，而 93000lb 燃料通过生物降解被去除。大部分的生物降解发生在清洁过程中的生物通气阶段。1994 年 12 月进行的土壤取样显示，除了一个注入井周围 25ft 半径的土壤，所有样品的 TPH 和 BTEX 完全下降（从 400mg/kg 下降到 <5mg/kg）。在 90~100ft（在毛细管边缘）的深度 TPH 和 BTEX 的浓度没有下降，说明毛细管边缘没有充分通气。也有报道称，添加水分导致污染物的生物降解显著增加，而添加营养物质（N 和 P）没有增加污染物去除。

研究案例 9.2　用中试规模生物泥浆反应器来修复土壤中爆炸污染物

异位中试规模的生物泥浆反应器系统被用于修复来自田纳西州（VAAP）和威斯康星州（BAAP）前陆军弹药厂的两个严重污染的土壤。土壤中 2,4-DNT 含量为 8940~10890mg/kg，2,6-DNT 含量为 480~870mg/kg。土壤预洗去除砂粒后，将土壤浆料泵进 80L 生物泥浆反应器，然后接种 DNT 降解细菌。反应器系统在良好控制的 pH 和养分条件下根据抽取-填充分批处理模式下运行。

结果表明，单反应器系统可以有效去除 2,4-DNT，但对 2,6-DNT 仅可以部分去除；串联反应器将 2,4-DNT 和 2,6-DNT 均去除到可接受的水平（表 9.4）。由于高浓度的毒性和缺乏底物的较长时间，不时需要再接种和加水稀释。

表 9.4　反应器性能和质量平衡（据 Zhang et al.，2001）

	20% 载荷下的 VAAP 土壤[a]		40% 载荷下的 BAAP 土壤[b]	
	2,4-DNT	2,6-DNT	2,4-DNT	2,6-DNT
受污染的土壤/(mg/kg)	10890	870	8940	480
淋洗后的土壤/(mg/kg)[c]	97	19	28	0.4
一级反应器：				
起始浓度/(mg/L)	1434	189	2011	71
流出泥浆/(mg/L)	39	179	2	56
流出固体/(mg/kg)	224	84	92	21
二级反应器：				
起始浓度/(mg/L)[d]	21	57	6	58
流出泥浆/(mg/L)	3.5	4.9	ND[e]	2.7
流出固体/(mg/kg)	NA[f]	NA	71	4

资料来源：数据转载已得到 Elsevier 的许可。

a，b. 20% 的固体负荷结果为四个进料循环平均值，在 40% 的固体负荷结果为两个进料循环的平均值；

c. 在水土比为 17L/kg 的条件下进行土壤洗涤；

d. 二级反应器是以一级反应器的流出混合物作为投料；

e. ND. 未检测到；

f. NA. 无数据。

研究案例 9.3　美国新泽西州煤油溢出土壤的土耕法

Dibble 和 Bartha（1979）报告了利用 1.5ha 农业土地的土壤耕作处理在新泽西州输油管道泄漏的 190 万 L 煤油。在清除了 200m³ 严重污染的土壤后，用每公顷 6350kg 石灰、200kg 氮、20kg 磷、17kg 钾（两次）将土地修复到 117cm 的深度。土壤进行周期性耕作和混合，以促进好氧生物降解。24 个月后，表层 30cm 土壤中的污染物从 8700mg/kg 降至非常低的水平，30～45cm 深度土壤中的污染物降至 3000mg/kg。

研究案例 9.4　美国得克萨斯州沃斯堡海军航空站污染地下水的植物修复

植物修复被用于清除得克萨斯州沃斯堡浅层含氧地下水（<3.7m 深）中低浓度的三氯乙烯（TCE）。这块地种了东部棉白杨（*Populus deltoides*）在浅层地下水之上。新种植的棉杨树下的微生物群落尚未成熟到可以将三氯乙烯（TCE）进行脱氯的厌氧群落。然而，

在一棵成熟的（22 年树龄）棉白杨树下，微生物厌氧种群已经建立，能够将 TCE 脱氯为 DCE，将 DCE 脱氯为氯乙烯（VC）。在成熟棉白杨下的沉积物样品中，发现了与根系分泌物和复杂的芳香化合物降解产物一致的化合物，如苯酚、苯甲酸、乙酸和一种环烃。在该地点的其他地方，棉白杨的蒸腾作用和降解似乎是氯代乙烯损失的原因。

就像我们在抽出处理和蒸气萃取（第 7 章和第 8 章）中讨论的那样，许多可持续性实践可以纳入各种类型的生物修复工程中。注释栏 9.4 阐述了生物修复中的一些可持续性做法。

注释栏 9.4　用于生物修复的绿色治理最佳管理实践（BMP）

原则上，BMP 讨论的用于抽出处理（注释栏 7.3）和土壤气相提取（注释栏 8.3）的方法也可以用于生物修复系统，部分原因是一些生物修复技术使用相同的基础设施，如用于抽水井、注入井和监测井。在这里，我们只提供了一个更独特的绿色生物修复的成功措施的示例。

在设计阶段，场地特征数据和建模工作可以在减少环境足迹方面发挥至关重要的作用。例如，对影响半径的良好评估将确保注入的底物达到生物修复区。BIOPLUME 模型（Borden and Bedient，1986）是应用最广泛的生物修复模型之一，可以模拟微生物的生长和衰变，以及微生物、氧气和碳氢化合物的迁移。

以优化全规模操作，在实施任何生物修复系统运行之前，应使用现场土壤、地下水和微生物进行实验室小规模试验台可行性试验，以确定现场特定的污染物去除效率、降解机制与产物、时间框架、所需的物质与土壤改良剂。

与施工相关的生物修复 BMP 包括用于输送试剂的井的安装和测试，如氧气、营养物和非土著细菌。直推技术和水平井就是 BMP 的例子。对于基于陆地的生物修复系统，BMP 的例子包括在护堤处理区域内建造蓄水池，以及从其他现场污染治理中回收干净或处理过的水。

生物修复系统运行和监测期间的 BMP 包括在现有井中使用依靠重力的进料，在输送空气时采用脉冲注入而不是连续注入，以及使用太阳能。另一个例子是利用当地的农业和工业副产品来提供细菌和酶，如堆肥用的粪便、木屑和生物消化废物。还应考虑购买环保的试剂，如使用高质量或浓缩形式的试剂，以及使用可生物降解和可回收的试剂。

参 考 文 献

Abramowicz, D. A. (1995). Aerobic and anaerobic PCB biodegradation in the environment. *Environ. Health Perspect.* 103：97–99.

Adler, T. (1996). Botanical clean up crews. *Sci. News* 150(3)：42–45.

Baker, K. H. and Herson, D. S. (1994). *Bioremediation*. New York: McGraw-Hill.

Black, H. (1995). Absorbing possibilities: phytoremediation. *Environ. Health Perspect.* 103(12): 1106-1108.

Borden, R. C. and Bedient, P. B. (1986). Transport of dissolved hydrocarbons influenced by oxygen-limited biodegradation: 1. Theoretical development. *Water Resources Res.* 22(13): 1973-1982.

Boyajian, G. and Carreira, L. H. (1997). Phytoremediation: a clean transition from laboratory to marketplace? *Nat. Biotechnol.* 15: 127-128.

Burken, J. G. and Schnoor, J. L. (1998). Predictive relationships for uptake of organic contaminants by hybrid poplar trees. *Environ. Sci. Technol.* 32(21): 3379-3385.

Chakrabarty, A. M. (1981). Microorganisms having multiple compatible degradative energy-generating plasmids and preparation thereof. US Patent US4259444A.

Chakraborty, R. and Coates, J. D. (2004). Anaerobic degradation of monoaromatic hydrocarbons. *Appl. Microbiol. Biotechnol* 64(4): 437-446.

Cookson, J. T. Jr. (1995). *Bioremediation Engineering Design and Application*. New York: McGraw-Hill.

Cooney, C. M. (1996). Sunflowers remove radionuclides from water in ongoing phytoremediation field tests. *Environ. Sci. Technol.* 30(5): 194.

Cozzarelli, I. M., Böhlke, J. K., Masoner, J. et al. (2011). Biogeochemical evolution of a landfill leachate plume, Norman, Oklahoma. *Ground Water* 49(5): 663-687.

Davis, L. C. and Erickson, L. E. (2004). A review of bioremediation and natural attenuation of MTBE. *Environ. Progress* 23(3): 243-252.

Dibble, J. T. and Bartha, R. (1979). Rehabilitation of oil-inundated agricultural land: a case history. *Soil Sci.* 128(1): 52-60.

Dushenkov, S., Mikheev, A., Prokhnevsky, A. et al. (1999). Phytoremediation of Radiocesium-contaminated soil in the vicinity of Chernobyl, Ukraine. *Environ. Sci Technol.* 33(3): 469-475.

Evans, G. M. and Furlong, J. C. (2011). *Environmental Biotechnology: Theory and Application*, 2e. New York: Wiley-Blackwell.

Eweis, J. B., Ergas, S. J., Chang, D. P. Y., and Schroeder, E. D. (1998). *Bioremediation Principles*. New York: McGraw-Hill.

Fesenko, S. V., Alexakhin, R. M., Balonov, M. I. et al. (2007). An extended critical review of twenty years of countermeasures used in agriculture after the Chernobyl accident. *Sci. Total Environ.* 383: 1-24.

Fesenko, S. V., Jacob, P., Ulanovsky, A. et al. (2010). Justification of remediation strategies in the long term after the Chernobyl accident. *J. Environ. Radioact.* 119: 39-47.

Fortner, J. D., Zhang, C., Spain, J. C., and Hughes, J. B. (2003). Soil column evaluation of factors controlling biodegradation of DNT in the vadose zone. *Environ. Sci. Technol.* 37(15): 3382-3391.

Harms, H., Schlossor, D., and Wick, L. Y. (2011). Untapped potential: exploiting fungi in bioremediation of hazardous chemicals. *Appl. Industrial Microbiol.* 9: 177-192.

Hughes, J. B., Wang, C. Y., and Zhang, C. (1999). Anaerobic biotransformation of 2, 4-dinitrotoluene and 2, 6-dinitrotoluene by *Clostridium acetobutylicum*: a pathway through dihydroxylamino intermediates. *Environ. Sci. Technol.* 33(7): 1065-1070.

Hughes, J. B., Neale, C. N., and Ward, C. H. (2000). Bioremediation, *Encyclopedia of Microbiology*, 7e, vol. 1, 587-610. Boston: Academic Press.

Leahy, J. G. and Colwell, R. R. (1990). Microbial degradation of hydrocarbons in the environment. *Microbiol. Rev.* 54(3): 305-315.

Lippincott, D., Streger, S. H., Schaefer, C. E. et al. (2015). Bioaugmentation and propane biosparging for in situ biodegradation of 1,4-dioxane. *Groundwater Monitoring Remediation* 35(2):81–97.

Miles, B., Peter, A., and Teutsch, G. (2008). Multicomponent simulation of contrasting redox environments at an LNAPL site. *Ground Water* 46(5):727–742.

Mogensen, A. S., Dolfing, J., Haagensen, F., and Ahring, B. K. (2003). Potential for anaerobic conversion of xenobiotics. Adv. *Biochem. Eng. Biotechnol.* 82:69–134.

Nishino, S. F., Paoli, G. C., and Spain, J. C. (2000). Aerobic degradation of dinitrotoluenes and pathway for bacterial degradation of 2,6-dinitrotoluene. *Appl. Environ. Microbiol.* 66(5):2139–2147.

Norris, R. D. and Figgins, S. (2005). Editor's perspective-guest column: apersonal view of Richard L. Raymond and his influence on bioremediation. *Remediation Autumn*:1–4.

Rittmann, B. E. and McCarty, P. L. (2001). *Environmental Biotechnology: Principles and Applications*. New York: McGraw-Hill.

Schnoor, J. L. (1997). Phytoremediation, Technology Evaluation Report, Ground-Water Remediation Technologies Analysis Center, TE-98-01.

Summersgill, M. (2006). Remediation Technology Costs in the UK & Europe: Drivers and Changes from 2001 to 2005, 5th ICEG Environmental Geotechnics: Opportunities, Challenges and Responsibilities for Environmental Geotechnics, Cardiff, UK, 26–30 June 2006.

Tchobanoglous, G., Stensel, H. D., Tsuchihashi, R., and Burton, F. (2014). *Wastewater Engineering: Treatment and Resource Recovery*, 5e. New York: McGraw-Hill.

USEPA. 1994. Chapter V: landfarming. In: How to Evaluate Alternative Cleanup Technologies for Underground Storage Tank Sites: A Guide for Corrective Action Plan Reviewers, EPA 510-B-17-003.

USEPA. 2017a. Chapter III: bioventing. In: How to Evaluate Alternative Cleanup Technologies for Underground Storage Tank Sites: A Guide for Corrective Action Plan Reviewers, EPA 510-B-17-003.

USEPA. 2017b. Chapter IV: biopiles. In: How to Evaluate Alternative Cleanup Technologies for Underground Storage Tank Sites: A Guide for Corrective Action Plan Reviewers, EPA 510-B-17-003.

USEPA. 2017c. Chapter X: *in-situ* groundwater bioremediation. In: How to Evaluate Alternative Cleanup Technologies for Underground Storage Tank Sites: A Guide for Corrective Action Plan Reviewers, EPA 510-B-17-003.

USEPA. 2017d. Chapter XII: enhanced aerobic bioremediation. In: How to Evaluate Alternative Cleanup Technologies for Underground Storage Tank Sites: A Guide for Corrective Action Plan Reviewers, EPA 510-B-17-003.

Watanabe, M. E. (1997). Phytoremediation on the brink of commercialization. *Environ. Sci. Technol.* 31(4):182–186A.

Zhang, C. and Bennett, G. N. (2005). Biodegradation of xenobiotics by anaerobic bacteria. *Appl. Microbiol. Biotechnol.* 67:600-618.

Zhang, C. and Hughes, J. B. (2003). Biodegradation pathways of hexahydro-1,3,5-trinitro-1,3,5-triazine(RDX) by *Clostridium acetobutylicum* cell-free extract. *Chemosphere* 50(5):665–671.

Zhang, C. and Hughes, J. B. (2004). Bacterial energetics, stoichiometry and kinetic modeling of 2,4-dinitrotoluene biodegradation in a batch respirometer. *Environ. Toxicol. Chem.* 23(12):2799–2806.

Zhang, C., Hughes, J. B., Nishino, S. F., and Spain, J. (2000). Slurry-phase biological treatment of 2,4-dinitrotoluene and 2,6-dinitrotoluene: role of bioaugmentation and effects of high dinitrotoluene concentrations. *Environ. Sci. Technol.* 34(13):2810–2816.

Zhang,C.,Hughes,J. B.,Daprato,R. C. et al. (2001). Remediation of dinitrotoluene contaminated soils from former ammunition plants:soil washing efficiency and effective process monitoring in bioslurry reactors. *J. Haz. Materials* B87:139-154.

Zhao,F. -J.,Ma,Y.,Zhu,Y. -G. et al. (2015). Soil contamination in China:current status and mitigation strategies. *Environ. Sci. Technol.* 49(2):750-759.

问题与计算题

1. 以下生物属于哪个领域(细菌、古菌、真核生物)：(a)原生生物、(b)霉菌、(c)甲烷菌、(d)藻类、(e)蓝藻、(f)紫花苜蓿和(g)反硝化细菌。

2. 垃圾填埋场中有哪些重要的微生物类型？

3. 堆肥中有哪些重要的微生物类型？

4. 细菌或真菌在(a)自然和(b)受污染的环境中扮演什么重要角色。

5. 是什么让细菌在生物修复中比真菌更重要？

6. 真菌属于(a)化学异养型、(b)光异养型、(c)化学自养型，还是(d)化能自养菌？

7. (a)好氧菌、(b)反硝化、(c)铁还原细菌和(d)硫酸盐还原细菌降解有机化合的电子受体和电子供体是什么？

8. 描述一下电子塔理论。为什么在热力学上好氧菌的代谢比厌氧菌更有利？

9. 描述以下术语：好氧、无氧、兼性和缺氧。举例说明需氧菌、厌氧菌和兼性菌。

10. 2,4-DNT 的有氧降解如下[式(9.6)]：

$$C_7H_6N_2O_4+5.62O_2\longrightarrow 5.17CO_2+1.63NO_2^-+1.63H^++0.90H_2O+0.37C_5H_7O_2N$$

如果 500lb 的土壤被 800mg/kg 的 2,4-DNT 污染（土壤容重为 125lb/ft³），并使用间歇泥浆反应器降解 2,4-DNT，那么需要多少化学计量氮、氧和磷？假设氧气需求仅来自 2,4-DNT，且该土壤中不存在显著的其他有机化合物。

11. 当在反应中加入磷时，实验得到描述 2,4-DNT（$C_7H_6N_2O_4$）生物降解的化学计量反应如下：

$$C_7H_6N_2O_4+5.621O_2+0.0296PO_4^{3-}\longrightarrow 5.227CO_2+1.645NO_2^-+1.557H^++0.936H_2O+0.0296C_{60}H_{87}O_{23}N_{12}P$$

（a）检查质量平衡并报告每个元素的误差。

（b）检查在上面的等式中电荷是否平衡。

（c）计算氧、氮和磷的化学计量需求，并与方程中不包含磷的式（9.6）比较计算结果。报告按每克 2,4-DNT 的要求来计算。

（d）计算每克 2,4-DNT 的细菌生物量产量。

12. 式（9.6）表明，pH 会因为 2,4-DNT 降解而下降。如果没有 pH 缓冲液，那么每降解 500mg/L 2,4-DNT 会观察到 pH 下降多少？注意 $pH=-\log[H^+]$。

13. 如下表所示，许多二环和三环的多环芳烃可在有氧条件下被生物降解。

化学名称 结构	萘	菲
化学式	$C_{10}H_8$	$C_{14}H_{10}$
分子量	128.16	178.23
水中溶解度/(mg/L)	31.7	1.29

（a）对于上述每种在20℃水中饱和的化学物质，为实现完全生物降解估计氧气需氧量（mg/L）。忽略细菌生长。

$$C_{10}H_8 + 12O_2 \longrightarrow 10CO_2 + 4H_2O$$

$$C_{14}H_{10} + 33/2O_2 \longrightarrow 14CO_2 + 5H_2O$$

（b）水（20℃）与大气平衡时溶解氧含量为8mg/L，说明（a）中计算的结果。

（c）估算降解一罐500m³被5mg/L的萘污染的水所需的理论总需氧量（kg）。

14. 实验室研究发现TCE完全脱氯为乙烯的半衰期为14天。（a）估计一阶速率常数。（b）如果受污染地点TCE去除率达到95%的目标，以天计算的清理时间是多少？（c）第一周、第二周、第三周和第四周修复后剩余的TCE百分比是多少？

15. 在实验室研究中，煤油的好氧生物降解半衰期为28天。对于一个被污染的场地，必须达到50ppm的清理目标，这种修复措施相当于去除98%的萘。（a）估计清理时间（以天为单位）。（b）前两周修复后剩余煤油的百分比是多少？（c）如果总需氧量计算为5万lb，前两周的平均供氧量是多少？后两周呢？用$C_{12}H_{26}$作为分子式来表示煤油。

16. 煤油含有$C_{12}H_{26}$到$C_{15}H_{32}$的碳氢化合物的液体混合物。（a）使用$C_{15}H_{32}$的分子式（一个近似但更保守的估计）建立一个用NH_3进行煤油有氧氧化的平衡方程，也就是$C_{15}H_{32}O + ?O_2 + ?NH_3 \rightleftharpoons CO_2 + ?C_5H_7O_2N + 3.4H_2O$。（b）估算生物修复被2000mg/kg煤油污染的5000yd³土壤的所需的电子受体和养分。

17. 一个泄漏的地下储罐估计污染了体积为100000ft³的土壤。污染土壤TPH平均浓度为5000mg/kg，土壤容重为50kg/ft³（1.75g/cm³）。估算该区域生物修复所需的养分。

18. 在路易斯安那州的一个超级基金场址上，有三个令人感兴趣的化合物。它们在抽提废水中的浓度及性质如下表所示：

化合物	浓度/（mg/L）	溶解度	有氧半衰期	速率常数
六氯苯	0.005	0.005	?	0.165 年⁻¹
萘	0.32	31.7	20 天	?
四氯乙烯	6.93	150	?	0.077 月⁻¹

（a）计算六氯苯的半衰期。

（b）计算萘的速率常数，并估计去除99%所需的时间。

（c）美国环境保护局规定水中四氯乙烯的最高污染水平为0.5μg/L。如果这也是清理的目标，那么清理时间是多少年？

（d）基于上述计算，评估生物修复对每种化合物的适用性。

19. 估算被4000mg/kg总碳氢化合物污染的5000yd³土壤的生物修复所需的电子受体、氮和磷营养物质（为lb单位报告氮或磷营养物质）。土壤容重为125lb/ft³。假设总碳氢污染物包含BTEX、正戊烷、2,2-二甲基庚烷、苯1,2-二醇和丁酸的化合物，评价化学式为$C_6H_{10}O$。假设NO_3^-作为氮源：

$$C_6H_{10}O + 4O_2 + 0.57NO_3^- \rightleftharpoons 3.1CO_2 + 0.57C_5H_7O_2N + 3.3H_2O$$

20. 据报道，在增强型好氧生物修复中添加10%（w/v）H_2O_2可提供约50000mg/L的有效溶解氧。利用式（9.13），也就是$2H_2O_2 \rightarrow 2H_2O + O_2$，检验这个说法是否正确。$H_2O_2$摩尔质量为34g/mol。

21. 估算用于原位生物修复的750yd³污染土壤需要补充的水量。土壤孔隙率为30%，当前土壤湿度为其持水能力的20%。假设土壤理想湿度为最大持水力的60%。

22. 利用鸡粪作氮源，秸秆作膨化材料，可对庭院垃圾和城市生活垃圾进行堆肥处理。堆肥工艺的设计是控制C∶N=20∶1～40∶1。数据如下：

材料	湿度	N/% （干重）	C：N （干重）
鸡粪	70%	6.3	C：N=15
燕麦秆	20%	1.1	C：N=48

多少公斤的燕麦秸秆与 1kg 的鸡粪混合才能使最终的 C：N 为 30：1？

23. 生物修复总是需要生物增强吗？解释为什么需要或为什么不需要。

24. 根据我们目前对其生物降解途径的了解，以下哪一种采用好氧生物修复工艺是可行的：（a）BTEX、（b）Arochlors、（c）TCE、（d）低分子量多环芳烃（2~3 环）和（e）二硝基甲苯？

25. 根据我们目前对其生物降解途径的了解，以下哪一种厌氧生物修复工艺是可行的：（a）多氯联苯、（b）TCE、（c）TNT 和（d）烷烃？

26. 以下哪种是最好的工艺顺序，厌氧-好氧或好氧-厌氧策略：（a）多环芳烃、（b）多氯联苯、（c）TCE 和（d）RDX？

27. 休斯敦地区的三个不同的行业可能对市政井造成氯代脂肪烃（CAHs）的污染。行业记录显示，行业 A、B、C 分别是甲苯、四氯乙烯（PCEs）和多氯联苯使用大户。可以确定的是，每个行业只使用一种氯化溶剂。在市政井中发现的 CAHs 只有氯乙烯、1,1-二氯乙烯和 1,1-二氯乙烷。由于没有一个行业使用这些化合物，他们都声称自己是无辜的。州环境机构请你作为本案的专家证人帮助查明这些污染物的可能来源。

（a）证据是否表明这些被指认的行业是无辜的，并且某些未被指认的行业应该对此负责，或者它是否支持一个或所有被指认的行业可能对此负责的可能性？

（b）谁最有可能是罪魁祸首？为你的判断给出技术上合理的理由。

28. 就下列污染个案，简要及清楚地说明所采用的生物修复技术是否可行。

（a）自然衰减：当地居民已就饮用水井中的多氯联苯提出投诉。

（b）堆肥：位于前弹药厂的一个热点区域，在那里发现了高浓度的 2,4-二硝基甲苯。

（c）植物修复：从采矿废物排放的土壤中的金属。

29. 根据目前的了解，以下哪一种污染物（或污染物组）被报道会完全被矿化：（a）烷烃、（b）BTEX、（c）TNT、（d）多氯联苯和（e）二噁英？

30. 为什么从溢出汽油中修复 MTBE 的地下水特别麻烦？为什么在 MTBE 发生泄漏后必须立即采取快速修复措施？

31. 是什么化学结构特征（键合和官能团）或性质（溶解度、吸附性）导致下列化合物的持久性（抗生物降解性）：（a）TNT、（b）MTBE、（c）PCBs、（d）PAHs 和（e）金属？

32. 研究揭示了细菌在好氧和厌氧条件下降解 BTEX 的不同策略。细菌在芳香烃环裂解前将氧结合到芳香烃环的主要区别是什么？

33. K_d 值如何影响土壤中多环芳烃的生物修复？

34. 使用实例解释：（a）共代谢、（b）结构类似底物的诱导和（c）脱卤作用。

35. 氯原子的数量不同如何影响氯代芳烃的好氧和厌氧降解？

36. 当污染物浓度过高或过低时，为什么会不利于微生物的降解？

37. 列出（a）TNT、（b）PCE 和（c）PAHs，降解时毒性比相应的母体化合物更强的潜在有毒子化合物（代谢中间体或最终产物）。

38. 2,4-二硝基甲苯在好氧和厌氧条件下的生物降解有何不同？它对生物修复的意义是什么？

39. 解释（a）正确的细菌、（b）正确的条件和（c）正确的地点对原位生物修复成功的重要性。

40. 解释水文地质条件和土壤分层如何影响原位生物修复。

41. 解释以下地下水参数对生物修复的影响类型和最佳范围：（a）DO、（b）温度的季节变化和

（c）pH。

42. 地下水硬度如何影响养分的生物利用度？给出一个具体的例子。

43. 包气带土壤含水量如何影响生物修复？

44. 为什么地下水中的亚铁会不利于生物修复的实施？

45. 生物增强和生物刺激的主要区别是什么？

46. 在原位生物修复中增加溶解氧浓度的常见方法是什么？

47. 如何将总异养菌作为土壤和地下水修复中微生物存在的指标？

48. 生物通风和生物曝气有什么区别？

49. 列出一些已成功使用堆肥处理作为修复方法的重要环境污染物。

50. 在土耕法和垃圾填埋中，内衬的用途是什么？

51. 描述泥浆生物反应器在土壤修复中的一些独特应用。

52. 在设计卫生填埋区时，有哪些重要的规管要求？

53. 植物修复的优点和缺点是什么？

54. （a）植物修复和（b）人工湿地去除污染物的主要修复机制是什么？

55. 什么是超富集植物？列出一些用于植物修复的典型植物及其对应的污染物。

56. 列举一些垃圾填埋场的关键设计参数。

57. 一个健康的堆肥处理系统的一些关键操作参数是什么？

58. 在以下情况下，你会选择哪种生物修复技术：（a）在偏远农村地区，金属污染的表层土壤深度小于 3ft；（b）轻馏分石油泄漏已渗透到饱和带，清理时间不是主要的；（c）1000yd³ 的表层土壤浸过不挥发性化合物，浓度相对较高，但仍在好氧可生物降解范围内；（d）在某一农村地区已经挖掘出的一堆主要被三环芳香多环芳烃污染的土壤，附近的农场有动物粪便和稻草，土地面积不受限制。

59. 植物修复技术已被用来修复一个电池回收中心遗址表层土壤中的铅。该场地所采的复合土壤样品中铅浓度为 1250mg/kg，净化目标为 300mg/kg。如果在当地种植、施肥和收获一种高积累性植物进行植物提取，假设其铅浓度为其干燥生物量的 0.03%，生物量生产力为 3000kg/（ha·a），估计所需的清理时间（以年为单位）。同时假设污染表层土壤深度为 0.5m，土壤容重为 2000kg/m³。在植物修复期间没有受到大气沉降和施肥对铅的影响。1ha=10000m²。

60. 在一个前陆军弹药厂，厂内 1.5m 的表层土壤中发现 TNT 含量过高，蒸渗仪测量该表层土壤中的饱和土壤水也含有 5mg/L 的 TNT。在一个拟议的植物修复项目中，每英亩将种植 1500 棵杨树，这些植物预计每年平均每英亩蒸发 1.5in 的土壤水。如果目标是将孔隙水中 0.10~2mg/L 或表层土壤中 0.25~5kg/acre 的 TNT 去除 95%，则估计清理时间。假设杨树中 TNT 的 TSCF 为 0.46（Burken and Schnoor，1998）。请注意，1in·acre/a=10³m³/a。

第10章 热处理技术

学习目标

1. 熟悉几种高温和低温热处理技术，包括焚烧、玻璃化和热强化。
2. 计算燃烧效率和热降解效率与 USEPA 的"四个九"和"六个九"规则。
3. 利用杜隆（Dulong）方程估算热值，计算燃烧反应的化学计量式和过量氧气（空气）需求量。
4. 描述时间、温度和湍流在燃烧、焚烧过程设计中的重要性。
5. 描述焚烧系统的关键部件和四种燃烧炉的优缺点。
6. 描述焚烧炉的主要设计考虑因素（尺寸和流速），以及监管和选址方面的考虑。
7. 理解温度升高对物理化学和生物特性（如黏度、溶解度、蒸气压、亨利常数、吸附、扩散和生物降解速率）的影响，以及如何将这些应用于热强化修复系统。
8. 描述热空气、蒸汽和热水在污染修复中的适用性。
9. 了解电阻加热、热感应加热和射频加热在土壤修复中的应用。

本章所描述的热处理是指焚烧、玻璃化（热降解）以及热强化。焚烧是指有机污染物在高温下转化为 CO_2、H_2O 和其他燃烧产物。玻璃化是一种将土壤或底泥熔化成玻璃状材料的热处理过程。热强化修复是通过提高 VOCs 和 SVOCs 的蒸气压和挥发速率来增强挥发性，并通过降低 VOCs 和 SVOCs 的黏度和残余饱和度来增强流动性。热处理技术，主要包括现场和场外焚烧，以及各种热强化工艺，在美国被列为用于去除 VOCs 和 SVOCs 的第三大修复技术。在所有"终端"处理技术中，设计合理的焚烧系统能够最大限度地破坏和控制大量的危险废物。然而，焚烧也是一项极具争议的技术，本章主要介绍焚烧过程。由于部分热强化修复技术在前几章中已讲述相关过程，如土壤气相抽提、空气注入和生物修复，因此我们将重点讲述传热、温度对物理化学和生物特性的影响，这些是使用热空气、蒸汽、热水和电加热技术过程的基础。

10.1 焚烧的热降解

本节将介绍燃烧和焚烧的原理、关键系统组成、设计计算，以及监管和选址方面的考虑。

10.1.1　燃烧和焚烧的原理

对固体和危险废物焚烧的现代理解始于 20 世纪 70 年代中期,当时人们发现焚烧对废物的处置和处理是非常有效的。了解燃烧的基本原理对于进行合理的设计和操作是必不可少的。一般来说,燃烧和焚烧过程涉及三种反应机制:氧化反应、热解反应和自由基反应。我们将介绍焚烧反应过程的特有原理,包括焚烧炉系统的热氧化、热值,以及 3T 原则(时间、温度和湍流度)。

10.1.1.1　燃烧的化学反应与燃烧效率

危险废物的燃烧或焚烧是一个热氧化过程。它的基本原理与化石燃料的常规燃烧相似。例如,一般成分为 C_aH_b 的碳氢燃料完全氧化时,反应如下:

$$C_aH_b + \left(a+\frac{b}{4}\right)O_2 \longrightarrow aCO_2 + \frac{b}{2}H_2O \tag{10.1}$$

纯氧(O_2)通过空气引入,空气是由 20.95% 的 O_2 和 79.05% 的 N_2 组成的混合物(摩尔比为 1:3.77)。虽然 N_2 一般作为惰性气体,但将这种惰性气体代入燃烧计算是有必要的。式(10.1)变为

$$C_aH_b + \left(a+\frac{b}{4}\right)(O_2+3.77N_2) \longrightarrow aCO_2 + \frac{b}{2}H_2O + 3.77\left(a+\frac{b}{4}\right)N_2 \tag{10.2}$$

式(10.2)表明,每燃烧 1mol 的 C_aH_b 燃料,需要 $a+b/4$ mol 的 O_2 和 $3.77(a+b/4)$ mol 的 N_2,或 $4.77(a+b/4)$ mol 的空气。因此,碳氢化合物 C_aH_b 燃烧化学反应的燃料和空气比为 1:[4.77($a+b/4$)]。

现在我们用 $C_aH_bO_cCl_dS_eN_f$ 的通式来考虑含有 C、H、O、Cl、S 和 N 的废物。化学计量反应可以写为(Santoleri et al., 2000)

$$C_aH_bO_cCl_dS_eN_f + \left(a+g+e-\frac{1}{2}c\right)O_2 + \frac{79}{21}\left(a+g+e-\frac{1}{2}c\right)N_2$$
$$\longrightarrow aCO_2 + 2gH_2O + dHCl + eSO_2 + \left[\frac{1}{2}f + \frac{79}{21}\left(a+g+e-\frac{1}{2}c\right)\right]N_2 \tag{10.3}$$

式中,a、b、c、d、e 和 f 分别为废燃料混合物中 C、H、O、Cl、S 和 N 的摩尔数;当 $b>d$ 时,$g=1/4(b-d)$;当 $b \leqslant d$ 时,$g=0$。例如,当描述辛烷(C_8H_{18})的完全燃烧时,其中 $a=8$,$b=18$,$c=d=e=f=0$,反应可以写为

$$C_8H_{18} + 12.5O_2 + 12.5 \times 3.77N_2 \longrightarrow 8CO_2 + 9H_2O + 47.125N_2 \tag{10.4}$$

式(10.1)~式(10.4)中描述的燃烧反应是氧化反应的例子。第二个过程热解是有机物在高温无氧条件下的热降解过程。虽然焚烧需要 50%~100% 的多余空气,但由于混合不足,燃烧炉某些区域的氧气可能会受到限制。例如,当纤维素($C_6H_{10}O_5$)和多氯联苯($C_{12}H_7Cl_{13}$)进行热解时,不完全燃烧产物包括一氧化碳(CO)和元素碳(C)。产生的碳(C)或炭将保持固相。

$$C_6H_{10}O_5 \longrightarrow 3C + 2CO + CH_4 + 3H_2O$$
$$C_{12}H_7Cl_3 \longrightarrow 12C + 3HCl + 2H_2$$

燃烧和焚烧的第三个反应过程是自由基攻击。自由基是一个原子或一组原子，具有一个或多个未配对的电子。例如，最常见的自由基"OH·"（羟基自由基）是由一个氧原子和一个氢原子组成，共有七个价电子。这个自由基还需要一个电子来饱和价壳层，因此它不稳定，而且由于这个未成对电子的存在，它的反应性很强。1000℃左右焚烧过程中常见的自由基有原子氧（O）、原子氢（H）、原子氯（Cl）、羟基自由基（OH·）、甲基自由基（CH_3·）、氯氧自由基（ClO·）。化学物质在废物中的分解是由自由基攻击促进的，这通常会引起链式反应。

理想情况下，含有 C、H、N、Cl、S 和 P 的废物在完全燃烧时将分别转化为 CO_2、H_2O、N_2、HCl、SO_2 和 P_2O_5。在不完全燃烧条件下，额外的副产物产生并从燃烧炉排出。这些副产品被称为不完全燃烧产物（products of incomplete combustions，PICs），包括一氧化碳（CO）、SO_2（1%~5% SO_3）、NO_x（$NO+NO_2$；约95% NO）、Cl_2（比 HCl 更有害）、多氯二噁英–呋喃和金属。注意，金属不能在焚烧过程中被去除。碱金属如 K 和 Na 将成为氢氧化物或碳酸盐。非碱性金属将成为金属氧化物，如 CuO 和 Fe_2O_3。燃烧后，大部分金属在底灰中成为残渣，部分挥发性金属会蒸发扩散到尾气中。二噁英和呋喃分别指的是具有 75 种相关化合物被称为多氯二苯并–对–二噁英（polychlorinated dibenzo-p-dioxins，PCDDs）家族以及具有 135 种相关化合物被称为多氯二苯并呋喃（polychlorinated dibenzofurans，PCDFs）家族。存在于市政和危险废物焚烧炉中的有毒 PCDDs 和 PCDFs 一直是焚烧这一成熟技术面临的主要问题。监测数据显示，市政、医疗和危险废物中的 PCDDs 浓度分别为 1~10700ng/Nm³、117~450ng/Nm³ 和 ND~16ng/Nm³，而相应废物中的 PCDFs 浓度为 2~37500ng/Nm³、52~30300ng/Nm³ 和 ND~56ng/Nm³，其中 ND 表示未检出，ng/Nm³ 表示在标准温度和标准大气压下（25℃ 和 1atm）每标准立方米的纳克（Steverson，1991）。

热降解效率称为破坏去除效率（destruction and removal efficiency，DRE），计算公式为

$$DRE = \frac{m_i - m_o}{m_i} \times 100\% = \left(1 - \frac{m_o}{m_i}\right) \times 100\% \tag{10.5}$$

式中，m 为质量或浓度，下标"i"和"o"分别表示进料和直接排放到空气中的烟气中的质量或浓度。与低温热强化技术（其平均去除效率通常约为65%）不同，设计和操作良好的焚烧炉中的 DRE 非常高。USEPA 对焚烧处理效率的规定如下：①对包括卤化、非卤化、脂肪族、芳香族和多核有机化合物在内的主要有机有害成分（Principal Organic Hazardous Constituent，POHC）的处理效率为99.99%（"四个九"规则）；②对多氯联苯（PCBs）和二噁英的处理效率为99.9999%（"六个九"规则）（示例10.1）。

示例 10.1　危险物焚烧炉的破坏效率

如果危险物焚烧炉排放的尾气中多氯联苯的质量不得超过 0.001g/h，根据 USEPA 的要求，该焚烧炉的进料中多氯联苯的最大含量可达到多少？

解答：

对于 PCBs，适用"六个九"规则。

$$\text{DRE} = 1 - \frac{m_o}{m_i}$$

$$0.999999 = 1 - \frac{0.001 \frac{g}{h}}{m_i}$$

$$m_i = \frac{0.001 \frac{g}{h}}{1 - 0.999999} 1000 \frac{g}{h} = 1 \frac{kg}{h}$$

DRE 不应与描述燃烧效率的相关操作参数相混淆。由于一氧化碳是不完全燃烧的产物，它被用作反映燃烧效率（combustion efficiency，CE）的指标。也就是说，CO_2 越多（或 CO 越少），燃烧效率越高。理论燃烧效率可以从给定的化学计量反应中计算出来。实际燃烧效率可根据在烟气流出样品中测量的二氧化碳与总碳的比率计算：

$$\text{CE} = \frac{CO_2}{CO_2 + CO} \times 100\% \tag{10.6}$$

式中，燃烧效率可以按体积或质量计算（参见示例 10.2 以体积为基础和以质量为基础计算的 CE）。

示例 10.2　焚烧炉的燃烧效率

在以下两种情况下，按体积和质量估算燃烧效率：

（a）丙烷（C_3H_8）在缺氧条件下的不完全燃烧，假定：$C_3H_8 + 4O_2 \rightarrow 2CO + CO_2 + 4H_2O$。

（b）焚烧炉烟囱中的烟道气中含有 15% 的 CO_2 和 10ppm 的 CO。

解答：

（a）每摩尔 C_3H_8 燃烧时，CO 和 CO_2 的摩尔比为 2:1。由于体积比等于摩尔比，基于体积的燃烧效率为

$$\text{CE(按体积算)} = \frac{\text{单位摩尔 } CO_2}{\text{单位摩尔 } CO_2 + \text{单位摩尔 } CO} = \frac{1}{1+2} = 0.333 \quad (33.3\%)$$

基于质量的燃烧效率可以用类似的方法计算，基于 CO（摩尔质量=28）和 CO_2（摩尔质量=44）的 2:1 比例。

$$\text{CE(按质量算)} = \frac{\text{单位质量 } CO_2}{\text{单位质量 } CO_2 + \text{单位质量 } CO} = \frac{44}{44 + 2 \times 28} = 0.44 \quad (44\%)$$

（b）% 和 ppm 都是以体积为单位（v/v）测量的，所以 ppm 可以转换为 %。10ppm 的浓度等于 $10/10^6$（v/v）或 0.001/100，即 0.001%。

$$\text{CE(按体积算)} = \frac{15}{15 + 0.001} = 0.999933 \quad (99.9933\%)$$

同样，由于体积比等于摩尔比，基于质量的比为

$$CE(\text{按质量算}) = \frac{15 \times 44}{15 \times 44 + 0.001 \times 28} = 0.999958 \quad (99.9958\%)$$

上述（a）中计算的燃烧效率对于丙烷来说过低，但（b）中对于焚烧炉中的 POHC 来说就足够了，满足上述"四个九"的规则。

10.1.1.2 燃料或废弃物热值

废物的热值（heating value，HV）是废物燃烧时释放能量的度量单位，通常以单位 Btu[①]/lb 表示（1Btu/lb = 2.326J/g）。热值的分析对于确定废物是否适合焚烧，以及应提供多少辅助燃料以维持焚烧炉内的燃烧反应是重要的。热值等于燃烧焓，但符号相反。因此，具有负 ΔH 值的是放热反应并显示正的热值。

$$\Delta H^0 = \left(\sum_i H^0\right)_{\text{产物}} - \left(\sum_j H^0\right)_{\text{反应物}} \tag{10.7}$$

式中，H 是产物 i 或反应物 j 在燃烧反应中的焓。热值取决于水的相，即在燃烧产物中存在的冷凝水和水蒸气。高热值（higher heating value，HHV）是水处于冷凝状态时的热值，而低热值（lower heating value，LHV）是水处于蒸气状态时的热值。HHV 和 LHV 之间的差异是水的汽化潜热，在 20℃ 时为 10520kcal/(kg·mol)。

如果我们知道废物（燃料）的成分（质量百分比），就可以用杜隆（Dulong）方程估计出化学物质的大概热值。

$$热值\frac{Btu}{lb} = 14540C + 62000\left(H - \frac{O}{8}\right) + 4100S + 1000N \tag{10.8}$$

式中，C、H、O、S 和 N 代表各自元素的重量百分比（即 0.25 代表 25%）。H−O/8 表示为与氧结合为水分的氢（H），以及和 O 以其他形式结合的 H（见示例 10.3）。

表 10.1 给出了一些常见材料的典型热值。请注意，维持燃烧所需的最低热值约为 5000Btu/lb（11630J/g），而使用焚烧炉处理废物所需的热值则大于 2500Btu/lb。

示例 10.3 利用杜隆方程计算燃料（废物）的热值

聚氯乙烯（PVC）是一种化学式为 $(CH_2 = CHCl)_n$ 的塑料。用杜隆方程估算其热值。

解答：

由于 PVC 中每种元素的重量百分比与"n"的值无关，我们使用其单体聚合物 $CH_2 = CHCl$ 或 C_2H_3Cl 的公式来计算重量百分比。

C_2H_3Cl 的分子式重量 = 12×2 + 1×3 + 35.5×1 = 62.5。

---

① 1Btu = 1055J。

C 的重量百分比 = 12×2/62.5 = 0.384（38.4%）。

H 的重量百分比 = 1×3/62.5 = 0.048（4.8%）。

O、S 和 N 的重量百分比都为零。

将数字代入杜隆方程，得

热值 Btu/lb = 14540×0.384 + 62000×（0.048−0）+ 4100×0 + 1000×0 = 8559Btu/lb

很明显，塑料具有足够高的热值，可以在没有辅助燃料的情况下在焚烧炉中自行燃烧。

表 10.1　一些常见材料的典型热值

材料	热值/（Btu/lb）	材料	热值/（Btu/lb）
木材	8300	废旧轮胎	12000 ~ 16000
煤（高硫）	10500	汽油	20200
煤（东部低硫）	13400	城市固体废物中的废物衍生燃料	3000 ~ 6000
煤（西部低硫）	8000		

10.1.1.3　氧气（空气）要求

空气通常用于维持需要氧气的燃烧反应，按体积计，空气中含有大约 79.05% 的 N_2 和 20.95% 的 O_2（表 10.2）。在理想或“完美”的条件下，将所有有机物质燃烧成 CO_2 和 H_2O 而没有氧气剩余的条件下所需氧气量被称为化学计量（或理论）需氧量，这个过程被称为完全燃烧。通常，焚烧炉运行在 1.5 ~ 2.0 倍的化学计量需氧量（即 150% ~ 200% 的化学计量需氧量，或 50% ~ 100% 过量的氧气或空气）。过量空气（excess air，EA）是指供应的空气超过了完全燃烧化合物所必需的空气，并将随着燃烧产物（烟道气）而排出。在典型的 1.5 ~ 2.0 倍范围内的 EA 量通常表示为完全燃烧所需的理论空气的百分比。需注意的是，在反应中，涉及的化学成分是 O_2，而不是“空气”。然而，由于空气中氧和氮的比例是恒定的，如果我们知道氧气的体积，就可以计算出空气的体积。

表 10.2　N_2 或 O_2 与空气的比值

	按重量计	按体积计
空气中的 O_2	23.15%	20.95%
空气中的 N_2	76.85%	79.05%
空气中的 N_2/O_2 的比值	3.32（=76.85/23.15）	3.77（=79.05/20.95）
空气中空气和氧气的比值	4.32（=1+3.32）	4.77（=1+3.77）

从表 10.2 中，可以将 O_2 的体积乘以 3.77 得到 N_2 的体积，或将 O_2 的体积乘以 4.77 得到空气的体积。在实践中，使用 79/21 = 3.76 的体积比来代替 N_2/O_2 的 3.77 或空气/O_2 的 4.77。为了保持一致，我们将在本书中使用 3.77 的 N_2/O_2 或 4.77 的空气/O_2。用甲烷

CH_4（见示例 10.4）和丙烷 C_3H_8（见示例 10.5）为例简要说明了理论空气、过量空气和实际空气需求量的计算。

示例 10.4　燃烧过程中的理论、过量和实际空气需求量

甲烷的燃烧可以写为 $CH_4+2O_2\longrightarrow CO_2+2H_2O$。计算

（a）理论燃烧空气量；

（b）50% 过量燃烧空气量；

（c）实际燃烧空气量。给出每 lb-mol CH_4 和每 lb CH_4 的含量。

解答：

在解决这个问题之前，读者在进行这种燃烧反应的化学计量计算时，应该熟悉美国单位制中的 lb_m 或 "lb-mol" 单位。在本书中，我们使用质量符号 lb_m 而不是 lb-mole，这样它就不会被误解为 lb 和 mol 的乘积。单位 lb_m 类似于标准的 g-mol，CH_4 的 1g-mol（即标准的 1mol）为 16g，而 CH_4 的 1lb-mol（lb_m）为 16lb。

（a）我们用 N_2/O_2 在空气中的体积比为 3.77 的反应中加入 N_2 来重写平衡方程。

$$CH_4+2O_2+2(3.77)N_2\longrightarrow CO_2+2H_2O+2(3.77)N_2$$

由于在上述反应中有 $1lb_m$ 的 CH_4（或 16lb CH_4），所以空气需要量可以表示为每 1mol 或每 16lb CH_4。因此：

利用空气中的 N_2/O_2（见表 10.2），

理论燃烧空气量（mol/mol CH_4）= 2+2(3.77)= 9.54mol/mol CH_4。

理论燃烧空气量（lb/lb CH_4）= 2(32)+2(3.77)(28)= 275.12lb/16lb CH_4 = 17.2lb/lb CH_4

（b）过量燃烧空气量（mol/mol CH_4）= 0.5(9.54)= 4.77mol/mol CH_4。

过量燃烧空气量（lb/lb CH_4）= 0.5×17.2 = 8.6lb/lb CH_4。

（c）实际燃烧空气量（mol/mol CH_4）= 9.54+4.77 = 14.3mol/mol CH_4。

实际燃烧空气量（lb/lb CH_4）= 17.2+8.6 = 25.8lb/lb CH_4。

示例 10.5　氧气需求量和烟气成分

丙烷燃烧反应式：$C_3H_8+5O_2\longrightarrow 3CO_2+4H_2O$。$C_3H_8$ 的分子量为 44。

计算：（a）需氧量（O_2 lb/lb 燃料）；（b）如果通入 20% 的过量空气，计算丙烷（C_3H_8）燃烧烟道气体中 CO_2 的体积比。

解答：

（a）化学计量的 120%（即 20% 的过量空气）：

摩尔 O_2 = 5×120% = 6

摩尔 N_2 = 6×3.77（N_2/O_2，体积比）= 22.6

通过加入空气中的 N_2 重写方程：

$$C_3H_8 + 6O_2 + 22.6N_2 \longrightarrow 3CO_2 + 4H_2O + O_2 + 22.6N_2$$

所以氧气需求量（氧气质量/每单位质量丙烷）= 6×32/44 = 4.36lb O_2/lb 丙烷。然后我们使用空气中空气/O_2 的质量比 4.32（见表 10.2）将 O_2 转化为空气，空气需求量 = 4.36×4.32 = 18.8lb 空气/lb 丙烷。

（b）根据上式中的摩尔比，可计算出烟气中 CO_2 的体积比 = 摩尔 CO_2/（摩尔 CO_2 + 摩尔所有气体）= 3/(3+4+1+22.6) = 0.098（9.8%）。

计算氧气、氮气和空气化学计量的另一种方法是直接使用以下公式：

$$O_2 = 2.67C + 8\left(H - \frac{Cl}{35.5}\right) + S - B_o \tag{10.9}$$

$$N_2 = 3.32O_2 \tag{10.10}$$

$$空气 = O_2 + N_2 \tag{10.11}$$

式中，C、H、Cl 和 S 分别为每单位质量废物（燃料）的 C、H、Cl 和 S 的质量（不是百分比）；B_o 为每单位质量废物（燃料）中与废物（燃料）有关的结合氧的质量，它与其他反应物发生反应，是负值，因为它结合氧也增补空气中的氧气。例如，含 $C_{59}H_{93}O_{37}N$ 废料的 B_o = 37×16/(59×12+93×1+37×16+14×1) = 0.421。系数 2.67 为 C 燃烧时 O_2/C（32/12）的质量比（C+O_2→CO_2）。对于 S，这个系数等于 1，为 S 燃烧时 O_2/S（32/32）值（S+O_2→SO_2）。H−Cl/35.5 等于 Cl 与 H 反应后剩下的 H，系数 8 等于每个 H 原子燃烧（H_2+0.5O_2→H_2O）时 0.5O_2/H_2（0.5×32/2 = 8）的值。示例 10.6 介绍了使用式（10.9）~式（10.11）作为解决示例 10.4 的替代方法。

示例 10.6　完全燃烧时的化学需氧量

用式（10.9）~式（10.11）以确认示例 10.4 中甲烷完全燃烧时所需的化学需氧量的计算：CH_4+2O_2→CO_2+2H_2O。以 lb 氧/lb 甲烷为基础给出结果。

解答：

每 lb CH_4 对应 12/16lb C 和 4/16lb H。应用式（10.9），有

$$O_2 = 2.67C + 8\left(H - \frac{Cl}{35.5}\right) + S - B_o = 2.67 \times \frac{12}{16} + 8 \times \left(\frac{4}{16} - \frac{0}{35.5}\right) + 0 - 0 = 4.00 \frac{lb\ O}{lb\ CH_4}$$

应用式（10.10），我们可以计算所需的 N_2：

$$N_2 = 3.32O_2 = 3.32 \times 4.00 = 13.28 \frac{lb\ N}{lb\ CH_4}$$

使用式（10.11），所需的空气量 = O_2+N_2 = 4.00+13.28 = 17.28lb 空气/lb CH_4。此空气的化学计量与示例 10.4（a）中计算的相同。

10.1.1.4　燃烧或焚烧反应的"3T"条件

高效的燃烧或焚烧除了满足废物的基本热值和充足的氧气外，还应满足"3T"条件：即时间、温度和湍流度（混合度）。时间（t）是指垃圾在焚烧炉内停留的时间（也叫滞留时间、停留时间）。较长的燃烧炉停留时间一般可以提高破坏效率。但是，停留时间越长，焚烧炉的体积就越大。温度（T）是废物热值和空气流量的函数。温度越高，去除效率越高。但是，为了焚烧炉内耐火材料（如陶瓷）的安全，应避免过高的温度。湍流度（turbulence）是指促进废弃化合物、氧气和辅助燃料之间的混合。更大的湍流度会增加燃烧效率。湍流度可以通过雷诺数来测量［详见式（3.13）］。

如果我们知道燃烧的动力学速率，就可以计算出停留时间。停留时间（t）与焚烧炉的大小和流量有关：

$$t = \frac{V}{Q} \tag{10.12}$$

式中，V 为焚烧炉（燃烧炉）体积；Q 为体积流量，m^3/s。

由于气体的体积取决于温度，因此可以利用查理（Charles）定律将某一温度下的体积流量（Q）转换为另一温度下的相应数值（见注释栏 10.1 和示例 10.7）。

注释栏 10.1　查理定律——质量守恒下的温度–体积关系

查理定律描述了气体受热时如何膨胀。查理定律指出，如果压力和气体量保持恒定［式（10.13）］，给定质量的理想气体的体积与它在绝对温标（K 或 °R）上的温度成正比。当我们需要将气体流速从一个温度转换到另一个温度时，查理定律特别有用：

$$\frac{Q_2(\text{acfm})}{Q_1(\text{scfm})} = \frac{T_2}{T_1} \tag{10.13}$$

式中，Q_1 为标准温度 T_1 下的标准流量，表示为标准立方英尺每分钟（scfm）；Q_2 为温度 T_2 下的实际流量，表示为实际立方英尺每分钟（acfm）。对于大多数环境工程应用，标准条件是 60℉（15℃）或 32℉（0℃）和 1atm。在设计设备时，应根据实际情况而不是标准温度和压力。例如，示例 10.7（b）中 acfm（2000℉）与 scfm（60℉）的比值为 4.73。在使用查理定律时，读者还应注意绝对温度和压力的使用。对于式（10.13）中的 T 单位，可以使用 K 或 °R。因为 $T(K)/T(°R) = 5/9$，所以结果是一样的。

示例 10.7　利用查理定律校准不同温度下的气体流速

（a）危险废物焚烧炉的工作温度为 2200℉，燃烧流量为 45000acfm。如果焚烧炉宽 10ft、深 15ft、高 20ft，在焚烧炉内的最长停留时间是多少？

（b）另一个焚烧炉在 15℃（60℉ 或 288K）时的气体流量为 4500scfm。其工作温度为 2000℉（1366K）。如果需要 1.5s 的最小停留时间，计算该焚烧炉的所需体积（改编自

Reynolds et al., 2007)。

解答：

(a) 焚烧炉的体积 = 宽×长×深 = 10×15×20 = 3000ft³

最大停留时间 = V(体积)/Q(流速) = 3000ft³/(45000ft³/min) = 0.0667min = 4s。

(b) 在标准温度条件下（60℉）的流量应换算成在其实际工作温度为 2000℉（1366K）情况下的流量。根据理想气体定律，对于一定质量（mol）的化学物质，体积与温度成正比。使用温度转换：$T(°R) = T(℉) + 460$，其中，$T(℉)$ 为华氏度（℉）中的实际温度，加 460 是将温度从华氏度转换为热力学（绝对）温度兰氏度 $T(°R)$，可得

$$Q_2 = Q_1 \times \frac{T_2}{T_1} = 4500 \times \frac{2000+460}{60+460} = 4500 \times 4.73 = 21285 \, acfm$$

该焚烧炉所需体积(V) = Q×t = 21285ft³/min×(1.5s×1min/60s) = 532ft³。

在上述计算中，使用了以 °R 为单位的绝对温度。如果使用以 K 为单位的绝对温度，则 T_2/T_1 的值相同（即 1366/288 = 4.73）。

10.1.2　危险废物焚烧炉系统的组成部分

本节简要介绍危险废物焚烧炉的一般应用及其优缺点。首先对焚烧系统组件进行研究，再是详细介绍了四种常用的燃烧炉。

10.1.2.1　一般用途及优缺点

自 20 世纪 60 年代以来，焚烧一直被用于处理工业化学废物（危险废物）。早期的垃圾焚烧装置采用的是炉排式垃圾焚烧装置，其性能和适应性较差，这导致了后来在联邦德国发展了许多回转窑设施。美国最早的窑炉装置之一位于密歇根州米德兰的陶氏化学公司。焚烧现在已经成为处置和处理城市垃圾和危险废物的成熟技术。它适用于多种废物流，包括危险废物、城市垃圾、有毒废物、实验室废物、传染性（医疗）废物、废弃农药、废水底泥、污染土壤和液体（废水）。在美国，14% 的城市固体废物（municipal solid waste，MSWs）通过焚烧处理，而 73% 通过填埋处理，13% 通过回收处理。据报道，美国有 150 个超级基金场地采用了焚烧技术。

热破坏（焚烧）的优点一般如下：

- 破坏有害有机化合物（无害化）；
- 体积和重量显著降低（减量化）；
- 废气排放得到有效控制；
- 热量回收；
- 易于现场操作；
- 适用于多种废物类型；
- 法规被普遍认可；

- 停留时间短、速度快（每天可处理数百吨垃圾）。

焚烧是一种在环境和技术方面较为优越的方法，但它易引起争议且成本较高。热破坏（焚烧）的缺点一般如下：

- 化学制品如金属是不可焚烧的；
- 一些有机物会产生有毒的不完全燃烧产物（PICs），如进料中并不存在的二噁英；
- 较高投资成本和运营成本（约 500 美元/吨）；
- 需要熟练的操作人员；
- 需要经常补充燃料；
- 公众反对——所谓的邻避（NIMBY，"不能在我家后院"）。

10.1.2.2　焚烧炉系统组成

尽管在危险废物处置和处理中使用的焚烧设施有许多变化，但焚烧系统的主要组成通常包括废物预处理和进料、燃烧炉、空气污染控制和残渣-灰分处理组件（图 10.1）。最常见的空气污染控制系统包括燃烧气体控制，然后是文丘里洗涤器（用于去除颗粒物），填料塔吸收器（用于去除酸性气体）和除雾器。焚烧设施的残留物和灰烬通常用于建筑材料或在垃圾填埋场处理。图 10.1 为焚烧系统的常规流程以及典型的工艺组成。

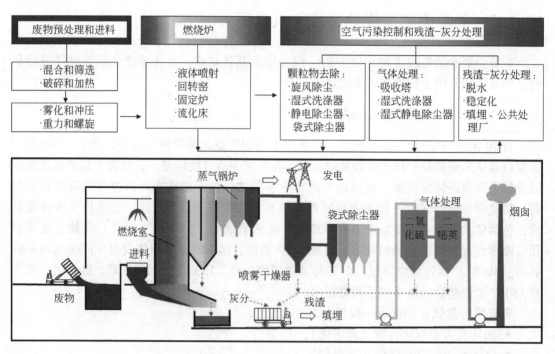

图 10.1　焚烧系统的常规流程和典型的工艺组成示意图

10.1.2.3　四种燃烧炉

焚烧系统的关键部件是燃烧炉。按使用用途排序，四种最常见的燃烧炉结构包括：液体喷射焚烧炉（有时结合烟尘焚烧使用）、回转窑焚烧炉、固定焚烧炉和流化床焚烧炉。下面将分别进行描述，并简要说明操作原理。

液体喷射焚烧炉：几乎只适用于黏度<10000SUS（典型的蜂蜜黏度；赛波特通用计量，定义为在受控温度下让60cm³的油流过赛氏通用黏度计的校准孔所需要的时间）的可泵送液体废物。这种焚烧炉通常是简单的，结构为内衬耐火材料的圆柱体（水平或垂直排列），配备一个或多个废物燃烧器（图10.2为水平排列系统）。液体废物通过燃烧器注入，通过喷嘴雾化成细液滴，被悬浮燃烧。燃烧器以及独立的废物喷射喷嘴可采用轴向，径向或切向燃烧方式。提高燃烧空间利用率，则放热率提高，可以通过利用旋涡燃烧器或采用切向入口的设计来实现。当废物中无机盐和可熔灰分含量高时，首选垂直排列的液体喷射焚烧炉，而灰分含量低时可使用水平排列系统。液体喷射焚烧炉的典型容量约为2.8×10⁷Btu/h的热量释放。

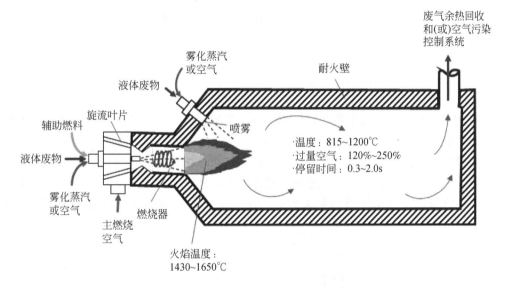

图10.2　具有水平排置的液体注射的典型液体喷射焚烧炉（改编自Dempsey and Oppelt，1993）

回转窑焚烧炉（图10.3）：是更通用的焚烧炉，适用于固体废物、泥浆、贮藏于容器的废物以及液体的焚烧。这些装置最常用于污染场地外的商业焚烧设施。废物先被送入回转窑，然后是二燃室。回转窑是一种倾斜的圆柱形外壳，内衬耐火材料。窑体的主要功能是将固体废物转化为气体，这是通过一系列的挥发、热解和部分燃烧反应发生的。壳体的旋转可以使废物通过窑体并提高废物的混合。固体废物在窑内停留时间一般为1～1.5小时，由窑体转速（1～5r/min）、废物投料速率控制的，在某些情况下，还包括内部挡板，以减缓废物通过窑的移动速度。回转窑的内部挡板就像流动水中的堤坝一样，因此挡板后面的物质会积聚起来，迫使保留时间增加。通过调整进料速率来控制窑体中处理的废物量最多为窑体体积的20%。

二燃室是完成气相燃烧反应所必需的，它直接连接到回转窑的排放端，从回转窑中流出的气体从水平管道向上进入二燃室。二燃室本身可以水平或垂直排列，与液体喷射焚烧炉的基本原理相同。事实上，许多设施也通过二燃室的独立废物燃烧器来燃烧液体危险废

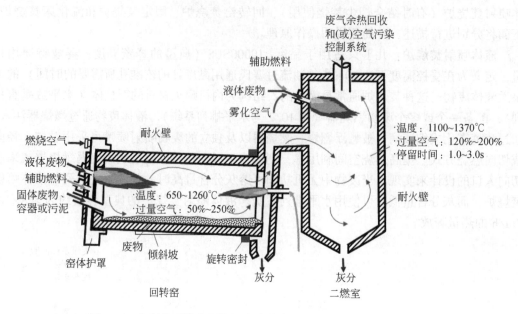

图 10.3　典型的回转窑焚烧炉（改编自 Dempsey and Oppelt，1993）

物。二燃室和回转窑通常都配备了辅助燃料燃烧系统，以使系统达到并保持所需的工作温度。回转窑在美国设计的放热能力高达 $9 \times 10^7 Btu/h$。平均而言，一般系统为 $6 \times 10^7 Btu/h$。

固定焚烧炉：又称控制空气焚烧炉、饥饿空气焚烧炉或热解焚烧炉，是目前用于危险废物的第三大焚烧炉（图 10.4）。这种类型的焚烧炉是一个"固定"炉膛，空气分两个阶段控制——在缺氧点火室中进行初级燃烧，然后是富氧气相燃烧。废物被送入第一阶段

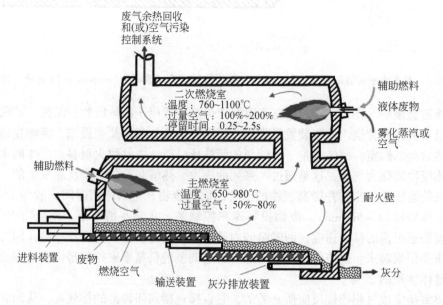

图 10.4　典型的固定焚烧炉（改编自 Dempsey and Oppelt，1993）

（或主燃烧炉），并以 50% ~80% 的化学计量空气需求燃烧。这种饥饿的空气条件通过氧化固定碳而提供所需的吸热来热解破坏大部分挥发性组分。固定碳是废弃物（燃料）热解后固体残渣（除灰分）中残留总碳的一部分。由此产生的烟雾，由挥发性碳氢化合物、一氧化碳组成的主要热解产物，以及燃烧的产物，进入第二阶段（或次级燃烧炉）。在这里，注入额外的空气来完成自燃或通过添加补充燃料来完成燃烧。在饥饿空气条件下，主燃烧室燃烧反应和湍流速度保持在较低水平，以最大限度地减少颗粒的滞留。随着二次空气的注入，固定焚烧炉的总过量空气在 100% ~200% 范围内。

　　固定焚烧炉的容量往往小于液体喷射或回转窑焚烧炉，原因在于燃烧炉中进料和输送大量废料时存在物理限制。由于具有相对较低的投资成本和较低的颗粒物控制要求，使它们比回转窑更适合小型现场安装。

　　流化床焚烧炉：可以是鼓泡床或循环床设计。这两种类型都由一个单独的耐火衬里燃烧容器组成，部分填充砂、氧化铝、碳酸钠或其他材料的颗粒。燃烧空气通过燃烧炉底部的分配器板（图 10.5）以足以流化（鼓泡床）或循环床材料的速率供应。在循环床的设计中，空气流速更高，固体被吹到顶部，在旋风分离器中分离，并返回燃烧炉。工作条件通常保持在 760~1100℃ 范围内，过量空气需求为 100% ~150%。

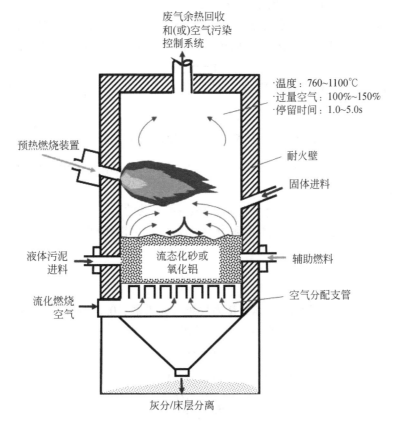

图 10.5　典型的流化床焚烧炉（改编自 Dempsey and Oppelt，1993）

　　流化床焚烧炉主要用于底泥或粉碎的固体材料。为了使废物在床层内得到良好的分布，并从床层中清除固体残留物，所有固体通常都需要预先筛选或粉碎到直径小于2in的尺寸。流化床焚烧炉具有几个优点，如高气固比、高传热效率、气固两相的高湍流度、整个床体温度均匀，以及可通过添加石灰或碳酸盐直接中和酸性气体的潜力。如果废物进料中存在盐分，固体在流化床内有发生团聚的可能，并且细颗粒的停留时间可能很短。

10.1.3 焚烧的设计考虑因素

本节介绍焚烧设计的重要考虑因素和计算，更详细的计算示例可以在参考文献中找到（Lee and Lin，2007）。

10.1.3.1 焚烧炉大小尺寸

对于蒸气焚烧炉（热氧化室、二燃室），停留时间（t）可以从其假设的一阶化学反应速率常数（k）估计如下：

$$t = \frac{1}{k} \ln \frac{C_0}{C} \qquad (10.14)$$

式中，C_0 为进料中有害化学物质浓度；C 为二燃室出口浓度。

对于危险废物，法规中通常规定了最小停留时间（t）（通常在 $0.2 \sim 2s$）。如果我们可以确定烟气的总容积流速（Q），我们还可以根据下式来估算焚烧炉的容积：

$$V = t \times Q \qquad (10.15)$$

例如，如果我们知道含有 C_aH_b 废物的化学计量反应公式 [参见式（10.2），10.1.1节]：

$$C_aH_b + \left(a + \frac{b}{4}\right)(O_2 + 3.77N_2) \longrightarrow aCO_2 + \frac{b}{2}H_2O + 3.77\left(a + \frac{b}{4}\right)N_2$$

如果给定污染物（C_aH_b）的流速（mol/h），则可以利用上述化学计量关系计算出烟气的总摩尔数（n）：

$$n = n_{CO_2} + n_{H_2O} + n_{N_2} + n_{O_2}(过量) \qquad (10.16)$$

其中，假设有50%的过量空气。体积流量（Q，l/h）可以用理想气体定律由污染物的流量"n"（mol/h）转换为

$$Q = \frac{nRT}{P} \qquad (10.17)$$

式中，P 为压力，atm；T 为温度，K；R 为理想气体常数，0.082atm·L/(mol·K)。

由气体流速（v）和停留时间（t）可估计出蒸气焚烧炉的长度（L）为

$$L = v \times t \qquad (10.18)$$

蒸气焚烧炉的直径计算如下（Cooper and Alley，2011）：

$$d = \sqrt{\frac{4Q}{\pi v}} \qquad (10.19)$$

示例10.8举例说明上面的一些方程式在设计焚烧炉时的使用。

示例 10.8　热氧化室（二燃室）的设计

二燃室接收 800mol/h 的丙烷（C_5H_{12}）。二燃室在过量空气 50% 的情况下运行，并在 1450℉（1061K）和 1atm 的烟气出口处假设等温条件。假设停留时间为 1.2s，线速度为 8.2ft/s（2.5m/s）。计算二燃室的长度和直径。假设长度与直径（L/d）的比值为 3.5。

解答：

参考式（10.2）写出平衡燃烧反应，其中 C_5H_{12} 的 $a=5$，$b=12$。因此，平衡反应如下：

$$C_5H_{12}+8O_2+30.2N_2 \longrightarrow 5CO_2+6H_2O+30.2N_2$$

在化学计量的 150%（即 50% 过量空气）时，$O_2=8×150\%=12$，$N_2=12×3.77=45.12$。因此，过量空气 50% 时的平衡反应为

$$C_5H_{12}+12O_2+45.2N_2 \longrightarrow 5CO_2+6H_2O+45.2N_2+4O_2$$

利用式（10.16），由 800mol/h 的 C_5H_{12} 得到烟气的总摩尔数：

$$n=n_{CO_2}+n_{H_2O}+n_{N_2}+n_{O_2}（过量）=800×(5+6+45.2+4)=48160\frac{mol}{h}$$

利用式（10.17）将 48160mol/h 转换为体积流量，单位为 m^3/s，有

$$Q=\frac{nRT}{P}=\frac{48160\frac{mol}{h}×0.082\frac{atm·L}{mol·K}×1061K}{1atm}=4.19×10^6\frac{L}{h}=4.19×10^3\frac{m^3}{h}=1.16\frac{m^3}{s}$$

二燃室直径可由式（10.19）计算：

$$d=\sqrt{\frac{4Q}{\pi\nu}}=\sqrt{\frac{4×1.16\frac{m^3}{s}}{\pi×2.5\frac{m}{s}}}=0.77m$$

反应室的长度如下[式（10.18）]：

$$L=\nu×t=2.5\frac{m}{s}×1.2s=3.0m$$

如果 L/d 取 3.5，则 $L=3.5×0.77m=2.7m$。

10.1.3.2　影响焚烧炉性能的因素

重要影响因素分为三组：①燃烧空气；②燃烧温度；③废物特性，如热值、氯含量、基本成分和水分含量。在 10.1.3.1 节中，我们讨论了燃烧空气和热值。下面是一些对设计很重要的额外考虑因素。

（1）**燃烧空气**：在理论（化学计量）空气条件下，达到完全燃烧。现实中由于燃烧炉的湍流混合条件不理想，需要提供 150%～200% 化学计量比的过量空气。最高温度是在化学计量空气条件下达到的。在低于化学计量点的水平，一些有机化合物并没有反应，污

染物由于不完全燃烧而排放出来；另外，当空气过剩较大时，焚烧炉内的温度会下降，因为能量被用来加热过量的燃烧空气。

（2）**燃烧温度**：温度应保持在焚烧炉制造商规定的水平。USEPA 规定危险废物焚烧炉的最低温度（停留时间）为 $>1800°F$（$t>2s$），医疗（生物医学）废物的最低温度（停留时间）为 $>1600°F$（$t>1s$）。高温是完全燃烧所必需的，但过高的温度不仅会浪费补充燃料，还会造成焚烧炉的损坏。补偿热损失和维持给定温度所需的补充燃料可由热平衡确定：

$$热损失 = 热输入(C_aH_b+空气) - 热输出(空气+CO_2+H_2O) \tag{10.20}$$

（3）**废物特性**：包括热值、氯含量、基本成分和水分含量。如果热值低于最低要求值 5000Btu/lb，则应提供辅助燃料以维持燃烧。对于危险废物的焚烧，需要热量含量大于 2500Btu/lb。

因此，需要根据垃圾的热值，按下式计算垃圾焚烧炉的总输入热量：

$$热输入\left(\frac{Btu}{h}\right) = 供给速率\left(\frac{lb}{h}\right) \times 热值\left(\frac{Btu}{lb}\right) \tag{10.21}$$

废物的基本成分（C、H、O、Cl、S 等）应加以表征，以估计化学计量空气需要量（见示例 10.4~示例 10.6），它们对于确定需要处理的灰分含量也很重要。对废物中的氯含量应采取特别的预防措施，废物中的氯含量应低于 1000ppm 的卤素，因为产生 HCl 对焚烧炉的后续组件具有腐蚀性，应安装清洗系统，以清除腐蚀性盐酸。最后，高水分废物是有害的，因为它消耗能源，从而降低焚烧炉的温度。水蒸气将通过焚烧炉系统，增加气体流量，从而减少燃烧气体停留时间。

10.1.4 监管和选址方面的考虑

焚烧技术在处理固体和危险废物方面的良好表现，已获得监管部门的认可。在美国，有多项法律强制执行其使用，如《资源保护及回收法案》（RCRA；附录 C 危险废物，附录 D 城市废物，附录 J 医疗废物）、《有毒物质控制法》（Toxic Substances Control Act，TSCA）、《清洁水法》（CWA；底泥）、《综合环境响应、赔偿和责任法》（CERCLA；超级基金废物）、《超级基金修正案和再授权法》（SARA；极端危险物质）和《联邦杀虫剂、杀菌剂和杀鼠剂法》（The Federal Insecticide, Fungicide, and Rodenticide Act, FIFRA；农药）。特别是 1984 年对 RCRA 的修订和重新授权，即 1984 年的《危险和固体废物修正案》（HSWA），为未经处理的危险废物的土地处置制定了严格的时间表。关于焚烧炉的性能（如可接受的燃烧效率、破坏效率、卤素去除效率和颗粒物排放限制的要求）和操作（如对 CO、最低燃烧温度和燃烧气体停留时间等过程变量的半连续监测要求），已经规定了监管标准。

RCRA 的性能标准要求，焚烧炉设施要获得 RCRA 许可证，必须达到指定的性能水平。如 10.1.1 节所述。RCRA 要求废物进料中每种主要有机有害成分（POHC）的破坏和去除效率（DRE）为 99.99%。而"二噁英规则"进一步要求所有"持证"焚烧厂对氯代二噁英或类似化合物（某些氯代二苯并–对–二噁英、氯代二苯并呋喃和氯代苯酚）的

DRE 达到 99.9999%。

《有毒物质控制法》(TSCA) 要求 PCBs、PCDDs 和 PCDFs 的 DRE 达到 99.9999%。对于液体废物,TSCA 要求燃烧温度为 1200±100℃,停留时间为 2s,氧气过量 3%;或燃烧温度为 1600±100℃,停留时间为 1.5s,氧气过量 2%。对于非液体废物,TSCA 规定,每引入 1kg 持久性有机污染物,所排放的污染物量须少于 0.001g。

增加焚烧能力的主要障碍之一是公众反对批准和确定新设施选址,特别是处理越来越多的固体废物和危险废物所必需的污染场地以外的商业性焚烧炉。多年来,公众一直强烈反对批准新的热焚烧作业项目。批准新的焚烧设施所需的正常时间是三年 (Dempsey and Oppelt, 1993)。从一个大的市场区域来分析,直接服务于单个废物产生者的现场设施比服务于多个废物产生者的异位商业性焚烧炉具有更高的公众接受度。污染场外设施往往不能证明有足够的经济利益来抵消从其他地区向当地社区引入废物所带来的风险。现场设施更直接地被认为是与给当地经济提供重要的商业机会有关,而不被视为危险废物的流入。

10.2 热强化技术

原则上,热强化修复与上文所述的热降解完全不同。在较低的热强化温度条件下,化学污染物不会在结构上发生变化。相反,它们的物理化学和(或)生物特性被改变,以便通过后续技术 (如 P&T、SVE、空气注入或生物修复) 将其去除。严格地说,这些热强化技术属于我们在前面章节中描述的修复技术中的每一种。在本节中,我们首先通过研究温度如何影响污染物的物理化学和生物特征来讨论热强化污染物去除的原理,再介绍土壤中有关的传热机理和地下加热的工程方法。

10.2.1 温度对污染物物理化学和生物特征的影响

与温度有关的物理化学和生物特性包括但不限于密度、黏度、溶解度、蒸气压、亨利常数、吸附系数、扩散系数和生物降解率。

一般情况下,当化合物加热时,其密度降低、蒸气压增加,在土壤有机质上的吸附减少,分子在水相和气相中的扩散增加。液体的黏度会随着温度的升高而降低,而气体的黏度会随着温度的升高而增加。只要温度保持在不影响细菌生长和繁殖的范围内,生物降解率就应该随着温度的升高而提高。这些是一般的规则,但有时也存在例外(一个典型的例子是水,其密度在 4℃ 时最大)。加热对特定污染物增强回收的净效应主要取决于污染物的性质和在特定情况下限制污染物去除率的主要机制。

理论上,与温度的关系可以由将蒸气压 (P) 与温度联系起来的克劳修斯-克拉珀龙方程 [见式 (8.2)],或将平衡常数 (K) 与温度联系起来的范托夫 (van't Hoff) 方程 (Mackay et al., 2006) 推导出来。

$$\ln P = C + \frac{\Delta H}{R}\frac{1}{T} \tag{10.22}$$

式中,P 可以是上述任何物理化学或生物性质;R 为理想气体常数;T 为开尔文温度;C

为常数；ΔH 为相变焓，如蒸气压为纯态蒸发热，水溶液溶解度为纯态溶解为水的溶解热，或在应用亨利定律的情况下，污染物在空气与水之间转移的焓变。

如下所述，式（10.22）的使用将推导出 $\ln P$ 与 $1/T$（或更常见的 $1000/T$）之间的线性相关。

温度对黏度的影响：液体化学品一般每升高 1℃ 膨胀约 0.1%。因此，温度升高 100℃ 将使液体体积增加约 10%。液体随着温度的升高而膨胀，导致分子之间相互作用的减少，从而使黏度降低。一般认为，普通液体有机化学品的黏度随着温度每升高 1℃ 就会降低 1% 左右。因此，液体在室温下的黏度越高，随着温度的升高，黏度的降低就越大。图 10.6 给出了几种石油产品的黏度随温度升高而降低的情况。还可以看出，液体黏度随温度变化的实验数据很好地符合黏度对数与 $1/T$〔或 $1000/T$ 如式（10.22）所示〕之间的线性关系。从污染物修复的角度来看，降低黏度将增加从地下抽出的流动性和可能性。

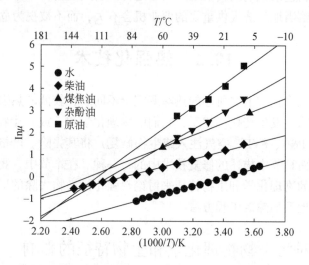

图 10.6　温度对水和几种石油产品（柴油、煤焦油、杂酚油和原油）动力黏度（μ，单位：cP）的影响
资料来源：Esteban et al., 2012；USEPA, 1997, USEPA/540/S-97/502

对于气态化合物，由于气体的体积与开尔文温度成正比，温度升高 100℃，如从 25℃ 到 125℃，相当于开尔文温度升高 =(398-298)/298≈30%，将导致气体体积增加约 30%。气体在室温下的黏度大约比液体的黏度低 1~2 个数量级。然而，气体分子的速度随着温度的增加，分子之间的相互作用更大，导致黏度也随温度而增加。这种增加与温度（K）成正比，因此温度每增加 100℃，气体的黏度将增加约 30%。

温度对溶解度的影响：温度对溶解度的影响取决于化学物质。温度升高会降低水−水、水−溶质和溶质−溶质的相互作用，因此温度对溶解度的影响将取决于哪种相互作用受到最大程度的影响（Yalkowsky and Banerjee, 1992）。大多数液态化学品，如 TNT、RDX 和氯苯，溶解度随温度而增加〔图 10.7（a）〕，而其他（如 MTBE）溶解度随温度而降低〔图 10.7（b）〕。也观察到一些化学物质存在最大或最小溶解度值随温度变化。例如，甲苯和乙苯在室温下溶解最小〔图 10.7（c）〕。常见有机化学品在室温范围内的溶解度变化一般小于 2 倍。

还要注意，如图 10.7 所示的线性关系反映了范托夫图。式（10.22）可改写为

$$\ln S = C + \frac{\Delta H}{R} \frac{1}{T} \qquad (10.23)$$

式中，S 为水溶解度，mol/L；ΔH 为溶液焓，kJ/mol。

这种线性关系类似于黏度与温度的关系。

温度对蒸气压的影响：蒸气压总是随着温度的升高而增加。对于沸点小于 100℃ 的有机物，当温度从 10℃ 增加到 50℃ 时，蒸气压增加 5 ~ 7 倍。对于沸点大于 100℃ 的化合物，通过将温度从 10℃ 提高到 100℃，其蒸气压一般会增加 40 ~ 50 倍。关于土壤中有机物解吸的有限数据表明，当土壤中存在有机化学物质时，蒸气压随温度呈指数级增长。

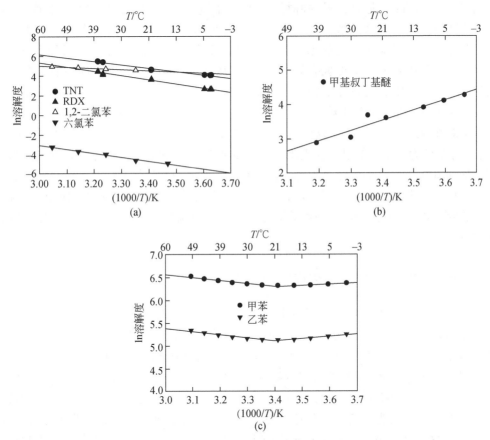

图 10.7　温度对污染物水溶解度（单位：mg/L）的影响

（a）TNT、RDX、1,2-二氯苯、六氯苯；（b）甲基叔丁基醚（MTBE）；（c）甲苯和乙苯。

数据来源：Lynch et al., 2001；Horst et al., 2018；Fischer et al., 2004；

Oleszek-Kudlak et al., 2004；Sawamura et al., 2001

正如我们在第 8 章土壤气相抽提中所讨论的，描述蒸气压与温度关系的定量关系是克劳修斯-克拉珀龙方程［见式（8.2）］。由于蒸气压是土壤气相抽提成功的决定因素，通过热水、空气和蒸汽控制温度是提高 SVE 去除低挥发性、半挥发性化合物的有效手段。

温度对亨利常数的影响：回顾第 2 章式（2.3），亨利常数 "H" 是蒸气压与溶解度的

比值。溶解度随温度的微小变化和蒸气压的大幅度增加结合在一起，会导致亨利常数随温度的变化而增大。亨利常数与温度的关系也可以用范托夫方程［式（10.22）］来描述。然而，对具有环境影响的化学品的亨利常数与温度的函数关系的实验数据非常有限，而且大多数测量都在有限的温度范围内。Heron 等（1998a）计算并测量了 TCE 的 H 值与温度的函数关系，发现当温度从 10℃ 提高到 95℃ 时，H 值增加了一个数量级。在热强化修复过程中，预计会对亨利定律产生非常显著的温度影响，从而对挥发性产生巨大影响。对于较易溶解的化合物（如二氯甲烷或 2-丁酮），以及水溶化合物（如丙酮和甲醇），H 值可能不会受到温度升高的显著影响。

温度对吸附-解吸的影响：吸附一般是放热的，因此随着温度的升高吸附会减少［勒夏特列（Le Châtelier）原理，见注释栏 10.2］。不过这也有例外，在很窄的温度范围内，吸附可能随着温度的升高而增加。温度影响的大小取决于特定的化学物质、土壤和含水量，因为这些因素将决定引起吸附的机制。根据吸附热，当温度从 20℃ 增加到 90℃ 时，从水相到土壤的吸附可以比预期减少约 2.2 倍。从气相到干燥土壤的吸附一般具有较大的吸附热，这导致温度对吸附过程的影响更大。例如，当温度从 20℃ 增加到 90℃ 时，TCE 在干燥土壤上的吸附量大约下降了 1 个数量级（Heron et al., 1998b）。

温度对扩散的影响：实验数据表明，液体中的扩散系数［参考菲克第二定律，式（8.8）］与单位为开尔文的温度成正比。将温度从 10℃ 增加到 100℃ 将使溶质在水相中的扩散增加约 30%。气体的扩散系数也与温度有关。对非极性气体或极性气体与非极性气体混合的气相扩散理论方程的观察表明，扩散的变化几乎为 $T^{3/2}$（Treybal, 1980）。温度从 10℃ 增加到 100℃ 将使空气相中的扩散增加约 50%，而温度从 10℃ 增加到 300℃ 将使扩散增加约 200%。

注释栏 10.2　勒夏特列原理：温度如何影响化学平衡

在一般意义上，勒夏特列原理指出，"当压力施加到处于平衡状态的系统上时，平衡状态会发生变化以减轻压力。"在一个处于平衡状态的化学体系中，如果浓度、温度或分压发生变化，那么平衡就会发生改变以抵消施加的变化，直到建立新的平衡。

勒夏特列原理可以用来解释许多观察到的温度对化学平衡的影响，如吸附、解吸、挥发和扩散。例如，升高温度通常会减少土壤上的化学吸附，而温度对解吸的影响则相反。

以解吸为例。提高温度将增加化学解吸，从而有利于通过热强化去除污染物。这是因为解吸通常是吸热的，这意味着必须向系统中添加热量才能从土壤中解吸化学物质。当温度升高时，就会增加热量。根据勒夏特列原理，平衡必须从吸附态转变为解吸态，以消耗（抵消）一些增加的热量。这将增加处于解吸状态的化学物质的量，并将增加这种化学物质的解吸。

从修复的角度来看，与吸附过程相比，更重要的是热脱附过程。对于疏水性有机污染物，如多环芳烃和多氯联苯，尤其如此，因为解吸总是成为土壤修复中的限速步骤。在室温下，大量多氯联苯仍吸附土壤中，但解吸可能需要显著升高的温度（300～400℃）（Uzgiris et al., 1995）。

温度对生物降解速率的影响：一般认为，在正常温度范围内，每升高 10℃，包括生物降解速率常数（k_b）在内的生化反应速度会增加 2~3 倍。阿伦尼乌斯（Arrhenius）方程 $k = C\exp(-E/(RT))$，描述了温度如何影响化学和生物反应的速率常数。类似于式（10.22）和式（10.23），阿伦尼乌斯方程的对数形式的结果用以描述温度对生物降解率的影响如下（Thompson et al., 2011）：

$$\ln k_b = C + \frac{E}{R}\frac{1}{T} \tag{10.24}$$

式中，k_b 为温度 T 时生物降解速率常数；E 为该温度范围内的平均活化能，kJ/mol；C 为常数；R 为理想气体常数。

图 10.8 是温度对四氯乙烯（PCE）和叔丁醇（TBA）生物降解率影响的实验数据示例图。这些结果表明，冬季低温地下水（~5℃）中的生物修复在浅层含水层系统中可能保持不活跃（Greenwood et al., 2007），除非在优势微生物群从中温型（最佳工作温度为 20~40℃）转变为亲冷型（最佳工作温度为 0~20℃）。

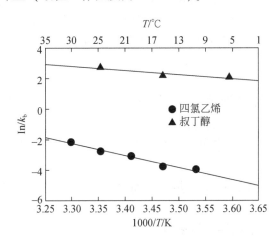

图 10.8　四氯乙烯（PCE）和叔丁醇（TBA）生物降解速率常数（单位：天⁻¹）与温度的关系
数据来源：Yagi et al., 1992；Greenwood et al., 2007

总结上述关于温度影响的分析，很明显，基本上所有随温度的变化都有助于从地下去除污染物。液体的热膨胀和黏度的降低将使受热的液体更容易流动。对于气体来说，随温度的膨胀会被黏度的增加所抵消。然而，由于气体的黏度大约比液体的黏度低两个数量级，将液体转化为气体将大大增加其流动性。膨胀本身将促进流体流出孔隙空间，最大的影响来自液体蒸发成气体。随着水相和气相温度的升高，污染物扩散加快，有助于将污染物从低渗透区域转移到高渗透区域，并加快其去除速度。

10.2.2　土壤和地下水的传热机制

提高地下温度可以通过以下四种技术来实现：热空气注入、蒸汽注入、电加热和射频加热。它们的应用如下：

（1）热空气注入用于去除挥发性物质（汽油、溶剂和喷气燃料）；

（2）蒸汽注入用于去除半挥发性和非挥发性物质（柴油燃料、重油）；

（3）电加热用于去除低渗透黏土和淤泥中的半挥发性和不挥发性物质（柴油、重油）；

（4）射频加热用于在低温条件（<100℃）下去除半挥发性和非挥发性物质（柴油、重油），或在高温条件（100～400℃）下去除非挥发性物质（某些多环芳烃、多氯联苯和农药）。

热量通过以下三种机制中的一种或多种传递：①对流、②传导和③辐射。在土壤和地下水中，辐射传热是无关的，因为辐射不需要介质，即可实现电磁波在空间中的热传递。对土壤中对流和传导的进一步解释如下。

对流传热：是通过一种流体与另一种流体的混合运动或表面与相邻流体之间的混合运动来传递热量。对流传热有两种模式：在强制对流中，热流体在鼓风机或压缩机的影响下通过土壤基质传递热能，通过与周围的土壤颗粒、孔隙水和土壤蒸气的接触，热量从流体转移；在自然对流中，运动的结果是在重力影响下，由于温差引起密度变化造成的。对流传热类似于质量传递，它依赖于浓度梯度而不是温度梯度。数学上，对流可以描述为

$$\frac{\mathrm{d}q}{\mathrm{d}A} = -h_c(T_2 - T_1) \tag{10.25}$$

式中，$\mathrm{d}q/\mathrm{d}A$ 为单位面积热流通量，W/m^2；A 为垂直于流动方向的面积；h_c 为传热系数，$W/(m^2 \cdot K)$；T_1 为室温；T_2 为土壤表面与液体介质界面温度。

由式（10.25）可知，对流传热速率既取决于温差，同时取决于热流经过的导热介质（土壤、地下水）。

传导传热：是通过温度梯度传递热量，而没有相邻物质的位移。传导加热类似于扩散，可以用一个类似于菲克第二定律［式（8.8）］的传质方程来描述。热量从土壤的高温区域传递到低温区域。描述导电传热的数学方程是傅里叶（Fourier）定律：

$$\frac{\mathrm{d}q}{\mathrm{d}A} = -K\frac{\mathrm{d}T}{\mathrm{d}L} \tag{10.26}$$

式中，K 为导热系数，$W/(m \cdot K)$；T 为温度；L 为距离。

上述方程类似于在水力梯度下流体流动的达西定律［式（2.17）］。

10.2.3　所需的升温时间和影响半径

热容是单位体积土壤每单位温度变化所需要的热量变化量，单位为 $cal/(cm^3 \cdot ℃)$。由于土壤是各种矿物质、有机物、水分和气态化合物的混合物，土壤热容（C_p）是土壤系统中所有这些成分热容的函数。土壤热容（C_p）可表达为

$$C_p = f_1 C_1 + f_2 C_2 + f_3 C_3 + f_4 C_4 \tag{10.27}$$

式中，f 为各土壤组分的体积分数，下标 1、2、3 和 4 分别表示土壤矿物、土壤有机物、土壤水和土壤气体。土壤气体 $f_4 C_4$ 的热容可以忽略不计。

通过蒸汽或热水将土壤加热到目标温度所需的时间可以由土壤吸附的热量（Q）和蒸

汽释放的热量（Q'）之间的热平衡得

$$Q = C_p \times (V \times \rho) \times \Delta T \tag{10.28}$$

$$Q' = \Delta H_v \times (1-f) \times m \times t \tag{10.29}$$

式中，C_p 为土壤热容，$\mathrm{Btu/(lb \cdot F)}$；$V \times \rho$ 为加热土壤体积×土壤密度；ΔT 为目标温度与室温之差℉；ΔH_v 为水的汽化热，$970\mathrm{Btu/lb}$；f 为热损失分数；m 为蒸汽注入速率的质量，$\mathrm{lb/h}$；t 为蒸汽加热时间，小时。

通过式（10.28）和式（10.29）（即 $Q = Q'$），我们可以求解所需的加热时间：

$$t = \frac{C_p \times (V \times \rho) \times \Delta T}{\Delta H_v \times (1-f) \times m} \tag{10.30}$$

如果我们用 $\pi r^2 h$ 代替土壤体积（V），那么当蒸汽通过注水井注入时，蒸汽影响半径（r）可以由下式估算：

$$r = \sqrt{\frac{\Delta H_v \times (1-f) \times m \times t}{\pi h C_p \times \rho \times \Delta T}} \tag{10.31}$$

式中，h 为受加热土层深度，其他参数同前文所述。

10.2.4　热空气、蒸汽、热水和电加热的使用

一般可采用三组方法向地下注入或施加热量以加强修复：①注入蒸汽或空气等热气体；②注入热水；③电或电磁能加热。所有这些方法最初都是由石油工业为提高石油采收率而开发的，近年来逐渐被应用于土壤和含水层的修复应用，并取得了不同程度的成功，特别是蒸汽注入、电阻加热和热传导加热（又称原位热脱附）。

10.2.4.1　热空气、蒸汽、热水和电热

温度高达 425℃（800℉）的热空气可以通过热氧化排气管中的热交换器或井口加热器获得。当热空气注入土壤非饱和带，土壤温度可以提高到 65～80℃（150～180℉）。强化修复是通过提高蒸气压、降低黏度或降低土壤界面张力来实现的。当热空气与土壤气相抽提相结合时（图 8.1），将提高蒸气的抽提效率。热空气可以在非常高的温度下供应，但由于空气的热容量非常低 [约 $1\mathrm{kJ/(kg \cdot ℃)}$]，其现场使用受到限制。对于需要干燥土壤的情况，热空气注入可作为回收污染物的补充手段。

使用热水提高回收率的主要机制通常是通过降低黏度和界面张力。提高渗透性和降低残留饱和度也有助于非挥发性污染物的回收。因为热水不会蒸发污染物，所以只需要液体回收系统，而不需要蒸气回收系统（Smith，2017）。

蒸汽强化抽提（steam enhanced extraction，SEE）使用来自现场发电机或便携式拖车的蒸汽（温度100℃或212℉）。蒸汽被注入非饱和层和饱和层，通过强制对流将土壤加热到 93～104℃（200～220℉）（图 10.9）。蒸汽通过增加 SVOCs 的蒸气压，并降低其黏度、界面张力和残余饱和度来提高污染物的回收率。与热空气不同，蒸汽的热容量大约是空气的四倍 [约 $4\mathrm{kJ/(kg \cdot ℃)}$]，蒸汽热超过 $2000\mathrm{kJ/kg}$。因此，蒸汽可以更有效地用于加热土壤和含水层。蒸汽的缺点是冷凝蒸汽的残余水，在残余水中留下高浓度的水溶性污染

物。这个问题可以通过与蒸汽共同注入空气来解决；例如，蒸汽注入可以使 DNAPL 以蒸气形式悬浮在空气中，防止 DNAPL 凝结和向地下迁移（Kaslusky and Udell，2005）。

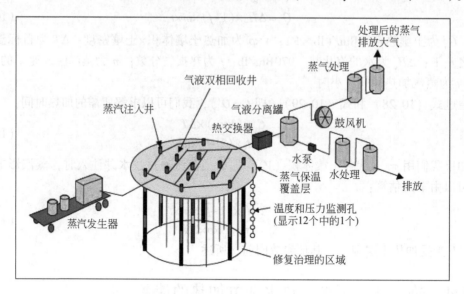

图 10.9　蒸汽加热原理图（据 Environmental Security Technology Certification Program，2009）

针对不同的挥发性，热空气、蒸汽和热水所适用的污染物类型不同。如表 10.3 所示，热空气注入仅用于回收气态污染物，而蒸汽注入可置换蒸气前方液态污染物，并使挥发性残留污染物汽化，因此可以回收液态和气态挥发性污染物。热水注入一般只能回收液相中的污染物。在挥发性方面，热空气注入适用于水溶性的 VOCs 和 SVOCs，而蒸汽注入适用于与水不混溶的 VOCs 和 SVOCs。相比之下，热水注入适用于低挥发性和在水中溶解度极低的污染物。

表 10.3　热空气、蒸汽、热水在污染修复中的适用性

相态及类型	热空气	蒸汽	热水
污染物相态：			
气态	A	A	N
液态	N	A	A
污染物类型：			
VOCs	A[a]	A[b]	N
SVOCs	A[a]	A[b]	N
NVOCs	N	N	A[c]

a. 水溶性的 VOCs 和 SVOCs；

b. 非水溶性的 VOCs 和 SVOCs；

c. 具有低挥发性和极低水中溶解度的 NAPL。

注：A：适用；N：不适用；NVOCs. 不挥发性有机化合物，nonvolatile organic compounds。

只有当非水相的含量大于剩余饱和度时，热水注入才可能有效，因为主要的回收机制是非水相的物理置换。对于漂浮在地下水位上方的低密度污染物（如 LNAPL），注入热水

可能是最有效的，因为如果注入地下水位以下，低密度热水有上升的趋势。对于在室温下密度大于水，但在置换温度下密度小于水的污染物，通过注入热水加热地下，可以帮助形成浮油，从而有助于回收。当污染物沸点低且不相溶时，蒸汽注入比热水注入有明显的优势，因此可以在蒸汽注入所达到的温度下进行蒸馏。

电阻加热（electrical resistance heating，ERH）利用电流加热透水性差的土壤，如黏土和细粒沉积物。将电极通常间隔 3~7m（14~24ft），直接放置在透水性差的土壤基质中，电极通电使电流通过土壤，产生电阻，然后加热土壤（饱和层或非饱和层）。这些电极通常由钢管或铜板构成，安装方式与监测井的安装方式相似。当温度达到水的沸点时，产生蒸汽，将污染物从土壤中解吸，使它们能够被 SVE 从地下提取出来。高温还会导致断裂，使土壤更具渗透性，从而通过 SVE 增强污染物的去除。

图 10.10 为均匀粉土试验箱中温度和污染物（TCE）分布的二维实验室结果。由于 ERH 不依赖于地下水的平流，因此非常适用于淤泥和黏土等非均质和低渗透地下土层修复（Beyke and Fleming，2005）。事实证明，ERH 在修复受污染影响严重的场地方面已取得了成功，包括 DNAPL 和 LNAPL、非均质岩性以及低渗透淤泥和黏土的场地（Kingston et al.，2012）。ERH 技术可以在不太影响商业活动或公众的前提下对建筑物地下的污染进行修复（McGee，2003）。

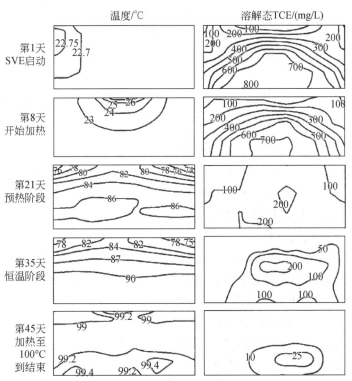

图 10.10　在特定时间下，电加热-土壤蒸气抽出反应器中温度和三氯乙烯（TCE）溶解的二维分布图

试验箱宽 120cm，高 60cm，深 12cm。资料来源：经 Heron et al.，1998b 授权转载，

版权归美国化学学会所有，1998 年

　　热传导加热（thermal conductivity heating，TCH）与 ERH 相似，都涉及同时应用电产生的热量和真空从地下土壤中抽取蒸气，然后进行地上蒸气处理。在 TCH 中，加热元件位于沿加热器和真空井套管向下延伸的无孔管道内。热量通过垂直加热器和真空井阵列扩散，蒸气通过这些井系统捕获（图 10.11）。污染区热量的传递主要是通过热传导，即由于加热井与周围含水层之间的温度梯度而产生的热量传递。对流传热也可能发生在孔隙水蒸气形成的早期阶段。由于 TCH 可以达到较高的土壤温度（超过 500℃），而 ERH 最高只能达到 100℃（水沸点），一旦 TCH 达到较高的土壤温度，很大一部分（高达 99%）有机污染物或者被氧化（如果有足够的空气存在），或者被热解（USEPA，2004）。

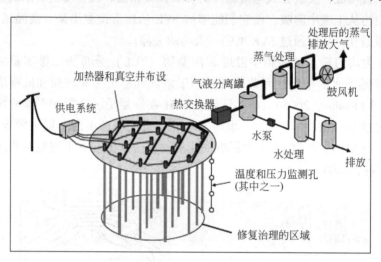

图 10.11　典型的热传导加热装置图（据 Environmental Security Technology Certification Program，2009；USEPA，2014）

　　由于操作温度不同，ERH 适用于 VOCs 的去除，TCH 适用于 SVOCs 的去除。由于污染物去除的互补性和系统组件的相似性，目前修复技术已经可以在一个井眼中同时提供 ERH 和 TCH，从而实现成本效益更好的修复工程。主要缺点是当地下水流量较大（>1ft/d）时，ERH 和 TCH 都不能很好地发挥作用。较大的地下水流量可能导致显著的热损失（USEPA，2014；Smith，2017）。

　　射频加热（ratio frequency heating，RFH）是一种利用电磁能将土壤加热到 300℃ 以上的原位治理过程。RHF 通过降低黏度、增加挥发性，以及通过干燥提高渗透性来增强土壤气相抽提（SVE）。RFH 技术的工作方式与微波炉相同，只是频率（波长）不同。RFH 具有穿透较深的能力，甚至能穿透致密且大尺寸材料。

　　当通过井下天线使用电磁加热时，土壤孔隙中的水基本吸收了所有的能量，水的蒸发限制了能量在土壤中的传输，进一步限制了加热过程。因此，对于低频方法，水的沸点（100℃）是可以达到的最高温度。对于半挥发性有机污染物，蒸气压达到 100℃ 时可能不足以有效地回收污染物。与低频方法（60Hz）相比，高频方法使用来自无线电发射机拖车的射频能量（3kHz～300GHz，类似于平均 2.45GHz 的家用微波）。电磁能量用于加热非饱和层和饱和层顶部。射频能量可以被土壤本身吸收，因此没有流体注入土壤。RFH 不受限于土壤条件，可以提供更均匀的加热（Bientinesi et al., 2015）。目前，RFH 在现场规模的成功应用还很有限。

10.2.4.2　热过程选择流程图

上述每一种热强化方法一般只适用于某些特定类型的污染场地。修复技术的选择必须基于地下特征（如渗透性、非均质性）和要回收污染物特性（如挥发性、吸附性和溶解度）。蒸汽注入、热空气注入和电加热技术一般适用于 VOCs 和 SVOCs，而热水注入一般适用于自动变速箱油、煤焦油、杂酚油和原油等非挥发性油。电加热适用于低渗透介质和有显著的非均质性介质的情况下。对于较高溶解性污染物，应优先考虑进行土壤干燥，因此热空气或射频加热可能更适用。因为解吸是一个缓慢进行的过程，当吸附显著时，可能需要更高的温度和（或）更长的修复时间。图 10.12 可以作为一个快速指南来确定哪些热强化技术可能适用于给定的情况；在某些情况下，可能有一种以上的技术同时适用。

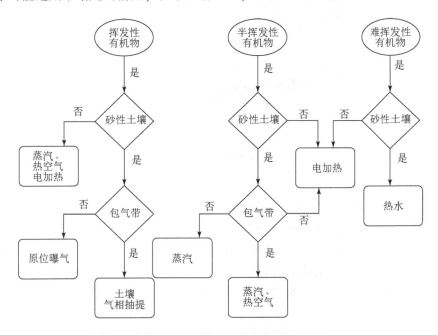

图 10.12　特定场地的热强化修复技术使用流程图（改编自 USEPA, 1997）

10.3　玻璃化处理

玻璃化利用电能产生热量以融化土壤，所需的温度范围为 1590 ~ 2010℃（2900 ~ 3650°F）。土壤可以原位或异位玻璃化。四根石墨电极杆被钻入污染区域。在高压（4000V）启动下，电流在电极之间传递，并融化电极之间的土壤（图 10.13）。融化开始于地表附近，然后向下移动。随着土壤融化，电极会进一步深入地下，促进更深的土壤融化。当电源关闭时，融化的土壤冷却并玻璃化，这意味着它变成了一个类似玻璃的固体块，电极成为玻璃块的一部分。这种材料包括熔融的无机氧化物，特别是硅氧化物，可以固定玻璃内的难挥发性金属。当玻璃化时，土壤体积会缩小，玻璃化后的土壤会留在现场。因此，需要清洁的土壤来填充凹陷的区域。

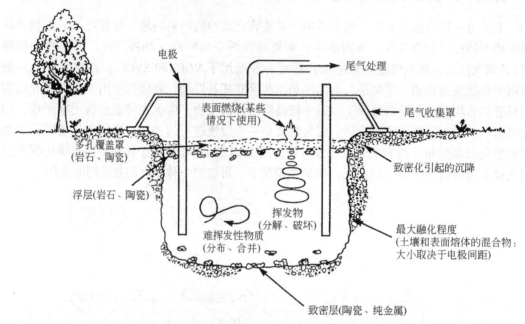

图 10.13　原位玻璃化过程示意图（据 USEPA，1992）

玻璃化永久地将危险废物包裹在一个类似玻璃的固体块中，并留在原地。因此可以防止降雨、地下水流动和风等造成化学品现场迁移。在玻璃化过程中，用于融化土壤的热量也会破坏一些有机污染物，并导致部分有机污染物蒸发。有机污染物在玻璃化过程中被热解（在无氧的情况下）或燃烧（在有氧的情况下）。蒸发的化学物质（包括少量的挥发性金属，如铅、镉和锌）通过融化的土壤向上迁移至地面，随后被覆盖在加热区域的收集罩收集。这些化学物质被送到尾气处理系统中进行处理。

原位玻璃化治理场地所需的时间取决于几个因素，包括污染区域的大小和深度，存在的化学物质类型和数量，以及土壤的湿润程度（潮湿的土壤必须干燥，这需要更多的时间）。一般来说，原位玻璃化比大多数方法具有更短的治理时间，治理工作可能需要几周到几个月，而不是几年。玻璃化已经成功地应用于只有少量无机废物的场所，如放射性废物、金属底泥、含石棉废物或被金属污染的土壤和灰分。玻璃化可以治理多种类型化学物质和土壤。通过就地治理土壤，它避免了挖掘土壤或将其运送到垃圾填埋场处理的费用。如果使用得当，能有效控制玻璃化过程中释放的挥发性化学物质，那么玻璃化是非常安全的。

玻璃化可以固化无机金属和核素。与焚烧相同，玻璃化也会在极端高温下破坏有机污染物，这两个过程都需要来自电力或燃料源的高能量输入。另外，在温度较低的情况下，原位热强化依赖于现有的修复基础设施，如蒸气抽取、淋洗或生物修复，热源可以通过使用废热获得，如污染场地现有的热空气、蒸汽和水。对于许多原位热强化技术，可以采用各种绿色修复措施（注释栏 10.3）。

注释栏 10.3　原位热强化技术的绿色修复要点

原位热系统已越来越多地用于修复污染场地，包括超级基金场地、RCRA 设施、棕地或军事设施，需要在几个月而不是几年的时间内加速治理。由于所有现场热系统都是能源密集型的，最大限度地利用最佳管理实践（BMP）是必不可少的。

减少现场热应用的环境足迹的机会，普遍存在于设计、施工、操作和维护以及监测的所有治理环节（USEPA，2014）。USEPA 提供了一份清单，最佳管理措施的例子如下。

设计阶段：

- 建立一个概念性的场地模型；
- 最大限度地使用高分辨率图像技术；
- 考虑一种分阶段加热的方法；
- 整合可再生能源的利用；
- 维持资源消耗和废物产生的底线。

施工阶段：

- 考虑将井与加热设备建设在一起；
- 选择可回收材料；
- 在可行的情况下采用直推（direct-push）技术；
- 控制钻屑，便于现场重复使用；
- 整合技术以降低或缓冲噪声；
- 回收处理过的或清洁的泵送水，供现场使用或返回含水层；
- 使用清洁燃料、清洁排放技术和节能技术。

运行维护阶段：

- 保持表面密封；
- 调整流速以满足不断变化的现场条件；
- 随着清理工作的进行，持续评估是否可以有缩小或关闭的设备。

监控阶段：

- 最大程度的自动化和远程监测功能；
- 尽可能使用现场测试工具；
- 收集包括目标区域附近的数据。

在下面的研究案例 10.1 和研究案例 10.2 中，只给出热强化技术，因为焚烧是一种成熟的修复技术。有关更多研究案例，读者可参考 USEPA（1995a，1995b，1995c）的报告。

研究案例 10.1　美国加利福尼亚州 Huntington 海滩原位蒸汽强化热处理

在加利福尼亚州 Huntington 海滩的 Rainbow 处置场进行了原位热强化修复工艺的野外大规模测试。由于管道破裂，总共有 10 万 gal 柴油泄漏，影响了地下约 40ft 的土壤和地下水。35 口注入井和 38 口抽气井两种井以交替重叠的模式布置在 2.3acre 的处理区域内。不同类型的井间间距约为 45ft，相同类型的井间间距约为 60ft。液体污染物在油水分离器中通过重力法从水中去除，蒸气在热氧化装置中进行处理。

蒸汽注入在 1991 年 8 月至 1993 年 8 月期间进行了两年。监测数据显示，共计回收柴油 700gal，热氧化装置处理柴油 15400gal，占初始泄漏量的 12% ~ 24%。蒸汽注入清除了大量泄漏的柴油，但没有达到 TPH 低于 1000mg/kg 的现场治理目标。在蒸汽注入过程结束后，原位生物降解被用于该场地的后续清理，通过好氧细菌来达到清洁目标。1994 年，加利福尼亚州地区水质控制委员会发布了场地清理完毕的指令。

研究案例 10.2　　美国威斯康星州 Volk 空军国民警卫队基地土壤气相抽提与射频加热联用热处理

在威斯康星州的 Volk 空军国民警卫队基地，通过射频加热增强了土壤气相抽提 (SVE) 的测试。现场测试是在一个前消防训练坑进行的，该坑在常规消防训练演习中被泄漏的 JP-4 喷气燃料污染。土壤 98% 为硅砂，19yd^3 的砂土平均被加热到 7ft 深，加热区面积为 72ft^2，用 40kW 的射频电源在八天内将土壤加热到 150 ~ 160℃ 的温度范围，处理温度维持了四天。处理区向上迁移的蒸气被捕获并引导到蒸气处理系统，该系统包括冷热交换器 (用于蒸汽和污染蒸气的冷凝)，接着是一个气液分离罐 (用于从蒸气中去除冷凝物) 和碳吸附罐。现场至少 99% 的挥发性碳氢化合物和 94% ~ 99% 的半挥发性碳氢化合物被去除。以十六烷作为目标化合物为代表的半挥发性脂肪族化合物，其沸点为 289℃ 的。发现十六烷的平均去除率可达到 83%。

参 考 文 献

Beyke, G. and Fleming, D. (2005). *In situ* thermal remediation of DNAPL and LNAPL using electrical resistance heating. *Remediation* Summer:5-22.

Bientinesi, M., Scali, C., and Petarca, L. (2015). Radio frequency heating for oil recovery and soil remediation. *IFAC (International Federation of Automatic Control)-Papers Online* 48-8:11198-1203.

Cooper, C. and Alley, F. C. (2011). *Air Pollution Control: A Design Approach*, 4e. Prospect Heights: Waveland Press, Inc.

Davis, E. (1998). Steam Injection for Soil and Aquifer Remediation, Ground Water Issue 16, EPA 540-S-97-505.

Dempsey, C. R. and Oppelt, E. T. (1993). Incineration of hazardous waste: a critical review update. *Air and Waste* 43 (1):25-73.

Environmental Security Technology Certification Program (ESTCP) (2009). State-of-the-Practice Overview: Critical Evaluation of State-of-the-Art In Situ Thermal Treatment Technologies for DNAPL Source Zone Treatment, ESTCP Project ER-0314.

Federal Remediation Technologies Roundtable (FRTR) (2018). Remediation Technologies Screening Matrix and

Reference Guide, version 4. 0, 4. 10. Thermal Treatment, http://www. frtr. gov/matrix2/section4/4-9. html.

Fischer, A., Muller, M., and Klasmeier, J. (2004). Determination of Henry's law constant for methyl tert-butyl ether (MTBE) at groundwater temperatures. *Chemosphere* 54:689–694.

Grasso, D. (1993). *Hazardous Waste Site Remediation-Source Control*. Boca Raton: Lewis Publishers.

Greenwood, M. H., Sims, R. C., McLean, J. E., and Doucette, W. J. (2007). Temperature effect on tert-butyl alcohol (TBA) biodegradation kinetics in hyporheic zone soils. *BioMedical Eng. OnLine* 6:34–42.

Heron, G., Christensen, T. H., and Enfield, C. G. (1998a). Henry's law constant for trichloroethylene between 10 and 95℃. *Environ. Sci. Technol.* 32:1433–1437.

Heron, G., van Zutphen, M., Christensen, T. H., and Enfield, C. G. (1998b). Soil heating for enhanced solvents: a laboratory study on resistive heating and vapor extraction in a silty, low-permeable soil contaminated with trichloroethylene. *Environ. Sci. Technol.* 32:1474–1481.

Horst, J., Flanders, C., Klemmer, M. et al. (2018). Low-temperature thermal remediation: Gaining traction as a green remedial alternative. *Groundwater Monitoring & Remediation* 38(3):18–27.

Kaslusky, S. F. and Udell, K. S. (2005). Co-injection of air and steam for the prevention of the downward migration of DNAPLs during stem enhanced extraction: an experimental evaluation of optimum injection ratio predictions. *J. Contaminant Hydrol.* 77 :325–347.

Kingson, J. L., Dahlen, P. R., and Johnson, P. C. (2012). Assessment of groundwater quality improvements and mass discharge reductions at five *in situ* electrical resistance heating remediation sites. *Ground Water Monitoring Remediation*, 32(3):41–51.

Lee, C. C. and Lin, S. D. (2007). *Handbook of Environmental Engineering Calculations*, 2e. New York: McGraw-Hill.

Lynch, J. C., Myers, K. F., Brannon, J. M., and Delfino, J. J. (2001). Effects of pH and temperature on the aqueous solubility dissolution rate of 2,4,6-trinitrotoluene(TNT), hexahydro-1,3,5-trinitro-1,3,5-triazine(RDX), and octahydro-1,3,5,7-tetranitro-1,3,5,7-tetrazocine(HMX). *J. Chem. Eng. Data* 46:1549–1555.

Mackay, D., Shiu, W. Y., Ma, K.-C., and Lee, S. C. (2006). Handbook of physical-chemical properties and environmental fate for organic chemicals. In: *Introduction and Hydrocarbons*, 2e, vol 1. London: Taylor & Francis Group.

McGee, B. C. W. (2003). Electro-thermal dynamic stripping process for in situ remediation under an occupied apartment building. *Remediation* Summer:67–79.

Oleszek-Kudlak, S., Shibata, E., and Nakamura, T. (2004). The effects of temperature and inorganic salts on the aqueous solubility of selected chlorobenzenes. *J. Chem. Eng.* 49:570–575.

Reynolds, J. P., Jeris, J., and Theodore, L. (2007). *Handbook of Chemical and Environmental Engineering Calculation*. New York: John Wiley & Sons.

Santoleri, J. J., Reynolds, J., and Theodore, L. (2000). *Introduction to Hazardous Waste Incineration*, 2e. New York: Wiley-Interscience.

Sawamura, S., Nagaoka, K., and Machikawa, T. (2001). Effects of pressure and temperature on the solubility of alkylbenzenes in properties of hydrophobic hydration. *J. Phys. Chem.* B:2429–2436.

Sellers, K. (1998). *Fundamentals of Hazardous Waste Site Remediation*. Boca Raton: Lewis Publishers.

Smith, C. D. M. (2017). *Draft White Paper on Thermal Remediation Technologies for Treatment of Chlorinated Solvents: Santa Susana Field Laboratory*. California: Simi Valley.

Theodore, L. and Reynolds, J. (1987). *Introduction to Hazardous Waste Incineration*. New York: Wiley-Interscience.

Thompson, K., Zhang, J., and Zhang, C. (2011). Use of fugacity model to analyze temperature-dependent removal of micro-contaminants in sewage treatment plants. *Chemosphere* 84(8):1066–1071.

Trebal, R. E. (1980). *MASS Transfer Operations*, 3e. New York: McGraw-Hill.

US Army Corps of Engineers(2014). Design: *In Situ* Thermal Remediation Engineer Manual, EM-200-1-21.

USEPA(1992). Handbook: Vitrification Technologies for Treatment of Hazardous and Radioactive Waste, EPA 625-R-92-002.

USEPA(1995a). Site Technology Capsule: In Situ Steam Enhanced Recovery Process, EPA 540-R-94-510a.

USEPA(1995b). IITRI Radio Frequency Heating Technology: Innovative Technology Evaluation Report, EPA 540-R-94-527.

USEPA(1995c). In Situ Remediation Technology Status Report: Thermal Enhancement, EPA 542-K-94-009.

USEPA(1997). Issue Paper: How Heat Can Enhance In Situ Soil and Aquifer Remediation, EPA 540-S-97-502, Washington, DC: Office of Research and Development.

USEPA(1999). Cost and Performance Report: Six-Phase Heating (SPH) at a Former Manufacturing Facility, Skokie, Illinois.

USEPA(2004). *In Situ* Thermal Treatment of Chlorinated Solvents: Fundamentals and Field Applications, EPA 542-R-04-010.

USEPA(2012). Green Remediation Best Management Practices: Implementing *In Situ* Thermal Technologies, EPA 542-F-12-029.

USEPA(2014). *In Situ* Thermal Treatment Technologies: Lessons Learned, 18 pp.

Uzgiris, E. E., Edelstein, W. A., Philipp, H. R., and Iben, I. E. T. (1995). Complex thermal desorption of PCBs from soil. *Chemosphere* 30(2):377–387.

Yagi, O., Uchiyama, H., and Iwasaki, K. (1992). Biodegradation rate of chloroethylene in soil environment. *Wat. Sci. Technol.* 25:419–424.

Yalkowsky, S. H. and Banerjee, S. (1992). *Aqueous Solubility: Methods of Estimation of Organic Compounds.* New York: Marcel Dekker Inc.

问题与计算题

1. 哪个热处理过程不涉及热解:(a)焚烧、(b)热强化和(c)玻璃化?

2. 利用式(10.3)中的一般反应式,给出 C_3H_5OCl 的氧化反应方程。

3. 描述危险废物焚烧产生的典型 PICs 和 POHC。

4. 列出影响燃烧效率的因素。如何测量燃烧效率?

5. 为什么废物或燃料的热值对焚烧很重要?如何使用热值来设计燃烧或焚烧?

6. 若回转窑焚烧炉内主要有机有害物(POHC)的质量流量为 200kg/h,则 RCRA 所允许的该焚烧炉出口的最大流量为多少?如果这个化学品是进料流量为 2kg/h 的 PCBs 呢?

7. 危险废物焚烧炉的烟气含有 13% 的 CO_2 和 25ppm 的 CO,燃烧效率是多少?

8. 焚烧炉在 1950℉ 运行,其气体流量在 60℉ 为 5300scfm。如果需要 2s 的最小停留时间,请计算该焚烧炉所需的体积。

9. 使用查理定律将苯的流速从 6℉ 的 4500scfm 转换为 1100℉ 时的 acfm,压力恒定为 1atm。

10. 用勒夏特列原理解释温度是如何影响挥发的。

11. 为什么焚烧炉需要过量空气(1.5~2 倍的化学计量氧气)?为什么过量空气是不必要的?为什么缺氧的条件应该避免?

12. 计算 5lb·mol 的以下化合物的质量:(a)苯、(b)辛烷、(c)乙醇和(d)乙酸丁酯。

13. 如果由纸、塑料和纺织品制成的垃圾衍生燃料每公斤废物燃烧需要 1000L 氧气，那么每公斤废物燃烧需要多少空气？

14. 在用于估算氧化学计量的式(10.9)中，系数 2.67、8、1 和 −1 用于将 C、H、S 和结合氧转换为需氧量。推导这些系数。

15. 在用于估算氮化学计量的式(10.10)中，系数 3.32 用于将氧转换为氮，为什么？

16. 汽油组分辛烷值不完全燃烧的公式为 $C_8H_{18}+12O_2 \rightarrow 9H_2O+7CO_2+CO$。计算燃烧效率(CE)(a)按体积计算；(b)按质量计算。

17. 丙烷的燃烧可以写为 $C_3H_8+5O_2 \rightleftharpoons 3CO_2+4H_2O$。确定(a)理论燃烧空气、(b)100% 过量燃烧空气和(c)实际燃烧空气。结果以每 lb_m C_3H_8 和每磅 C_3H_8 来表达。

18. 确定汽油的热值，单位为 Btu/lb。汽油是多种成分的复杂混合物，使用辛烷值化学式 (C_8H_{18}) 来进行近似计算。

19. 计算纤维素 $(C_6H_{10}O_5)$ 在进料速度为 500lb/h 时完全燃烧所需的氧气、氮气和空气的化学计量。提示：使用式(10.9)~式(10.11)。

20. 对于问题 19，如果过量空气是化学计量的 150%(即 50% 多余)，计算氧气、氮气和空气的实际量。

21. 已知纤维素完全燃烧的配平方程：$C_6H_{10}O_5+6O_2 \rightleftharpoons 6CO_2+5H_2O$，在(a)过量空气 20% 和(b)过量空气 100% 的条件下，在反应中加入 N_2，给出配平方程。

22. 焚烧炉在标准温度条件下(60℉)的空气流量为 4000scfm(标准立方英尺每分钟)。在其工作温度为 1800℉ 的实际情况下，将其转换为 acfm(实际立方英尺每分钟)表示的流量时，流量是多少？

23. 解释为什么(a)蒸气压、(b)亨利常数、(c)扩散系数和(d)生物降解率随着温度的升高而增加。

24. 解释为什么温度的升高并不一定导致以下参数增加：(a)水溶解度、(b)黏度和(c)吸附。

25. 哪个传热过程与浓度梯度引起的传质过程相似？哪种传热过程类似于达西定律是由于水力梯度引起的？

26. 用式(10.30)和式(10.31)解释使用蒸汽影响土壤升温时间的因素。

27. 描述一下焚烧炉的利弊。什么是"邻避(NIMBY)"？

28. RCRA 中关于危险废物焚烧炉的条款中限值：(a)最小热值、(b)最大卤素含量和(c)POHC 的 DRE？

29. 列出四种最常见的燃烧炉类型，并描述一个焚烧炉系统的典型成分。

30. 在固定焚烧炉中，主燃烧炉在缺氧条件下运行有什么好处？

31. 哪种类型的焚烧炉在处理各种形式的危险废物(固体、液体和气体)方面最通用？

32. 哪种类型的焚烧炉可用于小规模的危险废物处理现场装置？

33. 哪一个焚烧炉的废料必须预先筛分，并粉碎成较小的尺寸以供焚烧？

34. 提供流化床焚烧炉的典型温度和停留时间。USEPA 对危险废物焚烧炉(hazardous waste incinerator，HWI)和医疗(生物医学)废物焚烧炉的最低温度和停留时间的要求是多少？

35. 描述使用热空气和蒸汽进行热强化的局限性。

36. 从污染物相(液体、蒸气)、挥发性(VOCs、SVOCs、NVOCs)和土壤基质类型(砂质、黏土)方面，描述每种热强化修复技术的适用范围。

37. 低频热法和高频热法的主要区别是什么？

38. 以下适用哪种热强化技术(如热空气、蒸汽、热水、电加热)：(a)黏土中的 VOCs、(b)非饱和条件下砂土中的 SVOCs、(c)砂土中的 NVOCs 以及(d)黏土中的 NVOCs？

39. 什么情况下，玻璃化可以作为污染土壤的修复方法。

第 11 章　土壤洗涤和淋洗

学习目标

1. 掌握土壤洗涤与原位土壤淋洗的差异。

2. 说明土壤质地如何影响土壤洗涤过程，以及土壤洗涤时污染土壤体积是如何减少的。

3. 了解在土壤洗涤和原位淋洗中，为什么可以使用各种化学添加剂来去除重金属和有机污染物，包括酸、螯合物、表面活性剂和助溶剂。

4. 能描述增加溶解（增溶作用）和增强移动（增移作用）之间的区别，以及与这些机制相关的基本术语，如表观溶解度、界面张力和毛细管数。

5. 描述回收 NAPL 的助溶剂与表面活性剂的区别。

6. 了解土壤洗涤和原位土壤淋洗的优缺点，以及影响原位淋洗成功的相关场地或化学因素。

7. 能够计算出土壤洗涤后，污染物在粗砂和细粒中的含量百分比和体积减小量。

8. 了解如何选择各种表面活性剂，理解表面活性剂原位淋洗液的回收与处理问题。

9. 了解表面活性剂增强 NAPL 含水层修复效率的研究进展，包括但不限于泡沫和表面活性剂与助溶剂（氧化剂）的联合使用。

　　本章介绍了新型土壤洗涤和土壤原位淋洗技术。作为新型技术，虽然还不是土壤修复中的常用技术，但已得到开发以及污染场地应用。土壤洗涤是异位治理技术，而土壤淋洗是原位治理技术。这两种技术的关键是使用清水或其他化学添加剂（如酸、螯合化合物、表面活性剂和助溶剂）来增加污染物的溶解度和迁移性，从而去除污染物。由于污染物只是被分离但不被破坏，土壤洗涤和原位淋洗技术通常与其他处理技术联合使用。例如，使用表面活性剂的原位土壤淋洗实际上是用于污染源区和 NAPL 修复区的抽出处理（见第 7 章）。本章将重点介绍污染物溶解性增加和迁移性增强的科学原理、一般工艺描述、适用性和局限性。自 20 世纪 80 年代末以来，人们在土壤洗涤和土壤原位淋洗方面开展了大量的研究。因此，本章中包含了这些技术的最新进展。

11.1　土壤洗涤和淋洗的基本原理

本节将简要介绍土壤洗涤和土壤原位淋洗这两种相似过程的基本原理。然后讨论如何使用表面活性剂和助溶剂，加强两种主要机制（增加溶解和增强移动）对土壤污染物的清除作用。

11.1.1　土壤洗涤和淋洗概述

土壤洗涤时，必须先从现场挖出受污染土壤（这就是为什么土壤洗涤通常是一种异位技术的原因）。挖出污染土壤的洗涤，是一种用某种液体进行擦洗的机械过程（通常是水，有时会结合化学添加剂）。这种"擦洗"将有害污染物从土壤中去除，并将其浓缩成较小体积，附着在细颗粒（粉土和黏土）上，也称为细粒土。在随后的分离步骤中，细颗粒（粉土和黏土）通过过滤网和水力旋流器等各种机械设备从粗颗粒（砂石）中分离出来（图 11.1）。

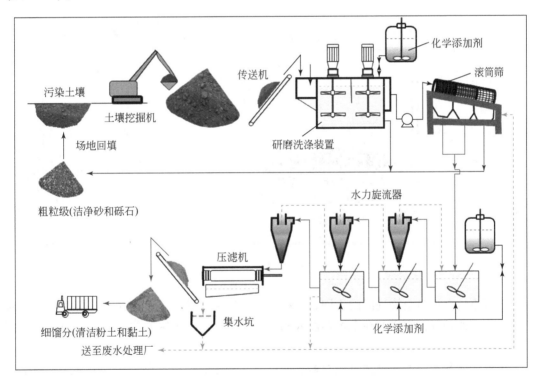

图 11.1　典型土壤洗涤系统示意图

土壤洗涤的原理是基于细颗粒对污染物的吸附作用，因为相比于砂石和砾石，粉砂和黏土颗粒具有较大的表面积和吸附系数（K_d，见第 2 章第 2.9 节）。因此，如果处理后的土壤中粉土和黏土的含量很少，而砂土和砾石是主要的土壤成分，则可以显著减少污染土壤的体积。所以，提前对所处理土壤的颗粒分布有一个了解是至关重要的。土壤颗粒分为砾石（>2mm）、粗砂（0.2~2mm）、细砂（0.02~0.2mm）、粉砂（0.002~0.02mm）和黏土（<0.002mm）。这些物质的相对数量（不包括砾石）就是土壤的质地。常用的12种质地分类已在质地三角形图中进行了描述（见第3章图3.2）。

　　土壤洗涤是一种成本相对较低的废物分离替代方法，也可以最大限度地减少需进行后续处理（如焚烧或生物修复）的土壤体积。土壤洗涤装置可以作为一个可移动系统搬入场地，因此它是一种可移动技术。

　　原位土壤淋洗包括用溶液淹没受污染的土壤，将污染物移至排放或处理区。这一过程通常以建立注入井和抽取井为开始。土壤原位淋洗设备会将洗涤液注入井中。除了将洗涤液注入井外，还可以用作地面喷液。然后原位淋洗溶液会流过土壤，并携带污染物流向提取井（或沟渠）。提取井用于收集含有污染物的原位淋洗溶液。注入井和萃取井的数量、位置和深度需根据地质和工程条件来确定，正如我们在抽出处理（7.2节）中所讨论的那样，当含有污染物的混合溶液通过提取井泵抽出地面后，由废水处理系统对混合溶液进行进一步处理，去除污染物并尽可能回收洗涤液中的化学品（图11.2）。因此，典型的废水处理设备必须迁移到现场或在现场建造。

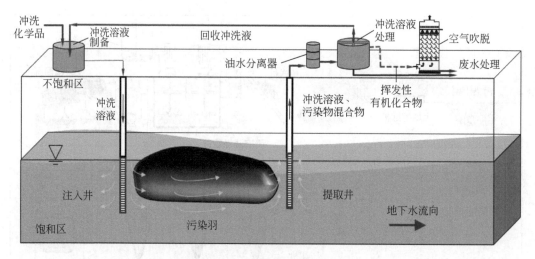

图 11.2　原位土壤淋洗过程示意图

　　土壤原位淋洗与土壤洗涤的不同之处在于，土壤原位淋洗是使用注入、再循环工艺对土壤进行就地处理，它需要在现场钻注入和抽取井。因此，土壤原位淋洗可以与抽出处理系统相结合。

　　土壤洗涤和土壤原位淋洗过程对粉土或黏土含量低的土壤效果较好。土壤洗涤和土壤原位淋洗过程也有一些共同点，二者都使用化学药剂作为洗涤溶液。污染物去除的机制包括一个或多个过程：增加溶解、增强迁移、乳液形成和化学反应，这些具体的过程取决于所使用的污染物和添加剂。土壤洗涤或原位淋洗加速了土壤和地下水中污染物的化学反应过程，如吸附/解吸、酸/碱、氧化/还原、溶解/沉淀、离子配对或络合及生物降解。促进的机制可能包括平流、分散、分子扩散、挥发或增溶作用等。

　　洗涤/原位淋洗溶液通常包括两种类型：①纯水，②水和添加剂，如表面活性剂、助溶剂、酸、碱、氧化剂和螯合剂。酸和碱分别用于促进金属和酚类物质的去除。螯合剂通常是一种通过配位键结合金属离子且具有高亲和力的有机化合物。对于疏水有机化合物的去除，基于增加溶解和增强迁移的原理，最常用的添加剂是表面活性剂和助溶剂，后续将重点进行讨论。

11.1.2　表面活性剂加强污染物的溶解

　　表面活性剂是同时具有亲水（水溶性）和亲脂（油溶性）结构的化学物质，可以集中在界面上，降低界面的表面张力，从而增强其延展性和润湿性。根据分子亲水性的部分性质对表面活性剂进行了分类（表 11.1）。头基团可以带负电荷（阴离子），带正电荷（阳离子），既带负电荷又带正电荷（两性离子），或者不带电荷（非离子）。由于疏水尾部的性质（分支程度、碳数和芳香性），表面活性剂在化学上的差异通常没有亲水性头基团的差异那么明显。

表 11.1　四种表面活性剂类型的例子

离子类型	表面活性剂的例子	分子结构
阴离子	十二烷基硫酸钠	
阳离子	苄基三甲基溴化铵	
非离子	聚乙二醇辛基苯基醚	
两性离子	正十六烷基磷酸胆碱 （米替福星）	

阴离子表面活性剂占美国所有表面活性剂的60%，主要是磺酸盐，如直链烷基苯磺酸盐（LAS）、烷基或醇醚硫酸盐、羧酸盐（皂）等。非离子表面活性剂占美国所有表面活性剂的30%，主要是乙醇和烷基酚聚氧乙烯酯。阳离子表面活性剂主要是烷基胺类和季铵盐类化合物［如烷基胺类，$R\text{-}N(CH_3)_3Br^-$］。两性表面活性剂占美国修复应用中所有表面活性剂的比例不到1%，因此，阴离子和非离子表面活性剂是最常用的。

表面活性剂已在石油工业中应用多年，以提高石油采收率。在油田中注入表面活性剂可以降低界面张力，从而提高石油的流动性。表面活性剂在土壤和地下水修复中的应用被称为表面活性剂增强型的含水层修复（SEAR）。正如我们在第7章中所讨论的，传统的抽出处理法具有局限性，因为吸附相和残余饱和度不适合抽出处理技术。表面活性剂主要通过两个因素（机制）增强抽出处理效果：①增加地下水中污染物的溶解度，这一过程称为增加溶解（增溶作用）；②降低液体污染物（如NAPL）与水之间的界面张力，这一过程称为增强迁移（增移作用）。值得注意的是，正是界面张力导致了NAPL（残余饱和度）在多孔介质中的滞留。我们将在本节中描述增溶作用，并在随后的节中介绍增移作用。

表面活性剂区别于助溶剂的一个主要特征是胶束的形成。胶束是表面活性剂分子的聚集结构，其中表面活性剂分子的疏水尾部指向胶束内部，表面活性剂分子的亲水头部指向本体水溶液。在稀释的表面活性剂溶液中，表面活性剂分子以许多单个单元的形式存在，称为表面活性剂单体。当单体浓度增加到临界胶束浓度（CMC）时，这些表面活性剂单体开始形成胶束。当浓度达到或高于CMC时，单体数量保持不变，多余的表面活性剂分子聚集形成胶束（图11.3）。典型的水基表面活性剂形成胶束（CMC）所需的浓度在mg/L至g/L范围内。胶束内部的疏水性使其适合NAPL的滞留，如图11.3所示。通过胶束去除NAPL的机理被定义为胶束增溶，或简称增溶。

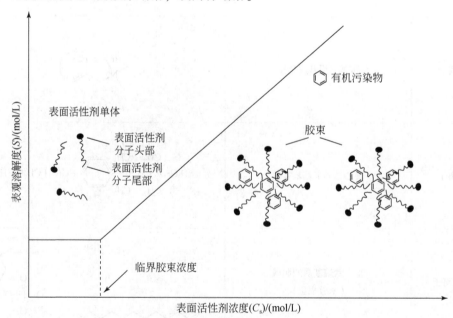

图11.3　表观溶解度与表面活性剂浓度之间的线性关系图

在 CMC 以上，污染物的溶解度（表观溶解度）是表面活性剂浓度的线性函数，如下所示：

$$S = S_0 + K_m (C_s - CMC) S_0 \qquad (11.1)$$

式中，S 为污染物在表面活性剂溶液中的表观溶解度，mol/L；S_0 为在没有表面活性剂的情况下，已溶解污染物的水溶解度，mol/L；K_m 为增溶能力，定义为每摩尔胶束表面活性剂所含可溶有机物的摩尔数，mol；C_s 为表面活性剂浓度，mol/L；CMC 为临界胶束浓度，mol/L。增溶能力（K_m），通常称为胶束-水分配系数，是描述疏水污染物如何在胶束相和整体水相之间分布的一种特殊类型的平衡分配系数。

在多组分的情况下，如存在 NAPL 的情况下，单个 NAPL 污染物的胶束-水分配系数可能会降低、不受影响或增加。一般来说，增溶作用有利于疏水污染物溶解，从而降低弱疏水性污染物的溶解性。因此，在存在较多疏水的菲或芘时，萘的溶解度增强略有降低，而菲在与另外两种多环芳烃的二元和三元混合物中溶解度都大大增强（图 11.4）。

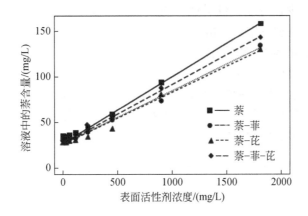

图 11.4　增加非离子表面活性剂 Triton X-100（辛基酚聚氧乙烯）浓度，提高萘（a）和菲（b）的溶解度示意图（符号表示实验值，直线表示线性回归）（据 Guha et al.，1998）

表面活性剂的特征还在于其亲水亲油平衡（HLB），这是表面活性剂分子亲水和疏水部分相对强度的指示。HLB 评分范围为 0～20 分。HLB 值在 3.5～6.0 范围内的表面活性剂更适合用于 W/O 乳液（油中水滴），而 HLB 值在 8～18 范围内的表面活性剂最常用于 O/W 乳液（水中油滴）。表面活性剂分子中的亲水基团可以是 $-SO_4-Na^+$、$-COO-K^+$、$-COOH$ 或 $-OH$，而疏水性基团可以是 $-CH-$、$-CH_2-$、CH_3- 或 $=CH-$。高 HLB 值表明较高的水溶性和较低的 NAPL 亲和力（Sabetini et al.，1995）。在选择去除给定污染物成分的最佳表面活性剂时，需要考虑的一个重要因素是表面活性剂的 HLB 应尽可能接近污染物的 HLB（Rosen and Kunjappu，2012）。

11.1.3　表面活性剂加强污染物的移动

在表面活性剂存在的情况下，增移作用主要通过降低 NAPL 和表面活性剂之间的界面张力（IFT）产生。例如，不溶于水的 NAPL 因毛细管力以残余饱和度的形式（见第

7 章）被困在土壤孔隙中。这些毛细管力与 NAPL 和水界面的界面张力成正比（West and Harwell, 1992）。当表面活性剂用于促进含水层修复时，由于表面活性剂的两亲性，表面活性剂分子在 NAPL 和水界面聚集，两相之间的 IFT 降低。如果浮力（与密度差有关）和黏滞力战胜了毛细力，那么 DNAPL 就会朝着净力的方向迁移，这种现象被称为增强移动（增移作用）。

界面张力可以被认为是扩大界面面积所需增加的自由能的量度。如果界面在气体和液体之间，这种能量被称为表面张力，如果界面在两种液体（溶剂和水）之间，这种能量被称为界面张力。界面面积增加导致自由能增加的原因可以用一瓶含有油滴的水解释。首先，所有的油滴在水中或任何固体表面都倾向于保持球形，因为球形能保持其最小的表面积。这个与最小的表面积相对应的是热力学稳定的最小能量。如果我们让溶液静止一段时间，我们会观察到许多小的油滴开始黏在一起，变得越来越少，越来越大。出于同样的原因，这个过程会自发进行，因为较大的油滴具有较小的表面积和较低的能量。

通过类比，我们现在可以看到类似的界面现象将发生在地下水中的 NAPL。NAPL 想要在地下水中分散，需要一定的自由能来维持界面面积。也就是说，需要自由能来扩大界面面积。所需要的能量是 NAPL 和水之间的界面张力。IFT 是单位面积能量（J/m^2），在尺寸上相当于单位长度上的力（N/m 或 dyn/cm），因此为界面张力（σ）。

图 11.5 描述了表面活性剂浓度对表面张力影响的定量关系。表面张力随表面活性剂的对数浓度（$\log C$）的增加呈线性下降。当表面活性剂浓度达到其 CMC 值时，可以看到斜率的急剧变化。例如，C_8TMAC 在拐点的 $\log C = -1.1$，其 CMC 则为 $10^{-1.1} = 0.079$M。

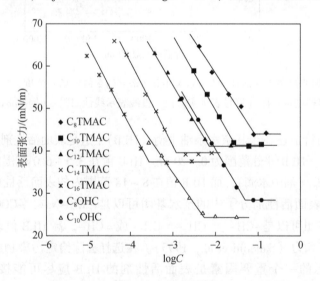

图 11.5　模拟河水中各种阳离子表面活性剂在 25℃时表面张力
与对数摩尔浓度（$\log C$）的关系图（Rosen et al., 2001）

表面活性剂用来改善 P&T 时，增移作用有助于去除残余饱和度。但在修复过程中也应避免过度增移。这是因为一旦 DNAPL 变得可移动，它们就很容易下沉。换句话说，DNAPL 将深入含水层，污染曾经已修复的区域。增移作用不应成为 LNAPL 的问题。

　　描述迁移的定量方法是使用无量纲毛细管数（N_c），定义如下（Dawson and Roberts，1997）：

$$N_c = \frac{\mu v}{\gamma n \cos\theta} \tag{11.2}$$

式中，μ 为流体动力黏度，dyn·s/cm^2；v 为孔隙水流速，cm/s；γ 为 NAPL 与水的界面张力，dyn/cm；n 为土壤孔隙度；θ 为固体–水–NAPL 三相界面的交角。因此，式（11.2）中的无量纲毛细管数是驱动流体的黏滞力与毛细力的比值。置换液（如负载表面活性剂的溶剂）是润湿液，而不是被置换的流体（残余 NAPL）。驱动流体的黏力是获得残余 NAPL 的流动驱动力，而毛细管力是作为阻力来滞留残余 NAPL 的。

　　在砂岩和珠粒充填体中，受水平向水力驱动和化学驱动作用的 NAPL，毛细管数对污染物残余饱和度的影响见图 11.6。如图 11.6 所示，NAPL 在低 N_c 时是不移动的，NAPL 在高 N_c 时具有移动能力。因此，需要较高的 N_c 将剩余饱和度保持在最小。无量纲毛细管数大于 10^{-5} 时，单靠水力驱动是无法实现的。通过引入表面活性剂等化学物质来降低 NAPL 与水之间的界面张力，通常可以显著减少残余 NAPL。在典型的抽出处理操作中，式（11.2）中的 μ（黏度）、v（地下水流量）和 n（孔隙度）不能显著降低。这时就需要使用表面活性剂了。使用表面活性剂会显著降低 γ（界面张力），有时会降低 10^4 倍，从而显著增大 N_c。因此，表面活性剂的使用将显著降低残留饱和度，从而提高抽出处理效率。

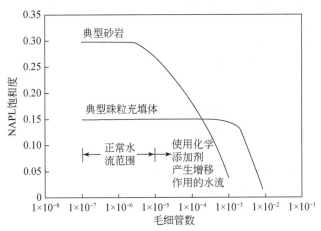

图 11.6　残余 NAPL 饱和度与毛细管数 N_c 的关系图

资料来源：Dawson and Roberts，1997，经 John Wiley & Sons 授权转载

　　上面关于表面活性剂增加溶解度和降低界面张力能力的讨论很有必要。这些特性是表面活性剂能广泛应用的基础，包括在石油工业中提高石油开采率，在土壤和地下水修复中增强污染物去除率，以及在水污染控制中增强溢油清理作用。注释栏 11.1 简要记录了含表面活性剂的分散剂在墨西哥湾漏油事故清理中的使用情况。

注释栏 11.1　墨西哥海湾石油泄漏事故中含表面活性剂的化学分散剂的使用

2010 年 4 月 20 日，英国石油公司（BP）位于墨西哥湾的深水地平线（Deepwater Horizon）钻井平台发生爆炸，使"分散剂"这个词家喻户晓。据估计，爆炸导致每天有147 万 gal 到 252 万 gal 的石油泄漏到墨西哥海湾。这引发了使用化学分散剂来控制泄漏，在 2010 年 5 月 15 日至 7 月 12 日期间，总共使用了大约 210 万 gal 的分散剂。

分散剂主要由表面活性剂和溶剂组成。表面活性剂作为活性成分，降低界面张力，即水的表面张力，而溶剂和其他非活性成分则用来帮助表面活性剂到达油水界面。它们不改变油的量，只是简单地与油和水相互作用来改变分布。分散剂可以乳化、分散和溶解石油。当油被乳化时，油分解成微小的液滴并悬浮在水中。一旦表面活性剂到达油水界面，表面张力就会降低，让油更容易被降解。降低表面张力是使用分散剂的关键原因之一。自 20 世纪 60 年代以来，分散剂就被用于石油泄漏的清理。船只、直升机或固定翼飞机都可以用来喷洒分散剂。

Nalco 控股公司的产品 Corexit EC9500A 和 Corexit EC9527A 是 2010 年深水地平线石油泄漏事件中使用的分散剂。在美国，分散剂必须被列入国家应急计划（NCP），才能被考虑用于溢油救援。墨西哥海湾漏油事件发生之初，专利成分并未公开，但 Nalco 的安全数据表显示，主要成分为 2-丁氧基乙醇和一种专利有机磺酸盐，其中含有少量丙二醇。为了应对公众的压力，USEPA 和 Nalco 公布了 Corexit 9500 的六种成分清单，其中包括山梨醇、丁二酸和石油馏分油。Corexit EC9500A 主要由加氢处理的轻质石油馏分、丙二醇和专有的有机磺酸盐制成。采用电喷雾电离（electrospray ionization，ESI）质谱在负离子检测模式下，确认了二乙基己基磺基琥珀酸盐表面活性剂在分散剂中的活性成分。在正离子检测模式下，也初步鉴定出非离子乙氧基化表面活性剂（Place et al.，2010）。

USEPA 对 Corexit EC9500A 和 Corexit EC9527A 分散油的有效性评级分别为 55% 和63%。然而关于在墨西哥海湾使用分散剂的争议并不是关于控制石油泄漏的有效性。更多的是关于这些分散剂的环境和生态安全问题。媒体曾一边倒地把注意力集中在分散剂上，而使得漏油本身的问题似乎受到较少的关注。

11.1.4　助溶剂对污染物溶解和迁移的影响

助溶剂是具有疏水部分（通常是碳氢链）和亲水官能团（如羟基、羧基、醛基）的有机化合物。原位淋洗最常用的助溶剂是醇类。两亲性（即亲水性和疏水性基团）使助溶剂可以在水相和 NAPL 相中互溶。为了使助溶剂效应占主导地位，助溶剂对地下水的体积分数一般应高于 10%（Schwarzenbach et al.，2002）。在此浓度范围内，助溶剂增强的溶解度与混合物中助溶剂的体积分数呈指数相关性（Banerjee and Yalkowsky，1988；Schwarzenbach et al.，2016）如下：

$$S = S_0 \times 10^{\sigma f} \tag{11.3}$$

式中，S 为助溶剂增强的溶解度（质量或 mol/L），在助溶剂和污染物的混合物中；S_0 为在水中的初始溶解度（质量或 mol/L）；σ 为助溶剂能力，无量纲；f 为助溶剂体积分数。

与表面活性剂类似，助溶剂通过两种机制增强多孔介质中 NAPL 的去除：增溶作用和增移作用。用助溶剂溶解 NAPL 是通过将助溶剂溶液注入地下水中来降低极性，从而实现助溶剂对 NAPL 的溶解（Jafvert，1996）。增强的 NAPL 的迁移可归因于以下三种机制：①如果使用了大量体积分数的助溶剂，则产生单一相（如在 NAPL 中加入大量的与水互溶甲醇）；②助溶剂的加入使界面张力下降；③如果低密度的助溶剂与 DNAPL 混合，则产生密度较低的助溶剂 DNAPL 混合物，这将导致 DNAPL 的膨胀。

在 NAPL-水体系中，助溶剂的存在可以通过将水和 NAPL 分成两相来改变两者的物理性质。给定足够量的助溶剂，形成单相（即完全混合），这是上面提到的增移作用的机制之一。这一过程可以通过异丁醇(IBA)-水-四氯乙烯（PCE）体系的三元相图来说明，如图 11.7 所示。双结点曲线（共存曲线）表示单相区和两相区之间的边界。在这条曲线上方，所有三个组分（IBA、水、PCE）都存在于一个单相中，界面张力为零。在这条曲线下，NAPL 和水作为两个相存在，每个相都含有一些助溶剂。双结点曲线下的连接线代表恒定的相组成和界面张力（即在 3～38mN/m 范围内）。各相的相对比例可从平交线与双结点曲线的交点处读取。左手边的交点定义了水相的组成，右手边的交点定义了 NAPL（即 PCE）相组成。

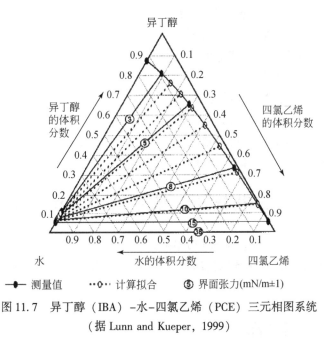

图 11.7　异丁醇（IBA）-水-四氯乙烯（PCE）三元相图系统

（据 Lunn and Kueper，1999）

连接线的斜率反映了助溶剂在两相中的平衡分配，对于在水相中分配更有利的短链醇，连接线的斜率为负［称为Ⅱ(-) 型体系］。另外，异丁醇或更亲脂性的长链或大分子醇等水互溶性有限的醇被更多地划分到 NAPL 相。在三元相图中，连接线向下朝着水端点倾斜，斜率为正。这被称为Ⅱ(+) 型系统，如图 11.7 所示。

可见，当助溶剂浓度在双结曲线以上时，NAPL 主要通过增移作用去除。如果助溶剂浓度低于双结曲线，则 NAPL 的主要去除机制取决于助溶剂对水或 NAPL 的亲和性。对于水溶性较强的助溶剂（如甲醇、乙醇），三元相图在 Ⅱ(-) 型体系中呈现斜率为负的拉线，双结曲线下的主要 NAPL 去除机制为溶解。如果界面张力显著降低，则可能发生一些迁移。对于在 Ⅱ(+) 型体系中优先划分为 NAPL 相的助溶剂，如异丁醇，由于界面张力显著降低和 NAPL 膨胀，更有可能发生 NAPL 迁移。也可能发生 NAPL 溶解增强，但程度较低。注意在图 11.7 中，当异丁醇含量较高时，IFT 从初始 PCE/水的 38mN/m 降低到 5mN/m，将增加 DNAPL 在含水层内向下迁移的风险。然而，这被 NAPL-助溶剂混合物密度的降低所抵消［如 1:9 (v:v) IBA 和 PCE 混合物的密度为 0.985，因而是 LNAPL，而纯 IBA 的密度为 0.802。纯 PCE 的密度为 1.63，因而是 DNAPL］。

在环境应用中常用的助溶剂是醇类（乙醇和戊醇），密度通常在 $0.8g/cm^3$ 左右。这些醇具有极强的互溶性，可以同时分配到水相和 NAPL 相，并形成一种混合物，使污染物的溶解度提高。与表面活性剂一样，它们也可以有效地提高污染物的迁移性（Bedient et al.，1999）。以单位质量成本计算，助溶剂比表面活性剂便宜，但它们的用量却大得多。例如，表面活性剂浓度为 5wt%～20wt% 时，通常可以溶解等量的水和油，但使用短链醇其浓度则需要 50wt%～80wt%（Miller，2008）。因此，与设计良好的表面活性剂原位淋洗方案相比，酒精原位淋洗需要更多孔隙体积的洗涤溶液才能达到预期的性能目标。

此外，助溶剂可能仅限于原位淋洗分子量和黏度相对较低的 DNAPL，如较轻的氯化乙烷和氯化乙烯（ITRC，2003）。对于较高分子量、黏度和成分复杂的 DNAPL，低分子量醇对 DNAPL 的溶解效果较差。遗憾的是，高分子量或更复杂的醇类化合物和水是不互溶的，在水中的可溶性要低得多。

助溶剂原位淋洗也更易受到场地的非均质性和液体优先流动的影响。在表面活性剂原位淋洗的情况下，通过使用聚合物（增加注入溶液的黏度）或添加表面活性剂泡沫（包括在高渗透区就地生成泡沫以将流体转移到低渗透区）来控制流动性，这样可能会产生更均匀的液体流动来达到清理的目的（ITRC，2003）。

11.2　工艺描述、技术适用性和局限性

本节介绍了异位洗涤、原位淋洗和助溶剂冲洗工艺的应用及其局限性。这里用一个计算示例来说明如何通过土壤洗涤达到减少污染土壤体积的目的及土壤质地对洗涤过程的影响。

11.2.1　异位土壤洗涤

异位土壤洗涤系统的组成部分：包括六个不同的工艺单元：①预处理、②分离、③粗粒处理、④细粒处理、⑤工艺水处理和⑥残余物处理。预处理是去除尺寸过大的材料，并制备合理尺寸的均匀进料流，以输送至土壤洗涤装置。可能采用的单元工艺包括粉碎和研磨，机械筛分，重力分离，掺和与混合，磁性材料去除。分离系统设计用于分离粗粒和细

粒固体，通常在 63μm 和 74μm（230 目和 200 目）之间的分界点。水力旋流器主要用于初步尺寸分离，不过有时也使用机械筛分来进行初步尺寸分离。

分离后，粗砂可以运回污染场地，如果需要，可以使用表面清洗方法进行进一步处理，如表面磨洗，酸或碱处理增溶，或使用特定溶剂溶解污染物。在残余物管理之前，应对细粒进行分级处理，细粒部分所含的污染物质量应大于 95%。由于体积小，重力沉降会非常缓慢，有些物质会因其胶体性质难以沉降。土壤洗涤过程中产生的受污染细颗粒（粉土和黏土）和底泥（残留物）可能会运至垃圾填埋场处理，或通过一种或多种处理技术进行进一步处理，如焚烧、低温热脱附、化学萃取–脱氯、生物修复、固化–稳定化。最后，如果洗涤废水符合排放限制，则必须加以回收，或在附近废水处理系统中进一步处理。

异位土壤洗涤系统的适用性、优缺点：选择土壤洗涤作为污染土壤修复措施时，需要考虑多种因素。土壤洗涤技术可以单独使用，也可以与其他处理技术联合使用。土壤洗涤技术的一般适用性如下：

（1）土壤洗涤被认为可用于处理各种无机和有机污染物，包括重金属、放射性核素、氰化物、多核芳香化合物、杀虫剂和多氯联苯。

（2）当土壤中砂粒含量至少为 50%~70% 时，最适宜进行土壤洗涤。对于细粒（粉砂和黏土）含量超过 30%~50% 的土壤，土壤洗涤通常不划算。

（3）通常，除非现场含有至少 5000t 受污染的土壤，否则使用土壤洗涤进行现场土壤处理并不划算。

（4）空间需求可根据土壤洗涤系统的设计、系统吞吐量和现场物流而变化。每小时 20t 的装置可安装在约 0.5acre（2000m²）的土地上，包括放置未处理和处理土壤的区域。

土壤洗涤技术的优点如下：

（1）土壤洗涤可以在同一个处理系统中同时处理有机物和无机物。

（2）一般来说，该系统没有空气或废水排放，使得许可程序比许多其他处理系统更容易。这一特性应该也会吸引社区利益相关者的注意。

（3）土壤洗涤是受金属和放射性核素污染土壤的少数永久性处理方法之一。

（4）大多数土壤洗涤技术可以处理多种不同污染物浓度的溶液。

（5）根据土壤基质的特性，土壤洗涤可以以极低的成本将干净的土壤返回污染场地。

土壤洗涤技术的缺点如下：

（1）处理后，少量受污染的固体介质和洗涤水必须进一步处理或处置。

（2）土壤中腐殖质含量高，污染物的复杂混合物，以及高度可变的进水污染物浓度会使处理过程复杂化。

（3）对于任何异位处理技术，处理系统都有空间要求。

（4）疏水化合物很难从土壤基质中分离出来。高黏度的有机化合物，如 6 号取暖油，就存在这样的问题。

（5）对于挥发性化合物，需要对工艺组件进行修改，以防挥发性有机物排放到空气中。

（6）从废洗涤液中回收螯合剂、表面活性剂、溶剂和其他添加剂通常既困难又昂贵。

示例 11.1 中详细的计算有助于我们定量地理解土壤洗涤如何在实现减容的同时去除

污染物。随后的示例11.2进一步说明了为什么当土壤质地从砂壤土变为黏壤土时，土壤洗涤会变得不那么理想。

示例11.1 土壤洗涤在消减污染土壤体积方面的应用

土壤洗涤用于清除含80%砂土、10%粉土和10%黏土的砂壤土中的疏水性碳氢化合物。砂土的土壤吸附系数（K_{d1}）估计为5L/kg，粉土（K_{d2}）为50L/kg，黏土（K_{d3}）为500L/kg。表中列出了各组分的体积密度和颗粒密度。可以做以下假设：①土壤具有初始污染物浓度（C_0）为2000mg/kg；②总质量（M_T）500万kg的土壤需要处理；③采用1:10的土水比，使表面活性剂水溶液的总体积为$5×10^7$L（V_T）；④第一次洗涤后，可以认为粗粒部分的砂土是干净的，并在重力沉降后在现场重新填充，细粒部分（粉土和黏土）将通过泥浆相生物反应器进行进一步处理，以满足监管要求。洗涤后的洗涤液将排放至当地污水处理厂。

（a）使用土壤洗涤证明体积减小的百分比。

（b）计算粉土和黏土部分、砂土部分和洗涤水中排放污染物的百分比。

土壤成分	含量/%	黏土/（L/kg）	容重/（g/cm³）	粒子密度/（g/cm³）
砂土	80	5	1.6	2.6
粉土	10	50	1.3	2.7
黏土	10	500	1.1	2.8

解答：

（a）各土壤组分的质量可以通过总土壤质量（$M_T=5×10^6$）乘以各组分的wt%，各自的体积可由土壤质量除以上表中给出的容重来计算。如下表所示，被去除的砂土体积占74.9%，清楚地说明了用土壤洗涤处理砂质土壤时，减少处理土壤体积的显著效果。

土壤成分	质量/kg	体积/m³	体积百分比/%
砂土	$4.0×10^6$	2500	74.9
粉土	$5.0×10^5$	385	11.5
黏土	$5.0×10^5$	455	13.6
总计	$5.0×10^6$	3339	100.0

（b）要计算滞留在粉土和黏土、砂土和水中的污染物的百分比，需要建立质量平衡公式：

$$S_0 M_T = S_1 M_1 + S_2 M_2 + S_3 M_3 + C V_T \tag{11.4}$$

式中，S_0为土壤洗涤前土壤中污染物的初始浓度；S_1、S_2和S_3分别为砂土、粉土和黏土中平衡时的吸附浓度；M_1、M_2和M_3分别为砂土、粉土和黏土的质量；C为平衡时液体馏分中的污染物浓度；V_T为用于土壤洗涤的总体积。重要的是要知道，上述质量平衡公式有四个未知数，即水相污染物浓度（C）和每个固体馏分中的污染物浓度（S_1、S_2 和 S_3）。因此，需要另外三个公式来求解这四个未知数。这恰好是为什么吸收系数变得重要的地方。通过假设线性吸附等温线，固体浓度和液体浓度之间的关系如下：

$$K_{d1} = s_1/C \text{（砂土）} \tag{11.5}$$

$$K_{d2} = s_2/C \text{（粉土）} \tag{11.6}$$

$$K_{d3} = s_3/C \text{（黏土）} \tag{11.7}$$

将 S_1、S_2 和 S_3 代入质量平衡公式：

$$S_0 M_T = K_{d1} CM_1 + K_{d2} CM_2 + K_{d3} CM_3 + CV_T \tag{11.8}$$

将上式重新排列，可解出水中污染物浓度（C）：

$$C = \frac{S_0 M_T}{K_{d1} M_1 + K_{d2} M_2 + K_{d3} M_3 + V_T}$$

$$= \frac{2000 \frac{mg}{kg} \times 5 \times 10^6 \, kg}{5 \frac{L}{kg} \times 4 \times 10^6 \, kg + 50 \frac{L}{kg} \times 5 \times 10^5 \, kg + 500 \frac{L}{kg} \times 5 \times 10^5 \, kg + 5 \times 10^7 \, L}$$

$$= 29.0 \frac{mg}{L}$$

$$S_1 = C \times K_{d1} = 29.0 \frac{mg}{L} \times 5 \frac{L}{kg} = 145 \frac{mg}{kg} \text{（砂土中的浓度）}$$

$$S_2 = C \times K_{d2} = 29.0 \frac{mg}{L} \times 50 \frac{L}{kg} = 1450 \frac{mg}{kg} \text{（粉土中的浓度）}$$

$$S_3 = C \times K_{d3} = 29.0 \frac{mg}{L} \times 500 \frac{L}{kg} = 14500 \frac{mg}{kg} \text{（黏土中的浓度）}$$

用计算的浓度（C、S_1、S_2 和 S_3），我们可以进一步计算出水体中污染物的质量和百分比（$= 29.0 \, mg/L \times 5 \times 10^7 = 1.45 \times 10^9 \, mg = 1.45 \times 10^6 \, g$）和各土壤馏分。如下表所示：

土壤馏分	浓度	质量/g	污染物总质量百分比/%
水相	29.0mg/L	1.45×10^6	14.5
固相：			
砂土	145mg/kg	5.80×10^5	5.8
粉土	1450mg/kg	7.25×10^5	7.2
黏土	14500mg/kg	7.25×10^6	72.5
总计	—	1.0×10^7	100.0

结果清晰地表明，土壤粒占总体积的 74.9%，但在该土壤中，土壤细粒中（粉土和黏土）含有的污染物最多（7.2+72.5=79.7%）。

示例 11.2　土壤洗涤效率与土壤质地的相关性

如果土壤质地从80%的砂土、10%的粉土和10%的黏土变为40%的砂土、30%的粉土和30%的黏土。使用示例11.1中的其他数据，证明土壤质地如何影响土壤洗涤性能。

解答： 如果将土壤质地改为40%的砂土，30%的粉土和30%的黏土，可以进行同样的计算。下面给出了计算结果以供比较。

土壤成分	质量/kg	体积/m³	体积百分比/%
砂土	2.0×10^6	1250	33.2
粉土	1.5×10^6	1154	30.6
黏土	1.5×10^6	1364	36.2
总计	5.0×10^6	3768	100.0

现在砂土只占总体积的33.2%。由此可见，对这种类型的土壤来说，通过洗涤来减少体积并没有太大的优势。

土壤馏分	浓度	质量/g	污染物总质量的百分比/%
水相	11.3mg/L	5.65×10^5	5.6
固相：			
砂土	56mg/kg	5.80×10^5	1.1
粉土	565mg/kg	7.25×10^5	8.5
黏土	5650mg/kg	7.25×10^6	84.8
总计	—	1.0×10^7	100.0

基于质量平衡和线性等温线的结果表明，即使较高百分比（8.5% + 84.8% = 93.3%）的污染物现在被土壤细颗粒（粉土和黏土）吸附，洗涤也不能从土壤中去除大量污染物；而且体积减小量较小（33.2%）也说明砂含量为40%的土壤，在治理修复时，土壤洗涤技术不是好的选择。这个例子说明，当土壤中含有至少50%～70%的砂土时，土壤洗涤是最合适的。对于细粒（粉土和黏土）含量在30%～50%内的土壤，土壤洗涤通常不划算。

11.2.2　原位土壤淋洗和助溶剂浸泡

对于原位土壤淋洗，洗涤液（清水或化学添加剂）可以通过喷洒、表面洗涤、地下淋滤或通过井注入土壤。被污染的液体被去除后，通常使用活性炭、空气吹脱、生物降解或化学沉淀法等其他处理技术进一步处理（图1.2）。"助溶剂浸泡"指的是在不联合使用表面活性剂的情况下注入低浓度酒精溶液。

与土壤洗涤类似，原位土壤原位淋洗通常对被各种有机、无机和活性污染物污染的粗砂和砾石有效。如果将原位上壤原位淋洗作为单独的技术应用含有人量黏土和粉土的土壤时，土壤原位淋洗的效果不佳。

土壤原位淋洗的去除效率取决于场地相关因素（土壤类型）以及与污染物相关的因素（表 11.2）。例如，土壤淋洗在均质及渗透性土壤（砂、砾石和粉质砂，渗透率 $>10^{-4}$ cm/s）比较有效。因为污染物吸附能力一般随着土壤表面积、碳含量（对于有机污染物）和阳离子交换量（CEC；对于带电金属和有机物种）的增加而增加，土壤原位淋洗效率随着土壤表面积、碳含量和 CEC 的降低而增加。根据 3.1.2 节的定义，阳离子交换量（CEC）是土壤在给定 pH 下能够与土壤溶液交换的总阳离子的最大数量。CEC 表示为每 100g 土壤中氢的毫当量（meq/100g），或者在 SI 单位制中每千克的土壤交换的电荷量有多少个厘摩尔（cmol/kg）。

表 11.2　土壤原位淋洗的关键成功因素

场地相关因素	不太可能成功	可能成功	更有可能成功
主要污染物相态 *	蒸气	液体	溶解
水力传导系数 */(cm/s)	低（$<10^{-5}$）	中（$10^{-5} \sim 10^{-3}$）	高（$>10^{-3}$）
土壤表面积/(m²/kg) *	高（>1）	中（0.1~1）	小（<0.1）
含碳量/%，wt	高（>10）	中（1~10）	小（<1）
土壤 pH 及缓冲能力 *	NS	NS	NS
CEC 和黏土含量 *	高（NS）	中（NS）	低（NS）
岩石断裂	存在	—	不存在
污染相关因素	不太可能成功	可能成功	更有可能成功
水溶解度 */(mg/L)	低（<100mg/L）	中（100~1000）	高（>1000）
土壤吸附系数/(L/kg)	高（>10000）	中（100~10000）	低（<100）
蒸气压/mmHg	高（>100）	中（10~100）	低（<10）
液体黏度/cP	高（>20）	中（2~20）	低（<2）
液体密度/(g/cm³)	低（<1）	中（1~2）	高（>2）
K_{ow}	NS	NS	10~1000

*. 更重要的因素。

注：改编自 Roote et al., 1997，参考 USEPA（1993）；NS. 没有指定的分级。

一般情况下，土壤原位淋洗效率随水溶性的增加而增加，随吸附系数、蒸气压和黏度的降低而降低。仅用水洗涤，水溶性化合物往往很容易从土壤中去除。由于有机污染物 $K_{ow} < 10$ 的水溶性很强，所以仅用水洗涤就足够了。这一类化合物包括分子量较低的醇类、酚类和羧酸类。低溶解度的有机化合物可以通过使用适当的表面活性剂来去除。此类化合物包括氯化农药、多氯联苯（PCBs）、半挥发性物质（氯化苯和多环芳烃）、石油产品（汽油、航空燃油、煤油、油类和润滑脂）、氯化三氯乙烯溶剂和芳香族溶剂（BTEX）。然而，这其中的一些化学物质的去除还没有得到实验证实。

　　通过土壤原位淋洗成功地处理了多种无机和有机污染物，包括电池回收电镀设施中的重金属（Pb、Cu、Zn），干洗店和电子组装中的卤代溶剂（TCE、TCA），木材处理厂中的芳香烃（苯、甲苯、甲酚、苯酚），石油和汽车中的汽油和燃油，农药和电力设施中的多氯联苯和氯化酚。一些无机盐，如硫酸盐和氯化物，可以单独用水原位淋洗。其他形式的金属可能需要酸、螯合剂或还原剂才能成功地使用原位淋洗土壤。在某些情况下，所有三种类型的化学物质可以依次使用，以提高金属的去除效率。许多无机金属盐，如镍和铜的碳酸盐，可以用稀酸溶液从土壤中冲洗出来。

　　原位土壤原位淋洗技术的优点：

　　（1）不需要挖掘、处理、迁移大量的污染土壤。

　　（2）用来改善常规的抽出处理技术以加速现场修复，直到场地清理完毕。

　　（3）广泛适用于饱和和不饱和区域的一系列无机和有机污染物。

　　原位土壤原位淋洗的缺点：

　　（1）由于液相中污染物扩散过程速度慢，修复时间长。

　　（2）如果提取系统设计或构造不当，或者水压调节失控，污染物有可能横向或垂直地扩散到捕获区以外的区域。

　　（3）由于污染物扩散的可能性，以及将洗涤溶液引入地下可能残留的问题，监管机构的认可可能受到限制。

　　（4）洗涤溶液黏附在土壤上，加速细菌生长，或引起沉淀或与土壤或地下水发生其他反应，从而降低有效土壤孔隙度。

　　（5）无法将洗涤添加剂从污水中分离出来可能会导致洗涤添加剂的消耗，使其成本过高。

11.3　设计和成本效益的考虑因素

　　本节将讨论土壤洗涤和土壤原位淋洗的几个设计和成本效益考虑因素，以及解决其中一些问题的研究进展。接下来是这两项相关技术的案例研究。

11.3.1　土壤洗涤和淋洗中的化学添加剂

　　土壤洗涤和土壤原位淋洗的一个主要成本考虑是化学添加剂的成本。为此目的，应制定一项标准方案，筛选化学添加剂，以便使其在土壤洗涤和原位淋洗的使用中具有成本效益。然而，目前的选择通常需要进行实验室小试和土柱实验，在某些情况下，还需要在现场试验之前进行中试实验。根据要去除的污染物类型，用于土壤洗涤和原位淋洗的化学添加剂主要有几大类。一般来说，酸或螯合物主要用于去除金属，表面活性剂或助溶剂用于疏水有机污染物（HOCs）。

　　酸和螯合化合物：阳离子重金属（如 Cu^{2+}、Pb^{2+}、Cd^{2+}、Ni^{2+}）可以被 pH 低至 2 的强无机酸（HCl、HNO_3、H_2SO_4、H_3PO_4）洗出。此外，H_2SO_4 和 H_3PO_4 能解离成氧阴离子如 PO_4^{3-} 和 SO_4^{2-}，通过竞争性氧阴离子解吸有效去除砷（Ko et al.，2006）。作为有机酸和

螯合化合物，乙二胺四乙酸（ethylenediaminetetraacetic acid，EDTA）和 DTPA（二乙三胺五乙酸）能比无机酸更好地去除阳离子重金属。硝酸三乙酸（NTA）可以很好地去除金属，但由于其对人体健康具有危害性，因此不建议使用。最常用的螯合剂是氨基聚羧酸盐，它能形成非常稳定且水溶性的螯合剂–金属配合物，导致污染物从土壤中释放而不沉淀（Ferraro et al.，2016）。

表面活性剂和助溶剂：表面活性剂的选择应考虑毒性、生物降解性、溶解和迁移污染物的能力、起泡性以及在土壤中的损失等（表 11.3）。由于表面活性剂的使用是土壤洗涤和原位淋洗中最大的单一成本，因此 CMC 值较低的表面活性剂（因此表面活性剂用量最小）是有效增溶和增移的首选。如表 11.3 所示，阳离子表面活性剂通常不用于修复，这是因为它们大多对细菌有毒，而且生物可降解性不强。由于土壤颗粒带负电荷，阳离子表面活性剂也具有很强的吸附能力。非离子表面活性剂一般比阴离子表面活性剂吸附更强，因此显著增加了修复成本。但是，一些阴离子表面活性剂由于与 Ca^{2+} 等阳离子的沉淀，也可能会在土壤中有显著的损失（Zhang et al.，1998）。虽然可供选择的表面活性剂很少，但食品级（可食用）表面活性剂适合于用于地下注射修复。食用表面活性剂是可生物降解的，这使得它更容易获得监管机构的认可。出于同样的原因，生物表面活性剂如果能在场地就地生成，就会比合成的同类产品更有优势（专栏 11.2）。阴离子和非离子表面活性剂也被联合使用过。例如，研究发现，2% 的聚氧乙烯脂肪醇醚 35（非离子型）和 0.1% 的十二烷基苯磺酸钠（阴离子型）联合使用，可以去除 70% ~ 80% 的 DDT，而单个表面活性剂的去除率较低。这种增强作用是由于表面活性剂分子在土壤颗粒中的扩散性增加造成的（Ghazali et al.，2010）。

表 11.3　基于离子电荷及其特征的表面活性剂分类（据 AATDF，1997；Rosen and Kunjappu，2012）

	阴离子表面活性剂	阳离子表面活性剂	两性离子表面活性剂	非离子表面活性剂
例子	磺酸盐、醇硫酸盐、烷基苯磺酸盐、磷酸酯和羧酸盐	多胺及其盐、季铵盐和胺氧化物	β-N-烷基氨基丙酸，N-烷基-β-亚氨基二丙酸，N-烷基甜菜碱，磺基甜菜碱，烷基酰氨基丙基羟基磺基	聚氧乙烯化烷基酚、醇乙氧基酸酯、烷基酚乙氧基酸酯和烷胺
毒性	相对无毒的	有毒	相对无毒的	相对无毒的
对土壤的吸附	没有吸附	强大的吸附	可吸附	吸附不显著
环境应用	良好的增溶剂，广泛应用于石油开采和污染物修复	在环境应用中应用不广泛	能作为辅助表面活性剂混合在石油和环境领域应用	良好的增溶剂，可作为辅助表面活性剂应用于石油和环保领域

除了通过增溶作用和增移作用促进污染物去除外，表面活性剂泡沫还可以提高油污扫除效率，提高疏水污染物的回收率。通过外部泡沫发生器或通过高压空气原位生成的泡沫具有较低的液体含量，因此对液体的相对渗透率较低。结果是表面活性剂溶液转移到低渗透性区域。表面活性剂泡沫可以驱替更多的 TCE（在 25 倍孔隙体积的情况下，99% 对 41%），而不会将界面张力降低到超低值并导致在含水层的向下迁移（Jeong et al.，2000）。

用于地下注入的阴离子表面活性剂配方通常包括电解质（如 NaCl、CaCl$_2$）和少量的助溶剂，如异丙醇。通过改变电解液浓度，可以优化表面活性剂的增溶性能。因为凝胶太黏稠，无法泵过含水层，可以通过加入助溶剂防止表面活性剂凝胶形成（也称为液晶），以便稳定溶液中的表面活性剂（ITRC，2003）。非离子型乙氧基醇表面活性剂可以在不需要盐或酒精的情况下溶解大量的 NAPL，同时保持较低的油水界面张力（Zhou & Rhue，2000）。

近年来，表面活性剂［包括高锰酸钾（KMnO$_4$）、过硫酸钠（Na$_2$S$_2$O$_8$），催化过氧化氢（H$_2$O$_2$）等氧化剂］常与其他化学添加剂一起使用，以进一步加强含水层的修复。在这种情况下，污染物首先通过表面活性剂的解吸和乳化作用充分输送到，然后通过氧化剂进行处置（Dahal et al.，2016）。这种策略被称为表面活性剂增强的原位化学氧化（S-ISCO）。以三氯乙烯（TCE）为例，过硫酸钠氧化过程如下（Dugan et al.，2010）：

$$C_2HCl_3 + 3Na_2S_2O_8 + 4H_2O \longrightarrow 2CO_2 + 9H^+ + 3Cl^- + 6Na^+ + 6SO_4^{2-}$$

当表面活性剂和氧化剂依次或同时注入时，S-ISCO 处理了自由相 NAPL 和吸附到土壤中的污染物。在一项实验室研究中，热活化过硫酸盐与氧化剂兼容表面活性剂 C$_{12}$-MADS（十二烷基二苯醚二磺酸钠）的组合不仅显著提高了煤焦油中多环芳烃的氧化，而且提高了氧化剂的利用效率。这可能为源区和污染集中区域对吸附态有机物和 NAPL 的土壤修复带来了希望（Wang et al.，2017）。

注释栏11.2　土壤洗涤和原位淋洗中的绿色化学物质（表面活性剂）

绿色表面活性剂是从自然界中获得的同时具有亲水性和亲脂性的两性生物物质，或由可再生材料而不是石油化工产品合成。某些植物、微生物和酵母可以通过生物合成过程产生生物表面活性剂。可再生原料如甘油三酯或甾醇有助于疏水部分，而糖或氨基酸有助于绿色表面活性剂的亲水部分（Rebello et al.，2014）。此外，农用工业废物，如橄榄油厂废水、肥皂原液、糖蜜、富含淀粉的废物和植物油也被用于表面活性剂的生产。这些原料可以通过化学衍生来合成生物表面活性剂。

各种原核和真核微生物都能生产表面活性剂。能够产生表面活性剂的细菌包括 *Psuedomonas aeruginosa*（单和双鼠李糖脂生物表面活性剂）、*Corynebacterium*、*Nocardia* 和 *Rhodocomonas* spp.（磷脂类、海藻糖二分枝杆菌或双棒状杆菌、糖脂类等）、*Bacillus subtills*（表面素）、Bacillus licheniformis（类似表面素的脂肽）和 *Arthrobacter paraffineus*（海藻糖和蔗糖脂）。参与表面活性物质生产的真菌包括酵母菌 *Torulopsis* spp.（苦磷脂）和 *Candida* spp.（脂质、磷脂）（Christofi and Ivshina，2002）。

在化学上，通过加氢、水解、反式酯化等各种油化学转化以及某些特定衍生，甘油三酯可以作为起始原料生产各种表面活性剂和表面活性前体，包括脂肪酸甲酯、甲酯磺酸盐、脂肪醇、脂肪胺、脂肪酸酸酐、脂肪酸氯化物、脂肪酸、脂肪酸羧酸盐和烷基多糖苷（Foley et al.，2012）。

生物表面活性剂具有较低的毒性、较高的生物降解性、较好的环境相容性、较高的发泡能力、在极端温度、pH 和盐度下较高的选择性和比活性等内在优势。一般来说，生物表面活性剂可以更有效和高效，因为它们的 CMC 较低（约比商业表面活性剂低 10 ~ 40 倍），因此可以用更低的剂量实现表面张力的最大降低。对生物表面活性剂日益增长的需求使其产品商业化成为可能（Rebello et al.，2014）。

11.3.2　化学添加剂的回收及冲洗废物的处置

从污染场地原位淋洗中提取的洗涤液或地下水可归类为 RCRA 危险废物，因为它具有很高的酒精含量（按体积计为 10% ~ 50%）或表面活性剂含量（按重量计为 1% ~ 2%），还可能伴随着高浓度的 NAPL 污染物。由于迁移成本高，对大量危险废物进行非现场管理处置的成本可能令人望而却步。因此，如果无法选择回注或排放，则可能需要对回收的地下水进行现场处理。常见的处理工艺可能是物理分离，如重力沉降、倾析、絮凝、沉淀、膜过滤，或主要基于吸附和挥发的相分离，如碳吸附、空气吹脱和蒸汽吹脱。需要注意的是，废液流中表面活性剂的存在为处理这种含有表面活性剂的废物带来了额外的挑战。例如，气提工艺中的起泡严重限制了工艺操作。表面活性剂或助溶剂倾向于将污染物保持在溶液中，这降低了亨利常数，从而降低了空气剥离工艺的效果。

只有在注入较高的表面活性剂或助溶剂浓度（>3% 重量百分比）和多个孔隙体积（>3）时，表面活性剂和助溶剂的回收才具有经济意义（ITRC，2003）。表面活性剂可以通过超滤、沉淀和泡沫分馏进行回收。例如，阴离子表面活性剂可以用 $CaCl_2$ 沉淀出来，形成阴离子十二烷基硫酸钠的硫酸钙衍生物（Venditti et al.，2007）。或者，如果污染物具有适当的发色基团（如吸收紫外线的多环芳烃），则可以通过直接光解选择性地破坏污染物来处理表面活性剂-污染物混合物。研究发现，仅紫外线光解和 $UV-H_2O_2$ 过程可有效地选择性降解多环芳烃，而不会破坏混合物中的全氟表面活性剂（An，2001）。

本章内容的相关案例见研究案例 11.1 ~ 研究案例 11.3。

研究案例 11.1　二硝基甲苯土壤洗涤效率中试研究

分别从前陆军弹药厂获得了两份土壤样品，土壤中都含有高浓度的 2,4-二硝基甲苯（2,4-DNT）和 2,4-二硝基甲苯（2,6-DNT）。来自威斯康星州獾陆军弹药厂（BAAP）的土壤为砂质土壤（90% 为砂土、8% 为粉砂和 2% 为黏土）；来自查塔努加市志愿陆军弹药厂（VAAP）的土壤为粉质黏土土壤（45% 为砂土、41% 为粉砂和 14% 为黏土）。

土壤的洗涤是在 14L 的圆筒中进行的，向上喷射暖流（60℃）水从干净的砂土中分离出含有二硝基甲苯的细粒。产生的泥浆随后被泵入生物泥浆反应器。土壤洗涤效率（以总污染物去除百分比衡量）随着水土比的增加而增加（图 11.8）。对于砂质 BAAP 土壤，当水/土≥10L/kg时，去除砂质后几乎完全保留了污染物。对于粉质VAAP土壤，需要17L/kg的水/土来保持98%或更高的浓度降幅。以土壤质量计算，BAAP土壤中87%的大颗粒被洗去，而VAAP土壤，在洗土后82%是悬浮在浆料相中的细颗粒（Zhang et al.，2001）。

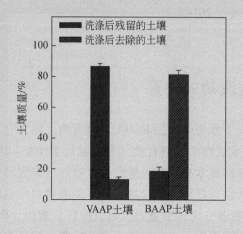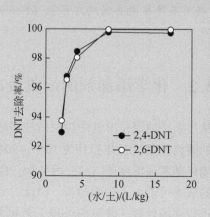

图11.8　土壤洗涤效率和水/土的关系（据Zhang et al.，2001）

研究案例 11.2　美国犹他州希尔空军基地的土壤原位淋洗

在希尔空军基地（HAFB）测试了两种不同的单元：增溶单元和增移单元。试验是通过由钢板桩和底层不透水层组成的单元内进行的。增溶单元通过钢板桩显示了过度泄漏。虽然由于泄漏 Dowfax 8390（阴离子型烷基二苯氧基二磺酸盐表面活性剂）不能对整个单元洗涤，但经过10个4.3重量百分比孔隙体积的 Dowfax 8390 洗涤后，约50%的污染物被清除，95%的表面活性剂被回收。增移单元中注入了2.2重量百分比的 Aerosol OT（阴离子表面活性剂）和2.1重量百分比的 Tween 80（非离子表面活性剂）以及0.43重量百分比的氯化钙。据估计，用表面活性剂溶液洗涤6.6个土壤孔隙体积后，增移单元中85%～90%的污染物被去除。而在单独用水的对照实验中，只有不到1%的污染物质量被去除。总体而言，增移系统比增溶系统效率高得多；增溶系统的设计和实施要容易得多。

研究案例 11.3　新泽西州瓦恩兰化学超级基金场地的土壤洗涤

这块54acre的污染场地曾在1950～1994年生产含砷除草剂。该工厂所在地包括产品生产和储存作业间、一个实验室、几片小水域和曾经的鸡舍。1977年之前，该公司将副产品砷盐储存在露天堆放场和鸡舍中。由于水与裸露的堆放场接触，砷污染了邻近的湿地、地表和深层土壤、地下水、附近的河流和下游的湖泊。1995 年，USEPA 完成了拆除工作，包括八栋被污染的建筑物。

　　土壤洗涤设施于 2003 年秋竣工。2004 年初，经过一段启动优化期后，开始全面运行洗涤设施。洗涤处理了约 35 万吨砷污染土壤（20～5000mg/kg）。洗涤系统的处理能力为 70t/h，包括以下单元操作：湿筛、分离（水力旋流器）、土壤提取、砷沉淀、渗滤液再生、水澄清、砂脱水、细粒增稠和压滤机脱水。经处理后，土壤中砷残留量确定在 20mg/kg 以下；此污染场地的修复曾被美国陆军工程兵部队（United States Army Corps of Engineers，USACE）和 USEPA 定义为"非常成功"。

参 考 文 献

AATDF(Advanced Applied Technology Demonstration Facility for Environmental Technology Program) (1997). Technology Practices Manual for Surfactants & Cosolvents.

An, Y. J. (2001). Photochemical treatment of a mixed PAH/surfactant solution for surfactant recovery and reuse. *Environ. Progress* 20(4):240–246.

Banerjee, S. and Yalkowsky, S. H. (1988). Cosolvent-induced solubilization of hydrophobic compounds into water. *Anal. Chem.* 60(19):2153–2155.

Bedient, P. B., Rifai, H. S., and Newell, C. J. (1999). *Ground Water Contamination: Transport and Remediation*, 2e. Upper Saddle River: Prentice Hall.

Christofi, N. and Ivshina, I. B. (2002). Microbial surfactants and their use in field studies of soil remediation. *J. Appl. Microbiol.* 93:915–929.

Dahal, G., Holcomb, J., and Socci, D. (2016). Surfactant-oxidant co-application for soil and groundwater remediation. *Remediation* Spring:101–108.

Dawson, H. E. and Roberts, P. V. (1997). Influence of viscous, gravitational, and capillary forces on DNAPL saturation. *Ground Water* 35(2):261–269.

Dugan, P. J., Siegrist, R. L., and Crimi, M. L. (2010). Coupling surfactants/cosolvents with oxidants for enhanced DNAPL removal: a review. *Remediation* Summer:27–49.

Ferraro, A., Fabbricino, M., van Hullebusch, E. D. et al. (2016). Effects of soil/contamination characteristics and process operational conditions on aminopolycarboxylates enhanced soil washing for heavy metals removal: a review. *Rev. Environ. Sci. Biotechnol.* 15(1):111–145.

Ghazali, M., McBean, E., Shen, H. et al. (2010). Remediation of DDT-contaminated soil using optimized mixtures of surfactants and a mixing system. *Remediation* Autumn:119–131.

Guha, S., Jaffe, P. R., and Peters, C. A. (1998). Solubilization of PAH mixtures by a nonionic surfactant. *Environ. Sci. Technol.* 32(7):930–935.

Hill, A. J. and Ghoshal, S. (2002). Micellar solubilization of naphthalene and phenanthrene from nonaqueous-phase liquids. *Environ. Sci. Technol.* 36(18):3901–3907.

Interstate Technology and Regulatory Cooperation Work Group(1997). Technical and Regulatory Guidelines for Soil

Washing.

ITRC(Interstate Technology and Regulatory Council)(2003). Technical and Regulatory Guidance for Surfactant/ Cosolvent Flushing of NDAPL Source Zones.

Jafvert, C. T. (1996). Technology Evaluation Report: Surfactants/Cosolvents, TE-96-02, Ground-Water Remediation Technologies Analysis Center.

Jeong, S. -W., Corapcioglu, M. Y., and Roosevelt, S. E. (2000). Micromodel study of surfactant foam remediation of residual trichloroethylene. *Environ. Sci. Technol.* 34(16): 3456–3461.

Ko, L., Lee, C. -H., Lee, K. -P., and Kim, K. -W. (2006). Remediation of soil contaminated with arsenic, zine, and nickel by pilot-scale soil washing. *Environ. Progress* 25(1): 39–48.

Lee, L. S., Zhai, X., and Lee, J. (2007). INDOT Guidance Document for *In-Situ* Soil Flushing, Joint Transportation Research Program Technical, Report Series, Purdue University.

Lunn, S. R. D. and Kueper, B. H. (1999). Risk reduction during chemical flooding: preconditioning DNAPL density *in situ* prior to recovery by miscible displacement. *Environ. Sci. Technol.* 33: 1703–1708.

Miller, C. A. and Neogi, P. (2008). *Interfacial Phenomena: Equilibrium and Dynamic Effects.* New York: CRC Press.

Place, B., Anderson, B., Mekebri, A., et al. (2010). A role for analytical chemistry in advancing our understanding of the occurrence, fate, and effects of Corexit oil dispersants. *Environ. Sci. Technol.* 44(16): 6016–6018.

Rebello, S., Asok, A. K., Mundayoor, S., and Jisha, M. S. (2014). Surfactant: toxicity, remediation and green surfactants. *Environ. Chem. Lett.* 12: 275–287.

Roote, D. S. (1997). *In Situ* Flushing, Technology Overview Report, GWRTAC Series, TO-97-02.

Rosen, M. J. and Kunjappu, J. T. (2012). *Surfactants and Interfacial Phenomena*, 4e. New York: John Wiley & Son.

Rosen, M. J., Li, F., Morrall, S. W., and Versteeg, D. J. (2001). The reletionship between the interfacial properties of surfactants & their toxicity to aquetic organisms. *Environ. Sci. Technol.* 35: 954–959.

Sabatini, D. A., Knox, R. C., and Harwell, J. H. (1995). Surfactant Enhanced Subsurface Remediation: Emerging Technologies. In: *ACS Symposium Series*, vol. 594. Washington, DC: American Chemical Society.

Schwarzenbach, R. P., Gschwend, P. M., and Imboden, D. M. (2016). *Environmental Organic Chemistry*, 3e. New York: John Wiley & Sons.

Strbak, L. (2000). *In Situ* Flushing with Surfactants & Cosolvents, Netional Network of Environmental Management Studies Fellow.

USEPA(1993). Innovetive Site Remedietion Technology, Soil Washing/Soil Flushing, volume 3, EPA 542-B-93-012.

USEPA(2001). A Citizen's Guide to *In Situ* Soil Flushing, EPA 542-F-01-011.

USEPA(2001). A Citizen's Guide to Soil Washing, EPA 542-F-01-008.

Venditti, F., Angelico, R., Ceglie, A., and Ambrosone, L. (2007). Novel surfactant-based adsorbent material for groundwater remediation. *Environ. Sci. Technol.* 41: 6836–6840.

Wang, L., Peng, L., Xie, L. et al. (2017). Compatibility of surfactants and thermally activated persulfate for enhanced subsurface remediation. *Environ. Sci. Technol.* 51: 7055–7064.

West, C. C. and Harwell, J. H., (1992). Surfactant and subsurface remediation. *Environ. Sci. Technol.* 26: 2324–2330.

Zhang, C., Valsaraj, K. T., Constant, W. D., and Roy, D. (1998). Surfactant screening for soil washing: comparison of foamability and biodegradability of plant-based surfactant with commercial surfactants. *J. Environ. Sci. Health* A33 (7): 1249–1273.

Zhang, C., Daprato, R. C., Nishino, S. F. et al. (2001). Remediation of dinitrotoluene contaminated soils from former ammunition plants: soil washing efficiency and effective process monitoring in bioslurry reactors. *J. Hazardous Mat.* B87:139-154.

Zhang, C., Zheng, G., and Nichols, C. M. (2006). Micellar partition and its effects on Henry's law constants of chlorinated solvents in anionic and nonionic surfactant solutions. *Environ. Sci. Technol.* 40(1):208-214.

Zhou, M. and Rhue, R. D. (2000). Screening commercial surfactants suitable for remediating DNAPL source zone by solubilization. *Environ. Sci. Technol.* 34(10):1985-1990.

问题与计算题

1. 在什么样的土壤质地条件下，土壤洗涤可以达到预定的显著减少污染土壤体积的效果？

2. 为什么污染物一般与土壤中的微粒密切相关？

3. 为什么低粉砂和黏土含量对洗涤和原位淋洗的成功至关重要？

4. 按照示例 11.1，如果土壤含有 60% 的砂土，15% 的粉土和 25% 的黏土，进行相同的计算。(a)土壤洗涤后的体积减小率是多少？(b)每个土壤馏分和水相中残留的污染物百分比是多少？

5. 按照示例 11.1，我们假设土壤被洗涤了一次，那么第二次洗涤溶液中所保留的污染物的总百分比是多少，以及每种土壤组分(砂土、粉土和黏土)各是多少。使用计算数据，证明第二次清洗是否必要。

6. 表面活性剂浓度低于或高于 CMC 值将如何影响疏水污染物的水溶解度？

7. 土壤洗涤和土壤原位淋洗有什么不同或相似之处？请使用表格对这两种相关的修复技术进行比较。

8. 研究人员指出，应避免过度使用表面活性剂引起的迁移性增强作用，特别是对于 DNAPL，解释为什么？

9. 表面活性剂和助溶剂都用于土壤洗涤和洗涤过程。表面活性剂和助溶剂的典型浓度范围分别是什么？

10. 定义以下术语：HLB、CMC、IFT 和毛细管数。

11. 为什么表面活性剂的存在会降低(而不是增加)地下水中 NAPL 的界面张力？

12. 哪些类型的表面活性剂可以或不能用于改善含水层修复？

13. 描述黏度、界面张力、土壤孔隙度对 NAPL 残余饱和度的影响。

14. 用无因次毛细管数解释表面活性剂是如何改善含水层修复的？

15. 与表面活性剂相比，在修复中使用助溶剂的主要局限性是什么？

16. 以下因素是如何影响土壤洗涤效率的：水力传导系数、CEC、土壤有机质、K_{ow} 以及溶解度？

17. 从图 11.5 中，(a)求表面活性剂 C_{10}TMAC 的临界胶束浓度；(b)当表面活性剂浓度从 $10^{-2.4}$ mol/L 增加到其 CMC 时，表面张力会降低百分之几？

18. 从图 11.5 中，(a)求表面活性剂 C_{14}TMAC 的临界胶束浓度；(b)表面活性剂 C_{14}TMAC 的浓度从 10^{-4} mol/L 增加到 10^{-3} mol/L，表面张力会发生多大变化？

第 12 章　可渗透反应墙

学习目标

1. 理解为什么可渗透反应墙可以成为传统地下水抽出处理技术的替代选择。
2. 描述卤代烃溶剂脱氯的氧化还原（电子转移）机制和用零价铁（zero valent iron，ZVI）还原其他污染物机制。
3. 确定适用于所选污染物修复的其他反应材料。
4. 理解典型可渗透反应墙内的地下水流动状态以及影响地下水流动的因素。
5. 说明可渗透反应墙的两种常见空间布局和选择合适反应介质的标准。
6. 讨论可渗透反应墙的基本设计概念，并计算可渗透反应墙所需厚度。
7. 描述几种土壤挖掘与可渗透反应墙建制的传统方法。
8. 了解可渗透反应墙技术的研究与发展进展。

要维持传统地下水抽出处理系统的多年正常运行，所需投入的能源和劳动力是严重的经济负担。采用可渗透反应墙的被动修复是传统冗长的抽出处理的替代方案。可渗透反应墙是在地下建造的一堵墙，用于修复被污染的地下水。墙是可渗透的，可允许足够的地下水通过反应剂，这能够捕获或破坏污染物；干净的地下水从墙的另一边流出，而不需要开采井。可渗透反应墙的主要优点是消除了地下水泵出和地上处理。本章首先介绍了可渗透反应墙体系中的反应机理和水力学特性。根据污染物的类型，各种非生物和生物反应机制可以被纳入可渗透反应墙系统。将介绍可渗透反应墙的结构、可渗透反应墙材料的类型、可渗透反应墙的设计概念和施工方法。

12.1　反应墙的反应机理与水力学原理

可渗透反应墙（permeable reactive barrier，PRB）之所以如此命名，是因为"反应"发生在墙里。反应的类型取决于要处理的污染物和使用的反应材料。由于零价铁是目前最常见的反应材料，我们的重点是说明涉及卤代化合物脱氯的氧化还原机制。本书将概述使用零价铁和其他活性材料处理其他污染物的可渗透反应墙。最后，本节将描述矿物沉淀和生物污垢对可渗透反应墙中地下水流量的影响。

12.1.1　可渗透反应墙是替代地下水抽出处理的可行技术

用于地下水修复的反应墙包括非反应墙和渗透反应墙。7.1.1 节中描述的物理墙，包括地下连续墙和板桩，属于用于分流地下水流量的不渗透和非反应墙。镶入式地下连续墙用于 DNAPL，以避免潜在的污染物下渗，而悬挂式地下连续墙用于上浮的 LNAPL（悬挂式地下连续墙不会一直延伸到含水层）。如图 12.1 所示，可渗透反应墙是沿着污染地下水的路径通过清除狭长沟槽中的土壤而构建的。沟槽中充满了可渗透的活性物质，可以修复受污染的地下水。活性物质可以与砂混合，使地下水更容易流过（而不是避开）反应墙。填充的沟槽或漏斗通常覆盖着土壤，所以通常在地面上看不到。当可渗透反应墙系统在长时间运行后失效时，可以补充活性材料，或在场地修复完成后移除。

可渗透反应墙系统的两个显著特征是它不再需要抽提井和地上处理修复。可渗透反应墙是浅层含水层（地下不到 50ft）多孔砂质土的理想选择。与抽出处理一样，这是一种对溶解态的污染物最有用的原位修复技术。可渗透反应墙可以同时具有多种反应介质，以适用于处理不同的污染物的设计和配置。它需要足够的地下水流量。因此，当受污染的地下水流经反应墙时，就被现场处理，在不需要主动泵送的情况下，这种被动修复具有较低的运维成本从而替代了需要长期监测、投入大量能源与劳动力的地下水抽出处理技术。因此，妥善设计和运作的可渗透反应墙系统能大大节省长期费用。在一个假定持续时间为 30 年的地下水修复系统中，使用传统抽出处理、零价铁可渗透反应墙和自然衰减来清除氯代烃污染羽流的成本分别在 900 万美元、300 万美元和 50 万美元左右（Blowes，2002）。

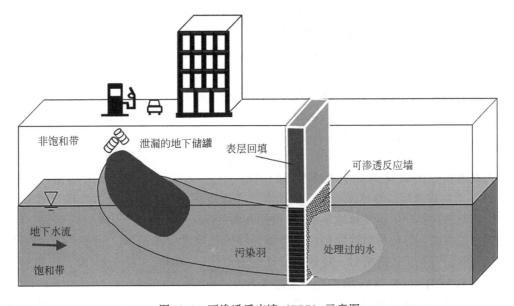

图 12.1　可渗透反应墙（PRB）示意图

12.1.2 通过零价铁氧化还原反应介导的脱氯作用

由于零价铁是当前可渗透反应墙中最成功的反应介质，本节重点介绍零价铁的科学原理。重点将是有机氯溶剂（RCl，R 表示烷基）脱氯的机制，因为这组化合物的修复已得到迄今为止最成功的证明和报道。

零价铁是指元素形式的铁。元素铁的氧化态为零（Fe^0），一个铁原子在最外的壳层有失去两到三个电子的倾向。失去一个电子或多个是一种氧化反应。通俗来讲，金属铁的氧化也是腐蚀的一种形式。如果每个铁原子失去两个电子，零价铁将变成亚铁（Fe^{2+}）。如果失去三个电子，就会产生三价铁（Fe^{3+}）。当零价铁被氧化（腐蚀）时，产生的电子将转移到另一个耦合的半反应，例如，氯代化合物将被转化（还原）为潜在的无毒产物。在这个反应中，氯代化合物被还原。

Sweeny 和 Fischer（1972 年）首次报道利用金属的降解潜力处理环境中的氯化物，他们获得了金属锌在酸性条件下降解有机氯农药（DDT）的专利。滑铁卢大学的研究人员使用零价铁进行地下水原位处理。他们在这一领域的开创性工作获得了零价铁原位应用的专利（Gillham，1993）。

零价铁对氯化溶剂的脱氯仍是热门研究领域。虽然确切的反应机制尚不清楚，但目前的研究表明，当地下水中存在零价铁时，可能涉及多种反应途径和反应机理。由于零价铁具有较高的反应活性，它可以与许多氧化态的地下水成分和污染物发生反应。例如，当地下水溶解氧含量较高（好氧条件）的条件下，铁本身可以快速与氧气反应生成 Fe^{2+}：

$$2Fe^0(s) + O_2(g) + 2H_2O(l) \longrightarrow 2Fe^{2+}(aq) + 4OH^-(aq) \tag{12.1}$$

式中，（s）、（g）、（l）、（aq）分别代表固相、气相、水相、液相；$Fe^0(s)$ 是固体（金属）形态。为简单起见，除非另有说明，否则在本章中我们将不再详细说明单个物种的状态。式（12.1）由于随后形成羟基氧化铁（FeOOH）或氢氧化铁 $[Fe(OH)_3]$，导致亚铁在铁表面的沉淀。铁表面的钝化将大大降低零价铁的反应性。因此，认为含溶解氧量高的地下水不利于零价铁的反应性。幸运的是，许多地方被污染的地下水含氧量不高。当溶解氧耗尽后，铁可以直接与水反应：

$$Fe^0(s) + 2H_2O(l) \longrightarrow Fe^{2+}(aq) + H_2(g) + 2OH^-(aq) \tag{12.2}$$

与其他较强的氧化剂如有机氯溶剂相比，上述反应较慢。与水的缓慢反应 [式（12.2）] 对可渗透反应墙技术有利，因为在这个副反应中很少量的反应介质（铁）被消耗掉。然而，包括产生氢气和地下水 pH 增加在内的反应产物可能会成为一个问题。例如，氢气的形成可能会导致可燃性隐患，也可能会降低孔隙度和渗透率。pH 升高不利于氯化溶剂的降解，有利于铁的析出，降低铁的反应活性。$Fe(OH)_2$（$K_{sp} = 8 \times 10^{-16}$）相对不溶于水，而 $Fe(OH)_3$（$K_{sp} = 4 \times 10^{-38}$）极不溶于水。

由于铁是一种强还原剂，它与氯化物（如 TCE）的反应通过电子转移（氧化还原反应）非常快。这是因为这些有机氯溶剂处于高度氧化状态。有机氯溶剂中的氯有很高的倾向从它所连接的碳原子（C）中获得电子。这些碳原子倾向于从铁的氧化中获得电子。有人认为，有机氯溶剂的还原主要是通过去除卤素原子并由氢取代 [式（12.3）] 进行的，尽管其他机制可能也起作用。有机氯溶剂的直接还原发生在金属表面 [图 12.2 (a)]：

$$氧化半反应：Fe^0(s) \longrightarrow Fe^{2+}+2e^- \qquad E=+0.440V$$

$$还原半反应：RX+2e^-+H^+ \longrightarrow RH+X^- \qquad E=+0.5 \sim +1.5V \qquad (12.3)$$

$$总反应：Fe^0(s)+RX+H^+ \rightleftharpoons Fe^{2+}+RH+X^- \quad E=+0.94 \sim +1.94V$$

在上面两个半反应中，第一个半反应（从左到右写）是氧化反应，零价铁失去了 2mol 电子。第二个半反应是还原反应每摩尔 RX 得到 2mol 电子。以 V 为单位的 E 值表示反应的电势或"电动势"。在两个半反应下面是电子在增加和损失之间平衡的总体反应 [式 (12.3)]，X 表示任何卤素原子，如氯 (Cl) 是污染环境中最常见的卤素。总体反应的正 E 值表示从左到右所写的热力学有利反应。

式 (12.3) 中描述的这一途径代表了从金属 (Fe^0) 到吸附在金属–水界面的氯代烃 (RCl) 的直接电子转移，导致脱氯和产生 Fe^{2+}。实验结果表明，金属对有机氯的降解是一种表面现象，降解速率受反应介质比表面积的影响。

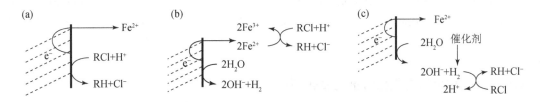

图 12.2　零价铁 (ZVI) 还原有机氯溶剂 (RCl) 的三个主要电子转移途径

(a) Fe^0 直接还原；(b) Fe^{2+}还原；(c) H_2 还原

零价铁和氯代烃之间的第二个重要反应是通过产生 Fe^{2+}，如下：

$$Fe^0(s)+2H_2O+2RCl \rightleftharpoons 2ROH+Fe^{2+}+2Cl^-+H_2 \qquad (12.4)$$

由上式可知，单质铁金属的腐蚀产生亚铁和氢，两者都是相对于氯化溶剂等污染物可能的还原剂。因此，亚铁 (Fe^{2+}) 与氯代烃之间可能发生以下氧化还原反应：

$$氧化半反应：Fe^{2+} \longrightarrow Fe^{3+}+e^- \qquad E=-0.77V$$

$$还原半反应：RCl+2e^-+H^+ \longrightarrow RH+Cl^- \qquad E=+0.5 \sim +1.5V \qquad (12.5)$$

$$总反应：2Fe^{2+}+RCl+H^+ \rightleftharpoons 2Fe^{3+}+RH+Cl^- \quad E=-0.27 \sim 0.73V$$

注意，需要 2mol Fe 才能使电子平衡 [即电子得失在式 (12.5) 中被抵消]。当用 H_2O 作为氧化剂时，亚铁还原氯代烃是厌氧条件下的缓慢反应。这一途径 [图 12.2 (b)] 表明 Fe^0 腐蚀产生的 Fe^{2+}也可以使氯代烃脱氯。

第三种脱氯途径 [图 12.2 (c)] 为 H_2 催化还原，需要催化剂：

$$氧化半反应：H_2 \longrightarrow 2H^++2e^- \qquad E=+0V$$

$$还原半反应：RX+2e^-+H^+ \longrightarrow RH+X^- \qquad E=+0.5 \sim +1.5V \qquad (12.6)$$

$$总反应：H_2+RX+催化剂 \rightleftharpoons H^++RH+X \quad E=+0.5 \sim +1.5V$$

式 (12.6) 中的途径表明，H_2O 在表面被还原，但产物 H_2 随后被用于氯代烃的还原。如果存在有效的催化剂（通常为 Pt、Pd、Ni、PtO_2），Fe^{2+}厌氧腐蚀产生的 H_2 可以与氯代烃发生反应。

上述分析概述了几种可能涉及零价铁对氯代烃的非生物降解的反应途径。虽然确切的机理和中间体尚不清楚，但这些途径指向氯离子（Cl^-）在反应介质中的形成。实验证据还表明，在这五个连续步骤中，金属表面的反应是速率限制（Scherer et al.，2000）：

（1）反应物靠近金属表面；

（2）反应物吸附金属表面；

（3）金属表面的反应；

（4）产物析出金属表面；

（5）产物远离金属表面。

此外，很明显，氢化反应用在大多数体系中起着很小的作用，在大多数环境条件下，铁表面会被氧化物（或碳酸盐和硫化物）的沉淀物覆盖。因此，最近的研究集中在氧化层如何从 Fe^0 转移电子到氯代烃。Scherer 等（2000）制定了一个启发式模型来解释金属表面的电子转移。根据该模型，Fe^0 向 RCl 的电子转移（electron transfer，ET）通过三个途径发生：①腐蚀坑或氧化膜中的类似间隙从 Fe^0 直接转移电子到 RCl；②氧化膜作为半导体从 Fe^0 转移电子到 RCl；③氧化膜作为 Fe^{2+} 位点还原 RCl 的配位面。涉及零价铁的整体氧化还原已经阐明（示例12.1），但关于质量和电子转移的反应机制仍是当前研究的活跃领域。

示例 12.1　零价铁与氯化溶剂的氧化还原反应

据报道，零价铁对三氯乙烯的脱氯是以下两个半反应的结果：

$$Fe^0 \longrightarrow Fe^{2+} + 2e^-$$

$$C_2HCl_3 + 3H^+ + 6e^- \longrightarrow C_2H_4 + 3Cl^-$$

建立一个平衡的完全反应，描述这个氧化还原反应的氧化数变化和电子转移。

解答：

这个例子用来复习一些关于氧化还原反应的化学基础。首先，重要的是要认识到为什么每个 TCE 分子（C_2HCl_3）的半反应（还原）涉及六个电子。要做到这一点，计算 TCE 中每个碳原子的氧化数变化是有帮助的。在第二个半反应中，C 是唯一发生氧化数变化的原子，因为在氧化还原反应中，H 和 Cl 原子的氧化数保持不变（H = +1，Cl = -1）。在 TCE 分子中，与 1 个 H、1 个 Cl 和 1 个 C 结合的 C 原子的净氧化数为零，因为 Cl 的电负性比 C 大，而 H 的电负性比 C 小。对于与 2 个 Cl 原子和 1 个 C 结合的第二个 C 原子，由于 Cl 的电负性比 C 大，其氧化数为 -2。因此，C 在 TCE 中的平均氧化数为 (0+2)/2 = +1。我们也可以更简单地直接从公式 C_2HCl_3 计算出平均氧化数。即 $2 \times C + 1 \times (+1) + 3 \times (-1) = 0, C = +1$。

由于氧化数的变化更为重要，我们现在确定了产物 C_2H_4 中两个 C 原子的氧化数。在 C_2H_4 中，每个 C 原子的氧化值都是 -2，因为每个 C 原子都连着两个电负性较小的 H 原子。C_2H_4 中 C 原子的平均氧化数也是 -2。因此，对于 C_2HCl_3 到 C_2H_4 的转化，第一个 C 的氧化值变化为 -2（从 0 到 -2），第二个 C 的氧化值变化为 -4（从 +2 到 -2）。总的氧化数变化是 -6，对应于每 1mol TCE 有 6mol 电子。

要形成完全反应，两个半反应中的电子数必须相同。我们需要将第一个半反应乘以3，然后将两个半反应相加，以平衡电子得失：

$$氧化半反应: 3Fe^0 \longrightarrow 3Fe^{2+} + 6e^-$$
$$还原半反应: C_2HCl_3 + 3H^+ + 6e^- \longrightarrow C_2H_4 + 3Cl^-$$
$$总反应: 3Fe^0 + C_2HCl_3 + 3H^+ \Longrightarrow 3Fe^{2+} + C_2H_4 + 3Cl^- \qquad (12.7)$$

式（12.7）为平衡的整体反应，1mol TCE 有 6mol 电子。Fe^0 被氧化，它起还原剂的作用；TCE 被还原，是一种氧化剂。

12.1.3　反应墙中的其他非生物和生物过程

12.1.2 节中零价铁介导的脱氯是一个非生物氧化还原过程。值得注意的是，零价铁不仅用于有机氯溶剂（RCl）的脱氯，而且还用于减少其他污染物。以下是用零价铁去除有毒铬离子的一个例子（Melitas et al., 2001）：

$$Fe^0 + CrO_4^{2-} + 4H_2O \Longrightarrow Cr(OH)_3(s) + Fe(OH)_3 + 2OH^- \qquad (12.8)$$
$$xFe(OH)_3 + (1-x)Cr(OH)_3 \Longrightarrow (Fe_xCr_{1-x})(OH)_3 \qquad (12.9)$$

如式（12.8）所示，有毒的六价铬［Cr（VI）］，CrO_4^{2-}，被还原为无毒的三价铬［Cr（III）］。除了 $Cr(OH)_3(s)$ 的析出，Cr（III）还可能形成 $Cr_2O_3(s)$ 或与 Fe（III）形成固溶体［式(12.9)］，其中 x 的范围为 0 到 1。同样，Cr（VI）也可以通过吸附在铁表面的氢原子、溶液中的 Fe（II）、矿物相或溶解的有机化合物来还原，类似我们已经讨论过的用零价铁还原氯代烃的过程。

零价铁用于减少其他几种污染物的方法可见于式（12.10）~式（12.13）。请注意，在这些反应中，Fe 被氧化时，所有污染物（U、Pb、As）都被还原（Fiedor et al., 1998；Ponder et al., 2000；Su and Puls, 2001）。还原金属（类金属）要么毒性较低，要么沉淀或吸附在铁表面。

铀（U）的去除：
$$Fe^0(s) + UO_2(CO_3)_2^{2-} + 2H^+ \Longrightarrow UO_2(s) + 2HCO_3^- + Fe^{2+} \qquad (12.10)$$
$$Fe^0 + 1.5UO_2^{2+} + 6H^+ \Longrightarrow Fe^{3+} + 1.5U^{4+} + 3H_2O \qquad (12.11)$$

铅（Pb）的去除：
$$2Fe^0(s) + 3Pb(C_2H_3O_2)_2 + 4H_2O \Longrightarrow 3Pb^0(s) + 2FeOOH(s) + 4HC_2H_3O_2 + 2H^+ \quad (12.12)$$

砷（As）的去除：
$$5Fe^0 + 2HAsO_4^{2-} + 14H^+ \Longrightarrow 5Fe^{2+} + 2As^0 + 8H_2O \qquad (12.13)$$

然而，原则上，可渗透反应墙不仅限于氧化还原反应。利用其他物理化学和生物介导过程的可渗透反应墙也可用于截流或去除污染物，包括吸附、沉淀、生物降解或这些机制的组合。

基于零价铁的修复已经进行了广泛的研究，特别是在实验室和实验小试规模上（如

Blowes et al., 1997；Butler and Hayes, 2001；Agrawal et al., 2002；Alowitz and Scherer, 2002）。长期的大规模的 PRB 技术也已经得到了演示（Nyer, 2001；Naidu and Birke, 2015）。表 12.1 总结了大规模可渗透反应墙修复污染物的各种反应材料（ITRC, 2011）。如前所述，基于氧化还原的零价铁用于还原有机氯溶剂，As（V）、Cr（VI）和 U（VI）已有报道。零价铁还可以与吸附型活性炭一起使用，以去除持久性的有机物，或与表面活性剂改性的黏土一起使用，用于金属吸附。羟基磷灰石和石灰石是主要用于金属去除的依靠沉淀反应材料的例子。基于生物降解的生物墙可以通过添加细菌、氧气、营养物质或电子受体来促进细菌降解。例如，来自木馏油来源的某些石油烃污染羽不适合 ZVI，但可以使用含有缓慢释放氧化合物的反应墙进行处理。反应墙产生的有氧条件允许溶解态污染物通过时被生物降解去除。

表 12.1　用反应性材料在大尺度修复工程案例中成功修复的污染物

污染物	零价铁	生物墙	磷灰石	沸石	废渣	零价铁–碳	有机黏土
氯乙烯，乙烷	●					●	
氯甲烷，丙烷						●	
苯系物		●					
爆炸性化合物		●					
高氯酸盐		●	●				
非水相液体							●
杂酚油							●
金属阳离子（如铜、镍、锌）		●	●			●	
砷	●				●		
六价铬	●						
铀	●						
锶-90			●	●			
硝酸盐		●					
硫酸盐		●					
甲基叔丁基醚		●					

12.1.4　反应墙的水力学和污垢问题

在安装了反应墙系统的污染含水层中，地下水流动可能变得很复杂，但可以通过建模来模拟，以揭示各种可渗透反应墙设计因素（尺寸和渗透率对比）将如何对其产生影响。图 12.3 模拟了反应墙的水平（x）和垂直（y）速度分布以及流线捕获（Robtson et al., 2005）。可渗透反应墙内的流速明显增大，表明水流正在汇聚于有较高水力传导系数的墙内。模拟结果还表明，可渗透反应墙中部的平均流速明显高于未受反应墙干扰的周边含水层（约 2.7 倍）。

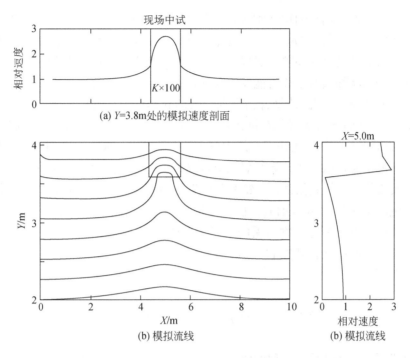

图 12.3　通过高渗透性含水层的稳态地下水流的二维模拟图

可渗透反应墙与周围含水层之间的水压对比×1000：（a）通过含水层中心的水平速度剖面，平行于流动，（b）流线显示高钾层的捕获深度，以及通过该层中心的（c）垂直速度剖面。模型区域比所示区域更深，左侧模型边界处流线的曲率是数值模拟误差的结果。资料来源：Robertson et al.，2005，经 John Wiley & Sons 授权转载

图 12.3 中的地下水流动状态将随着时间的推移而改变，因为地球化学和微生物介导的称为污垢沉积的过程会影响水流。例如，在富含碳酸盐的含水层中，零价铁的腐蚀和矿物沉淀（主要是 $CaCO_3$、$FeCO_3$ 和 FeS）随着时间的推移降低了孔隙率和水力传导系数，从而导致地下水在反应墙中优先流动（USEPA，1998）。然而，Li 等（2005）的建模结果显示，只有在运行大约 30 年后才会发生显著的水力变化。在建模条件下，可渗透反应墙50 年后才大面积堵塞，墙的渗透性低于含水层，导致污染地下水绕流。

堵塞也可以由微生物引起（生物污垢）。微生物可以通过地下水迁移进入反应单元，并在一定条件下在反应单元和（或）下流含水层中生长。反应单元中的微生物生长可以帮助或阻碍某些类型污染物的降解或清除。某些微生物可以利用铁腐蚀过程中厌氧产生的H_2 作为 TCE 脱氯的能量。在这种情况下，微生物活动可能是有益的，因为它可以防止铁反应单元中 H_2 的积聚。然而，如果微生物生长过度，长期存在可能导致活性介质的生物污垢堵塞。反应介质上生物膜的形成和细菌的黏附降低了反应物质的活性，限制了地下水通过反应墙的流速。

微生物可能以三种不同的机制导致铁反应单元的生物污垢的逐渐形成（Tuhela et al.，1997）。第一种也是最常见的机制是铁细菌产生 Fe(Ⅲ)。铁细菌，如氧化亚铁硫杆菌和氧化亚铁钩端螺旋体，可以直接使用 Fe(Ⅱ) 作为能量来源。铁细菌是嗜酸菌，可能存在于酸性土壤中。然而，它们可能不会在由零价铁产生的碱性环境中繁殖。

第二种机制依赖于柄状和鞘状细菌通过氧化鞘表面的 Fe(Ⅱ)。大蒜菌和细丝菌是两种这样的细菌并似乎参与了 Fe(Ⅱ) 的氧化，以及硫化物和硫代硫酸盐依赖的形式也已被报道。在用于去除铁的水井和砂过滤器中检测到广泛的有柄和鞘细菌的生物污染。通过这种机制，柄状和鞘状细菌的生长可能发生在活性铁细胞或下流含水层中。

第三种机制涉及在有机–铁复合物中利用碳的异养细菌。有机铁配合物的生物降解会释放出 Fe(Ⅲ)，从而导致氢氧化铁沉淀物的快速形成。然而，这第三种机制可能不是受 DNAPL 污染的地下水中氢氧化铁沉淀的主要来源，除非 Fe(Ⅲ) 螯合剂也同时存在。

同时发生的是通过微生物介导的氧化亚铁（Fe^{2+}）或二价锰的氧化反应，随后沉淀出铁（Fe^{3+}）或四价锰的氢氧化物。与铁有关的生物污垢会堵塞反应墙和地下水井壁。铁氢氧化物可以沉淀为非晶态 $Fe(OH)_3$，也可以发展为铁水合体（$5Fe_2O_3 \cdot 9H_2O$）等晶体结构。铁水合体已被确定为有生物污垢的地下水井中的固相物质（Tuhela et al., 1997）。一般来说，氢氧化铁在中性和碱性 pH 下的溶解度很低；因此，Fe(Ⅱ) 的氧化伴随着铁从水溶液中完全析出。

12.2　反应墙的工艺描述

这里简述了可渗透性反应过程的两个方面。首先是如何根据地下水污染羽来配置可渗透反应墙，其次是如何选择可针对各种污染物的反应墙材料。

12.2.1　反应墙的技术构成

可渗透反应墙配置通常分为两种：连续性反应墙或漏斗–导水门系统（图 12.4）。最简单的形式下，一个连续的可渗透反应墙，如颗粒铁被安装在溶解污染羽的路径上。当地下水流过反应区时，在整个反应墙宽度中遇到的污染物被降解为潜在的无毒化合物。安装为漏斗和导水门系统的反应墙有一个不渗透段（漏斗），它将捕获的地下水流导向渗透段（导水门）。这种配置有时可以更好地控制反应单元的放置。漏斗门系统中的可渗透反应墙也可以安装串联（多媒介）多个门。原则上，各种可渗透的反应材料可以串联安装，以通

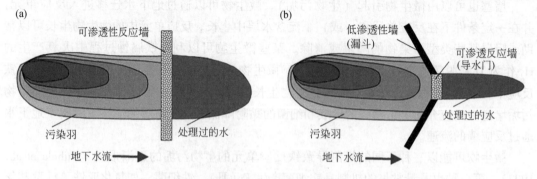

图 12.4　两种主要的可渗透反应墙配置示意图
(a) 连续反应墙（平面视图）；(b) 漏斗–导水门系统（平面视图）

过如 12.1 节中所述的去除多种污染物，或用多种途径去除同一污染物。

与漏斗-导水门系统相比，连续反应墙更容易安装，产生的流动模式也更简单。因此，最近的可渗透反应墙应用一直是连续反应墙。在这两种墙结构中，反应墙都是被动运行的，即不需要抽出地下水和安装任何地面上的装置。现有的现场数据表明，反应介质的消耗非常缓慢，因此，可渗透反应墙有可能在几年或几十年内被动地处理污染羽，这将导致除了现场监测之外几乎没有运维成本。取决于反应介质的使用寿命，反应墙可能需要定期激活或更新。

其他类型的可渗透反应墙构造最近也被提出或现场演示。其中一个例子就是收集分配反应墙。收集分配反应墙系统具有收集器和分配器（或仅限收集）。集水器捕获被污染的地下水，然后流经活性介质，通过分配器排水进一步降低浓度释放到含水层（Klammler et al.，2010）。与漏斗-导水门型可渗透反应墙相比，收集分配反应墙更适合于低水力传导系数含水层。另一个最新发展是水平反应介质处理井（Divine et al.，2018）。与第 7 章中描述的水平井概念相似，这种水平可渗透反应墙可以接触到常规垂直可渗透反应墙无法接触到的污染区域。由于定向钻孔的进出坑是唯一的表面损坏，水平可渗透反应墙在现场留下的环境足迹影响最小，并且可以在不显著影响的情况下施工。

12.2.2　可用的反应介质及其选择

在我们之前的讨论中（表 12.1），已确定几种在大规模可渗透反应墙的反应材料以及用途。在一项对可渗透反应墙中各种反应材料的调查中，53 个大规模和中试规模的可渗透反应墙中有 29 个使用零价铁（Fe^0）作为反应介质，因为它成本低、反应活性高（USEPA，2002）。还有其他类型的反应性材料在可渗透反应墙中也具有潜在用途。下面将讨论这些不同的类型及其选择标准。

12.2.2.1　反应介质类型

最常见的颗粒铁根据来源有各种形式，如用于大试的铸铁填充物，建筑材料和用于实验室规模测试的 Fisher Scientific 铸铁。大量的颗粒铁通常是制造过程的副产品，因此使用它们作为反应墙材料有回收这种材料的额外好处。理想情况下，现场应用的铁的重量应超过含 90% 的 Fe^0，尺寸范围从 8 目到 50 目，没有颗粒和残留的切削油和油脂。研究表明，颗粒状铁的一个决定因素是每单位质量铁的表面积（即比表面积）。一般来说，首选具有较高比表面积的商业铁。然而，选择更高的反应性表面积要求应该与反应性单元所需的水力传导系数相权衡。一般认为，所选粒径应具有比周围含水层至少五倍（或更多）的反应性单元水力传导系数。如果需要，可以将颗粒铁与砂砾混合，以提高沿 PRB 流向的水力传导系数。

改良后的颗粒铁在可渗透反应墙中也有应用。其中一个具有成本效益的改良方案是使用黄铁矿（FeS_2）。黄铁矿有一个额外的好处，可以降低 Fe^0 的 pH，因为黄铁矿可以被氧化产生酸，这将抵消 Fe^0 氧化过程中消耗的酸［参见式（12.1）和式（12.2）］：

$$FeS_2 + 7/2O_2 + H_2O \Longrightarrow Fe^{2+} + 2H^+ + 2SO_4^{2-} \tag{12.14}$$

黄铁矿具有不同寻常的化学性质，因为铁以 Fe^{2+} 的形式存在，而 S 以 -1 的氧化态出现，形成 S_2^{2-} 阴离子。Fe 原子以六重配位的形式出现（即配位数为 6，构成了一个有八个面的八面体）。硫铁矿与 Fe^0 的混合也能促进四氯化碳的降解。研究还指出，添加 pH 控制改进剂可导致反应单元的下游水中的溶解铁含量升高。

除纯铁以外的零价金属包括不锈钢、低碳钢、Cu^0、黄铜（铜锌合金）、Al^0 和镀锌（Zn^0 涂层）金属。不锈钢、Cu^0 和黄铜的脱氯作用较小，这些金属没有 Fe^0 的优势明显。如果使用其他金属是合理的，可以进行实验室研究，以确保反应性、完全降解和所选金属中没有有毒溶解产物。

双金属介质，包括铁-铜（Fe-Cu）、铁-钯（Fe-Pd）或铁-镍（Fe-Ni）在内的双金属介质能够以显著高于单独零价铁的速率还原有机氯。Fe-Cu 双金属介质性能的提高是两种金属电偶联的结果（即当两种金属处于电接触状态时，一种金属对另一种金属优先腐蚀），而 Fe-Pd 体系中的 Pd 充当催化剂。在实际应用中，应考虑建造更小的反应单元（因为反应速度更快）和新双金属介质的更高成本（相对于颗粒铁）之间的成本权衡。

据报道，还有其他新型活性介质的使用，包括含铁泡沫、胶体铁、纳米零价铁（nano-sized ZVI，nZVI）（详见注释栏 12.1）、含铁化合物（FeS、FeS_2）、二亚硫酸盐（$Na_2S_2O_4$）、颗粒活性炭、氢磷灰石、释放氧化合物（oxygen releasing compound，ORC，如过氧化镁）等。铁泡沫材料基于可溶性硅酸盐与可溶性铝酸盐的凝胶化提供孔隙率和高表面积。Fe^0 的其他添加剂包括氧化铁、沸石、黏土或特殊陶瓷材料。胶体铁和纳米零价铁（nZVI）浆液被设计用来注入含水层，因此可以在任何安装井的地方安装可渗透反应墙。二亚硫酸钠被注入地下，以创建一个可渗透的处理区，用于原位氧化还原操作。活性炭和聚合物是可渗透反应墙技术中吸附介质的例子。羟基磷灰石类似于由动物骨骼构成的材料，$Ca_{10}(PO_4)_6Ca(OH)_2$，其溶解产物可在地下水中沉淀去除有毒的铅（Pb）。

注释栏 12.1　纳米零价铁应用在污染修复中的前景与挑战

纳米零价铁（nZVI）技术已经在美国和欧洲进行了原位修复测试。与颗粒零价铁相比，纳米零价铁的主要优点是由于表面积与体积的比率比较大，反应活性更高。例如，纳米零价铁的修复活性是颗粒零价铁的 10～1000 倍。较高的活性意味着较少的铁，以更快的速度修复污染羽，从而降低成本。与颗粒零价铁要在地下水路径中建设反应墙不同，纳米尺寸的铁浆可以通过现有的井，或通过气动或水力压裂直接注入地下。

然而，纳米零价铁较高的反应性可能不足以抵消其他潜在缺点。纳米材料在土壤和地下水修复中的实际应用还有其他几个因素需要考虑。例如，纳米零价铁的使用构成了挑战，因为纳米零价铁一旦释放到环境中，就会迅速凝聚和氧化（Phenrat et al.，2007）。团聚阻止了纳米零价铁形成稳定的分散体，使其难以输送到污染羽中。有时，在地下水修复方案中，由于地下水流量受到限制和反应介质的寿命缩短，过高反应性的纳米零价铁可能不是必要的。

最近的研究是使用不同的稳定剂、转运体或载体来克服纳米零价铁的上述缺点。例如，某些稳定剂可以增强粒子间的空间或静电排斥，以抑制纳米零价铁的聚集。纳米零价铁的表面也可以通过阻断反应位点进行化学修饰，以延长使用寿命。据报道，添加二级金属如 Pd、Pt、Cu、Ni 或 Ag 可以防止铁氧化和在颗粒表面形成氧化铁涂层。

现有的研究表明,纳米零价铁具有治理持久性污染物,如氯化物、硝酸盐和六价铬的潜力。显然,要提高纳米零价铁的稳定性和长期反应性,还需要进行大量的研究。

也有报道称使用废纤维素固体(木屑碎片、锯末和叶片堆肥)作为地下水硝酸盐修复的原位反应墙(Robsern et al.,2005)。结果表明,这种含纤维素的生物载体可以在不需要补充碳的情况下,为异养反硝化细菌提供至少 10 年或更长时间所需的硝酸盐。

沸石是铝硅酸盐矿物,是由 SiO_4 和 AlO_4 的连锁四面体组成的硅酸盐框架。沸石中 (Si+Al)/O 必须等于 1/2。铝硅酸盐结构是带负电荷的,并吸引了驻留在其中的正阳离子。与大多数其他的钛硅酸盐不同,沸石的结构中有很大的空间或笼子,可容纳大的阳离子(如钠、钾、钡和钙),甚至是相对较大的分子和阳离子基团,如水、氨、碳酸盐离子和硝酸盐离子。在更有用的沸石中,空间是相互连接的,并形成不同大小的长宽通道。这些通道允许驻留的离子和分子很容易地进出该结构。沸石的特点是它们能够失去和吸收水而不破坏其晶体结构。这些大的通道解释了这些矿物持续的低比重。沸石和有机沸石已被用于处理 RCl、Cr(Ⅵ)和 BTEX。

12.2.2.2 反应介质的选择

一般来说,合适的反应介质应表现出以下特征(Gavaskar et al.,2000):

- **显著反应活性**:介质应该有足够的活性,使污染物在通过活性单元流出之前降解。一种提供较低半衰期(更快的降解率)的介质是首选。
- **稳定数年和十年**:反应介质应在特定地点的地球化学条件下保持数年或数十年的反应性。由于还没有很多大、中规模的反应墙运行足够的时间来直接确定稳定性的数据,反应机制的理解可以为介质持久的性能提供一些参考。
- **高渗透性**:反应介质的粒径应考虑反应性和导水性反应之间的权衡。一般来说,较高的反应性需要更小的颗粒尺寸(较高的总表面积),但较小的颗粒往往会降低导水性。
- **环境兼容**:反应介质不应嵌入任何有害的副产品进入下游的地下水环境。可接受的环境相容性反应物包括 Fe^{2+}、Fe^{3+}、氧化物、水。
- **成本低**:候选介质可以以合理的价格大量获取。特殊的场地考虑因素有时可能会考虑使用更贵的介质。如果性能差异不大时,较便宜的介质是首选。
- **与施工方法兼容**:一些新型的施工方法(如喷灌)可能需要更细小的反应介质粒径。

12.3 设计及施工方面的考虑

在接下来的简要讨论中,主要的重点将是可渗透反应墙所特有的基本设计概念,以及这种反应墙的构建。与任何其他修复技术一样,场地的水文地质和化学特征分析(第 5 章)是选择适合受污染场地的可渗透反应墙的先决条件。需要进行实验室、土柱和中等试验规模测试，以解决其他设计因素，如可处理性、介质选择、反应速率和特定地点的地下水化学。

12.3.1　反应墙的设计元素

一旦从场地特征分析和实验室测试中获得数据，它们就可以用于在不同的水文地质和地球化学情景下进行建模，并确定可渗透反应墙的位置、方向、配置和尺寸。为了实现可渗透反应墙的设计目标，有几种水文地质模型可用于模拟可渗透反应墙系统中的地下水流动和污染物输送，包括经过广泛验证的模式流和粒子跟踪模型（如 RWLK3D）。水文地质模型和场地特征数据用于以下设计组件（Gavaskar et al.，2000）：

- **反应墙位置**：可渗透反应墙的位置应能最佳地捕获污染羽，同时考虑到特定场地的约束条件，如边界和地下设施。
- **反应墙方向**：可渗透反应墙的朝向应该考虑水流季节变化，它可以用最小反应单元宽度来捕获最大流量。
- **反应墙配置**：可渗透反应墙应配置为连续反应墙、漏斗-导水门系统或适合受污染羽的水平反应墙系统
- **反应墙尺寸**：这些包括反应单元的适当宽度和厚度，以及漏斗-导水门系统的漏斗的宽度和角度。这里，反应单元厚度是指反应介质中地下水流动路径的长度，它为污染物提供了足够的停留（接触）时间，以达到污染物修复的目标水平。
- **水力捕获区**：应根据给定的可渗透反应墙估计水力捕获区。
- **设计权衡**：用模型来寻求在两个相互依赖的参数之间的权衡，即一个尽可能大的水力捕获区和一个小反应单元流动厚度。
- **介质选择**：建模方法应有助于确定与含水层的导水性相关所需的颗粒尺寸（因此是反应介质的水力传导系数）。
- **寿命设计**：当污垢导致堵塞，降低孔隙率并导致流动绕过反应单元时，应用建模方法评估未来的场景。该评估需标明了设计中所需的安全因素。
- **监测计划**：应通过建模来评估适当的监测井的位置和监测频率。

对于可渗透反应墙的设计，至关重要的是两个主要的相互依赖的参数：水力捕获区宽度和停留时间。捕获区宽度是指地下水污染羽的宽度，它将通过反应单元或墙（对于漏斗-导水门结构的情况），而不是穿过墙的末端或下方（图 12.5）。捕获区宽度可以通过最大限度地增加通过反应单元或墙的流量（地下水流量）来最大化。停留时间是指污染地下水与导水门内反应介质接触的时间。停留时间可以通过最小化通过反应单元的时间或通过增加反应单元的流动厚度来最大化。因此，可渗透反应墙的设计必须平衡最大化捕获区宽度和增加停留时间，捕获区以外的污染将不会通过反应单元。同样，如果在反应单元中的停留时间太短，污染物水平可能不能充分降低以达到修复目标。

墙厚度（L）与停留时间（t）和地下水（孔隙）速度（v）的关系如下：

$$L = \frac{vt}{R}$$

（12.15）

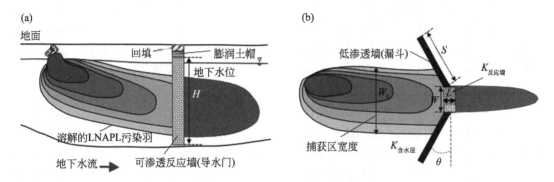

图 12.5 展示漏斗–导水门系统的设计参数示意图

(a) 侧视图；(b) 平面视图。W 为反应墙宽度；L 为反应墙长度（厚度）；H 为反应墙深度；θ 为漏斗与导水门之间的夹角；$K_{反应墙}$ 为反应墙水力传导系数；$K_{含水层}$ 为含水层水力传导系数

式中，R 为一个给定的污染物的延迟因子 [见式 (2.18)]。在反应单元中的停留时间可以从污染物的半衰期来估计（见示例 12.2）。地下水速度可以通过所选可渗透反应墙配置、宽度和方向的水文建模来确定。

示例 12.2 可渗透反应墙（PRB）系统的设计

实验室土柱试验确定了使用商用零价铁将三氯乙烯（TCE）降解为乙烷的半衰期为 4 小时。如果在现场条件下可以假设相同的半衰期，并且预期 TCE 的去除率为 95%，那么 TCE 在可渗透反应池中的停留时间是多少？如果地下水流速为 1ft/d，铁反应墙中 TCE 的阻碍因子为 2，那么反应池所需的厚度是多少？

解答：

假设反应单元中的反应是一级反应，我们可以使用第 9 章中介绍的公式 [式 (9.8) ~ 式 (9.10)]。一阶速率常数可由半衰期估计如下：

$$k = \frac{0.693}{t_{1/2}} = \frac{0.693}{4 \text{ 小时}} = 0.173 \text{ 小时}^{-1}$$

通过重新排列式 (9.9)，我们可以计算出在反应墙中的停留时间。请注意，95% 的消减相当于 $C_t/C_0 = 1 - 0.95 = 0.05$（5%）。

$$t = \frac{1}{-k} \ln \frac{C_t}{C_0} = \frac{1}{-0.173} \ln(0.05) = 17.3 \text{ 小时}$$

反应单元所需的厚度（L）为

$$L = \frac{vt}{R} = \left(\frac{1\text{ft}}{\text{d}} \times \frac{1\text{d}}{24\text{h}} \times 17.3 \text{ 小时} \right) / 2 = 0.36\text{ft}$$

请注意，"v" 是反应单元中的地下水流速，而不是周围的含水层。这个速度项考虑了孔隙率，而不是达西速度（见第 3 章）。

在反应墙系统的详细设计中，通常会建立一个地下水流动模型来评估反应墙配置、尺寸、含水层或水力参数对可渗透反应墙性能的综合影响。在大多数情况下，地下水流动的数值模型与粒子跟踪一起使用，以构建通过反应单元的路径和停留时间的地图。无需详细说明，这里使用 Benner 等（2001）和 Robertson 等（2005）的成果来说明。

Benner 等（2001）利用三维有限元模型，模拟了含水层和反应单元中反应墙的几何形状和水力传导系数的异质性如何影响流动分布。含水层反应墙内水力传导系数（K）的不均匀性将导致更大的地下水流动速度，从而优先流过墙部分而减少停留时间。较薄的含水层非均匀水力传导系数的优先流动更显著，较厚的含水层非均匀水力传导系数的优先流动更显著。利用二维稳态有限元 FLONET 模型，Robeston 等（2005）证明，在浅层高渗透砂砾含水层中，反应单元的宽度比深度对硝酸盐去除的影响更显著。在这种情况下，可渗透反应墙不一定要安装在污染羽的最深深度才能有效。

12.3.2　施工方法

可渗透反应墙的建造通常需要挖掘一个沟槽来容纳反应介质。它是任何可渗透反应墙系统的主要成本组成部分。传统的挖掘方法包括挖土机、翻盖式铲机、沉箱、连续挖土机或螺旋钻。对这些问题的具体阐述如下：

反铲是常规挖沟过程中最常用的一种。标准挖浅沟（<30ft 深）是最便宜和最快的方法。该设备安装在履带式车辆上，由一个吊臂、一个铲斗，以及电缆或液压缸组成。桶的宽度一般可达 5.6ft。由于反铲机的垂直距离由斗棒的长度决定，反铲机可以用延长的斗棒进行修改，并能够达到 80ft 的深度。

更深的挖掘可以使用翻盖式的，可用于挖掘约 200ft。机械翻盖比液压翻盖更受青睐，因为它们在有巨石的土壤中更灵活，可以达到更大的深度，而且维护成本更低。翻盖壳挖掘很受欢迎，因为它对除高度固结的沉积物和固体岩石外的几乎任何类型的材料的大量挖掘都是有效的。如果吊臂可以越过沟槽，它也可以在小而非常狭窄的区域进行控制和操作。然而，与挖掘机相比，翻盖挖掘的产量相对较低。

沉箱是用于保护开挖物的承重外壳。它们的建造使得水可以被泵出，保持沉箱内的工作环境干燥。沉箱的内部挖掘了一个大螺旋钻，为反应介质腾出空间。在桥梁建造中，直径可达 15ft 的沉箱已被使用；然而，较小直径的沉箱在可渗透反应墙的安装中更为常见。高度固结的沉积物和鹅卵石为沉箱操作造成挑战。将沉箱运送至超过 45ft 的深度也可能很困难。在没有这种岩土工程困难的情况下，沉箱有可能提供一种相对便宜的方法来安装一个漏斗-导水门系统或一个连续的反应墙。使用沉箱的一个显著优点是它们不需要内部支撑。因此，沉箱可以从地面安装并完成，而不需要人员进入开挖现场。

连续挖沟机是安装 35~40ft 深的浅反应墙的一种选择。虽然由于深度限制，它不像反铲或翻盖那样常见，但它能够同时挖掘一个狭窄的、12~24in 宽的沟槽，并立即用反应介质和（或）连续的不透水的高密度聚乙烯（HDPE）重新填充它。挖沟机的操作原理是使用安装在履带式车辆的吊臂上的链锯式装置切割土壤。吊臂配有一个沟槽箱，当反应介质从一个附着的架空料斗进入挖掘沟槽的后端时，它可以稳定沟槽壁。料斗包含两个隔间，其中一个可以安装到砾石大小的介质。如果需要，另一个隔间能够同时展开一个连续的HDPE 衬垫。

空心杆螺旋钻或一排空心杆螺旋钻也可以用来在地下钻直径 30in 的洞。当到达所需的PRB 深度时，随着螺旋钻的退出，活性介质通过阀杆引入。或者，可以将活性介质与可生物降解的浆液混合，并通过空心杆泵送。通过钻一系列重叠的孔，可以安装连续的反应墙。

上面讨论的施工方法都包括挖掘一个沟槽以容纳反应介质。开挖方法的经济效益与可渗透反应墙安装的深度密切相关。挖掘得越深，成本就越高。将反应介质直接灌注到地下也在其他一些污染场地测试中，其他的新型安装方法，如喷射、水力压裂、振动梁、深层土壤混合和心轴的使用，也已经在一些地点进行了测试，并为在更深的地方安装反应介质提供了潜在的更低成本的替代方案。喷射或喷浆包括高压注入灌浆［有时包括空气和（或）水］。高速射流侵蚀土壤，用浆液代替部分或全部土壤。芯轴是一种空心钢轴，用于在地面上创建一个垂直的空隙空间，以放置反应性介质。在使用振动锤敲击轴的底部之前，先放置一个驱动器。一旦形成空隙，就可以被反应介质填充。这些方法的细节可以参考（Gavaskar et al., 2000）。

本章内容的相关案例见研究案例 12.1 和研究案例 12.2。

研究案例 12.1　美国科罗拉多州丹佛市的丹佛联邦中心的现场可渗透反应墙

一个 366m 长的零价铁可渗透反应墙被安装在科罗拉多州丹佛市的丹佛联邦中心，以修复含有氯代脂肪烃（CAHs）的地下水污染羽，包括 TCE、TCA、顺-1,2-二氯乙烷、1,2-二氯乙烯（1,2-DCE）和氯乙烯。填充零价铁的可渗透反应墙由四个 12.2m 宽、厚度在 0.61～1.83m 的导水门组成。漏斗是在 7.5～10m 深的未风化基岩中插入的联锁金属板桩（McMahon et al., 1999）。漏斗与导水门长度比为 6.5，每个闸门长度为 3.05m，与地下水流方向一致。在中间零价铁的导水门上梯度和下梯度两端含有砾石。铁的晶粒尺寸为 0.25～2.0mm，密度为 $6.98g/cm^3$。

与未受可渗透反应墙影响的含水层相比，可渗透反应墙上游一侧的地下水堆积导致水力梯度和地下水通过闸门的速度增加了 10 倍。结果表明：75% 的地下水从上游地区通过导水门流向了下游，也观察到导水门的下面和周围有地下水流动的迹象。

结合可渗透反应墙安装后大约两年的地下水流量和化学监测数据表明，超过 99% 的污染物质量进入导水门，零价铁在地下水通过导水门时有效地去除了 CAHs。流出导水门的水中二氯乙烷（dichloroethane, DCA）含量［图 12.6（a）］仅占进入导水门污染物总量的 0.7%。二氯乙烷的存在是三氯乙烷逐步脱氯，与零价铁反应降解的结果。图 12.6（b）所示的 C_1 和 C_2 碳氢化合物是三氯乙烷完全脱卤的最终产物，包括乙炔、乙烷、乙烯和甲烷。监测数据显示，51% 的氯化脂肪烃碳是通过这些脱卤最终产物估算的碳质量。其余未解释的碳可能表明反应墙中铁对碳的吸附作用。

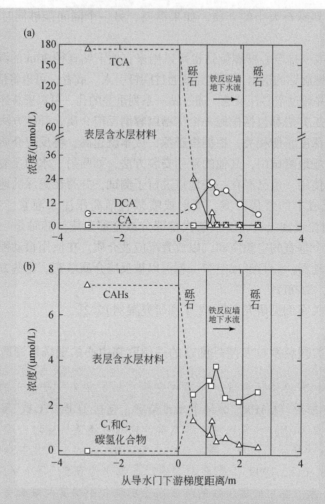

图 12.6　（a）三氯乙烷（TCA）、二氯乙烷（DCA）和氯乙烷（CA）的浓度，以及
（b）有机碳作为氯代脂肪烃（CAHs）和 C_1 和 C_2 烃的浓度

虚线推断，进入上坡砾石的地下水浓度等于形成导水门的上坡 3m 的地下水浓度。

上坡砾石浓度的下降表明，在施工过程中，Fe^0 并没有被完全地排除在该区域之外。

资料来源：McMahon et al.，1999，经 John Wiley & Sons 授权转载

研究案例 12.2　在美国北卡罗来纳州的美国海岸警卫队支持中心的可渗透反应墙

在这个污染场地，一家镀铬厂排放铬达 30 年，直到它关闭。车间下面的土壤中含有的铬高达 14500mg/kg，浓度为 10mg/L 的溶解铬酸盐污染羽从车间下面延伸到仅 60m 外的河流。污染羽约 35m 宽，延伸到地表以下 6.5m 深，并横向延伸约 60m 至河流。可渗透反应墙的尺寸为长 46m、深 7.3m、宽 0.6m，连续反应墙反应介质为零价铁。它被安装

在距离河大约30m的地方。可渗透反应墙系统从1996年到2004年长期运行（Wilkin et al.，2005）。

运行八年后，可渗透反应墙仍然有效地将Cr(Ⅵ)从上游>1500μg/L的平均浓度降低到下游<1μg/L的平均浓度。在1996～2004年八年的119次水井采样试验中，有117次下游地下水中Cr浓度从未超过5μg/L。PRB下游的总Cr最高浓度为6μg/L，显著低于100μg/L的最大污染物水平（MCL）。

来自监测数据的二维浓度等高线，如图12.7所示。长期的监测趋势表明，在运行八年后，Cr继续从地下水污染羽移除。图12.7还表明，Cr污染羽的深度以约0.1m/a的速度逐渐减小，而进入可渗透反应墙的Cr的浓度似乎随着时间的推移而降低。据估计，可渗透反应墙每年去除4.1kg的铬或约33kg的铬，在八年后土壤被固定成为非移动态。进一步的实验证据表明，铬在反应介质中稳定成三价铬，部分Cr(Ⅲ)与微生物介导的硫酸盐还原后形成硫化铁颗粒。

这个研究案例中引用的八年的性能数据为零价铁在现场条件下的寿命提供了令人信服的证据。生命周期评估进一步揭示了可渗透反应墙比人工和能源密集型抽出处理系统具有显著的环境优势和可持续性（注释栏12.2，图12.8）。

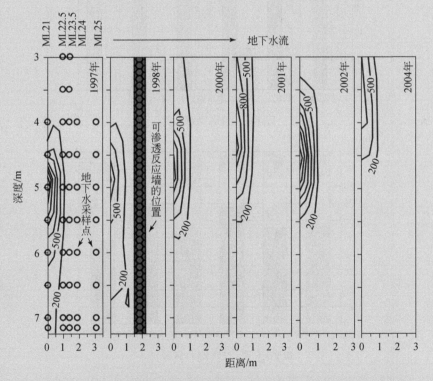

图12.7　显示地下水中总Cr相对于PRB位置的浓度分布的横断面剖面图

1999年和2003年的收集数据未显示。浓度等高线是基于来自44个地下采样点的浓度数据。等高距区间为300μg$_{Cr}$/L。资料来源：McMahon et al.，1999，经John Wiley & Sons授权转载

注释栏 12.2 可渗透反应墙与抽出处理：生命周期评估

Higgins 和 Olson（2009）对有机氯溶剂污染场地的可渗透反应墙和常规抽出处理进行了比较。据推测，安装可渗透反应墙所需的材料生产需求可能抵消操作阶段减少的影响。使用生命周期评估（life cycle assessment，LCA）对这些权衡进行了定量分析。

LCA 结果表明，抽出处理技术的环境影响是由运营能源需求驱动的，而零价铁反应介质和零价铁介质建设过程中的能源使用驱动了可渗透反应墙的潜在环境影响（图12.8）。权衡取决于反应性介质的寿命。无论如何，基于相对较短的寿命的保守估计表明，可渗透反应墙在人类健康和臭氧消耗的影响类别中提供了显著的环境优势。不过，可渗透反应墙要在所有影响类别中展示其优势，反应介质的使用寿命至少需要 10 年。

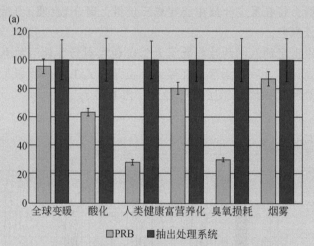

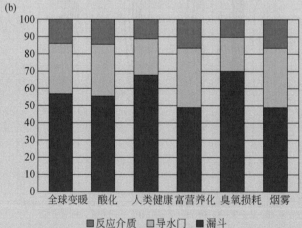

图 12.8 （a）可渗透反应墙与抽出处理系统的相对环境影响和（b）PRB 子系统对影响类别的贡献示意图
（a）结果按每个影响类别中的最大值进行标准化，误差线条表示由蒙特卡罗模拟确定的 95% 的置信区间；（b）导水门和零价铁假设每 10 年更换一次。资料来源：经 Wilkin et al., 2005 许可转载，版权归美国化学学会所有，2005 年

参 考 文 献

Agrawal, A., Ferguson, W. J., Gardner, B. O. et al. (2002). Effects of carbonate species on the kinetics of dechlorination of 1,1,2,-trichloroethane by zero-valent iron. *Environ. Sci. Technol.* 36(20):4326-4333.

Alowitz, M. J. and Scherer, M. M. (2002). Kinetics of nitrate, nitrite, and Cr(VI) reduction by iron metal. *Environ. Sci. Technol.* 36:299-306.

Benner, S. G., Blowes, D. W., and Molson, J. W. H. (2001). Modeling preferential flow in reactive barriers: implications for performance and design. *Ground Water* 39(3):371-379.

Blowes, D. (2002). Tracking hexavalent Cr in groundwater. *Science*, 295:2024-2025.

Blowes, D. W., Ptacek, C. J., and Jambor, J. L. (1997). *In-situ* remediation of Cr(VI)-contaminated groundwater using permeable reactive walls: laboratory studies. *Environ. Sci. Technol.* 31:3348-3356.

Butler, E. C. and Hayes, F. (2001). Factors influencing rates and products in the transformation of trichloroethylene by iron sulfide and iron metal. *Environ. Sci. Technol.* 35:3884-3891.

Divine, C., Wright, J., Wang, J. et al. (2018). The horizontal reactive media treatment well(HRX Well ®) for passive *in situ* remediation: design, implementation, and sustainability considerations. *Remediation* 28:5-16.

Fiedor, J. N., Bostick, W. D., Jarabek, R. J., and Farrell, J. (1998). Understanding the mechanisms of uranium removal from groundwater by zero-valent iron using X-ray photoelectron spectroscopy. *Environ. Sci. Technol.* 32: 1466-1473.

Gavaskar, A., Gupta, N., Sass, B. et al. (2000). Design Guidance for Application of Permeable Reactive Barriers for Groundwater Remediation, Battelle, Columbus, OH.

Gillham, R. W. (1993). Cleaning halogenated contaminants from groundwater, US Patent 5266213A.

Higgins, M. R. and Olson, T. M. (2009). Life-cycle case study comparison of permeable reactive barrier versus pump-and-treat remediation. *Environ. Sci. Technol.* 43(24):9432-9438.

ITRC(Interstate Technology & Regulatory Council)(2005). Permeable Reactive Barriers: Lessons Learned/New Directions.

ITRC(Interstate Technology & Regulatory Council)(2011). Permeable Reactive Barrier: Technology Update.

Klammler, H., Hatfield, K., and Kacimov, A. (2010). Analytical solutions for flow near drain-and-gate reactive barriers. *Ground Water* 48(3):427-437.

Li, L., Benson, C. H., and Lawson, E. M. (2005). Impact of mineral fouling on hydraulic behavior of permeable reactive barriers. *Ground Water* 43(4):582-596.

McMahon, P. B., Dennehy, K. F., and Sandstrom, M. W. (1999). Hydraulic and geochemical performance of a permeable reactive barrier containing zero-valent iron, Denver Federal Center. *Ground Water* 37(3):396-404.

Melitas, N., Chuffe-Moscoso, O., and Farrell, J. (2001). Kinetics of soluble chromium removal from contaminated water by zero-valent iron media: Corrosion inhibition and passive oxide effects. *Environ. Sci. Technol.* 35: 3948-3953.

Naidu, R. and Birke, V. (2015). *Permeable Reactive Barrier: Sustainable Groundwater Remediation*. Boca Raton: CRC Press.

Nyer, E. K. (2001). Chapter 11: Permeable treatment barriers, In: *In Situ Treatment Technology*, 2e. Boca Raton: Lewis Publishers.

Phenrat, T., Saleh, N., Sirk, K. et al. (2007). Aggregation and sedimentation of aqueous nanoscale zerovalent iron dispersions. *Environ. Sci. Technol.* 41:284-290.

Ponder, S. M., Darab, J. G., and Mallouk, T. E. (2000). Remediation of Cr(VI) and Pb(II) aqueous solution using supported, nanoscale zero-valent iron. *Environ. Sci. Technol.* 34:2564–2569.

Robertson, W. D., Blowes, D. W., Ptacel, C. J., and Cherry, J. A. (2000). Long-term performance of *in situ* reactive barriers for nitrate remediation. *Ground Water* 38(5):689–695.

Robertson, W. D., Yeung, N., van Driel, P. W., and Lombardo, P. S. (2005). High-permeability layers for remediation of ground water: go wide, no deep. *Ground Water* 43(4):574–581.

Scherer, M. M., Richter, S., Valentine, R. L., and Alvarez, P. J. J. (2000). Chemistry and microbiology of permeable reactive barriers for *in situ* groundwaterclean up. *Critical Rev. Environ. Sci. Technol.* 30(3):363–411.

Su, C. and Puls, R. W. (2001). Arsenate and arsenite removal by zerovalent iron: kinetics, redox transformation, and implications for *in situ* groundwater remediation. *Environ. Sci. Technol.* 35:1487–1492.

Sweeny K. H. and Fischer J. R. (1972). Decomposition of halogenated pesticides, US Patent, 3737384.

Tuhela, L., Carlson, L., and Tuovinen, O. H. (1997). Biogeochemical transformations of Fe and Mn in oxic groundwater and well water environments. *J. Environ. Sci. Health. Part A: Environ. Sci. Eng. Toxic and Haz Substances Control*, A32:407–426.

USEPA(1998). Permeable Reactive Barrier Technologies for Contaminant Remediation, EPA 600-R-98-125.

USEPA(2002). Field Application of In Situ Remediation Technologies: Permeable Reactive Barriers, EPA 68-W-00-084.

Wilkin, R. T., Su, C., Ford, R. G., and Paul, C. J. (2005). Chromium-removal processes during groundwater remediation by a zerovalent iron permeable reactive barrier. *Environ. Sci. Technol.* 39:4599–4605.

问题与计算题

1. 什么使得可渗透反应墙成为传统抽出处理系统的替代方案？

2. 零价铁(ZVI)在好氧地下水条件下对溶解氧(O_2)有反应，当 O_2 耗尽时对水有反应。写出潜在的氧化还原反应(a)在含氧量高的地下水中零价铁与 O_2 反应式；(b)在厌氧地下水条件下零价铁与 H_2O 反应式。解释这些反应是如何影响地下水 pH 的？

3. 阐述零价铁对有机氯溶剂(RCl)的脱氯机理。

4. 描述零价铁与机氯溶剂之间的电子转移机制。

5. 零价铁去除四氯化碳(CCl_4)的确切机理尚不清楚。如果提出以下总体反应：

$$CCl_4 + 4Fe + 4H^+ \rightleftharpoons 4Fe^{2+} + CH_4 + 4Cl^-$$

显示上述反应中 C 和 Fe 的电子转移和氧化数的变化。

6. 利用电子转移的知识，写出导致整个反应式(12.13)的两个半反应，用零价铁将五价砷($HAsO_4^{2-}$)还原为零价砷(As^0)。

7. 在地下水条件下，铁的钝化使元素的反应性如何降低？

8. 描述以下反应介质在地下水修复中的潜在用途：(a)氢磷灰石、(b)Fe-Pd、(c)沸石、(d)纤维素和(e)二亚硫酸石。

9. 什么是可渗透反应墙的生物污垢，生物污垢的形成机制是什么？

10. 地下水修复中的铁细菌有什么问题？

11. 四氯化碳(CT)在零价铁介导的反应单元中的半衰期为 5 小时，降解为最终产物。初始 CT 浓度为 1mg/L。为了使目标浓度达到 5μg/L 的饮用水标准，四氯化碳在渗透性反应单元中的停留时间是多少？如果地下水流速为 0.5ft/d，则反应单元的所需厚度是多少？假设延迟因子 R=1 来保守估计可渗透反应墙的厚度。

12. 在颗粒零价铁的研究中,发现在中性 pH 条件下,阿特拉津(除草剂)的降解为一级降解,半衰期为 8.91 天。颗粒铁、砂石混合填充在可渗透反应墙中,以修复大量农药施用的农田地下水中的阿特拉津。地下水中阿特拉津的平均浓度约为 0.03mg/L。修复目标是设定在最大污染物水平(MCL)为 0.003mg/L。在可渗透性反应单元中的停留时间是多少?如果地下水流速为 1m/d,则反应墙的所需厚度是多少?假设阿特拉津在 PRB 的零价铁–砂石混合物中的延迟因子 $R = 10$。

13. 运行良好的反应单元需要经常被替换吗? PRB 技术的主要运维成本是什么?

14. 为什么颗粒零价铁的粒径是关键的,它不应该太大,也不能太小?

15. 胶体铁和纳米零价铁如何在地下水修复中应用?

16. 描述选择反应墙材料的重要因素。

17. 为什么捕获区宽度和停留时间在可渗透反应墙的设计中很重要?

18. 地下水修复中反应墙常用的安装方法是什么?

19. 构建反应墙有哪些新型的方法?

第13章 地下水流动与污染物迁移模拟

学习目标

1. 将达西定律和质量守恒定律（连续性原理）应用于地下水流动和污染物迁移方程的推导。

2. 建立稳态饱和带和瞬态饱和带地下水流动的控制方程。

3. 建立非饱和带地下水流动的控制方程，并进行必要的修正。

4. 建立考虑对流和扩散的饱和带污染物迁移控制方程。

5. 能够将其他污染物迁移过程（吸附和反应）纳入控制方程。

6. 理解非饱和带污染物迁移的概念方程。

7. 理解多孔介质中多相和多组分流动和传输的相关概念和过程。

8. 理解在饱和带和非饱和带建立 NAPL 迁移控制方程的框架。

9. 熟悉流动和迁移研究的基本解析解，如迪皮（Dupuit）方程、一维柱相、连续注入等。

10. 能够描述从几种流动和传输过程（如一维、二维段塞源和连续源）的解析解中得到的污染羽。

11. 学习用数值方法求解偏微分方程的基本框架，特别是最常用的有限差分法。

本书全文，特别是在第 2 章和第 3 章，讨论了地下水流动的水力学和污染物的物理、化学和生物迁移过程。本章将应用质量守恒定律（连续性原理），通过结合水力、物理、化学和生物过程，如对流（达西定律）、扩散（菲克定律）、吸附和生物降解，来建立基本的数学框架。我们在这里的主要方法是确定在各种土壤和地下水条件下（饱和和非饱和带）以及污染物情景（溶解溶质，非水相液体和蒸气）的关键流动和迁移过程，然后从数学上描述这些控制流动和迁移过程的方程。这些方程通常是偏微分方程，需要很好的数学理解才能得到解。幸运的是，从实际应用角度来看，理解这些控制方程比用数学方法求解它们更重要。带有这些数学模型的免费或商业程序和软件可以很容易地从解析或数值上解决这些方程。本书将介绍几种流动和迁移过程在简化条件下的解析解，同时也将简要介绍更复杂的偏微分方程数值解的概念。本章是为希望定量了解地下水流动和污染物迁移的读者准备的，作为进一步讨论流动和迁移模型的基础。对于其他读者，本章的数学细节可以略过。

13.1　地下水流动的管控方程

在讨论地下水流动的这一节中，我们将从饱和含水层中的简单流动条件和稳态条件开始。接下来，将讨论瞬态流，它需要在方程中包含时间作为一个额外的自变量。我们将继续讨论非饱和含水层中更复杂的流动问题。

13.1.1　地下水流动控制方程

质量守恒定律或连续性原理指出，在给定体积的含水层中所含流体（如水）的质量没有净变化，也就是说，进入控制体积的质量通量-流出控制体积的质量通量=单位时间内的质量变化量。这里的通量定义为质量除以时间。

让我们考虑一个在 x、y 和 z 轴上具有 dx、dy 和 dz 的无限小距离的控制体积，比流量（即量纲为 LT^{-1} 中的达西速度）在 x、y 和 z 方向上分别为 q_x、q_y 和 q_z（图 13.1）。在 x 方向上，进入控制体的质量通量为 $\rho q_x dydz$，流出该控制体的质量通量为 $\rho q_x dydz + \frac{\partial}{\partial x} \rho q_x dxdydz$，其中 ρ 为水的密度（量纲为 ML^{-3}），$dydz$ 为垂直于 x 轴的截面积（量纲为 L^2）。因此，进入控制体积的质量通量-沿 x 轴流出控制体积的质量通量为

$$\rho q_x dydz - \left(\rho q_x dydz + \frac{\partial}{\partial x} \rho q_x dxdydz\right) = -\frac{\partial}{\partial x} \rho q_x dxdydz \tag{13.1}$$

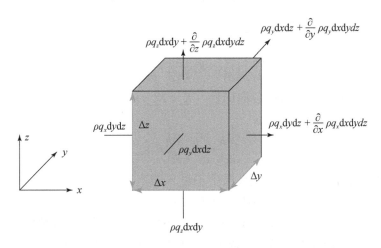

图 13.1　多孔介质流体（地下水）中的控制体积和质量平衡

符号 ∂ 表示偏导数，因为通量是一个以上自变量（x，y，z）的函数。

同样，我们可以推导出"进入控制体积的质量通量-离开控制体积的质量通量"或质量通量沿其他轴（y 和 z）的净变化。结合这三项，我们可以得到控制体积中质量的净总积累（Fetter，2001）：

$$\frac{\partial M}{\partial t} = -\frac{\partial}{\partial x}\rho q_x \mathrm{d}x\mathrm{d}y\mathrm{d}z - \frac{\partial}{\partial y}\rho q_y \mathrm{d}y\mathrm{d}x\mathrm{d}z - \frac{\partial}{\partial z}\rho q_z \mathrm{d}z\mathrm{d}x\mathrm{d}y = -\left(\frac{\partial}{\partial x}\rho q_x + \frac{\partial}{\partial y}\rho q_y + \frac{\partial}{\partial z}\rho q_z\right)\mathrm{d}x\mathrm{d}y\mathrm{d}z \quad (13.2)$$

如果用 n 表示孔隙度，则控制体积中水的体积为 $n\mathrm{d}x\mathrm{d}y\mathrm{d}z$。水的质量随时间的变化为

$$\frac{\partial M}{\partial t} = \frac{\partial}{\partial t}n\rho \mathrm{d}x\mathrm{d}y\mathrm{d}z \quad (13.3)$$

现在，我们通过式（13.2）和式（13.3）回到质量平衡：

$$-\left(\frac{\partial}{\partial x}\rho q_x + \frac{\partial}{\partial y}\rho q_y + \frac{\partial}{\partial z}\rho q_z\right)\mathrm{d}x\mathrm{d}y\mathrm{d}z = \frac{\partial}{\partial t}n\rho \mathrm{d}x\mathrm{d}y\mathrm{d}z \quad (13.4)$$

式（13.4）可以通过两边去掉 $\mathrm{d}x\mathrm{d}y\mathrm{d}z$ 来简化：

$$-\left(\frac{\partial}{\partial x}\rho q_x + \frac{\partial}{\partial y}\rho q_y + \frac{\partial}{\partial z}\rho q_z\right) = \frac{\partial}{\partial t}n\rho \quad (13.5)$$

式（13.5）是一个基于质量平衡的重要方程。我们将会重新讨论这个方程，以推导各种条件下地下水流动方程。现在，我们暂时考虑含水层处于稳定状态时的一个特殊情况。对于稳态含水层，方程"单位时间质量变化量"（$\frac{\partial}{\partial t}n\rho \mathrm{d}x\mathrm{d}y\mathrm{d}z$）的右侧为零，则式（13.5）为

$$\frac{\partial}{\partial x}\rho q_x + \frac{\partial}{\partial y}\rho q_y + \frac{\partial}{\partial z}\rho q_z = 0 \quad (13.6)$$

对于不可压缩流体，水的密度（ρ）为常数，则式（13.6）为

$$\frac{\partial}{\partial x}q_x + \frac{\partial}{\partial y}q_y + \frac{\partial}{\partial z}q_z = 0 \quad (13.7)$$

现在我们用代入法来应用达西定律，$q_x = -K_x\frac{\mathrm{d}h}{\mathrm{d}x}$，$q_y = -K_y\frac{\mathrm{d}h}{\mathrm{d}y}$，$q_z = -K_z\frac{\mathrm{d}h}{\mathrm{d}z}$：

$$\frac{\partial}{\partial x}\left(-K_x\frac{\mathrm{d}h}{\mathrm{d}x}\right) + \frac{\partial}{\partial y}\left(-K_y\frac{\mathrm{d}h}{\mathrm{d}y}\right) + \frac{\partial}{\partial z}\left(-K_z\frac{\mathrm{d}h}{\mathrm{d}z}\right) = 0 \quad (13.8)$$

如果我们进一步假设含水层各向同性（$K_x = K_y = K_z = K$）和均质（$K=$ 常数）多孔介质，则

$$\frac{\partial^2 h}{\partial x^2} + \frac{\partial^2 h}{\partial y^2} + \frac{\partial^2 h}{\partial z^2} = 0 \quad (13.9)$$

式（13.9）为各向同性均匀含水层中不可压缩水流动的拉普拉斯（Laplace）方程。由于它是一个稳态，时间（t）不再是一个自变量。式（13.9）的解是三维流动域中任意点的水力头（h），$h = h(x, y, z)$。这使我们能够构建 h 的等高线等势图，并通过添加垂直于等势线的流线来构建流动网。拉普拉斯方程是研究最多的偏微分方程之一，求解的数值方法将在 13.4 节中讨论。带源的拉普拉斯方程，即泊松方程见注释栏 13.1。

注释栏 13.1　带源的拉普拉斯方程–泊松方程

式（13.9）是描述通过各向同性均质含水层的稳态流动的一般方程，没有任何地下水补给源（如降水）或地下水排出库（如抽提井）。当源或汇很重要时，需要对上面推导

的质量平衡方程进行修正。这个修正的拉普拉斯方程叫作泊松方程。在二维 x 和 y 系统中（Knox et al.，1993）：

$$\frac{\partial^2 h}{\partial x^2}+\frac{\partial^2 h}{\partial y^2}=\frac{-R(x,y)}{T}$$

式中，$R(x,y)$ 为单位时间内单位含水层面积的补给量（加水量），量纲为 LT^{-1}；T 为含水层的导水系数，其等于水力传导系数乘以饱和层厚度，量纲为 L^2T^{-1}。请注意，充入（源）被定义为负，排出（汇）被定义为正。

13.1.2　瞬态条件下饱和带地下水流动

我们现在使用式（13.5）作为起始方程，通过将时间（t）作为自变量来推导瞬态流量方程。利用微积分中的乘积法则 $\left[\dfrac{d}{dt}(x\cdot y)=x\dfrac{dy}{dt}+y\dfrac{dx}{dt}\right]$，式（13.5）可以重写为

$$-\left(\frac{\partial}{\partial x}\rho q_x+\frac{\partial}{\partial y}\rho q_y+\frac{\partial}{\partial z}\rho q_z\right)=\rho\frac{\partial n}{\partial t}+n\frac{\partial\rho}{\partial t} \tag{13.10}$$

式（13.10）右边的两项表示含水层产生水的两种机制。第一项是由于孔隙度的变化而使多孔介质承压产生的水的质量率（n）。孔隙度的变化反映了由于含水层承压而引起的土壤颗粒的重新排列。第二项是由于水的压缩而产生的水的质量率［因此密度（ρ）变化］。由于 n 和 ρ 的变化都是由水力头（h）的变化产生的，所以单位水力头下降时，两种机制所释放的水量（单位含水层体积）为比蓄水量 S_s（量纲为 L^{-1}）。产水质量率（流体质量储存的时间变化率）为 $\rho S_s\partial h/\partial t$（Freeze and Cherry，1979）。式（13.10）现在变成

$$-\left(\frac{\partial}{\partial x}\rho q_x+\frac{\partial}{\partial y}\rho q_y+\frac{\partial}{\partial z}\rho q_z\right)=\rho S_s\frac{\partial h}{\partial t} \tag{13.11}$$

式（13.11）中的比蓄水量可视为与单位水头下降所产水量变化有关的比例常数。具体存储的量纲为 L^{-1}（如 $1/m$），这与 3.2.3.3 节介绍的无量纲储层率（S）不同。比蓄水量与含水层压缩性（α）和水的压缩性（β）有关，具体表现为

$$S_s=\rho g(\alpha+n\beta) \tag{13.12}$$

本章末尾的补遗中有式（13.12）的推导，这也将有助于读者理解含水层蓄水释放地下水的两个重要机制。展开左边的项，并认识到 $\rho\partial q_x/\partial x$ 形式的项比 $q_x\partial\rho/\partial x$ 形式的项大得多，这允许我们从式（13.11）（Freeze and Cherry，1979）的两边消除 ρ。插入达西定律，我们有

$$\frac{\partial}{\partial x}\left(K_x\frac{\partial h}{\partial x}\right)+\frac{\partial}{\partial x}\left(K_y\frac{\partial h}{\partial x}\right)+\frac{\partial}{\partial x}\left(K_z\frac{\partial h}{\partial x}\right)=S_s\frac{\partial h}{\partial t} \tag{13.13}$$

式（13.13）适用于饱和各向异性多孔介质中的地下水流动。如果含水层是各向同性（$K_x=K_y=K_z=K$）和均质（$K=$ 常数），式（13.13）为

$$\frac{\partial^2 h}{\partial x^2}+\frac{\partial^2 h}{\partial y^2}+\frac{\partial^2 h}{\partial z^2}=\frac{S_s}{K}\frac{\partial h}{\partial t} \tag{13.14}$$

　　与稳态时的拉普拉斯方程［式（13.9）］不同，上述瞬态流动方程将给出任意时刻水力头（h）的解，$h=(x, y, z, t)$。考虑式（13.14）中的参数，我们知道水力头受水的两种性质（ρ，β）和多孔介质的三种性质（n，α，K）的影响。

　　在承压层厚度为 b 的承压含水层中，储层率（S）与比蓄水量（$S=S_s \cdot b$）有关，透水率 $T=k \cdot b$。因此，式（13.14）中的 S_s/K 可以用 S/T 代替。式（13.14）变成

$$\frac{\partial^2 h}{\partial x^2}+\frac{\partial^2 h}{\partial y^2}+\frac{\partial^2 h}{\partial z^2}=\frac{S}{T}\frac{\partial h}{\partial t} \tag{13.15}$$

　　式（13.15）为瞬态条件下承压含水层地下水流控制方程。

13.1.3　瞬态条件下的非饱和地下水流动（理查兹方程）

　　在非饱和含水层中，式（13.5）中的 ρn 可以用 $\rho n\theta'$ 代替，其中 θ' 是饱和度（$\theta'=\theta/n$）。我们再次使用微积分中的乘积法则，$\frac{\mathrm{d}}{\mathrm{d}t}(x \cdot y \cdot z)=xy\frac{\mathrm{d}z}{\mathrm{d}t}+xz\frac{\mathrm{d}y}{\mathrm{d}t}+yz\frac{\mathrm{d}x}{\mathrm{d}t}$，式（13.5）可以改写为

$$-\left(\frac{\partial}{\partial x}\rho q_x+\frac{\partial}{\partial y}\rho q_y+\frac{\partial}{\partial z}\rho q_z\right)=\rho n\frac{\partial \theta'}{\partial t}+\rho\theta'\frac{\partial n}{\partial t}+n\theta'\frac{\partial \rho}{\partial t} \tag{13.16}$$

　　与非饱和带水分变化的第一项（θ'）相比，右边的最后两项可以忽略不计。由于 $n\mathrm{d}\theta'=\mathrm{d}(n\theta')=\mathrm{d}\theta$，式（13.16）为

$$-\left(\frac{\partial}{\partial x}\rho q_x+\frac{\partial}{\partial y}\rho q_y+\frac{\partial}{\partial z}\rho q_z\right)=\rho\frac{\partial \theta}{\partial t} \tag{13.17}$$

　　将两边的 ρ 消去，代入达西定律，得

$$\frac{\partial}{\partial x}\left[K(\psi)\frac{\partial h}{\partial x}\right]+\frac{\partial}{\partial y}\left[K(\psi)\frac{\partial h}{\partial y}\right]+\frac{\partial}{\partial z}\left[K(\psi)\frac{\partial h}{\partial z}\right]=\frac{\partial \theta}{\partial t} \tag{13.18}$$

　　值得注意的是，非饱和含水层的水力传导系数（K）是压力水头（ψ）的函数，非饱和含水层总水头（h）与 ψ 的关系是 $h=\psi+z$，因此 $\mathrm{d}h/\mathrm{d}x=\mathrm{d}\psi/\mathrm{d}x$，$\mathrm{d}h/\mathrm{d}y=\mathrm{d}\psi/\mathrm{d}y$，$\mathrm{d}h/\mathrm{d}z=\mathrm{d}\psi/\mathrm{d}z+1$。含水率（$\theta$）也是水头的函数。如果我们定义 θ 对 ψ 的斜率为 $C(\psi)=\mathrm{d}\theta/\mathrm{d}\psi$，我们将式（13.18）中的所有项都表示为

$$\frac{\partial}{\partial x}\left[K(\psi)\frac{\partial \psi}{\partial x}\right]+\frac{\partial}{\partial y}\left[K(\psi)\frac{\partial \psi}{\partial y}\right]+\frac{\partial}{\partial z}\left[K(\psi)\frac{\partial \psi}{\partial z}+1\right]=C(\psi)\frac{\partial \psi}{\partial t} \tag{13.19}$$

　　式（13.19）是为基于 ψ 的非饱和多孔介质瞬态流动方程。这个方程也可以用含水量（θ）表示。式（13.19）常被称为理查兹（Richards）方程，它有许多其他形式。例如，式（13.19）可以包含水源汇项，如蒸腾和降水，特别是在包气带，几项都非常重要。无论如何，理查兹方程本质上是物质平衡方程和流体流动的达西定律的结合。偏微分方程 $\psi(x, y, z, t)$ 的解可以通过关系式 $h=\psi+z$ 很容易地转化为水力头解 $h(x, y, z, t)$。理查兹方程很难解析求解，因为特征曲线 $K(\psi)$、$C(\psi)$ 或 $\theta(\psi)$ 是非线性的。

13.2　污染物迁移的管控方程

　　13.1 节中的方程描述了水在含水层中的流动，或者通常是多孔介质中的流体流动。我

们对这些流量方程的主要目的是找出流速（q）作为水力头、空间和时间以及其他重要水文地质参数的函数。在污染物迁移方面，我们需要一套方程来描述控制迁移过程的物理、化学和生物参数。这些迁移方程将浓度（C）描述为有关化学物质和含水层的性质参数的函数。在本节中，我们将首先考虑对流和弥散过程，从质量平衡方法开始。这个基本的迁移方程将被扩展到更复杂的情况，如当地下水流过水力传导系数有变化的非饱和带，以及考虑加入吸附和反应项。最后，将从概念上描述最具挑战性的多相和多组分流动和传输过程，并介绍一些基本的数学框架。

13.2.1　考虑对流和弥散的一般质量平衡方程

在 13.1.1 节中，我们在长度为 dx、dy 和 dz 的控制体积中应用流体（水）的质量守恒定律，其比流量（量纲为 LT^{-1}）分别为 x、y 和 z 方向的 q_x、q_y 和 q_z（图 13.2）。

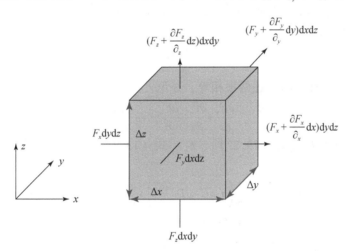

图 13.2　多孔介质中对流和弥散污染物（化学物质）的控制体积和质量平衡

我们现在考虑的是一种惰性（保守）化学物质，它溶解在水中，并流入和流出这个控制体积。为简单起见，我们只考虑在第 3 章中定义的两种传输机制：对流和弥散。在13.1.1 节中，x 方向进入控制体积的水的质量通量为 $\rho q_x dydz$，其中 ρ 为水的密度。对于浓度为 C 的化学物质，对流和弥散的质量通量均与浓度有关，如下所示：

$$对流（x 轴方向）= q_x nCdydz \tag{13.20}$$

$$弥散（x 轴方向）= -nD_x \frac{\partial C}{\partial x}dydz \tag{13.21}$$

式中，$dydz$ 为垂直于 x 方向的截面积；D_x 为 x 方向的扩散系数。式（13.21）中的负号表明，运动是从较大的浓度到较小的浓度，因此质量通量（F）总是正的。单位时间内化学物质在 x 方向上迁移的单位横截面积的总质量（$dydz=1$）F_x 为对流迁移和弥散迁移之和：

$$F_x = q_x nC - nD_x \frac{\partial C}{\partial x} \tag{13.22}$$

在 y 和 z 方向上的对流和弥散也可以得到类似的方程。

$$F_y = q_y nC - nD_y \frac{\partial C}{\partial y} \tag{13.23}$$

$$F_z = q_z nC - nD_z \frac{\partial C}{\partial z} \tag{13.24}$$

进入控制体积的化学物质总量为

$$F_i = F_x \mathrm{d}z\mathrm{d}y + F_y \mathrm{d}x\mathrm{d}z + F_z \mathrm{d}x\mathrm{d}y$$

离开控制体积的化学物质总量为

$$F_o = \left(F_x + \frac{\partial F_x}{\partial x}\mathrm{d}x\right)\mathrm{d}z\mathrm{d}y + \left(F_y + \frac{\partial F_y}{\partial y}\mathrm{d}y\right)\mathrm{d}x\mathrm{d}z + \left(F_z + \frac{\partial F_z}{\partial z}\mathrm{d}z\right)\mathrm{d}x\mathrm{d}y$$

进入控制体积的化学物质量与离开控制体积的物质量之差为

$$\left(\frac{\partial F_x}{\partial x} + \frac{\partial F_y}{\partial y} + \frac{\partial F_z}{\partial z}\right)\mathrm{d}x\mathrm{d}y\mathrm{d}z$$

上述项 $(F_o - F_i)$ 的量纲为 MT^{-1}，它是控制体积中的质量变化率。质量变化率（量纲为 MT^{-1}）也可以表示为

$$-n\frac{\partial C}{\partial t}\mathrm{d}x\mathrm{d}y\mathrm{d}z$$

应用质量守恒定律，将上述两项相等，并消去控制体积 $\mathrm{d}x\mathrm{d}y\mathrm{d}z$，可得

$$\frac{\partial F_x}{\partial x} + \frac{\partial F_y}{\partial y} + \frac{\partial F_z}{\partial z} = -n\frac{\partial C}{\partial t} \tag{13.25}$$

现在我们可以将 F_x ［式（13.22）］、F_y ［式（13.23）］ 和 F_z ［式（13.24）］ 代入式（13.25），得

$$\frac{\partial}{\partial x}\left(q_x nC - nD_x \frac{\partial C}{\partial x}\right) + \frac{\partial}{\partial y}\left(q_y nC - nD_y \frac{\partial C}{\partial y}\right) + \frac{\partial}{\partial z}\left(q_z nC - nD_z \frac{\partial C}{\partial z}\right) = -n\frac{\partial C}{\partial t} \tag{13.26}$$

注意，两边的孔隙度（n）可以约掉。通过两个传输过程重新排列这两个项，我们有

$$\left[\frac{\partial}{\partial x}\left(D_x \frac{\partial C}{\partial x}\right) + \frac{\partial}{\partial y}\left(D_y \frac{\partial C}{\partial y}\right) + \frac{\partial}{\partial z}\left(D_z \frac{\partial C}{\partial z}\right)\right] - \left[\frac{\partial}{\partial x}(q_x C) + \frac{\partial}{\partial y}(q_y C) + \frac{\partial}{\partial z}(q_z C)\right] = \frac{\partial C}{\partial t} \tag{13.27}$$

式（13.27）是三维流动中对流弥散化学迁移过程的一个非常重要的控制方程。由于水动力学弥散系数取决于流动方向，因此在均匀多孔介质中，D_x、D_y 和 D_z 在空间上保持恒定。对于沿 x–y 平面，流动方向平行于 x 轴的二维流动（$q_y = q_z = 0$），式（13.27）可简化为

$$D_x \frac{\partial^2 C}{\partial x^2} + D_y \frac{\partial^2 C}{\partial y^2} - q_x \frac{\partial C}{\partial x} = \frac{\partial C}{\partial t} \tag{13.28}$$

对于沿 x 方向的一维流动，如在土柱中，式（13.28）可进一步简化为

$$D_x \frac{\partial^2 C}{\partial x} - q_x \frac{\partial C}{\partial x} = \frac{\partial C}{\partial t} \tag{13.29}$$

式（13.28）和式（13.29）可以在许多情况下解析求解。我们将在后面的章节中讨论它们的解析解。

13.2.2 非饱和带污染物迁移的控制方程

式（13.27）中的质量平衡方程是控制污染物在多孔介质中对流和弥散迁移的一般方

程。对于非饱和带，需要对式（13.27）进行修改，以描述非饱和带特有的污染物传输过程。非饱和带有几个明显的特征：

（1）土壤含水量（θ）小于孔隙度（$\theta < n$），所以土壤孔隙同时被水和污染物蒸气（θ_a）所占据，其中 θ_a 为土壤空气含量。

（2）假设包气带不存在自由相 NAPL，则可能存在三种污染相：

$$C_T = \rho_b S + \theta C + \theta_a C_a \tag{13.30}$$

式中，C_T 为各种形式污染物的总浓度，量纲为 ML^{-3}；ρ_b 为容重，量纲为 ML^{-3}；θ 为体积含水量，量纲为 $L^3 L^{-3}$；θ_a 为体积空气含量，量纲为 $L^3 L^{-3}$；S 为土壤中污染物浓度，量纲为 MM^{-1}；C 为液体（水）相污染物浓度，量纲为 ML^{-3}；C_a 为气相污染物浓度，量纲为 ML^{-3}。

（3）溶解溶质和气相溶质，分别对应其浓度 C 和 G，具有不同的质量迁移过程，因此有质量平衡方程。例如，在液相中，弥散相比分子扩散占主导作用（除非地下水流速很低）。另一方面，在非饱和带的气相中，对流和弥散迁移可能不如分子扩散那么重要（除非在强制气流下，如泵送）。

（4）非饱和渗流率不像饱和带那样是常数。它通常是水分（θ）或压头（ψ）的非线性函数，因此应使用 $K(\theta)$ 或 $K(\psi)$ 的非线性函数［如式（3.16）］。

（5）为简单起见，与 x–y 平面的横向迁移过程相比，可以假定主要是垂直迁移（在 z 方向）。

Šimůnek 和 van Genuchten（2016）使用以下控制方程来描述包气带的溶解溶质：

$$\left[\frac{\partial}{\partial z}\left(\theta D_1 \frac{\partial C}{\partial z} \right) + \frac{\partial}{\partial z}\left(\theta_a D_g \frac{\partial C_a}{\partial z} \right) \right] - \left[\frac{\partial}{\partial z}(q_z C) \right] - S = \frac{\partial C_T}{\partial t} \tag{13.31}$$

除源汇项（S，量纲为 $ML^{-2}T^{-1}$）外，上述方程本质上与式（13.27）相似，因为左边第一项与液体中的弥散有关（其中 D_1 为有效弥散系数），第二项与气相中的扩散有关（其中 D_g 为气相扩散系数），第三项与流动水的对流输送有关［式（13.31）中忽略了流动空气的对流流动］。式（13.31）只涉及污染物输送过程的垂直方向（z）。

将式（13.30）中的 C_T 项代入式（13.31），有

$$\left[\frac{\partial}{\partial z}\left(\theta D_1 \frac{\partial C}{\partial z} \right) + \frac{\partial}{\partial z}\left(\theta_a D_g \frac{\partial C_a}{\partial z} \right) \right] - \left[\frac{\partial}{\partial z}(q_z C) \right] - S = \frac{\partial (\rho_b S + \theta C + \theta_a C_a)}{\partial t} \tag{13.32}$$

与理查兹方程［式（13.19）］作为非饱和带水流的控制方程一样，式（13.32）对于描述的污染物迁移过程在文献中报道有很多的形式。例如，对于一维迁移中的非挥发性污染物（$C_a = 0$），式（13.32）可以简化为

$$\frac{\partial}{\partial z}\left(\theta D_1 \frac{\partial C}{\partial z} \right) - \frac{\partial}{\partial z}(q_z C) - S = \frac{\partial (\rho_b S + \theta C)}{\partial t} \tag{13.33}$$

对于惰性和非吸附性污染物（$S = 0$），式（13.33）可进一步简化为

$$\frac{\partial}{\partial z}\left(\theta D_1 \frac{\partial C}{\partial z} \right) - \frac{\partial}{\partial z}(q_z C) = \frac{\partial \theta C}{\partial t} \tag{13.34}$$

式中，z 是垂直方向沿土壤深度的距离；q_z 为孔隙水流速，量纲为 LT^{-1}。

13.2.3 结合吸附和反应的控制方程

除了我们在本章中迄今为止所描述的物理过程（对流和弥散）之外，还有许多化学和生物过程会改变土壤和地下水中的污染物浓度。这些过程包括吸附–解吸、水解、酸碱反应、溶解–沉淀、氧化还原反应、离子交换和生物降解（见第3章）。在接下来的讨论中，我们主要讨论吸附和一级反应。为了简单起见，一级反应通常被用来描述模拟化学、生物和放射性衰变过程。这些过程可以加入现有的对流和弥散模型，并进行额外的数学处理。这样的模型能更好地反映污染物迁移过程，但同时在数学上对解析或数值求解的要求更高。

吸附与对流–弥散模型相结合：从广义上讲，吸附（sorption）包括吸附（adsorption）、化学吸附、吸收和离子交换。这些过程可以被认为是非均质过程，因为它既涉及溶解相，也涉及固相（土壤）。从机理的观点来看，吸附是由于土壤颗粒对污染物的表面滞留。化学吸附发生在污染物与土壤（沉积物）颗粒的组分发生反应时，阳离子交换是带负电荷的土壤颗粒与带正电荷的污染物之间的静电吸引。吸收与吸附的不同之处在于，污染物弥散到颗粒中并保留在内部表面。不考虑这些区别，所有的吸附过程都可以看作是分配。

为了将吸附纳入控制方程，我们从一维对流–弥散模型 ［式（13.29）］ 开始，通过添加一个涉及吸附到土壤中的污染物浓度的附加项（S）：

$$D_x \frac{\partial^2 C}{\partial x^2} - q_x \frac{\partial C}{\partial x} + \frac{\rho_b}{n} \frac{\partial S}{\partial t} = \frac{\partial C}{\partial t} \tag{13.35}$$

式中，ρ_b 为土壤容重，量纲为 ML^{-3}；n 为无量纲孔隙率；S 为吸附到土壤中的污染物浓度，单位为质量(污染物)/质量(土壤)，如 mg/kg。注意，C 是孔隙水中污染物的浓度，它有一个单位质量的污染物每单位体积（量纲为 L^3）的孔隙水。

如果我们检查式（13.35）中吸附项的量纲：

$$\frac{\rho_b}{n} \frac{\partial S}{\partial t} = \frac{\dfrac{质量(土壤)}{体积(土壤)}}{n} \times \frac{\dfrac{质量(污染物)}{质量(土壤)}}{时间} = \frac{质量(污染物)}{[体积(土壤) \times n] \times 时间} = \frac{质量(污染物)}{孔隙水体积 \times 时间}$$

由上述量纲分析可知，$\frac{\rho_b}{n} \frac{\partial S}{\partial t}$ 表示吸附或解吸引起的孔隙水浓度变化。这一项的单位（量纲为 ML^3T^{-1}）与式（13.31）中的其他项一致。注意，孔隙度（n）在上面用于饱和带。如果涉及非饱和带，则应使用体积含水量（θ）来代替 n。

由于吸附相浓度（S）与水相浓度（C）有关，$\frac{\rho_b}{n} \frac{\partial S}{\partial t}$ 可以改写为

$$\frac{\rho_b}{n} \frac{\partial S}{\partial t} = -\frac{\rho_b}{n} \frac{\partial S}{\partial C} \frac{\partial C}{\partial t} \tag{13.36}$$

式（13.36）右侧的 $\frac{\partial S}{\partial C}$ 表示污染物在土壤和孔隙水之间的分配。右边的负号是为了保持整个项的正数。如果线性吸附等温线可以用来描述吸附过程，则

$$\frac{dS}{dC} = K_d \tag{13.37}$$

式中，K_d 是我们在第 3 章中定义的污染物在水和土之间的分配系数，因此：

$$\frac{\rho_b}{n}\frac{\partial S}{\partial t} = -\frac{\rho_b K_d}{n}\frac{\partial C}{\partial t} \tag{13.38}$$

将式（13.38）代入式（13.35），重新排列：

$$D_x\frac{\partial^2 C}{\partial x^2} - q_x\frac{\partial C}{\partial x} = \left(1 + \frac{\rho_b K_d}{n}\right)\frac{\partial C}{\partial t} \tag{13.39}$$

在第 2 章中，我们定义 $1 + \dfrac{\rho_b K_d}{n}$ 为延迟因子 R [式（2.28）]。我们现在知道这个定义只适用于线性等温吸附模型。线性吸附模型有明显的局限性，因为它没有考虑污染物被吸附到土壤上的上限。如果采用弗罗因德利希吸附等温线，即 $S = KC^N$ [这等价于式（8.13），其中 $S = X/M$，$N = 1/n$]，则吸附等温线为曲线。将 S 代入式（13.35）：

$$D_x\frac{\partial^2 C}{\partial x^2} - q_x\frac{\partial C}{\partial x} - \frac{\rho_b}{n}\frac{\partial(KC^N)}{\partial t} = \frac{\partial C}{\partial t} \tag{13.40}$$

经过微分和重排，式（13.40）为

$$D_x\frac{\partial^2 C}{\partial x^2} - q_x\frac{\partial C}{\partial x} = \left(1 + \frac{\rho_b KC^{N-1}}{n}\right)\frac{\partial C}{\partial t} \tag{13.41}$$

很明显，弗罗因德利希吸附等温线的延迟因子为

$$R = 1 + \frac{\rho_b KC^{N-1}}{n} \tag{13.42}$$

用同样的方法，如果吸附可以用朗缪尔模型描述，我们也可以推导出延迟因子。朗缪尔吸附假设有有限数量的吸附位点。当所有的吸附位点都被吸附的污染物饱和时，吸附就会停止。

$$S = \frac{\alpha\beta C}{1 + \alpha C} \tag{13.43}$$

式中，α 为与结合能有关的吸附常数，L/mg；β 为土壤可吸附的最大污染物量，mg/kg。将 S 代入式（13.35），得

$$D_x\frac{\partial^2 C}{\partial x^2} - q_x\frac{\partial C}{\partial x} - \frac{\rho_b}{n}\frac{\partial\left(\dfrac{\alpha\beta C}{1+\alpha C}\right)}{\partial t} = \frac{\partial C}{\partial t} \tag{13.44}$$

利用除法法则和重排求导后，式（13.44）为

$$\left[1 + \frac{\rho_b}{n}\left(\frac{\alpha\beta}{(1+\alpha C)^2}\right)\right]\frac{\partial C}{\partial t} = D_x\frac{\partial^2 C}{\partial x^2} - q_x\frac{C}{x} \tag{13.45}$$

朗缪尔吸附等温线的延迟因子为

$$R = 1 + \frac{\rho_b}{n}\frac{\alpha\beta}{(1+\alpha C)^2} \tag{13.46}$$

由上述讨论可知，污染物迁移的一维对流−弥散−吸附过程一般可表示为

$$R\frac{\partial C}{\partial t} = D_x\frac{\partial^2 C}{\partial x^2} - q_x\frac{\partial C}{\partial x} \tag{13.47}$$

式中，根据吸附是否符合线性、弗罗因德利希或朗缪尔模型，延迟因子（R）可表示为式

（2.18）、式（13.42）或式（13.46）。

将反应纳入对流-弥散模型：现在我们可以在式（13.47）再中增加一个反应项，以结束我们对各种控制方程的讨论。这个广义方程表示一维流动中的对流、弥散、吸附和反应（Fetter，1993）：

$$R\frac{\partial C}{\partial t} = D_x\frac{\partial^2 C}{\partial x^2} - q_x\frac{\partial C}{\partial x} + k_1 C + k_0 \tag{13.48}$$

式中，k_1（量纲为 T^{-1}）和 k_0（量纲为 MT^{-1}）分别是一级反应（$dC/dt = k_1 C$）和零级反应（$dC/dt = k_0$）的统一速率因子。因为 k_1 和 k_0 的量纲为 T^{-1} 和 MT^{-1}，所以式（13.48）中的单位是一致的。一级反应和零级反应是常用的，但也可以有其他级反应。式（13.48）中的两个反应项可以是任何生物、化学或放射性衰变。

有些反应相对于地下水流速足够快，因此是可逆的，对于这些反应，我们可以假设污染物在局部与周围环境处于化学平衡状态；相比之下一些较慢的反应，是不可逆的。例如，酸碱反应和络合反应通常是快速的，而氧化还原反应是缓慢的。溶解和沉淀反应相对于地下水流量可快可慢。

13.2.4　多相流动和迁移的一般概念和方程

这里所讨论的多相是指含水层多孔介质中的两种或两种以上不相溶的流体或相，如油、水和空气。在地下水水文研究中，NAPL 存在时，经常遇到多相流动和迁移问题。因此，在非饱和带可以有三个不混相（即空气、水和 NAPL），而在饱和带可以有两个不混相（即水和 NAPL）。由于 NAPL 通常具有不同的化学成分，因此在每个相应的相中存在多种组分使多相问题变得复杂。在下面的讨论中，我们首先定义了与多相和多组分有关的各种过程。然后，对多相方程和质量平衡方程进行了更详细的定量描述。

13.2.4.1　多相多组分相关过程

在描述含水层中多相和多组分的流动和迁移时，需要参考我们在前面章节中描述的所有物理、化学和生物过程（对流、弥散、扩散、吸附、化学反应）。此外，还必须考虑以下方面：界面张力、毛细力、毛细压力、相对渗透率，以及因混合物存在而降低的挥发性的溶解度。

（1）**界面张力**：与两种流体相互溶解而不存在界面张力的混相流体不同，多相体系具有明显的液-液界面。因此，两种流体之间的界面张力是非零的。界面张力（γ）的发生是因为靠近界面的分子与液体内部相应的分子具有不同的分子相互作用。γ 的单位是单位长度平行于表面的力(毛细管力；如 dyn/cm)，界面张力施加于表面并作用于和表面相垂直的线上。

（2）**毛细管力和毛细管压力**：毛细管力导致两种不混溶流体界面上的压力差，称为毛细管压力(P_c)。在多孔介质中，P_c 为非湿润相压力(P_{nw})与湿润相压力(P_w)之差：$P_c = P_{nw} - P_w$。在 NAPL(油)-水系统中，水通常是湿润相，而在气-NAPL（油）系统中，NAPL 通常是湿润相。对于接触角 θ 的表面上的一滴水（对于 $\theta < 90°$）（图 13.3），毛细管压力与界

面张力的关系如下：

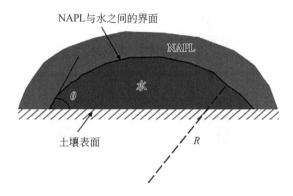

图 13.3　NAPL 与水之间的界面和接触角

$$P_c = \frac{2\gamma\cos\theta}{R} \tag{13.49}$$

式中，R 是平均曲率半径。当 NAPL 流经充水孔隙时，R 相当于 NAPL 在含水层中必须穿过或进入孔隙的平均孔隙半径。式（13.49）清楚地表明，当流体必须克服较大的界面张力（γ）和较小的孔隙（R）时，流体以较小的速率移动。

（3）**毛细压力和达西定律**：毛细压力可以被理解为多孔介质保持湿润流体相或排斥非湿润相倾向的度量。因此，在将达西定律应用于沿 x 轴的流体流动时，应考虑这个压差。

$$q = -K\frac{dh}{dx} = -K\left(h + \frac{P_c}{g}\right)\bigg/ dx \tag{13.50}$$

将水力传导系数（K）替换为渗透率（k）［见第 3 章式（3.5）］，达西定律为

$$q = -\frac{k\rho g}{\mu}\frac{d\left(h + \frac{P_c}{g}\right)}{dx} \equiv -\frac{k}{\mu}\left(\rho g\frac{\partial h}{\partial x} + \frac{\partial P_c}{\partial x}\right) \tag{13.51}$$

（4）**相对渗透率与残余饱和度的函数关系**：当多孔介质中同时存在两种流体时，两种流体的渗透率（NAPL 和水的渗透率分别为 k_0 和 k_w）都会降低。换句话说，当 NAPL 与水混合时，NAPL 和水的运动都将显著减慢。相对渗透率是指有效渗透率与固有渗透率的比值。如图 13.4 所示，相对渗透率是两种流体（水和 NAPL）饱和度的函数。

从图 13.4 的相对渗透率曲线可以看出，当 NAPL 饱和度（S_o）较高时，NAPL 为连续相，水为不连续相。NAPL 的流动将支配水的流动。如果 S_o 很高（例如，图 13.4 的左边 S_w 很低，因为 $S_o + S_w = 1$），水就会变得不动。水的饱和临界点称为水的残留饱和度。以类似的方式，我们可以定义 NAPL 的残余饱和度（图的右侧）。这是 NAPL 的不连续相，因此，这些残留的 NAPL 将被困在土壤孔隙中。这部分的 NAPL 被称为剩余饱和度。

（5）**因混合物存在而降低的化合物的挥发性和溶解度**：NAPL 是典型的多组分混合物，一种化学物质在混合物中的归趋和迁移过程可能与同一化学物质在混合物中的归趋和迁移过程有显著不同。例如，苯的生物降解可能被甲苯和 BTEX 混合物中的其他化合物所抑制。类似地，苯的吸附可以减少甲苯在混合物中通过竞争吸附机制。虽然需要实验数据来辨别这种对生物降解和吸附过程的影响，但混合物中化合物在挥发和溶解过程中的行为

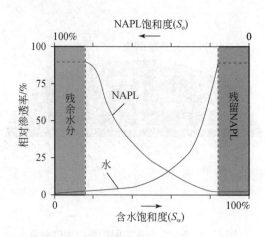

图 13.4　相对渗透率、含水饱和度（S_w）和 NAPL 饱和度（S_o）的关系

是众所周知的，如下所述。对于挥发，拉乌尔定律描述了混合物中每种化合物的挥发：

$$P_i = X_i P_{i0}^* \tag{13.52}$$

式中，P_i 为化合物 i 在 NAPL 混合物中的蒸气压，atm；X_i 是化合物 i 在其混合物中的摩尔分数，无量纲；P_{i0}^* 是纯化合物 i 与其自身平衡时的蒸气压。与温度相关的纯化合物蒸气压 P_{i0}^* 很容易从文献中获得。拉乌尔定律告诉我们，如果我们知道混合物的成分（或混合物中每种化合物的摩尔分数），我们将能够估计混合物中每种化合物的蒸气压。对于纯化合物（即 $X_i = 1$），蒸气压与其蒸气压相同。否则，对于混合物中的任何化合物（$X_i < 1$），在相同温度下，每种化合物的分压将小于其自身的蒸气压。

拉乌尔定律也可用于将化合物在混合物中的水溶解度与其纯相的溶解度联系起来。有机化合物在地下水中的有效溶解度（S_i）是其在混合物中的摩尔分数（X_i）与纯相溶解度（S_{i0}^*）的乘积：

$$S_i = X_i S_{i0}^* \tag{13.53}$$

例如，苯在 25℃时的水溶解度为 1780mg/L。如果 NAPL 混合物中含有 $X_i = 0.3$ 摩尔分数的苯，则苯的有效溶解度现在降至 0.3×1780mg/L = 534mg/L。该溶解度明显低于苯作为唯一溶质在水中的溶解度。

13.2.4.2　多相流与迁移控制方程的框架

多相流：当存在两个或两个以上相时，式（13.51）中描述比流量（q）的达西定律可适用于每个流体相的流动。对于水（$\alpha = 1$）或 NAPL（$\alpha = 2$），比流量是固有渗透率（k_α）、密度（ρ_α）、黏度（μ_α）和毛细管压力（$P_{c\alpha}$）的函数，其中 $P_{c\alpha}$ 又是饱和度（S_α）的函数。根据 Bear（1972），两相（$\alpha = 1, 2$）和三组分（$i = 1, 2, 3$）系统的流量有 15 个变量：P_α、P_c、$(q_i)_\alpha$、μ_α、ρ_α 和 S_α。因此，需要 15 个方程来推导流动在时间和空间上的完整解。这些包括：①各向异性多孔介质的六个流体运动方程［参见下面的式（13.54）、式（13.55）］；②对两种液体的饱和度方程，如 $S_1 + S_2 = 1$；③取决于流体压力函数的流体密度的两个方程，$\rho_\alpha = \rho_\alpha(P_\alpha)$；④取决于流体压力函数的两个方程，$\mu_\alpha = \mu_\alpha$

(P_α)；⑤两个连续性方程（质量守恒），每个相各需一个［参见下面的式（13.56）］；⑥ P_c 与两相压差的关系方程，如果水（$\alpha=1$）是湿润流体，则 $P_c=P_2-P_1$；⑦P_c 与饱和度的关系方程，$P_c=P_c(S_1)$，其中 S_1 是水作为湿润流体的饱和度。这六个流体运动方程可以由式（13.51）写出。

$$q_{i1}=-\frac{k_{ij1}}{\mu_1}\left(\rho_1 g\,\frac{\partial h}{\partial x_j}+\frac{\partial P_{c1}}{\partial x_j}\right)\quad i,j=1,2,3 \tag{13.54}$$

$$q_{i2}=-\frac{k_{ij2}}{\mu_2}\left(\rho_2 g\,\frac{\partial h}{\partial x_j}+\frac{\partial P_{c2}}{\partial x_j}\right)\quad i,j=1,2,3 \tag{13.55}$$

前面推导的一般质量守恒方程［式（13.5）］可以通过合并两相系统的饱和项（S）和相位符号（α）来修改。

$$\left(\frac{\partial}{\partial x}\rho q_x+\frac{\partial}{\partial y}\rho q_y+\frac{\partial}{\partial z}\rho q_z\right)=\frac{\partial}{\partial t}n\rho$$

因此，重新排列后，上式为

$$\frac{\partial}{\partial t}nS_\alpha\rho_\alpha-\left(\frac{\partial}{\partial x}\rho_\alpha q_x+\frac{\partial}{\partial y}\rho_\alpha q_y+\frac{\partial}{\partial z}\rho_\alpha q_z\right)=0 \tag{13.56}$$

在质量守恒方程式（13.56）中代入式（13.54）和式（13.55），可以进一步消去六个因变量 $(q_i)_\alpha$。因此，各向异性介质中两个均匀不可压缩流体（$\rho=$ 常数）流动的解可简化为

$$n\,\frac{\partial S_1}{\partial t}-\frac{\partial}{\partial x_i}\left(-\frac{k_{ij1}}{\mu_1}\left(\rho_1 g\,\frac{\partial h}{\partial x_j}+\frac{\partial P_{c1}}{\partial x_j}\right)\right)=0 \tag{13.57}$$

$$n\,\frac{\partial S_2}{\partial t}-\frac{\partial}{\partial x_i}\left(-\frac{k_{ij2}}{\mu_2}\left(\rho_2 g\,\frac{\partial h}{\partial x_j}+\frac{\partial P_{c2}}{\partial x_j}\right)\right)=0 \tag{13.58}$$

$$S_1+S_2=1 \tag{13.59}$$

$$P_2-P_1=P_c(S_1) \tag{13.60}$$

如果对式（13.57）～式（13.60）补充适当的边界和初始条件，式（13.57）～式（13.60）可以求解四个未知量 S_1、S_2、P_1 和 P_2。

质量平衡方程：化学物质 i 的质量平衡用化学物质 i 在单位孔体积上的总体积表示（C_i，量纲为 $L^3 L^{-3}$）。对于三相（$\alpha=1$，2，3）系统（USEPA，1999）：

$$\nabla\cdot\left[\sum_{\alpha=1}^{3}\rho_i(nS_\alpha D_{i\alpha}C_{i\alpha})\right]-\nabla\cdot\sum_{\alpha=1}^{3}\rho_i C_{i\alpha}q_\alpha\pm R_i=\frac{\partial}{\partial t}(n\rho_i C_i) \tag{13.61}$$

请注意，上面的方程类似于我们前面推导的质量平衡方程［如式（13.27）］，只是加了一些符号。方程左边的第一项和第二项分别与弥散和对流有关，而 R_i 反映了任何化学和生物反应的速率。因此，质量平衡方程的右边是化学物质 i 的单位时间质量的累积（量纲为 $MT^{-1}L^3$）。假设式（13.61）中的菲克扩散通量与浓度对流向的一阶导数（$\nabla C_{i\alpha}$）和线性扩散系数（$D_{i\alpha}$）成正比：

请注意，符号 ∇（del 算子）是一种简化梯度或弥散的长数学表达式的速记符号。例如，浓度（C_i）是一个标量（仅由其大小表征的量），化学物质 i 的浓度（C_i）梯度：

$$\mathrm{grad}\,C_i\equiv\frac{\partial C_i}{\partial x}\boldsymbol{i}+\frac{\partial C_i}{\partial y}\boldsymbol{j}+\frac{\partial C_i}{\partial z}\boldsymbol{k}\equiv\nabla C_i \tag{13.62}$$

式中，i、j 和 k 是 x、y 和 z 方向上的单位向量（向量是由其大小和方向表征的量）。式（13.62）中的 ∇C_i 为化学物质 i 在 α 相的浓度梯度。如果 del 算子被点化成一个向量，如速度（$\nabla \cdot q$），它会产生一个标量，称为散度（div）。

$$\nabla \cdot q \equiv \mathrm{div} q \equiv \frac{\partial q_x}{\partial x} + \frac{\partial q_y}{\partial y} + \frac{\partial q_z}{\partial z} \tag{13.63}$$

如果将 ∇ 应用于梯度 C_i，则会得到浓度的二阶导数：

$$\nabla \cdot (\nabla C_i) \equiv \nabla^2 C_i \equiv \frac{\partial^2 C_i}{\partial x^2} + \frac{\partial^2 C_i}{\partial y^2} + \frac{\partial^2 C_i}{\partial z^2} \tag{13.64}$$

还要注意，化学物质 i 在单位孔隙体积（C_i，量纲为 $\mathrm{L^3 L^{-3}}$）中的总体积是化学物质 i 在三个相中的体积分数之和（如水为 $\alpha=1$，NAPL 为 $\alpha=2$，空气为 $\alpha=3$）加上同一化学物质在其吸附相中的体积分数（$\hat{C}_i$）。对于含有六种 BTEX 化合物的 NAPL，$i=1$，2，$\cdots$，6，则（USEPA，1999）

$$C_i = \left(1 - \sum_{i=1}^{6} \hat{C}_i\right) \sum_{\alpha=1}^{3} S_\alpha C_{i\alpha} + \hat{C}_i \tag{13.65}$$

除了上面介绍的流量和质量平衡方程外，还可能需要热（能）平衡方程。此外，这些多相流和多组分迁移的广义方程还需要一些本构方程的补充，使这些控制方程具有可解性。本构方程表达了物理过程、变量和参数之间的相互关系和约束，许多用于估计性质和相互关系的相关性必须通过实验研究来确定，包括但不限于毛细管压力作为饱和度的函数 $[P_{c\alpha} = P_{c\alpha}(S_\alpha)]$、相对渗透率、平衡分配、污染物降解常数等（Wu and Qin，2009）。在没有更多细节的情况下，读者现在应该意识到描述多相和多组分在污染土壤和地下水中的流动和迁移所必需的大量和复杂的方程。例如，三维流动和迁移模拟器 UTCHEM 已被开发并验证，用于预测 NAPL 的流动和迁移以及修复过程。

13.3　流动和迁移过程的解析解

解析解（模型）是以数学表达式形式表示的精确解。分析模型在降低复杂度和输入数据需求方面具有良好的效果。然而，即使是一些最简单的分析模型也可能需要复杂的数学过程。下面描述的分析模型是在简化条件下的一些常见解析解。与 13.2 节中控制方程的推导不同，本节对解析解的重点不是数学推导，而是基本假设和这些解析解的使用，以描述特定的污染物传输过程。我们将按照数学复杂度递增的次序来讨论这些解。

13.3.1　达西定律：非承压含水层的一维流动（迪皮方程）

在非承压含水层中，达西定律可以写成 $Q = -KA \mathrm{d}h/\mathrm{d}l$，其中截面积（$A = hw$）为常数。在非承压含水层中，地下水流量方程的求解更为复杂，因为地下水位处的压头和流量厚度（h）随着地下水的抽取而变化（即地下水从含水层中抽离会降低地下水位）。因此，横截面积（A）也随着 h 在流动路径上的变化而变化。假设流动方向平行于 x 轴，达西定律可以写成

$$Q = -K(hw)\frac{\mathrm{d}h}{\mathrm{d}x} \tag{13.66}$$

请注意，在式（13.66）中，地下水位的达西速度用 $\mathrm{d}h/\mathrm{d}x$（h 除以距离 x）表示，而不是 $\mathrm{d}h/\mathrm{d}l$（h 除以流道长度）。对于小的地下水位斜坡，这是一个合理的假设。如果我们将 q 表示为每单位宽度的流量（$w = 1$），则

$$q = -Kh\frac{\mathrm{d}h}{\mathrm{d}x} \tag{13.67}$$

注意上面方程中的 q 为每单位宽度的流量（量纲为 L^2T^{-1}）。假设它在流动深度范围内是常数。对于边界条件（$x = 0$，$h = h_0$；$x = L$，$h = h_L$，图 13.5），可积分得

$$\int_0^L q\mathrm{d}x = -K\int_{h_0}^{h_L} h\mathrm{d}h \tag{13.68}$$

对上式积分得

$$qL = -K\left(\frac{h_L^2}{2} - \frac{h_0^2}{2}\right) \tag{13.69}$$

重新排列式（13.69），得到非线性迪皮（Dupuit）方程

$$q = \frac{K}{2L}(h_0^2 - h_L^2) \tag{13.70}$$

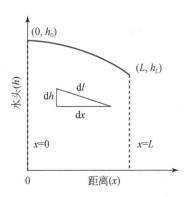

图 13.5　非承压含水层的稳态流动

我们现在正在建立一个 h 作为 x 的函数的方程，如图 13.5 所示。回顾三维拉普拉斯方程［式（13.9）］，我们现在将其应用于一维流动，假设流动只是水平的（即 $\frac{\partial h}{\partial y} = 0$，$\frac{\partial h}{\partial z} = 0$）：

$$\frac{\partial^2 h}{\partial x^2} = 0 \tag{13.71}$$

式（13.71）的解为

$$h^2 = ax + b \tag{13.72}$$

应用边界条件（$x = 0$，$h = h_0$；$x = L$，$h = h_L$），可求解常数 a 和 b 为

$$b = h_0^2 \tag{13.73}$$

$$a = \frac{h_L^2 - h_0^2}{L} \tag{13.74}$$

将 a 和 b［式（13.73）和式（13.74）］的值代入式（13.72），重新排列得

$$h=\sqrt{h_0^2-\frac{x}{L}(h_0^2-h_L^2)} \qquad (13.75)$$

式（13.72）中的 h^2 表示地下水位的抛物线形式，因此式（13.75）称为迪皮（Dupuit）抛物线。迪皮方程和迪皮抛物线是达西定律在非承压条件下流动的解。下面的示例13.1说明了达西定律和迪皮方程在非承压流动和承压含水层流动中的应用。

示例13.1 应用达西定律和迪皮方程

$K=1\text{ft/d}$，$h_0=103\text{ft}$，$h_{100}=93\text{ft}$，$L=100\text{ft}$（见图13.5）。（a）假设非承压层条件，计算 $x=25\text{ft}$、50ft、75ft 处的 q 和 h。（b）假设承压层条件，计算 $x=25\text{ft}$、50ft、75ft、100ft 处的 q 和 h。

解答：

（a）对于非承压含水层，使用式（13.75）

$$q=\frac{K}{2L}(h_0^2-h_L^2)=\frac{1\dfrac{\text{ft}}{\text{d}}}{2\times100\text{ft}}(103^2-93^2)\text{ft}^2=9.8\frac{\text{ft}^2}{\text{d}}$$

$$h(25\text{ft})=\sqrt{103^2-\frac{25}{100}(103^2-93^2)}=100.6\text{ft}$$

$$h(50\text{ft})=\sqrt{103^2-\frac{50}{100}(103^2-93^2)}=98.1\text{ft}$$

$$h(75\text{ft})=\sqrt{103^2-\frac{75}{100}(103^2-93^2)}=95.6\text{ft}$$

（b）对于承压含水层，h 的变化为线性：

$$q=-Kh\frac{dh}{dl}=-1\frac{\text{ft}}{\text{d}}\times98\text{ft}\times\frac{(103-93)\text{ft}}{(0-100)\text{ft}}=9.8\frac{\text{ft}^2}{\text{d}}$$

注意，我们使用 $h=(103+93)/2=98$ 的平均厚度来与迪皮条件保持一致。

$$h(x)=h_0-\frac{h_0-h_L}{L}\times x$$

$$h(25\text{ft})=103-\frac{103-93}{100}\times25=100.5\text{ft}$$

$$h(50\text{ft})=103-\frac{103-93}{100}\times50=98.0\text{ft}$$

$$h(75\text{ft})=103-\frac{103-93}{100}\times75=95.5\text{ft}$$

通过比较非承压含水层和承压含水层的结果，我们注意到流速（q）是相同的，起始位置和结束位置的水头（h）是相同的（$h_0=103\text{ft}$，$h_{100}=93\text{ft}$，$L=100\text{ft}$）。然而，在其他位置上，非承压的 h 值总是大于承压的 h 值。这是由于非承压含水层的地下水位相对于承压含水层两侧固定水头之间的直线呈抛物线状（见图13.5）。

13.3.2　菲克第二定律：一维扩散的解析解

在本节中，我们讨论最简单的一维扩散过程的解析解。在接下来的章节中，我们将在一维、二维和三维下展示更复杂的污染过程，如对流和扩散（具有连续源或瞬时源）。

在地表水中，分子扩散一般不是重要的迁移过程，只有在水气界面的静止边界层和静止的沉积物孔隙水中才有。然而，在地下水中，流速要慢得多，因此分子扩散可能很重要。忽略式（13.29）中的对流项，我们可以得到菲克第二定律：

$$D_x \frac{\partial^2 C}{\partial x^2} = \frac{\partial C}{\partial t} \tag{13.76}$$

这个二阶偏微分方程的解析解需要一个初始条件和两个边界条件（每一阶一个）（Perk，2014）。当浓度与时间无关（稳态），D 与 C 无关时，菲克第二定律被简化为一维的拉普拉斯方程。

初始条件为 $C(x,0)=0$（多孔介质在 $t=0$ 时无污染），边界条件为 $C(\infty,0)=0$，$C(0,t)=C_0$，式（13.29）有如下解（Fetter，1993；Sharma and Reddy，2004）：

$$C(x,t) = C_0 \,\mathrm{erfc}\left(\frac{x}{2\sqrt{D_e t}}\right) \tag{13.77}$$

式中，$C(x,t)$ 为 t 时刻距离源 x 处的浓度；C_0 为初始污染物浓度；erfc 是手册中通常列出的互补误差函数。erfc 值也可以在 Microsoft Excel 中轻松计算（如@ erfc(1) = 0.157299；@ erfc(-1.5) = 1.966105）。erfc 函数与 erf 相关，定义如下：

$$\mathrm{erfc}(x) = 1 - \mathrm{erf}(x) = 1 - \frac{2}{\sqrt{\pi}} \int_x^\infty \mathrm{e}^{-t^2} \mathrm{d}t$$

多孔介质中的有效扩散系数（D_e）与水中的扩散系数（D_x）[式（13.29）中的 D_x]通过弯曲系数（ω）关系式为

$$D_e = \omega D_x \tag{13.78}$$

式中，弯曲系数（ω）是多孔介质的固有属性，通常定义为实际流通路径长度与流通路径两端之间的直线距离之比。式（13.77）中描述的扩散是一个缓慢的过程，但它可能很重要，因为即使地下水没有平流流动，污染物也会通过扩散运动。在特殊情况下，扩散可能是主要机制，例如，当垃圾填埋场渗滤液中的化学物质通过衬垫或黏土层扩散时。示例 13.2 使用式（13.77）说明了仅为扩散过程。

> **示例 13.2　通过垃圾填埋场衬垫的扩散**
>
> 苯通过用于蓄水池和垃圾填埋场衬砌的柔性膜衬垫的扩散系数确定为 $5.1 \times 10^{-9} \, \mathrm{cm}^2/\mathrm{s}$（Prasad et al.，1994）。估算扩散 100 年后衬垫与地下水位距离最小为 1m 时的浓度比，C_t/C_0？

解答：$t = 100$ 年 $= 100 \times 365 \times 24 \times 3600\mathrm{s} = 3.15 \times 10^9 \mathrm{s}$

$$\frac{C(1\mathrm{m},100\,年)}{C_\mathrm{o}} = \mathrm{efrc}\left(\frac{x}{2\sqrt{D_\mathrm{e}t}}\right) = \mathrm{erfc}\left(\frac{1\mathrm{m} \times \dfrac{100\mathrm{cm}}{1\mathrm{m}}}{2\sqrt{5.1 \times 10^{-9}\dfrac{\mathrm{cm}^2}{\mathrm{s}} \times 3.15 \times 10^9\mathrm{s}}}\right) = \mathrm{erfc}(12.47) = 1.18 \times 10^{-69}$$

该实例表明，垃圾填埋衬垫的扩散是一个非常缓慢的过程。该衬垫能有效防止扩散对地下水的污染。

13.3.3　对流和弥散：段塞注入的一维、二维和三维解析解

这是一种瞬时注入，也称为脉冲输入或段塞注入，将污染物注入多孔介质。一维、二维和三维情景中的某些情况是存在解析解的。

一维段塞注入：一维中 $x = 0$ 处瞬时源对应的解为（Bedient et al.，1999）

$$C(x,t) = \frac{M}{2(\pi t)^{1/2}\sqrt{D_x}}\exp\left(-\frac{(x - v_x t)^2}{4D_x t}\right) \tag{13.79}$$

式中，M 为孔隙空间单位横截面积内注入的污染物质量（因此应使用孔隙率进行校正）。如果注入点为 $x = x_0$，则可将上式中的 x 替换为 $x - x_0$。在柱长为 L 的一维土壤柱中，将 x 替换为 L，则 $x(L,t)$ 为柱出水浓度。

式（13.79）的数学形式类似于众所周知的"钟形"正态（或高斯）分布：

$$f(x) = \frac{1}{\sqrt{2\pi\sigma^2}}\exp\left(-\frac{(x - \mu)^2}{2\sigma^2}\right) \tag{13.80}$$

式中，算术平均值等于 μ，标准差等于 σ。这意味着，在 $\mu = v_x t$ 点的污染物质量中心通过平流，而扩散从该中心扩散，其标准偏差为 $\omega = (2D_x t)^{1/2}$。图 13.6 给出了沿一维土壤柱瞬时注入污染溶液后，浓度随距离和时间变化的示意图。在第 2 章中，我们描述了一维土柱中的平流和扩散 [图 2.12（a）]，但现在我们对描述这些过程的数学模型有了更好的定量理解。

式（13.79）可以扩展到包括反应。例如，如果污染物进行速率常数为 k_1 的一级反应，则

$$C(x,t) = \frac{M}{2(\pi t)^{1/2}\sqrt{D_x}}\exp\left(-\frac{(x - v_x t)^2}{4D_x t}\right)\exp(-k_1 t) \tag{13.81}$$

二维段塞注入：二维中 $x = 0$，$y = 0$ 处瞬时源对应的解（Fetter，1993；Freeze and Cherry，1979）：

$$C(x,y,t) = \frac{C_0 A}{4\pi t\sqrt{D_x D_y}}\left[\exp\left(-\frac{(x - v_x t)^2}{4D_x t} - \frac{y^2}{4D_y t}\right)\right] \tag{13.82}$$

式中，A 是 x-y 的横截面积；exp 之前的术语应该有一个浓度单位（量纲为 ML^{-3}）。在第 2 章中，我们描述了瞬时注入后的二维污染羽流，如化学泄漏的点源 [图 2.12（c）]。

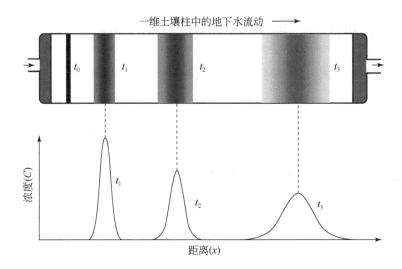

图 13.6　一维土壤柱瞬时注入污染物溶液后污染物浓度分布

图 13.7 是式（13.82）在二维空间（x 和 y）和时间（t_1，t_2，t_3）上关于对流和弥散的图形表示的详细说明。

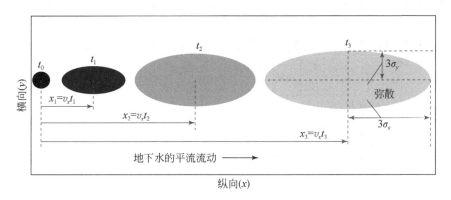

图 13.7　在三个不同时间 t_1，t_2 和 t_3 瞬时注入二维均匀流中的污染羽平面图

如图 13.7 所示，在 t_1、t_2、t_3 时，对流使羽流移动的距离分别为 $v_x t_1$、$v_x t_2$、$v_x t_3$，其中 v_x 为地下水流速。$3\sigma_x$ 和 $3\sigma_y$ 分别表示沿纵向和横向弥散到羽流中心的距离，其中 $\sigma_x = 2\sqrt{D_x t}$，$\sigma_y = 2\sqrt{D_y t}$，可以估计 x 和 y 方向上的羽流尺寸。

三维段塞注入：三维中 $x=0$，$y=0$，$z=0$ 处瞬时源对应的解（Bedient et al.，1999）：

$$C(x,y,z,t) = \frac{C_0 V_0}{8(\pi t)^{3/2}\sqrt{D_x D_y D_z}}\left[\exp\left(-\frac{(x-v_x t)^2}{4D_x t} - \frac{y^2}{4D_y t} - \frac{z^2}{4D_z t}\right)\right] \tag{13.83}$$

式中，$C_0 V_0$ 是涉及泄漏的污染物的质量。如果溢出（注入）位于点（x_0，y_0，z_0），则上式中的 x，y，z 可以分别替换为 $x-x_0$，$y-y_0$，$z-z_0$。此时，读者应比较式（13.80）、式（13.82）和式（13.83）中一维、二维和三维段塞注入情况，并根据给定公式推导出对流和弥散情况。

13.3.4　对流和弥散：连续污染源的一维解析解

在前面的讨论中［式（13.29）］，一维对流和弥散的控制方程：

$$D_x \frac{\partial^2 C}{\partial x^2} - q_x \frac{\partial C}{\partial x} = \frac{\partial C}{\partial t}$$

根据初始条件和边界条件的不同，上述方程可以有如下所述的几个解析解。这些一维平流-弥散模型可用于土柱研究。

第一类边界连续注入：第一类边界条件下，一维连续输入的解为（Bear，1961；USGS，1991）

$$C(x,t) = \frac{C_0}{2}\left[\mathrm{erfc}\left(\frac{x - v_x t}{2\sqrt{D_x t}} \right) + \exp\left(\frac{v_x x}{D_x} \right) \mathrm{erfc}\left(\frac{x + v_x t}{2\sqrt{D_x t}} \right) \right] \tag{13.84}$$

初始条件和边界条件为

$$\begin{cases} C(x,\ 0) = 0 & x \geq 0 \text{ 初始条件} \\ C(0,\ t) = C_0 & t \geq 0 \text{ 边界条件} \\ C(\infty,\ t) = 0 & t \geq 0 \text{ 边界条件} \end{cases}$$

上述条件表明，柱内初始浓度为零，孔隙水中污染物浓度为 C_0。这是一个固定的浓度边界条件，即第一类边界。

第二类边界连续注入：第二类边界条件下，一维连续输入的解为（Fetter，1993）

$$C(x,t) = \frac{C_0}{2}\left[\mathrm{erfc}\left(\frac{x - v_x t}{2\sqrt{D_x t}} \right) - \exp\left(\frac{v_x x}{D_x} \right) \mathrm{erfc}\left(\frac{x + v_x t}{2\sqrt{D_x t}} \right) \right] \tag{13.85}$$

初始条件和边界条件为

$$\begin{cases} C(x,0) = 0 & -\infty < x < +\infty \text{ 初始条件} \\ \int_{-\infty}^{+\infty} n_e C(x,t)\,\mathrm{d}x = C_0 n_e v_x t & t > 0 \text{ 边界条件} \\ C(\infty,t) = 0 & t \geq 0 \text{ 边界条件} \end{cases}$$

第二个边界条件表示被注入的初始浓度为 C_0，从 $-\infty$ 到 $+\infty$ 区域内的污染物注入质量与注入时间的长度成正比。污染物可以自由地在上梯度和下梯度中扩散。Fetter（1993）指出，式（13.85）适用于将受污染的运河水渠作为线源排放到含水层中。请注意，式（13.84）和式（13.85）第二项的符号不同。

第三种边界连续注入：在第三种边界条件下，式（13.29）的第三种解为（Fetter，1993；van Genuchten and Alves，1982）

$$\begin{aligned} C(x,t) = \frac{C_0}{2}\Bigg[&\mathrm{erfc}\left(\frac{x - v_x t}{2\sqrt{D_x t}} \right) + \left(\frac{v_x^2 t}{\pi D_x} \right)^{\frac{1}{2}} \exp\left(-\frac{(x - v_x t)^2}{4 D_x t} \right) \mathrm{erfc}\left(\frac{x + v_x t}{2\sqrt{D_x t}} \right) \\ &- \frac{1}{2}\left(1 + \frac{v_x x}{D_x} + \frac{v_x^2 t}{D_x} \right) \exp\left(\frac{v_x x}{D_x} \right) \mathrm{erfc}\left(\frac{x - v_x t}{2\sqrt{D_x t}} \right) \Bigg] \end{aligned} \tag{13.86}$$

有以下初始条件和边界条件：

$$\begin{cases} C(x,0)=0 \quad 初始条件 \\ \left(-D\dfrac{\partial C}{\partial x}+v_x C\right)\bigg|_{x=0}=v_x C_0 \quad 边界条件 \\ \dfrac{\partial C}{\partial x}\bigg|_{x\to\infty}=(有限的) \quad 边界条件 \end{cases}$$

第三个边界条件规定，当 x 趋于无穷时，浓度梯度仍然是有限的。

请注意，当水流通径增加时，式（13.84）、式（13.85）、式（13.86）都有以下的近似解：

$$C(x,t)=\frac{C_0}{2}\left[\text{erfc}\left(\frac{x-v_x t}{2\sqrt{D_x t}}\right)\right] \tag{13.87}$$

式（13.87）对应于砂柱示踪剂实验的图形表示如图 13.8 所示（Freeze and Cherry，1979；Hemond and Fechner，2015）。

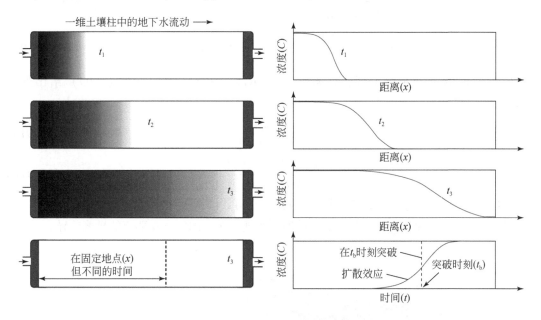

图 13.8　连续注入一维土壤柱中的污染羽

从上到下的前三行描述了污染物浓度在三个不同时间（t_1、t_2 和 t_3）与柱入口距离的函数关系。

最后一行描述了在距离入口 x 处的固定截面上的污染物浓度作为时间的函数

注意，式（13.84）到式（13.86）仅考虑柱中发生的对流–弥散过程。如果要包括吸附，则用 Rx 代替 x，用 RD_x 代替 D_x，其中 R 是所研究的污染物的延迟因子。例如，式（13.87）中连续注入的一维解可以修改为

$$C(x,t)=\frac{C_0}{2}\left[\text{erfc}\left(\frac{Rx-v_x t}{2\sqrt{RD_x t}}\right)\right] \tag{13.88}$$

13.3.5　对流和弥散：连续污染源的二维和三维解析解

二维连续注入：在我们之前的讨论中［式（13.28）］，二维对流和弥散的控制方程为

$$D_x\frac{\partial^2 C}{\partial x^2}+D_y\frac{\partial^2 C}{\partial y^2}-q_x\frac{\partial C}{\partial x}=\frac{\partial C}{\partial t}$$

稳态下二维连续输入的解析解（Fetter，1993；USGS，1992；修改自 Bear，1979）：

$$C(x,y)=\frac{C_0 Q}{2\pi\sqrt{D_x D_y}}\exp\left(\frac{v_x x}{2D_x}\right)K_0\left[\left(\frac{v_x^2}{4D_x}\right)\left(\frac{x^2}{D_x}+\frac{y^2}{D_y}\right)^{1/2}\right] \tag{13.89}$$

式中，K_0 为第二类修正的零阶贝塞尔函数。它的值可以在 Excel 中通过 @BESSELK(k，0）得到，如当 $k=0.05$ 时，@BESSELK(0.05，0)=3.114。Q 是浓度为 C_0 的污染物示踪剂注入流道的速率。

二维羽流可以在任何给定的时间从一个连续的来源进行跟踪。将 t 纳入控制方程［式（13.28）］，得到其解为（Fetter，1993）

$$C(x,y,t)=\frac{C_0 Q}{4\pi\sqrt{D_x D_y}}\exp\left(\frac{v_x x}{2D_x}\right)\left[W(0,B)-W(t_D,B)\right] \tag{13.90}$$

式中，t_D 是时间的无量纲形式；W 被称为 Hantush（1956）和 Fetter（1999）给出的井函数。

$$t_D=\frac{v_x^2 t}{D_x} \tag{13.91a}$$

$$B=\left[\frac{(v_x x)^2}{4D_x^2}+\frac{(v_x y)^2}{4D_x D_y}\right]^{1/2} \tag{13.91b}$$

对于均匀地下水流动，图13.9描述了式（13.90）（Freeze and Cherry，1979）。读者应将该图与图13.7进行比较，以直观地看到瞬时源和连续源之间污染物羽流的显著差异。

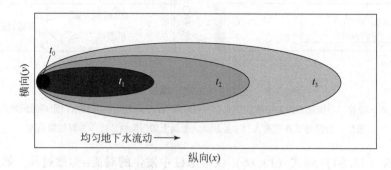

图13.9　污染物羽流在连续源二维均匀流中随时间的发展

三维连续注入：忽略 y、z 流向的对流流动（q_y、q_z），可将三维溶质迁移方程式（13.27）简化为

$$\frac{\partial}{\partial x}\left(D_x\frac{\partial C}{\partial x}\right)+\frac{\partial}{\partial y}\left(D_y\frac{\partial C}{\partial y}\right)+\frac{\partial}{\partial z}\left(D_z\frac{\partial C}{\partial z}\right)-\frac{\partial}{\partial x}(q_x C)=\frac{\partial C}{\partial t} \tag{13.92}$$

Hunt（1978）提出了具有保守溶质的点源的解析解（Hunt，1978；USGS，1992）：

$$C(x,y,z,t)=\frac{C_0Q}{4n\pi r\sqrt{D_yD_z}}\exp\left(\frac{v_x(x-x_0)}{2D_x}\right)\left[\exp\left(\frac{rv_x}{2D_x}\right)\text{erfc}\left(\frac{r+v_xt}{2\sqrt{D_xt}}\right)+\exp\left(\frac{-rv_x}{2D_x}\right)\text{erfc}\left(\frac{r-v_xt}{2\sqrt{D_xt}}\right)\right]$$

(13.93)

其中，

$$r=\left[(x-x_0)^2+\frac{D_x(y-y_0)^2}{D_y}+\frac{D_x(z-z_0)^2}{D_z}\right]^{1/2}$$

(13.94)

$x_0,y_0,z_0=$ 点源的坐标

$C=0(-\infty<x<\infty,-\infty<y<\infty,-\infty<z<\infty)$ 初始条件

$\dfrac{\partial C}{\partial x}=0$ $x=\pm\infty$ 边界条件

$\dfrac{\partial C}{\partial y}=0$ $y=\pm\infty$ 边界条件

$\dfrac{\partial C}{\partial z}=0$ $z=\pm\infty$ 边界条件

在前面的三节（12.3.3～12.3.5 节）中，我们给出了段塞注入和连续注入下一维、二维和三维污染羽流的数学公式。虽然第 2 章（图 2.12）中给出了一维和二维图示比较，但使用质量平衡基本原理的数学推导是我们在这里应该学习的。

13.4 流动和迁移过程的数值解法

数值解是常微分方程或偏微分方程解的数值逼近。数值解在地下水模拟中是必不可少的，因为许多微分方程不能精确求解（解析解或封闭解），必须依靠数值技术来求解。因为它们不是精确的数学表达式，所以误差是固有的。数值方法通常会产生非常大的矩阵，以至于需要使用计算机执行多次迭代才能收敛一个解。

13.4.1 偏微分方程与数值方法

到目前为止，我们在本章中看到的流动和迁移过程的控制方程都是偏微分方程（partial differential equation，PDE）。PDE 包括两个或多个自变量，如空间（x，y，z）和（或）时间（t），一个未知函数，如水力头（h）或浓度（C）作为因变量，以及未知函数关于自变量的偏导数（$\partial h/\partial x$，$\partial C/\partial t$）。回想一下，常微分方程（ordinary differential equation，ODE）用 d 表示（如 d$C/$dt），而偏导数用 ∂（如 $\partial C/\partial t$）表示。在流量方程中，未知函数是水力头（h）作为空间和（或）时间的函数，如饱和带流动的拉普拉斯方程［式（13.14）］和非饱和带流动的理查兹方程［式（13.19）］。在传输方程中，未知函数是污染物浓度（C）作为空间和（或）时间以及其他参数的函数，如包含对流-弥散［式（13.27）］的方程，其中添加了吸附和反应项［式（13.48）］。

有限差分法（finite difference method，FDM）、有限元法（finite element method，FEM）

和特征法（method of characteristic，MOC）是地下水模拟研究中求解偏微分方程最常用的三种数值方法。FDM 和 FEM 都将 PDE 问题转化为矩阵形式，然后用矩阵代数求解描述地下水流动和污染物迁移的 PDE 问题。在接近数值逼近时，FDM 使用导数（详见下文），而 FEM 使用积分（特别是分部积分）将偏微分方程转换为更易于管理的形式。有限元法将地下水流域划分为三角形或四边形网格（单元）。三角形元素特别适合模拟不规则的地理和地质特征，如补给河流、断层和含水层边界。因此，有限元法需要更多的计算能力和运行时间。

特征法（MOC）用于污染物传输建模，特别是在对流传输占主导地位时（Knox et al.，1993）。它以流体粒子为参考，重写传输方程，将 PDE 转换为 ODE，从而求解 PDE。在二维域中，会有三个方程，包括 x-速度、y-速度和浓度。这些方程的解称为特征曲线，因此得名。

对有限元法和特性法的进一步讨论将超出本书的范围。在接下来的讨论中，我们将重点讨论有限差分法，以说明数值方法的基础知识，作为数值计算的踏脚石。与 FEM 和 MOC 相比，FDM 需要更少的计算能力和运行时间。它也是最直观的，可以被认为是地下水建模中最常用的方法。

FDM 将地下水盆地划分为多边形网格，通常为方形/矩形。在每个网格内，水力参数可以被认为是恒定的。然后将节点定义为每个正方形/矩形的中心或网格线的交点。偏导数用有限差分代替。例如，PDE 中水力头（h）的一阶导数，如 $\Delta h/\Delta x$，近似为两个连续节点之间的水力头差值（$\Delta h/\Delta x = \dfrac{h_{i+1}^n - h_i^n}{\Delta x}$）。类似地，二阶导数是通过取两个连续节点的一阶导数之间的差来获得的（表 13.1）。

表 13.1　偏导数的有限差分逼近的例子

水力头（h）偏导数	有限差分逼近	浓度（C）偏导数	有限差分逼近
$\dfrac{\partial h}{\partial x}$	$\dfrac{h_{i+1}^n - h_i^n}{\Delta x}$	$\dfrac{\partial C}{\partial x}$	$\dfrac{C_{i+1}^n - C_i^n}{\Delta x}$
$\dfrac{\partial h}{\partial y}$	$\dfrac{h_{j+1}^n - h_j^n}{\Delta y}$	$\dfrac{\partial C}{\partial y}$	$\dfrac{C_{j+1}^n - C_j^n}{\Delta y}$
$\dfrac{\partial h}{\partial z}$	$\dfrac{h_{k+1}^n - h_k^n}{\Delta z}$	$\dfrac{\partial C}{\partial z}$	$\dfrac{C_{k+1}^n - C_k^n}{\Delta z}$
$\dfrac{\partial h}{\partial t}$	$\dfrac{h_i^{n+1} - h_i^n}{\Delta t}$	$\dfrac{\partial C}{\partial t}$	$\dfrac{C_i^{n+1} - C_i^n}{\Delta t}$
$\dfrac{\partial^2 h}{\partial x^2}$	$\dfrac{h_{i+1}^n - 2h_i^n + h_{i-1}^n}{\Delta x^2}$	$\dfrac{\partial^2 C}{\partial x^2}$	$\dfrac{C_{i+1}^n - 2C_i^n + C_{i-1}^n}{\Delta x^2}$
$\dfrac{\partial^2 h}{\partial y^2}$	$\dfrac{h_{j+1}^n - 2h_j^n + h_{j-1}^n}{\Delta y^2}$	$\dfrac{\partial^2 C}{\partial y^2}$	$\dfrac{C_{j+1}^n - 2C_j^n + C_{j-1}^n}{\Delta y^2}$
$\dfrac{\partial^2 h}{\partial z^2}$	$\dfrac{h_{k+1}^n - 2h_k^n + h_{k-1}^n}{\Delta z^2}$	$\dfrac{\partial^2 C}{\partial z^2}$	$\dfrac{C_{k+1}^n - 2C_k^n + C_{k-1}^n}{\Delta z^2}$
$\dfrac{\partial^2 h}{\partial t^2}$	$\dfrac{h_i^{n+1} - 2h_i^n + h_i^{n-1}}{\Delta t^2}$	$\dfrac{\partial^2 C}{\partial t^2}$	$\dfrac{C_i^{n+1} - 2C_i^n + C_i^{n-1}}{\Delta t^2}$

为了理解使用有限差分法的近似解，应该仔细注意表 13.1 中的符号。

- 自变量：h=水力头；C=浓度。
- 时域：n 和 $n+1$=两个连续的时间网格；Δt=网格时间大小。
- 空间域：i，j，k 为 $x=i$，$y=j$，$z=k$ 节点上的三维空间网格；Δx，Δy，Δz 为各自 x，y，z 方向上的网格大小。为简单起见，我们假设 $\Delta x=\Delta y=\Delta z=a$。

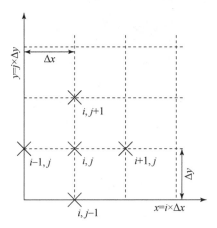

图 13.10　二维（x 和 y）网格中心节点的有限差分

表 13.1 中一阶导数的近似是不言自明的。二阶导数的近似不太明显，但可以通过取空间或时间上两个连续节点上的一阶导数之差来获得。例如，二维 x–y 平面上浓度的二阶导数（图 13.10）相对于 x 方向为

$$\frac{\partial^2 C}{\partial x^2}=\frac{\dfrac{C_{i+1,j}-C_{i,j}}{\Delta x}-\dfrac{C_{i,j}-C_{i-1,j}}{\Delta x}}{\Delta x}=\frac{C_{i+1,j}-2C_{i,j}+C_{i-1,j}}{\Delta x^2} \tag{13.95}$$

y 方向上也一样：

$$\frac{\partial^2 C}{\partial x^2}=\frac{\dfrac{C_{i,j+1}-C_{i,j}}{\Delta y}-\dfrac{C_{i,j}-C_{i,j-1}}{\Delta y}}{\Delta y}=\frac{C_{i,j+1}-2C_{i,j}+C_{i,j-1}}{\Delta y^2} \tag{13.96}$$

示例 13.3 说明了涉及一阶和二阶导数的有限差分法。

示例 13.3　有限差分法（FDM）示例

写出本章介绍的两个偏微分方程的有限差分近似：

（a）式（13.72）：$D_x\dfrac{\partial^2 C}{\partial x^2}=\dfrac{\partial C}{\partial t}$

（b）式（13.15）：$\dfrac{\partial^2 h}{\partial x^2}+\dfrac{\partial^2 h}{\partial y^2}+\dfrac{\partial^2 h}{\partial z^2}=\dfrac{S}{T}\dfrac{\partial h}{\partial t}$

解答：

（a）利用表 13.1，我们可以写出有限差分近似如下：

$$D_x \frac{C_{i+1}^n - 2C_i^n + C_{i-1}^n}{\Delta x^2} = \frac{C_i^{n+1} - C_i^n}{\Delta t}$$

（b）式（13.15）左边的二阶导数为

$$\frac{\partial^2 h}{\partial x^2} = \frac{h_{i+1,j,k} - 2h_{i,j,k} + h_{i-1,j,k}}{\Delta x^2} \tag{13.97}$$

$$\frac{\partial^2 h}{\partial y^2} = \frac{h_{i,j+1,k} - 2h_{i,j,k} + h_{i,j-1,k}}{\Delta y^2} \tag{13.98}$$

$$\frac{\partial^2 h}{\partial z^2} = \frac{h_{i,j,k+1} - 2h_{i,j,k} + h_{i,j,k-1}}{\Delta z^2} \tag{13.99}$$

请注意，为了简单起见，上述三个方程［式（13.97）～式（13.99）］中没有包含时域的上标 n。在式（13.15）的右边，一阶导数为

$$\frac{\partial h}{\partial t} = \frac{h_i^{n+1} - 2h_i^n - h_i^{n-1}}{\Delta t^2}$$

进一步假设 $\Delta x = \Delta y = \Delta z = a$，将上述方程［式（13.97）～式（13.99）］全部代入式（13.15），可得

$$h_{i-1,j,k} - 6h_{i,j,k} + h_{i+1,j,k} + h_{i,j-1,k} + h_{i,j+1,k} + h_{i,j,k-1} + h_{i,j,k+1} = \frac{a^2 S}{T} \frac{h_i^{n+1} - 2h_i^n - h_i^{n-1}}{\Delta t^2}$$

上述方程将生成一组矩阵方程，易于求解。

13.4.2　二维拉普拉斯方程的有限差分法

本节的目的是举例说明数值方法在求解二维拉普拉斯方程中的应用。二维拉普拉斯方程的解可以很容易地用 Excel 电子表格得到，而不需要事先了解数值解。我们将推导一般公式，然后使用实际数据来获得二维拉普拉斯方程解的数值逼近。

我们将式（13.97）和式（13.98）代入式（13.9）（均为 x-y 平面上的二维格式）：

$$\frac{\partial^2 h}{\partial x^2} + \frac{\partial^2 h}{\partial y^2} = 0$$

$$\frac{h_{i+1,j} - 2h_{i,j} + h_{i-1,j}}{x^2} + \frac{h_{i,j+1} - 2h_{i,j} + h_{i,j-1}}{y^2} = 0 \tag{13.100}$$

为了方便和简单，假设 $\Delta x = \Delta y$，我们可以求解 $h_{i,j}$：

$$h_{i,j} = \frac{h_{i+1,j} + h_{i-1,j} + h_{i,j-1} + h_{i,j+1}}{4} \tag{13.101}$$

式（13.101）指出，任何格点 (i, j) 上的值等于四个相邻格点的值的平均值，即 $i-1$，j（左），$i+1$，j（右），i，$j-1$（上）和 i，$j+1$（下）。为了开始数值求解，必须给出边界点的水力头值。对于边界内的所有网格点，它们有四个相邻点（左、右、上、下），可以用式（13.101）计算。对于没有四个相邻点的角和边缘网格点，可以进行调整以计算平均

值。例如，如果遗漏了底部点，则可以替换顶部网格点的值。在 Excel 电子表格中，式 (13.101) 可以很容易地插入任何单元格中，然后复制到边界内的所有单元格中。在这些公式设置之后，应该在菜单下启用迭代计算：Excel > Options > Formulas。在"公式"下，"启用迭代计算"必须打开（已勾选），并且必须指定最大迭代和最大更改。迭代次数越多，结果越准确。有时，必须多次按下电子表格左下角的"计算"按钮才能得到结果。可以使用 Excel 生成图表来显示流净线和等势线。这个例子可以通过该书网站上提供的链接找到。

　　下面的注释栏 13.2 提供了一个简要的概要，将我们在本章中所讨论的内容与我们可以使用处理地下水流动和污染物迁移的各种模型进行的工作联系起来。

注释栏 13.2　流动和迁移计算机模型的选择

　　地下水建模采用基于计算机的方法进行数学分析。它是研究和管理地下水系统机制和控制的重要工具。它也是筛选清除受污染地下水的替代修复技术和战略的宝贵工具。地下水模型有数百种，根据模型的目的、地下水系统的性质和所采用的数学方法，可以对这些模型进行各种分类。在实际应用中，地下水模型可分为流动模型、迁移模型、化学反应模型、随机模型、裂隙岩石模型和地下水管理模型（USEPA，1993）。

　　在前面的章节中，我们已经简要地提到了一些模型的使用。本章的重点是多孔介质流动模型的数学框架（饱和带流动、非饱和流带流动和多相流动），以及多孔介质迁移模型（溶质迁移和蒸气迁移，见第 8 章中讨论）。对其他模型有兴趣的读者，如热传导相关模型、地球化学模型、随机模型和裂隙岩石模型应咨询美国环境保护局地下建模支持中心和美国地质勘探局地下水软件信息中心（http://water.usgs.gov/software）。其中一些软件在公共领域可以免费下载（http://www.ehsfreeware.com/），关于每个模型的特征和用途的快速增长的信息量超出了本章的范围。

　　其中应用最广泛的地下水流量模型 MODFLOW 值得注意。之所以这样命名，是因为 MODFLOW 是一个模块化的三维有限差分流模型，每个模块处理要模拟的水文系统的特定特征，如井、补给、河流等。MODFLOW 适用于各种承压、非承压或混合承压-非承压含水层。MODFLOW 的主要输出是水力头的分布。

　　MODFLOW 的流动结果可以合并到其他模型中进行污染物传输计算，如 MODPATH、MT3D 和 RT3D。这些质量迁移模型可能是针对保守污染物的模型，只考虑扩散、对流和（或）弥散过程。非保守的污染物迁移模型则考虑反应，包括吸附、氧化还原和生物降解。

　　本章讨论的流动和输送过程的控制方程将帮助读者更好地理解将要探索的各种模型。

附录：比蓄水量

　　比蓄水量（S_s）定义为单位水力头下降时单位体积含水层释放的水量（Freeze and Cherry，1979）。水通过两种机制从含水层中释放：①压力增加使含水层承压，②压力降低使水膨胀。第一种机制与含水层压缩性有关（α），第二种机制与水压缩性有关（β）。

含水层压缩性定义如下：

$$\alpha = \frac{-\mathrm{d}V_T/V_T}{\mathrm{d}\sigma_e} \tag{A13.1}$$

其中，含水层承压的总体积减小（$-\mathrm{d}V_T$）等于从含水层排出的水（$\mathrm{d}V_w = -\mathrm{d}V_T$）。注意，总体积减排量 $\mathrm{d}V_T$ 为负，但产水量 $\mathrm{d}V_w$ 为正。由式（A13.1）可知：

$$\mathrm{d}V_w = -\mathrm{d}V_T = \alpha V_T \mathrm{d}\sigma_e \tag{A13.2}$$

覆盖在饱和多孔含水层任意平面上的总应力（σ_T）是岩石和水的重量。该总应力由向上的流体压力（p）和不由流体承担的有效应力（σ_e）承担，即 $\sigma_T = p + \sigma_e$，或 $\mathrm{d}\sigma_T = \mathrm{d}p + \mathrm{d}\sigma_e$。有效应力是由于土壤颗粒的重新排列导致颗粒骨架的承压。由于总应力（σ_T）基本上可以被认为是随时间变化的常数（$\mathrm{d}\sigma_T = 0$），我们有 $\mathrm{d}\sigma_e = -\mathrm{d}p$。代入 $\mathrm{d}p = -\rho g h$，得到 $\mathrm{d}\sigma_e = \rho g \mathrm{d}h$。将 $\mathrm{d}\sigma_e$ 代入式（A13.2），得

$$\mathrm{d}V_w = \alpha V_T \rho g \mathrm{d}h \tag{A13.3}$$

对于单位水力头下降（$\mathrm{d}h = 1$）和单位含水层总体积（$V_T = 1$），可推导出含水层承压释放的水量为

$$\mathrm{d}V_w = \alpha \rho g \tag{A13.4}$$

我们现在研究释放的水量（V_w）如何响应降低的含水层压力。水的压缩性（β）是水自身在压力下的特性，定义为

$$\beta = \frac{-\mathrm{d}V_w/V_w}{\mathrm{d}p} \tag{A13.5}$$

将 $V_w = nVT$ 和 $\mathrm{d}p = -\rho g \mathrm{d}h$ 替换，将式（A13.5）重新排列，得到

$$\mathrm{d}V_w = -\beta(nV_T)(-\rho g \mathrm{d}h) \tag{A13.6}$$

对于单位水力头下降（$\mathrm{d}h = 1$）和单位含水层总体积（$V_T = 1$），式（A13.6）为

$$\mathrm{d}V_w = \beta n \rho g \tag{A13.7}$$

将式（A13.4）和式（A13.7）结合，通过前面介绍的两种机制，可以得到单位水力头下降（$\mathrm{d}h$）和单位含水层体积的变化。这个体积就是我们之前定义的比蓄水量（S_s）。

$$S_s = \alpha \rho g + \beta n \rho g = \rho g(\alpha + n\beta) \tag{A13.8}$$

上述公式在量纲上应一致。α 和 β 的量纲是压力或应力的倒数（如 m^2/N，或 LT^2M^{-1}），所以右边的项的单位是 $(ML^{-3})(LT^{-2})(LT^2M^{-1}) = L^{-1}$。这与左边的单位 S_s 是一致的，定义为单位体积和水头的体积变化（$L^3L^{-3}L^{-1} = L^{-1}$）。

另见 Fetter（2001）的推导方式略有不同。

参 考 文 献

Anderson, M., Woessner, W., and Hunt, R. (2015). *Applied Groundwater Modeling*, 2e. New York: Elsevier.

Bear, J. (1961). *Dynamics of Fluids in Porous Media*.　New York：Elsevier Publishing Company, Inc.

Bear, J. (1972). *Dynamics of Fluids in Porous Media*. New York：Dover Publications, Inc.

Bear, J. (1979). *Hydraulics of Groundwater*. New York：McGraw-Hill.

Bear, J. and Cheng, A. H.- D. (2010). *Modeling Groundwater Flow and Contaminant Transport*, 834 pp. Berlin：Springer.

Bedient, P. B., Rifai, H. S., and Newell, C. J. (1999). *Ground Water Contamination：Transport and Remediation*, 2e. Upper Saddle River：Prentice Hall.

Cushman, J. H. and Tartakovsky, D. M. (2017). *The Handbook of Groundwater Engineering*, 3e. Boca Raton：CRC Press.

Fetter, C. W. (1993). *Contaminant Hydrogeology*.　New York：Macmillan Publishing Company.

Fetter, C. W. (1999). *Contaminant Hydrogeology*.　Upper Saddle River：Prentice Hall.

Fetter, C. W. (2001). *Applied Hydrogeology*, 4e. Upper Saddle River：Prentice Hall.

Freeze, R. A. and Cherry, J. A. (1979). *Ground Water*. Englewood Cliffs：Prentice-Hall.

Grasso, D. (1993). *Hazardous Waste Site Remediation-Source Control*. Boca Raton：Lewis Publishers

Helmig, R. (1997). *Multiphase Flow and Transport Processes in the Subsurface-A Contribution to the Modeling of Hydrosystems*. Berlin Heidelberg：Springer-Verlag.

Hemond, H. F. and Fechner- Levy, E. J. (2014). *Chemical Fate and Transport in the Environment*, 3e. Boston：Academic Press.

Hunt, B. (1978). Dispersive sources in uniform ground-water flow：American Society of Civil Engineers. *J. Hydraulic Division*, 104(HY1)：75−85.

Logan, B. E. (2012). *Environmental Transport Processes*, 2e. New York：John Wiley & Sons.

Schnoor, J. L. (1996). *Environmental Modeling：Fate and Transport of Pollutants in Water, Air, and Soil*. New York：John Wiley & Sons.

USEPA (1993). Compilation of Ground-Water Models, EPA 600-R-93-118.

USEPA (1999). Three-Dimensional NAPL Fate and Transport Model, EPA 600-R-99-011.

USGS (1992). Techniques of Water-Resources Investigations of the United States Geological Survey, Chapter B7：Analytical Solutions for One-, Two-, and Three-Dimensional Solute Transport in Ground-Water Systems with Uniform Flow：United States Government Printing Office.

Van Der Perk, Marcel (2012). *Soil and Water Contamination*, 2e. New York：CRC Press.

VanGenuchten, M. T. (1981). Analytical solutions for chemical transport with simultaneous adsorption zero- order production, and first- order decay. *J. Hydrol.* 49：213−233.

VanGenuchten, M. T. and Alves, W. J. (1982). Analytical solutions of the one- dimensional convective- dispersive solute transport equation：US Department of Agriculture Technical Bulletin 1661, 151 pp.

Wu, Y. -S. and Qin, G. (2009). A generalized numerical approach for modeling multiphase flow and transport in fractured porous media. *Commum. Comput. Phys.* 6(1)：85−108.

问题与计算题

1. 检查式(13.17)流量方程中各项单位的一致性。

2. 检查传输方程式(13.48)中每一项单位的一致性。

3. 设迪皮方程参数值 $K = 0.5 \text{m/d}$，$h_0 = 85 \text{m}$，$h_{150} = 72 \text{m}$，$L = 150 \text{m}$（见图 13.5），确定无承压含水层 $x = 50 \text{m}$、100m、125m 处的比流量(q)和水力头。

4. 使用上述问题中的相同数据，如果含水层受限于水力头的线性变化，则确定 $x=50\text{ft}$ 和 100ft 处的 q 和水力头。

5. 苯在通过用于蓄水池和垃圾填埋场衬砌的柔性膜衬垫时的扩散系数确定为 $5.1\times10^{-9}\text{cm}^2/\text{s}$ (Prasad et al., 1994)。估计扩散 50 年后衬垫与地下水位之间最小分离距离 0.75m (75cm) 处的浓度比 C_t/C_0？

6. 在一项对铬一维迁移扩散的实验室研究中，铬浓度在六个月内由 55mg/L 变为 2mg/L，扩散距离为 5cm。估算铬的扩散系数。假设这是一个只有扩散的过程，没有其他的迁移过程，如对流和吸附。

7. 含砂柱长 1.2m，直径为 8cm (0.08m)，孔隙率为 0.35，渗流速度为 0.5m/h。将共 10mg 的非吸附和非反应性化学物质作为段塞注入柱中。扩散系数 $D=4.50\times10^{-4}\text{m}^2/\text{h}$。

(a) 计算最大量化学品经水流对流流出色谱柱的时间；

(b) 根据 (a) 计算时间点色谱柱出口处的化学品浓度；

(c) 根据 (a) 计算的 ±0.3 小时化学品的出口浓度。

8. 使用问题 7 中的参数，在柱出口处构造不同时间的浓度剖面（即 $x=1.2\text{m}$ 处 C 与 t 的比值）。

9. 利用问题 7 中的参数，沿着柱的流向构造 $t=1.2$ 小时的浓度剖面（即 $t=1.2$ 小时 C 与 x 的函数关系）。

10. 写出本章介绍的偏微分方程式 (13.29) 的有限差分近似。

11. 写出以下偏微分方程的有限差分近似（见注释栏 13.1）：

$$\frac{\partial^2 h}{\partial x^2}+\frac{\partial^2 h}{\partial y^2}=\frac{-R(x,y)}{T}$$

12. 一个小型地下容器突然破裂，释放了 10kg 乙苯，覆盖了 20m^2 的地下水流道横截面。乙苯的好氧生物降解半衰期为 25 天，纵向分散系数为 $0.075\text{m}^2/\text{d}$。含水层的渗流（孔隙水）速度为 0.5m/d，孔隙率为 0.40。在距离破裂位置 25m 处，估计泄漏一个月后地下水下游中乙苯的下游梯度浓度（mg/L）？

13. 使用问题 12 中相同的参数基本值，但是为了节省解决问题的时间，使用 Excel 进行以下操作，观察以下参数如何改变流道中的浓度。

(a) 改变 x 的值，但保持所有其他参数不变。在距离 x 处，泄漏 30 天后浓度达到峰值？

(b) 改变 D 的值，但保持所有其他参数不变。D 如何影响下游浓度。

14. 使用附录 C 中的溶解度数据（忽略温度变化），分别估算每种 BTEX 组分在含 BTEX 摩尔分数为 0.1、0.2、0.3 和 0.2 的苯、甲苯、乙苯和间二甲苯混合物的稀水溶液中的溶解度。

15. 使用附录 C 中的蒸气压数据（忽略温度变化），估计紧接 BTEX 混合物池的饱和空气中每个 BTEX 组分的平衡蒸气压（如化学品泄漏的情况）。该混合物的苯、甲苯、乙苯和间二甲苯的摩尔分数分别为 0.3、0.2、0.3 和 0.2。

附录 A 常用缩略语和缩略词

缩写词	中文全称	英文全称
1D, 2D, 3D	一维、二维、三维	one-，two-，three-dimensional
ABS	吸附率（粉尘）	absorption rate（dust）
acfm	标准立方英尺每分钟	actual cubic foot per minute
ACGIH	美国政府和工业卫生委员会	American Conference of Governmental Industrial Hygienists
ACS	美国化学学会	American Chemical Society
AFCEE	美国空军环境卓越中心	Air Force Center for Environmental Excellence
AOP	高级氧化法	advanced oxidation process
APHA	美国公共卫生协会	American Public Health Association
ASTM	美国材料与试验协会	American Society for Testing and Materials
AT	平均时间	averaging time
ATSDR	美国有毒物质和疾病登记署	Agency for Toxic Substance and Disease Registry
AWQC	环境水质标准	ambient water quality criteria
AWWA	美国水行业协会	American Water Works Association
BCF	生物富集系数	bio-concentration factor
BF	棕地	brownfield
BGS	地下	below ground surface
BHC	六氯环己烷，又称六六六	hexachlorocyclohexane（HCH）
BMP	最佳管理实践	best management practice
BR	呼吸率（粉尘）	breathing rate（dust）
BTEX	苯、甲苯、乙苯和二甲苯，苯系物	benzene，toluene，ethylbenzene，and xylene
BW	体重	body weight
CAA	《清洁空气法》（美国）	Clean Air Act
CAHs	氯代脂肪烃	chlorinated aliphatic hydrocarbons
CCL	污染物候选名单	contaminant candidate list
CDI	慢性每日摄入量	chronic daily intake
CE	燃烧效率	combustion efficiency
CEC	阳离子交换量	cation exchange capacity
CERCLA	《综合环境反应、赔偿和责任法》（美国）	Comprehensive Environmental Response，Compensation，and Liability Act

续表

缩写词	中文全称	英文全称
CFR	《联邦法规》（美国）	Code of Federal Regulations
CFU	菌落形成单位	colony forming unit
CMC	临界胶束浓度	critical micelle concentration
CoA	辅酶 A	coenzyme A
CPT	圆锥贯入测试	cone penetrometer test
CSF	癌症斜率因子	cancer slopfactor
CWA	《清洁水法》（美国）	Clean Water Act
DCE	二氯乙烯	dichloroethlene
DDE	二氯二苯基二氯乙烯，又称滴滴伊	dichlorodiphenyldichloroethylene [1,1-bis-(4-chlorophenyl)-2,2-dichloroethene]
DDT	二氯二苯基三氯乙烷，又称滴滴涕	dichloro-diphenyl-trichloroethane [1,1,1-trichloro-2,2-bis(p-chlorophenyl)ethane]
DENIX	国防环境网络与信息交流（美国）	Defense Environmental Network and Information Exchange
DNAPL	重质非水相液体	dense non-aqueous phase liquid
DNT	二硝基甲苯	dinitrotoluene
DO	溶解氧	dissolved oxygen
DOC	溶解有机碳	dissolved organic carbon
DoD	（美国）国防部	Depart of Defense
DoE	（美国）能源部	Department of Energy
DQO	数据质量目标	data quality objective
DRE	破坏去除效率	destruction and removal efficiency
DTW	水深	depth to water
EBCT	空床接触时间	empty bed contact time
EC	新型污染物暴露浓度	emerging contaminants exposure concentration
ED	暴露时间	exposure duration
EF	暴露频率	exposure frequency
EM	环境管理；电磁传导率	environmental management；electromagnetic conductivity
ERH	电阻加热	electrical resistance heating
ERT	电阻层析成像	electrical resistance tomography
ESA	场地环境评价	environmental site assessment
EU	欧盟	European Union
FDM	有限差分法	finite difference method
FEM	有限元法	finite element method

缩写词	中文全称	英文全称
FIFRA	《联邦杀虫剂、杀菌剂和杀鼠剂法》（美国）	The Federal Insecticide, Fungicide, and Rodenticide Act
FRTR	联邦修复技术圆桌会议	Federal Remediation Technologies Roundtable
GAC	颗粒活性炭	granular activated carbon
GC	气相色谱法	gas chromatography
GC-MS	气相色谱–质谱法	gas chromatography-mass spectrometry
GPR	探地雷达	ground penetrating radar
HAZWOPER	危险废物作业和应急响应	hazardous waste operations and emergency response
HBSL	基于健康的筛选水平	health-based screening level
HDD	水平定向钻进	horizontal directional drilling
HI	危害指数	hazard index
HLB	亲水亲油平衡	hydrophile-lipophile balance
HLW	高放射性废物	high-level radioactive waste
HMX	高熔点爆炸物（八氢-1,3,5,7-四硝基-1,3,5,7,7-四唑嗪）	high melting explosive（octahydro-1,3,5,7-tetranitro-1,3,5,7-tetrazocine）
HQ	危害商数	hazard quotient
HRS	危害排序系统	hazard ranking system
HSWA	《危险和固体废物修正案》（美国）	Hazardous and Solid Waste Amendment
HV	热值	heating value
IAS	原位曝气	*in situ* air sparging
IBA	异丁醇	isobutanol
IC	制度控制	institutional control
IFT	界面张力	interfacial tension
IR	摄入率	ingestion rate
ISCO	原位化学氧化	*in situ* chemical oxidation
ITRC	美国洲际技术和管理委员会	Interstate Technology and Regulatory Council
LAS	直链烷基苯磺酸盐	linear alkylbenzene sulfonate
LCA	生命周期评价	life cycle assessment
LNAPL	轻质非水相液体	light non-aqueous phase liquid
LOAEL	最低可见有害效应水平	lowest-observed-adverse-effect level
LUST	泄漏的地下储罐	leaking underground storage tank
MCL	最大污染物水平	maximum contaminant level
MCLG	最大污染物水平目标	maximum contaminant level goal
MDL	方法检出限	method detection limit
MNA	监控自然衰减	monitored natural attenuation

缩写词	中文全称	英文全称
MOC	特征法	method of characteristic
MODFLOW	模块化有限差分流模型	modular finite-difference flow model
MSL	平均海平面	mean sea leve
MTBE	甲基叔丁基醚	methyl tertiary butyl ether
MW	分子量	molecular weight
NACs	硝基芳烃	nitroaromatic compounds
NAPL	非水相液体	non-aqueous phase liquid
NCP	国家应急计划（美国）	National Contingency Plan
NIMBY	邻避	not in my backyard
NIOSH	美国国家职业安全卫生研究所	National Institute for Occupational Safety and Health
NM	纳米材料	nanomaterial
NOAA	美国国家海洋和大气管理局	National Oceanic and Atmospheric Administration
NOAEL	无明显损害作用水平	no-observed-adverse-effect level
NPDWR	《国家初级饮用水法规》（美国）	National Primary Drinking Water Regulations
NPL	国家优先名录	National Priorities List
NSDWR	《国家二级饮用水法规》（美国）	National Secondary Drinking Water Regulations
NSTP	标准温度和压力	normal standard temperature and pressure（1 atm, 200℃）
NTE	不能超过	not to exceed
NTU	浊度单位	nephelometric turbidity unit
nZVI	纳米零价铁	nano-sized zero valent iron
O&M	运行维护	operation and maintenance
ODE	常微分方程	ordinary differentialequation
ORP	氧化还原电位	oxidation-reduction potential
OSHA	美国职业安全与健康管理局	Occupational Safety and Health Administration
OSWER	固体废物与应急响应办公室	Office of Solid Waste and Emergency Response
P&T	抽出处理	pump-and-treat
PAC	粉末活性炭	pulverized activated carbon
PAHs	多环芳烃	polynuclear aromatic hydrocarbons
PBDEs	多溴联苯醚	polybrominated diphenyl ethers
PCBs	多氯联苯	polychlorinated biphenyls
PCDDs	多氯二苯并–对–二噁英，简称二噁英	polychlorinated dibenzo-p-dioxins
PCDFs	多氯二苯并呋喃	polychlorinated dibenzofurans
PCE	四氯乙烯	perchloroethylene
PCP	五氯苯酚	pentachlorophenol

缩写词	中文全称	英文全称
PDE	偏微分方程	partial differential equation
PF	效能因子（强度系数）	potency factor
PFOA	全氟辛酸	perflurooctanoic acid
PFOS	全氟辛烷磺酸盐	perfluoroctane sulfonate
PICs	不完全燃烧产物	products of incomplete combustions
POHC	主要有机有害物	principal organic hazardous constituent
POPs	持久性有机污染物	persistent organic pollutants
PPCP	药品、个人护理产品	pharmaceutical and personal care product
PPE	个人防护设备	personal protection equipment
PRB	可渗透反应墙	permeable reactive barrier
PV	现值	present value
QA/QC	质量保证和质量控制	quality assurance/quality control
QAPP	质量保证措施	quality assurance project plan
R&D	研究和发展	research and development
RBCA	基于风险的纠正措施（ASTM 风险评估模型）	risk-based corrective action
RCRA	《资源保护和恢复法》（美国）	Resource Conservation and Recovery Act
RDX	高性能炸药（1,3,5-三硝基-1,3,5-三氮杂环己烷）	research department explosive（1,3,5-trinitro-1,3,5-triazacyclohexane）
REC	公认的环境条件	recognized environmental condition
Redox	氧化–还原	oxidation-reduction
RF	电磁频率	radio frequency
RfC	参考浓度	reference concentration
RfD	参考剂量	reference dose
RFH	射频加热	radio frequency heating
RI/FS	修复调查和可行性研究	remedial investigation/feasibility study
RI/RF	修复调查和修复可行性	remedial investigation/remedial feasibility
ROD	裁定记录	record of decision
ROI	影响半径	radius of influence
RPM	修复项目经理	remedial project manager
S/S	固化–稳定化	stabilization/solidification
SARA	《超级基金修正案和再授权法》（美国）	Superfund Amendment and Reauthorization Act
SBLR&BRA	《小型企业责任减免与棕地复兴法》	Small Business Liability and Brownfields Revitalization Act
scfm	标准立方英尺每分钟	standard cubic foot per minute
SDWA	《安全饮用水法》（美国）	Safe Drinking Water Act

缩写词	中文全称	英文全称
SEAR	表面活性剂强化含水层修复	surfactant enhanced aquifer remediation
SEE	蒸汽强化抽提	steam enhanced extraction
SERDP	战略环境研究与发展规划（美国）	Strategic Environmental Research & Development Program
SMCL	二级最大污染物水平	secondary maximum contaminant level
SPT	标准贯入试验	standard penetration test
SSL	土壤筛选水平	soil screening level
SSTL	特定场地目标水平	site-specific target level
SVE	土壤气相抽提	soil vapor extraction
SVOCs	半挥发性有机化合物	semivolatile organic compounds
SW-846	基于固体废物评价的物理及化学试验方法	test methods for evaluating solid waste, physical/chemical methods
SWMU	固体废物管理装置	solid waste management unit
TBA	叔丁醇	t-butyl alcohol
TCA	三氯乙烷	trichloroethane
TCE	三氯乙烯	trichloroethylene
TCH	热传导加热	thermal conductivity heating
TEA	末端电子受体	terminal electron acceptor
TLV	阈限值	threshold limit value
TNT	2,4,6-三硝基甲苯	2,4,6-trinitrotoluene
TPH	总石油烃	total petroleum hydrocarbon
TSCA	《有毒物质控制法》（美国）	Toxic Substances Control Act
TSCF	蒸腾蒸汽浓缩系数	transpiration stream concentration factor
TSD	处理、储存和处置	treatment, storage, and disposal
TWA	时间加权平均	time weighted average
UF	不确定因素	uncertainty factor
UIC	地下水注入控制	groundwater injection control
UR	单位风险	unit risk
USACE	美国陆军工程兵部队	United States Army Corps of Engineers
USCS	统一土壤分类系统	unified soil classification system
USDA	美国农业部	United States Department of Agriculture
USEPA	美国环境保护局	United States Environmental Protection Agency
USGS	美国地质调查局	United States Geological Survey
UST	地下储罐	underground storage tank
UV	紫外线	ultraviolet

续表

缩写词	中文全称	英文全称
VC	氯乙烯	vinyl chloride
VOCs	挥发性有机化合物	volatile organic compounds
WFD	《水框架指令》	Water Framework Directive
WOE	证据权重	weight of evidence
ZOC	捕获区	zone of capture
ZOI	影响区	zone of influence
ZVI	零价铁	zero valent iron

附录 B 土壤和地下水修复技术定义

技术名称	说明
土壤、沉积物和底泥（soil，sediment，and sludge）	
原位生物修复（in situ biological treatment）	
生物降解（biodegradation）	通过循环液在污染土壤中的流动激活原生微生物活性从而增强有机污染物的原位生物降解。营养物、氧气和其他的添加物可以用于加强生物降解
生物通风（bioventing）	通过加压（抽取或注入空气）对非饱和污染土进行曝气，使土壤中氧气浓度增加，从而促进好氧微生物的活性，提高土壤中污染物的降解效果
白腐真菌（white rot fungus）	白腐真菌利用木质素降解酶或木材腐烂酶降解多种有机污染物。在原位修复和生物反应器中已有相关测试
原位物理–化学修复（in situ physical/chemical treatment）	
气压劈裂技术（pneumatic fracturing）	通过向地下注入加压空气，在低渗透地层中产生新的裂缝和优势通道，从而增加土壤的渗透性，提高原位修复反应效率
土壤淋洗（soil flushing）	将可促进土壤污染物溶解或迁移的化学溶剂或水原位注入受污染土壤中，提升地下水位，将污染物从土壤中溶解、分离出来并进行处理的技术
土壤气相抽提（soil vapor extraction）	通过地下抽提井，利用抽真空或注入空气产生的压力迫使土壤中的气体发生流动，从而将其中的挥发和半挥发性有机物脱除。该工艺包括尾气处理系统。土壤气相抽提技术也被称为原位土壤通风、原位强化挥发或土壤真空抽提
固化–稳定化（stabilization/solidification）	将污染土壤与能结成固体的材料原地原位混合，通过形成晶格结构或化学键，将土壤捕获或固定在固体结构中，从而降低有害组分的移动性或浸出性。固化通过采用具有高度结构完整性的整体固体将污染物密封起来以降低其物理有效性，而稳定化则降低了污染物的化学有效性
原位热修复（in situ thermal treatment）	
热强化土壤气相抽提（thermally enhanced soil vapor extraction）	通过蒸汽、热空气注入或电（射）频加热等直接或间接的热交换增加土壤中气体的流动，从而将其中的挥发性有机物进行有效脱除。该工艺包含尾气处理系统
玻璃化（vitrification）	通过向污染土壤插入电极，使熔化的污染土壤或固废冷却后形成具有低淋溶特性的玻璃结晶结构
异位生物修复（包括挖土）[ex situ biological treatment（assuming excavation）]	
堆肥处理（composting）	将受污染的土壤挖出并与膨胀剂和有机改良剂（如木屑、动植物废料）混合，提高土壤混合物的孔隙度和有机含量，依靠微生物将有毒有害的污染物进行降解和转化
可控固相生物处理（controlled solid phase biological treatment）	将污染土挖出并与土壤改良剂混合后堆置于特定的处置区。处置工序包括预制处置床、生物处置池、土堆和堆肥
土耕法（landfarming）	将污染土壤撒布于土地表面并进行翻耕处理，促使污染物分散稀释或发生降解的活动

续表

技术名称	说明
泥浆相生物修复（slurry phase biological treatment）	将污染土壤或底泥与水或者其他添加剂混合成泥浆，促进微生物或悬浮物与污染土壤的充分接触，最终将处置后的泥浆进行脱水处理
异位物理-化学修复（包括挖土）[*ex situ* physical/chemical treatment（assuming excavation）]	
化学还原-氧化（chemical reduction/oxidation）	根据土壤或地下水中污染物的类型和属性选择适当的还原剂或氧化剂，将制剂注入土壤中，利用还原或氧化剂与污染物之间的还原-氧化反应将污染物转化为无毒无害物质或毒性低、稳定性强、移动性弱的惰性化合物，从而达到对土壤净化的目的。常见的氧化剂有臭氧、过氧化氢、次氯酸盐、氯和二氧化氯等
碱催化分解脱卤技术（base catalyzed decomposition dehalogenation）	将受污染的土壤进行筛分、破碎处理，并与 NaOH 和催化剂混合，在旋转反应器中加热以达到对土壤中卤化物和其他挥发性有机物的脱除
乙醇酸脱卤（glycolate dehalogenation）	利用聚乙二醇钾（KPEG）等常见的碱性聚乙二醇（APEG）试剂与污染土壤混合，并在间歇反应器中加热，使碱金属氢氧化物和卤素分子发生反应，生产无害或低毒性物质，实现脱除卤素的目的。例如，氯化有机物和 KPEG 的反应使有机物中的氯分子被替换，从而降低其毒性
土壤洗涤（soil washing）	用水溶液对挖掘出来的土壤进行洗涤，将附着在土壤颗粒表面的有机和无机污染物转移至水溶液中，从而达到洗涤和清洁土壤的目的。洗涤水中可加入碱性浸出剂、表面活性剂、pH 调节剂或螯合剂等混合剂以促进有机物和重金属的去除
土壤气相抽提（soil vapor extraction）	在挖掘出的土壤堆体中埋设真空抽气管道，通过抽提方式促进土壤中有机物的挥发、收集与处置。该工艺包含尾气处理系统
固化-稳定化（solidification/stabilization）	将挖掘出的污染土壤与能聚结成固体的材料相混合，通过形成晶格结构或化学键，将土壤捕获或固定在固体结构中，从而降低有害组分的移动性或浸出性。固化通过采用具有高度结构完整性的整体固体将污染物密封起来以降低其物理有效性，而稳定化则降低了污染物的化学有效性
溶剂萃取（solvent extraction）	利用有机溶剂的萃取将污染土壤中的有机污染物提取出来，并通过分离器将二者进行有效分离，分别进行处置和二次利用
异位热修复（包括挖土）[*ex situ* thermal treatment（assuming excavation）]	
高温热脱附（high-temperature thermal desorption）	通过加热技术将污染土壤加热至 315~538℃，促使土壤中水分和挥发性污染物的挥发和有效脱除，并通过抽气管道将污染物抽送至尾气处理系统
热气净化（hot gas decontamination）	通过热气传导将受污染土壤进行升温，促使土壤中的挥发性有机物挥发，并进入燃烧系统进行处理，以达到消除污染物的目的
焚烧（incineration）	在高温（871~1204℃）和有氧条件下，促使土壤和危险废物中的有机污染物分解，从而达到污染物减量化和无害化的目的
低温热脱附（low-temperature thermal desorption）	通过加热技术将污染土壤加热至 93~315℃，促使土壤中水分和挥发性污染物的挥发和有效脱除，并通过抽气管道将污染物抽送至尾气处理系统
明燃、明爆（open burn/open detonation，OB/OD）	在明燃操作中，通过火焰、热量或可引爆的波（不会导致爆炸）等外部燃点促使炸药或弹药自燃，从而达到销毁的目的。在爆破作业中，通过炸药引爆器将可引爆的炸药和弹药引爆并摧毁

续表

技术名称	说明
热分解 （pyrolysis）	在无氧状态下，有机物因受热而发生化学分解，使其转化为气态和含碳残渣态（焦炭）
玻璃化 （vitrification）	受污染土壤和底泥在高温下熔化，冷却后形成具有低淋溶特性的玻璃结晶结构
其他修复技术 （other treatment）	
挖掘和场外处置 （excavation and off-site disposal）	通过人工或机械手段，将污染土壤挖掘、移出原来位置并进行异地处理（含可能的预处理）、处置或填埋的过程
自然衰减 （natural attenuation）	利用污染区域自然发生的物理、化学和生物学过程，如稀释、挥发、生物降解、吸附和化学反应等，将污染物的浓度降低至可接受的水平
地下水、地表水和渗滤液 （groundwater, surface water, and leachate）	
原位生物修复 （*in situ* biological treatment）	
共代谢降解 （cometabolic processes）	一种新兴的修复技术，包括向地下水中注入能溶解甲烷和氧气的水溶剂，以增强甲烷生物降解
硝酸盐强化 （nitrate enhancement）	加入硝酸盐在地下水污染区循环，可作为一种微生物对有机污染物进行生物氧化的替代电子受体，促使水中污染物的生物氧化分析。
空气注入增氧 （oxygen enhancement with air sparging）	利用压力将空气注入受污染的地下水中，增加地下水中氧气浓度，以提高自然微生物对有机污染物的生物降解率
过氧化氢增氧 （oxygen enhancement with hydrogen peroxide）	利用稀释后的过氧化氢溶液在地下水污染区不断循环，增加地下水氧含量，提高微生物对有机污染物的好氧生物降解率
原位物理–化学修复 （*in situ* physical/chemical treatment）	
曝气 （air sparging）	利用压力将空气注入受污染的地下水中，产生气泡，促使含水层中的污染物逸出并挥发进入包气带中，从而到达脱除地下水中挥发和半挥发性有机污染物的目的
定向井（强化）［directional wells （enhancement）］	通过水平或倾斜钻井施工技术，建设精准定向注射井，处理垂直钻井无法处置的地下水污染区内的污染物
双相浸提 （dual phase extraction）	用高真空系统同时从低渗透或非均质地层中去除液态污染物和气态污染物
自由相污染物回收 （free product recovery）	通过主动方法（如泵送）或被动收集系统从含水层中去除未溶解的液相有机物
自由水或蒸汽淋洗、吹脱 （free water or steam flushing/stripping）	将蒸汽通过注入井注入含水层，促使含水层中的挥发性和半挥发性有机污染物逸出并蒸发进入包气带中，并通过真空提取技术进行抽提和处理，从而到达脱除地下水中挥发性和半挥发性有机污染物的目的
水力压裂（增强）［hydrofracturing （enhancement）］	通过钻井将高压水压入地下，在土壤或岩石中形成垂直于注入管道的裂缝，增加低渗透介质中的流体流动性，改善修复药剂（化学或生物菌）的传质能力，增大药剂与污染物的接触效率，有效提供修复效果
被动反应墙 （passive treatment wall）	阻隔墙体允许地下水流通过的同时，通过使用螯合剂、吸附剂、微生物等试剂来阻滞水体中目标污染物的迁移

续表

技术名称	说明
地下连续墙（slurry wall）	在垂直挖掘的槽体中填满膨润土系泥浆材料进行护壁，并形成竖向阻隔屏障，阻滞地下水流动
真空气相抽提（vacuum vapor extraction）	将蒸气通过注入井注入含水层，提升井中地下水位和水量，并产生气泡，促使含水层中的挥发和半挥发性有机污染物逸出并跟随气泡上升并通过蒸气提取，在井顶进行收集和处置，从而到达脱除地下水中挥发和半挥发性有机污染物的目的
异位生物修复（假设泵送）[ex situ biological treatment（assuming pumping）]	
生物反应器（bioreactors）	将地下水抽提至生物反应器中，使其与微生物或动植物细胞等悬浮物在悬浮系统（如活性底泥）中进行充分接触反应和循环曝气，以达到降解有机污染物的目的
异位物理、化学修复（假设泵送）[ex situ physical/chemical treatment（assuming pumping）]	
空气吹脱（气提）（air stripping）	利用压力将空气注入受污染的地下水中，产生气泡，以增加挥发性有机物在水体和气泡中的暴露时间和面积，促使污染物从水体逸出并挥发。气提方法包括填料塔、扩散气提、托盘气提和喷雾气提
过滤（filtration）	利用重力作用或过滤材料两侧的压差使受污染地下水流经过滤填料实现对污染物的过滤分离
离子交换（ion exchange）	离子交换是通过与反应材料中的无害离子交换来去除水体中的有毒有害物质
活性炭液相吸附（liquid phase carbon adsorption）	利用含有活性炭的反应罐体将泵入的地下水中的有机污染物进行吸附处理。该技术需要对吸附饱和的活性炭进行定期更换和回收
沉淀（precipitation）	通过 pH 调节或投加化学沉淀剂等方式，将水中溶解态污染物絮凝成不（微）溶态等残留固体，并通过沉淀或过滤从水中去除
紫外线氧化（UV oxidation）	利用紫外线（UV）辐射、臭氧或过氧化氢等对流入处理池的水体中有机污染物进行氧化分解处理。其中臭氧反应装置用于处置处理池中产生的尾气
其他修复技术（other treatment）	
自然衰减（natural attenuation）	利用污染区域自然发生的物理、化学和生物学过程，如稀释、挥发、生物降解、吸附和化学反应等，将污染物的浓度降低至可接受的水平
空气注入和尾气处理（air emission/off-gas treatment）	
生物过滤（biofiltration）	利用土壤床将泵送的气态有机污染物吸附至土壤颗粒表面，并被土壤中的微生物降解
高能电晕（high energy corona）	高能电晕技术是一种使用高压电在室温下分解挥发性有机物的技术
膜分离技术（membrane separation）	膜分离技术是一种有机蒸气、空气分离技术，主要通过无孔气体分离膜优先传输有机蒸气（扩散过程类似于将热油放在一张蜡纸上）
氧化（oxidation）	在 1000℃的高温下，有机污染物在燃烧室中被直接分解。在 450℃的较低温度下，可使用催化剂使气体中的微量有机污染物进行催化氧化分解
活性炭气相吸附（vapor phase carbon adsorption）	利用含有活性炭的反应罐体将泵入的尾气中的有机污染物进行吸附处理。该技术需要对吸附饱和的活性炭进行定期更换和回收

　　注：改编自联邦修复技术圆桌会议（FRTR），修复技术筛选矩阵和参考指南，第 4 版。

附录 C   土壤和地下水中常见有机污染物的结构和性质

化学名称 (CAS 登录号)	结构	分子量	沸点/℃	密度/(g/cm³)	溶解度/(mg/L)	蒸气压/atm	亨利常数(无量纲)	$\log K_{ow}$
苯系化合物（六种）								
苯 (71-43-2)		78.11	80.1	0.88	1780 (20℃)	0.079 (15℃)	0.22 (25℃)	2.13 (25℃)
甲苯 (108-88-3)	H₃C—	92.1	110.8	0.87	515 (20℃)	0.029 (20℃)	0.28 (20℃)[a]	2.69 (20℃)
乙苯 (100-41-4)		106.17	136.2	0.87	206 (15℃)	0.0092 (15℃)	0.35	3.15
邻二甲苯 (95-47-6)		106.17	144	0.88	175 (20℃)	0.0066 (20℃)	0.22 (20℃)[a]	2.77
间二甲苯 (108-38-3)		106.17	139	0.86	161[d]	0.0079 (20℃)	0.294[d]	3.20
对二甲苯 (106-42-3)		106.17	138.4	0.86	198	0.0086 (20℃)	0.282[d]	3.15
多环芳烃（七种）								
蒽 (120-12-7)		178.23	340	1.25	1.29	7.70×10^{-7}[b]	9.26×10^{-4}[b]	4.54
苯并(a)蒽 (56-55-3)		228	437	1.274[e]	0.014	6.30×10^{-9}[a]	2.40×10^{-4}[a]	5.91[a]
苯并(a)芘 (50-32-8)		253.2	495	1.04 (20℃)[c]	0.003	2.30×10^{-10}[a]	4.90×10^{-5}[a]	6.50[a]
萘 (91-20-3)		128.16	217.9	1.03[a]	30	3.0×10^{-4}[a]	4.90×10^{-2}[a]	3.36[a]
菲 (85-01-08)		178.22	340	1.179[c]	0.82 (21℃)	8.88×10^{-7}[b]	1.43×10^{-3}[b]	4.57[b]

续表

化学名称 （CAS 登录号）	结构	分子量	沸点 /℃	密度/（g /cm³）	溶解度 /（mg/L）	蒸气压 /atm	亨利常数 （无量纲）	$\log K_{ow}$
芘 （129-00-0）		202.26	360	1.27[c]	0.16 （26℃）	3.95×10^{-8}[b]	3.68×10^{-4}[b]	5.13[b]
苯乙烯 （100-42-5）		104.15	145.2	0.91[a]	250[b]	6.22×10^{-3}[b]	0.106[b]	3.05[b]
卤代脂肪烃（九种）								
四氯化碳 （56-23-5）		153.82	76.7	1.59[a]	1160	0.12[a]	0.97[a]	2.83 （20℃）[a]
氯仿 （67-66-3）		119.38	62	1.48[a]	9300	0.32[a]	0.2[a]	1.97 （20℃）[a]
二氯二氟甲烷 （75-71-8）		121	8.9[c]	1.48[c]	1.94×10^{-3}[b]	148[b]	16.1[b]	2.53[b]
1,1-二氯乙烷 （75-34-3）		98.96	57.3	1.18[a]	5500 （20℃）	0.3[a]	0.24[a]	1.79[a]
1,2-二氯乙烷 （107-06-2）		98.96	83.5	1.24[a]	8690 （20℃）	0.091[a]	0.041[a]	1.47[a]
四氯乙烯 （127-18-4）		165.83	121	1.62[a]	400[a]	0.02[a]	0.34[a]	2.68[a]
三氯乙烯 （79-01-6）		131.39	87[c]	1.46[a]	1000[a]	0.08[a]	0.42[a]	2.42[a]
1,1,1- （三氯乙烷） （71-55-6）		133.41	71～81	1.34[a]	4400 （20℃）	0.13[a]	0.77[a]	2.48[a]
氯乙烯 （75-01-4）		62.5	-14	0.91[a]	1100	3.4[a]	99[a]	0.60[a]
卤代芳香烃（三种）								
氯苯 （108-90-7）		112.56	132	1.11[a]	500 （20℃）	0.016[a]	0.165[a]	2.92[a]
1,2-二氯苯 （95-50-1）		147.01	179	1.3	145	1.88×10^{-3}[b]	7.70×10^{-2}[b]	3.38[b]
六氯苯 （118-74-1）		284.80	326/322	1.21c	0.004～ 0.006	3.45×10^{-6}[b]	6.11×10^{-2}[b]	5.50[b]

化学名称 （CAS 登录号）	结构	分子量	沸点/℃	密度/(g/cm³)	溶解度/(mg/L)	蒸气压/atm	亨利常数（无量纲）	$\log K_{ow}$
DDT 和其他含氯农药（四种）								
艾氏剂 （309-00-2）		364.93	145[c]	1.6[c]	0.01	$7.90\times10^{-9\,b}$	$5.98\times10^{-4\,b}$	6.50[b]
4,4'-DDT （50-29-3）		354.5	260[c]	1.6[c]	0.0031～0.0034	$9.38\times10^{-10\,b}$	$4.23\times10^{-4\,b}$	6.37[b]
异狄氏剂 （72-20-8）		380.90	245[c]	1.7[c]	$2.50\times10^{-4\,c}$	$3.95\times10^{-9\,b}$	$3.06\times10^{-4\,b}$	4.56[b]
α-林丹 （α-HCH） （319-84-6）		290.82	311[c]	1.9[c]	7.3[a]	$1.30\times10^{-8\,a}$	$2.20\times10^{-5\,a}$	3.78[b]
多氯联苯（PCBs）（两种）								
多氯联苯 1254 （11097-69-1）	Cl₄-Cl₆	325.06	290～325[c]	1.50[a]	0.012[a]	$1.0\times10^{-7\,a}$	0.12[a]	6.5[a]
多氯联苯 1260 （11096-82-5）	Cl₅-Cl₈	371.22	386[c]	1.57[a]	$2.70\times10^{-3\,a}$	$5.30\times10^{-3\,a}$	0.30[a]	6.7[a]
二噁英和呋喃（两种）								
2,3,7,8-四氯二苯并-对-二噁英 （1746-01-6）		321.96	NA	1.8[c]	$2.0\times10^{-4\,c}$	$1.65\times10^{-9\,b}$	$2.02\times10^{-3\,b}$	6.64[b]
2,3,7,8-四氯二苯并呋喃 （89059-46-1）		305.96	377	1.74	$1.93\times10^{-3\,d}$	$2.91\times10^{-9\,d}$	$1.44\times10^{-4\,d}$	6.92[d]
含氮化合物（八种）								
莠去津 （1912-24-9）		215.7	313[b]	1.2	70	3.95×10^{-10}（20℃）	$1.0\times10^{-7\,a}$	2.51
2,6-二硝基甲苯 （606-20-2）		182.14	285	1.54（15℃）[d]	208	$1.06\times10^{-6\,d}$	3.39×10^{-5}	2.18[d]

续表

化学名称 （CAS 登录号）	结构	分子量	沸点 /℃	密度/(g /cm³)	溶解度 /(mg/L)	蒸气压 /atm	亨利常数 （无量纲）	$\log K_{ow}$
2,4-二硝基甲苯 （121-14-2）		182.13	300	1.52 (15℃)[d]	270 (22℃)	1.93×10^{-7}[d]	3.79×10^{-6}[d]	2.18[d]
硝基苯 （98-95-3）		123.1	211	1.20	1900 (20℃)	1.45×10^{-4}	2.95×10^{-6}[d]	1.85
2-硝基酚 （88-75-5）		139.11	214/217	1.5[c]	2100 (20℃)	1.78×10^{-4}[b]	5.71×10^{-4}[b]	1.89[b]
2,4,6-三硝基甲苯 （118-96-7）		227.13	240	1.65	140	2.63×10^{-7}[c]	1.10×10^{-6}	1.84
RDX （121-82-4）		222.1	276~280[c]	1.82[c]	59.7[c]	1.76×10^{-9}[d]	2.59×10^{-6}[d]	0.87[d]
HMX （2691-41-0）		296.2	436[c]	1.9[c]	5[c]	3.17×10^{-11}[d]	3.55×10^{-8}[d]	0.1[d]
含氧有机化合物（七种）								
2,4-二氯苯酚 （120-83-2）		163.01	210	1.38	4500	1.18×10^{-4}[c]	1.26×10^{-5}[d]	2.75[d]
酸二乙酯 （84-66-2）		222.2	298	1.12	210	8.19×10^{-6}[b]	8.06×10^{-5}[b]	2.35[b]
甲基叔丁基醚 （MTBE） （1634-04-4）		88.15	47.04[d]	0.7353[e]	1.98×10^{-4}	0.332[d]	8.24×10^{-2}[d]	0.94[d]
壬基苯酚 （140-40-5）		220.34	290~297	0.95	11 (20℃)	1.08×10^{-4}[d]	2.44×10^{-4}[d]	5.76[d]
五氯苯酚 （87-86-5）		266.35	310	1.98	14 (20℃)	1.80×10^{-7}[a]	1.50×10^{-4}[a]	5.04[b]
苯酚 （108-95-2）		94.11	182	1.07	82000 (15℃)	6.81×10^{-4}[b]	1.85×10^{-5}[b]	1.48[b]

续表

化学名称 （CAS 登录号）	结构	分子量	沸点 /℃	密度/（g /cm³）	溶解度 /（mg/L）	蒸气压 /atm	亨利常数 （无量纲）	$\log K_{ow}$
2,4,6-三氯苯酚 （88-06-2）	Cl、OH、Cl、Cl	197.46	244.5	1.7	800	$1.09\times10^{-5\,b}$	$2.02\times10^{-6\,b}$	3.38^{b}
含硫和磷的有机化合物（两种）								
对硫磷 （56-38-2）		291.3	157~162	1.26	24	$3.95\times10^{-6\,d}$	$1.21\times10^{-5\,d}$	3.81 （20℃）
草甘膦 （1071-38-6）		169.07	417	1.7	12000	$1.29\times10^{-8\,c}$	$1.67\times10^{-17\,d}$	-3.4^{d}

注：所选化学物质为土壤和地下水中常见的有机污染物。这份清单并不详尽。污染物类型按照第 2 章讨论中的次序排列，同类污染物按字母顺序排列。无机污染物不包括在表中。

分子量、沸点、溶解度、蒸气压、亨利定律和 $\log K_{ow}$ 数据编译自 Verschueren（2001）。除另有说明外，溶解度数据均为在 25℃ 下。属性数据的其他来源如下：

a. Hemond and Fechner-Levy, 2014。

b. Valsaraj, 2009；蒸气压（kPa）用 1/101.325 换算成大气压。以 kPa·dm³/mol（Pa·m³/mol）为单位的亨利定律常数通过乘 4.04×10^{-4} 转换为无量纲的亨利常数。

c. PubChem，http：//pubchem.ncbi.nlm.nih.gov，U.S. National Library of Medicine。

d. USEPA, 2018；利用 USEPA 在线现场评估计算工具，将 atm·m³/mol 的亨利常数转换为无量纲。

附录 D 单位换算系数

原始单位	转换单位	换算系数
距离		
英尺（ft）	米（m）	0.305
英寸（in）	厘米（cm）	2.54
英里（mi）	千米（km）	1.609
米（m）	微米（μm）	10^6
米（m）	纳米（nm）	10^9
码（yd）	米（m）	0.9144
面积		
英亩（acre）	平方英尺（ft²）	43560
英亩（acre）	平方米（m²）	4047
公顷（ha）	平方米（m²）	10^4
公顷（ha）	英亩（acre）	2.471
平方英尺（ft²）	平方米（m²）	0.0929
体积		
立方英尺（ft³）	立方米（m³）	0.0283
立方英尺（ft³）	加仑（gal）	7.48
立方米（m³）	升（L）	10^3
立方码（yd³）	加仑（gal）	202
加仑（gal）	升（L）	3.785
加仑（gal）	立方米（m³）	0.003785
升（L）	立方分米（dm³）	1
升（L）	立方厘米（cm³）	10^3
质量		
千克（kg）	磅（lb）	2.205
磅（lb）	克（g）	453.59
吨（t）	千克（kg）	10^3
吨（t）	磅（lb）	2204
水力传导系数		
英尺每天（ft/d）	米每天（m/d）	0.3048

续表

原始单位	转换单位	换算系数
英尺每天（ft/d）	千米每年（km/a）	1.2
流速		
立方英尺每秒（ft³/s）	加仑每分钟（gal/min）	448.8
立方米每秒（m³/s）	英亩英尺每天（ac·ft/d）	70.07
加仑每分钟（gal/min）	立方米每秒（m³/s）	$6.31×10^{-5}$
兆英亩英尺每年（Mac·ft/a）	立方米每秒（m³/s）	39.107
兆加仑每天（Mgal/d）	立方米每秒（m³/s）	0.0438
密度		
克每毫升（g/ml）	磅每立方英尺（lb/ft³）	62.5
千克每立方米（kg/m³）	磅每立方英尺（lb/ft³）	0.0624
磅每立方英尺（lb/ft³）	千克每立方米（kg/m³）	16.018
力		
达因（1dyn=1g·cm/s²）	牛顿（1N=1kg·m/s²）	10^{-5}
磅力（lbf）	牛顿（N）	4.448
压强		
标准大气压（atm）	毫米汞柱（mmHg）	760
标准大气压（atm）	帕（Pa）	$1.01325×10^5$
标准大气压（atm）	磅每平方英寸（lb/in²）	14.7
巴（bar）	标准大气压（atm）	0.987
巴（bar）	帕（Pa）	10^5
英寸水柱（mmH₂O）	毫米汞柱（mmHg）	1.86
帕（Pa）	牛顿每平方米（N/m²）	1
托（Torr）	毫米汞柱（mmHg）	1
功或能		
英热单位（Btu）	焦耳（J）	1055
卡路里（cal）	焦耳（J）	4.18
千卡路里（kcal）	英热单位（BTU）	3.97
牛顿米（N·m）	瓦时（W·h）	$2.78×10^{-4}$
卡路里（cal）	牛顿米（N·m）	1
功率		
千瓦（kW）	焦耳每秒（J/s）	10^3
千瓦（kW）	英热单位每小时（Btu/h）	3412
马力（hp）	瓦（W）	746
浓度		

续表

原始单位	转换单位	换算系数
百万分之一（ppm）	十亿分之一（ppb）	10^3
百万分之一（ppm）	万亿分之一（ppt）	10^6
摩尔浓度（M）	摩尔每升（mol/L）	1
百万分之一（ppm）（水）	毫克每升（mg/L）	1
百万分之一（ppm）（土）	毫克每千克（mg/kg）	1
百分比（%）	百万分之一（ppm）	10^4
黏度		
厘泊（cP，动力黏度）	帕斯卡秒 [Pa·s，N·s/m², kg/（m·s）]	1×10^{-3}
厘斯（cSt，运动黏度）	平方毫米每秒（mm²/s）	1

温度换算公式：

℃（摄氏度）$= \dfrac{5}{9}$（℉−32）	℉（华氏度）$= \dfrac{9}{5}$℃+32
K（开）= ℃+273.15	K（开）$= \dfrac{5}{9}$（℉−32）+273.15
°R（兰氏度）$= \dfrac{9}{5}$（℃+273.15）	°R（兰氏度）= ℉+459.67

参 考 文 献

Spellman, F. R. and Whiting, N. E. (2005). *Environmental Engineer's Mathematics Handbook*. CRC Press.

Masters, G. M. and Ela, W. P. (2007). Introduction to Environmental Engineering and Science, 3e. Upper Saddle River, NJ: Prentice Hall.

附录 E 部分习题答案

第 2 章

15. $CaCO_3$:7.746×10^{-5}mol/L;$CaSO_4$:7.021×10^{-3}mol/L。

16. (a)CdS:4.57×10^{-9}mol/L;(b)$Ca_3(PO_4)_2$:0.035mg/L。

17. $\lg S = \dfrac{1}{3}\lg[Cd^{2+}] - \dfrac{2}{3}pH + 9.13$。

20. (a)$f_{w1} = 10.6\%$,$f_{w2} = 2.2\%$;(b)$K_{oc1} = 80$mL/g,$K_{oc2} = 415$mL/g;(c)$R_1 = 12.2$,$R_2 = 59.1$(下角标:1=萘,2=芘)。

22. (a)$K_d = 32.5$L/kg(密歇根湖沉积物),$K_d = 8$L/kg(马利特土壤),$K_d = 4$L/kg(伍德伯恩土壤),$K_d = 2$L/kg(密西西比河沉积物);(b)密歇根湖沉积物>马利特土壤>伍德伯恩土壤>密西西比河沉积物,(c)对应的 K_{oc} 为 808L/kg、444L/kg、17L/kg、500L/kg。

23. (a)4.36;(b)1.67;(c)1801。

第 3 章

2. (b)粉质黏土;(d)粉质黏土壤土。

3. (a)砂土;(c)砂质壤土。

5. 2.07%。

15. 43%。

16. 22%。

17. 43ft。

18. 1.4 亿 gal。

19. (a)20m³/d;(b)1m²/d。

20. (a)773ft/min;(b)2576gal/min。

23. (a)1.27ft/ft;(b)0.415gal/min。

24. 2.31×10^{-4}ft/s。

25. (a)0.0217m²/min;(b)0.00062m/min。

27. $Z = 0.5$m,$\dfrac{P}{\rho g} = 0.097$m,$\dfrac{v^2}{2g} = 3.19\times10^{-13}$m,总水力头 ≈0.5m。

第 4 章

7. (a)10167 美元。

8. (a)12879 美元;(c)9704 美元。

9. 292645 美元。

11. 方案 2 共节省 634806−483575=151231 美元。

13. (a)17/100 万;(b)9 人/a;(c)965 人/a。

14. (a)6.35×10^{-5};(b)8.88×10^{-5}。

15. (a)0.00006;(b)0.0009。

16. 0.001076。

17. HQ=0.172<0.2,预计不会对人类健康产生不良影响(非癌症)。

18. 0.140mg/L。

21. 0.001672。

22. PCE 风险=9.15×10^{-6}。

23. PCE 风险=3.05×10^{-8}。

第 5 章

15. 5.10gal。

19. 水力梯度=0.00283。

20. 0.0147cm/s。

21. (a)$W(u)$=8.2278,当 u=1.5×10^{-4};(b)$W(u)$=4.9483,当 u=4×10^{-3}。

22. u=0.00107;(b)$W(u)$=6.26,水头降深=3.06m。

第 6 章

18. 多氯联苯的挥发性很低,所以空气气提不起作用。原位厌氧生物修复对四氯乙烯的效果较好,但对多氯联苯的效果一般不佳。

19. 只有当化学物质足够挥发时,热脱附才会起作用。

第 7 章

9. 两个井:$Q/(\pi bv)$,三个井:$\sqrt[2]{2}Q/(\pi bv)$。

11. (a)1.31×10^{5}kg;(b)8.65 万 gal;(c)7.14%。

12. (a)0.0044kg(总),0.015%;(b)14.6 年。

13. (a)3000ft^3;(b)382.5ft^3;(c)105ft^3。

14. 7.48m。

15. 是,基于 x=0 时,$2Y_{max}^0$=47.6m;x=∞ 时,$2Y_{max}$=95.2m。

16. (a)30.3m;(b)0.00236m^3/s;(c)8.46 年。

17. 52.1%。

18. 6.14m。

19. 3209lb。

20. 11.8%。

第 8 章

10. $1.8×10^{-11}cm^2$ 或 $1.8×10^{-3}D$。

18. 23.7mmHg。

19. 36.5Torr 环己烷,28.5Torr 环己醇。

20. 0.039077mmHg(苯),23.79021mmHg(水)。

21. 229580mg/m³(四氯乙烯),24166mg/m³(三氯乙烯)。

25. (a)3.17mg/L;(b)不足。

26. 141895mg/m³。

27. (a)$2.74×10^{-5}mol/L$;(b)0.438mg/L 甲烷。

28. (a)28.8mg/L;(b)$2.88×10^{-6}mg$;(c)$2.2×10^{-6}$% ,(d)由于 H 低,百分比非常低。

30. 1.02kg/d。

31. 10.19kg/d。

32. (a)0.409m³/(m·min);(b)4330ft³/min。

33. 176.5ft³/min。

第 9 章

10. 0.396lb O_2,0.0615lb N(来自2,4-二硝基甲苯,而不是外部氮源),0.010lb P。

11. (a)和(b)二者均<1%误差;(d)0.223g$_{细胞}$/g$_{DNT}$。

12. $\Delta pH=2.56$。

13. (a)94.98mg$_{O_2}$/L$_{C_{10}H_8}$,3.82mg$_{O_2}$/L$_{C_{10}H_8}$;(b)$C_{10}H_8$需要空气加注;(c)7.49kg O_2。

14. (a)0.0495/d;(b)60.5 天;(c)在第一,第二,第三和第四周之后,分别为70.7% 、50.0% 、35.4% 和25.0% 。

15. (a)158 天;(b)70.7% ;(c)1046lb/d(第一个两周),740lb/d(第二个两周)。

16. (a)$C_{15}H_{32}O+25/2O_2+2NH_3 \Longrightarrow 5CO_2+2C_5H_7O_2N+12H_2O$;(b)47250lb O_2,1658lb N,275lb P。

17. 2500kg N 和 250kg P。

18. (a)4.2 年;(b)0.035/天～131.58 天;(c)10.32 年;(d)不是六氯苯的可行选择。

19. 88163lb O_2,5496lb N,916lb P。

21. 18180gal。

22. 1.79kg。

59. 3.61 年。

60. 106 年。

第 10 章

2. $C_3H_5OCl+7/2O_2+79/6N_2 \longrightarrow 3CO_2+2H_2O+HCl+79/6 N_2$。

6. 0.02kg/h(四个九法则),2mg/h(六个九法则)。

7. 99.9808%(按体积计),99.9878%(按质量计)。

8. $819ft^3$。

9. 15064acfm。

12. 苯:390.57lb,辛烷:571.15lb,乙醇:230.35lb,乙酸丁酯:580.8lb。

13. 4770L/kg。

16. (a)87.5%;(b)91.67%。

17. (a)15.6lb/lb C_3H_8;(b)15.6lb/lb C_3H_8;(c)31.3lb/lb C_3H_8。

18. 22.039Btu/lb。

19. $587lb_{O_2}/h$,$1950lb_{N_2}/h$,$2537lb_{空气}/h$。

20. $881lb_{O_2}/h$,$2925lb_{N_2}/h$,$3806lb_{空气}/h$。

21. (a)$C_6H_{10}O_5+7.2O_2+27.144N_2 \longrightarrow 6CO_2+5H_2O+1.2O_2+27.144N_2$。

(b)$C_6H_{10}O_5+12O_2+45.24N_2 \longrightarrow 6CO_2+5H_2O+6O_2+45.24N_2$。

22. 17385acfm。

第 11 章

4. (a)由于清理了砂土,体积减小了52.1%;(b)水中6.9%,砂土2.1%,粉土5.1%,黏土85.9%。

5. 水中6.9%,砂土2.1%,粉土5.1%,黏土85.9%. 与问题4相比,第二次洗涤的变化是非常微小的。

17. (a)0.025mol/L;(b)25% 表面张力降低。

18. (a)0.0015mol/L;(b)31% 表面张力降低。

第 12 章

11. $k=0.1386$ 小时$^{-1}$,$t=38.2$ 年,$b=0.80ft$。

12. $k=0.0778$ 天$^{-1}$,$t=29.6$ 天,$b=2.96m$。

第 13 章

3. $q=3.4m^2/d$;$h=80.0m,76.6m,74.3m$。

4. $q=3.4m^2/d$;$h=80.7m,76.3m,74.2m$。

5. 2.08×10^{-79}。

6. $2.94\times10^{-6}cm^2/s$。

7. (a)2.4 小时;(b)12.2mg/L;(c)在 2.1 小时,为 0.0339mg/L,在 2.7 小时,为 0.112mg/L。

10. $D_x\dfrac{C_{i+1}^n-2C_i^n+C_{i-1}^n}{\Delta x^2}+q_x\dfrac{C_{i+1}^n-C_i^n}{\Delta x}=\dfrac{C_i^{n+1}-C_i^n}{\Delta t}$。

12. 0.24mg/L。

14. 178mg/L、103mg/L、61.8mg/L 和 32.2mg/L 对应于苯、甲苯、乙苯和间二甲苯。

15. 0.0237atm、0.0058atm、00.00276atm 和 0.00158atm 对应于苯、甲苯、乙苯和间二甲苯。